全国科学技术名词审定委员会

公　布

科学技术名词·自然科学卷（全藏版）

22

数　学　名　词

CHINESE TERMS IN MATHEMATICS

数学名词审定委员会

国家自然科学基金资助项目

科　学　出　版　社

北　京

内 容 简 介

本书是全国科学技术名词审定委员会公布的数学名词。全书分通类、数理逻辑、数学基础、组合学、一般数学系统、代数学、代数几何学、分析学、微分方程、积分方程、泛函分析、几何学、拓扑学、概率论、数理统计、数值分析、运筹学、信息论、控制论等 12 部分，共 8862 条词。这些名词是科研、教学、生产、经营以及新闻出版等部门使用的数学规范名词。

图书在版编目(CIP)数据

科学技术名词. 自然科学卷：全藏版 / 全国科学技术名词审定委员会审定. —北京：科学出版社，2017.1

ISBN 978-7-03-051399-1

I. ①科… II. ①全… III. ①科学技术–名词术语 ②自然科学–名词术语 IV. ①N61

中国版本图书馆 CIP 数据核字(2016)第 314947 号

责任编辑：卢慧筠 韩立军 / 责任校对：陈玉凤
责任印制：张 伟 / 封面设计：铭轩堂

科学出版社 出版
北京东黄城根北街 16 号
邮政编码：100717
http://www.sciencep.com
北京厚诚则铭印刷科技有限公司印刷
科学出版社发行 各地新华书店经销
*
2017 年 1 月第 一 版 开本：787×1092 1/16
2017 年 1 月第一次印刷 印张：34 1/4
字数：798 000

定价：5980.00 元(全 30 册)

全国自然科学名词审定委员会
第二届委员会委员名单

主　任：卢嘉锡

副主任：章　综　林　泉　王冀生　林振申　胡兆森
鲁绍曾　刘　杲　苏世生　黄昭厚

委　员（以下按姓氏笔画为序）：

马大猷　马少梅　王大珩　王子平　王平宇
王民生　王伏雄　王树岐　石元春　叶式辉
叶连俊　叶笃正　叶蜚声　田方增　朱弘复
朱照宣　任新民　庄孝德　李　竞　李正理
李茂深　杨　凯　杨泰俊　吴　青　吴大任
吴中伦　吴凤鸣　吴本玠　吴传钧　吴阶平
吴钟灵　吴鸿适　宋大祥　张　伟　张光斗
张青莲　张钦楠　张致一　阿不力孜·牙克夫
陈鉴远　范维唐　林盛然　季文美　周明镇
周定国　郑作新　赵凯华　侯祥麟　姚贤良
钱伟长　钱临照　徐士珩　徐乾清　翁心植
席泽宗　谈家桢　梅镇彤　黄成就　黄胜年
曹先擢　康文德　章基嘉　梁晓天　程开甲
程光胜　程裕淇　傅承义　曾呈奎　蓝　天
豪斯巴雅尔　潘际銮　魏佑海

数学名词审定委员会委员名单

顾　问：吴大任　谷超豪　段学复　王寿仁

主　任：田方增

副主任：聂灵沼　王寓骧

委　员（以下按姓氏笔画为序）：

丁同仁　龙瑞麟　庄圻泰　杜石然　李家楷

杨东屏　吴新谋　何育赞　沈世镒　张荫南

张朝池　陆柱家　胡毓达　钟善基　钱　敏

虞言林　廖山涛　潘一民　潘养廉

秘　书：卢慧筠

序

科技名词术语是科学概念的语言符号。人类在推动科学技术向前发展的历史长河中,同时产生和发展了各种科技名词术语,作为思想和认识交流的工具,进而推动科学技术的发展。

我国是一个历史悠久的文明古国,在科技史上谱写过光辉篇章。中国科技名词术语,以汉语为主导,经过了几千年的演化和发展,在语言形式和结构上体现了我国语言文字的特点和规律,简明扼要,蓄意深切。我国古代的科学著作,如已被译为英、德、法、俄、日等文字的《本草纲目》、《天工开物》等,包含大量科技名词术语。从元、明以后,开始翻译西方科技著作,创译了大批科技名词术语,为传播科学知识,发展我国的科学技术起到了积极作用。

统一科技名词术语是一个国家发展科学技术所必须具备的基础条件之一。世界经济发达国家都十分关心和重视科技名词术语的统一。我国早在1909年就成立了科技名词编订馆,后又于1919年中国科学社成立了科学名词审定委员会,1928年大学院成立了译名统一委员会。1932年成立了国立编译馆,在当时教育部主持下先后拟订和审查了各学科的名词草案。

新中国成立后,国家决定在政务院文化教育委员会下,设立学术名词统一工作委员会,郭沫若任主任委员。委员会分设自然科学、社会科学、医药卫生、艺术科学和时事名词五大组,聘任了各专业著名科学家、专家,审定和出版了一批科学名词,为新中国成立后的科学技术的交流和发展起到了重要作用。后来,由于历史的原因,这一重要工作陷于停顿。

当今,世界科学技术迅速发展,新学科、新概念、新理论、新方法不断涌现,相应地出现了大批新的科技名词术语。统一科技名词术语,对科学知识的传播,新学科的开拓,新理论的建立,国内外科技交流,学科和行业之间的沟通,科技成果的推广、应用和生产技术的发展,科技图书文献的编纂、出版和检索,科技情报的传递等方面,都是不可缺少的。特别是计算机技术的推广使用,对统一科技名词术语提出了更紧迫的要求。

为适应这种新形势的需要,经国务院批准,1985年4月正式成立了全国自然科学名词审定委员会。委员会的任务是确定工作方针,拟定科技名词术语审定工作计划、实施方案和步骤，组织审定自然科学各学科名词术语，并予以公布。根据国务院授权，委员会审定公布的名词术语，科研、教学、生产、经营以及新闻出版等各部门，均应遵照使用。

全国自然科学名词审定委员会由中国科学院、国家科学技术委员会、国家教育委员会、中国科学技术协会、国家技术监督局、国家新闻出版署、国家自然科学基金委员会分别委派了正、副主任担任领导工作。在中国科协各专业学会密切配合下，逐步建立各专业审定分委员会，并已建立起一支由各学科著名专家、学者组成的近千人的审定队伍，负责审定本学科的名词术语。我国的名词审定工作进入了一个新的阶段。

这次名词术语审定工作是对科学概念进行汉语订名，同时附以相应的英文名称，既有我国语言特色，又方便国内外科技交流。通过实践，初步摸索了具有我国特色的科技名词术语审定的原则与方法，以及名词术语的学科分类、相关概念等问题，并开始探讨当代术语学的理论和方法，以期逐步建立起符合我国语言规律的自然科学名词术语体系。

统一我国的科技名词术语，是一项繁重的任务，它既是一项专业性很强的学术性工作，又涉及到亿万人使用习惯的问题。审定工作中我们要认真处理好科学性、系统性和通俗性之间的关系；主科与副科间的关系；学科间交叉名词术语的协调一致；专家集中审定与广泛听取意见等问题。

汉语是世界五分之一人口使用的语言，也是联合国的工作语言之一。除我国外，世界上还有一些国家和地区使用汉语，或使用与汉语关系密切的语言。做好我国的科技名词术语统一工作，为今后对外科技交流创造了更好的条件，使我炎黄子孙，在世界科技进步中发挥更大的作用，作出重要的贡献。

统一我国科技名词术语需要较长的时间和过程，随着科学技术的不断发展，科技名词术语的审定工作，需要不断地发展、补充和完善。我们将本着实事求是的原则，严谨的科学态度作好审定工作，成熟一批公布一批，提供各界使用。我们特别希望得到科技界、教育界、经济界、文化界、新闻出版界等各方面同志的关心、支持和帮助，共同为早日实现我国科技名词术语的统一和规范化而努力。

全国自然科学名词审定委员会主任

钱　三　强

1990 年 2 月

前　　言

数学名词是科学技术交流和传播的重要基础工具之一。数学以其历史的悠久，在众多科学技术知识中的基础性及应用的广泛性确定了数学名词(特别是基本词)有着重要意义。

早在30年代，我国数学工作者共同商讨，1938年提出了《算学名词汇编》，经有关部门推行使用。前辈数学家为中国的数学名词付出了辛勤的劳动，为统一数学名词奠定了良好的基础。1956年中央人民政府政务院文化教育委员会学术名词统一工作委员会出版了《数学名词》，1964年又出版了《数学名词补编》，为国内外学术交流及我国数学名词的统一起着积极的作用。

近40多年来数学学科有很大的发展，新的学科分支和交叉学科陆续建立，新方法新应用层出不穷，新概念新术语日益增多，迫切需要科学而系统地审定和规范数学名词。数学名词审定委员会在全国自然科学名词审定委员会(以下简称全国名词委)和中国数学会的领导下，于1985年成立，开始对数学名词进行全面的审定工作。

数学名词审定委员会遵照全国名词委制定的审定原则和方法，从数学学科的基本概念出发，确定规范的汉文名，以达到我国数学名词术语的统一。根据全国名词委对审定工作的要求，七年来前后召开了五次大会和多次的分组审定会，并与物理、力学等有关学科进行了协调和统一工作；又在全国名词委组织下，对以人名命名的词条中的外国科学家人名作了协调统一。第二次审定会后，将全稿送发全国有关高等院校、研究所、部分出版单位广泛征求意见。经过多次讨论，反复磋商，力争做到数学内部各分支学科名词的统一，于1992年2月完成这批数学名词审定工作。吴大任、程民德、胡和生、齐民友、王梓坤等教授受全国名词委的委托，对本批名词进行了复审，提出了宝贵意见。数学名词审定委员会对复审意见进行了认真地讨论，再次作了修改，现经全国名词委批准，予以公布。

这次公布的数学名词分12部分，共8862条词。由于数学学科庞大，有众多的分支，以及理论与广泛地应用交错复杂，给全面的审定工作带来了一定的困难。我们就审定过程中的一些问题及解决处理方法简述如下：

1. 根据名词审定“科学性、系统性、简明通俗性”的原则，给出推荐名(汉文名)词条，每条词给出国外文献中最常用的相应的英文词。汉文词按学科分类和相关概念排列。类别的划分主要是为了便于从学科概念体系进行审定，并非严谨的学科分类。由于分支学科交叉复杂，同一词条可能与多个专业概念相关，本书作规范词编排时一般只出现一次，不重复列出（仅同调代数、代数几何两部分个别词条在两处出现）。为方便使用，书后有汉英索引和英汉索引。

2． 名词审定工作的目的是为了学术用语的统一。在审定过程中力求做到一词一义，避免定名不当引起概念混乱。但几年的工作中我们认识到达到“统一”要有个过程，不能急于求成。数学历史悠久，很多分支中自有一些常用词，多年来已约定俗成，一时不易取消。我们给出“推荐名”、“简称”（或“全称”），同时列出“又称”，允许使用。对于淘汰的词列为“曾用名”，表示今后不再使用。

3． 本次审定以基本词为主，一词对应一个概念，有些基本概念由两个单词复合构成，作为该学科的基本词亦予收入。有的重要概念以形容词与基本单词复合成一个新概念，为避免繁琐，此类情况只收入形容词（如：连续[的]、线性[的]等），复合词不再一一列出。由于整个数学学科分支繁多，错综复杂，又有各种不同的理解，各分支收词的标准不易掌握统一，使各科选词取舍难免存在不均衡的情况。

4． 本书设置第一章通类，收入数学学科中共同性的词条，以避免在各章中重复出现。

在七年多的审定过程中，数学界以及各有关学科的专家、学者给予热情支持，有的专家提供了部分词条，有的专家提出了许多有益的意见和建议，在此我们表示衷心地感谢。希望各界同仁在使用中继续提出意见以便进一步修订。

数学名词审定委员会

1992 年 11 月

目　录

序 …… i
前言 …… iii
编排说明 …… v

正文
01.　通类 …… 1
02.　数理逻辑·数学基础 …… 5
02.1　模型论 …… 5
02.2　证明论 …… 8
02.3　集合论 …… 9
02.4　递归论 …… 11
02.5　数学基础 …… 14
02.6　非经典逻辑 …… 14
03.　组合学·一般数学系统 …… 15
03.1　组合学 …… 15
03.2　图论 …… 16
03.3　序·格·一般数学系统 …… 21
03.4　泛代数 …… 24
04.　代数学·代数几何学 …… 26
04.1　算术 …… 26
04.2　域·多项式 …… 37
04.3　线性代数 …… 43
04.4　型 …… 48
04.5　模论 …… 51
04.6　交换环 …… 53
04.7　代数几何学 …… 55
04.8　结合环 …… 62
04.9　非结合环 …… 68
04.10　范畴论 …… 71
04.11　同调代数 …… 73
04.12　代数 K 理论 …… 76

04.13 群论 …… 76
04.14 代数群 …… 84
04.15 拓扑群 …… 85
04.16 李群 …… 87
05. 分析学 …… 90
05.1 分析学基础·实分析 …… 90
05.2 复分析 …… 100
05.3 积分变换 …… 107
05.4 位势论 …… 108
05.5 变分法 …… 111
05.6 凸分析 …… 113
06. 微分方程·积分方程 …… 116
06.1 常微分方程 …… 116
06.2 动力系统 …… 121
06.3 偏微分方程 …… 122
06.4 积分方程 …… 134
06.5 特殊函数 …… 136
07. 泛函分析 …… 142
07.1 泛函分析基础 …… 142
07.2 算子 …… 148
07.3 谱理论 …… 150
07.4 巴拿赫代数 …… 151
07.5 非线性泛函分析 …… 153
07.6 遍历理论 …… 155
08. 几何学·拓扑学 …… 158
08.1 欧几里得几何学 …… 158
08.2 三角学 …… 163
08.3 解析几何学 …… 164
08.4 射影几何学·仿射几何学 …… 167
08.5 一般拓扑学 …… 171
08.6 代数拓扑学 …… 175
08.7 微分流形 …… 183
08.8 微分几何学 …… 185
08.9 复几何 …… 190
09. 概率论·数理统计 …… 191
09.1 概率空间 …… 191
09.2 随机变量 …… 192

09.3 极限理论 …… 195
09.4 随机过程 …… 196
09.5 样本·统计量 …… 204
09.6 统计决策论 …… 208
09.7 参数估计 …… 208
09.8 假设检验 …… 209
09.9 区间估计 …… 211
09.10 线性模型 …… 211
09.11 多元统计分析 …… 213
09.12 非参数统计 …… 215
09.13 抽样论 …… 216
09.14 试验设计 …… 218
09.15 时间序列分析 …… 219
10. 数值分析 …… 221
10.1 基本概念 …… 221
10.2 误差论 …… 222
10.3 数值逼近 …… 223
10.4 数值微分·数值积分 …… 227
10.5 方程求根·数值代数 …… 231
10.6 偏微分方程数值解 …… 235
10.7 蒙特卡罗方法 …… 240
11. 运筹学 …… 243
11.1 最优化 …… 243
11.2 数学规划 …… 244
11.3 线性规划 …… 246
11.4 非线性规划 …… 248
11.5 多目标规划 …… 251
11.6 参数规划 …… 252
11.7 动态规划 …… 253
11.8 组合最优化 …… 253
11.9 对策论 …… 255
11.10 排队论 …… 257
11.11 库存论·存储论 …… 259
11.12 决策论·价值论 …… 260
11.13 可靠性理论·更新论 …… 261
11.14 搜索论 …… 262
12. 信息论·控制论 …… 263

附录

编 排 说 明

一、 本书公布的是数学学科的基本词。

二、 全书按学科概念体系分两个层次编排,共十二部分。

三、 各部分的词条大致按相关概念顺序排列,在每个汉文词条后均附有对应的英文词。个别汉文词后附有国际惯用的非英文词,则在此词后用“( )”注明文种。

四、 一个汉文词可对应几个英文同义词时,一般只取最常用的两个词,并用“,”分开。

五、 对新词和概念易混淆的词,附有简明的注释。

六、 “简称”、“又称”、“全称”、“曾用名”列在注释栏内;“又称”为不推荐用名,“曾用名”为淘汰名。

七、 条目中[ ]内的字是可省略部分。

八、 英文词第一个字母大、小写均可时,一律小写。英文词除必须用复数形式外,一般均用单数形式。

九、 书末附有英、汉文索引,索引中的号码为该词条在正文中的序码。索引中带“ * ”者为注释栏内的条目。

十、 希腊字母为首字母的英文词,按希腊字母排序另列于英汉索引后面。

01. 通　　类

序　码	汉　文　名	英　文　名	注　　释
01.0001	数学	mathematics	
01.0002	纯粹数学	pure mathematics	
01.0003	应用数学	applied mathematics	
01.0004	数	number	
01.0005	量	quantity	
01.0006	空间	space	
01.0007	符号	symbol	
01.0008	公理	axiom	又称“公设(postulate)”。
01.0009	假设	hypothesis	
01.0010	结论	conclusion	
01.0011	论断	assertion	
01.0012	定义	definition	
01.0013	定理	theorem	
01.0014	命题	proposition	
01.0015	否命题	negative proposition	
01.0016	逆命题	converse proposition	
01.0017	逆否命题	converse-negative proposition	
01.0018	引理	lemma	
01.0019	系	corollary	
01.0020	原理	principle	
01.0021	猜想	conjecture	
01.0022	悖论	paradox	
01.0023	矛盾	contradiction	
01.0024	证[明]	proof	
01.0025	验证	verification	
01.0026	推广	generalization	
01.0027	必要条件	necessary condition	
01.0028	充分条件	sufficient condition	
01.0029	充要条件	necessary and sufficient condition	
01.0030	当且仅当	if and only if, iff	
01.0031	准则	criterion	
01.0032	存在[性]	existence	
01.0033	唯一[性]	uniqueness	

序码	汉文名	英文名	注释
01.0034	论证	justification	
01.0035	模糊[性]	fuzzy	
01.0036	关系	relation	
01.0037	等价[性]	equivalence	
01.0038	恒等[式]	identity	
01.0039	蕴涵	imply, implication	
01.0040	逆	inverse	
01.0041	[表达]式	expression	
01.0042	公式	formula	
01.0043	等式	equality	
01.0044	相等	equality	
01.0045	等于	equal to	
01.0046	小于	smaller than, less than	
01.0047	大于	greater than, larger than	
01.0048	不等式	inequality	
01.0049	方程	equation	
01.0050	不等方程	inequation	
01.0051	解	solution	
01.0052	例	example	
01.0053	反例	counter example	
01.0054	常数	constant	
01.0055	变量	variable	
01.0056	参数	parameter	
01.0057	运算	operation	
01.0058	复合	composition	
01.0059	覆盖	cover, covering	
01.0060	扩张	extension	
01.0061	限制	restriction	
01.0062	完全[的]	complete	又称“完备[的]”。
01.0063	整体[的]	global	又称“全局[的]”、“总体[的]”。
01.0064	局部[的]	local	
01.0065	绝对[的]	absolute	
01.0066	肯定[的]	affirmative, positive	
01.0067	否定[的]	negative	
01.0068	平凡[的]	trivial	
01.0069	连续[的]	continuous	

序码	汉文名	英文名	注释
01.0070	离散[的]	discrete	
01.0071	加性[的]	additive	
01.0072	乘性[的]	multiplicative	
01.0073	周期性	periodicity	
01.0074	周期	period	
01.0075	集[合]	set	
01.0076	元[素]	element	
01.0077	空集	empty set	
01.0078	族	family	
01.0079	类	class	
01.0080	属于	belong to	
01.0081	包含	inclusion, include	
01.0082	子集	subset	
01.0083	真子集	proper subset	
01.0084	[集合]指示函数	indicator [of a set]	
01.0085	交	intersection	
01.0086	并	union	
01.0087	直和	direct sum	
01.0088	直积	direct product	
01.0089	积集	product set	
01.0090	直积集	direct product set	
01.0091	幂集	power set	
01.0092	不相交[的]	disjoint	
01.0093	补集	complementary set	
01.0094	差集	difference set	
01.0095	商集	quotient set	
01.0096	偶	pair	又称“对”。
01.0097	序偶	ordered pair	
01.0098	n 元组	n-tuple	
01.0099	笛卡儿积	Cartesian product	
01.0100	映射	mapping, map	
01.0101	定义域	domain	
01.0102	值域	range	
01.0103	象	image	
01.0104	逆象	inverse image	
01.0105	原象	preimage	
01.0106	逆映射	inverse mapping	

序 码	汉 文 名	英 文 名	注 释
01.0107	单射	injection, injective	
01.0108	满射	surjection, surjective	
01.0109	一一映射	bijection, bijective, one-one correspondence	
01.0110	恒同映射	identity mapping	
01.0111	自然映射	natural mapping	
01.0112	复合映射	composite mapping	
01.0113	对应	correspondence	
01.0114	映入	map into	
01.0115	映上	map onto	
01.0116	嵌入	imbedding, embedding	
01.0117	同态	homomorphism	
01.0118	同构	isomorphism	
01.0119	等价关系	equivalence relation	
01.0120	等价类	equivalence class	
01.0121	自反性	reflexivity	
01.0122	对称性	symmetry	
01.0123	传递性	transitivity	
01.0124	划分	partition	
01.0125	基数	cardinal number	
01.0126	超穷基数	transfinite cardinal number	
01.0127	有限[的]	finite	又称“有穷[的]”。
01.0128	无穷[的]	infinite	又称“无限[的]”。
01.0129	可数[的]	countable, denumerable	
01.0130	可数无穷[的]	countable infinite	
01.0131	国际数学联合会	International Mathematical Union, IMU	
01.0132	中国数学会	Chinese Mathematical Society, CMS	

02. 数理逻辑·数学基础

序码	汉文名	英文名	注释

02.1 模型论

序码	汉文名	英文名	注释
02.0001	符号体系	symbolism	
02.0002	数理逻辑	mathematical logic	又称"符号逻辑(symbolic logic)"。
02.0003	模型论	model theory	
02.0004	逻辑演算	logical calculus	
02.0005	逻辑符号	logical symbol	
02.0006	形式语言	formal language	
02.0007	符号语言	symbolic language	
02.0008	形成规则	formation rule	
02.0009	出现	occurrence	
02.0010	合式[的]	well-formed	
02.0011	合式公式	well-formed formula	
02.0012	辖域	scope	
02.0013	逻辑运算	logical operation	
02.0014	矢列式	sequent	
02.0015	语法	syntax	
02.0016	语义	semantics	
02.0017	解释	interpretation	
02.0018	论题	thesis	
02.0019	归纳证明	proof by induction	
02.0020	摹状[词]	description	
02.0021	摹状算子	description operator	
02.0022	命题演算	propositional calculus	又称"命题逻辑(propositional logic)"。
02.0023	命题代数	algebra of propositions	又称"逻辑代数(algebra of logic)"。
02.0024	命题变元	propositional variable, sentential variable	
02.0025	命题函数	propositional function	
02.0026	联结词	connective	
02.0027	逻辑乘法	logical multiplication	
02.0028	合取[词]	conjunction	又称"逻辑积

序码	汉文名	英文名	注释
			(logical product)”。
02.0029	合取项	conjunct	
02.0030	逻辑加法	logical addition	
02.0031	析取[词]	disjunction	又称“逻辑和(logical sum)”。
02.0032	析取项	disjunct	
02.0033	互斥析取	exclusive disjunction	
02.0034	否定[词]	negation	
02.0035	逻辑等值	logically equivalent	又称“逻辑等价”。
02.0036	范式	normal form	
02.0037	合取范式	conjunctive normal form	
02.0038	析取范式	disjunctive normal form	
02.0039	排中律	law of excluded middle	
02.0040	赋值	valuation	对公式的真假性解释。
02.0041	真假值	truth value	
02.0042	真值	truth	
02.0043	假值	falsity	
02.0044	真假值函数	truth function	
02.0045	真假值表	truth table	
02.0046	重言式	tautology	
02.0047	一阶逻辑	first-order logic	
02.0048	谓词	predicate	
02.0049	谓词演算	predicate calculus, functional calculus	
02.0050	谓词变元	predicate variable	
02.0051	函数符号	function symbol	
02.0052	常项	constant	
02.0053	自由变元	free variable	
02.0054	个体变元	individual variable	
02.0055	量词	quantifier	
02.0056	存在量词	existential quantifier	
02.0057	全称量词	universal quantifier	
02.0058	非标准量词	non-standard quantifier	
02.0059	约束变量	bound variable	
02.0060	约束出现	bound occurrence	
02.0061	受囿量词	bounded quantifier	

序码	汉文名	英文名	注释
02.0062	前束词	prefix	
02.0063	前束范式	prenex normal form	
02.0064	语句	sentence	
02.0065	逻辑表达式	logical expression	
02.0066	闭公式	closed formula	
02.0067	替换	replacement	
02.0068	代入	substitution	
02.0069	理论	theory	语句的集合。
02.0070	全域	universe	
02.0071	高阶逻辑	high order logic	
02.0072	多种类谓词演算	many sorted predicate calculus	
02.0073	无穷逻辑	infinitary logic	
02.0074	一阶理论	first-order theory	
02.0075	结构	structure	
02.0076	模型	model	
02.0077	非标准模型	non-standard model	
02.0078	相容性	consistency	曾用名“协调性”、“和谐性”。
02.0079	完全性	completeness	包括理论的完全性和逻辑的完全性。
02.0080	模型完全性	model completeness	
02.0081	可满足性	satisfiability	
02.0082	可定义性	definability	
02.0083	可表示性	representability	
02.0084	膨胀	expansion	语言 L 是另一语言 L′的子集时称 L′为 L 的膨胀。
02.0085	斯科伦函数	Skolem function	
02.0086	斯科伦壳	Skolem hull	
02.0087	斯科伦佯谬	Skolem paradox	
02.0088	降 L-S 定理	downward Löwenheim-Skolem theorem	
02.0089	内插定理	interpolation theorem	
02.0090	量词消去	elimination of quantifier	
02.0091	初等等价[的]	elementarily equivalent	
02.0092	子结构	substructure	
02.0093	子模型	submodel	

序码	汉文名	英文名	注释
02.0094	初等子结构	elementary substructure	
02.0095	初等子模型	elementary submodel	
02.0096	模型链	chain of model	
02.0097	型	type	包含若干个固定变元的极大协调公式集。
02.0098	型省略定理	omitting types theorem	
02.0099	进退构造	back and forth construction	
02.0100	不可辨元	indiscernible	
02.0101	原子[语]句	atomic sentence, primitive sentence	
02.0102	原子公式	atomic formula	
02.0103	原子理论	atomic theory	
02.0104	原子模型	atomic model	
02.0105	素模型	prime model	
02.0106	饱和模型	saturated model	
02.0107	万有模型	universal model	
02.0108	极小模型	minimal model	
02.0109	齐次模型	homogeneous model	
02.0110	范畴性	categoricity	
02.0111	稳定性	stability	
02.0112	分叉	forking	
02.0113	莫利定理	Morley theorem	
02.0114	可靠性	soundness	又称"有效性(validity)"。
02.0115	递归结构	recursive structure	
02.0116	容许结构	admissible structure	
02.0117	形式化算术	formalized arithmetic	
02.0118	抽象模型论	abstract model theory	
02.0119	非标准分析	non-standard analysis	
02.0120	无穷小	infinitesimal	实数理论非标准模型中的实无穷小量。
02.0121	无穷小分析	infinitesimal analysis	一种特殊的非标准分析。

02.2 证明论

02.0122	希尔伯特计划	Hilbert program	
02.0123	直觉主义逻辑	intuitionist logic	

序码	汉文名	英文名	注释
02.0124	构造性	constructivity	
02.0125	构造论者	constructivist	
02.0126	直觉主义数学	intuitionistic mathematics	
02.0127	抽象[化]	abstraction	
02.0128	佩亚诺公理	Peano axiom	
02.0129	数学归纳法	mathematical induction	
02.0130	二阶算术	second-order arithmetic	
02.0131	数词可表示性	numeralwise representability	
02.0132	可驳[的]	refutable	
02.0133	ω 相容性	ω-consistency, omega-consistency	曾用名“ω 协调性”、“ω 和谐”。
02.0134	不可证明性	unprovability	
02.0135	强度	strength	
02.0136	相对相容性	relative consistency	
02.0137	算术化	arithmetization	
02.0138	算术系统	arithmetic system	
02.0139	元理论	metatheory	
02.0140	元逻辑	metalogic	
02.0141	元语言	metalanguage	
02.0142	独立性	independence	
02.0143	元数学	metamathematics	
02.0144	可判定性	decidability	
02.0145	形式不可判定命题	formal undecidable proposition	
02.0146	判定问题	decision problem	
02.0147	截规则	cut rule	

02.3 集 合 论

序码	汉文名	英文名	注释
02.0148	集合论	set theory	
02.0149	描述集合论	descriptive set theory	
02.0150	朴素集合论	naive set theory	
02.0151	公理化集合论	axiomatic set theory	
02.0152	策梅洛－弗兰克尔集合论	Zermelo-Frankel set theory	简称“Z-F 集合论”。
02.0153	直谓集合论	predicative set theory	
02.0154	非直谓集合论	impredicative set theory	
02.0155	外延性	extensionality	

序码	汉文名	英文名	注释
02.0156	确定性	determinacy	
02.0157	投影确定性	projective determinacy	
02.0158	佐恩引理	Zorn lemma	
02.0159	选择公理	axiom of choice	
02.0160	选择函数	choice function	
02.0161	归纳序集	inductive ordered set	
02.0162	连续统	continuum	
02.0163	连续统假设	continuum hypothesis	
02.0164	广义连续统假设	generalized continuum hypothesis	
02.0165	概括公理	comprehension axiom	
02.0166	正则公理	regularity axiom	
02.0167	正则集	regular set	
02.0168	本元	urelement	
02.0169	分支类型论	ramified theory of types	
02.0170	隶属关系	membership	
02.0171	初步集[合]	rudimentary set	
02.0172	平稳集[合]	stationary set	
02.0173	良序[的]	well-ordered	
02.0174	良序集[合]	well-ordered set	
02.0175	良序原则	well-ordering principle	
02.0176	序数	ordinal	
02.0177	序数和	ordinal sum	
02.0178	序数积	ordinal product	
02.0179	序数幂	ordinal power	
02.0180	超穷序数	transfinite ordinal	
02.0181	第一超穷序数	first transfinite ordinal	
02.0182	极限序数	limit ordinal number	
02.0183	初始序数	initial ordinal	
02.0184	初始段	initial segment	
02.0185	尾段	final segment	
02.0186	有向集	directed set	
02.0187	奇异序数	singular ordinal	
02.0188	正则基数	regularity cardinal	
02.0189	奇异基数	singular cardinal	
02.0190	构造序数	constructive ordinals	
02.0191	世传有穷集	hereditarily finite set	
02.0192	归纳定义	definition by induction	

序码	汉文名	英文名	注释
02.0193	超穷归纳法	transfinite induction	
02.0194	超穷归纳定义	definition by transfinite induction	
02.0195	可构成壳	constructible hull	
02.0196	可构成性	constructibility	
02.0197	构造性定义	constructive definition	
02.0198	可构成[的]	constructible	
02.0199	精细结构	fine structure	
02.0200	共尾性	cofinality	
02.0201	共尾子集	cofinal subset	
02.0202	力迫条件	forcing condition	
02.0203	力迫法	forcing method	
02.0204	力迫关系	forcing relation	
02.0205	脱殊集	generic set	
02.0206	绝对性	absoluteness	
02.0207	正常力迫	proper forcing	
02.0208	序数可定义[的]	ordinal-definable	
02.0209	世传可数[的]	hereditarily countable	
02.0210	苏斯林树	Suslin tree	
02.0211	马洛基数	Mahlo cardinal	
02.0212	不可达基数	inaccessible cardinal	
02.0213	可达性	accessibility	大基数的一种性质。
02.0214	大基数	large cardinals	
02.0215	可测基数	measurable cardinal	
02.0216	$0^{\#}$	zero-sharp	读作零井或零升。
02.0217	0^{+}	zero-dagger	读作零正。
02.0218	聚合	conglomerate	
02.0219	对角线方法	diagonal argument, diagonal method	

02.4 递 归 论

02.0220	递归论	recursion theory	
02.0221	丘奇论题	Church thesis	
02.0222	哥德尔配数法	Gödel numbering	
02.0223	分层	hierarchy	对某特定对象类按其元素定义的复杂性建立起来的带有包含关系的分类。

序码	汉文名	英文名	注释
02.0224	有限自动机	finite automaton	
02.0225	可接受标号	acceptable indexing	
02.0226	配对	pairing	
02.0227	可解性	solvability	
02.0228	正规算法	normal algorithm	
02.0229	通用函数	universal function	
02.0230	不可解性	unsolvability	
02.0231	λ 演算	λ-calculus, lambda-calculus	
02.0232	λ 可定义函数	λ-definable function, lambda-definable function	
02.0233	原始递归性	primitive recursiveness	
02.0234	能行可计算性	effective calculability	
02.0235	能行性	effectiveness	
02.0236	原始递归式	primitive recursion	
02.0237	μ 算子	μ-operator, mu-operator	
02.0238	递归函数	recursive function	
02.0239	递归集	recursive set	
02.0240	递归可枚举集	recursively enumerable set	
02.0241	递归性	recursiveness	
02.0242	博雷尔分层	Borel hierarchy	
02.0243	丢番图关系	Diophantine relation	
02.0244	超算术	hyperarithmetic	
02.0245	计算复杂性	computational complexity	
02.0246	容许序数	admissible ordinal	
02.0247	超跃变	hyperjump	
02.0248	容许集	admissible set	
02.0249	算术谓词	arithmetical predicate	
02.0250	有限型	finite type	
02.0251	算术分层	arithmetical hierarchy	
02.0252	解析分层	analytic hierarchy	
02.0253	NP 问题	NP problem	
02.0254	图灵机	Turing machine	
02.0255	确定性图灵机	deterministic Turing machine	
02.0256	非确定性图灵机	non-deterministic Turing machine	
02.0257	可计算性	computability	
02.0258	停机问题	halting problem	

序码	汉文名	英文名	注释
02.0259	自动机	automata	
02.0260	字母表	alphabet	
02.0261	算法	algorithm	机械地解决问题的程序。
02.0262	计算	computation	
02.0263	间隙	gap	
02.0264	枚举	enumeration	
02.0265	瞬时描述	instantaneous description	
02.0266	次递归性	subrecursiveness	
02.0267	带	tape	
02.0268	标号	label	
02.0269	加速	speedup	
02.0270	正合对	exact pair	
02.0271	创造集	creative set	
02.0272	控制函数	dominant function	
02.0273	超单纯	hypersimple	
02.0274	及时单纯集	promptly simple set	
02.0275	相对递归性	relative recursiveness	
02.0276	跃变	jump	
02.0277	可归约[的]	reducible	
02.0278	优先[方]法	priority method	
02.0279	损害集	injury set	
02.0280	极大集	maximal set	
02.0281	单[纯]集	simple set	
02.0282	极小对	minimal pair	
02.0283	度	degree	在图灵归约关系下集合的等价类。
02.0284	极小度	minimal degree	
02.0285	一一可归约性	one-one reducibility	
02.0286	谕示	oracle	
02.0287	多一可归约性	many one reducibility	
02.0288	真假值表归约性	truth table reducibility	
02.0289	弱真假值表归约性	weak truth table reducibility	
02.0290	序数记号	ordinal notation	
02.0291	递归序数	recursive ordinal	
02.0292	孤[立]元	isol	

序码	汉文名	英文名	注释
02.0293	α 有限	α-finite, alpha-finite	
02.0294	α 递归性	α-recursion, alpha-recursion	
02.0295	递归可公理化	recursively axiomatizable	
02.0296	递归分析	recursive analysis	
02.0297	递归算术	recursive arithmetic	
02.0298	归约	reduction	
02.0299	图灵归约	Turing reduction	

02.5 数学基础

序码	汉文名	英文名	注释
02.0300	数学基础	foundation of mathematics	
02.0301	实无穷	actual infinity	
02.0302	潜无穷	potential infinity	
02.0303	有限论者	finitist	
02.0304	逻辑主义	logicism	
02.0305	直觉主义	intuitionism	
02.0306	公理学	axiomatics	
02.0307	直谓[的]	predicative	
02.0308	形式主义	formalism	
02.0309	非直谓[的]	impredicative	
02.0310	公理化理论	axiomatic theory	
02.0311	公理方法	axiomatic method	
02.0312	非形式公理学	informal axiomatics	

02.6 非经典逻辑

序码	汉文名	英文名	注释
02.0313	多值逻辑	multivalue logic, many-valued logic, multiple-value logic	
02.0314	模态逻辑	modal logic	
02.0315	归纳逻辑	inductive logic	
02.0316	时态逻辑	temporal logic	
02.0317	组合逻辑	combinatory logic	
02.0318	范畴逻辑	categorical logic	
02.0319	概率逻辑	probability logic	
02.0320	拓扑逻辑	topological logic	

03. 组合学·一般数学系统

序码	汉文名	英文名	注释

03.1 组合学

03.0001	组合学	combinatorics	
03.0002	组合分析	combinatorial analysis	
03.0003	排列	permutation	
03.0004	有重排列	permutation with repetition	
03.0005	无重排列	permutation without repetition	
03.0006	[循]环排列	circular permutation	
03.0007	组合	combination	
03.0008	有重组合	combination with repetition	
03.0009	无重组合	combination without repetition	
03.0010	计数问题	enumeration problem	
03.0011	母函数	generating function	
03.0012	指数母函数	exponential generating function	
03.0013	更列问题	derangement problem	
03.0014	线性递归关系	linear recurrence	
03.0015	非线性递归关系	non-linear recurrence	
03.0016	分配问题	distribution problem	
03.0017	有序分拆	ordered partition	
03.0018	无序分拆	unordered partition	
03.0019	高斯－雅可比恒等式	Gauss-Jacobi identity	
03.0020	积和式	permanent	
03.0021	区组设计	block design	
03.0022	区组设计的关联矩阵	incidence matrix of a block design	
03.0023	组合设计	combinatorial design	
03.0024	完全区组设计	complete block design	
03.0025	不完全区组设计	incomplete block design	
03.0026	平衡设计	balanced design	
03.0027	平衡区组设计	balanced block design	
03.0028	平衡不完全区组设计	balanced incomplete block design	简称“BIB 设计”。
03.0029	部分平衡不完全	partially balanced incomplete	简称“PBIB 设计”。

序码	汉文名	英文名	注释
	区组设计	block design	
03.0030	对称区组设计	symmetric block design	
03.0031	导出区组设计	derived block design	
03.0032	剩余区组设计	residual block design	
03.0033	最优区组设计	optimal block design	
03.0034	按对平衡区组设计	pairwise balanced block design	
03.0035	对偶区组设计	dual block design	
03.0036	区组设计自同构	automorphism of block design	
03.0037	最小覆盖	minimal covering	
03.0038	填装	packing	
03.0039	最大填装	maximal packing	
03.0040	幻方	magic square	
03.0041	三元系	triple system	
03.0042	施泰纳三元系	Steiner triple system	
03.0043	循环[区组]设计	cyclic block design	
03.0044	群差集	group difference set	
03.0045	循环差集乘子	multiplier of cyclic difference set	
03.0046	循环拟差集	cyclic quasi-difference set	
03.0047	分圆数	cyclotomic number	
03.0048	正则[区组]设计	regular block design	
03.0049	阿达马设计	Hadamard block design	
03.0050	阿达马矩阵	Hadamard matrix	
03.0051	反称型阿达马矩阵	Hadamard matrices of skew type	
03.0052	有限几何	finite geometry	
03.0053	平面设计	planar design	
03.0054	构形	configuration	
03.0055	完全设计	complete design	
03.0056	横截系	transversal system	
03.0057	横截设计	transversal design	
03.0058	余正二次型	copositive quadratic form	

03.2 图论

03.0059	图论	graph theory	
03.0060	图	graph	
03.0061	有向图	digraph, directed graph	

序码	汉文名	英文名	注释
03.0062	顶点	vertex	
03.0063	边	edge, line	
03.0064	弧	arc	又称“有向边(directed edge)”。
03.0065	图的关联矩阵	incidence matrix of a graph	
03.0066	邻顶点	adjacent vertices	
03.0067	邻边	adjacent edges	
03.0068	自环	loop	
03.0069	重边	multiple edges	
03.0070	重图	multigraph	
03.0071	单图	simple graph	
03.0072	定向图	oriented graph	
03.0073	无向图	undirected graph	
03.0074	图同构	isomorphism of graphs	
03.0075	重构	reconstruction	
03.0076	子图	subgraph	
03.0077	生成子图	spanning subgraph	
03.0078	顶点子图	vertex subgraph	
03.0079	边子图	edge-subgraph	
03.0080	诱导子图	induced subgraph	
03.0081	母图	supergraph	
03.0082	通道	walk	
03.0083	[轨]迹	trail	
03.0084	路	path	
03.0085	圈	cycle	
03.0086	圈秩	cycle rank	
03.0087	连通图	connected graph	
03.0088	连通分支	connected component	
03.0089	联结数	binding number	
03.0090	全不连通图	totally disconnected graph	
03.0091	图的围长	girth of a graph	
03.0092	周长	circumference	
03.0093	连通图直径	diameter of a connected graph	
03.0094	顶点次数	degree of a vertex	
03.0095	正则图	regular graph	
03.0096	距离正则图	distance-regular graph	
03.0097	n 立方图	n-cube	

序码	汉文名	英文名	注释
03.0098	*k* 分图	*k*-nary graph	
03.0099	完全 *k* 分图	complete *k*-nary graph	
03.0100	补图	complement of a graph	
03.0101	完全图	complete graph	
03.0102	拉姆齐数	Ramsey number	
03.0103	交图	intersection graph	
03.0104	团	clique	
03.0105	团图	clique graph	
03.0106	迭代团图	iterated clique graph	
03.0107	二部图	bipartite graph	
03.0108	完全二部图	complete bipartite graph	
03.0109	割点	cut point	
03.0110	图的桥	bridge of a graph	
03.0111	割点图	cut point graph	
03.0112	无圈图	acyclic graph	
03.0113	割集	cutset	
03.0114	余圈	cocycle	
03.0115	余圈秩	cocycle rank	
03.0116	回路	circuit	
03.0117	独立集	independent set，stable set	
03.0118	极大独立集	maximal independent set	
03.0119	最大独立集	maximum independent set	
03.0120	拟图	graphoid	
03.0121	余回路	cocircuit	
03.0122	连通度	connectivity	
03.0123	[顶]点连通度	vertex connectivity	
03.0124	边连通度	edge-connectivity	
03.0125	图分拆	partition of a graph	
03.0126	欧拉[轨]迹	Eulerian trail	
03.0127	欧拉图	Euler graph	
03.0128	哈密顿圈	Hamiltonian cycle	
03.0129	哈密顿图	Hamiltonian graph	
03.0130	德布鲁因图	de Brujin graph	
03.0131	边图	edge graph	
03.0132	递归边图	recursive edge graph	
03.0133	图秩	rank of a graph	
03.0134	秩多项式	rank polynomial	

序 码	汉 文 名	英 文 名	注 释
03.0135	全图	total graph	
03.0136	1-因子	1-factor	
03.0137	彼得松图	Peterson graph	
03.0138	塔特图	Tutte graph	
03.0139	[顶]点覆盖	vertex cover	
03.0140	[顶]点覆盖数	vertex cover number	
03.0141	边覆盖	edge cover	
03.0142	边覆盖数	edge covering number	
03.0143	独立边集	independent set of edges	
03.0144	边独立数	edge independent number	
03.0145	独立[顶]点集	independent set of vertices	
03.0146	[顶]点独立数	vertex independent number	
03.0147	匹配	matching	
03.0148	交错链	alternating chain	
03.0149	临界边	critical edge	
03.0150	临界[顶]点	critical vertex	
03.0151	临界图	critical graph	
03.0152	平面图	plane graph	
03.0153	平面嵌入	planar embedding	
03.0154	平面性	planarity	
03.0155	可平面图	planar graph	
03.0156	组合地图	combinatorial map	
03.0157	对偶地图	dual map	
03.0158	曲面嵌入	surface embedding	
03.0159	图同胚	homeomorphism of graphs	
03.0160	图亏格	genus of a graph	
03.0161	最大亏格	maximum genus	
03.0162	商图	quotient graph	
03.0163	有根图	rooted graph	
03.0164	分裂[运算]	splitting	
03.0165	舍弃[运算]	deletion	
03.0166	缩并[运算]	contraction	
03.0167	有色图	colored graph	
03.0168	色数	chromatic number	
03.0169	四色问题	four color problem	
03.0170	边色数	edge chromatic number	
03.0171	色不变量	chromatic invariant	

序　码	汉 文 名	英 文 名	注　　释
03.0172	色多项式	chromatic polynomial, chromial	
03.0173	色剖分	chromatic partition	
03.0174	色和方程	chromatic sum equation	
03.0175	图同态	homomorphism of graphs	
03.0176	塔特多项式	Tutte polynomial	
03.0177	邻接矩阵	adjacent matrix	
03.0178	图谱	spectrum of a graph	
03.0179	圈矩阵	cycle matrix	
03.0180	图自同构群	automorphism group of a graph	
03.0181	顶点传递图	vertex transitive graph	
03.0182	边传递图	edge-transitive graph	
03.0183	距离传递图	distance transitive graph	
03.0184	*s* 弧传递图	*s*-arc transitive graph	
03.0185	齐次图	homogeneous graph	
03.0186	对称图	symmetric graph	
03.0187	顶点对称	vertex symmetry	
03.0188	边对称	edge symmetry	
03.0189	标号图	labeled graph	
03.0190	幂群	power group	
03.0191	轮换指数	cycle index	
03.0192	波利亚计数定理	Polya enumeration theorem	
03.0193	树	tree	
03.0194	有向树	directed tree	
03.0195	有色树	colored tree	
03.0196	树形图	arborescence	
03.0197	顶点的权	weight of a vertex	
03.0198	完全树	complete tree	
03.0199	余树	cotree	
03.0200	有根树	rooted tree	
03.0201	出次数	outdegree	
03.0202	入次数	indegree	
03.0203	源点	source	
03.0204	汇点	sink	
03.0205	出树	outtree	
03.0206	入树	intree	
03.0207	强连通[的]	strongly connected	
03.0208	单向连通[的]	unilaterally connected	

序码	汉文名	英文名	注释
03.0209	弱连通[的]	weakly connected	
03.0210	反向图	converse digraph	
03.0211	有向对偶原理	principle of directional duality	
03.0212	倍图	double graph	
03.0213	超图	hypergraph	

03.3 序·格·一般数学系统

序码	汉文名	英文名	注释
03.0214	序	order, ordering	
03.0215	偏序	partial ordering	曾用名“半序(semi-ordering)”。
03.0216	全序[的]	totally ordered, linearly ordered	
03.0217	平凡序[的]	trivial ordered	
03.0218	反称[的]	anti-symmetric	
03.0219	偏序集	partially ordered set, poset	
03.0220	全序集	totally ordered set	
03.0221	保序映射	order-preserving mapping	
03.0222	序同构	order isomorphism	
03.0223	序型	order type	
03.0224	后继	successor	
03.0225	前导	predecessor	
03.0226	可比较[的]	comparable	
03.0227	不可比[的]	incomparable	
03.0228	极小元	minimal element	
03.0229	极大元	maximal element	
03.0230	滤子	filter	
03.0231	超滤子	ultrafilter	
03.0232	格论	lattice theory	
03.0233	格	lattice	
03.0234	交	meet	
03.0235	并	join	
03.0236	吸收律	absorption law	
03.0237	幂等律	idempotent law	
03.0238	半格	semi-lattice	
03.0239	交半格	meet semi-lattice	
03.0240	并半格	join semi-lattice	
03.0241	子格	sublattice	
03.0242	格同态	lattice homomorphism	

序　码	汉 文 名	英 文 名	注　释
03.0243	格同构	lattice isomorphism	
03.0244	对偶格	dual lattice	
03.0245	代换性质	substitution property	
03.0246	格理想	ideal of a lattice	
03.0247	格滤子	filter of a lattice	又称“对偶理想(dual ideal)”。
03.0248	对偶同态	dual homomorphism	
03.0249	对偶同构	dual isomorphism	
03.0250	保并同态	join-preserving homomorphism	
03.0251	同余格	congruence lattice	
03.0252	商格	quotient lattice	
03.0253	同态的同余核	congruence kernel of a homomorphism	
03.0254	同态的理想核	ideal kernel of a homomorphism	
03.0255	同余关系	congruence relation	
03.0256	理想格	ideal lattice	
03.0257	主滤子	principal filter	
03.0258	素滤子	prime filter	
03.0259	格等式	lattice equality	
03.0260	格多项式	lattice polynomial	
03.0261	分配格	distributive lattice	
03.0262	自由格	free lattice	
03.0263	偏格	partial lattice	
03.0264	补元	complement of an element	
03.0265	相对补	relative complement	
03.0266	伪补	pseudo-complement	
03.0267	有补格	complemented lattice	
03.0268	相对有补格	relatively complemented lattice	
03.0269	伪补格	pseudo-complemented lattice	
03.0270	截段有补格	sectionally complemented lattice	
03.0271	完全格	complete lattice	
03.0272	原子	atom	
03.0273	原子格	atom lattice	
03.0274	并不可约元	join irreducible element	
03.0275	交不可约元	meet irreducible element	
03.0276	完全交不可约元	completely meet irreducible element	

序　码	汉　文　名	英　文　名	注　　释
03.0277	双不可约元	doubly irreducible element	
03.0278	德摩根恒等式	De Morgan identity	
03.0279	模格	modular lattice	
03.0280	半模格	semi-modular lattice	
03.0281	弱模格	weakly modular lattice	
03.0282	布尔格	Boolean lattice	
03.0283	布尔空间	Boolean space	
03.0284	布尔代数	Boolean algebra	
03.0285	布尔环	Boolean ring	
03.0286	布尔多项式	Boolean polynomial	
03.0287	原子的布尔多项式	atomic Boolean polynomial	
03.0288	对称差	symmetric difference	
03.0289	布尔方程	Boolean equation	
03.0290	广义布尔代数	generalized Boolean algebra	
03.0291	广义布尔格	generalized Boolean lattice	
03.0292	紧生成格	compactly generated lattice	
03.0293	紧元	compact element	
03.0294	代数格	algebraic lattice	
03.0295	无穷分配	infinite distributive	
03.0296	并无穷分配	join infinite distributive	
03.0297	交无穷分配	meet infinite distributive	
03.0298	完全无穷分配	complete infinite distributive	
03.0299	斯通空间	Stone space	
03.0300	斯通代数	Stone algebra	
03.0301	斯通格	Stone lattice	
03.0302	斯通对偶	Stone duality	
03.0303	稠元	dense element	
03.0304	稠格	dense lattice	
03.0305	双格	double lattice	
03.0306	双斯通格	double Stone lattice	
03.0307	次直表示	subdirect representation	
03.0308	次直不可约[的]	subdirectly irreducible	
03.0309	直不可分解格	directly indecomposable lattice	
03.0310	单格	simple lattice	
03.0311	子商	subquotient	
03.0312	分配元	distributive element	

序码	汉文名	英文名	注释
03.0313	标准元	standard element	
03.0314	中性元	neutral element	
03.0315	中心元	center element	
03.0316	不可分解格	indecomposable lattice	
03.0317	对称格	symmetric lattice	
03.0318	几何格	geometric lattice	
03.0319	连续格	continuous lattice	
03.0320	上连续格	upper continuous lattice	
03.0321	分划格	partition lattice	
03.0322	度量格	metric lattice	
03.0323	交表示	meet representation	
03.0324	并表示	join representation	
03.0325	无赘表示	irredundant representation	
03.0326	格等式类	equational class of lattices	
03.0327	分裂格	splitting lattice	
03.0328	可比较补	comparable complement	
03.0329	德摩根代数	De Morgan algebra	
03.0330	拓扑格	topological lattice	
03.0331	武卡谢维奇三值代数	Lukasiewicz trivalent algebra	

03.4 泛代数

序码	汉文名	英文名	注释
03.0332	泛代数	universal algebra	
03.0333	空元运算	nullary operation	
03.0334	一元运算	unary operation	
03.0335	二元运算	binary operation	
03.0336	*n* 元运算	*n*-ary operation	
03.0337	基本运算	fundamental operations	
03.0338	底集	universe	
03.0339	泛代数的型	type of an universal algebra	
03.0340	海廷代数	Heyting algebra	
03.0341	布劳威尔代数	Brauwerian algebra	
03.0342	柱形代数	cylindric algebra	
03.0343	子底集	subuniverse	
03.0344	无赘基	irredundant basis	
03.0345	泛代数的同余[关系]	congruence on universal algebra	

序码	汉文名	英文名	注释
03.0346	商泛代数	quotient universal algebra	
03.0347	主同余	principal congruence	
03.0348	同余分配代数	congruence-distributive algebra	
03.0349	同余模代数	congruence-modular algebra	
03.0350	同余可换代数	congruence-permutable algebra	
03.0351	因子同余	factor congruence	
03.0352	单泛代数	simple universal algebra	
03.0353	极大泛代数	maximal universal algebra	
03.0354	类算子	class operator	
03.0355	泛代数类	class of universal algebras	
03.0356	泛代数簇	variety of universal algebras	
03.0357	项泛代数	term universal algebra	
03.0358	自由泛代数	free universal algebra	
03.0359	全不变同余	fully invariant congruence	
03.0360	布尔幂	Boolean power	
03.0361	超积	ultraproduct	
03.0362	超幂	ultrapower	
03.0363	布尔积	Boolean product	
03.0364	判别子簇	discriminantor variety	
03.0365	半单泛代数	semi-simple universal algebra	
03.0366	半单簇	semi-simple variety	

04. 代数学·代数几何学

序码	汉文名	英文名	注释

04.1 算术

序码	汉文名	英文名	注释
04.0001	算术	arithmetic	
04.0002	数论	number theory	
04.0003	零	zero	
04.0004	整数	integer, integral number, whole number	
04.0005	正整数	positive integer	又称“自然数(natural number)”。
04.0006	负整数	negative integer	
04.0007	正号	positive sign	
04.0008	负号	negative sign	
04.0009	加法	addition	
04.0010	和	sum	
04.0011	加	plus	
04.0012	加数	addend	
04.0013	被加数	summand	
04.0014	减法	subtraction	
04.0015	差	difference	
04.0016	减	minus	
04.0017	减数	subtrahend	
04.0018	被减数	minuend	
04.0019	代数和	algebraic sum	
04.0020	乘法	multiplication	
04.0021	积	product	
04.0022	乘	multiply	
04.0023	乘数	multiplicator	
04.0024	被乘数	multiplicand	
04.0025	连乘积	continued product	
04.0026	阶乘	factorial	
04.0027	除法	division	
04.0028	除	divide	
04.0029	带余除法	division with remainder, division algorithm	

序　码	汉　文　名	英　文　名	注　　释
04.0030	除数	divisor	
04.0031	被除数	dividend	
04.0032	商	quotient	
04.0033	余数	remainder	
04.0034	幂	power	又称“乘方”。
04.0035	指数	exponent	
04.0036	底数	base number	
04.0037	平方	square	
04.0038	立方	cube	
04.0039	整指数	integral exponent	
04.0040	分[数]指数	fractional exponent	
04.0041	指数律	exponential law	
04.0042	因数	factor	又称“约数”。
04.0043	倍数	multiple	
04.0044	公因数	common divisor	
04.0045	最大公因数	greatest common divisor	
04.0046	公倍数	common multiple	
04.0047	最小公倍数	least common multiple	
04.0048	欧几里得算法	Euclid algorithm	又称“辗转相除法”。
04.0049	奇数	odd integer	
04.0050	偶数	even integer	
04.0051	素数	prime number, prime	
04.0052	合数	composite number	
04.0053	互素	coprime, relatively prime	
04.0054	因数分解	factorization	
04.0055	算术基本定理	fundamental theorem of arithmetic	
04.0056	标准分解式	standard factorization	
04.0057	孪生素数	prime twins	
04.0058	费马数	Fermat number	
04.0059	梅森数	Mersenne number	
04.0060	完满数	perfect number	
04.0061	有理数	rational number	
04.0062	分数	fraction	
04.0063	分子	numerator	
04.0064	分母	denominator	
04.0065	约分	reduction of a fraction	

序码	汉文名	英文名	注释
04.0066	不可约分数	irreducible fraction	又称“简分数”。
04.0067	带分数	mixed fraction	
04.0068	公分母	common denominator	
04.0069	最小公分母	least common denominator	
04.0070	通分	reduction of fractions to a common denominator	
04.0071	比	ratio	
04.0072	前项	antecedent	
04.0073	后项	consequent	
04.0074	比例	proportion	
04.0075	比例外项	extreme terms of proportion	
04.0076	比例内项	internal terms of proportion	
04.0077	比例中项	mean term of proportion	
04.0078	连比	continued proportion	
04.0079	比例常数	constant of proportionality	
04.0080	正比	direct proportion	
04.0081	反比	inverse proportion	
04.0082	合比	proportion by addition	
04.0083	分比	proportion by subtraction	
04.0084	更比	proportion by alternation	
04.0085	百分法	percentage	
04.0086	百分率	percent	
04.0087	十进制	decimal scale	
04.0088	十进制数字	decimal digit	
04.0089	二进制	binary system	
04.0090	十进二进制转换	decimal-binary conversion	
04.0091	[十进]小数	decimal	
04.0092	小数位	decimal place	
04.0093	小数点	decimal point	
04.0094	循环小数	recurring decimal	
04.0095	纯循环小数	pure recurring decimal	
04.0096	混循环小数	mixed recurring decimal	
04.0097	有尽小数	terminating decimal	
04.0098	无尽小数	unlimited decimal	
04.0099	不能除尽[的]	indivisible	
04.0100	开方	radication	
04.0101	被开方数	radicand	

序　码	汉　文　名	英　文　名	注　　释
04.0102	开平方	extraction of square root	
04.0103	开立方	extraction of cubic root	
04.0104	根式	radical	
04.0105	根指数	radical exponent	
04.0106	根号	radical sign	
04.0107	同类根式	similar surds	
04.0108	不尽根	surd root	
04.0109	算术根	arithmetic root	
04.0110	有理化分母	rationalizing denominators	
04.0111	有理化因子	rationalizing factor	
04.0112	不可公度的	incommensurable	
04.0113	无理数	irrational number	
04.0114	实数	real number	
04.0115	数轴	number axis	
04.0116	正数	positive number	
04.0117	负数	negative number	
04.0118	绝对值	absolute value	
04.0119	复数	complex number	
04.0120	虚数	imaginary number	
04.0121	虚数单位	imaginary unit	
04.0122	纯虚数	pure imaginary number	
04.0123	单位根	roots of unity	
04.0124	棣莫弗公式	De Moivre formula	
04.0125	二项式定理	binomial theorem	
04.0126	二项式系数	binomial coefficients	
04.0127	杨辉三角形	Pascal triangle	
04.0128	等差数列	arithmetic progression	又称“算术数列”。
04.0129	公差	common difference	
04.0130	首项	leading term	
04.0131	末项	last term	
04.0132	等比数列	geometric progression	又称“几何数列”。
04.0133	公比	common ratio	
04.0134	算术平均	arithmetic mean	
04.0135	几何平均	geometric mean	
04.0136	调和数列	harmonic progression	
04.0137	调和平均	harmonic mean	
04.0138	等差级数	arithmetic series	

序　码	汉 文 名	英 文 名	注　　释
04.0139	等比级数	geometric series	
04.0140	高阶等差数列	arithmetic progression of higher order	
04.0141	法里序列	Farey sequence	
04.0142	斐波那契数	Fibonacci numbers	
04.0143	同余数	congruent number	
04.0144	连分数	continued fraction	
04.0145	渐近分数	convergents	
04.0146	简单连分数	simple continued fraction	
04.0147	有限连分数	finite continued fraction	
04.0148	无限连分数	infinite continued fraction	
04.0149	循环连分数	recurring continued fraction	
04.0150	狄利克雷抽屉原理	Dirichlet box principle	
04.0151	容斥原理	including-excluding principle, cross classification	
04.0152	同余式	congruence	
04.0153	同余方程	congruence	
04.0154	同余[的]	congruent	
04.0155	模数	modulus	
04.0156	非同余	incongruent	
04.0157	剩余	residue	
04.0158	非剩余	non-residue	
04.0159	剩余类	residue class	
04.0160	剩余类的代表	representative of a residue class	
04.0161	完全剩余系	complete system of residues	
04.0162	既约剩余系	reduced system of residues	
04.0163	欧拉 φ 函数	Euler φ-function	
04.0164	一次同余方程	linear congruence	
04.0165	孙子剩余定理	Chinese remainder theorem	又称“中国剩余定理”。
04.0166	二次同余方程	quadratic congruence	
04.0167	二次剩余	quadratic residue	
04.0168	勒让德符号	Legendre symbol	
04.0169	二次互反律	quadratic reciprocity law	
04.0170	雅可比符号	Jacobi symbol	
04.0171	克罗内克符号	Kronecker symbol	

序码	汉文名	英文名	注释
04.0172	原根	primitive root	
04.0173	埃拉托色尼筛法	sieve of Eratosthenes	
04.0174	丢番图方程	Diophantine equation	
04.0175	丢番图几何	Diophantine geometry	
04.0176	不定方程	indeterminate equation	
04.0177	整二次型	integral quadratic form	
04.0178	三次型	cubic form	
04.0179	二元三次型	binary cubic form	
04.0180	费马大定理	Fermat last theorem	
04.0181	超越数	transcendental number	
04.0182	丢番图逼近	Diophantine approximation	
04.0183	超越数论	transcendental number theory	
04.0184	一致分布	uniform distribution	
04.0185	数的几何	geometry of numbers	
04.0186	圆问题	circle problem	
04.0187	解析数论	analytic number theory	
04.0188	三角和	trigonometric sum	
04.0189	指数和	exponential sum	
04.0190	特征[标]	character	
04.0191	特征[标]和	character sum	
04.0192	高斯和	Gauss sum	
04.0193	克卢斯特曼和	Kloosterman sum	
04.0194	外尔和	Weyl sum	
04.0195	华-维诺格拉多夫方法	Hua-Vinogradov method	
04.0196	范德科普方法	Van der Corput method	
04.0197	狄利克雷特征[标]	Dirichlet character	
04.0198	本原特征[标]	primitive character	
04.0199	狄利克雷 L 级数	Dirichlet L-series	
04.0200	筛法	sieve	
04.0201	大筛法	large sieve	
04.0202	乘性数论	multiplicative number theory	
04.0203	素数分布	distribution of primes	
04.0204	素数定理	prime number theorem	
04.0205	算术函数	arithmetic function	

序　码	汉　文　名	英　文　名	注　　释
04.0206	狄利克雷乘法	Dirichlet multiplication	
04.0207	乘性函数	multiplicative function	
04.0208	完全乘性函数	completely multiplicative function	
04.0209	除数函数	divisor function	
04.0210	曼戈尔特函数	Mangoldt function	
04.0211	默比乌斯函数	Möbius function	
04.0212	默比乌斯反演公式	Möbius inversion formula	
04.0213	除数问题	divisor problem	
04.0214	加性数论	additive number theory	又称“堆垒数论”。
04.0215	华林问题	Waring problem	
04.0216	哥德巴赫问题	Goldbach problem	
04.0217	分拆函数	partition function	
04.0218	哈代-李特尔伍德方法	Hardy-Littlewood method	
04.0219	戴德金 ζ 函数	Dedekind ζ-function	
04.0220	阿廷 L 函数	Artin L-function	
04.0221	阿廷根数	Artin root number	
04.0222	p 进 L 函数	p-adic L-function	
04.0223	狄利克雷密度	Dirichlet density, analytic density	
04.0224	自然密度	natural density	
04.0225	代数数论	algebraic number theory	
04.0226	代数数域	algebraic number field	简称“数域”。
04.0227	代数数	algebraic number	
04.0228	代数整数	algebraic integer	
04.0229	共轭代数数	conjugate algebraic numbers	
04.0230	代数整数环	ring of algebraic integers	
04.0231	整基	integral basis	
04.0232	判别式	discriminant	
04.0233	数域的判别式	discriminant of number field	
04.0234	整理想	integral ideal	
04.0235	分式理想	fractional ideal	
04.0236	主理想	principal ideal	
04.0237	理想的范	norm of an ideal	
04.0238	差积	different	
04.0239	理想的素分解	prime decomposition of ideals	
04.0240	完全分裂	completely splitting	

序　码	汉 文 名	英 文 名	注　　释
04.0241	理想类	ideal class	
04.0242	狭义理想类	narrow ideal class	
04.0243	理想类群	ideal class group	
04.0244	类数	class number	
04.0245	基本单位系	system of fundamental units	
04.0246	分圆单位	cyclotomic units	
04.0247	调整子	regulator	
04.0248	分解群	decomposition group	
04.0249	分解域	decomposition field	
04.0250	惯性群	inertia group	
04.0251	惯性域	inertia field	
04.0252	分歧群	ramification group	
04.0253	分歧域	ramification field	
04.0254	弗罗贝尼乌斯自同构	Frobenius automorphism	
04.0255	幂剩余	power residue	
04.0256	幂互反律	power reciprocity law	
04.0257	三次互反律	cubic reciprocity law	
04.0258	四次互反律	biquadratic reciprocity law	
04.0259	范剩余	norm residue	
04.0260	范剩余符号	norm residue symbol	
04.0261	希尔伯特乘积公式	Hilbert product formula	
04.0262	乘性同余	multiplicative congruence	
04.0263	广义理想类群	generalized ideal class group	
04.0264	类域论	class field theory	
04.0265	整体类域论	global class field theory	
04.0266	局部类域论	local class field theory	
04.0267	卢宾－泰特形式群	Lubin-Tate formal group	
04.0268	类域	class field	
04.0269	类群	class group	
04.0270	束类域	ray class field	
04.0271	束类群	ray class group	
04.0272	束类群的模	modulus of ray class group	
04.0273	数域的导子	conductor of number field	
04.0274	阿廷映射	Artin map	

序码	汉文名	英文名	注释
04.0275	互反律	reciprocity law	
04.0276	限制直积	restricted direct product	
04.0277	伊代尔	idéle	
04.0278	伊代尔群	idéle group	
04.0279	伊代尔类群	idéle class group	
04.0280	拟特征[标]	quasi-character	
04.0281	赫克特征[标]	Hecke character, Grössen-charakter(德)	
04.0282	阿代尔	adéle	
04.0283	阿代尔环	adéle ring	
04.0284	希尔伯特类域	Hilbert class field	
04.0285	有理数域	rational number field	
04.0286	二次域	quadratic field	
04.0287	实二次域	real quadratic field	
04.0288	虚二次域	imaginary quadratic field	
04.0289	CM 域	CM field	
04.0290	类结构	class formation	
04.0291	施蒂克贝格理想	Stickelberger ideal	
04.0292	施蒂克贝格元	Stickelberger element	
04.0293	常分布	ordinary distribution	
04.0294	泛分布	universal distribution	
04.0295	伯努利分布	Bernoulli distribution	
04.0296	分圆 Z_p 扩张	cyclotomic Z_p extension	
04.0297	特异多项式	distinguished polynomial	
04.0298	正则素数	regular prime	
04.0299	非正则素数	irregular prime	
04.0300	自共轭理想类	ambiguous class of ideals	
04.0301	理想的种	genus of ideals	
04.0302	主种	principal genus	
04.0303	种群	genus group	
04.0304	种域	genus field	
04.0305	代数函数域	algebraic function field	
04.0306	常量域	constant field	
04.0307	局部单值化	local uniformization	
04.0308	局部参数	local parameter	
04.0309	有限素除子	finite prime divisor	
04.0310	无限素除子	infinite prime divisor	

序码	汉文名	英文名	注释
04.0311	抽象黎曼面	abstract Riemann surface	
04.0312	有理函数域	rational function field	
04.0313	椭圆函数域	elliptic function field	
04.0314	超椭圆函数域	hyperelliptic function field	
04.0315	θ 函数	θ-function, theta-function	
04.0316	阿贝尔函数	Abelian function	
04.0317	阿贝尔函数域	Abelian function field	
04.0318	模群	modular group	
04.0319	同余子群	congruence subgroup	
04.0320	主同余子群	principal congruence subgroup	
04.0321	可公度子群	commensurable subgroups	
04.0322	基本区	fundamental domain	
04.0323	模形式	modular form	
04.0324	尖点形式	cusp form	
04.0325	模形式的权	weight of modular form	
04.0326	正则尖点	regular cusp	
04.0327	非正则尖点	irregular cusp	
04.0328	艾森斯坦级数	Eisenstein series	
04.0329	戴德金 η 函数	Dedekind η-function	
04.0330	希尔伯特模形式	Hilbert modular form	
04.0331	西格尔模形式	Siegel modular form	
04.0332	赫克环	Hecke ring	
04.0333	赫克算子	Hecke operator	
04.0334	彼得松内积	Peterson inner product	
04.0335	半整数权模形式	modular form of half-integer weight	
04.0336	志村提升	Shimura lift	
04.0337	志村互反律	Shimura reciprocity law	
04.0338	复乘	complex multiplication	
04.0339	p 进模形式	p-adic modular form	
04.0340	自守表示	automorphic representation	
04.0341	非阿贝尔类域论	non-Abelian class field theory	
04.0342	塞尔贝格迹公式	Selberg trace formula	
04.0343	椭圆曲线	elliptic curve	
04.0344	魏尔斯特拉斯方程	Weierstrass equation	
04.0345	勒让德正规形	Legendre normal form	

序码	汉文名	英文名	注释
04.0346	多伊林正规形	Deuring normal form	
04.0347	椭圆曲线的判别式	discriminant of elliptic curve	
04.0348	椭圆曲线的 j 不变量	j-invariant of elliptic curve	
04.0349	同源	isogeny	
04.0350	同源的	isogenous	
04.0351	对偶同源	dual isogeny	
04.0352	椭圆曲线的自同态	endomorphism of elliptic curve	
04.0353	泰特模	Tate module	
04.0354	l 进表示	l-adic representation	
04.0355	韦伊配对	Weil pairing	
04.0356	哈塞不变量	Hasse invariant	
04.0357	超奇椭圆曲线	supersingular elliptic curve	
04.0358	正常椭圆曲线	ordinary elliptic curve	
04.0359	p 进形式群	p-adic formal group	
04.0360	椭圆曲线的约化	reduction of elliptic curve	
04.0361	好约化	good reduction	
04.0362	坏约化	bad reduction	
04.0363	乘性约化	multiplicative reduction	
04.0364	加性约化	additive reduction	
04.0365	超奇约化	supersingular reduction	
04.0366	库默尔配对	Kummer pairing	
04.0367	卡塞尔斯配对	Cassels pairing	
04.0368	魏尔斯特拉斯 p 函数	Weierstrass p-function	
04.0369	椭圆曲线的高	height of elliptic curve	
04.0370	绝对高	absolute height	
04.0371	标准高	standard height	又称“内龙－泰特高(Neron-Tate height)”。
04.0372	局部高	local height	
04.0373	φ 下降法	φ-descent, phi-descent	
04.0374	有理点群	rational point group	
04.0375	莫德尔－韦伊群	Mordell-Weil group	
04.0376	椭圆曲线的秩	rank of elliptic curve	
04.0377	塞尔默群	Selmer group	

序　码	汉　文　名	英　文　名	注　　释
04.0378	沙法列维奇－泰特群	Shafarevich-Tate group	
04.0379	椭圆曲线的扭曲	twist of elliptic curve	
04.0380	主齐性空间	principal homogeneous space	
04.0381	内龙模型	Neron model	
04.0382	椭圆曲线的 L 级数	L-series of elliptic curve	
04.0383	BSD 猜想	Birch and Swinnerton-Dyer conjecture	全称“伯奇与斯温纳顿－戴尔猜想”。
04.0384	赫格内尔点	Heegner point	
04.0385	椭圆曲线的周期	periods of elliptic curve	
04.0386	模曲线	modular curve	
04.0387	泰特曲线	Tate curve	

04.2　域·多项式

04.0388	代数学	algebra	
04.0389	域论	field theory	
04.0390	域	field	
04.0391	子域	subfield	
04.0392	素域	prime field	
04.0393	域特征[数]	characteristic of field	
04.0394	基域	ground field	
04.0395	扩域	extension field	
04.0396	根添加	adjunction of roots	
04.0397	代数的	algebraic	
04.0398	代数元	algebraic element	
04.0399	超越的	transcendental	
04.0400	超越元	transcendental element	
04.0401	极小多项式	minimal polynomial	
04.0402	代数扩张	algebraic extension	
04.0403	有限扩张	finite extension	
04.0404	单扩张	simple extension	
04.0405	域扩张	field extension	
04.0406	域扩张次数	degree of field extension	
04.0407	本原元	primitive element	
04.0408	代数闭包	algebraic closure	
04.0409	代数闭域	algebraically closed field	

序码	汉文名	英文名	注释
04.0410	拟代数闭域	quasi-algebraically closed field	
04.0411	正规扩张	normal extension	
04.0412	一元多项式的分裂域	splitting field of a polynomial in an indeterminate	
04.0413	域的复合	composite of fields	
04.0414	迹	trace, spur	
04.0415	范	norm	
04.0416	可分多项式	separable polynomial	
04.0417	可分元	separable element	
04.0418	可分代数扩张	separable algebraic extension	
04.0419	可分代数闭包	separable algebraic closure	
04.0420	可分次数	separable degree	
04.0421	不可分次数	inseparable degree	
04.0422	完满域	perfect field	
04.0423	不可分扩张	inseparable extension	
04.0424	纯不可分扩张	pure inseparable extension	
04.0425	伽罗瓦论	Galois theory	
04.0426	伽罗瓦群	Galois group	
04.0427	伽罗瓦扩张	Galois extension	
04.0428	克鲁尔拓扑	Krull topology	
04.0429	伽罗瓦对应	Galois correspondence	
04.0430	共轭域	conjugate field	
04.0431	多项式伽罗瓦群	Galois group of polynomial	
04.0432	分圆域	cyclotomic field	
04.0433	分圆多项式	cyclotomic polynomial	
04.0434	循环扩张	cyclic extension	
04.0435	根式扩张	radical extension	
04.0436	库默尔扩张	Kummer extension	
04.0437	阿贝尔扩张	Abelian extension	
04.0438	伽罗瓦方程	Galois equation	
04.0439	有限域	finite field, Galois field	
04.0440	正规基	normal basis	
04.0441	维特向量	Witt vector	
04.0442	无限扩张	infinite extension	
04.0443	超越扩张	transcendental extension	
04.0444	代数相关[的]	algebraically dependent	
04.0445	代数无关[的]	algebraically independent	

序　码	汉　文　名	英　文　名	注　　释
04.0446	超越次数	degree of transcendence	
04.0447	超越基	transcendental basis	
04.0448	纯超越扩张	purely transcendental extension	
04.0449	线性无缘	linearly disjoint	
04.0450	分离超越基	separating transcendental basis	
04.0451	可分生成[的]	separably generated	
04.0452	可分扩张域	separable extension field	
04.0453	序域	ordered field	
04.0454	阿基米德序域	Archimedean ordered field	
04.0455	形式实域	formally real field	
04.0456	实封闭的	real closed	
04.0457	实闭包	real closure	
04.0458	全正元	totally positive element	
04.0459	全实域	totally real field	
04.0460	毕达哥拉斯域	Pythagorean field	
04.0461	正定有理函数	positive definite rational function	
04.0462	正半定有理函数	positive semi-definite rational function	
04.0463	非阿基米德序域	non-Archimedean ordered field	
04.0464	赋值论	valuation theory	
04.0465	赋值	valuation	
04.0466	有序阿贝尔群	ordered Abelian group	
04.0467	指数赋值	exponential valuation, Krull valuation	
04.0468	平凡赋值	trivial valuation	
04.0469	赋值等价	equivalence of valuations	
04.0470	赋值环	valuation ring	
04.0471	位	place	
04.0472	剩余域	residue field, residue class field	
04.0473	典范赋值	canonical valuation	
04.0474	赋值的阶	rank of a valuation	
04.0475	赋值的扩张	extension of a valuation	又称“赋值的开拓”。
04.0476	分歧指数	ramification index	
04.0477	剩余次数	residue degree	
04.0478	亨泽尔赋值	Hensel valuation	
04.0479	亨泽尔赋值域	Hensel valuation field	
04.0480	域的绝对值	absolute value of a field	

序码	汉文名	英文名	注释
04.0481	平凡绝对值	trivial absolute value	
04.0482	阿基米德绝对值	Archimedean absolute value	
04.0483	非阿基米德绝对值	non-Archimedean absolute value	
04.0484	域完全化	completion of a field	
04.0485	完全域	complete field	
04.0486	实数域	real number field	
04.0487	复数域	complex number field	
04.0488	p 进绝对值	p-adic absolute value	
04.0489	p 进数域	p-adic number field	
04.0490	p 进数	p-adic number	
04.0491	p 进整数	p-adic integer	
04.0492	二进域	dyadic field	
04.0493	离散赋值	discrete valuation	
04.0494	正规赋值	normal valuation	
04.0495	离散赋值环	discrete valuation ring	
04.0496	非分歧扩张	unramified extension	
04.0497	全分歧扩张	totally ramifield extension, completely ramified extension	
04.0498	弱分歧扩张	tamely ramified extension	
04.0499	强分歧扩张	wildly ramified extension	
04.0500	拓扑除环	topological division ring	
04.0501	局部域	local field	
04.0502	形式洛朗级数域	field of formal Laurent series	
04.0503	局部域的布饶尔群	Brauer group of a local field	
04.0504	局部紧可除代数	locally compact division algebra	
04.0505	全不连通的	totally disconnected	
04.0506	四元数	quaternion	
04.0507	四元数可除代数	quaternion division algebra	又称“四元数体”。
04.0508	微分代数	differential algebra	
04.0509	差代数	difference algebra	
04.0510	准域	near field	
04.0511	半域	semi-field	
04.0512	多项式环	polynomial ring	
04.0513	多项式	polynomial	
04.0514	未定元	indeterminate	

序码	汉文名	英文名	注释
04.0515	一元多项式	polynomial of one indeterminate	
04.0516	项	term	
04.0517	系数	coefficient	
04.0518	首项系数	leading coefficient	
04.0519	同类项	like term	
04.0520	多项式的次数	degree of a polynomial	
04.0521	零次	zero degree	
04.0522	首一多项式	monic polynomial	
04.0523	多元多项式	polynomial in several indeterminates	
04.0524	全次数	total degree	
04.0525	齐次多项式	homogeneous polynomial	
04.0526	非齐次多项式	inhomogeneous polynomial	
04.0527	齐次部分	homogeneous parts	
04.0528	不可约多项式	irreducible polynomial	
04.0529	因式	factor	
04.0530	倍式	multiple	
04.0531	因式分解	factorization	
04.0532	本原多项式	primitive polynomial	
04.0533	多项式的容度	content of a polynomial	
04.0534	艾森斯坦多项式	Eisenstein polynomial	
04.0535	代数式	algebraic expression	
04.0536	整式	integral expression	
04.0537	有理分式	rational fraction	
04.0538	完满平方	perfect square	
04.0539	恒等代换	identical substitution	
04.0540	移项	transposition of terms	
04.0541	配方	to complete square	
04.0542	有理分式域	field of rational fractions	
04.0543	部分分式	partial fraction	
04.0544	单项式	monomial	
04.0545	二项式	binomial	
04.0546	三项式	trinomial	
04.0547	长除法	long division	
04.0548	综合除法	synthetic division	
04.0549	对称多项式	symmetric polynomial	
04.0550	初等对称多项式	elementary symmetric polynomial	

序码	汉文名	英文名	注释
04.0551	基本对称多项式	fundamental symmetric polynomial	
04.0552	牛顿恒等式	Newton identities	
04.0553	结式	resultant	
04.0554	一元多项式的判别式	discriminant of a polynomial in one unknown	
04.0555	代数方程论	theory of algebraic equations	
04.0556	代数方程	algebraic equation	
04.0557	一元一次方程	linear equation with one unknown	
04.0558	一元二次方程	quadratic equation with one unknown	
04.0559	一元二次方程的判别式	discriminant of a quadratic equation in one unknown	
04.0560	三次方程	cubic equation	
04.0561	一般方程	general equation	
04.0562	不可约方程	irreducible equation	
04.0563	简化方程	reduced equation	
04.0564	二项方程	binomial equation	
04.0565	三项方程	trinomial equation	
04.0566	循环方程	cyclic equation	
04.0567	亚循环方程	metacyclic equation	
04.0568	互反方程	reciprocal equation	
04.0569	待定系数法	method of undetermined coefficient	
04.0570	高斯插值公式	Gauss interpolation formula	
04.0571	施图姆定理	Sturm theorem	
04.0572	根	root	
04.0573	有理根	rational root	
04.0574	无理根	irrational root	
04.0575	实根	real root	
04.0576	复根	complex root	
04.0577	虚根	imaginary root	
04.0578	复共轭的	complex conjugate	
04.0579	单根	simple root	
04.0580	重根	multiple root	
04.0581	二重根	double root	
04.0582	三重根	triple root	

序码	汉文名	英文名	注释
04.0583	根的重数	multiplicity of root	
04.0584	共轭根	conjugate roots	

04.3 线性代数

序码	汉文名	英文名	注释
04.0585	线性代数	linear algebra	
04.0586	矩阵论	theory of matrices	
04.0587	矩阵	matrix	
04.0588	方阵	square matrix	
04.0589	矩阵的元	entry of a matrix	
04.0590	列矩阵	column matrix	
04.0591	行矩阵	row matrix	
04.0592	零矩阵	zero matrix	
04.0593	单位矩阵	identity matrix, unit matrix	又称“幺矩阵”。
04.0594	标量矩阵	scalar matrix	
04.0595	转置	transpose	
04.0596	对角矩阵	diagonal matrix	
04.0597	矩阵的对角线	diagonal line of a matrix	
04.0598	次对角线	minor diagonal	
04.0599	子矩阵	submatrix	
04.0600	余子矩阵	complementary submatrix	
04.0601	矩阵的秩	rank of a matrix	
04.0602	列秩	column rank	
04.0603	行秩	row rank	
04.0604	矩阵的阶	order of a matrix	
04.0605	矩阵的迹	trace of a matrix	
04.0606	可逆矩阵	invertible matrix	
04.0607	非退化矩阵	non-degenerate matrix	
04.0608	退化矩阵	degenerate matrix	
04.0609	初等矩阵	elementary matrix	
04.0610	单项矩阵	monomial matrix	
04.0611	置换矩阵	permutation matrix	
04.0612	分块乘法	block multiplication	
04.0613	分块对角矩阵	block diagonal matrix	
04.0614	三角形矩阵	triangular matrix	
04.0615	上三角形矩阵	upper triangular matrix	
04.0616	伴随矩阵	adjoint matrix	
04.0617	转置伴随矩阵	adjugate matrix	

序码	汉文名	英文名	注释
04.0618	幺模矩阵	unimodular matrix	
04.0619	幂等矩阵	idenpotent matrix	又称“射影矩阵(projective matrix)”。
04.0620	幂零矩阵	nilpotent matrix	
04.0621	梯矩阵	echelon matrix	
04.0622	正交矩阵	orthogonal matrix	
04.0623	正常正交矩阵	proper orthogonal matrix	
04.0624	反常正交矩阵	improper orthogonal matrix	
04.0625	酉矩阵	unitary matrix	
04.0626	矩阵的逆	inverse of a matrix	
04.0627	对称矩阵	symmetric matrix	
04.0628	反称矩阵	skew-symmetric matrix, anti-symmetric matrix	又称“交错矩阵(alternating matrix)”。
04.0629	埃尔米特矩阵	Hermitian matrix	
04.0630	反埃尔米特矩阵	skew-Hermitian matrix, anti-Hermitian matrix	
04.0631	正规矩阵	normal matrix	
04.0632	正定矩阵	positive definite matrix	
04.0633	正半定矩阵	positive semi-definite matrix	
04.0634	负定矩阵	negative definite matrix	
04.0635	半定矩阵	semi-definite matrix	
04.0636	不定矩阵	indefinite matrix	
04.0637	实矩阵	real matrix	
04.0638	稳定矩阵	stable matrix	
04.0639	负稳定矩阵	negative stable matrix	
04.0640	矩阵的谱	spectrum of a matrix	
04.0641	极式分解	polar decomposition	
04.0642	黎曼矩阵	Riemann matrix	
04.0643	等价矩阵	equivalent matrices	
04.0644	相合矩阵	congruent matrices, cogradient matrices	
04.0645	相似矩阵	similar matrices	
04.0646	对角化方法	diagonalization method	
04.0647	三角形化	triangularization	
04.0648	行等价[的]	row equivalent	
04.0649	列等价[的]	column equivalent	
04.0650	典范矩阵	canonical matrix	

序码	汉文名	英文名	注释
04.0651	若尔当典范形	Jordan canonical form	
04.0652	有理典范形	rational canonical form	
04.0653	友矩阵	companion matrix	
04.0654	初等因子	elementary divisor	
04.0655	不变因子	invariant divisor	
04.0656	行列式因子	determinant divisor	
04.0657	矩阵的正规形	normal form of a matrix	
04.0658	特征多项式	characteristic polynomial	
04.0659	特征值	characteristic value	
04.0660	奇异值	singular value	
04.0661	奇异值分解	singular value decomposition	
04.0662	优势比	dominance ratio	
04.0663	非负矩阵	non-negative matrix	
04.0664	共轭矩阵	conjugate matrix	
04.0665	复合矩阵	compound matrix	
04.0666	稀疏矩阵	sparse matrix	
04.0667	增广矩阵	augmented matrix	
04.0668	加边矩阵	bordered matrix	
04.0669	矩阵的张量积	tensor product of matrices, Kronecker product of matrices	
04.0670	线性空间	linear space	又称"向量空间(vector space)"。
04.0671	向量	vector	又称"矢量"。
04.0672	标量	scalar	
04.0673	向量的加法	addition of vectors	
04.0674	标量乘法	scalar multiplication	
04.0675	向量的分量	component of a vector	
04.0676	零向量	zero vector	
04.0677	行向量	row vector	
04.0678	列向量	column vector	
04.0679	线性组合	linear combination	
04.0680	线性关系	linear relation	
04.0681	线性相关	linearly dependence	
04.0682	线性无关	linearly independence	
04.0683	子空间	subspace	
04.0684	真子空间	proper subspace	
04.0685	零空间	null space	

序码	汉文名	英文名	注释
04.0686	线性空间的基	basis of linear space	
04.0687	基变换	change of bases	
04.0688	线性空间同构	isomorphism of linear spaces	
04.0689	线性空间的维数	dimension of linear space	
04.0690	有限维向量空间	finite dimensional vector space	
04.0691	生成空间	spanning space	
04.0692	商空间	factor space	
04.0693	对偶空间	dual spaces	又称“共轭空间(conjugate spaces)”。
04.0694	对偶基	dual basis	
04.0695	自对偶[的]	self-dual	
04.0696	线性映射	linear mapping	
04.0697	线性变换	linear transformation	
04.0698	零变换	null transformation	
04.0699	线性映射的秩	rank of a linear mapping	
04.0700	线性映射的核	kernel of a linear mapping	
04.0701	线性变换的矩阵	matrix of a linear transformation	
04.0702	对偶[线性]映射	dual [linear] mapping	
04.0703	非奇异线性变换	non-singular linear transformation	
04.0704	逆步线性变换	contragradient linear transformation	
04.0705	余维[数]	codimension	
04.0706	不变子空间	invariant subspace	
04.0707	特征向量	characteristic vector	
04.0708	半单线性变换	semi-simple linear transformation	
04.0709	幂零线性变换	nilpotent linear transformation	
04.0710	若尔当分解	Jordan decomposition	
04.0711	左线性空间	left linear space	
04.0712	右线性空间	right linear space	
04.0713	半线性同构	semi-linear isomorphism	
04.0714	半线性映射	semi-linear mapping	
04.0715	实线性空间	real linear space	
04.0716	内积	inner product	又称“标量积(scalar product)”。
04.0717	欧几里得空间	Euclidean space	
04.0718	正定内积	positive definite scalar product	
04.0719	正交[的]	orthogonal	

序码	汉文名	英文名	注释
04.0720	向量的长[度]	length of a vector	
04.0721	单位向量	unit vector	
04.0722	正交基	orthogonal basis	
04.0723	规范正交基	orthonormal basis	又称“幺正基”。
04.0724	格拉姆－施密特正交化方法	Gram-Schmidt orthogonalization process	
04.0725	正交变换	orthogonal transformation	
04.0726	对称变换	symmetric transformation	
04.0727	反称变换	skew-symmetric transformation	
04.0728	复线性空间	complex linear space	
04.0729	酉空间	unitary space	
04.0730	酉变换	unitary transformation	
04.0731	埃尔米特变换	Hermitian transformation	
04.0732	反埃尔米特变换	skew-Hermitian transformation	
04.0733	正规变换	normal transformation	
04.0734	线性方程	linear equation	
04.0735	线性方程组	system of linear equations	
04.0736	克拉默法则	Cramer rule	
04.0737	相关线性方程	dependent linear equations	
04.0738	独立方程	independent equation	
04.0739	齐次线性方程组	system of homogeneous linear equations	
04.0740	非齐次线性方程组	system of non-homogeneous linear equations	
04.0741	初等变换	elementary transformation	
04.0742	平延	transvection	
04.0743	膨胀	dilatation	
04.0744	加减消元法	elimination by addition and subtraction	
04.0745	代入消元法	elimination by substitution	
04.0746	高斯消元法	Gauss elimination	
04.0747	行列式	determinant	
04.0748	矩阵的行列式	determinant of a matrix	
04.0749	子式	minor	
04.0750	余子式	cofactor	
04.0751	代数余子式	algebraic cofactor	
04.0752	主子式	principal minor	

序码	汉文名	英文名	注释
04.0753	行列式展开式	determinantal expansion	
04.0754	拉普拉斯展开式	Laplace expansion	
04.0755	西尔维斯特公式	Sylvester formula	
04.0756	伴随行列式	adjoint determinant	
04.0757	范德蒙德行列式	Vandermonde determinant	
04.0758	格拉姆行列式	Gram determinant	
04.0759	对称行列式	symmetric determinant	
04.0760	反称行列式	skew-symmetric determinant	
04.0761	群行列式	group determinant	
04.0762	循环行列式	cyclic determinant	
04.0763	三角形行列式	triangular determinant	

04.4 型

序码	汉文名	英文名	注释
04.0764	型	form	又称“齐式”。
04.0765	线性型	linear form	
04.0766	双线性型	bilinear form	
04.0767	双线性型的等价	equivalence of bilinear forms	
04.0768	非退化双线性型	non-degenerate bilinear form	
04.0769	非奇异双线性型	non-singular bilinear form	
04.0770	线性映射的转置	transpose of a linear map	
04.0771	对称双线性型	symmetric bilinear form	
04.0772	交错双线性型	alternate bilinear form	
04.0773	反称双线性型	skew-symmetric bilinear form	
04.0774	双线性映射	bilinear mapping	
04.0775	双线性函数	bilinear function	
04.0776	半双线性型	semi-bilinear form, sesquilinear form	
04.0777	伴随线性映射	adjoint linear map	
04.0778	半双线性型的自同构	automorphism of a sesquilinear form	
04.0779	二次型	quadratic form	
04.0780	二次型的等价	equivalence of quadratic forms	
04.0781	二次型的秩	rank of quadratic form	
04.0782	二次型的矩阵	matrix of quadratic form	
04.0783	二次型的判别式	discriminant of quadratic form	
04.0784	非退化二次型	non-degenerate quadratic form	
04.0785	埃尔米特二次型	Hermitian quadratic form	

序　码	汉 文 名	英 文 名	注　　释
04.0786	正定二次型	positive definite quadratic form	
04.0787	负定二次型	negative definite quadratic form	
04.0788	不定二次型	indefinite quadratic form	
04.0789	定二次型	definite quadratic form	
04.0790	正半定二次型	positive semi-definite quadratic form	
04.0791	负半定二次型	negative semi-definite quadratic form	
04.0792	惯性指数	index of inertia	
04.0793	符号差	signature	
04.0794	惯性律	law of inertia	
04.0795	二次空间	quadratic space	
04.0796	二次映射	quadratic mapping	
04.0797	等距同构	isometry	
04.0798	正则二次空间	regular quadratic space	
04.0799	二次空间的根	radical of a quadratic space	
04.0800	泛值型	universal form	
04.0801	正交和	orthogonal sum	
04.0802	自正交[的]	self-orthogonal	
04.0803	迷向向量	isotropic vector	
04.0804	非迷向向量	anisotropic vector	
04.0805	迷向子空间	isotropic subspace	
04.0806	非迷向子空间	anisotropic subspace	
04.0807	全迷向空间	totally isotropic space	
04.0808	双曲平面	hyperbolic plane	
04.0809	零型	null form	
04.0810	维特分解	Witt decomposition	
04.0811	维特指数	Witt index	
04.0812	维特环	Witt ring	
04.0813	维特－格罗滕迪克群	Witt-Grothendieck group	
04.0814	克利福德代数	Clifford algebra	
04.0815	偶克利福德代数	even Clifford algebra	
04.0816	普法夫型	Pfaff form	
04.0817	旋量范	spinor norm	
04.0818	哈塞－闵可夫斯基原理	Hasse-Minkowski principle	

序　码	汉　文　名	英　文　名	注　　释
04.0819	二次型的哈塞不变量	Hasse invariant of a quadratic form	
04.0820	沙尔劳互反公式	Scharlau reciprocity formula	
04.0821	普菲斯特二次型	Pfister quadratic form	
04.0822	乘性二次型	multiplicative quadratic form	
04.0823	强乘性二次型	strongly multiplicative quadratic form	
04.0824	域的水平	level of a field	
04.0825	域的高	height of a field	
04.0826	域的 u 不变量	u-invariant of a field	
04.0827	二次空间的格	lattice in a quadratic space	
04.0828	格的类	class of a lattice	
04.0829	格的种	genus of a lattice	
04.0830	格的旋量种	spinor genus of a lattice	
04.0831	多重线性代数	multilinear algebra	
04.0832	多重线性型	multilinear form	
04.0833	多重线性映射	multilinear mapping	
04.0834	张量	tensor	
04.0835	张量代数	tensor algebra	
04.0836	张量空间	tensor space	
04.0837	张量的分量	component of a tensor	
04.0838	张量的缩并	contraction of tensor	
04.0839	可分张量	decomposable tensor	
04.0840	张量表示	tensor representation	
04.0841	共变张量	covariant tensor	
04.0842	反变张量	contravariant tensor	
04.0843	共变指标	covariant index	
04.0844	反变指标	contravariant index	
04.0845	混合张量	mixed tensor	
04.0846	傀指标	dummy index	
04.0847	混合张量代数	mixed tensor algebra	
04.0848	张量的权	weight of tensor	
04.0849	张量的内积	inner product of tensors	
04.0850	单位张量	unit tensor	
04.0851	对称张量	symmetric tensor	
04.0852	交错张量	alternative tensor	
04.0853	斜称张量	skew-symmetric tensor	

序　码	汉　文　名	英　文　名	注　　释
04.0854	对称化子	symmetrizer	
04.0855	交错化子	alternizer	
04.0856	对称多重线性映射	symmetric multilinear mapping	
04.0857	交错多重线性映射	alternating multilinear mapping	
04.0858	斜称多重线性映射	skew-symmetric multilinear mapping	
04.0859	张量积	tensor product	
04.0860	张量幂	tensor power	
04.0861	外代数	exterior algebra	又称“格拉斯曼代数 (Grassmann algebra)”。
04.0862	外幂	exterior power	
04.0863	混合外代数	mixed exterior algebra	
04.0864	对称代数	symmetric algebra	

04.5　模　　论

04.0865	模论	module theory	
04.0866	模	module	
04.0867	左 *R* 模	left *R*-module	
04.0868	右 *R* 模	right *R*-module	
04.0869	子模	submodule	
04.0870	商模	factor module, quotient module	
04.0871	自然同态	natural homomorphism	
04.0872	模同构	module isomorphism	
04.0873	模同态	module homomorphism	
04.0874	模自同构	automorphism of a module	
04.0875	模自同态	endomorphism of a module	
04.0876	模的零化子	annihilator of a module	
04.0877	忠实模	faithful module	
04.0878	循环模	cyclic module	
04.0879	阶理想	order ideal	
04.0880	扭元	torsion element	
04.0881	单模	simple module	又称“不可约模 (irreducible module)”。
04.0882	模的根	radical of a module	
04.0883	模的基座	socle of a module	

序 码	汉 文 名	英 文 名	注 释
04.0884	对偶模	dual module	
04.0885	模的直和	direct sum of modules	
04.0886	直和项	summand	
04.0887	模的直积	direct product of modules	
04.0888	半单模	semi-simple module	
04.0889	补子模	complementary submodule	
04.0890	完全可约模	completely reducible module	
04.0891	自由模	free module	
04.0892	自由模的秩	rank of a free module	
04.0893	投射模	projective module	
04.0894	内射模	injective module	
04.0895	平坦模	flat module	
04.0896	有限生成模	finitely generated module	
04.0897	生成元	generators	
04.0898	有限表现模	finitely presented module	
04.0899	扭模	torsion module	
04.0900	无扭模	torsion-free module	
04.0901	双模	bimodule	
04.0902	双线性平衡映射	bilinear balanced map	
04.0903	模的张量积	tensor product of modules	
04.0904	升链条件	ascending chain condition	
04.0905	降链条件	descending chain condition	
04.0906	极大条件	maximum condition	
04.0907	极小条件	minimum condition	
04.0908	诺特模	Noetherian module	
04.0909	准素子模	primary submodule	
04.0910	阿廷模	Artinian module	
04.0911	可除模	divisible module	
04.0912	本质单同态	essential monomorphism	
04.0913	模的本质扩张	essential extension of a module	
04.0914	模的内射包	injective hull of a module	
04.0915	拟内射模	quasi-injective module	
04.0916	模的拟内射包	quasi-injective hull of a module	
04.0917	不可分解模	indecomposable module	
04.0918	主不可分解模	principal indecomposable module	
04.0919	投射覆盖	projective cover	
04.0920	单列模	uniserial module	

序码	汉文名	英文名	注释
04.0921	局部表现模	locally presented module	
04.0922	森田六元组	Morita contexts	
04.0923	迹理想	trace ideal	
04.0924	投射生成元	progenerator	
04.0925	双自同态环	biendomorphism ring	
04.0926	平衡模	balanced module	
04.0927	模的拟同构	quasi-isomorphism of modules	
04.0928	模的稳定同构	stable isomorphism of modules	
04.0929	余模	comodule	
04.0930	余模同态	comodule homomorphism	
04.0931	双余模	bi-comodule	

04.6 交换环

04.0932	交换环	commutative ring	
04.0933	交换代数	commutative algebra	
04.0934	乘法交换律	commutative law of multiplication	
04.0935	理想	ideal	
04.0936	理想的根	radical of an ideal	
04.0937	环的诣零根	nilradical of a ring	
04.0938	素理想	prime ideal	
04.0939	极大理想	maximal ideal	
04.0940	环的谱	spectrum of a ring	
04.0941	环的极大谱	maximal spectrum of a ring	
04.0942	扎里斯基拓扑	Zariski topology	
04.0943	整环	[integral] domain	
04.0944	欧几里得整环	Euclidean domain	
04.0945	主理想整环	principal ideal domain	
04.0946	消去律	cancellation law	
04.0947	乘法消去律	cancellation law for multiplication	
04.0948	整除性	divisibility	
04.0949	整除	divisible	
04.0950	因子	factor	
04.0951	单位	unit	又称“可逆元(invertible element)”。
04.0952	相伴元	associated elements	
04.0953	真因子	proper divisor	
04.0954	不可约元	irreducible element	

序码	汉文名	英文名	注释
04.0955	素元	prime element	
04.0956	因子分解	factorization	
04.0957	唯一因子分解整环	UFD, unique factorization domain	又称“高斯整环(Gauss domain)”。
04.0958	戴德金整环	Dedekind domain	
04.0959	普吕弗整环	Prüfer domain	
04.0960	理想的扩张	extension of an ideal	
04.0961	理想的收缩	contraction of an ideal	
04.0962	乘性子集	multiplicative subset	
04.0963	局部化	localization	
04.0964	分式环	ring of fractions	
04.0965	分式域	quotient field	曾用名“商域”。
04.0966	局部环	local ring	
04.0967	半局部环	semi-local ring	
04.0968	完全局部环	complete local ring	
04.0969	交换 *A* 代数	commutative *A*-algebra	
04.0970	整元	integral element	
04.0971	整的	integral	
04.0972	整相关	integrally dependent	
04.0973	整闭包	integral closure	
04.0974	整扩张	integral extension	
04.0975	整闭	integrally closed	
04.0976	正规环	normal ring, integrally closed domain	
04.0977	有限生成 *A* 代数	finitely generated *A*-algebra	
04.0978	有限表现 *A* 代数	finitely presented *A*-algebra	
04.0979	有限 *A* 代数	finite *A*-algebra	
04.0980	诺特环	Noetherian ring	
04.0981	阿廷环	Artinian ring	
04.0982	准素理想	primary ideal	
04.0983	相伴素理想	associated prime ideal	
04.0984	准素分解	primary decomposition	
04.0985	准素分量	primary component	
04.0986	孤立素理想	isolated prime ideal	
04.0987	分次环	graded ring	

序　码	汉　文　名	英　文　名	注　　释
04.0988	分次理想	graded ideal	
04.0989	分次模	graded module	
04.0990	分次同态	graded homomorphism	
04.0991	分次子模	graded submodule	
04.0992	希尔伯特多项式	Hilbert polynomial	
04.0993	滤过	filtration	
04.0994	I 进拓扑	I-adic topology	
04.0995	理想的高	height of an ideal	
04.0996	混合理想	mixed ideal	
04.0997	非混合理想	unmixed ideal	
04.0998	克鲁尔维数	Krull dimension	
04.0999	正则序列	regular sequence	
04.1000	理想的深度	depth of an ideal	
04.1001	正则局部环	regular local ring	
04.1002	正则参数系	regular system of parameters	
04.1003	正则环	regular ring	
04.1004	扎里斯基环	Zariski ring	
04.1005	环籍模的扩张	extension of ring by module	
04.1006	微分模	module of differentials	
04.1007	形式光滑环	formally smooth ring	
04.1008	系数环	coefficient ring	
04.1009	永田环	Nagata ring	
04.1010	优环	excellent ring	
04.1011	p 基	p-basis	
04.1012	克鲁尔环	Krull ring	
04.1013	科恩－麦考莱环	Cohen-Macaulay ring	
04.1014	形式幂级数环	formal power series ring	
04.1015	亨泽尔环	Henselian ring	

04.7　代数几何学

04.1016	代数几何[学]	algebraic geometry	
04.1017	[代数]簇	[algebraic] variety	
04.1018	代数集	algebraic set	
04.1019	代数集的理想	ideal of an algebraic set	
04.1020	仿射[代数]簇	affine [algebraic] variety	
04.1021	拟仿射簇	quasi-affine variety	
04.1022	仿射坐标环	affine coordinate ring	

序 码	汉 文 名	英 文 名	注 释
04.1023	仿射簇的维数	dimension of an affine variety	
04.1024	仿射直线	affine line	
04.1025	仿射平面	affine plane	
04.1026	仿射超平面	affine hyperplane	
04.1027	射影代数集	projective algebraic set	
04.1028	射影[代数]簇	projective [algebraic] variety	
04.1029	齐次理想	homogeneous ideal	
04.1030	齐次坐标环	homogeneous coordinate ring	
04.1031	拟射影簇	quasi-projective variety	
04.1032	射影簇的维数	dimension of a projective variety	
04.1033	射影闭包	projective closure	
04.1034	子簇	subvariety	
04.1035	线性子簇	linear subvariety	
04.1036	正则函数	regular function	
04.1037	簇态射	morphism of varieties	
04.1038	支配态射	dominant morphism	
04.1039	簇同构	isomorphism of varieties	
04.1040	点的局部环	local ring of a point	
04.1041	簇上有理函数	rational function over a variety	
04.1042	簇的函数域	function field of a variety	
04.1043	正规簇	normal variety	
04.1044	簇的正规化	normalization of a variety	
04.1045	有理映射	rational mapping	
04.1046	支配有理映射	dominant rational mapping	
04.1047	双有理映射	birational mapping	
04.1048	双有理等价	birational equivalence	
04.1049	双有理不变量	birational invariant	
04.1050	双有理态射	birational morphism	
04.1051	奇点的分解	resolution of singularity	
04.1052	单项变换	monoidal transformation	
04.1053	二次变换	quadratic transformation	
04.1054	点的拉开	blowing up at a point	
04.1055	非奇[异]点	non-singular point	
04.1056	有理簇	rational variety	
04.1057	非奇簇	non-singular variety	
04.1058	光滑簇	smooth variety	
04.1059	抽象非奇曲线	abstract non-singular curve	

序码	汉文名	英文名	注释
04.1060	泛点	generic point	
04.1061	点的特殊化	specialization of a point	
04.1062	簇定义域	field of definition for variety	
04.1063	积簇	product variety	
04.1064	塞格雷嵌入	Segre imbedding	
04.1065	塞格雷类	Segre class	
04.1066	*d* 重嵌入	*d*-uple imbedding	
04.1067	格拉斯曼簇	Grassmanian variety	
04.1068	普吕克坐标	Plücker coordinates	
04.1069	群簇	group variety	
04.1070	相交理论	intersection theory	
04.1071	正常相交	intersect properly	
04.1072	相交数	intersection number	
04.1073	交重数	intersection multiplicity	
04.1074	代数闭链	algebraic cycle	
04.1075	有理等价	rationally equivalence	
04.1076	周环	Chou ring	
04.1077	周坐标	Chou coordinates	
04.1078	同调等价	homologically equivalence	
04.1079	预层	presheaf	
04.1080	瓣	section	
04.1081	整体瓣	global section	
04.1082	预层的茎	stalk of presheaf	
04.1083	层	sheaf	
04.1084	子层	subsheaf	
04.1085	层态射	morphism of sheaves	
04.1086	层同构	isomorphism of sheaves	
04.1087	正则函数层	sheaf of regular functions	
04.1088	阿贝尔群层	sheaf of Abelian groups	
04.1089	环层	sheaf of rings	
04.1090	松弛层	flabby sheaf	
04.1091	常数层	constant sheaf	
04.1092	商层	quotient sheaf	
04.1093	戴环空间	ringed space	
04.1094	局部戴环空间	locally ringed space	
04.1095	仿射概形	affine scheme	
04.1096	结构层	structure sheaf	

序码	汉文名	英文名	注释
04.1097	概形	scheme	
04.1098	概形态射	morphism of schemes	
04.1099	概形同构	isomorphism of schemes	
04.1100	S 概形	S-scheme	
04.1101	结构态射	structure morphism	
04.1102	S 态射	S-morphism	
04.1103	不可约概形	irreducible scheme	
04.1104	整概形	integral scheme	
04.1105	约化概形	reduced scheme	
04.1106	几何整的	geometrically integral	
04.1107	几何约化的	geometrically reduced	
04.1108	分离概形	separated scheme	
04.1109	局部诺特概形	locally Noetherian scheme	
04.1110	诺特概形	Noetherian scheme	
04.1111	有限型概形	scheme of finite type	
04.1112	正规概形	normal scheme	
04.1113	正则概形	regular scheme	
04.1114	几何正则的	geometrically regular	
04.1115	光滑概形	smooth scheme	
04.1116	科恩－麦考莱概形	Cohen-Macaulay scheme	
04.1117	群概形	group scheme	
04.1118	概形的粘合	gluing of schemes	
04.1119	有限型态射	morphism of finite type	
04.1120	有限态射	finite morphism	
04.1121	开子概形	open subscheme	
04.1122	开浸入	open immersion	
04.1123	闭子概形	closed subscheme	
04.1124	闭浸入	closed immersion	
04.1125	真态射	proper morphism	
04.1126	概形上的射影空间	projective space over a scheme	
04.1127	射影态射	projective morphism	
04.1128	射影概形	projective scheme	
04.1129	对角态射	diagonal morphism	
04.1130	分离态射	separated morphism	
04.1131	平坦态射	flat morphism	

序码	汉文名	英文名	注释
04.1132	光滑态射	smooth morphism	
04.1133	纤维积	fiber product	
04.1134	态射的纤维	fibers of a morphism	
04.1135	抽象簇	abstract variety	
04.1136	模层	sheaf of modules	
04.1137	拟凝聚层	quasi-coherent sheaf	
04.1138	扭曲层	twisting sheaf	
04.1139	凝聚层	coherent sheaf	
04.1140	局部自由层	locally free sheaf	
04.1141	韦伊除子	Weil divisor	
04.1142	卡吉耶除子	Cartier divisor	
04.1143	全商环层	sheaf of total quotient ring	
04.1144	可逆层	invertible sheaf	
04.1145	皮卡群	Picard group	
04.1146	丰富可逆层	ample invertible sheaf	
04.1147	微分层	sheaf of differentials	
04.1148	切层	tangent sheaf	
04.1149	典范层	canonical sheaf	
04.1150	几何亏格	geometric genus	
04.1151	正规层	normal sheaf	
04.1152	余正规层	conormal sheaf	
04.1153	层的上同调	cohomology of sheaves	
04.1154	射影空间的上同调	cohomology of projective spaces	
04.1155	算术亏格	arithmetic genus	
04.1156	对偶化层	dualizing sheaf	
04.1157	极丰富层	very ample sheaf	
04.1158	塞尔对偶	Serre duality	
04.1159	l 进上同调	l-adic cohomology	
04.1160	艾达尔	etale	
04.1161	艾达尔覆叠	etale covering	
04.1162	艾达尔态射	etale morphism	
04.1163	艾达尔上同调	etale cohomology	
04.1164	晶体	crystal	
04.1165	迪厄多内晶体	Dieudonné crystal	
04.1166	晶体上同调	crystalline cohomology	
04.1167	阿贝尔晶体	Abelian crystal	

序　码	汉　文　名	英　文　名	注　　释
04.1168	霍奇折线	Hodge polygon	
04.1169	霍奇斜率	Hodge slope	
04.1170	牛顿折线	Newton polygon	
04.1171	牛顿斜率	Newton slope	
04.1172	代数曲线	algebraic curve	
04.1173	仿射曲线	affine curve	
04.1174	射影曲线	projective curve	
04.1175	平面曲线	plane curve	
04.1176	不可约曲线	irreducible curve	
04.1177	曲线的次数	degree of a curve	
04.1178	三次曲线	cubics	
04.1179	四次曲线	quartics	
04.1180	五次曲线	quintics	
04.1181	单点	simple point	
04.1182	重点	multiple point	
04.1183	二重点	double point	
04.1184	三重点	triple point	
04.1185	结点	node	
04.1186	切线的重数	multiplicity of a tangent	
04.1187	单切线	simple tangent	
04.1188	二重切线	double tangent	
04.1189	寻常重点	ordinary multiple point	
04.1190	拐点	inflection point	
04.1191	对偶曲线	dual curve	
04.1192	射影曲线的黑塞式	Hessian of projective curve	
04.1193	普吕克公式	Plücker formula	
04.1194	除子	divisor	
04.1195	素除子	prime divisor	
04.1196	有效除子	effective divisor	又称“正除子(positive divisor)”。
04.1197	除子的次数	degree of a divisor	
04.1198	函数的除子	divisor of a function	
04.1199	主除子	principal divisor	
04.1200	线性等价	linearly equivalence	
04.1201	线性系	linear system	
04.1202	线性系的维数	dimension of a linear system	

序 码	汉 文 名	英 文 名	注 释
04.1203	完全线性系	complete linear system	
04.1204	典范除子	canonical divisor	
04.1205	典范除子类	canonical divisor class	
04.1206	除子类群	divisor class group	
04.1207	黎曼－罗赫定理	Riemann-Roch theorem	
04.1208	亏格	genus	
04.1209	有理曲线	rational curve	
04.1210	超椭圆曲线	hyperelliptic curve	
04.1211	雅可比簇	Jacobian variety	
04.1212	曲线的有限态射	finite morphism of curves	
04.1213	有限态射的次数	degree of finite morphism	
04.1214	态射分歧指数	ramification index of a morphism	
04.1215	态射的分支点	branch point of a morphism	
04.1216	赫尔维茨公式	Hurwitz formula	
04.1217	可分态射	separable morphism	
04.1218	不可分态射	inseparable morphism	
04.1219	纯不可分态射	purely inseparable morphism	
04.1220	弗罗贝尼乌斯态射	Frobenius morphism	
04.1221	典范嵌入	canonical imbedding	
04.1222	粗糙模空间	coarse moduli space	
04.1223	精细模空间	fine moduli space	
04.1224	丰富除子	ample divisor	
04.1225	数值等价	numerically equivalence	
04.1226	代数等价	algebraically equivalence	
04.1227	皮卡数	Picard number	
04.1228	正规交叉	normal crossing	
04.1229	简化除子	reduced divisor	
04.1230	有理直纹面	rational ruled surface	
04.1231	例外曲线	exceptional curve	
04.1232	三次曲面	cubic surface	
04.1233	相对极小模型	relatively minimal model	
04.1234	小平维数	Kodaira dimension	
04.1235	阿贝尔簇	Abelian variety	
04.1236	泛同态	generic homomorphism	
04.1237	单阿贝尔簇	simple Abelian variety	
04.1238	阿尔巴内塞簇	Albanese variety	

序码	汉文名	英文名	注释
04.1239	容许映射	admissible mapping	
04.1240	参数簇	parameter variety	
04.1241	扭除子	torsion divisor	
04.1242	平方等价于零	squarely equivalent to zero	
04.1243	丰富完全线性系	ample complete linear system	
04.1244	庞加莱除子	Poincaré divisor	
04.1245	极除子	polar divisor	
04.1246	极类	polar class	
04.1247	正自同态	positive endomorphism	
04.1248	巴索蒂－泰特群	Barsotti-Tate group	
04.1249	极化的阿贝尔簇	polarized Abelian variety	
04.1250	卡吉耶对偶	Cartier dual	
04.1251	对偶阿贝尔簇	dual Abelian variety	
04.1252	阿贝尔概形	Abelian scheme	
04.1253	皮卡概形	Picard scheme	
04.1254	极丰富丛	very ample bundle	
04.1255	典范丛	canonical bundle	
04.1256	阿贝尔簇的 p 秩	p-rank of Abelian variety	
04.1257	水平结构	level structure	
04.1258	自同态的迹	trace of endomorphism	
04.1259	迹形式	trace form	
04.1260	形式概形	formal scheme	
04.1261	形式群	formal group	
04.1262	阿贝尔簇的极化	polarization of an Abelian variety	

04.8 结合环

序码	汉文名	英文名	注释
04.1263	环论	ring theory	
04.1264	环	ring	
04.1265	结合环	associative ring	
04.1266	非交换环	non-commutative ring	
04.1267	结合代数	associative algebra	
04.1268	结合律	associative law	
04.1269	交换律	commutative law	
04.1270	加法结合律	associative law of addition	
04.1271	加法交换律	commutative law of addition	
04.1272	乘法结合律	associative law of multiplication	

序 码	汉 文 名	英 文 名	注 释
04.1273	分配律	distributive law	
04.1274	加法消去律	cancellation law for addition	
04.1275	零元[素]	zero element	
04.1276	负元[素]	negative element	
04.1277	左幺元	left identity element	
04.1278	右幺元	right identity element	
04.1279	单位元[素]	identity element, unit element	简称“幺元”。
04.1280	幺环	unitary ring, rings with identity	
04.1281	左零因子	left zero divisor	
04.1282	右零因子	right zero divisor	
04.1283	零因子	zero divisor	
04.1284	幂零元	nilpotent element	
04.1285	幂等元	idempotent element	
04.1286	本原幂等元	primitive idempotent element	
04.1287	主幂等元	principal idempotent element	
04.1288	左逆元	left inverse element	
04.1289	右逆元	right inverse element	
04.1290	逆元	inverse element	
04.1291	除环	division ring, skew field	曾用名“体”。
04.1292	左拟正则元	left quasi-regular element	
04.1293	右拟正则元	right quasi-regular element	
04.1294	拟正则元	quasi-regular element	
04.1295	子环	subring	
04.1296	零环	zero ring	
04.1297	环同构	ring isomorphism	
04.1298	左理想	left ideal	
04.1299	右理想	right ideal	
04.1300	[双边]理想	[two-sided] ideal	
04.1301	理想的和	sum of ideals	
04.1302	理想的积	product of ideals	
04.1303	理想的商	quotient of ideals	
04.1304	次理想	subideal	
04.1305	局部次理想	local subideal	
04.1306	单位理想	unit ideal	
04.1307	零理想	zero ideal	
04.1308	商环	quotient ring, factor ring	又称“剩余类环(residue class ring)”。

序码	汉文名	英文名	注释
04.1309	环同态	ring homomorphism	
04.1310	同态的核	kernel of a homomorphism	
04.1311	同态象	homomorphic image	
04.1312	单同态	injective homomorphism	
04.1313	满同态	surjective homomorphism	
04.1314	自同构	automorphism	
04.1315	自同态	endomorphism	
04.1316	反同构	anti-isomorphism	
04.1317	反同态	anti-homomorphism	
04.1318	反自同构	anti-automorphism	
04.1319	环的对合	involution of a ring	
04.1320	环的中心	center of a ring	
04.1321	全矩阵环	total matrix ring	
04.1322	斜多项式环	skew-polynomial ring	
04.1323	模整数剩余类环	ring of residue classes modulo an integer	
04.1324	广义四元数环	generalized quaternion ring	
04.1325	半群环	semi-group ring	
04.1326	非交换整环	non-commutative domain	
04.1327	非交换主理想整环	non-commutative principal ideal domain	
04.1328	非交换唯一因子分解	non-commutative unique factorization	
04.1329	左乘环	left multiplication ring	
04.1330	右乘环	right multiplication ring	
04.1331	环的直和	direct sum of rings	
04.1332	次直和	subdirect sum	
04.1333	环的直积	direct product of rings	
04.1334	次直积	subdirect product	
04.1335	幂零理想	nilpotent ideal	
04.1336	诣零理想	nil-ideal	
04.1337	局部幂零理想	locally nilpotent ideal	
04.1338	极大左理想	maximal left ideal	
04.1339	极大右理想	maximal right ideal	
04.1340	拟正则左理想	quasi-regular left ideal	
04.1341	拟正则右理想	quasi-regular right ideal	
04.1342	根[基]	radical	

序码	汉文名	英文名	注释
04.1343	白尔根	Baer radical	
04.1344	克特根	Koethe radical	
04.1345	局部幂零根	locally nilpotent radical, Levitzki radical	
04.1346	布朗－麦科伊根	Brown-McCoy radical	
04.1347	雅各布森根	Jacobson radical	
04.1348	诣零环	nilring	
04.1349	幂零环	nilpotent ring	
04.1350	根环	radical ring	
04.1351	极小左理想	minimal left ideal	
04.1352	极小右理想	minimal right ideal	
04.1353	极小理想	minimal ideal	
04.1354	皮尔斯分解	Peirce decomposition	
04.1355	左理想极小条件	minimum condition for left ideals	
04.1356	左理想降链条件	descending chain condition for left ideals	
04.1357	左阿廷环	left Artinian ring	
04.1358	右阿廷环	right Artinian ring	
04.1359	左理想极大条件	maximum condition for left ideals	
04.1360	左理想升链条件	ascending chain condition for left ideals	
04.1361	左诺特环	left Noetherian ring	
04.1362	右诺特环	right Noetherian ring	
04.1363	单环	simple ring	
04.1364	半单环	semi-simple ring	
04.1365	本原环	primitive ring	
04.1366	半本原环	semi-primitive ring	
04.1367	稠密线性变换环	dense ring of linear transformations	
04.1368	自内射环	self-injective ring	
04.1369	素环	prime ring	
04.1370	准素环	primary ring	
04.1371	半准素环	semi-primary ring	
04.1372	完全准素环	completely primary ring	
04.1373	半素环	semi-prime ring	
04.1374	左奥尔环	left Ore ring	
04.1375	左戈尔迪环	left Goldio ring	

序码	汉文名	英文名	注释
04.1376	非交换局部化	non-commutative localization	
04.1377	非交换局部环	non-commutative local ring	
04.1378	左分式环	left quotient ring	
04.1379	右分式环	right quotient ring	
04.1380	环的森田相似	Morita similar of rings	
04.1381	弗罗贝尼乌斯环	Frobenius ring	
04.1382	拟弗罗贝尼乌斯环	quasi-Frobenius ring	
04.1383	环的导子	derivation of a ring	
04.1384	微分环	differential ring	
04.1385	右 v 环	right v-ring	
04.1386	科恩环	Cohen ring	
04.1387	右列环	right serial ring	
04.1388	列环	serial ring	
04.1389	右自内射环	right selfinjective ring	
04.1390	完满环	perfect ring	
04.1391	半完满环	semi-perfect ring	
04.1392	准环	near ring	
04.1393	代数论	theory of algebras	
04.1394	直积代数	direct product algebra	
04.1395	子代数	subalgebra	
04.1396	代数同构	algebra isomorphism	
04.1397	代数同态	algebra homomorphism	
04.1398	代数的中心	center of an algebra	
04.1399	有限维代数	finite dimensional algebra	
04.1400	局部有限代数	locally finite algebra	
04.1401	幂零代数	nilpotent algebra	
04.1402	局部幂零代数	locally nilpotent algebra	
04.1403	代数的根	radical of an algebra	
04.1404	单代数	simple algebra	
04.1405	半单代数	semi-simple algebra	
04.1406	可除代数	division algebra	
04.1407	局部代数	local algebra	
04.1408	代数的表示	representation of algebras	
04.1409	有限表示型代数	algebra of finite representation type	
04.1410	有界表示型	bounded representation type	

序码	汉文名	英文名	注释
04.1411	殆分裂序列	almost splitting sequence	
04.1412	殆分裂扩张	almost splitting extension	
04.1413	箭图	quiver	
04.1414	右阿廷局部代数	right Artinian local algebra	
04.1415	箭图的表示	representation of quiver	
04.1416	分离箭图	separated quiver	
04.1417	零调箭图	acyclic quiver	
04.1418	箭图的刚体表示	rigid representation of quiver	
04.1419	箭图的二次空间	quadratic space of quiver	
04.1420	维数向量	dimension vector	
04.1421	代数的张量积	tensor product of algebras	
04.1422	代数的标量扩张	scalar extension of algebras	
04.1423	代数的分裂域	splitting fields of algebras	
04.1424	有理可除代数	rational division algebra	
04.1425	拟弗罗贝尼乌斯代数	quasi-Frobenius algebra	
04.1426	反代数	opposite algebra	
04.1427	代数的分裂扩张	split extension of algebras	
04.1428	包络代数	enveloping algebra	
04.1429	可分代数	separable algebra	
04.1430	雅各布森－布巴基对应	Jacobson-Bourbaki one-to-one correspondence	
04.1431	中心代数	central algebra, normal algebra	
04.1432	布饶尔群	Brauer group	
04.1433	中心单代数的次数	degree of a central simple algebra	
04.1434	舒尔指数	Schur index	
04.1435	中心单代数的指数	exponent of a central simple algebra	
04.1436	因子组	factor set	
04.1437	循环叉积	cyclic crossed product	
04.1438	循环因子组	cyclic factor set	
04.1439	分裂因子组	splitting factor set	
04.1440	循环代数	cyclic algebra	
04.1441	有理中心单代数	rational central simple algebra	
04.1442	约化怀特黑德群	reduced Whitehead group	
04.1443	简化迹	reduced trace	

序码	汉文名	英文名	注释
04.1444	简化范	reduced norm	
04.1445	迪厄多内行列式	Dieudonné determinant	
04.1446	自由代数	free algebra	
04.1447	PI 代数	algebra with polynomial identities, PI-algebra	
04.1448	代数的恒等式	identities of algebras	
04.1449	结合代数簇	variety of associative algebras	
04.1450	标准恒等式	standard identities	
04.1451	中心多项式	central polynomial	
04.1452	泛矩阵代数	generic matrix algebra	
04.1453	结合代数的算术	arithmetic of associative algebra	
04.1454	极大序模	maximal order	
04.1455	左序模	left order	
04.1456	右序模	right order	
04.1457	整左零理想	integral left 0-ideal	
04.1458	整双边零理想	integral two-sided 0-ideal	
04.1459	单代数的差积	different of a simple algebra	
04.1460	单代数的判别式	discriminant of a simple algebra	
04.1461	有理单代数的类数	class number of a rational simple algebra	
04.1462	单代数的 ζ 函数	ζ-function of simple algebra, zeta-function of simple algebra	
04.1463	分次代数	graded algebra	
04.1464	滤过代数	filtered algebra	
04.1465	余代数	coalgebra	
04.1466	余乘法	comultiplication	
04.1467	余单位	counit	
04.1468	余代数同态	coalgebra homomorphism	
04.1469	余逆	coinverse	
04.1470	双代数	bialgebra	
04.1471	霍普夫代数	Hopf algebra	

04.9 非结合环

04.1472	代数	algebras	
04.1473	非结合环	non-associative ring	
04.1474	非结合代数	non-associative algebra	
04.1475	若尔当代数	Jordan algebra	

序码	汉文名	英文名	注释
04.1476	交错代数	alternative algebra	
04.1477	幂结合代数	power associative algebra	
04.1478	凯莱代数	Cayley algebra	
04.1479	凯莱数	Cayley number	
04.1480	一般凯莱代数	general Cayley algebra	
04.1481	非结合可除代数	non-associative division algebra	
04.1482	若尔当同态	Jordan homomorphism	
04.1483	特殊若尔当代数	special Jordan algebra	
04.1484	例外若尔当代数	exceptional Jordan algebra	
04.1485	若尔当代数的根	radical of Jordan algebra	
04.1486	半单若尔当代数	semi-simple Jordan algebra	
04.1487	若尔当模	Jordan module	
04.1488	若尔当代数的表示	representations of Jordan algebra	
04.1489	复合代数	composition algebra	
04.1490	李代数	Lie algebra	
04.1491	雅可比恒等式	Jacobi identity	
04.1492	反交换	anti-commutative	
04.1493	子李代数	Lie subalgebra	
04.1494	李代数的理想	ideal of a Lie algebra	
04.1495	商李代数	quotient Lie algebra	
04.1496	李[代数]同构	isomorphism of Lie algebras	
04.1497	李[代数]同态	homomorphism of Lie algebras	
04.1498	李代数的表示	representations of a Lie algebra	
04.1499	伴随表示	adjoint representation	
04.1500	伴随李代数	adjoint Lie algebra	
04.1501	可解李代数	solvable Lie algebra	
04.1502	阿贝尔李代数	Abelian Lie algebra	
04.1503	幂零李代数	nilpotent Lie algebra	
04.1504	分裂李代数	split Lie algebra	
04.1505	导出代数	derived algebra	
04.1506	上中心序列	upper central series	
04.1507	下中心序列	lower central series	
04.1508	李代数的中心	center of a Lie algebra	
04.1509	结构常数	structure constants	
04.1510	李代数的根	radical of a Lie algebra	
04.1511	诣零根	nilradical	

序码	汉文名	英文名	注释
04.1512	约化李代数	reductive Lie algebra	
04.1513	代数的导子	derivation of an algebra	
04.1514	内导子	inner derivation	
04.1515	导子代数	derivation algebra	
04.1516	李代数的复化	complexification of a Lie algebra	
04.1517	泛包络代数	universal enveloping algebra	
04.1518	单李代数	simple Lie algebra	
04.1519	半单李代数	semi-simple Lie algebra	
04.1520	开西米尔多项式	Casimir polynomial	
04.1521	嘉当-基灵型	Cartan-Killing form	
04.1522	开西米尔元	Casimir element	
04.1523	李代数的秩	rank of a Lie algebra	
04.1524	自由李代数	free Lie algebra	
04.1525	李代数的诣零表示	nilrepresentation of a Lie algebra	
04.1526	表示的权	weight of representation	
04.1527	权子空间	weight subspace	
04.1528	李代数的正则元	regular element of a Lie algebra	
04.1529	李代数的奇异元	singular element of a Lie algebra	
04.1530	嘉当子代数	Cartan subalgebra	
04.1531	半单李代数的根系	root system of a semi-simple Lie algebra	
04.1532	根子空间	root subspace	
04.1533	正根系	positive system of roots	
04.1534	单根系	simple system of roots	
04.1535	外尔房	Weyl chamber	
04.1536	外尔基	Weyl basis	
04.1537	外尔群	Weyl group	
04.1538	嘉当矩阵	Cartan matrix	
04.1539	邓肯图	Dynkin diagram	
04.1540	不可约嘉当矩阵	irreducible Cartan matrix	
04.1541	典型复单李代数	classical complex simple Lie algebras	
04.1542	例外复单李代数	exceptional complex simple Lie algebras	
04.1543	典型实单李代数	classical real simple Lie algebras	
04.1544	整权	integral weight	

序码	汉文名	英文名	注释
04.1545	支配权	dominant weight	
04.1546	最高权	highest weight	
04.1547	科斯坦特公式	Kostant formula	
04.1548	支配整线性函数	dominant integral linear function	
04.1549	不变多项式	invariant polynomials	
04.1550	无穷小特征[标]	infinitesimal character	
04.1551	紧实型	compact real form	
04.1552	卡茨-穆迪代数	Kac-Moody algebra	
04.1553	模李代数	modular Lie algebra	
04.1554	特征 p 限制李代数	restricted Lie algebra of characteristic p	

04.10 范　畴　论

序码	汉文名	英文名	注释
04.1555	范畴论	category theory	
04.1556	范畴	category	
04.1557	对象	object	
04.1558	态射	morphism	
04.1559	单态射	monomorphism	
04.1560	满态射	epimorphism	
04.1561	单位态射	identity morphism	
04.1562	零态射	zero morphism	
04.1563	可逆态射	invertible morphism	
04.1564	子范畴	subcategory	
04.1565	满子范畴	full subcategory	
04.1566	小范畴	small category	
04.1567	集范畴	category of sets	
04.1568	群范畴	category of groups	
04.1569	阿贝尔群范畴	category of Abelian groups	
04.1570	R 模范畴	category of R-modules	
04.1571	环范畴	category of rings	
04.1572	拓扑空间范畴	category of topological spaces	
04.1573	对象的积	product of objects	
04.1574	对象的余积	coproduct of objects	
04.1575	对偶范畴	dual category, cocategory, opposite category	
04.1576	积范畴	product category	
04.1577	始对象	initial object	

序码	汉文名	英文名	注释
04.1578	终对象	terminal object	
04.1579	零对象	zero object	
04.1580	投射对象	projective object	
04.1581	内射对象	injective object	
04.1582	自由对象	free object	
04.1583	函子	functor	
04.1584	共变函子	covariant functor	
04.1585	反变函子	contravariant functor	
04.1586	对偶函子	dual functor	
04.1587	函子的复合	composite of functors	
04.1588	单位函子	identity functor	
04.1589	底函子	underlying functor, forgetful functor	
04.1590	忠实函子	faithful functor	
04.1591	满函子	full functor	
04.1592	满嵌入	full imbedding	
04.1593	包含函子	inclusion functor	
04.1594	常数函子	constant functor, diagonal functor	
04.1595	二元函子	bifunctor	
04.1596	函子范畴	category of functors	
04.1597	自然变换	natural transformation, functorial morphism	
04.1598	自然等价	natural equivalence	
04.1599	范畴的同构	isomorphism of categories	
04.1600	范畴的等价	equivalence of categories	
04.1601	张量函子	tensor functor	
04.1602	Hom 函子	Hom functor	
04.1603	反变 Hom 函子	contravariant Hom functor	
04.1604	泛性质	universal property	
04.1605	函子的泛元	universal element of a functor	
04.1606	泛对象	universal object	
04.1607	泛映射	universal mapping	
04.1608	表示函子	representation functor	
04.1609	可表示函子	representable functor	
04.1610	笛卡儿图	Cartesian diagram	
04.1611	拉回	pull back	
04.1612	推出	push out	

序码	汉文名	英文名	注释
04.1613	伴随函子	adjoint functors	
04.1614	左伴随	left adjoint	
04.1615	右伴随	right adjoint	
04.1616	转置伴随等价	adjugant equivalence	
04.1617	自由函子	free functor	
04.1618	加性范畴	additive category	
04.1619	加性函子	additive functor	
04.1620	态射的核	kernel of a morphism	
04.1621	态射的余核	cokernel of a morphism	
04.1622	态射的象	image of a morphism	
04.1623	态射的余象	coimage of a morphism	
04.1624	阿贝尔范畴	Abelian category	
04.1625	正合函子	exact functor	
04.1626	商范畴	quotient category	
04.1627	子对象	subobject	
04.1628	商对象	quotient object	
04.1629	归纳极限	inductive limit	又称“正[向]极限(direct limit)”。
04.1630	严格归纳极限	strict inductive limit	
04.1631	投射极限	projective limit	又称“反极限(inverse limit)”。

04.11 同调代数

04.1632	同调代数	homological algebra	
04.1633	复形	complex	
04.1634	链复形	chain complex	
04.1635	边缘运算	boundary operation	
04.1636	链	chain	
04.1637	闭链	cycle	
04.1638	边缘	boundary	
04.1639	同调模	homology module	
04.1640	同调群	homology group	
04.1641	上链复形	cochain complex	
04.1642	上链	cochain	
04.1643	上闭链	cocycle	
04.1644	上边缘	coboundary	
04.1645	上同调类	cohomology class	

序码	汉文名	英文名	注释
04.1646	上同调	cohomology	
04.1647	上同调模	cohomology module	
04.1648	上同调群	cohomology group	
04.1649	链映射	chain mapping, morphism of complexes	
04.1650	正合[序]列	exact sequence	
04.1651	短正合[序]列	short exact sequence	
04.1652	可裂短正合[序]列	splitting short exact sequence	
04.1653	长正合同调[序]列	long exact homology sequence	
04.1654	长正合上同调[序]列	long exact cohomology sequence	
04.1655	连接同态	connecting homomorphism, connecting morphism	
04.1656	交换图表	commutative diagram	
04.1657	图上追踪法	diagram-chases	
04.1658	链映射同伦	homotopy of chain mappings	
04.1659	增广复形	augmented complex	
04.1660	模上复形	complex over a module	
04.1661	模的分解	resolution of a module	
04.1662	投射分解	projective resolution	
04.1663	自由分解	free resolution	
04.1664	内射分解	injective resolution	
04.1665	导出函子	derived functor	
04.1666	左导出函子	left derived functor	
04.1667	右导出函子	right derived functor	
04.1668	左正合函子	left exact functor	
04.1669	右正合函子	right exact functor	
04.1670	函子 Ext	functor Ext	
04.1671	函子 Tor	functor Tor	
04.1672	二重复形	double complex	
04.1673	链复形的张量积	tensor product of chain complexes	
04.1674	屈内特公式	Künneth formula	
04.1675	谱序列	spectral sequence	
04.1676	正合偶	exact couple	
04.1677	群的上同调	cohomology of groups	

序码	汉文名	英文名	注释
04.1678	群的上同调群	cohomology groups of a group	
04.1679	增广映射	augmentation mapping	
04.1680	增广理想	augmentation ideal	
04.1681	叉同态	crossed homomorphism	
04.1682	主叉同态	principal crossed homomorphism	
04.1683	群扩张	extension of a group	
04.1684	群分裂扩张	split extension of groups	
04.1685	群循环扩张	cyclic extension of groups	
04.1686	群中心扩张	central extension of groups	
04.1687	群扩张等价类	equivalence classes of extensions of a group	
04.1688	诱导模	induced module	
04.1689	上诱导模	coinduced module	
04.1690	相对投射模	relative projective module	
04.1691	相对内射模	relative injective module.	
04.1692	标准分解	standard resolution	
04.1693	齐次的横分解	homogeneous bar resolution	
04.1694	非齐次的横分解	inhomogeneous bar resolution	
04.1695	限制映射	restriction mapping	
04.1696	提升映射	inflation mapping	
04.1697	转移[映射]	transfer, corestriction mapping	
04.1698	群的上同调维数	cohomology dimension of groups	
04.1699	有限群的上同调	cohomology of finite groups	
04.1700	对偶链复形	dual chain complex	
04.1701	有限群的完全分解	complete resolution for finite groups	
04.1702	上同调平凡模	cohomologically trivial module	
04.1703	周期上同调	periodic cohomology	
04.1704	霍赫希尔德上同调群	Hochschild cohomology group	
04.1705	李代数的上同调	cohomology of Lie algebras	
04.1706	李代数的扩张	extension of a Lie algebra	
04.1707	半单李代数的上同调	cohomology of semi-simple Lie algebras	
04.1708	欧拉－庞加莱映射	Euler-Poincaré mapping	
04.1709	投射维数	projective dimension	

序码	汉文名	英文名	注释
04.1710	模的上同调维数	cohomological dimension of modules	
04.1711	模的内射维数	injective dimension of modules	
04.1712	环的整体维数	global dimension of rings	
04.1713	科斯居尔复形	Koszul complex	
04.1714	合冲	syzygy	
04.1715	伽罗瓦上同调	Galois cohomology	
04.1716	非阿贝尔的上同调	non-Abelian cohomology	

04.12 代数 K 理论

序码	汉文名	英文名	注释
04.1717	代数 K 理论	algebraic *K* theory	
04.1718	格罗滕迪克群	Grothendieck group	
04.1719	环的格罗滕迪克群	Grothendieck group of a ring	
04.1720	约化格罗滕迪克群	reduced Grothendieck group	
04.1721	可逆模	invertible module	
04.1722	连通环	connected ring	
04.1723	常数秩模	module of constant rank	
04.1724	行列式映射	determinant mapping	
04.1725	怀特黑德群	Whitehead group	
04.1726	带积范畴	category with product	
04.1727	带积合成范畴	category with product and composition	
04.1728	环的怀特黑德群	Whitehead group of a ring	
04.1729	阿贝尔化函子	abelianizing functor	
04.1730	保积函子	product-preserving functor	
04.1731	共尾保积函子	cofinal product-preserving functor	
04.1732	施坦贝格群	Steinberg group	
04.1733	施坦贝格关系	Steinberg relations	
04.1734	环的施坦贝格群	Steinberg group of a ring	

04.13 群论

序码	汉文名	英文名	注释
04.1735	群论	group theory	
04.1736	群	group	
04.1737	乘法群	multiplicative group	

序码	汉文名	英文名	注释
04.1738	非交换群	non-commutative group	
04.1739	阿贝尔群	Abelian group	又称“交换群(commutative group)”。
04.1740	真子群	proper subgroup	
04.1741	平凡子群	trivial subgroup	
04.1742	群的阶	order of a group	
04.1743	有限群	finite group	
04.1744	无限群	infinite group	
04.1745	单位元群	identity group	
04.1746	子群的指数	index of a subgroup	
04.1747	陪集	coset	
04.1748	左陪集	left coset	
04.1749	右陪集	right coset	
04.1750	双陪集	double coset	
04.1751	陪集代表系	system of coset representatives, transversal	
04.1752	元素的阶	order of an element	
04.1753	无限阶元	element of infinite order	
04.1754	循环群	cyclic group	
04.1755	共轭	conjugate	
04.1756	共轭元	conjugate elements	
04.1757	共轭子群	conjugate subgroups	
04.1758	正规化子	normalizer	
04.1759	中心化子	centralizer	
04.1760	群的中心	center of a group	
04.1761	正规子群	normal subgroup, invariant subgroup	
04.1762	商群	factor group, quotient group	
04.1763	群同构	group isomorphism	
04.1764	群同态	group homomorphism	
04.1765	群的自同态	endomorphism of group	
04.1766	群的自同构	automorphism of group	
04.1767	自同构群	group of automorphisms	
04.1768	全形	holomorph	
04.1769	内自同构	inner automorphism	
04.1770	外自同构群	group of outer automorphism	
04.1771	完全群	complete group	

序　码	汉　文　名	英　文　名	注　　释
04.1772	完满群	perfect group	
04.1773	特征子群	characteristic subgroup	
04.1774	全不变子群	fully invariant subgroup	
04.1775	换位子	commutator	
04.1776	换位子群	commutator subgroup	又称“导群(derived group)”。
04.1777	群的直积	direct product of groups	
04.1778	半直积	semi-direct product	
04.1779	中心积	central product	
04.1780	圈积	wreath product	
04.1781	带算子群	group with operators	
04.1782	容许子群	admissible subgroup	
04.1783	算子同构	operator isomorphism	
04.1784	算子同态	operator homomorphism	
04.1785	中心同构	central isomorphism	
04.1786	中心自同构	central automorphism	
04.1787	复合群	composite group	
04.1788	单群	simple group	
04.1789	正规列	normal series	
04.1790	次正规列	subnormal series	
04.1791	次正规子群	subnormal subgroup	
04.1792	因子群列	sequence of factor groups	
04.1793	极大子群	maximal subgroup	
04.1794	合成列	composition series	
04.1795	合成因子	composition factor	
04.1796	合成因子列	composition factor series	
04.1797	主列	principal series	
04.1798	中心列	central series	
04.1799	导出列	derived series	
04.1800	全不变列	fully invariant series	
04.1801	双链条件	double chain condition	
04.1802	菲廷分解	Fitting decomposition	
04.1803	可解群	solvable group	
04.1804	幂零群	nilpotent group	
04.1805	超可解群	supersolvable group	
04.1806	π 可解群	π-solvable group, pi-solvable group	

序码	汉文名	英文名	注释
04.1807	霍尔子群	Hall subgroup	
04.1808	亚循环群	metacyclic group	
04.1809	亚阿贝尔群	meta-Abelian group	
04.1810	自由阿尔贝群	free Abelian group	
04.1811	有限生成阿贝尔群	finitely generated Abelian group	
04.1812	二面体群	dihedral group	
04.1813	四元数群	quaternion group	
04.1814	广义四元数群	generalized quaternion group	
04.1815	*CN* 群	*CN*-group	
04.1816	矩阵群	matrix group	
04.1817	四元群	four group	
04.1818	p 群	p-group	
04.1819	正则 p 群	regular p-group	
04.1820	西罗子群	Sylow subgroup	
04.1821	弗拉蒂尼子群	Frattini subgroup	
04.1822	变换群	transformation group	
04.1823	置换群	permutation group	
04.1824	对称群	symmetric group	
04.1825	置换群的次数	degree of a permutation group	
04.1826	置换	permutation	
04.1827	对换	transposition	
04.1828	轮换	cyclic permutation	
04.1829	奇置换	odd permutation	
04.1830	偶置换	even permutation	
04.1831	奇偶性	parity, odevity	
04.1832	正则置换	regular permutation	
04.1833	传递集	transitive set	
04.1834	传递群	transitive group	
04.1835	r 重传递群	r-fold transitive group	
04.1836	双传递群	double transitive group	
04.1837	本原群	primitive group	
04.1838	非本原群	imprimitive group	
04.1839	弗罗贝尼乌斯群	Frobenius group	
04.1840	群作用	action of group	
04.1841	群作用等价	equivalence of group actions	
04.1842	轨道	orbit	

序码	汉文名	英文名	注释
04.1843	稳定子群	stable subgroup, isotropy subgroup	
04.1844	类方程	class equation	
04.1845	轨道分解公式	orbit decomposition formula	
04.1846	初等交换群	elementary commutative group	
04.1847	自由群	free group	
04.1848	有限生成群	finitely generated group	
04.1849	定义关系	defining relations	
04.1850	有限表现群	finitely presented group	
04.1851	自由积	free product	
04.1852	共合积	amalgamated product	
04.1853	伯恩赛德问题	Burnside problem	
04.1854	字	word	
04.1855	字问题	word problem	
04.1856	自由半群	free semi-group	
04.1857	序群	ordered group	
04.1858	周期群	periodic group, torsion group	
04.1859	无扭交换群	torsion free commutative group	
04.1860	可除群	divisible group	
04.1861	辫群	braid group	
04.1862	典型群	classical group	
04.1863	线性群	linear group	
04.1864	一般线性群	general linear group, full linear group	
04.1865	特殊线性群	special linear group	又称"幺模群(unimodular group)"。
04.1866	一般射影线性群	projective general linear group	
04.1867	特殊射影线性群	projective special linear group	
04.1868	酉群	unitary group	
04.1869	特殊酉群	special unitary group	
04.1870	射影酉群	projective unitary group	
04.1871	正交群	orthogonal group	
04.1872	旋转群	rotation group, proper orthogonal group	
04.1873	反常旋转	improper rotation	
04.1874	旋量群	spinor group	
04.1875	复正交群	complex orthogonal group	

序　码	汉 文 名	英 文 名	注　　释
04.1876	特殊复正交群	complex special orthogonal group	
04.1877	洛伦兹群	Lorentz group	
04.1878	辛变换	symplectic transformation	
04.1879	辛群	symplectic group	
04.1880	射影辛群	projective symplectic group	
04.1881	环上矩阵群	matrix group over rings	
04.1882	仿射群	affine group	
04.1883	运动群	group of motions	
04.1884	代数不变式论	theory of algebraic invariants	
04.1885	不变式	invariant	
04.1886	不变量	invariant	
04.1887	代数不变式	algebraic invariant	
04.1888	相对不变式	relative invariant	
04.1889	不变式的权	weight of invariant	
04.1890	基本不变式	basic invariant	
04.1891	有理不变式	rational invariant	
04.1892	整有理不变式	integral rational invariant	
04.1893	空间群	space group	
04.1894	晶体群	crystallographic group	
04.1895	格群	lattice group	
04.1896	正四面体群	regular tetrahedron group	
04.1897	正六面体群	regular hexahedron group	
04.1898	正八面体群	regular octahedron group	
04.1899	正十二面体群	regular dodecahedron group	
04.1900	正二十面体群	regular icosahedron group	
04.1901	多面体群	polyhedron group	
04.1902	有限单群分类	classification of finite simple groups	
04.1903	交错群	alternative groups	
04.1904	李型单群	simple groups of Lie type	
04.1905	零散单群	sporadic simple groups	
04.1906	马蒂厄群	Mathieu groups	
04.1907	大魔群	monster group	
04.1908	表示论	representation theory	
04.1909	群的线性表示	linear representations of groups	
04.1910	常表示	ordinary representation	
04.1911	表示空间	representation space	

序码	汉文名	英文名	注释
04.1912	表示模	representation module	
04.1913	矩阵表示	matrix representation	
04.1914	置换表示	permutation representation	
04.1915	正则表示	regular representation	
04.1916	表示的相似	similarity of representations	
04.1917	表示的等价	equivalence of representations	
04.1918	表示的级	degree of a representation	
04.1919	单位表示	unit representation	
04.1920	表示的直和	direct sum of representations	
04.1921	表示的张量积	tensor product of representations	
04.1922	可约表示	reducible representation	
04.1923	不可约表示	irreducible representation	
04.1924	绝对不可约表示	absolutely irreducible representation	
04.1925	完全可约表示	completely reducible representation	
04.1926	不可约表示的舒尔指数	Schur index of an irreducible representation	
04.1927	子表示	subrepresentation	
04.1928	商表示	factor representation	
04.1929	诱导表示	induced representation	
04.1930	完全可约性	complete reducibility	
04.1931	酉表示	unitary representation	
04.1932	正交表示	orthogonal representation	
04.1933	正交完全可约性	orthogonal complete reducibility	
04.1934	对偶表示	dual representation	
04.1935	射影表示	projective representation	
04.1936	共轭表示	conjugate representation	
04.1937	单项表示	monomial representation	
04.1938	整表示	integral representation	
04.1939	p 进表示	p-adic representation	
04.1940	对称群的表示	representation of symmetric group	
04.1941	杨氏图	Young diagram	
04.1942	表示的特征[标]	character of a representation	
04.1943	特征[标]的级	degree of character	
04.1944	不可约特征[标]	irreducible character	
04.1945	单位特征[标]	unit character	

序码	汉文名	英文名	注释
04.1946	线性特征[标]	linear character	
04.1947	正交关系	orthogonality relation	
04.1948	类函数	class function	
04.1949	表示的完全性	completeness for representations	
04.1950	表示的限制	restriction of representation	
04.1951	弗罗贝尼乌斯互反公式	Frobenius reciprocity formula	
04.1952	诱导特征[标]	induced character	
04.1953	p 初等群	p-elementary group	
04.1954	初等群	elementary group	
04.1955	广义特征[标]	generalized character, virtual character	
04.1956	群的分裂域	splitting field of a group	
04.1957	模表示	modular representation	
04.1958	模特征[标]	modular character	
04.1959	不可约模特征[标]	irreducible modular character	
04.1960	p 正则元	p-regular element	
04.1961	p 共轭元	p-conjugate element	
04.1962	不可分解模表示	indecomposable modular representation	
04.1963	嘉当不变量	Cartan invariants	
04.1964	分解数	decomposition numbers	
04.1965	p 块	p-block	
04.1966	块的亏数	defect of block	
04.1967	块的亏数群	defect group of block	
04.1968	主块	principal block	
04.1969	交结数	intertwining number	
04.1970	厦	building	
04.1971	广群	groupoid	
04.1972	半群	semi-group	
04.1973	幺半群	monoid	
04.1974	拟群	quasi-group	
04.1975	幺拟群	loop	

序码	汉文名	英文名	注释

04.14 代数群

04.1976	代数群	algebraic group	
04.1977	仿射代数群	affine algebraic group	
04.1978	单位连通区	identity component	
04.1979	连通代数群	connected algebraic group	
04.1980	完全连通代数群	completely connected algebraic group	
04.1981	代数子群	algebraic subgroup, *k*-closed subgroup	
04.1982	有理同态	rational homomorphism, morphism of algebraic groups	
04.1983	代数群的有理表示	rational representation of algebraic group	
04.1984	子集的群闭包	group closure of a subset	
04.1985	代数变换空间	algebraic transformation space	
04.1986	*G* 等价态射	*G*-equivalent morphism	
04.1987	函数平移	translation of functions	
04.1988	左函数平移	left translation of functions	
04.1989	右函数平移	right translation of functions	
04.1990	线性代数群	linear algebraic group	
04.1991	仿射群的线性化	linearization of affine groups	
04.1992	代数群的李代数	Lie algebra of an algebraic group	
04.1993	代数的李代数	algebraic Lie algebra	
04.1994	代数群的特征[标]	character of algebraic group	
04.1995	态射的微分	differential of a morphism	
04.1996	典范态射	canonical morphism	
04.1997	半单代数群	semi-simple algebraic group	
04.1998	殆单代数群	almost simple algebraic group	
04.1999	单代数群	simple algebraic group	
04.2000	半单元	semi-simple element	
04.2001	幂幺元	unipotent element	
04.2002	可对角化代数群	diagonalizable algebraic group	
04.2003	*d* 群	*d*-group	
04.2004	单参数乘法子群	one parameter multiplicative subgroup	

序码	汉文名	英文名	注释
04.2005	抽象根系	abstract root system	
04.2006	幂幺群	unipotent group	
04.2007	连通可解群	connected solvable group	
04.2008	代数群的根[基]	radical of algebraic group	
04.2009	幂幺根	unipotent radical	
04.2010	约化群	reductive group	
04.2011	一维群	one dimensional group	
04.2012	博雷尔子群	Borel subgroup	
04.2013	抛物子群	parabolic subgroup	
04.2014	代数群的秩	rank of algebraic group	
04.2015	正则环面	regular torus	
04.2016	奇异环面	singular torus	
04.2017	代数群的外尔群	Weyl group of algebraic group	
04.2018	正则单参数子群	regular one-parameter subgroup	
04.2019	半单秩	semi-simple rank	
04.2020	约化秩	reductive rank	
04.2021	布吕阿分解	Bruhat decomposition	
04.2022	有理表示	rational representation	
04.2023	有理表示的权	weights of rational representation	
04.2024	基本支配权	fundamental dominant weight	
04.2025	谢瓦莱群	Chevalley group	
04.2026	局部域上代数群	algebraic groups over a local field	
04.2027	数域上代数群	algebraic groups over an algebraic number field	
04.2028	阿代尔群	adéle group	
04.2029	算术子群	arithmetic subgroup	

04.15 拓 扑 群

序码	汉文名	英文名	注释
04.2030	拓扑群	topological group	
04.2031	底群	underlying group	
04.2032	拓扑群同构	isomorphism of topological groups	
04.2033	T_2拓扑群	T_2-topological group	又称“豪斯多夫拓扑群(Hausdorff topological group)”。
04.2034	拓扑群的直积	direct product of topological groups	
04.2035	闭子群	closed subgroup	

序码	汉文名	英文名	注释
04.2036	开子群	open subgroup	
04.2037	齐性空间	homogeneous space	
04.2038	左一致结构	left uniformity	
04.2039	完全的拓扑群	complete topological group	
04.2040	T_2拓扑群的完全化	completion of T_2-topological group	
04.2041	连续同态	continuous homomorphism	
04.2042	拓扑群同态	homomorphism of topological groups	
04.2043	局部紧群	locally compact group	
04.2044	局部紧群的酉表示	unitary representation of locally compact group	
04.2045	拓扑阿贝尔群	topological Abelian group	
04.2046	庞特里亚金对偶定理	Pontryagin duality theorem	
04.2047	零化子的互反性	reciprocity of annihilators	
04.2048	初等拓扑阿贝尔群	elementary topological Abelian group	
04.2049	环面群	torus group	
04.2050	实数加法群	additive group of real numbers	
04.2051	紧阿贝尔群	compact Abelian group	
04.2052	离散阿贝尔群	discrete Abelian group	
04.2053	紧拓扑群	compact topological group	
04.2054	紧群上的不变积分	invariant integral on compact group	
04.2055	紧群的群环	group ring of compact group	
04.2056	紧群的表示	representation of compact group	
04.2057	紧群的正则表示	regular representation of compact group	
04.2058	局部弧连通	locally arcwise connected	
04.2059	T_2拓扑空间的基本群	fundamental group of T_2 topological space	
04.2060	局部单连通	locally simply connected	
04.2061	容许 T_2拓扑空间	admissible T_2 topological space	
04.2062	容许拓扑群	admissible topological group	
04.2063	覆叠群	covering group	

序码	汉文名	英文名	注释
04.2064	覆叠同态	covering homomorphism	
04.2065	泛覆叠群	universal covering group	
04.2066	局部同态	local homomorphism	
04.2067	局部同构	locally isomorphic	
04.2068	拓扑群的投射系	projective system of topological groups	
04.2069	投射有限群	profinite group	
04.2070	全不连通紧群	totally disconnected compact group	
04.2071	拓扑变换群	topological transformation group	
04.2072	不连续变换群	discontinuous group of transformations	

04.16 李 群

04.2073	李群	Lie group	
04.2074	局部李群	local Lie group	
04.2075	实李群	real Lie group	
04.2076	复李群	complex Lie group	
04.2077	解析群	analytic group, connected Lie group	
04.2078	李群同构	isomorphism of Lie groups	
04.2079	子李群	Lie subgroup	
04.2080	解析子群	analytic subgroup, connected Lie subgroup	
04.2081	李群的李代数	Lie algebra of a Lie group	
04.2082	左平移	left translation	
04.2083	左不变	left invariant	
04.2084	离散子群	discrete subgroup	
04.2085	解析同态	analytic homomorphism	
04.2086	解析同构	analytic isomorphism	
04.2087	解析同态的微分	differential of an analytic homomorphism	
04.2088	单连通解析群	simply connected analytic group	
04.2089	局部解析同构	locally analytical isomorphic	
04.2090	闭子李群	closed Lie subgroup	
04.2091	单参数子群	one parameter subgroup	
04.2092	指数映射	exponential mapping	

序码	汉文名	英文名	注释
04.2093	第一类典范坐标	canonical coordinates of the first kind	
04.2094	第二类典范坐标	canonical coordinates of the second kind	
04.2095	幂零解析群	nilpotent analytic group	
04.2096	可解解析群	solvable analytic group	
04.2097	交换李群	commutative Lie group	
04.2098	商李群	quotient Lie group	
04.2099	实一般线性群	real general linear group	
04.2100	复一般线性群	complex general linear group	
04.2101	李群的表示	representation of a Lie group	
04.2102	实表示	real representation	
04.2103	复表示	complex representation	
04.2104	复解析表示	complex analytic representation	
04.2105	旋量表示	spin representation	
04.2106	指数映射的微分	differential of exponential mapping	
04.2107	贝克-坎贝尔-豪斯多夫公式	Baker-Cambell-Hausdorff formula	
04.2108	局部变换群	local transformation group	
04.2109	整体变换群	global transformation group	
04.2110	无穷小变换群	infinitesimal transformation group	
04.2111	李群的包络代数	enveloping algebra of a Lie group	
04.2112	半单李群	semi-simple Lie group	
04.2113	单李群	simple Lie group	
04.2114	李代数的解析群	analytic group of a Lie algebra	
04.2115	莱维子群	Levi subgroup	
04.2116	莱维分解	Levi decomposition	
04.2117	幂幺表示	unipotent representation	
04.2118	复单连通解析李群	complex simply connected analytic Lie group	
04.2119	极大环面	maximal torus	
04.2120	外尔特征[标]公式	Weyl character formula	
04.2121	外尔维数公式	Weyl dimension formula	
04.2122	p 进李群	p-adic Lie group	
04.2123	量子群	quantum group	

序　码	汉　文　名	英　文　名	注　　释
04.2124	泊松李群	Poisson Lie group	
04.2125	李双代数	Lie bialgebra	
04.2126	量子化泛包络代数	quantized universal enveloping algebra	
04.2127	经典杨－巴克斯特方程	classical Yang-Baxter equation	
04.2128	量子杨－巴克斯特方程	quantum Yang-Baxter equation	

05. 分 析 学

序码	汉文名	英文名	注释

05.1 分析学基础·实分析

05.0001	分析[学]	analysis	
05.0002	实分析	real analysis	
05.0003	上界	upper bound	
05.0004	上确界	least upper bound, supremum	又称"最小上界"。
05.0005	下界	lower bound	
05.0006	下确界	greatest lower bound, infimum	又称"最大下界"。
05.0007	有界[的]	bounded	
05.0008	聚点	point of accumulation	
05.0009	聚点原理	principle of the point of accumulation	
05.0010	区间	interval	
05.0011	开区间	open interval	
05.0012	闭区间	closed interval	
05.0013	博雷尔集	Borel set	
05.0014	F_σ 集	F_σ set	
05.0015	G_δ 集	G_δ set	
05.0016	解析集	analytic set	
05.0017	康托尔集	Cantor set	
05.0018	实变量	real variable	
05.0019	自变量	independent variable	
05.0020	函数	function	
05.0021	一元函数	function of one variable	
05.0022	多元函数	function of several variables	
05.0023	实变函数	function of real variable	
05.0024	实值函数	real-valued function	
05.0025	数量级	order of magnitude	
05.0026	序列	sequence	
05.0027	极限	limit	
05.0028	上极限	upper limit, superior limit	
05.0029	下极限	lower limit, inferior limit	
05.0030	左极限	left limit	
05.0031	右极限	right limit	

序　码	汉　文　名	英　文　名	注　　释
05.0032	连续函数	continuous function	
05.0033	一致连续[的]	uniformly continuous	
05.0034	等度连续[的]	equicontinuous	
05.0035	赫尔德条件	Hölder condition	
05.0036	利普希茨条件	Lipschitz condition	
05.0037	上极限函数	upper limit function	
05.0038	下极限函数	lower limit function	
05.0039	上半连续[的]	upper semi-continuous	
05.0040	下半连续[的]	lower semi-continuous	
05.0041	半连续[的]	semi-continuous	
05.0042	左连续[的]	left continuous	
05.0043	右连续[的]	right continuous	
05.0044	第一类不连续点	discontinuity point of the first kind	
05.0045	第二类不连续点	discontinuity point of the second kind	
05.0046	分段连续[的]	piecewise continuous	
05.0047	阶梯函数	step function	
05.0048	贝尔函数	Baire functions	
05.0049	第 n 类贝尔函数	n-th class of Baire functions	
05.0050	奇函数	odd function	
05.0051	偶函数	even function	
05.0052	单调函数	monotone function	
05.0053	增函数	increasing function	
05.0054	非减	non-decreasing	
05.0055	减函数	decreasing function	
05.0056	非增	non-increasing	
05.0057	复合函数	composite function, compound function	
05.0058	反函数	inverse function	
05.0059	有界变差函数	function of bounded variation	
05.0060	全变差	total variation	
05.0061	正变差	positive variation	
05.0062	负变差	negative variation	
05.0063	若尔当分解	Jordan decomposition	指有界变差函数的若尔当分解。

序　码	汉 文 名	英 文 名	注　　释
05.0064	可求长的	rectifiable	
05.0065	绝对不等式	absolute inequality	
05.0066	条件不等式	conditional inequality	
05.0067	赫尔德不等式	Hölder inequality	
05.0068	柯西－施瓦茨不等式	Cauchy-Schwarz inequality	
05.0069	闵可夫斯基不等式	Minkowski inequality	
05.0070	微积分[学]	calculus	
05.0071	微分学	differential calculus	
05.0072	导数	derivative, differential quotient	又称“微商”。
05.0073	可导的	derivable	
05.0074	左导数	left derivative	
05.0075	右导数	right derivative	
05.0076	上导数	upper derivative	
05.0077	下导数	lower derivative	
05.0078	迪尼导数	Dini derivative	
05.0079	分数次导数	fractional derivative	又称“非整数阶导数”。
05.0080	导函数	derived function	
05.0081	对数导数	logarithmic derivative	
05.0082	增量	increment	
05.0083	微分	differential	
05.0084	可微的	differentiable	
05.0085	微分法	differentiation	
05.0086	高阶导数	derivative of higher order	
05.0087	高阶微分	differential of higher order	
05.0088	莱布尼茨公式	Leibniz formula	
05.0089	中值定理	mean value theorem	
05.0090	罗尔中值定理	Rolle mean value theorem	
05.0091	拉格朗日中值定理	Lagrange mean value theorem	
05.0092	柯西中值定理	Cauchy mean value theorem	
05.0093	洛必达法则	L'Hospital rule	
05.0094	偏导数	partial derivative	又称“偏微商”。
05.0095	链式法则	chain rule	
05.0096	全微分	total differential	

序码	汉文名	英文名	注释
05.0097	完全可微的	totally differentiable	
05.0098	方向导数	directional derivative	
05.0099	高阶偏导数	partial derivative of higher order	
05.0100	C^0类函数	function of class C^0	又称“连续函数类”。
05.0101	光滑函数	smooth function	
05.0102	C^n类函数	function of class C^n	又称“n次连续可微函数类”。
05.0103	C^∞类函数	function of class C^∞	又称“无穷次连续可微函数类”。
05.0104	C^ω类函数	function of class C^ω	又称“实解析类函数类”。
05.0105	初等函数	elementary function	
05.0106	指数函数	exponential function	
05.0107	对数	logarithm	
05.0108	对数的底	base of logarithm	
05.0109	对数的首数	characteristic of logarithm	
05.0110	对数的尾数	mantissa of logarithm	
05.0111	自然对数	natural logarithm	
05.0112	常用对数	common logarithm	
05.0113	对数函数	logarithmic function	
05.0114	反对数	anti-logarithm	
05.0115	三角函数	trigonometric function	
05.0116	双曲函数	hyperbolic function	
05.0117	幂函数	power function	
05.0118	无处可微函数	nowhere differentiable function	
05.0119	极值	extremum	
05.0120	极小值	minimum	
05.0121	极大值	maximum	
05.0122	平稳值	stationary value	
05.0123	条件极值	conditional extremum	
05.0124	拉格朗日乘数	Lagrange multiplier	又称“拉格朗日乘子”。
05.0125	隐函数	implicit function	
05.0126	雅可比行列式	Jacobian [determinant]	又称“函数行列式(functional determinant)”。

序码	汉文名	英文名	注释
05.0127	雅可比矩阵	Jacobian matrix	
05.0128	函数相关	functionally dependent	
05.0129	函数无关	functionally independent	
05.0130	线性函数关系	linear functional relation	
05.0131	朗斯基行列式	Wronskian [determinant]	
05.0132	黑塞行列式	Hessian determinant	
05.0133	积分学	integral calculus	
05.0134	积分	integral	
05.0135	黎曼积分	Riemann integral	
05.0136	达布和	Darboux sum	
05.0137	黎曼上积分	Riemann upper integral	
05.0138	黎曼下积分	Riemann lower integral	
05.0139	黎曼可积的	integrable in the sense of Riemann	
05.0140	黎曼和	Riemann sum	
05.0141	定积分	definite integral	
05.0142	被积函数	integrand	
05.0143	积分下限	lower limit of integral	
05.0144	积分上限	upper limit of integral	
05.0145	第一中值定理	first mean value theorem	
05.0146	第二中值定理	second mean value theorem	
05.0147	不定积分	indefinite integral	
05.0148	原函数	primitive function	
05.0149	积分常数	constant of integration, integral constant	
05.0150	积分法	integration	
05.0151	换元积分法	integration by substitution	
05.0152	分部积分法	integration by parts	
05.0153	变量变换	change of variable	
05.0154	微积分基本定理	fundamental theorem of the calculus	
05.0155	牛顿－莱布尼茨公式	Newton-Leibniz formula	
05.0156	反常积分	improper integral	
05.0157	主值	principal value	
05.0158	柯西主值	Cauchy principal value	
05.0159	二重积分	double integral	
05.0160	三重积分	triple integral	

序码	汉文名	英文名	注释
05.0161	多重积分	multiple integral	
05.0162	积分域	domain of integration	
05.0163	累次积分	repeated integral	
05.0164	线积分	curvilinear integral	
05.0165	[曲]面积分	surface integral	
05.0166	格林公式	Green formula	
05.0167	斯托克斯公式	Stokes formula	
05.0168	奥－高公式	Ostrovski-Gauss formula	
05.0169	黎曼－斯蒂尔切斯积分	Riemann-Stieltjes integral	
05.0170	分数次积分	fractional integral	又称“非整数次积分”。
05.0171	测度论	measure theory	
05.0172	σ 环	σ-ring, sigma-ring	
05.0173	σ 域	σ-field, sigma-field	又称“σ 代数(σ-algebra)”。
05.0174	可测空间	measurable space	
05.0175	可测集	measurable set	
05.0176	不可测集	non-measurable set	
05.0177	测度	measure	
05.0178	外测度	exterior measure	
05.0179	内测度	interior measure	
05.0180	δ 测度	δ-measure, delta-measure	
05.0181	若尔当测度	Jordan measure	
05.0182	若尔当可测	Jordan measurable	
05.0183	加性集函数	additive set function	
05.0184	有限可加	finitely additive	
05.0185	勒贝格测度	Lebesgue measure	
05.0186	勒贝格可测	Lebesgue measurable	
05.0187	勒贝格－斯蒂尔切斯测度	Lebesgue-Stieltjes measure	简称“L-S 测度”。
05.0188	正则测度	regular measure	
05.0189	测度空间	measure space	
05.0190	零集	null set	
05.0191	处处稠密[的]	dense everywhere	
05.0192	几乎处处	almost everywhere, a.e	
05.0193	本质有界[的]	essentially bounded	

序码	汉文名	英文名	注释
05.0194	卡拉泰奥多里测度	Carathéodory measure	
05.0195	积可测空间	product measurable space	
05.0196	积可测集	product measurable set	
05.0197	积测度	product measure	
05.0198	积测度空间	product measure space	
05.0199	拉东测度	Radon measure	
05.0200	几何测度论	geometric measure theory	
05.0201	豪斯多夫测度	Hausdorff measure	
05.0202	豪斯多夫维数	Hausdorff dimension	
05.0203	可测函数	measurable function	
05.0204	勒贝格可测函数	Lebesgue measurable function	
05.0205	博雷尔可测函数	Borel measurable function	
05.0206	勒贝格积分	Lebesgue integral	
05.0207	可和函数	summable function	
05.0208	可积[的]	integrable	
05.0209	平方可积[的]	square integrable	
05.0210	L^p空间	L^p-space	
05.0211	l^p空间	l^p-space	
05.0212	有界函数	bounded function	
05.0213	平均收敛	convergence in mean	
05.0214	依测度收敛	convergence in measure	
05.0215	几乎处处收敛	convergence almost everywhere	
05.0216	收敛的比较定理	comparison theorem for convergence	
05.0217	单调收敛定理	monotone convergence theorem	
05.0218	控制收敛定理	dominated convergence theorem	
05.0219	集函数	set function	
05.0220	区间函数	interval function	
05.0221	点函数	point function	
05.0222	绝对连续[的]	absolutely continuous	
05.0223	一致绝对连续[的]	uniformly absolutely continuous	
05.0224	奇异的	singular	
05.0225	密集点	point of density	
05.0226	近似导数	approximate derivative	
05.0227	近似可导[的]	approximately derivable	

序码	汉文名	英文名	注释
05.0228	当茹瓦积分	Denjoy integral	
05.0229	极限点	limiting point	指序列的极限点。
05.0230	级数	series	
05.0231	渐近级数	asymptotic series	
05.0232	通项	general term	
05.0233	部分和	partial sum	
05.0234	收敛[性]	convergence	
05.0235	收敛级数	convergent series	
05.0236	级数的和	sum of series	
05.0237	渐近收敛	asymptotic convergence	
05.0238	发散[性]	divergence	
05.0239	正项级数	series of positive terms	
05.0240	绝对收敛	absolutely convergent	
05.0241	条件收敛	conditionally convergent	
05.0242	阿贝尔变换	Abel transformation	
05.0243	控制级数	dominant series	
05.0244	交错级数	alternating series	
05.0245	调和级数	harmonic series	
05.0246	级数求和	summation of series	
05.0247	可求和性	summability	
05.0248	切萨罗求和[法]	Cesàro summation [method]	
05.0249	赫尔德求和[法]	Hölder summation [method]	
05.0250	阿贝尔求和[法]	Abel summation [method]	
05.0251	博雷尔求和[法]	Borel summation [method]	
05.0252	里斯求和[法]	Riesz summation [method]	
05.0253	泊松求和公式	Poisson summation formula	
05.0254	渐近展开	asymptotic expansion	
05.0255	泰勒公式	Taylor formula	
05.0256	麦克劳林公式	Maclaurin formula	
05.0257	二重级数	double series	
05.0258	多重级数	multiple series	
05.0259	函数项级数	series of functions	
05.0260	函数的级数展开	expansion of a function in series	
05.0261	一致收敛性	uniform convergence	
05.0262	逐项积分	termwise integration	
05.0263	逐项微分	termwise differentiation	
05.0264	傅里叶分析	Fourier analysis	

序　码	汉　文　名	英　文　名	注　　释
05.0265	正交多项式	orthogonal polynomials	
05.0266	正交函数系	system of orthogonal functions	
05.0267	规范正交函数系	system of orthonormal functions	
05.0268	贝塞尔不等式	Bessel inequality	
05.0269	帕塞瓦尔等式	Parseval equality	
05.0270	封闭的函数系	closed system of functions	
05.0271	完全的函数系	complete system of functions	
05.0272	拉德马赫[正交]函数系	Rademacher system of [orthogonal] functions	
05.0273	沃尔什[正交]函数系	Walsh system of [orthogonal] functions	
05.0274	施密特正交化	Schimidt orthogonalization	
05.0275	周期函数	periodic function	
05.0276	傅里叶级数	Fourier series	
05.0277	傅里叶系数	Fourier coefficient	
05.0278	三角级数	trigonometric series	
05.0279	缺项三角级数	lacunary trigonometric series	
05.0280	共轭级数	conjugate series	
05.0281	卷积	convolution	
05.0282	狄利克雷核	Dirichlet kernel	
05.0283	费耶平均	Fejér mean	
05.0284	费耶核	Fejér kernel	
05.0285	泊松核	Poisson kernel	
05.0286	共轭泊松核	conjugate Poisson kernel	
05.0287	吉布斯现象	Gibbs phenomenon	
05.0288	共轭函数	conjugate function	
05.0289	唯一性集	set of uniqueness	
05.0290	多重傅里叶级数	multiple Fourier series	
05.0291	殆周期函数	almost periodic function	又称“几乎周期函数”。
05.0292	平移数	translation number	
05.0293	广义三角多项式	generalized trigonometric polynomial	
05.0294	广义三角级数	generalized trigonometric series	
05.0295	群上的殆周期函数	almost periodic function on a group	
05.0296	调和分析	harmonic analysis	

序码	汉文名	英文名	注释
05.0297	调和函数	harmonic function	
05.0298	共轭调和函数	conjugate harmonic function	
05.0299	奇异积分	singular integral	
05.0300	H_p空间	H_p-space	又称“哈代空间”。
05.0301	有界平均振动函数	function of bounded mean oscillation	简称“BMO 函数”。
05.0302	哈代-李特尔伍德极大函数	Hardy-Littlewood maximal function	
05.0303	覆盖引理	covering lemma	
05.0304	二进分割	dyadic decomposition	
05.0305	非增重排函数	non-increasing rearrangement function	
05.0306	加权不等式	weighted inequality	
05.0307	权函数	weight function	
05.0308	A_p权	A_p-weight	
05.0309	弱型估计	weak type estimate	
05.0310	平移不变	translation invariant	
05.0311	卡尔松测度	Carleson measure	
05.0312	抽象调和分析	abstract harmonic analysis	
05.0313	对偶对象	dual object	
05.0314	庞特里亚金-范坎彭对偶定理	Pontryagin-van Kampen duality theorem	
05.0315	玻尔紧化	Bohr compactification	
05.0316	不变平均	invariant mean	
05.0317	不变测度	invariant measure	
05.0318	哈尔测度	Haar measure	
05.0319	模函数	modular function	左右哈尔测度间的一个联系函数。
05.0320	幺模[的]	unimodular	
05.0321	海森伯格群	Hessenberg group	
05.0322	场论	theory of fields	
05.0323	标量场	scalar field	
05.0324	向量场	vector field	
05.0325	势函数	potential function	
05.0326	等势线	equipotential line	
05.0327	流函数	stream function	
05.0328	流线	stream line	

序码	汉文名	英文名	注释
05.0329	梯度	gradient	
05.0330	散度	divergence	
05.0331	旋度	rotation, curl	
05.0332	环流[量]	circulation	
05.0333	小波分析	wavelet analysis, wavelets	
05.0334	分形分析	fractals, fractal analysis	
05.0335	逼近论	approximation theory	

05.2 复分析

序码	汉文名	英文名	注释
05.0336	复分析	complex analysis	
05.0337	实部	real part	
05.0338	虚部	imaginary part	
05.0339	模	modulus	指复数的模。
05.0340	辐角	argument	
05.0341	复数的三角形式	trigonometrical form of complex number	
05.0342	共轭复数	conjugate complex number	
05.0343	实轴	real axis	
05.0344	虚轴	imaginary axis	
05.0345	复平面	complex plane	
05.0346	有限点	finite point	
05.0347	扩充复平面	extended complex plane	
05.0348	球极平面投影	stereographic projection	
05.0349	球面距离	spherical distance	
05.0350	区域	domain, region	
05.0351	单连通[区]域	simply connected domain	
05.0352	多连通[区]域	multiply connected domain	
05.0353	单位圆[盘]	unit disk	
05.0354	半平面	half plane	
05.0355	凸区域	convex domain	
05.0356	若尔当弧	Jordan arc	
05.0357	闭曲线	closed curve	
05.0358	周线	contour	曾用名“围道”,“回路”。
05.0359	缺项级数	lacunary series	
05.0360	幂级数	power series	
05.0361	收敛半径	radius of convergence	

序 码	汉 文 名	英 文 名	注 释
05.0362	柯西-阿达马公式	Cauchy-Hadamard formula	
05.0363	收敛圆	circle of convergence	
05.0364	过度收敛	overconvergence	
05.0365	狄利克雷级数	Dirichlet series	
05.0366	收敛横坐标	abscissa of convergence	
05.0367	绝对收敛横坐标	abscissa of absolute convergence	
05.0368	正则[性]横坐标	abscissa of regularity	
05.0369	收敛轴	axis of convergence	
05.0370	收敛半平面	half plane of convergence	
05.0371	极限函数	limiting function, limit function	
05.0372	复变数	complex variable	
05.0373	复变函数	function of complex variable	
05.0374	单值函数	single valued function, uniform function	
05.0375	多值函数	multiple valued function, multivalued function	
05.0376	单值分支	one-valued branch	
05.0377	解析性	analyticity	
05.0378	解析函数	analytic function	
05.0379	全纯	holomorphic	又称“正则(regular)”。
05.0380	全纯函数	holomorphic function	
05.0381	柯西-黎曼方程	Cauchy-Riemann equations	
05.0382	正则点	regular point	
05.0383	单演	monogenic	
05.0384	单演函数	monogenic function	
05.0385	复积分	complex integral	
05.0386	柯西积分公式	Cauchy integral formula	
05.0387	柯西型积分	Cauchy type integral	
05.0388	积分路径	path of integration	
05.0389	零点	zero	
05.0390	零点的阶	order of zero	又称“零点的重数(multiplicity of zero)”。
05.0391	单零点	simple zero	又称“一阶零点”。
05.0392	洛朗级数	Laurent series	

序　码	汉　文　名	英　文　名	注　　释
05.0393	奇点	singular point, singularity	指解析函数的奇点。
05.0394	孤立奇点	isolated singular point, isolated singularity	
05.0395	可去奇点	removable singularity	
05.0396	极点	pole	一种孤立奇点。
05.0397	极点的阶	order of pole	又称“极点的重数 (multiplicity of pole)”。
05.0398	单极点	simple pole	又称“一阶极点”。
05.0399	本质奇点	essential singular point	
05.0400	主部	principal part	
05.0401	留数	residue	曾用名“残数”。
05.0402	辐角原理	argument principle	
05.0403	整函数	entire function, integral function	
05.0404	超越整函数	transcendental entire function	
05.0405	最大模	maximum modulus	
05.0406	最大模定理	maximum modulus theorem	
05.0407	三圆定理	three circles theorem	
05.0408	增长性	growth	
05.0409	[增长]级	growth order	
05.0410	有穷级	finite order	
05.0411	零级	zero order	
05.0412	[整函数的]型	type [of entire function]	
05.0413	指数增长性	exponential growth	
05.0414	最大项	maximum term	
05.0415	中心指标	central index	
05.0416	威曼－瓦利龙方法	Wiman-Valiron method	
05.0417	型函数	type-function	
05.0418	无穷乘积	infinite product	
05.0419	部分乘积	partial product	
05.0420	典范乘积	canonical product	
05.0421	乘积展开式	product expansion	
05.0422	[整函数的]亏格	genus [of entire function]	
05.0423	收敛指数	convergence exponent	整函数零点序列的收敛指数。
05.0424	有理函数	rational function	

序　码	汉 文 名	英 文 名	注　　释
05.0425	超越亚纯函数	transcendental meromorphic function	
05.0426	[亚纯函数的]特征函数	characteristic function [of meromorphic function]	
05.0427	计数函数	counting function	
05.0428	迫近函数	proximate function	
05.0429	值[的]分布	distribution of values, value distribution	
05.0430	奈旺林纳理论	Nevanlinna theory	
05.0431	例外值	exceptional value	值分布理论中的一个概念。
05.0432	亏值	deficient value	
05.0433	亏量	deficiency	
05.0434	重值	multiple value	
05.0435	完全重值	completely multiple value	
05.0436	素函数	prime function	
05.0437	伪素函数	pseudo-prime function	
05.0438	渐近值	asymptotic value	
05.0439	渐近路径	asymptotic path	
05.0440	布拉施克乘积	Blaschke product	
05.0441	边界表现	boundary behavior	
05.0442	非切向极限	non-tangential limit	
05.0443	聚值集	cluster set	
05.0444	亚纯曲线	meromorphic curve	
05.0445	超椭圆积分	hyperelliptic integral	
05.0446	黎曼 ζ 函数	Riemann zeta-function	
05.0447	黎曼假设	Riemann hypothesis	
05.0448	解析延拓	analytic prolongation, analytic continuation	
05.0449	解析函数元素	element of analytic function	
05.0450	完全解析函数	complete analytic function	
05.0451	分支	branch	
05.0452	[分]支点	branching point, ramification point	
05.0453	代数奇点	algebraic singularity	
05.0454	阿贝尔积分	Abelian integral	
05.0455	代数体函数	algebroidal function	

序码	汉文名	英文名	注释
05.0456	单值化	uniformization	
05.0457	单值化定理	uniformization theorem	
05.0458	黎曼[曲]面	Riemann surface	
05.0459	覆盖面	covering surface	
05.0460	万有覆盖面	universal covering surface	
05.0461	单连通黎曼[曲]面	simply connected Riemann surface	
05.0462	椭圆型黎曼[曲]面	elliptic Riemann surface	
05.0463	抛物型黎曼[曲]面	parabolic Riemann surface	
05.0464	双曲型黎曼[曲]面	hyperbolic Riemann surface	
05.0465	紧黎曼[曲]面	compact Riemann surface	又称"闭黎曼[曲]面"。
05.0466	紧加边黎曼[曲]面	bordered compact Riemann surface	
05.0467	有限型黎曼[曲]面	Riemann surface of finite type	
05.0468	阿贝尔微分	Abelian differential	
05.0469	泰希米勒空间	Teichmüller space	
05.0470	万有泰希米勒空间	universal Teichmüller space	
05.0471	泰希米勒度量	Teichmüller metric	
05.0472	黎曼空间	Riemann space	又称"模空间(moduli space)"。
05.0473	基本[区]域	fundamental region	
05.0474	自守函数	automorphic function	
05.0475	自守形式	automorphic form	
05.0476	庞加莱级数	Poincaré series	
05.0477	贝尔斯空间	Bers space	
05.0478	真不连续群	properly discontinuous group	
05.0479	克莱因群	Kleinian group	
05.0480	富克斯群	Fuchsian group	
05.0481	肖特基群	Schottky group	
05.0482	分式线性变换	fractional linear transformation	
05.0483	位似变换	homothetic transformation	

序　码	汉　文　名	英　文　名	注　　释
05.0484	对称点	symmetric point	
05.0485	共形映射	conformal mapping	曾用名“保形映射”,“共形映照”。
05.0486	共形不变量	conformal invariant	
05.0487	黎曼映射定理	Riemann mapping theorem	
05.0488	映射函数	mapping function	
05.0489	边界对应	boundary correspondence	
05.0490	对称原理	symmetry principle	解析开拓的一种方法。
05.0491	施瓦茨-克里斯托费尔公式	Schwarz-Christoffel formula	
05.0492	施瓦茨导数	Schwarz derivative	
05.0493	核函数	kernel function	
05.0494	单叶函数	univalent function	
05.0495	星形函数	starlike function	
05.0496	比伯巴赫猜想	Bieberbach conjecture	
05.0497	洛纳方程	Loewner equation	
05.0498	素端	prime ends	
05.0499	极值点	extreme point	
05.0500	多叶函数	multivalent function	
05.0501	庞加莱度量	Poincaré metric	
05.0502	超限直径	transfinite diameter	
05.0503	极值长度	extremal length	
05.0504	从属性	subordination	
05.0505	正规族	normal family	
05.0506	正规性准则	criterion of normality	
05.0507	正规函数	normal function	
05.0508	布洛赫函数	Bloch function	
05.0509	布洛赫常数	Bloch constant	
05.0510	布洛赫空间	Bloch space	
05.0511	伯格曼空间	Bergman space	
05.0512	BMOA 函数	analytic function of bounded mean oscillation	全称“有界平均振动解析函数”。
05.0513	拟正规族	quasi-normal family	
05.0514	复解析动力系统	complex analytic dynamics	又称“复解析动力学”。
05.0515	茹利亚点	Julia point	

序码	汉文名	英文名	注释
05.0516	茹利亚方向	Julia direction	
05.0517	吸性不动点	attractive fix-point	
05.0518	斥性不动点	repulsive fix-point	
05.0519	中性不动点	neutral fix-point	
05.0520	茹利亚集	Julia set	
05.0521	法图集	Fatou set	
05.0522	芒德布罗集	Mandelbrot set	
05.0523	游荡[区]域	wandering domain	
05.0524	广义解析函数	generalized analytic function	
05.0525	拟共形映射	quasi-conformal mapping	曾用名“拟共形映照”。
05.0526	伸缩商	dilatation quotient	
05.0527	*K* 拟共形映射	*K*-quasi-conformal mapping	
05.0528	拟对称函数	quasi-symmetric function	
05.0529	拟圆周	quasi-circle	
05.0530	拟共形反射	quasi-conformal reflection	
05.0531	拟正则函数	quasi-regular function	
05.0532	函数构造论	constructive theory of functions	
05.0533	函数逼近论	approximation theory of functions	
05.0534	连续[性]模	modulus of continuity	
05.0535	饱和类	saturation class	
05.0536	逼近阶	degree of approximation	
05.0537	切比雪夫多项式	Chebyshev polynomial	
05.0538	插值逼近	approximation by interpolation	
05.0539	多复变函数	function of several complex variables	
05.0540	多维复空间	complex space of several dimensions	
05.0541	多圆盘	polydisc	
05.0542	广义多圆盘	generalized polydisc	
05.0543	超球	hypersphere	
05.0544	赖因哈特域	Reinhardt domain	
05.0545	完全赖因哈特域	complete Reinhardt domain	
05.0546	多重幂级数	multiple power series	
05.0547	相伴收敛半径	associated radius of convergence	
05.0548	多元解析函数	analytic function of several variables	

序码	汉文名	英文名	注释
05.0549	多元全纯函数	holomorphic function of several variables	
05.0550	多重调和函数	pluriharmonic function	
05.0551	确定集	determining set	
05.0552	解析函数的芽	germ of analytic function	
05.0553	全纯域	domain of holomorphy	又称"正则域"。
05.0554	全纯包	envelope of holomorphy	
05.0555	解析完全域	analytically complete domain	
05.0556	莱维问题	Levi problem	
05.0557	多重次调和函数	plurisubharmonic function	
05.0558	伪凸域	pseudo-convex domain	
05.0559	全纯凸域	holomorphically convex domain	
05.0560	解析多面体	analytic polyhedron	
05.0561	韦伊域	Weil domain	
05.0562	解析映射	analytic mapping	定义在一个域 $G\subset C^n$ 内的 C^m 值解析函数。
05.0563	全纯映射	holomorphic mapping	
05.0564	解析同胚	analytic homeomorphism	
05.0565	解析自同构算子	analytic automorphism operator	
05.0566	调和算子	harmonic operator	
05.0567	典型域	classical domain	
05.0568	库赞第一问题	first problem of Cousin	
05.0569	库赞第二问题	second problem of Cousin	
05.0570	复流形	complex manifold	
05.0571	施坦流形	Stein manifold	
05.0572	芽层	sheaf of germs	
05.0573	解析函数的芽层	sheaf of germs of analytic function	
05.0574	解析簇	analytic variety	
05.0575	解析空间	analytic space	
05.0576	施坦空间	Stein space	
05.0577	小林[昭七]度量	Kobayashi metric	
05.0578	伯格曼度量	Bergman metric	

05.3 积分变换

05.0579	积分变换	integral transform	
05.0580	逆变换	inverse transform	

序码	汉文名	英文名	注释
05.0581	反演公式	inversion formula	
05.0582	[积分变换的]核	kernel of integral transform	
05.0583	傅里叶变换	Fourier transform	
05.0584	傅里叶积分	Fourier integral	
05.0585	共轭傅里叶积分	conjugate Fourier integral	
05.0586	广义傅里叶积分	generalized Fourier integral	
05.0587	傅里叶逆变换	inverse Fourier transform	
05.0588	傅里叶反演公式	Fourier inversion formula	
05.0589	傅里叶正弦变换	Fourier sine transform	
05.0590	傅里叶余弦变换	Fourier cosine transform	
05.0591	沃森变换	Watson transform	
05.0592	小波变换	wavelet transform	
05.0593	自反函数	self-reciprocal function	
05.0594	梅林变换	Mellin transform	
05.0595	斯蒂尔切斯变换	Stieltjes transform	
05.0596	汉克尔变换	Hankel transform	
05.0597	希尔伯特变换	Hilbert transform	
05.0598	拉普拉斯变换	Laplace transform	
05.0599	拉普拉斯逆变换	inverse Laplace transform	
05.0600	里斯变换	Riesz transform	
05.0601	拉普拉斯－斯蒂尔切斯变换	Laplace-Stieltjes transform	
05.0602	傅里叶－拉普拉斯变换	Fourier-Laplace transform	
05.0603	傅里叶－斯蒂尔切斯变换	Fourier-Stieltjes transform	
05.0604	傅里叶－贝塞尔变换	Fourier-Bessel transform	
05.0605	拉东变换	Radon transform	

05.4 位势论

序码	汉文名	英文名	注释
05.0606	位势论	potential theory	
05.0607	带号测度	signed measure	
05.0608	离散带号测度	discrete signed measure	
05.0609	限制测度	restriction of measure μ on set E	测度 μ 在集 E 上的限制。
05.0610	测度支集	support of measure	

序码	汉文名	英文名	注释
05.0611	平衡测度	equilibrium measure	
05.0612	μ 几乎处处	μ-almost everywhere, mu-almost everywhere	
05.0613	近乎处处	approximately everywhere	
05.0614	带号测度若尔当分解	Jordan decomposition of signed measure	
05.0615	带号测度全变差	complete variation of signed measure	
05.0616	带号测度正变差	positive variation of signed measure	
05.0617	带号测度负变差	negative variation of signed measure	
05.0618	带号测度密度	density of signed measure	
05.0619	淡拓扑	vague topology	
05.0620	细拓扑	fine topology	
05.0621	淡紧	vague compact	
05.0622	弱有界集[合]	weakly bounded set	
05.0623	测度卷积	convolution of measures	
05.0624	位势	potential	
05.0625	里斯核	Riesz kernel	
05.0626	对数核	logarithmic kernel	
05.0627	牛顿核	Newtonian kernel	
05.0628	伴随核	adjoint kernel	
05.0629	相容核	consistent kernel	
05.0630	亨特核	Hunt kernel	
05.0631	完满核	perfect kernel	
05.0632	扩散核	diffusion kernel	
05.0633	核广义函数	kernel distribution	
05.0634	平衡分布	equilibrium mass-distribution	
05.0635	α 上调和函数	α-superharmonic function, alpha-superharmonic function	
05.0636	调和优函数	harmonic majorant function	
05.0637	最小调和优函数	least harmonic majorant function	
05.0638	里斯位势	Riesz potential	
05.0639	对数位势	logarithmic potential	
05.0640	牛顿位势	Newtonian potential	
05.0641	格林位势	Green potential	

序码	汉文名	英文名	注释
05.0642	复测度	complex measure	
05.0643	复位势	complex potential	
05.0644	汤川位势	Yukawa potential	
05.0645	推迟位势	retarded potential	
05.0646	超前位势	advanced potential	又称"前进位势"。
05.0647	导体位势	conductor potential	
05.0648	面分布位势	surface distribution potential	
05.0649	体积位势	volume potential	
05.0650	单层位势	simple layer potential	又称"单一分布位势"。
05.0651	双层位势	double layer potential	又称"双层分布位势"。
05.0652	带号测度能量[积分]	energy of signed integral	
05.0653	带号测度相互能量[积分]	mutual energy of signed measure	
05.0654	带号测度范数	norm of signed measure	
05.0655	有限能量分布	distribution of finite energy	
05.0656	有限能量位势	potential with finite energy	
05.0657	容量	capacity	
05.0658	可赋容量性	capacitability	
05.0659	内容量	inner capacity	
05.0660	外容量	outer capacity	
05.0661	维纳容量	Wiener capacity	
05.0662	对数容量	logarithmic capacity	
05.0663	格林容量	Green capacity	
05.0664	罗宾常数	Robin constant	
05.0665	容量分布	capacity distribution	
05.0666	容量位势	capacity potential	
05.0667	广义狄利克雷问题	generalized Dirichlet problem	
05.0668	调和测度	harmonic measure	
05.0669	扫除	balayage	
05.0670	扫除算子	balayage operator	
05.0671	控制原理	domination principle	
05.0672	逆控制原理	inverse domination principle	
05.0673	下包络原理	lower envelope principle	

序码	汉文名	英文名	注释
05.0674	完全最大值原理	complete maximum principle	
05.0675	狄利克雷空间	Dirichlet space	
05.0676	高斯变分问题	Gauss variational problem	
05.0677	约化核	reduced kernel	
05.0678	极集	polar set, α-polar set	
05.0679	薄集	thin set	

05.5 变分法

序码	汉文名	英文名	注释
05.0680	变分法	calculus of variations	又称“变分学”。
05.0681	变分原理	variational principle	
05.0682	哈密顿原理	Hamilton principle	
05.0683	变分问题	variational problem	
05.0684	条件变分问题	conditional problem of variation	
05.0685	固定终点变分问题	fixed end point variational problem	
05.0686	自由终点变分问题	free end point variational problem	
05.0687	变分方程	variational equation, equation of variation	
05.0688	变分不等式	variational inequality	
05.0689	变分不等方程	variational inequation	
05.0690	变函数	argument function	
05.0691	容许函数	admissible function	
05.0692	变分	variation	
05.0693	一阶变分	first variation	
05.0694	二阶变分	second variation	
05.0695	变分导数	variational derivative	
05.0696	二阶加托微分	second Gâteaux differential	
05.0697	约束	constraint	
05.0698	自然约束	natural constraint	
05.0699	边界条件转移	transfer of frontier conditions	
05.0700	欧拉[必要]条件	Euler [necessary] condition	
05.0701	雅可比[必要]条件	Jacobi [necessary] condition	
05.0702	魏尔斯特拉斯[必要]条件	Weierstrass [necessary] condition	
05.0703	勒让德[必要]条	Legendre [necessary] condition	

序码	汉文名	英文名	注释
	件		
05.0704	拉格朗日[必要]条件	Lagrange [necessary] condition	
05.0705	卡拉泰奥多里性质	Carathéodory property	
05.0706	横截性条件	condition of transversality	
05.0707	强局部极值	strong local extremum	
05.0708	弱极值	weak extremum	
05.0709	弱局部极值	weak local extremum	
05.0710	广义局部极值	generalized local extremum	
05.0711	绝对极值	absolute extremum	
05.0712	极值场	extremal field	
05.0713	欧拉-拉格朗日微分方程	Euler-Lagrange differential equation	
05.0714	平稳函数	stationary function	
05.0715	平稳曲线	stationary curve	
05.0716	场	field	
05.0717	斜率函数	slope function	
05.0718	希尔伯特不变积分	Hilbert invariant integral	
05.0719	魏尔斯特拉斯 ε 函数	Weierstrass ε-function	
05.0720	捷线	brachistochrone	又称"最速降线(curve of steepest descent)"。
05.0721	极值曲线	extremal curve	
05.0722	临界集	critical set	
05.0723	雅可比方程组	system of Jacobi equations	
05.0724	普拉托问题	Plateau problem	
05.0725	面积泛函	area functional	
05.0726	狄利克雷泛函	Dirichlet functional	
05.0727	道格拉斯泛函	Douglas functional	
05.0728	等周问题	isoperimetric problem	
05.0729	广义等周问题	generalized isoperimetric problem	
05.0730	极小时间问题	problem of minimum time	
05.0731	迈耶问题	Mayer problem	
05.0732	拉格朗日问题	Lagrange problem	

序码	汉文名	英文名	注释
05.0733	杨氏变换	Young transformation	
05.0734	极小化极大	minimax	
05.0735	直接法	direct method	
05.0736	里茨方法	Ritz method	
05.0737	瑞利－里茨方法	Rayleigh-Ritz method	

05.6 凸分析

05.0738	凸分析	convex analysis	
05.0739	仿射集	affine set	
05.0740	仿射包	affine hull	
05.0741	凸性	convexity	
05.0742	凸集	convex set	
05.0743	凸序列	convex sequence	
05.0744	严格凸	strictly convex	
05.0745	本质严格凸	essentially strictly convex	
05.0746	凹[性]	concavity	
05.0747	凸组合	convex combination	
05.0748	凸包	convex hull	
05.0749	凸超曲面	convex hypersurface	
05.0750	凸多面体	convex polyhedron	
05.0751	凸多胞体	convex polytope	
05.0752	广义多胞体	generalized polytope	
05.0753	广义 m 维单纯形	generalized m-dimensional simplex	
05.0754	暴露点	exposed point	
05.0755	暴露面	exposed face	
05.0756	暴露方向	exposed direction	
05.0757	暴露射线	exposed ray	
05.0758	端射线	extreme ray	
05.0759	端方向	extreme direction	
05.0760	凸锥	convex cone	
05.0761	凸多面锥	convex polyhedral cone	
05.0762	闸锥	barrier cone	
05.0763	回收锥	recession cone	
05.0764	回收方向	direction of recession	
05.0765	相对开	relatively open	
05.0766	相对边界	relatively boundary	

序 码	汉 文 名	英 文 名	注 释
05.0767	相对内部	relatively interior	
05.0768	下半连续包	lower semi-continuous hull	
05.0769	弱下半连续[的]	weakly lower semi-continuous	
05.0770	上半连续映射	upper semi-continuous mapping	
05.0771	次可微性	subdifferentiability	
05.0772	次微分映射	subdifferential mapping	
05.0773	支撑集	support set	
05.0774	支撑点	supporting point	
05.0775	支撑函数	support function	
05.0776	支撑泛函	supporting functional	
05.0777	支撑半空间	support half space	
05.0778	支撑超平面	supporting hyperplane	
05.0779	支撑超平面法	supporting hyperplane method	
05.0780	支撑超平面算法	supporting hyperplane algorithm	
05.0781	支撑线函数	supporting line function	
05.0782	支撑平面	supporting plane	
05.0783	分离集	separated set	
05.0784	分离凸集	separated convex set	
05.0785	分离点	separated point	
05.0786	分离超平面	separating hyperplane	
05.0787	分离公理	separating axiom	
05.0788	分离定理	separating theorem	
05.0789	仿射无关	affinely independent	
05.0790	仿射函数	affine function	
05.0791	凸函数	convex function	
05.0792	严格凸函数	strictly convex function	
05.0793	正常凸函数	proper convex function	
05.0794	反常凸函数	improper convex function	
05.0795	凸函数闭包	closure of convex function	
05.0796	闭凸函数	closed convex function	
05.0797	完全凸函数	completely convex function	
05.0798	共轭凸函数	conjugate convex function	
05.0799	拟凸性	quasi-convexity	
05.0800	拟凸	quasi-convex	
05.0801	拟凸函数	quasi-convex function	
05.0802	严格拟凸函数	strictly quasi-convex function	
05.0803	强拟凸函数	strongly quasi-convex function	

序码	汉文名	英文名	注释
05.0804	拟凸泛函	quasi-convex functional	
05.0805	凹函数	concave function	
05.0806	正常凹函数	proper concave function	
05.0807	严格凹函数	strictly concave function	
05.0808	共轭凹函数	conjugate concave function	
05.0809	拟凹函数	quasi-concave function	
05.0810	上境图	epigraph	
05.0811	有效域	effective domain	
05.0812	指示函数	indicator function	
05.0813	度规函数	gauge function	
05.0814	集合度规	gauge of set	
05.0815	度规函数的极函	polar of a gauge function	
05.0816	类度规函数	gauge-like function	
05.0817	非负凸函数的极函	polar of non-negative convex function	
05.0818	凸函数的回收函数	recession function of convex function	
05.0819	凸函数的回收锥	recession cone of convex function	
05.0820	勒让德共轭	Legendre conjugate	
05.0821	勒让德变换	Legendre transformation	
05.0822	鞍函数	saddle-function	
05.0823	广义凸规划	generalized convex program	
05.0824	凸过程	convex process	
05.0825	双重函数	bifunction	
05.0826	共轭双重函数	conjugate bifunction	
05.0827	凹凸[二元]函数	concave-convex function	
05.0828	凸凹[二元]函数	convex-concave function	
05.0829	鞍函数的凸闭包	convex closure of saddle function	
05.0830	鞍函数的凹闭包	concave closure of saddle function	
05.0831	凹凸函数的下闭包	lower closure of concave-convex function	
05.0832	凹凸函数的上闭包	superclosure of concave-convex function	
05.0833	卷积下确界	infimal convolution	
05.0834	伪凹[的]	pseudo-concave	
05.0835	伪凹泛函	pseudo-concave functional	
05.0836	伪凹函数	pseudo-concave function	

06. 微分方程·积分方程

序码	汉文名	英文名	注释

06.1 常微分方程

序码	汉文名	英文名	注释
06.0001	微分方程	differential equation	
06.0002	常微分方程	ordinary differential equation	
06.0003	微分方程的阶	order of differential equation	
06.0004	初值条件	initial value condition	
06.0005	初值问题	initial value problem	
06.0006	柯西存在和唯一性定理	Cauchy existence and uniqueness theorem	
06.0007	佩亚诺存在定理	Peano existence theorem	
06.0008	卡拉泰奥多里存在定理	Carathéodory existence theorem	
06.0009	利普希茨唯一性条件	Lipschitz uniqueness condition	
06.0010	奥斯古德唯一性条件	Osgood uniqueness condition	
06.0011	卡姆克唯一性条件	Kamke uniqueness condition	
06.0012	欧拉折线	Euler polygons	
06.0013	皮卡序列	Picard sequence	
06.0014	托内利序列	Tonelli sequence	
06.0015	最大存在区间	maximum interval of existence	
06.0016	积分曲线	integral curve	
06.0017	方向场	direction field	又称“线素场(line element field)”。
06.0018	格朗沃尔不等式	Gronwall inequality	
06.0019	等倾线	isoclines	
06.0020	通解	general solution	
06.0021	特解	particular solution	
06.0022	奇异解	singular solution	
06.0023	最大解	maximum solution	
06.0024	最小解	minimum solution	
06.0025	变量分离方程	equation of separated variables	
06.0026	齐次微分方程	homogeneous differential equation	

序码	汉文名	英文名	注释
06.0027	一阶线性微分方程	linear differential equation of first order	
06.0028	伯努利微分方程	Bernoulli differential equation	
06.0029	里卡蒂微分方程	Riccati differential equation	
06.0030	恰当微分方程	exact differential equation	
06.0031	积分因子	integrating factor	
06.0032	首次积分	first integral	曾用名"第一积分"。
06.0033	可积条件	condition of integrability	
06.0034	克莱罗微分方程	Clairaut differential equation	
06.0035	隐式微分方程	implicit differential equation	
06.0036	等角轨线族	family of isogonal trajectories	
06.0037	正交轨线族	family of orthogonal trajectories	
06.0038	高阶微分方程	differential equation of higher order	
06.0039	降阶法	method of reduction of order	
06.0040	线性微分方程组	system of linear differential equations	
06.0041	齐次线性微分系统	homogeneous linear differential system	
06.0042	基本解组	fundamental system of solutions	指常微分方程组的解。
06.0043	朗斯基行列式准则	criterion via Wronski determinant	
06.0044	刘维尔公式	Liouville formula	
06.0045	常数变易法	method of variation of constant	
06.0046	微分算子法	method of differential operator	
06.0047	拉普拉斯变换法	method of Laplace transformation	
06.0048	微分方程解析理论	analytic theory of differential equation	
06.0049	代数微分方程	algebraic differential equation	
06.0050	潘勒韦理论	Painlevé theory	
06.0051	流动奇点	movable singular point	
06.0052	固定奇点	fixed singular point	
06.0053	正则奇点	regular singular point	
06.0054	非正则奇点	irregular singular point	
06.0055	幂级数解	solution of power series	

序 码	汉 文 名	英 文 名	注 释
06.0056	广义幂级数解	solution of generalized power series	
06.0057	指标方程	indicial equation	
06.0058	形式解	formal solution	
06.0059	托姆法式解	Thomé normal solution	
06.0060	解的渐近展开	asymptotic expansion of solution	
06.0061	艾里微分方程	Airy differential equation	
06.0062	富克斯型方程	equation of Fuchs type	
06.0063	汇合型超几何方程	confluent hypergeometric equation	
06.0064	希尔微分方程	Hill differential equation	
06.0065	弗洛凯定理	Floquet theorem	
06.0066	特征乘数	characteristic multiplier	
06.0067	解的振荡	oscillation of solution	
06.0068	复振荡	complex oscillation	
06.0069	施图姆比较定理	Sturm comparison theorem	
06.0070	边值条件	boundary value condition	
06.0071	边值问题	boundary value problem	
06.0072	自伴边值问题	self-adjoint boundary value problem	
06.0073	SL 问题	Sturm-Liouville boundary problem	全称“施图姆－刘维尔边值问题”。
06.0074	广义傅里叶展开	generalized Fourier expansion	
06.0075	定性理论	qualitative theory	
06.0076	运动稳定性理论	stability theory of motions	
06.0077	拓扑动力系统	topological dynamical system	
06.0078	自治微分方程组	autonomous system of differential equations	
06.0079	非自治微分方程组	non-autonomous system of differential equations	
06.0080	耗散微分方程	dissipative differential equation	
06.0081	保守微分方程	conservative differential equation	
06.0082	哈密顿微分系统	Hamiltonian differential system	
06.0083	达芬微分方程	Duffing differential equation	
06.0084	李纳微分方程	Liénard differential equation	
06.0085	可积微分方程组	integrable system of differential equations	

序　码	汉 文 名	英 文 名	注　　释
06.0086	范德波尔方程	van der Pol equation	
06.0087	相空间	phase space	
06.0088	增广相空间	augmented phase space	
06.0089	平衡点	equilibrium point	
06.0090	结点	node	常微分方程组的一种孤立奇点。
06.0091	焦点	focus	常微分方程组的一种孤立奇点。
06.0092	中心	center	常微分方程组的一种孤立奇点。
06.0093	鞍点	saddle point	常微分方程组的一种孤立奇点。
06.0094	高阶奇点	singular point of higher order	
06.0095	鞍形分界线环	saddle separatrix	
06.0096	鞍形连接	saddle connection	
06.0097	无切弧	arc without contact	
06.0098	后继函数	successor function	
06.0099	庞加莱映射	Poincaré mapping	
06.0100	保面积映射	area-preserving mapping	
06.0101	扭转映射	twist mapping	
06.0102	闭轨道	closed orbit	
06.0103	极限环	limit-cycle	又称“极限圈”。
06.0104	自激振荡	self-excited oscillation	
06.0105	稳定极限环	stable limit-cycle	
06.0106	半稳定极限环	semi-stable limit-cycle	
06.0107	多重极限环	multiple limit-cycle	
06.0108	庞加莱－本迪克松定理	Poincaré-Bendixson theorem	
06.0109	非线性振动	non-linear oscillation	
06.0110	强迫振动	forced oscillation	
06.0111	共振现象	resonance phenomenon	
06.0112	小参数法	method of small parameter	
06.0113	平均方法	averaging method	
06.0114	久期项	secular term	又称“永年项”。
06.0115	小除数	small divisors	
06.0116	调和解	harmonic solution	
06.0117	下调和解	subharmonic solution	

序　码	汉 文 名	英 文 名	注　　释
06.0118	上调和解	superharmonic solution	
06.0119	拟周期解	quasi-periodic solution	
06.0120	殆周期运动	almost periodic motion	
06.0121	回复运动	recurrent motion	
06.0122	泊松运动	Poisson motion	
06.0123	ω 极限点	ω-limit point, omega-limit point	又称"正向极限点"。
06.0124	α 极限点	α-limit point, alpha-limit point	又称"负向极限点"。
06.0125	运动的极小集	minimum set of motions	
06.0126	当茹瓦极小集	Denjoy minimum set	
06.0127	马瑟集	Mather set	
06.0128	不变环面	invariant torus	
06.0129	扭转定理	twist theorem	
06.0130	KAM 理论	Kolmogorov-Arnold-Moser theory	
06.0131	庞加莱-西格尔定理	Poincaré-Siegel theorem	
06.0132	向量场正规形	normal form of vector fields	
06.0133	无理性条件	irrationality condition	
06.0134	不变流形	invariant manifold	
06.0135	不变中心流形	invariant central manifold	
06.0136	多体问题	many-body problem	
06.0137	限制三体问题	restricted three-body problem	
06.0138	李雅普诺夫稳定性	Liapunov stability	
06.0139	李雅普诺夫函数	Liapunov function	
06.0140	李雅普诺夫指数	Liapunov exponent	
06.0141	渐近稳定性	asymptotic stability	
06.0142	一致稳定性	uniform stability	
06.0143	全局稳定性	global stability	
06.0144	轨道稳定性	orbital stability	
06.0145	稳态运动	steady state motion	
06.0146	过渡运动	transient motion	
06.0147	锁相	phase locking	
06.0148	径向无界	radially unbounded	
06.0149	梅利尼科夫方法	Mel′nikov method	
06.0150	洛伦茨方程	Lorenz equations	
06.0151	混沌	chaos	

序码	汉文名	英文名	注释

06.2 动力系统

序码	汉文名	英文名	注释
06.0152	扰动理论	perturbation theory	
06.0153	扰动方程	perturbation equation	
06.0154	扰动法	perturbation method	
06.0155	扰动	perturbation	
06.0156	奇异扰动	singular perturbation	
06.0157	殆周期解	almost periodic solution	
06.0158	定常相	stationary phase	
06.0159	动力系统	dynamical system	
06.0160	动力[学]方程	equation of dynamics	
06.0161	吸引子	attractor	
06.0162	公理 A	axiom A	
06.0163	阿诺索夫微分同胚	Anosov diffeomorphism	
06.0164	阿诺索夫向量场	Anosov vector field	
06.0165	α 极限集合	α-limit set, alpha-limit set	
06.0166	冲击函数	bump function	
06.0167	封闭引理	closing lemma	
06.0168	阻碍集	obstruction set	
06.0169	离散流	discrete flow	
06.0170	扩张映射	expanding map	
06.0171	可扩映射	expansive map	
06.0172	流盒	flow box	
06.0173	通有性质	generic property	
06.0174	梯度向量场	gradient vector field	
06.0175	拟梯度微分同胚	gradient-like diffeomorphism	
06.0176	异宿点	heteroclinic point	
06.0177	同宿点	homoclinic point	
06.0178	马蹄	horseshoe	
06.0179	双曲闭轨	hyperbolic closed orbit	
06.0180	双曲不动点	hyperbolic fixed point	
06.0181	双曲不变集	hyperbolic invariant set	
06.0182	双曲周期点	hyperbolic periodic point	
06.0183	双曲结构	hyperbolic structure	
06.0184	双曲奇点	hyperbolic singularity	
06.0185	双曲线性映射	hyperbolic linear map	

序码	汉文名	英文名	注释
06.0186	双曲环体自同构	hyperbolic toral automorphism	
06.0187	λ 引理	λ-lemma, lambda-lemma	
06.0188	莫尔斯－斯梅尔微分同胚	Morse-Smale diffeomorphism	
06.0189	莫尔斯－斯梅尔向量场	Morse-Smale vector field	
06.0190	莫尔斯－斯梅尔系统	Morse-Smale system	
06.0191	非游荡集	non-wandering set	
06.0192	位移自同构	shift automorphism	
06.0193	半流	semi-flow	
06.0194	结构稳定性	structural stability	
06.0195	Ω 稳定性	Ω-stability, omega-stability	
06.0196	强横截条件	strong transversality condition	
06.0197	回复点	recurrent point	
06.0198	汇	sink	
06.0199	源	source	
06.0200	奇怪吸引子	strange attractor	简称“怪引子”。
06.0201	横截相交	transverse intersection	
06.0202	拓扑稳定性	topological stability	
06.0203	拓扑 Ω 稳定性	topological Ω-stability	
06.0204	拓扑传递性	topological transitivity	
06.0205	非稳定流形	unstable manifold	
06.0206	游荡点	wandering point	
06.0207	ω 极限集合	ω-limit set, omega-limit set	
06.0208	无环条件	no-cycle condition	
06.0209	突变	catastrophe	
06.0210	时滞	time lag	
06.0211	有界滞量	bounded lag	
06.0212	无界滞量	unbounded lag	

06.3 偏微分方程

06.0213	偏微分方程	partial differential equation, PDE	
06.0214	一阶偏微分方程	partial differential equation of first order	
06.0215	二阶偏微分方程	partial differential equation of second order	

序　码	汉 文 名	英 文 名	注　　释
06.0216	高阶偏微分方程	partial differential equation of higher order	
06.0217	线性偏微分方程	linear partial differential equation	
06.0218	常系数线性偏微分方程	linear partial differential equation with constant coefficients	
06.0219	变系数线性偏微分方程	linear partial differential equation with variable coefficients	
06.0220	非线性偏微分方程	non-linear partial differential equation	
06.0221	半线性偏微分方程	semi-linear partial differential equation	
06.0222	拟线性偏微分方程	quasi-linear partial differential equation	
06.0223	偏微分方程组	system of partial differential equations	
06.0224	正规偏微分方程组	normal system of partial differential equations	
06.0225	决定[区]域	domain of determinacy	
06.0226	影响[区]域	domain of influence	
06.0227	依赖[区]域	domain of dependence	
06.0228	柯西－柯瓦列夫斯卡娅定理	Cauchy-Kovalevskaja theorem	
06.0229	霍姆格伦唯一性定理	Holmgren uniqueness theorem	
06.0230	正则解	regular solution	
06.0231	无界解	unbounded solution	
06.0232	积分曲面	integral surface	
06.0233	特征超曲面	characteristic hypersurface	
06.0234	特征形式	characteristic form	
06.0235	特征锥	characteristic cone	
06.0236	特征射线	characteristic ray	
06.0237	特征行列式	characteristic determinant	
06.0238	特征矩阵	characteristic matrix	
06.0239	特征超平面	characteristic hyperplane	
06.0240	特征[线]	characteristics, characteristic line	
06.0241	特征线元[素]	characteristic line element	
06.0242	特征带	characteristic strip	

序码	汉文名	英文名	注释
06.0243	特征曲线	characteristic curve	
06.0244	次特征带	bicharacteristic strip	
06.0245	次特征射线	bicharacteristic rays	
06.0246	特征微分法	characteristic differentiation	
06.0247	特征元素	characteristic element	
06.0248	特征条件	characteristic condition	
06.0249	特征导数	characteristic derivative	
06.0250	特征坐标	characteristic coordinates	
06.0251	次特征[线]	bicharacteristics	
06.0252	特征方向	characteristic direction	
06.0253	特征曲面	characteristic surface	
06.0254	多重特征	multiple characteristics	
06.0255	特征微分方程	characteristic differential equation	
06.0256	特征集合	characteristic set	
06.0257	特征参数	characteristic parameter	
06.0258	特征角面	characteristic conoid	
06.0259	蒙日轴	Monge axis	
06.0260	蒙日锥	Monge cone	
06.0261	蒙日束	Monge pencil	
06.0262	蒙日曲线	Monge curve	
06.0263	蒙日方程	Monge equation	
06.0264	基本解	fundamental solution	
06.0265	左基本解	left fundamental solution	
06.0266	右基本解	right fundamental solution	
06.0267	伴随微分方程	adjoint differential equation	
06.0268	格林[积分]公式	Green [integral] formula	
06.0269	余法向导数	conormal derivative	又称“余法向微商”。
06.0270	内导数	interior derivative	又称“切[向]导数(tangential derivative)”。
06.0271	外导数	outward derivative	
06.0272	拟基本解	parametrix, quasi-elementary solution	
06.0273	非解析微分方程	non-analytic differential equation	
06.0274	拉格朗日－沙比法	Lagrange-Charpit method	

序码	汉文名	英文名	注释
06.0275	完全积分	complete integral	
06.0276	特征线法	characteristic method	又称“柯西法(Cauchy method)”。
06.0277	分离变量法	method of separation of variables	
06.0278	级数解	series solution	
06.0279	叠加原理	superposition principle	
06.0280	杜阿梅尔法	Duhamel method	
06.0281	可积性	integrability	
06.0282	泊松括号	Poisson bracket	
06.0283	适定问题	well-posed problem	
06.0284	不适定问题	ill-posed problem	
06.0285	柯西问题	Cauchy problem	
06.0286	达布问题	Darboux problem	
06.0287	椭圆[型]微分方程	elliptic differential equation	
06.0288	拉普拉斯调和方程	Laplace harmonic equation	
06.0289	非齐次边界条件	non-homogeneous boundary condition	
06.0290	偏微分不等式	partial differential inequality	
06.0291	极值原理	extremum principle	
06.0292	弱最大值原理	weak maximum principle	
06.0293	强最大值原理	strong maximum principle	
06.0294	最大值原理	maximum principle	
06.0295	最小值原理	minimum principle	
06.0296	三曲线定理	three-curve theorem	
06.0297	三曲面定理	three-surface theorem	
06.0298	三球面定理	three-sphere theorem	
06.0299	狄利克雷问题	Dirichlet problem	又称“第一边值问题 (first boundary value problem)”。
06.0300	诺伊曼问题	Neumann problem	又称“第二边值问题 (second boundary value problem)”。
06.0301	混合边界问题	mixed boundary problem	又称“第三边值问题 (third boundary value problem)”。

序　码	汉 文 名	英 文 名	注　释
06.0302	斜微商问题	oblique derivative problem	
06.0303	狄利克雷数据	Dirichlet data	
06.0304	广义格林公式	generalized Green formula	
06.0305	格林函数	Green function	
06.0306	球面[平]均值公式	spherical means formula	
06.0307	泊松方程	Poisson equation	
06.0308	齐次边界条件	homogeneous boundary condition	
06.0309	泊松公式	Poisson formula	
06.0310	解的积分表示	integral representation of solution	
06.0311	哈纳克不等式	Harnack inequality	
06.0312	施瓦茨交替法	Schwarz alternative method	
06.0313	诺伊曼法	Neumann method	
06.0314	弗雷德霍姆法	Fredholm method	
06.0315	狄利克雷原理	Dirichlet principle	
06.0316	狄利克雷积分	Dirichlet integral	
06.0317	庞加莱公式	Poincaré formula	
06.0318	庞加莱不等式	Poincaré inequality	
06.0319	闸函数	barrier [function]	
06.0320	正则边界点	regular boundary point	
06.0321	非正则边界点	irregular boundary point	
06.0322	佩龙法	Perron method	
06.0323	绍德尔法	Schauder method	
06.0324	连续性方法	continuity method	
06.0325	勒雷－绍德尔不动点法	fixed point method of Leray and Schauder	
06.0326	绍德尔估计	Schauder estimates	
06.0327	内估计	interior estimate	
06.0328	边界估计	boundary estimate	
06.0329	先验界限	a priori bound	
06.0330	先验估计	a priori estimate	
06.0331	亚函数	hypofunction	
06.0332	亚调和函数	hypoharmonic function	
06.0333	超调和函数	hyperharmonic function	
06.0334	下调和函数	subharmonic function	
06.0335	上调和函数	superharmonic function	
06.0336	下解	subsolution	

序码	汉文名	英文名	注释
06.0337	上解	supersolution	
06.0338	约化波[动]方程	reduced wave equation	
06.0339	散射理论	scattering theory	
06.0340	散度型方程	equation of divergence form	
06.0341	元调和方程	metaharmonic equation	
06.0342	δ-诺伊曼问题	δ-Neumann problem, delta--Neumann problem	
06.0343	双曲[型]微分方程	hyperbolic differential equation	
06.0344	正规双曲[型]方程	normal hyperbolic equation	
06.0345	超双曲[型]方程	ultrahyperbolic equation	
06.0346	弦振动方程	vibrating string equation	
06.0347	波[动]方程	wave equation	又称"达朗贝尔方程(d′Alembert equation)"。
06.0348	达朗贝尔公式	d′Alembert formula	
06.0349	类时[向]	timelike	
06.0350	类空[向]	spacelike	
06.0351	达布[微分]方程	Darboux [differential] equation	
06.0352	拉普拉斯双曲[型]方程	Laplace hyperbolic equation	
06.0353	黎曼问题	Riemann problem	
06.0354	黎曼函数	Riemann function	
06.0355	黎曼法	Riemann method	
06.0356	皮卡问题	Picard problem	
06.0357	欧拉-泊松-达布方程	Euler-Poisson-Darboux equation	
06.0358	柱面波方程	cylindrical wave equation	
06.0359	沃尔泰拉法	Volterra method	
06.0360	球面波方程	spherical wave equation	
06.0361	洛伦兹变换	Lorentz transformation	
06.0362	泊松解	Poisson solution	
06.0363	依赖角面	conoid of dependence	
06.0364	基尔霍夫法	Kirchhoff method	
06.0365	基尔霍夫公式	Kirchhoff formula	
06.0366	惠更斯原理	Huyghens principle	

序码	汉文名	英文名	注释
06.0367	广义惠更斯原理	Huyghens principle in wider sense	
06.0368	阿达马法	Hadamard method	
06.0369	降维法	method of descent, method of reduction of dimension	
06.0370	里斯法	Riesz method	
06.0371	初[值]-边值问题	initial-boundary value problem	
06.0372	抛物[型]微分方程	parabolic differential equation	
06.0373	线性抛物[型]方程	linear parabolic equation	
06.0374	热[传]导方程	heat-conduction equation, heat equation	
06.0375	后向抛物[型]方程	backward parabolic equation	
06.0376	超抛物[型]方程	ultraparabolic equation	
06.0377	混合型边界条件	boundary condition of mixed type	
06.0378	热夫雷二类函数	Gevrey function of the second class	
06.0379	混合型方程	equation of mixed type	
06.0380	特里科米方程	Tricomi equation	
06.0381	比察捷-拉夫连季耶夫方程	Bitsadze-Lavrentiev equation	
06.0382	恰普雷金方程	Chaplygin equation	
06.0383	特里科米问题	Tricomi problem	
06.0384	蜕型线	line of degeneration of type	
06.0385	椭圆[型]域	elliptic domain	
06.0386	双曲[型]域	hyperbolic domain	
06.0387	布斯曼方程	Busemann equation	
06.0388	非负特征型	non-negative characteristic form	
06.0389	退化椭圆[型]方程	degenerate elliptic equation	
06.0390	退化双曲[型]方程	degenerate hyperbolic equation	
06.0391	退化抛物[型]方程	degenerate parabolic equation	
06.0392	椭圆[型]方程组	system of elliptic equations	

序码	汉文名	英文名	注释
06.0393	强椭圆[型]方程组	system of strongly elliptic equations	
06.0394	普法夫方程	Pfaff equation	
06.0395	哈密顿方程	Hamilton equation	
06.0396	哈密顿典范方程	Hamilton canonical equations	
06.0397	哈密顿－雅可比方程	Hamilton-Jocobi equation	
06.0398	拟线性双曲[型]方程组	system of quasi-linear hyperbolic equations	
06.0399	兰金－于戈尼奥关系	Rankine-Hugoniot relation	
06.0400	兰金－于戈尼奥激波条件	Rankine-Hugoniot shock conditions	
06.0401	间断解	discontinuous solution	
06.0402	守恒形式	conservation form	
06.0403	守恒方程	conservation equation	
06.0404	粘性消失法	viscosity vanishing method	
06.0405	简单波	simple waves	
06.0406	激波条件	shock condition	
06.0407	激波间断	shock discontinuity	
06.0408	对称双曲[型]组	symmetric hyperbolic system	
06.0409	正对称组	symmetric positive system	
06.0410	抛物[型]组	parabolic system	
06.0411	拟线性抛物[型]组	system of quasi-linear parabolic equations	
06.0412	高阶线性椭圆[型]方程	linear elliptic equation of higher order	
06.0413	戈尔丁不等式	Gårding inequality	
06.0414	真椭圆[型]	properly elliptic	
06.0415	双调和方程	biharmonic equation	又称“重调和方程”。
06.0416	双调和函数	biharmonic function	又称“重调和函数”。
06.0417	高阶线性双曲[型]方程	linear hyperbolic equation of higher order	
06.0418	戈尔丁双曲性条件	Gårding hyperbolicity condition	

序码	汉文名	英文名	注释
06.0419	彼得罗夫斯基双曲性	Petrowsky hyperbolicity	
06.0420	严格双曲性	strict hyperbolicity	
06.0421	真双曲[型]	properly hyperbolic	
06.0422	一致双曲性	uniform hyperbolicity	
06.0423	一致抛物性	uniform parabolicity	
06.0424	非线性椭圆[型]	non-linear elliptic	
06.0425	非线性双曲[型]	non-linear hyperbolic	
06.0426	非线性抛物[型]	non-linear parabolic	
06.0427	施特藩问题	Stefan problem	
06.0428	自由边界问题	free boundary problem	
06.0429	拟线性椭圆[型]方程	quasi-linear elliptic equation	
06.0430	拟线性双曲[型]方程	quasi-linear hyperbolic equation	
06.0431	拟线性抛物[型]方程	quasi-linear parabolic equation	
06.0432	非线性边值问题	non-linear boundary value problem	
06.0433	极小曲面方程	minimal surface equation	
06.0434	蒙日－安培方程	Monge-Ampère equation	
06.0435	发展方程	evolution equation	
06.0436	薛定谔方程	Schrödinger equation	
06.0437	非线性薛定谔方程	non-linear Schrödinger equation	
06.0438	狄拉克方程	Dirac equation	
06.0439	纳维－斯托克斯方程	Navier-Stokes equation	
06.0440	麦克斯韦方程[组]	Maxwell equations	
06.0441	正弦戈登方程	sine-Gordon equation	
06.0442	双曲正弦戈登方程	sinh-Gordon equation	
06.0443	克莱因－戈尔登方程	Klein-Gordon equation	
06.0444	电报方程	telegraph equations	
06.0445	布西内斯克方程	Boussinesq equation	
06.0446	伯格方程	Burger equation	

序　码	汉　文　名	英　文　名	注　　释
06.0447	杨－米尔斯方程	Yang-Mills equations	
06.0448	爱因斯坦方程	Einstein equation	
06.0449	能量方程	energy equation	
06.0450	KdV 方程	KdV equation, Korteweg-de Vries equation	
06.0451	玻恩－因费尔德方程	Born-Infeld equation	
06.0452	扩散方程	diffusion equation	
06.0453	反应扩散方程	reaction-diffusion equation	
06.0454	扩散问题	diffusion problem	
06.0455	黎曼－希尔伯特问题	Riemann-Hilbert problem	
06.0456	孤[立]子	soliton	
06.0457	解的破裂	blowing-up of solution	
06.0458	贝克隆变换	Bäcklund transformation	
06.0459	拟线性化	quasi-linearization	
06.0460	速端曲线	hodograph	
06.0461	速端曲线变换	hodograph transformation	
06.0462	速端曲线法	hodograph method	
06.0463	能量恒等式	energy identity	
06.0464	贝尔特拉米方程	Beltrami equation	
06.0465	能量积分法	method of energy integral	
06.0466	能量不等式	energy inequality	
06.0467	平衡方程	equilibrium equation	
06.0468	孤波	solitary wave	
06.0469	库塔－茹科夫斯基条件	Kutta-Jukowsky condition	
06.0470	弗里德里希斯不等式	Friedrichs inequality	
06.0471	法贝尔－克拉恩不等式	Faber-Krahn inequality	
06.0472	能[量]和	energy sum	
06.0473	微分算子	differential operator	
06.0474	微局部分析	micro-local analysis	
06.0475	伪微分方程	pseudo-differential equation	又称“拟微分方程”。
06.0476	伪微分算子	pseudo-differential operator	又称“拟微分算子”。
06.0477	傅里叶积分算子	Fourier integral operator	

序码	汉文名	英文名	注释
06.0478	振荡积分	oscillatory integral	
06.0479	稳定相位法	method of stationary phase	
06.0480	仿微分算子	paradifferential operator	
06.0481	超函数	hyperfunction	
06.0482	自伴微分算子	self-adjoint differential operator	
06.0483	共轭微分算子	conjugate differential operator	
06.0484	伴随微分算子	adjoint differential operator	
06.0485	转置方程	transposed equation	
06.0486	主型算子	operator of principal type	
06.0487	非主型算子	operator of non-principal type	
06.0488	象征	symbol	
06.0489	主象征	principal symbol	
06.0490	内微分算子	interior differential operator	
06.0491	坐标算子	coordinate operator	
06.0492	光滑化算子	mollifier	
06.0493	经典解	classical solution	
06.0494	分布解	distribution solution	又称"广义函数解(generalized function solution)"。
06.0495	广义导数	generalized derivative	
06.0496	局部可解性	local solvability	
06.0497	强解	strong solution	
06.0498	弱解	weak solution	
06.0499	广义解	generalized solution	
06.0500	特征流形	characteristic manifold	
06.0501	积分流形	integral manifold	
06.0502	冯·诺伊曼判据	von Neumann criterion	
06.0503	奇[异]支集	singular support	
06.0504	解析奇支集	analytic singular support	
06.0505	微分不变式	differential invariant	
06.0506	索伯列夫不等式	Sobolev inequality	
06.0507	索伯列夫引理	Sobolev lemma	
06.0508	形式伴随算子	formal adjoint operator	
06.0509	椭圆[型]微分算子	elliptic differential operator	
06.0510	强椭圆[型]微分算子	strongly elliptic differential operator	

序码	汉文名	英文名	注释
06.0511	强椭圆性	strong ellipticity	
06.0512	一致椭圆性	uniform ellipticity	
06.0513	双调和算子	biharmonic operator	又称“重调和算子”。
06.0514	动量算子	momentum operator	
06.0515	伯格曼算子	Bergman operator	
06.0516	亚椭圆算子	hypoelliptic operator	
06.0517	形式亚椭圆	formally hypoelliptic	
06.0518	解析亚椭圆算子	analytic-hypoelliptic operator	
06.0519	部分亚椭圆	partially hypoelliptic	
06.0520	严格亚椭圆	strictly hypoelliptic	
06.0521	次椭圆	subelliptic	
06.0522	椭圆性模	module of ellipticity	
06.0523	微亚椭圆性	micro-hypoellipticity	
06.0524	锥条件	cone condition	
06.0525	椭圆性	ellipticity	
06.0526	椭圆性条件	ellipticity condition	
06.0527	椭圆性常数	ellipticity constant	
06.0528	余法丛	conormal bundle	
06.0529	强制边界条件	coercive boundary condition	
06.0530	双曲[型]算子	hyperbolic operator	
06.0531	微双曲[型]	microhyperbolic	
06.0532	保守算子	conservative operator	
06.0533	全双曲[型]	totally hyperbolic	
06.0534	强双曲[型]	strongly hyperbolic	
06.0535	强双曲[型]微分算子	strongly hyperbolic differential operator	
06.0536	弱双曲[型]算子	weakly hyperbolic operator	
06.0537	扩散算子	diffusion operator	
06.0538	过渡条件	transition condition	
06.0539	初始流形	initial manifold	
06.0540	波前集	wave front set	
06.0541	奇性传播	propagation of singularities	
06.0542	推迟基本解	retarded fundamental solution	
06.0543	超前基本解	advanced fundamental solution	
06.0544	对称双曲[型]算子	symmetric hyperbolic operator	

序码	汉文名	英文名	注释

06.4 积分方程

序码	汉文名	英文名	注释
06.0545	积分方程	integral equation	
06.0546	线性积分方程	linear integral equation	
06.0547	齐次积分方程	homogeneous integral equation	
06.0548	转置积分方程	transposed integral equation	
06.0549	奇异积分方程	singular integral equation	
06.0550	积分方程核	kernel of an integral equation	
06.0551	叠核	iterated kernel	
06.0552	诺伊曼级数	Neumann series	
06.0553	预解核	resolvent kernel	
06.0554	可分核	separated kernel	又称"退化核(degenerate kernel)"。
06.0555	对称核	symmetric kernel	
06.0556	正半定核	positive semi-definite kernel	
06.0557	正定核	positive definite kernel	
06.0558	埃尔米特型核	Hermitian kernel	
06.0559	希尔伯特-施密特型核	kernel of Hilbert-Schmidt type	
06.0560	奇[异]核	singular kernel	
06.0561	卡莱曼型核	kernel of Carleman type	
06.0562	沃尔泰拉积分方程	Volterra integral equation	
06.0563	第一类沃尔泰拉积分方程	Volterra integral equation of the first kind	
06.0564	第二类沃尔泰拉积分方程	Volterra integral equation of the second kind	
06.0565	第三类沃尔泰拉积分方程	Volterra integral equation of the third kind	
06.0566	弗雷德霍姆积分方程	Fredholm integral equation	
06.0567	第一类弗雷德霍姆积分方程	Fredholm integral equation of the first kind	
06.0568	第二类弗雷德霍姆积分方程	Fredholm integral equation of the second kind	
06.0569	第三类弗雷德霍姆积分方程	Fredholm integral equation of the third kind	

序码	汉文名	英文名	注释
06.0570	本征值的指标	index of eigenvalues	
06.0571	弗雷德霍姆择一定理	Fredholm alternative theorem	
06.0572	希尔伯特-施密特展开定理	Hilbert-Schmidt expansion theorem	
06.0573	盖尔范德-列维坦积分方程	Gelfand-Levitan integral equation	
06.0574	阿贝尔问题	Abel problem	
06.0575	阿贝尔积分方程	Abel integral equation	
06.0576	弗雷德霍姆行列式	Fredholm determinant	
06.0577	弗雷德霍姆初余子式	Fredholm first minor	
06.0578	弗雷德霍姆 r 次余子式	Fredholm r-th minor	
06.0579	维纳-霍普夫积分方程	Wiener-Hopf integral equation	
06.0580	维纳-霍普夫法	Wiener-Hopf technique	
06.0581	非线性积分方程	non-linear integral equation	
06.0582	哈默斯坦积分方程	Hammerstein integral equation	
06.0583	恩斯库格法	Enskog method	
06.0584	积分微分方程	integro-differential equation	
06.0585	沃尔泰拉型积分微分方程	integro-differential equation of Volterra type	
06.0586	弗雷德霍姆型积分微分方程	integro-differential equation of Fredholm type	
06.0587	普朗特积分微分方程	Prandtl integro-differential equation	
06.0588	玻耳兹曼[积分微分]方程	Boltzmann [integro-differential] equation	
06.0589	维纳-霍普夫积分微分方程	Wiener-Hopf integro-differential equation	
06.0590	函数方程	functional equation	

序码	汉文名	英文名	注释

06.5 特殊函数

06.0591	特殊函数	special function	
06.0592	伯努利多项式	Bernoulli polynomial	
06.0593	伯努利数	Bernoulli number	
06.0594	欧拉多项式	Euler polynomial	
06.0595	欧拉数	Euler number	
06.0596	椭圆函数	elliptic function	
06.0597	椭圆无理函数	elliptic irrational function	
06.0598	椭圆积分	elliptic integral	
06.0599	勒让德-雅可比标准型	Legendre-Jacobi standard form	
06.0600	第一类椭圆积分	elliptic integral of the first kind	
06.0601	第二类椭圆积分	elliptic integral of the second kind	
06.0602	第三类椭圆积分	elliptic integral of the third kind	
06.0603	椭圆积分[的]模数	modulus of an elliptic integral	
06.0604	补模数	complementary modulus	
06.0605	周期[性]模	periodicity modulus	
06.0606	第一类完全椭圆积分	complete elliptic integral of the first kind	
06.0607	第一类不完全椭圆积分	incomplete elliptic integral of the first kind	
06.0608	兰登变换	Landen transformation	
06.0609	第二类完全椭圆积分	complete elliptic integral of the second kind	
06.0610	第二类不完全椭圆积分	incomplete elliptic integral of the second kind	
06.0611	基本周期	fundamental period	
06.0612	单周期函数	simply periodic function	
06.0613	双周期函数	doubly periodic function	
06.0614	周期平行四边形	period parallelogram	
06.0615	基本周期平行四边形	fundamental period parallelogram	
06.0616	魏尔斯特拉斯椭圆函数	Weierstrass elliptic function	
06.0617	$\wp$函数	$\wp$-function	

序码	汉文名	英文名	注释
06.0618	σ 函数	σ-function, sigma-function	
06.0619	勒让德关系	Legendre relation	
06.0620	第一类椭圆函数	elliptic function of the first kind	
06.0621	第二类椭圆函数	elliptic function of the second kind	
06.0622	第三类椭圆函数	elliptic function of the third kind	
06.0623	余 σ 函数	co-sigma-function	
06.0624	q 展开式	q-expansion formula	
06.0625	雅可比虚数变换	Jacobi imaginary transformation	
06.0626	雅可比椭圆函数	Jacobi elliptic function	
06.0627	Γ 函数	gamma-function	又称"第二类欧拉积分 (Euler integral of the second kind)"。
06.0628	阶乘函数	factorial function	
06.0629	魏尔斯特拉斯典范型	Weierstrass canonical form	
06.0630	欧拉常数	Euler constant	
06.0631	比内公式	Binet formula	
06.0632	斯特林公式	Stirling formula	
06.0633	不完全 Γ 函数	incomplete Γ-function	
06.0634	双 Γ 函数	digamma-function	
06.0635	三 Γ 函数	trigamma-function	
06.0636	多 Γ 函数	polygamma-function	
06.0637	β 函数	β-function, beta-function	又称"第一类欧拉积分 (Euler integral of the first kind)"。
06.0638	不完全 β 函数	incomplete β-function	
06.0639	超几何函数	hypergeometric function	
06.0640	超几何级数	hypergeometric series	又称"高斯级数 (Gauss series)"。
06.0641	超几何微分方程	hypergeometric differential equation	又称"高斯微分方程 (Gauss differential equation)"。
06.0642	升降算子法	ladder method	
06.0643	上升算子	slip up operator, up-ladder operator	
06.0644	下降算子	slip down operator, down-ladder operator	

序码	汉文名	英文名	注释
06.0645	巴恩斯广义超几何函数	Barnes extended hypergeometric function	
06.0646	蒂索-波哈默微分方程	Tissot-Pohhammer differential equation	
06.0647	阿佩尔二变量超几何函数	Appell hypergeometric function of two variables	
06.0648	矩阵变量[的]超几何函数	hypergeometric function of matric argument	
06.0649	立体[调和]函数	solid [harmonic] function	又称"球面调和函数(spherical harmonics)"。
06.0650	面[调和]函数	surface [harmonic] function	
06.0651	勒让德微分方程	Legendre differential equation	
06.0652	勒让德连带微分方程	Legendre associated differential equation	
06.0653	第一类勒让德函数	Legendre function of the first kind	
06.0654	第二类勒让德函数	Legendre function of the second kind	
06.0655	施拉夫利积分表示	Schläfli integral representation	
06.0656	罗德里格斯法则	Rodrigues ruler	
06.0657	勒让德多项式	Legendre polynomial	
06.0658	勒让德系数	Legendre coefficient	
06.0659	连带勒让德函数	associated Legendre function	
06.0660	带[调和]函数	zonal harmonics	
06.0661	田形[调和]函数	tesseral harmonics	
06.0662	双轴球面函数	biaxial spherical surface function	
06.0663	超球微分方程	hyperspherical differential equation	
06.0664	超球函数	hyperspherical function	
06.0665	盖根鲍尔多项式	Gegenbauer polynomial	又称"超球多项式(hyperspherical polynomial)"。
06.0666	切比雪夫微分方程	Chebyshev differential equation	
06.0667	第一类切比雪夫	Chebyshev polynomial of the first	

序码	汉文名	英文名	注释
	多项式	kind	
06.0668	第二类切比雪夫多项式	Chebyshev polynomial of the second kind	
06.0669	雅可比微分方程	Jacobi differential equation	
06.0670	雅可比多项式	Jacobi polynomial	
06.0671	拉盖尔微分方程	Laguerre differential equation	
06.0672	拉盖尔多项式	Laguerre polynomial	
06.0673	广义拉盖尔多项式	generalized Laguerre polynomial	
06.0674	埃尔米特微分方程	Hermite differential equation	
06.0675	埃尔米特多项式	Hermite polynomial	
06.0676	汇合型函数	function of confluent type	
06.0677	汇合型微分方程	differential equation of confluent type	
06.0678	汇合型超几何函数	hypergeometric function of confluent type	
06.0679	库默尔函数	Kummer function	
06.0680	惠特克微分方程	Whittaker differential equation	
06.0681	惠特克函数	Whittaker function	
06.0682	抛物柱面坐标	parabolic cylinder coordinates	
06.0683	韦伯函数	Weber function	
06.0684	抛物柱面函数	parabolic cylinder function	
06.0685	菲涅耳积分	Fresnel integral	
06.0686	对数积分	logarithmic integral	
06.0687	指数积分	exponential integral	
06.0688	正弦积分	sine integral	
06.0689	余弦积分	cosine integral	
06.0690	广义拉梅方程	generalized Lamé equation	
06.0691	斯托克斯方程	Stokes equation	
06.0692	贝塞尔微分方程	Bessel differential equation	
06.0693	第一类贝塞尔函数	Bessel function of the first kind	又称"贝塞尔函数(Bessel function)"。
06.0694	第二类贝塞尔函数	Bessel function of the second kind	又称"诺伊曼函数(Neumann function)"。
06.0695	第三类贝塞尔函数	Bessel function of the third kind	又称"汉克尔函数(Hankel function)"。

序　码	汉　文　名	英　文　名	注　　释
06.0696	变形第一类贝塞尔函数	modified Bessel function of the first kind	
06.0697	变形第二类贝塞尔函数	modified Bessel function of the second kind	
06.0698	变形第三类贝塞尔函数	modified Bessel function of the third kind	
06.0699	开尔文函数	Kelvin function	
06.0700	亥姆霍兹方程	Helmholtz equation	
06.0701	第一类汉克尔函数	Hankel function of the first kind	
06.0702	第二类汉克尔函数	Hankel function of the second kind	
06.0703	汉克尔渐近展开	Hankel asymptotic expansion	
06.0704	德拜渐近展开	Debye asymptotic expansion	
06.0705	柱面函数	cylindrical function	
06.0706	贝塞尔积分	Bessel integral	
06.0707	球面贝塞尔函数	spherical Bessel function	
06.0708	洛默尔积分	Lommel integral	
06.0709	傅里叶－贝塞尔级数	Fourier-Bessel series	
06.0710	迪尼级数	Dini series	
06.0711	卡普坦级数	Kapteyn series	
06.0712	施勒米希级数	Schlömilch series	
06.0713	广义施勒米希级数	generalized series of Schlömilch	
06.0714	德拜渐近表示	asymptotic representation of Debye	
06.0715	沃森公式	Watson formula	
06.0716	泰奥多森函数	Theodorsen function	
06.0717	瓦格纳函数	Wagner function	
06.0718	椭球调和函数	ellipsoidal harmonics	
06.0719	拉梅微分方程	Lamé differential equation	
06.0720	拉梅函数	Lamé function	
06.0721	第一类拉梅函数	Lamé function of the first kind	
06.0722	第二类拉梅函数	Lamé function of the second kind	
06.0723	球体[波]函数	spheroidal [wave] function	
06.0724	马蒂厄微分方程	Mathieu differential equation	

序　码	汉 文 名	英 文 名	注　　释
06.0725	马蒂厄函数	Mathieu function	
06.0726	变形马蒂厄方程	modified Mathieu equation	
06.0727	变形马蒂厄函数	modified Mathieu function	
06.0728	第一类马蒂厄函数	Mathieu function of the first kind	又称"椭圆柱函数(elliptic cylinder function)"。
06.0729	第二类马蒂厄函数	Mathieu function of the second kind	
06.0730	广义马蒂厄函数	broad sense Mathieu function	
06.0731	希尔行列式方程	Hill determinantal equation	
06.0732	希尔行列式	Hill determinant	
06.0733	无穷行列式	infinite determinant	
06.0734	马蒂厄法	Mathieu method	
06.0735	英斯-戈尔德施泰因法	Ince-Goldstein method	
06.0736	变形第一类马蒂厄函数	modified Mathieu function of the first kind	
06.0737	变形第二类马蒂厄函数	modified Mathieu function of the second kind	
06.0738	变形第三类马蒂厄函数	modified Mathieu function of the third kind	
06.0739	斯托克斯现象	Stokes phenomenon	
06.0740	特里科米函数	Tricomi function	
06.0741	拉格朗日展开公式	Lagrange expansion formula	
06.0742	米塔-列夫勒展开	Mittag-Leffler expansion	又称"有理分式展开"。

07. 泛函分析

07.1 泛函分析基础

序码	汉文名	英文名	注释
07.0001	泛函分析	functional analysis	
07.0002	泛函	functional	
07.0003	线性[的]	linear	
07.0004	凸泛函	convex functional	
07.0005	次加性泛函	subadditive functional	
07.0006	线性泛函	linear functional	
07.0007	有界线性泛函	bounded linear functional	
07.0008	连续线性泛函	continuous linear functional	
07.0009	双线性泛函	bilinear functional	
07.0010	多重线性泛函	multilinear functional	
07.0011	半双线性泛函	semi-bilinear functional, sesquilinear functional	
07.0012	埃尔米特泛函	Hermitian functional	
07.0013	解析泛函	analytic functional	
07.0014	闵可夫斯基泛函	Minkowski functional	
07.0015	广义极限	generalized limit	
07.0016	完备化	completion	
07.0017	序列完备	sequentially complete	
07.0018	序列弱完备	sequentially weak complete	
07.0019	[顺]序收敛性	order convergence	
07.0020	[顺]序极限	order limit	
07.0021	弱闭[的]	weakly closed	
07.0022	加强连续性	intensified continuity	又称“弱强连续性”。
07.0023	弱连续性	weak continuity	
07.0024	次连续性	demi-continuity	
07.0025	拟弱连续性	hemi-continuity	
07.0026	利普希茨连续性	Lipschitzian continuity	
07.0027	上半连续性	upper semi-continuity	
07.0028	下半连续性	lower semi-continuity	
07.0029	半连续性	semi-continuity	
07.0030	弱紧	weakly compact	
07.0031	弱 * 紧	weakly* compact	

序　码	汉　文　名	英　文　名	注　　释
07.0032	强拓扑	strong topology	
07.0033	强收敛[的]	strongly convergent	
07.0034	弱拓扑	weak topology	
07.0035	弱收敛[的]	weakly convergent	
07.0036	弱 * 拓扑	weak* topology	
07.0037	弱 * 收敛[的]	weakly* convergent	
07.0038	单收敛拓扑	simple convergence topology	
07.0039	有界收敛拓扑	bounded convergence topology	
07.0040	算子强拓扑	strong topology of operators	
07.0041	算子一致拓扑	uniform topology of operators	
07.0042	麦基拓扑	Mackey topology	
07.0043	第一范畴	first category	
07.0044	第二范畴	second category	
07.0045	贝尔空间	Baire space	
07.0046	对偶	dual	指同一数域上两线性空间 X, Y 上的一双线性泛函 $\langle x, y\rangle$ $(x\in X, y\in Y)$ 满足的一种关系。这时 X，Y（依顺序）成为对，记作 $\langle X, Y\rangle$。
07.0047	前对偶	predual	
07.0048	对偶空间	dual spaces	又称“共轭空间(conjugate spaces)”。指具有对偶关系的两线性空间的对 $\langle X, Y\rangle$。若 X 为局部凸空间，Y 为 X 的所有连续线性泛函所成的局部凸空间 X' 时，Y 称为 X 的对偶空间。
07.0049	弱 * 对偶空间	weak* dual space	
07.0050	二次对偶	bidual, second dual	
07.0051	二次对偶空间	bidual space	
07.0052	强对偶空间	strong dual space	
07.0053	极集	polar	给定线性空间对 $\langle X, Y\rangle$(复数域上)，

序码	汉文名	英文名	注释
			$A \subset X$,称 $A^{\circ}=\{y \mid y \in Y, \operatorname{Re}\langle x, y\rangle \geqslant -1$, 对所有 $x \in A\}$ 为 A 的极集。
07.0054	哈默尔基	Hamel basis	
07.0055	绍德尔基	Schauder basis	
07.0056	双正交系	biorthogonal system	
07.0057	无条件基	unconditional basis	
07.0058	马尔库舍维奇基	Markuschevich basis	
07.0059	扩充的马尔库舍维奇基	extended Markuschevich basis	
07.0060	拓扑线性空间	topological linear space	又称"拓扑向量空间(topological vector space)"。
07.0061	局部凸[拓扑线性]空间	locally convex [topological linear] space	
07.0062	[零元的]基本邻域系	fundamental system of neighborhoods of zero element	
07.0063	均衡[的]	balanced, circled	
07.0064	吸收[的]	absorbing	
07.0065	有界集	bounded set	指被拓扑线性空间零元的每个邻域吸收的集。
07.0066	凸	convex	
07.0067	绝对凸	absolutely convex	
07.0068	局部凸	locally convex	
07.0069	度量凸	metrically convex	
07.0070	自反局部凸空间	reflexive locally convex space	
07.0071	半自反局部凸空间	semi-reflexive locally convex space	
07.0072	核型空间	nuclear space	
07.0073	施瓦兹空间	Schwartz space	简称"S空间((S)-space)"。
07.0074	桶集	barrel, tonneau(法)	
07.0075	桶型空间	barreled space	
07.0076	拟桶型空间	quasi-barreled space	
07.0077	麦基空间	Mackey space	

序　码	汉　文　名	英　文　名	注　　释
07.0078	蒙泰尔空间	Montel space	简称“M 空间((M)-space)”。
07.0079	DF 空间	(DF)-space	一种可数的拟桶型空间。
07.0080	有界型空间	bornologic space	又称“囿空间”。
07.0081	可数赋范空间	countably normed space	
07.0082	可数希尔伯特空间	countable Hilbert space	
07.0083	LF 空间	(LF)-space	弗雷歇空间序列的严格归纳极限。
07.0084	超有界型空间	ultrabornologic space	
07.0085	广义函数	generalized function	
07.0086	基本空间	fundamental space	
07.0087	基本函数	fundamental function	
07.0088	基本函数支集	support of fundamental function	
07.0089	广义函数空间	space of generalized function	
07.0090	[施瓦兹]广义函数	[Schwartz] generalized function, distribution	
07.0091	广义函数支集	support of distribution	
07.0092	广义函数局部化	localization of distribution	
07.0093	广义函数直积	direct product of distributions	
07.0094	广义函数卷积	convolution of distributions	
07.0095	广义卷积	generalized convolution	
07.0096	急减 C^∞ 类函数	rapidly decreasing C^∞ function	
07.0097	急减广义函数	rapidly decreasing distribution	
07.0098	缓增 C^∞ 类函数	slowly increasing C^∞ function	
07.0099	缓增广义函数	slowly increasing distribution	
07.0100	狄拉克广义函数	Dirac distribution	
07.0101	有限部分	finite part	
07.0102	伪函数	pseudo-function	
07.0103	拟函数	improper function	
07.0104	佐藤超函数	hyperfunction	
07.0105	超广义函数	ultradistribution	
07.0106	算子演算	operational calculus	
07.0107	米库辛斯基算子	Mikusinski operator	
07.0108	赫维赛德函数	Heaviside function	又称“单位函数(unit function)”。

序码	汉文名	英文名	注释
07.0109	流动形	current, courant (法)	*n-k* 次流动形指 *n* 维可定向的 C^{∞} 类微分流形上 *k* 次外微分形式全体上的连续线性泛函。
07.0110	度量线性空间	metric linear space	
07.0111	弗雷歇空间	Fréchet space	简称“F 空间((F)-space)”。
07.0112	范数	norm	
07.0113	半范数	semi-norm	
07.0114	拟范数	quasi-norm	
07.0115	赋范[线性]空间	normed linear spaces	又称“赋范向量空间(normed vector spaces)”。
07.0116	拟赋范[线性]空间	quasi-normed linear space	
07.0117	巴拿赫空间	Banach space	
07.0118	一致凸[巴拿赫]空间	uniformly convex [Banach] space	
07.0119	严格凸[巴拿赫]空间	strictly convex [Banach] space	
07.0120	自反巴拿赫空间	reflexive Banach space	
07.0121	拟自反巴拿赫空间	quasi-reflexive Banach space	
07.0122	超自反巴拿赫空间	superreflexive Banach space	
07.0123	数列空间	sequence space	
07.0124	函数空间	function space	
07.0125	索伯列夫空间	Sobolev space	
07.0126	奥尔利奇空间	Orlicz space	
07.0127	有序线性空间	ordered linear space	
07.0128	格序线性空间	lattice-ordered linear space	又称“向量格(vector lattice)”。
07.0129	弗雷歇格	Fréchet lattice	
07.0130	巴拿赫格	Banach lattice	
07.0131	向量格的根	radical of a vector lattice	
07.0132	σ 完备	σ-complete, sigma-complete	

序码	汉文名	英文名	注释
07.0133	锥	cone	
07.0134	体锥	solid cone	
07.0135	对偶锥	dual cone	
07.0136	正则锥	regular cone	
07.0137	正规锥	normal cone	
07.0138	希尔伯特空间	Hilbert space	
07.0139	准希尔伯特空间	pre-Hilbert space	又称"内积空间(inner product space)"。
07.0140	半内积	semi-inner product	又称"半标量积 semi-scalar product)"。
07.0141	不定度规空间	indefinite inner product space	又称"不定内积空间"。
07.0142	准不定度规空间	pre-indefinite inner product space	
07.0143	克赖因空间	Krein space	
07.0144	庞特里亚金空间	Pontryagin space	
07.0145	正交系	orthogonal system	
07.0146	完全正交规范集	complete orthonormal set	
07.0147	规范正交系	orthonormal system	
07.0148	正交化	orthogonalization	
07.0149	正交补	orthogonal complement	
07.0150	双正交[的]	biorthogonal	
07.0151	平行四边形定律	parallelogram law	
07.0152	负范数	negative norm	
07.0153	开映射定理	open mapping theorem	
07.0154	闭图象定理	closed graph theorem	
07.0155	扩张定理	extension theorems	
07.0156	一致有界性定理	uniform boundedness theorems	
07.0157	端点定理	extremal point theorem	
07.0158	凸度量空间	convex metric space	
07.0159	概率度量空间	probabilistic metric space	
07.0160	插值方法	interpolation method	
07.0161	插值偶	interpolation couple	
07.0162	中间空间	intermediate space	
07.0163	插值空间	interpolation space	
07.0164	平均空间	mean space	
07.0165	迹空间	trace space	
07.0166	不变子空间问题	invariant subspace problem	

序　码	汉　文　名	英　文　名	注　　释
07.0167	凸性模	modulus of convexity	
07.0168	凸性系数	convexity coefficient	
07.0169	切比雪夫半径	Chebyshev radius	
07.0170	切比雪夫中心	Chebyshev center	
07.0171	渐近中心	asymptotic center	
07.0172	正规结构	normal structure	

07.2 算　　子

07.0173	算子	operator	近年来亦常用“映射”表示“算子”。
07.0174	单位算子	unit operator	曾用名“恒等算子(identity operator)”。
07.0175	线性算子	linear operator	
07.0176	有界线性算子	bounded linear operator	
07.0177	连续线性算子	continuous linear operator	
07.0178	紧算子	compact operator	又称“全连续算子(completely continuous operator)”。
07.0179	紧线性算子	compact linear operator	又称“全连续线性算子 (completely continuous linear operator)”。
07.0180	双线性算子	bilinear operator	
07.0181	无界线性算子	unbounded linear operator	
07.0182	多重线性算子	multilinear operator	
07.0183	逆算子	inverse operator	
07.0184	可逆算子	invertible operator	
07.0185	幂零算子	nilpotent operator	
07.0186	合成算子	composite operator	
07.0187	对偶算子	dual operator	
07.0188	嵌入算子	imbedding operator	
07.0189	等距算子	isometric operator, isometric mapping	
07.0190	部分等距算子	partially isometric operator	
07.0191	酉算子	unitary operator	
07.0192	投影算子	projection operator	
07.0193	正[交]投影	orthogonal projection	

序 码	汉 文 名	英 文 名	注 释
07.0194	闭算子	closed operator	
07.0195	可闭算子	closable operator	又称"准闭算子(preclosed operator)"。
07.0196	迹族	trace class	又称"核族(nuclear class)"。
07.0197	迹范数	trace norm	
07.0198	希尔伯特－施密特类	Hilbert-Schmidt class	
07.0199	希尔伯特－施密特范数	Hilbert-Schmidt norm	
07.0200	伴随算子	adjoint operator	
07.0201	对称算子	symmetric operator	又称"埃尔米特算子(Hermitian operator)"。
07.0202	凯莱变换	Cayley transform	
07.0203	亏指数	deficiency index	
07.0204	正[对称]算子	positive [symmetric] operator	
07.0205	自伴算子	self-adjoint operator	又称"自共轭算子(self-conjugate operator)"。
07.0206	本质自伴算子	essentially self-adjoint operator	
07.0207	极大对称算子	maximal symmetric operator	
07.0208	正规算子	normal operator	又称"正常算子"。
07.0209	半正规算子	semi-normal operator	
07.0210	亚正规算子	hyponormal operator	
07.0211	次正规算子	subnormal operator	
07.0212	协亚正规算子	cohyponormal operator	
07.0213	极大正规算子	maximal normal operator	
07.0214	弗雷德霍姆算子	Fredholm operator	又称"弗雷德霍姆映射(Fredholm mapping)"。
07.0215	半弗雷德霍姆算子	semi-Fredholm operator	
07.0216	卷积算子	convolution operator	
07.0217	积分算子	integral operator	
07.0218	核型算子	nuclear operator	
07.0219	特普利茨算子	Toeplitz operator	

序　码	汉　文　名	英　文　名	注　　释
07.0220	汉克尔算子	Hankel operator	
07.0221	单胞算子	unicellular operator	
07.0222	维纳－霍普夫算子	Wiener-Hopf operator	
07.0223	沙尔滕-p类算子	Scharten p-class operator	
07.0224	压缩半群	contraction semi-group	
07.0225	C_0类半群	semi-group of class C_0	
07.0226	解析半群	analytic semi-group	
07.0227	[无穷小]生成元	infinitesimal generator	
07.0228	对偶半群	dual semi-group	
07.0229	算子扰动	perturbation of operator	
07.0230	半群扰动	perturbation of semi-group	

07.3 谱理论

序　码	汉　文　名	英　文　名	注　　释
07.0231	谱[理]论	spectral theory	
07.0232	谱分析	spectral analysis	
07.0233	本征值问题	eigenvalue problem	
07.0234	本征值	eigenvalue	
07.0235	广义本征值	generalized eigenvalue	
07.0236	本征向量	eigenvector	
07.0237	几何重数	geometric multiplicity	
07.0238	本征空间	eigenspace	
07.0239	广义本征空间	generalized eigenspace	
07.0240	本征向量展开式	eigenvector expansion	
07.0241	预解方程	resolvent equation	
07.0242	预解式	resolvent	又称“预解算子(resolvent operator)”。
07.0243	伪预解式	pseudo-resolvent	
07.0244	谱分解	spectral decomposition, spectral resolution	
07.0245	谱表示	spectral representation	
07.0246	算子的[谱]分解	spectral resolution of operator	
07.0247	谱算子	spectral operator	
07.0248	谱	spectrum	
07.0249	谱半径	spectral radius	
07.0250	谱测度	spectral measure	

序　码	汉　文　名	英　文　名	注　　释
07.0251	邓福德积分	Dunford integral	
07.0252	谱积分	spectral integral	
07.0253	预解集	resolvent set	
07.0254	点谱	point spectrum	
07.0255	连续谱	continuous spectrum	
07.0256	剩余谱	residual spectrum	又称“残谱”。
07.0257	本质谱	essential spectrum	
07.0258	谱映射定理	spectral mapping theorem	
07.0259	谱扰动	perturbation of spectrum	
07.0260	渐近扰动理论	asymptotic perturbation theory	
07.0261	零化度	nullity	闭线性算子 T 的零空间的维数，即 $\mathrm{nul}\,T=\dim\mathcal{N}(T)$。
07.0262	亏度	deficiency	闭线性算子 T，$X\to Y$ 的象 $\mathcal{R}(T)$ 所决定的商空间 $Y/\mathcal{R}(T)$ 的维数，即 $\mathrm{def}\,T=\dim Y/\mathcal{R}(T)$。
07.0263	指标	index	闭线性算子的零化度与亏度之差。即 $\mathrm{ind}\,T=\mathrm{nul}\,T-\mathrm{def}\,T$。
07.0264	数值域	numerical range	

07.4　巴拿赫代数

07.0265	巴拿赫代数	Banach algebra	
07.0266	赋范代数	normed algebra	
07.0267	交换巴拿赫代数	commutative Banach algebra	
07.0268	赋范环	normed ring	具有单位元的交换巴拿赫代数。
07.0269	对合	involution	
07.0270	对合代数	involutory algebra	
07.0271	对偶代数	dual algebra	
07.0272	自伴代数	self-adjoint algebra	
07.0273	巴拿赫 * 代数	Banach * -algebra	读作“巴拿赫星代数”。
07.0274	C^*代数	C^*-algebra	读作“C 星代数”。

序　码	汉 文 名	英 文 名	注　释
07.0275	对合环	involutive ring	
07.0276	交换子	commutant	
07.0277	二次交换子	double commutant	
07.0278	冯·诺伊曼代数	von Neumann algebra	又称“算子环(operator ring)”。曾用名“W*代数(W*-algebra)”。
07.0279	迹	trace of von Neumann algebra	指冯·诺伊曼代数的迹。
07.0280	因子	factor of von Neumann algebra	指冯·诺伊曼代数的因子。
07.0281	约化理论	reduction theory [of von Neumann algebra]	指冯·诺伊曼代数约化理论。
07.0282	积分直和	integral direct sum	又称“直积分(direct integral)”。
07.0283	可分解算子	decomposable operator	
07.0284	拟逆元	quasi-inverse	
07.0285	[赋范环元的]谱	spectrum [of element in normed ring]	
07.0286	正则极大理想	regular maximum ideal	
07.0287	正泛函	positive functional	
07.0288	乘性线性泛函	multiplicative linear functional	
07.0289	广义幂零元	generalized nilpotent element	
07.0290	[交换巴拿赫代数的]根	radical [of commutative Banach algebra]	
07.0291	半单[赋范]环	semi-simple [normed] ring	
07.0292	本原理想	primitive ideal	
07.0293	[巴拿赫代数的]表示	representation [of Banach algebra]	
07.0294	[巴拿赫*代数的]*表示	*-representation [of Banach*-algebra]	
07.0295	盖尔范德表示	Gelfand representation	
07.0296	结构空间	structure space	
07.0297	包核拓扑	hull kernel topology	
07.0298	群代数	group algebra	
07.0299	谱综合	spectral synthesis	
07.0300	函数代数	function algebra	又称“一致代数

序码	汉文名	英文名	注释
			(uniform algebra)”。
07.0301	圆盘代数	disc algebra	
07.0302	极大代数	maximum algebra	
07.0303	希洛夫边界	Silov boundary	
07.0304	商代数	quotient algebra	

07.5 非线性泛函分析

序码	汉文名	英文名	注释
07.0305	非线性泛函分析	non-linear functional analysis	
07.0306	非线性[的]	non-linear	
07.0307	非线性映射	non-linear mapping	又称“非线性算子(non-linear operator)”。
07.0308	次线性[的]	sublinear	
07.0309	强制[的]	coercive	
07.0310	次连续映射	demi-continuous mapping	
07.0311	拟弱连续映射	hemi-continuous mapping	
07.0312	次闭映射	demi-closed mapping	
07.0313	弗雷歇导数	Fréchet derivative	
07.0314	加托导数	Gâteaux derivative	
07.0315	阿达马导数	Hadamard derivative	
07.0316	严格导数	strict derivative	
07.0317	梯度映射	gradient mapping	
07.0318	次梯度	subgradient	
07.0319	次微分	subdifferential	
07.0320	广义方向导数	generalized directional derivative	
07.0321	广义梯度	generalized gradient	
07.0322	渐近广义梯度	asymptotic generalized gradient	
07.0323	集值[的]	set-valued	
07.0324	集值函数映射	set-valued function mapping, multivalued function mapping	
07.0325	可积有界集值函数	integrable bounded multifunction	
07.0326	可测集值函数	measurable set-valued function, measurable multifunction	
07.0327	选择函数	selection of multifunction	
07.0328	逼近正则映射	approximating proper mapping	
07.0329	对偶[性]映射	duality mapping	
07.0330	解析算子	analytic operator	

序码	汉文名	英文名	注释
07.0331	利普希茨映射	Lipschitzian mapping	
07.0332	压缩[算子]	contractive operator	又称"压缩映射(contractive mapping)"。
07.0333	耗散算子	dissipative operator	
07.0334	增生算子	accretive operator	
07.0335	集值增生算子	set-valued accretive operator, multivalued accretive operator	
07.0336	单调算子	monotone operator	又称"单调映射(monotone mapping)"。
07.0337	极大单调算子	maximal monotone operator	又称"极大单调映射(maximal monotone mapping)"。
07.0338	非扩张算子	non-expansive operator	
07.0339	可微算子	differentiable operator	
07.0340	弗雷歇可微算子	Fréchet differentiable operator	
07.0341	加托可微算子	Gâteaux differentiable operator	
07.0342	乌雷松算子	Urysohn operator	
07.0343	涅米茨算子	Nymitz operator	
07.0344	哈默斯坦算子	Hammerstein operator	
07.0345	[非线性]弗雷德霍姆算子	[non-linear] Fredholm operator	
07.0346	[非线性]紧算子	[non-linear] compact operator	
07.0347	[非线性]全连续算子	[non-linear] completely continuous operator	
07.0348	算子方程	operator equation	
07.0349	可解性理论	theory of solvability	
07.0350	正规可解性	normal solvability	
07.0351	投影[解]法	projection method	
07.0352	硬隐函数定理	hard implicit function theorem	
07.0353	软隐函数定理	soft implicit function theorem	
07.0354	非线性本征值问题	non-linear eigenvalue problem	
07.0355	歧点	bifurcation point	又称"分岔点"。
07.0356	分歧理论	bifurcation theory	又称"分岔理论"。
07.0357	拓扑方法	topological method	
07.0358	映射度	degree of mapping, mapping degree	又称"拓扑度(topological degree)"。

序　码	汉　文　名	英　文　名	注　　释
07.0359	旋转数	rotation number	
07.0360	勒雷-绍德尔度	Leray-Schauder degree	
07.0361	不动点定理	fixed point theorem	
07.0362	非紧测度	measure of non-compactness	
07.0363	集压缩映射	set contraction mapping	
07.0364	凝聚映射	condensing mapping	
07.0365	保锥算子	cone-preserving operator	
07.0366	增算子	increasing operator	指在具正锥的巴拿赫空间中。
07.0367	减算子	decreasing operator	指在具正锥的巴拿赫空间中。
07.0368	凹算子	concave operator	指在具正锥的巴拿赫空间中。
07.0369	凸算子	convex operator	指在具正锥的巴拿赫空间中。
07.0370	变分方法	variational method	
07.0371	莫尔斯理论	Morse theory	
07.0372	临界点理论	critical point theory	
07.0373	黎曼流形	Riemannian manifold	
07.0374	希尔伯特流形	Hilbert manifold	
07.0375	巴拿赫流形	Banach manifold	
07.0376	芬斯勒流形	Finsler manifold	
07.0377	LS 临界点	LS critical point	
07.0378	LS 临界值	LS critical value	
07.0379	山路引理	mountain pass lemma	
07.0380	极小化极大原理	minimax principle	
07.0381	非光滑分析	non-smooth analysis	
07.0382	广义博尔扎问题	generalized Bolza problem	
07.0383	微分包含	differential inclusion	
07.0384	切锥	tangent cone	
07.0385	法锥	normal cone	
07.0386	超切向量	hypertangent	
07.0387	广义雅可比矩阵	generalized Jacobian	

07.6 遍历理论

07.0388	遍历理论	ergodic theory	
07.0389	遍历性假设	ergodic hypothesis	

序码	汉文名	英文名	注释
07.0390	σ有限测度空间	σ-finite measure space	
07.0391	可测变换	measurable transformation	
07.0392	双可测变换	bimeasurable transformation	
07.0393	保测变换	measure-preserving transformation	
07.0394	双射保测变换	bijective measure-preserving transformation	
07.0395	非奇异变换	non-singular transformation	
07.0396	遍历变换	ergodic transformation	
07.0397	流	flow	双射保测变换所成的单参数族。
07.0398	旋转	rotation	局部紧交换群所成勒贝格测度空间的按群元决定的双射保测变换。
07.0399	拓扑生成元	topological generator	
07.0400	单一生成的	monothetic	
07.0401	双边生成元	two-sided generator	
07.0402	推移变换	shift transformation	
07.0403	伯努利推移	Bernoulli shift	
07.0404	广义伯努利推移	generalized Bernoulli shift	
07.0405	马尔可夫测度	Markov measure	
07.0406	马尔可夫推移	Markov shift	
07.0407	柯尔莫哥洛夫自同构	Kolmogorov automorphism	
07.0408	不变测度问题	invariant measure problem	
07.0409	完全群	full group	
07.0410	遍历定理	ergodic theorems	
07.0411	平均遍历定理	mean-ergodic theorem	
07.0412	个体遍历定理	individual ergodic theorem	又称“逐点遍历定理(pointwise ergodic theorem)”。
07.0413	比率遍历定理	ratio-ergodic theorem	
07.0414	极大遍历定理	maximal-ergodic theorem	
07.0415	局部遍历定理	local-ergodic theorem	
07.0416	阿贝尔遍历定理	Abel ergodic theorem	
07.0417	随机遍历定理	stochastic-ergodic theorem	

序　码	汉 文 名	英 文 名	注　释
07.0418	返回的	recurrent	
07.0419	无穷返回的	infinitely recurrent	
07.0420	强返回的	strongly recurrent	
07.0421	保守的	conservative	
07.0422	不可压缩的	incompressible	
07.0423	徘徊集	wandering set	又称“游荡集”。
07.0424	弱徘徊集	weakly wandering set	又称“弱游荡集”。
07.0425	遍历性	ergodicity	
07.0426	唯一遍历	uniquely ergodic	
07.0427	极小遍历	minimally ergodic	
07.0428	严格遍历	strictly ergodic	
07.0429	度量可递性	metric transitivity	
07.0430	同构不变量	automorphic invariant	又称“度量不变量(metric invariant)”。
07.0431	谱不变量	spectral invariant	又称“谱性质(spectral property)”。
07.0432	离散谱	discrete spectrum	又称“纯点谱(pure spectrum)”。
07.0433	拟离散谱	quasi-discrete spectrum	
07.0434	可数勒贝格谱	countable Lebesgue spectrum	
07.0435	熵	entropy	一种同构不变量。
07.0436	完全正熵	completely positive entropy	
07.0437	分割的熵	entropy of the partition	
07.0438	自同态的熵	entropy of the endomorphism	
07.0439	自然扩张	natural extension	
07.0440	平斯克分割	Pinsker partition	
07.0441	伯努利分割	Bernoulli partition	
07.0442	马尔可夫分割	Markov partition	

08.　几何学·拓扑学

08.1　欧几里得几何学

序　码	汉　文　名	英　文　名	注　　释
08.0001	几何[学]	geometry	
08.0002	欧几里得几何[学]	Euclidean geometry	简称"欧氏几何"。
08.0003	平面几何[学]	plane geometry	
08.0004	立体几何[学]	solid geometry	
08.0005	关联公理	incidence axioms, axiom of connection	
08.0006	次序公理	axiom of order	
08.0007	全等公理	axiom of congruence	
08.0008	平行公理	axiom of parallels	
08.0009	第五公设	fifth postulate	等价于欧氏几何中的平行公理。
08.0010	连续公理	axiom of continuity	
08.0011	阿基米德公理	Archimedean axiom	
08.0012	点	point	
08.0013	线	line	
08.0014	直线	straight line, right line	
08.0015	平面	plane	
08.0016	交点	point of intersection	
08.0017	交线	line of intersection	
08.0018	线段	line segment	
08.0019	可公度的	commensurable	
08.0020	长度	length	
08.0021	面积	area	
08.0022	体积	volume	
08.0023	平行[的]	parallel	
08.0024	平行线	parallel, parallel lines	
08.0025	相错[直]线	skew lines	
08.0026	垂直[的]	perpendicular	
08.0027	垂线	perpendicular, perpendicular line	
08.0028	角	angle	
08.0029	余角	complementary angle	

序码	汉文名	英文名	注释
08.0030	补角	supplementary angle	
08.0031	邻角	adjacent angles	
08.0032	锐角	acute angle	
08.0033	钝角	obtuse angle	
08.0034	直角	right angle	
08.0035	平角	straight angle	
08.0036	周角	round angle	
08.0037	倾角	angle of inclination	
08.0038	对顶角	opposite angles, vertical angles	
08.0039	同位角	corresponding angles	
08.0040	外错角	alternate exterior angles	
08.0041	内错角	alternate interior angles	
08.0042	三角形	triangle	
08.0043	锐角三角形	acute triangle	
08.0044	直角三角形	right triangle	
08.0045	勾股定理	Pythagoras theorem	又称“毕达哥拉斯定理”。曾用名“商高定理”。
08.0046	钝角三角形	obtuse triangle	
08.0047	等腰三角形	isosceles triangle	
08.0048	等边三角形	equilateral triangle	
08.0049	底角	base angle	
08.0050	顶角	vertex angle	
08.0051	边	side	
08.0052	邻边	adjacent side	
08.0053	对边	opposite side	
08.0054	角的对边	side opposite of an angle	
08.0055	垂心	orthocenter	
08.0056	内心	incenter	
08.0057	重心	barycenter	
08.0058	外心	circumcenter, excenter	
08.0059	旁心	escenter of a triangle	
08.0060	内切圆	inscribed circle, incircle	
08.0061	旁切圆	escribed circle	
08.0062	外接圆	circumcircle	
08.0063	外接圆半径	circumradius	
08.0064	中垂线	perpendicular bisector	

序码	汉文名	英文名	注释
08.0065	中线	median	
08.0066	高线	altitude	
08.0067	高[度]	height	
08.0068	角平分线	angular bisector	
08.0069	内分角线	internal bisector	
08.0070	外分角线	external bisector	
08.0071	中点	midpoint, middle point	
08.0072	垂足	foot of a perpendicular	
08.0073	九点圆	nine-point circle	
08.0074	圆	circle	
08.0075	圆周	circumference	
08.0076	圆盘	[circular] disc	
08.0077	圆心	center of a circle	
08.0078	半径	radius	
08.0079	直径	diameter	
08.0080	周[长]	perimeter	
08.0081	弧	arc	
08.0082	优弧	major arc	
08.0083	劣弧	minor arc, inferior arc	
08.0084	半圆	semi-circle	
08.0085	弦	chord	
08.0086	边心距	apothem	
08.0087	圆心角	central angle	
08.0088	扇形	sector	
08.0089	圆周角	angle in a circular segment	
08.0090	弓形	segment of a circle	
08.0091	同心圆	concentric circles	
08.0092	反演	inversion	
08.0093	反演圆	circle of inversion	
08.0094	反演中心	center of inversion	
08.0095	四角形	quadrangle	
08.0096	四边形	quadrilateral	
08.0097	平行四边形	parallelogram	
08.0098	矩形	rectangle	又称"长方形"。
08.0099	正方形	square	
08.0100	梯形	trapezoid	
08.0101	等腰梯形	isosceles trapezoid	

序　码	汉　文　名	英　文　名	注　　释
08.0102	菱形	rhombus	
08.0103	五边形	pentagon	
08.0104	六边形	hexagon	
08.0105	七边形	heptagon	
08.0106	八边形	octagon	
08.0107	九边形	nonagon	
08.0108	十边形	decagon	
08.0109	多边形	polygon	
08.0110	凸多边形	convex polygon	
08.0111	凹多边形	concave polygon	
08.0112	正多边形	regular polygon	
08.0113	对角线	diagonal	
08.0114	内角	interior angle	
08.0115	外角	exterior angle	
08.0116	内切	internally tangent	
08.0117	内接形	inscribed figure	
08.0118	外切形	circumscribed figure	
08.0119	全等图形	congruent figures	
08.0120	相似[的]	similar	
08.0121	相似形	similar figures	
08.0122	相似三角形	similar triangles	
08.0123	位似[的]	homothetic	
08.0124	位似形	homothetic figures	
08.0125	轨迹	locus	
08.0126	尺规作图法	construction with ruler and compasses, geometric construction	
08.0127	椭圆规	ellipsograph	
08.0128	作图题	construction problem	
08.0129	三等分角线	trisectrix	
08.0130	三等分角[问题]	trisection of an angle	
08.0131	倍立方[问题]	duplication of a cube	
08.0132	化圆为方[问题]	quadrature of a circle	
08.0133	圆周率	number π	
08.0134	立体	solid	
08.0135	多面体	polyhedron	
08.0136	凹多面体	concave polyhedron	

序码	汉文名	英文名	注释
08.0137	面	face	
08.0138	棱	edge	
08.0139	侧面积	lateral area	
08.0140	斜面	inclined plane	
08.0141	平面角	plane angle	
08.0142	立体角	solid angle	
08.0143	多面角	polyhedral angle	
08.0144	角域	angular domain	
08.0145	立体形	solid figure	
08.0146	立方体	cube	
08.0147	长方体	rectangular parallelopiped	
08.0148	菱体	rhombohedron	
08.0149	棱柱	prism	
08.0150	四棱柱	quadrangular prism	
08.0151	四面体	tetrahedron	
08.0152	平行六面体	parallelopiped	
08.0153	六面体	hexahedron	
08.0154	八面体	octahedron	
08.0155	十二面体	dodecahedron	
08.0156	二十面体	icosahedron	
08.0157	正多面体	regular polyhedron	
08.0158	圆柱	circular cylinder	
08.0159	锥[体]	cone	
08.0160	圆锥[体]	circular cone	
08.0161	棱锥[体]	pyramid	
08.0162	平截头棱锥体	prismoid	
08.0163	球面	sphere	
08.0164	半球面	semi-sphere	
08.0165	球	solid sphere, ball	
08.0166	大圆	great circle	
08.0167	反演球面	sphere of inversion	
08.0168	截面	cross section, section	
08.0169	平截头台	frustum	
08.0170	截锥	truncated cone	
08.0171	中[心]线	central line	
08.0172	形心	centroid	

序码	汉文名	英文名	注释

08.2 三角学

序码	汉文名	英文名	注释
08.0173	三角学	trigonometry	
08.0174	平面三角形	plane triangle	
08.0175	仰角	angle of elevation	
08.0176	俯角	angle of depression	
08.0177	弧度	radian	
08.0178	弧度[法]	radian measure	
08.0179	角度[法]	degree measure	
08.0180	正弦	sine	
08.0181	正矢	versine, versed sine	
08.0182	余弦	cosine	
08.0183	余矢	versed cosine	
08.0184	正切	tangent	
08.0185	余切	cotangent	
08.0186	正割	secant	
08.0187	余割	cosecant	
08.0188	正弦定律	law of sines	
08.0189	余弦定律	law of cosines	
08.0190	余弦公式	cosine formula	
08.0191	正切定律	law of tangents	
08.0192	反三角函数	inverse circular function, inverse trigonometric function	
08.0193	反正弦	inverse sine, anti-sine, arc-sine	
08.0194	正弦曲线	sine curve	
08.0195	正切曲线	tangent curve	
08.0196	半角公式	half angle formula	
08.0197	倍角公式	double angle formula	
08.0198	球面三角学	spherical trigonometry	
08.0199	球面三角形	spherical triangle	
08.0200	球面角盈	spherical excess	
08.0201	球面三角正弦定律	law of sines for spherical triangle	
08.0202	球面三角余弦公式	cosine formula for spherical triangle	

08.3 解析几何学

序码	汉文名	英文名	注释
08.0203	解析几何[学]	analytic geometry	
08.0204	笛卡儿空间	Cartesian space	
08.0205	坐标系	coordinate system	
08.0206	原点	origin	
08.0207	坐标轴	axis of coordinates, coordinate axis	
08.0208	横[坐标]轴	axis of abscissas	
08.0209	纵[坐标]轴	axis of ordinates	
08.0210	坐标	coordinate	
08.0211	纵坐标	ordinate	
08.0212	横坐标	abscissa	
08.0213	直角坐标	rectangular coordinates	又称"笛卡儿坐标(Cartesian coordinates)"。
08.0214	斜轴	oblique axes	
08.0215	斜坐标	oblique coordinates	
08.0216	柱面坐标	cylindrical coordinates	
08.0217	极坐标	polar coordinates	
08.0218	球面坐标	spherical coordinates	
08.0219	椭球坐标	ellipsoidal coordinates	
08.0220	重心坐标	barycentric coordinates	
08.0221	曲线坐标	curvilinear coordinates	
08.0222	坐标曲线	coordinate curves	
08.0223	正交曲线坐标	orthogonal curvilinear coordinates	
08.0224	象限	quadrant	
08.0225	卦限	octant	
08.0226	坐标变换	coordinate transformation	
08.0227	位置向量	position vector	又称"位矢"。
08.0228	径向量	radius vector	又称"径矢"。
08.0229	射线	half line, ray	
08.0230	方向比	direction ratio	
08.0231	分点	point of division	
08.0232	内分	internal division	
08.0233	外分	external division	
08.0234	内分比	ratio of internal division	

序码	汉文名	英文名	注释
08.0235	外分比	ratio of external division	
08.0236	折线	broken line	
08.0237	切线	tangent line	
08.0238	切点	point of tangency	
08.0239	夹角	included angle	
08.0240	截距式	intercept form	
08.0241	截距	intercept	
08.0242	法线式	normal form	
08.0243	点斜式	point slope form	
08.0244	曲线	curve	
08.0245	次	order	
08.0246	二次曲线	curve of second order	又称“圆锥曲线(point conic)”。
08.0247	班	class	
08.0248	二班曲线	curve of the second class	又称“线圆锥曲线(line conic)”。
08.0249	椭圆	ellipse	
08.0250	长轴	major axis	
08.0251	短轴	minor axis	
08.0252	离心率	eccentricity	
08.0253	离心角	eccentric angle	
08.0254	准线	directrix	
08.0255	准圆	director circle	
08.0256	双曲线	hyperbola	
08.0257	共轭双曲线	conjugate hyperbolas	
08.0258	渐近线	asymptote	
08.0259	抛物线	parabola	
08.0260	主轴	principal axis	
08.0261	共轭焦点	conjugate foci	
08.0262	共轭轴	conjugate axis	
08.0263	共轭直径	conjugate diameters	
08.0264	共轭直线	conjugate lines	
08.0265	共轭圆锥曲线	conjugate conics	
08.0266	共焦[的]	confocal	
08.0267	割圆曲线	quadratrix	
08.0268	椭球面	ellipsoid	
08.0269	旋转曲面	surface of revolution	

序码	汉文名	英文名	注释
08.0270	二次曲面	quadric surface, surface of second order	
08.0271	单叶双曲面	hyperboloid of one sheet	
08.0272	双叶双曲面	hyperboloid of two sheets	
08.0273	共轭双曲面	conjugate hyperboloids	
08.0274	椭圆柱面	elliptic cylinder	
08.0275	双曲柱面	hyperbolic cylinder	
08.0276	双曲型二次曲面	hyperbolic quadratic surface	
08.0277	椭圆抛物面	elliptic paraboloid	
08.0278	双曲抛物面	hyperbolic paraboloid	
08.0279	抛物柱面	parabolic cylinder	
08.0280	渐近锥面	asymptotic cone	
08.0281	母线	generating line	
08.0282	退化二次曲面	degenerate quadric	
08.0283	摆线	cycloid	
08.0284	内摆线	hypocycloid	
08.0285	外摆线	epicycloid	
08.0286	长短辐圆内摆线	hypotrochoid	
08.0287	长短辐圆外摆线	epitrochoid	
08.0288	考纽螺线	Cornu spiral	又称“回旋曲线(clothoid)”。
08.0289	菱角线	cocked hat	
08.0290	悬链线	catenary	
08.0291	曳物线	tractrix	
08.0292	滚线	rolling curve	
08.0293	垂足曲线	pedal curve	
08.0294	追踪曲线	curve of pursuit	
08.0295	心脏线	cardioid	
08.0296	头颅线	cranioid	
08.0297	蜗牛线	cochleoid	
08.0298	蚌线	conchoid	
08.0299	卵形线	oval	
08.0300	笛卡儿卵形线	Cartesian oval	
08.0301	螺线	spiral	
08.0302	双曲螺线	hyperbolic spiral	
08.0303	蔓叶线	cissoid	
08.0304	蔓叶类曲线	cissoidal curve	

序　码	汉　文　名	英　文　名	注　　释
08.0305	叶形线	folium	
08.0306	玫瑰线	rose curve	
08.0307	星形线	asteroid	
08.0308	共点	concurrent	
08.0309	共线	collinear	
08.0310	尖点	cusp	
08.0311	对称中心	center of symmetry	
08.0312	单侧曲面	unilateral surface	
08.0313	双侧曲面	two-sided surface, bilateral surface	
08.0314	闭域	closed domain	
08.0315	圆形域	circular domain	
08.0316	环形区域	annular region	
08.0317	共面[的]	coplanar	
08.0318	切面	tangent plane	
08.0319	法线	normal line, normal	
08.0320	中心对称	central symmetry	
08.0321	平移	translation	
08.0322	旋转	rotation	
08.0323	旋转角	angle of rotation	
08.0324	旋转轴	axis of rotation	
08.0325	等距	equidistant, isometry	
08.0326	全等变换	congruent transformation	
08.0327	镜射	reflection	曾用名“反射”。
08.0328	对称轴	axis of symmetry	
08.0329	*n* 次空间曲线	space curve of order *n*	
08.0330	渐近切线	asymptotic tangent	
08.0331	母曲线	generating curve	
08.0332	非阿基米德几何[学]	non-Archimedean geometry	

08.4　射影几何学・仿射几何学

08.0333	射影几何[学]	projective geometry	
08.0334	射影空间	projective space	
08.0335	射影直线	projective line	
08.0336	射影平面	projective plane	
08.0337	射影超平面	projective hyperplane	

序　码	汉 文 名	英 文 名	注　释
08.0338	射影子空间	projective subspace	
08.0339	投射	project, projection	
08.0340	投射中心	center of projection	
08.0341	透视映射	perspective mapping	
08.0342	射影映射	projective mapping	
08.0343	射影对应	projective correspondence	
08.0344	对偶原理	duality principle	
08.0345	射影坐标	projective coordinates	
08.0346	德萨格定理	Desargues theorem	
08.0347	非德萨格几何	non-Desargues geometry	
08.0348	完全四点形	complete quadrangle	
08.0349	帕斯卡构图	Pascal configuration	
08.0350	射影标架	projective frame	
08.0351	施陶特代数	Staudt algebra	
08.0352	基本点	fundamental point	
08.0353	单位点	unit point	
08.0354	射影坐标系	projective coordinate system	
08.0355	非齐次坐标	non-homogeneous coordinates	
08.0356	齐次坐标	homogeneous coordinates	
08.0357	超平面坐标	hyperplane coordinates	
08.0358	线坐标	line coordinates	
08.0359	平面坐标	plane coordinates	
08.0360	直射映射	collineation [mapping]	
08.0361	直射变换	collineation, collineatory transformation	
08.0362	对射变换	correlation	
08.0363	对合对射变换	involutive correlation	
08.0364	射影变换	projective transformation	
08.0365	直射变换群	collineation group	
08.0366	射影变换群	projective transformation group	
08.0367	射影等价	projective equivalence	
08.0368	实射影空间	real projective space	
08.0369	复射影空间	complex projective space	
08.0370	交比	cross ratio, anharmonic ratio	
08.0371	调和共轭点	harmonic conjugate points	又称"等交比点(equianharmonic points)"。

序码	汉文名	英文名	注释
08.0372	调和共轭	harmonic conjugate	
08.0373	射影不变量	projective invariant	
08.0374	二次超曲面	quadratic hypersurface	
08.0375	配极	polarity	
08.0376	极超曲面	polar hypersurface	
08.0377	极[点]	pole	
08.0378	极线	polar line	
08.0379	极面	polar plane	
08.0380	切超平面	tangent hyperplane	
08.0381	正则射影变换	regular projective transformation	
08.0382	奇[异]射影变换	singular projective transformation	
08.0383	点列	range of points	
08.0384	线束	pencil of lines	
08.0385	平面束	pencil of planes	
08.0386	超平面束	pencil of hyperplanes	
08.0387	圆束	pencil of circles	
08.0388	线把	bundle of lines	
08.0389	线聚	line complex	
08.0390	线汇	line congruence	
08.0391	线列	range of lines	
08.0392	点场	field of points	
08.0393	线场	field of lines	
08.0394	迷向直线	isotropic lines	
08.0395	射影度量	projective metric	
08.0396	仿射几何[学]	affine geometry	
08.0397	仿射空间	affine space	
08.0398	仿射坐标	affine coordinate	
08.0399	无穷远空间	space at infinity	
08.0400	无穷远点	point at infinity	
08.0401	无穷远直线	line at infinity	
08.0402	无穷远平面	plane at infinity	
08.0403	无穷远[虚]圆点	circular points at infinity	
08.0404	无穷远[虚]圆	circle at infinity	
08.0405	平行投射[法]	parallel projection	
08.0406	平行坐标	parallel coordinates	
08.0407	超平行体	parallelotope	
08.0408	仿射映射	affine mapping	

序码	汉文名	英文名	注释
08.0409	仿射变换	affine transformation	
08.0410	仿射变换群	affine transformation group	
08.0411	仿射中心	center of affinity	
08.0412	平移群	parallel translation group	全称“平行移动群”。
08.0413	相似变换	similarity transformation	
08.0414	全等变换群	congruent transformation group	
08.0415	仿射等价	affine congruence, affine equivalence	
08.0416	仿射性质	affine property	
08.0417	射影性质	projective property	
08.0418	等距曲线	equidistant curve	
08.0419	克利福德平行	Clifford parallel	
08.0420	非欧几何[学]	non-Euclidean geometry	
08.0421	双曲几何[学]	hyperbolic geometry	
08.0422	椭圆几何[学]	elliptic geometry	
08.0423	绝对形	absolute	
08.0424	双曲空间	hyperbolic space	
08.0425	椭圆空间	elliptic space	
08.0426	非欧[几里得]距离	non-Euclidean distance	
08.0427	非欧[几里得]角	non-Euclidean angle	
08.0428	共形几何	conformal geometry	
08.0429	共形空间	conformal space	
08.0430	默比乌斯变换	Möbius transformation	
08.0431	拉盖尔变换	Laguerre transformation	
08.0432	画法几何[学]	descriptive geometry	
08.0433	透视	perspective	
08.0434	正投射[法]	orthographic projection	
08.0435	斜投射[法]	oblique projection	
08.0436	中心投射[法]	central projection	又称“透视图法(perspective drawing)”。
08.0437	透视投影法	perspective projection	
08.0438	绝对几何	absolute geometry	
08.0439	连续几何	continuous geometry	

序码	汉文名	英文名	注释

08.5 一般拓扑学

08.0440	拓扑[学]	topology	
08.0441	一般拓扑学	general topology	曾用名“点集拓扑学”。
08.0442	拓扑空间	topological space	
08.0443	开集	open set	
08.0444	离散拓扑	discrete topology	
08.0445	离散空间	discrete space	
08.0446	邻域	neighborhood	
08.0447	基本邻域系	fundamental system of neighborhoods	
08.0448	闭集	closed set	
08.0449	相对闭集	relatively closed set	
08.0450	内点	interior point	
08.0451	内部	interior	
08.0452	外点	exterior point	
08.0453	外部	exterior	
08.0454	边界点	frontier point, boundary point	
08.0455	集的边界	boundary of a set	
08.0456	开集基	open set basis	
08.0457	邻域基	neighborhood basis	
08.0458	闭集基	closed set basis	
08.0459	点的邻域基	neighborhood basis of a point	
08.0460	子基	subbase	
08.0461	闭包	closure	
08.0462	闭包运算	closure operation	
08.0463	凝聚点	condensation point	
08.0464	孤[立]点	isolated point	
08.0465	稠密	dense	
08.0466	稠[密]子集	dense subset	
08.0467	自稠[的]	dense in itself	
08.0468	边缘集	border set	
08.0469	疏集	nowhere dense set	
08.0470	第一范畴集	set of the first category	
08.0471	第二范畴集	set of the second category	
08.0472	闭滤子	closed filter	

序码	汉文名	英文名	注释
08.0473	极大滤子	maximal filter	
08.0474	有限覆盖	finite covering	
08.0475	点有限覆盖	point-finite covering	
08.0476	无限覆盖	infinite covering	
08.0477	子覆盖	subcovering	
08.0478	局部有限覆盖	locally finite covering	
08.0479	星形有限覆盖	star finite covering	
08.0480	开覆盖	open covering	
08.0481	闭覆盖	closed covering	
08.0482	连续映射	continuous mapping	
08.0483	拓扑映射	topological mapping	
08.0484	拓扑等价	topological equivalence	又称“同胚(homeomorphism)”。
08.0485	拓扑不变量	topological invariant	
08.0486	开映射	open mapping	
08.0487	闭映射	closed mapping	
08.0488	诱导拓扑	induced topology	
08.0489	相对拓扑	relative topology	
08.0490	积拓扑	product topology	
08.0491	积空间	product space	
08.0492	商拓扑	quotient topology	
08.0493	商空间	quotient space	
08.0494	商映射	quotient map	
08.0495	粘着空间	adjunction space	
08.0496	拓扑和	topological sum	
08.0497	连通性	connectivity	
08.0498	连通集	connected set	
08.0499	局部连通[的]	locally connected	
08.0500	连通空间	connected space	
08.0501	道路	path	
08.0502	闭路	closed path, loop	
08.0503	道路连通[的]	path connected	
08.0504	局部道路连通[的]	locally path connected	
08.0505	弧连通[的]	arcwise connected	
08.0506	不连通集	disconnected set	
08.0507	极端不连通空间	extremely disconnected space	

序码	汉文名	英文名	注释
08.0508	空间的连通分支	component of a space	
08.0509	分离性	separability	
08.0510	分离性公理	separation axiom	
08.0511	T_0 空间	T_0 space	
08.0512	T_1空间	T_1 space	
08.0513	T_2空间	T_2 space	
08.0514	正则空间	regular space	
08.0515	完全正则空间	completely regular space	
08.0516	正规空间	normal space	
08.0517	全正规空间	fully normal space	
08.0518	可数性	countability	
08.0519	可数[性]公理	axioms of countability	
08.0520	第一可数公理	first axiom of countability	
08.0521	第二可数公理	second axiom of countability	
08.0522	林德勒夫空间	Lindelöf space	
08.0523	可分空间	separable space	
08.0524	紧性	compactness	
08.0525	紧[的]	compact	
08.0526	紧空间	compact space	
08.0527	仿紧空间	paracompact space	
08.0528	亚紧空间	metacompact space	
08.0529	局部紧空间	locally compact space	
08.0530	序列式紧空间	sequentially compact space	
08.0531	列紧[的]	countably compact	
08.0532	列紧空间	countably compact space	
08.0533	列仿紧空间	countably paracompact space	
08.0534	伪紧空间	pseudo-compact space	
08.0535	紧化	compactification	
08.0536	一点紧化	one point compactification	
08.0537	斯通-切赫紧化	Stone-Čech compactification	
08.0538	度量	metric	
08.0539	度量空间	metric space	又称“距离空间”。
08.0540	距离结构	distance structure	
08.0541	完全度量空间	complete metric space	
08.0542	完全性	completeness	
08.0543	伪度量	pseudo-metric	
08.0544	可度量性	metrizability	

序码	汉文名	英文名	注释
08.0545	可度量化	metrizable	
08.0546	度量化	metrization	
08.0547	可展拓扑空间	developable topological space	
08.0548	离散族	discrete family	
08.0549	σ 离散族	σ-discrete family, sigma-discrete family	
08.0550	σ 局部有限族	σ-locally finite family, sigma-locally finite family	
08.0551	一致空间	uniform space	
08.0552	一致结构	uniformity	
08.0553	一致拓扑	uniform topology	
08.0554	一致覆盖	uniform covering	
08.0555	完全一致空间	complete uniform space	
08.0556	一致连续映射	uniform continuous mapping	
08.0557	一致同构	unimorphism	
08.0558	邻近空间	proximity space	
08.0559	紧开拓扑	compactopen topology	
08.0560	点式收敛拓扑	topology of pointwise convergence	
08.0561	一致收敛拓扑	topology of uniform convergence	
08.0562	μ 映射	μ-mapping, mu-mapping	
08.0563	紧映射	compact mapping	
08.0564	逆紧映射	proper mapping, perfect mapping	
08.0565	不可约映射	irreducible mapping	
08.0566	形变	deformation	
08.0567	收缩	retraction	
08.0568	收缩核	retract	
08.0569	邻域收缩核	neighborhood retract	
08.0570	形变收缩核	deformation retract	
08.0571	收缩变换	retracting transformation	
08.0572	形变收缩	deformation retraction	
08.0573	收缩映射	retraction mapping	
08.0574	可缩空间	contractible space	
08.0575	绝对邻域收缩核	absolute neighborhood retract	
08.0576	绝对收缩核	absolute retract	
08.0577	导集	derived set	
08.0578	集的核	nucleus of a set	
08.0579	离散集	discrete set	

序　码	汉　文　名	英　文　名	注　　释
08.0580	无核集	scattered set	
08.0581	完满集	perfect set	
08.0582	紧统	compactum	
08.0583	拓扑型	topological type	
08.0584	维数论	dimension theory	
08.0585	维[数]	dimension	
08.0586	无穷维[的]	infinite dimensional	
08.0587	覆盖的阶	order of a covering	
08.0588	覆盖维数	covering dimension	
08.0589	空间的局部化	localization of a space	

08.6　代数拓扑学

序　码	汉　文　名	英　文　名	注　　释
08.0590	代数拓扑[学]	algebraic topology	
08.0591	简单闭曲线	simple closed curve	
08.0592	若尔当曲线	Jordan curve	
08.0593	闭曲面	closed surface	
08.0594	对径点	antipodal point	
08.0595	环面	torus, anchor ring	
08.0596	环柄	handle	
08.0597	默比乌斯带	Möbius strip	
08.0598	领口	collar	
08.0599	克莱因瓶	Klein bottle	
08.0600	可定向性	orientability	
08.0601	可定向曲面	orientable surface	
08.0602	不可定向曲面	non-orientable surface	
08.0603	流形	manifold	
08.0604	拓扑流形	topological manifold	
08.0605	分片线性流形	piecewise linear manifold	
08.0606	组合流形	combinatorial manifold	
08.0607	伪流形	pseudo-manifold	
08.0608	带边流形	manifold with boundary	
08.0609	子流形	submanifold	
08.0610	可定向流形	orientable manifold	
08.0611	不可定向流形	non-orientable manifold	
08.0612	定向流形	oriented manifold	
08.0613	不可压缩曲面	incompressible surface	
08.0614	3-流形	3-manifold	又称“三维流形”。

序码	汉文名	英文名	注释
08.0615	充分大的 3-流形	sufficiently large 3-manifold	
08.0616	不可约 3-流形	irreducible 3-manifold	
08.0617	素 3-流形	prime 3-manifold	
08.0618	塞弗特流形	Seifert manifold	
08.0619	庞加莱猜测	Poincaré conjecture	
08.0620	主猜测	fundamental conjecture, Hauptvermutung(德)	
08.0621	赫戈分裂	Heegard splitting	
08.0622	双曲流形	hyperbolic manifold	
08.0623	轨形	orbifold	
08.0624	伪阿诺索夫映射	pseudo-Anosov map	
08.0625	德恩扭转	Dehn twist	
08.0626	同调	homology	
08.0627	同调论	homology theory	
08.0628	链复形	chain complex	
08.0629	边缘同态	boundary homomorphism	
08.0630	关联矩阵	incidence matrices	
08.0631	相对闭链	relative cycle	
08.0632	边缘链	boundary chain	
08.0633	同调[的]	homologous	
08.0634	零调[的]	acyclic	
08.0635	同调类	homology class	
08.0636	同调群	homology group	
08.0637	单[纯]形	simplex	
08.0638	定向单形	oriented simplex	
08.0639	[单形的]面	face of simplex	
08.0640	[单形的]真面	proper face of a simplex	
08.0641	承载单形	carrier simplex	
08.0642	星形	star	
08.0643	开星形	open star	
08.0644	闭星形	closed star	
08.0645	单纯复形	simplicial complex	
08.0646	几何单形	geometric simplex	
08.0647	几何单纯复形	geometric simplicial complex	
08.0648	抽象单形	abstract simplex	
08.0649	抽象复形	abstract complex	

序码	汉文名	英文名	注释
08.0650	子复形	subcomplex	
08.0651	覆盖的神经	nerve of a covering	
08.0652	曲多面体	curved polyhedron	
08.0653	可三角剖分[的]	triangulable	
08.0654	剖分空间	triangulated space	
08.0655	骨架	skeleton	
08.0656	单纯复形的同调群	homology group of simplicial complex	
08.0657	系数群	coefficient group	
08.0658	整同调群	integral homology group	
08.0659	贝蒂数	Betti number	
08.0660	挠群	torsion group	
08.0661	挠系数	torsion coefficients	
08.0662	欧拉－庞加莱公式	Euler-Poincaré formula	
08.0663	欧拉示性数	Euler characteristic	
08.0664	曲面的亏格	genus of a surface	
08.0665	模 ρ 同调群	modulo ρ-homology group	
08.0666	有理同调群	rational homology group	
08.0667	透镜空间	lens space	
08.0668	闭子集的畴数	category of a closed subset	
08.0669	统联	join	
08.0670	链映射	chain mapping	
08.0671	链同伦	chain homotopy	
08.0672	链群	chain group	
08.0673	单纯映射	simplicial mapping, barycentric mapping	
08.0674	单纯链映射	simplicial chain mapping	
08.0675	重心重分	barycentric subdivision	
08.0676	单纯重分	simplicial subdivision	
08.0677	单纯逼近	simplicial approximation	
08.0678	重分链映射	subdivision chain mapping	
08.0679	关联数	incidence number	
08.0680	自由面	free face	
08.0681	坍缩	collapsing	
08.0682	棱道群	edge group	
08.0683	奇异同调	singular homology	

序码	汉文名	英文名	注释
08.0684	标准单形	standard simplex	
08.0685	奇异单形	singular simplex	
08.0686	奇异链复形	singular chain complex	
08.0687	奇异同调群	singular homology group	
08.0688	约化同调群	reduced homology group	
08.0689	相对同调群	relative homology group	
08.0690	局部同调群	local homology group	
08.0691	纬垂	suspension	
08.0692	纬垂同构	suspension isomorphism	
08.0693	迈耶-菲托里斯序列	Mayer-Vietoris sequence	
08.0694	胞腔复形	cell complex	
08.0695	胞腔	cell	
08.0696	奇异胞腔	singular cell	又称"连续胞腔"。
08.0697	定向胞腔	oriented cell	
08.0698	胞腔剖分	cell decomposition	
08.0699	胞腔式映射	cellular mapping	
08.0700	弱拓扑	weak topology	指胞腔复形的弱拓扑。
08.0701	CW 复形	CW complex	
08.0702	CW 剖分	CW decomposition	
08.0703	闭包有限	closure finite	
08.0704	胞腔逼近	cellular approximation	
08.0705	CW 复形的同调	homology of CW complex	
08.0706	切除公理	excision axiom	
08.0707	切除同构	excision isomorphism	
08.0708	胞腔同调群	cellular homology group	
08.0709	半单纯复形	semi-simplicial complex	
08.0710	面算子	face operator	
08.0711	有序单形	ordered simplex	
08.0712	有序链复形	ordered chain complex	
08.0713	几何实现	geometric realization	
08.0714	半单纯映射	semi-simplicial mapping	
08.0715	切赫同调	Čech homology	
08.0716	谱同调	spectral homology	
08.0717	同调流形	homology manifold	
08.0718	积定向	product orientation	

序码	汉文名	英文名	注释
08.0719	诱导定向	induced orientation	
08.0720	顺向基	basis coherent with the orientation	
08.0721	上同调	cohomology	
08.0722	上链复形	cochain complex	
08.0723	上链	cochain	
08.0724	上边缘算子	coboundary operator	
08.0725	上边缘	coboundary	
08.0726	上闭链	cocycle	
08.0727	上同调类	cohomology class	
08.0728	上同调群	cohomology group	
08.0729	上链映射	cochain mapping	
08.0730	相对上同调群	relative cohomology group	
08.0731	奇异上同调群	singular cohomology group	
08.0732	胞腔上同调群	cell cohomology group	
08.0733	同调正合序列	homological exact sequence	
08.0734	上同调运算	cohomology operation	
08.0735	上同调谱序列	cohomology spectral sequence	
08.0736	交换上链	commutative cochain	
08.0737	积复形	product complex	
08.0738	上积	cup product	
08.0739	上同调环	cohomology ring	
08.0740	庞特里亚金积	Pontryagin product	
08.0741	拧数	wringing number	
08.0742	卷绕数	winding number	
08.0743	不动点	fixed point	
08.0744	不动点指数	fixed point index	
08.0745	莱夫谢茨数	Lefschetz number	
08.0746	重合点	coincident point	
08.0747	霍普夫映射	Hopf mapping	
08.0748	霍普夫不变量	Hopf invariant	
08.0749	斯廷罗德平方	Steenrod squares	
08.0750	斯廷罗德幂	Steenrod powers	
08.0751	卡积	cap product	
08.0752	斜积	slant product	
08.0753	基本同调类	fundamental homology class	
08.0754	环绕数	linking number	
08.0755	切赫上同调	Čech cohomology	

序码	汉文名	英文名	注释
08.0756	庞加莱－莱夫谢茨对偶	Poincaré-Lefschetz duality	
08.0757	庞加莱对偶	Poincaré duality	
08.0758	亚历山大对偶	Alexander duality	
08.0759	配边群	cobordism group	
08.0760	同调环	homology ring	
08.0761	映射的同伦	homotopy of mappings	
08.0762	同伦	homotopy	
08.0763	零伦[的]	null homotopy, homotopy constant	
08.0764	同伦类	homotopy class	
08.0765	同伦不变量	homotopy invariant	
08.0766	拓扑空间的伦型	homotopy type of topological spaces	
08.0767	同伦正合序列	homotopy exact sequence	
08.0768	同伦算子	homotopy operator	
08.0769	相对同伦	relative homotopy	
08.0770	同伦等价	homotopy equivalence	
08.0771	伦型不变量	homotopy type invariant	
08.0772	同伦逆	homotopy inverse	
08.0773	可缩[的]	contractible	
08.0774	同痕	isotopy	又称“合痕”。
08.0775	同痕不变量	isotopy invariant	又称“合痕不变量”。
08.0776	基本群	fundamental group	
08.0777	单连通[的]	simply connected	
08.0778	半局部单连通[的]	semi-locally simply connected	
08.0779	n 连通[的]	n-connected	
08.0780	多连通[的]	multiply connected	
08.0781	连通数	connectivity number	
08.0782	纽结	knot	
08.0783	纽结群	knot group	
08.0784	链环	link	
08.0785	基点	base point	
08.0786	带基点的空间	pointed space	
08.0787	楔积	wedge product	
08.0788	约化积	reduced product	

序 码	汉 文 名	英 文 名	注 释
08.0789	约化纬垂	reduced suspension	
08.0790	约化锥	reduced cone	
08.0791	映射空间	mapping space	
08.0792	道路空间	path space	
08.0793	闭路空间	loop space, closed path space	
08.0794	结合映射	association mapping	
08.0795	H 空间	H-space	
08.0796	H'空间	H'-space	
08.0797	同伦群	homotopy group	
08.0798	映射柱	mapping cylinder	
08.0799	映射锥	mapping cone	
08.0800	映射道路空间	mapping path-space	
08.0801	纤维映射	fibre mapping	
08.0802	上纤维映射	cofibre mapping	
08.0803	n 单空间	n-simple space	
08.0804	相对同伦群	relative homotopy group	
08.0805	诱导同态	induced homomorphism	
08.0806	上同伦群	cohomotopy group	
08.0807	胞腔空间	cellular space	
08.0808	胞腔同伦	cellular homotopy	
08.0809	CW 复形的同伦群	homotopy group of CW complexes	
08.0810	同伦扩张	homotopy extension	
08.0811	同伦提升	lifting homotopy	
08.0812	提升	lifting	
08.0813	同伦运算	homotopy operation	
08.0814	自然性	naturality	
08.0815	有理同伦	rational homotopy	
08.0816	覆叠空间	covering space	
08.0817	万有覆叠空间	universal covering space	
08.0818	正则覆叠空间	regular covering space	
08.0819	覆叠变换	cover transformation	
08.0820	诱导覆叠空间	induced covering space	
08.0821	覆叠映射	covering map	
08.0822	覆叠同伦	covering homotopy	
08.0823	阻碍	obstruction	
08.0824	阻碍类	obstruction class	

序码	汉文名	英文名	注释
08.0825	阻碍闭上链	obstruction cocycle	
08.0826	差异上链	difference cochain	
08.0827	形变上链	deformation cochain	
08.0828	同伦阻碍	obstruction to a homotopy	
08.0829	扩张阻碍	obstruction to an extension	
08.0830	同伦球面	homotopy sphere	
08.0831	纤维空间	fiber space	
08.0832	全空间	total space	
08.0833	底空间	base space	
08.0834	纤维	fiber	
08.0835	纤维丛	fiber bundle	
08.0836	结构群	structure group	
08.0837	丛映射	bundle map	
08.0838	丛的截面	cross section of a bundle	
08.0839	延拓	prolongation	
08.0840	球面丛	sphere bundle	
08.0841	线丛	line bundle	
08.0842	可定向丛	orientable bundle	
08.0843	积丛	product bundle	
08.0844	主丛	principal bundle	
08.0845	子丛	subbundle	
08.0846	对偶丛	dual bundle	
08.0847	商丛	quotient bundle	
08.0848	向量丛	vector bundle	又称“矢丛”。
08.0849	万有丛	universal bundle	
08.0850	配丛	associated bundle	又称“副丛”。
08.0851	微丛	microbundle	
08.0852	诱导丛	induced bundle	
08.0853	霍普夫丛	Hopf bundle	
08.0854	丛的同调	homology of bundles	
08.0855	丛的上同调	cohomology of bundle	
08.0856	分类空间	classifying space	
08.0857	示性映射	characteristic map	
08.0858	示性类	characteristic class	
08.0859	示性数	characteristic number	
08.0860	斯蒂弗尔－惠特尼类	Stiefel-Whitney class	

序 码	汉 文 名	英 文 名	注 释
08.0861	斯蒂弗尔－惠特尼数	Stiefel-Whitney number	
08.0862	陈[省身]类	Chern class	
08.0863	陈[省身]数	Chern number	
08.0864	庞特里亚金类	Pontryagin class	
08.0865	庞特里亚金数	Pontryagin number	
08.0866	示嵌类	imbedding class	
08.0867	平凡化	trivialization	
08.0868	纤维化	fibering, fibration	
08.0869	上纤维化	cofibering, cofibration	
08.0870	分裂原理	splitting principle	
08.0871	丛的分裂映射	splitting map of a bundle	
08.0872	稳定等价	stable equivalence	
08.0873	乘性序列	multiplicative sequence	
08.0874	整性定理	integrality theorem	
08.0875	纤维空间的谱序列	spectral sequence of a fiber space	
08.0876	超渡	transgression	
08.0877	陈特征[标]	Chern character	全称“陈省身特征标”。

08.7 微分流形

08.0878	微分流形	differential manifold, differentiable manifold	
08.0879	图册	atlas	
08.0880	[坐标]卡	chart	
08.0881	底拓扑空间	underlying topological space	
08.0882	微分结构	differential structure	
08.0883	坐标邻域	coordinate neighborhood	
08.0884	切丛	tangent bundle	
08.0885	标架丛	frame bundle	
08.0886	微分映射	differential mapping, differentiable mapping	
08.0887	微分同胚	diffeomorphism	
08.0888	微分拓扑	differential topology	
08.0889	光滑流形	smooth manifold	
08.0890	闭流形	closed manifold	

序　码	汉 文 名	英 文 名	注　　释
08.0891	殆复流形	almost complex manifold	
08.0892	复结构	complex structure	
08.0893	殆复结构	almost complex structure	
08.0894	解析流形	analytic manifold	
08.0895	旗流形	flag manifold	
08.0896	映射的微分	differential of a map	
08.0897	水平子集	sublevel set	
08.0898	正则映射	regular mapping	
08.0899	正则点	regular point	
08.0900	正则值	regular value	
08.0901	临界点	critical point	
08.0902	临界值	critical value	
08.0903	浸入	immersion	
08.0904	正则子流形	regular submanifold	
08.0905	闭子流形	closed submanifold	
08.0906	法丛	normal bundle	
08.0907	管状邻域	tubular neighborhood	
08.0908	横截	transversal	
08.0909	横截性	transversality	
08.0910	浸没	submersion	
08.0911	单参数变换群	one parameter group of transformations	
08.0912	微分[形]式	differential form	又称"外微分[形]式(exterior differential form)"。
08.0913	n 次微分[形]式	n-form	简称"n 形式"。
08.0914	闭微分[形]式	closed differential form	
08.0915	微分分次代数	differential graded algebra	
08.0916	分层	stratification	指空间的分层。
08.0917	微分理想	differential ideal	
08.0918	外积	exterior product	
08.0919	向量积	cross product	又称"叉积"。
08.0920	恰当微分[形]式	exact differential form	
08.0921	内乘	interior product	
08.0922	李括号	Lie bracket	
08.0923	德拉姆上同调群	de Rham cohomology group	
08.0924	单位分解	partition of unity	

序码	汉文名	英文名	注释
08.0925	节	jet	
08.0926	切触结构	contact structure	
08.0927	叶状结构	foliation	
08.0928	伪群结构	pseudo-group structure	
08.0929	怪球面	exotic sphere	
08.0930	正则同伦[的]	regularly homotopic	
08.0931	线性纤维映射	linear fiber map	
08.0932	线性同伦	linear homotopy	
08.0933	托姆复形	Thom complex	
08.0934	托姆-吉赞同构	Thom-Gysin isomorphism	
08.0935	稳定同伦群	stable homotopy group	
08.0936	割补术	surgery	
08.0937	割补阻碍	surgery obstruction	
08.0938	维数型	dimension type	

08.8 微分几何学

序码	汉文名	英文名	注释
08.0939	微分几何[学]	differential geometry	
08.0940	黎曼几何[学]	Riemannian geometry	
08.0941	射影微分几何[学]	projective differential geometry	
08.0942	仿射微分几何[学]	affine differential geometry	
08.0943	内蕴几何[学]	intrinsic geometry	
08.0944	积分几何[学]	integral geometry	
08.0945	定阔曲线	curve of constant breadth	
08.0946	定幅曲面	equidistant surface	
08.0947	超曲面	hypersurface	
08.0948	可求长曲线	rectifiable curve	
08.0949	活动三面形	moving trihedral	
08.0950	活动标架	moving frame	
08.0951	曲率	curvature	
08.0952	挠率	torsion	
08.0953	密切圆	osculating circle	
08.0954	曲率圆	circle of curvature	
08.0955	曲率中心	center of curvature	
08.0956	曲率半径	radius of curvature	
08.0957	渐屈线	evolute	

序 码	汉 文 名	英 文 名	注 释
08.0958	渐伸线	involute	
08.0959	主法线	principal normal	
08.0960	副法线	binormal	
08.0961	法平面	normal plane	
08.0962	从切[平]面	rectifying plane	
08.0963	密切[平]面	osculating plane	
08.0964	切线曲面	tangent surface	
08.0965	脊线	line of regression	
08.0966	定倾曲线	curve of constant inclination	
08.0967	螺[旋]线	helix	
08.0968	全曲率	total curvature	
08.0969	高斯曲率	Gaussian curvature	
08.0970	空间坐标	space coordinates	
08.0971	第一基本型	first fundamental form	又称"第一基本形式"。
08.0972	第二基本型	second fundamental form	又称"第二基本形式"。
08.0973	黎曼度量	Riemann metric	
08.0974	基本张量	fundamental tensor	
08.0975	度量密度	metric density	
08.0976	高斯映射	Gauss mapping	
08.0977	球面表示	spherical representation	
08.0978	迪潘标形	Dupin indicatrix	
08.0979	椭圆点	elliptic point	
08.0980	双曲点	hyperbolic point	
08.0981	脐点	umbilical point	
08.0982	平点	planar point	
08.0983	抛物点	parabolic point	
08.0984	渐近方向	asymptotic direction	
08.0985	渐近曲线	asymptotic curve	
08.0986	曲率线	line of curvature	
08.0987	主曲率	principal curvature	
08.0988	法曲率	normal curvature	
08.0989	主方向	principal direction	
08.0990	中曲率	mean curvature	又称"平均曲率"。
08.0991	测地曲率	geodesic curvature	
08.0992	截[面]曲率	sectional curvature	

序码	汉文名	英文名	注释
08.0993	里奇曲率	Ricci curvature	
08.0994	数量曲率	scalar curvature	
08.0995	测地线	geodesic	
08.0996	闭测地线	closed geodesic	
08.0997	测地坐标	geodesic coordinates	
08.0998	法坐标	normal coordinates	
08.0999	等温坐标	isothermal coordinates	
08.1000	正交坐标	orthogonal coordinates	
08.1001	直纹[曲]面	ruled surface	
08.1002	柱面	cylindrical surface	
08.1003	锥面	conical surface	
08.1004	可展曲面	developable surface	
08.1005	直线族	family of straight lines	
08.1006	正劈锥曲面	right conoid	
08.1007	螺[旋]面	helicoidal surface	
08.1008	正螺[旋]面	right helicoid	
08.1009	卵形面	ovaloid	
08.1010	外法线	exterior normal	
08.1011	内法线	inward normal	
08.1012	极小曲面	minimal surface	
08.1013	悬链面	catenoid	
08.1014	联络	connection	
08.1015	列维-奇维塔联络	Levi-Civita connection	
08.1016	仿射联络	affine connection	
08.1017	张量分析	tensor calculus	
08.1018	绝对微分学	absolute differential calculus	
08.1019	绝妙定理	theorema egregium, remarkable theorem	欧氏空间中曲面的两个主曲率的乘积由第一基本型决定，而与第二基本型无关。此定理是微分几何学中的里程碑，由高斯证明并命名。
08.1020	斜驶线	loxodrome	
08.1021	平行移动	parallel translation	
08.1022	共变	covariant	

序码	汉文名	英文名	注释
08.1023	反变	contravariant	
08.1024	克氏符号	Christoffel symbol	全称“克里斯托费尔符号”。
08.1025	曲率张量	curvature tensor	
08.1026	挠率张量	torsion tensor	
08.1027	无挠的	torsionfree	
08.1028	比安基恒等式	Bianchi identities	
08.1029	切空间	tangent space	
08.1030	余切空间	cotangent space	
08.1031	切向量	tangent vector	
08.1032	余切向量	cotangent vector	
08.1033	标架	frame	
08.1034	余标架	coframe	
08.1035	对偶向量	dual vector	
08.1036	体积元	volume element	
08.1037	空间型	space form	
08.1038	常曲率空间	space of constant curvature	
08.1039	椭球复形	elliptical complex	
08.1040	椭球算子的指标	index of an elliptic operator	
08.1041	水平子空间	horizontal subspace	又称“横子空间”。
08.1042	*G* 结构	*G*-structure	
08.1043	和乐群	holonomy group	
08.1044	共形的	conformal	
08.1045	刚性	rigidity	
08.1046	星形区域	star-shaped domain	
08.1047	全测地子流形	totally geodesic submanifold	
08.1048	测地流	geodesic flow	
08.1049	极小子流形	minimal submanifold	
08.1050	再见曲面	wiedersehen surface	
08.1051	焦散曲面	caustic surface	
08.1052	焦集	focal set	
08.1053	切触	contact	
08.1054	切触点	point of contact	
08.1055	切触变换	contact transformation	
08.1056	形状算子	shape operator	
08.1057	等周不等式	isoperimetric inequality	
08.1058	等参超曲面	isoparametric hypersurface	

序　码	汉　文　名	英　文　名	注　　释
08.1059	胎紧[的]	tight	
08.1060	套紧[的]	taut	
08.1061	空隙现象	gap phenomenon	
08.1062	杨－米尔斯联络	Yang-Mills connection	
08.1063	联络系数	coefficients of connection	
08.1064	规范群	gauge group	
08.1065	自对偶联络	self-dual connection	
08.1066	拟设	ansatz	
08.1067	平坦空间	flat space	
08.1068	殆平坦流形	almost flat manifold	
08.1069	仿射法线	affine normal	
08.1070	仿射曲率	affine curvature	
08.1071	共变导数	covariant derivative	
08.1072	共变微分	covariant differential	
08.1073	斜导算子	skew-derivation	
08.1074	正规测地线	normal geodesic	
08.1075	测地线环路	geodesic loop	
08.1076	最短测地线	minimal geodesic	
08.1077	径向测地线	radical geodesic	
08.1078	单参数测地线族	1-parameter family of geodesics	
08.1079	族参数	family parameter	
08.1080	雅可比场	Jacobian field	
08.1081	正常变分	proper variation	
08.1082	共轭点	conjugate point	
08.1083	共轭轨迹	conjugate locus	
08.1084	割点	cut point	指测地射线上的割点。
08.1085	割迹	cut locus	
08.1086	切割点	tangent cut point	
08.1087	切割迹	tangent cut locus	
08.1088	比较定理	comparison theorem	
08.1089	大范围变分法	calculus of variation in the large	
08.1090	调和映射	harmonic map	
08.1091	球面定理	sphere theorem	
08.1092	单射半径	injective radius	
08.1093	凸半径	convexity radius	

序码	汉文名	英文名	注释

08.9 复几何

序码	汉文名	英文名	注释
08.1094	芽	germ	
08.1095	优层	fine sheaf	
08.1096	软层	soft sheaf	
08.1097	摩天大厦层	skyscraper sheaf	
08.1098	预解	resolution	
08.1099	全纯曲率	holomorphic curvature	
08.1100	全纯双截曲率	holomorphic bisectional curvature	
08.1101	复化	complexification	
08.1102	下调和[的]	subharmonic	
08.1103	酉正标架	unitary frame	
08.1104	消灭定理	vanishing theorem	
08.1105	单值[性]	monodromy	
08.1106	单值群	monodromy group	
08.1107	单值[性]定理	monodromy theorem	

09. 概率论·数理统计

序码	汉文名	英文名	注释

09.1 概率空间

序码	汉文名	英文名	注释
09.0001	概率论	probability theory	
09.0002	随机[的]	random, stochastic	
09.0003	随机现象	random phenomenon	
09.0004	随机试验	random trial, random experiment	
09.0005	独立试验	independent trials	
09.0006	伯努利试验	Bernoulli trials	
09.0007	基本事件	elementary event	
09.0008	样本点	sample point	
09.0009	基本事件空间	space of elementary events	
09.0010	样本空间	sample space	
09.0011	事件	event	
09.0012	必然事件	certain event	
09.0013	不可能事件	impossible event	
09.0014	事件的蕴含	implication of events	
09.0015	事件的并	union of events	
09.0016	事件的交	intersection of events	
09.0017	不相容事件	mutually exclusive events, disjoint events	
09.0018	对立事件	complementary events	
09.0019	事件的补	complement of an event	
09.0020	事件的差	difference of events	
09.0021	事件的对称差	symmetric difference of events	
09.0022	事件指示函数	indicator function of an event	
09.0023	事件域	field of events	又称"事件代数(algebra of events)"。
09.0024	事件 σ 域	σ-field of events, sigma-field of events	又称"事件 σ 代数(σ-algebra of events)"。
09.0025	[集]半环	semi-ring of sets	
09.0026	单调类	monotone class	
09.0027	λ 系	λ-system, lambda-system	
09.0028	π 系	π-system, pi-system	

序码	汉文名	英文名	注释
09.0029	概率	probability	
09.0030	古典概率	classical probability	
09.0031	组合概率	combinatorial probability	
09.0032	几何概率	geometric probability	
09.0033	概率测度	probability measure	
09.0034	概率空间	probability space	
09.0035	完全概率空间	complete probability space	
09.0036	普遍可测[的]	universally measurable	
09.0037	可略[的]	negligible	
09.0038	零[概率]事件	null event	
09.0039	原子[事件]	atom [event]	
09.0040	独立[的]	independent	
09.0041	两两独立[的]	pairwise independent	
09.0042	相依[的]	dependent	
09.0043	可交换[的]	exchangeable	
09.0044	条件概率	conditional probability	
09.0045	全概率公式	total probability formula	
09.0046	贝叶斯公式	Bayes formula	
09.0047	先验概率	prior probability	
09.0048	后验概率	posterior probability	
09.0049	几乎必然	almost sure, almost certain	
09.0050	量子概率	quantum probability	

09.2 随机变量

序码	汉文名	英文名	注释
09.0051	随机变量	random variable	
09.0052	复随机变量	complex random variable	
09.0053	随机向量	random vector	
09.0054	随机元	random element	
09.0055	随机集	random set	
09.0056	概率分布	probability distribution	
09.0057	离散分布	discrete distribution	
09.0058	格点分布	lattice distribution	
09.0059	离散随机变量	discrete random variable	
09.0060	连续分布	continuous distribution	
09.0061	连续随机变量	continuous random variable	
09.0062	分布函数	distribution function	
09.0063	概率函数	probability function	

序码	汉文名	英文名	注释
09.0064	密度函数	[probability] density function	
09.0065	集中函数	concentration function	
09.0066	散布函数	scattering function	
09.0067	联合分布	joint distribution	
09.0068	边缘分布	marginal distribution	
09.0069	截尾分布	truncated distribution	
09.0070	单峰分布	unimodal distribution	
09.0071	多峰分布	multimodal distribution	
09.0072	对称分布	symmetric distribution	
09.0073	退化分布	degenerate distribution	
09.0074	单点分布	one-point distribution	
09.0075	两点分布	two-point distribution	
09.0076	二项分布	binomial distribution	
09.0077	泊松分布	Poisson distribution	
09.0078	几何分布	geometric distribution	
09.0079	超几何分布	hypergeometric distribution	
09.0080	负二项分布	negative binomial distribution	
09.0081	负超几何分布	negative hypergeometric distribution	
09.0082	ζ 分布	ζ-distribution, zeta-distribution	
09.0083	均匀分布	uniform distribution	密度在一特定区域上为常数，而它处为零的概率分布。
09.0084	正态分布	normal distribution	
09.0085	标准正态分布	standard normal distribution	
09.0086	对数正态分布	logarithmic normal distribution	
09.0087	χ^2分布	chi-square distribution	
09.0088	t 分布	t-distribution, student distribution	
09.0089	F 分布	F-distribution, Fisher distribution	
09.0090	非中心 χ^2 分布	non-central chi-square distribution	
09.0091	非中心 t 分布	non-central t-distribution	
09.0092	非中心 F 分布	non-central F-distribution	
09.0093	柯西分布	Cauchy distribution	
09.0094	指数分布	exponential distribution	
09.0095	Γ 分布	Γ-distribution, gamma-distribution	

序　码	汉　文　名	英　文　名	注　　释
09.0096	β分布	β-distribution, beta-distribution	
09.0097	韦布尔分布	Weibull distribution	
09.0098	拉普拉斯分布	Laplace distribution	
09.0099	逻辑斯谛分布	logistic distribution	
09.0100	极值分布	extreme-value distribution	
09.0101	反正弦分布	arcsine distribution	
09.0102	多项分布	multinomial distribution	
09.0103	多元超几何分布	multivariate hypergeometric distribution	
09.0104	负多项分布	negative multinomial distribution	
09.0105	多元正态分布	multivariate normal distribution	
09.0106	威沙特分布	Wishart distribution	
09.0107	非中心威沙特分布	non-central Wishart distribution	
09.0108	狄利克雷分布	Dirichlet distribution	
09.0109	无穷可分分布	infinitely divisible distribution	
09.0110	稳定分布	stable distribution	
09.0111	球对称分布	spherically symmetric distribution	
09.0112	椭球等高分布	elliptically contoured distribution	
09.0113	皮尔逊型分布	Pearson type distribution	
09.0114	[数学]期望	[mathematical] expectation	
09.0115	均值	mean	
09.0116	均值向量	mean vector	
09.0117	方差	variance	
09.0118	标准差	standard deviation	
09.0119	离差	dispersion	
09.0120	变异系数	coefficient of variation	
09.0121	协方差	covariance	
09.0122	相关系数	correlation coefficient	
09.0123	不相关[的]	uncorrelated	
09.0124	协方差阵	covariance matrix	
09.0125	相关阵	correlation matrix	
09.0126	矩	moment	
09.0127	原点矩	origin moment	
09.0128	中心矩	central moment	
09.0129	绝对矩	absolute moment	
09.0130	阶乘矩	factorial moment	

序码	汉文名	英文名	注释
09.0131	混合矩	mixed moment	
09.0132	中位数	median	
09.0133	分位数	quantile	
09.0134	众数	mode	
09.0135	偏度	skewness	
09.0136	峰度	kurtosis	
09.0137	尖峰[的]	leptokurtic	
09.0138	扁峰[的]	platykurtic	
09.0139	特征函数	characteristic function	分布函数的傅里叶－斯蒂尔切斯变换。
09.0140	半不变量	semi-invariant, cumulant	特征函数对数的幂级数展开式中的系数。
09.0141	概率母函数	probability generating function	
09.0142	矩母函数	moment generating function	
09.0143	阶乘矩母函数	factorial moment generating function	
09.0144	条件期望	conditional expectation	
09.0145	条件均值	conditional mean	
09.0146	条件分布	conditional distribution	
09.0147	混合条件分布	mixed conditional distribution	
09.0148	正则条件概率	regular conditional probability	

09.3 极限理论

09.0149	依概率收敛	convergence in probability	
09.0150	几乎必然收敛	almost sure convergence	
09.0151	以概率 1 收敛	convergence with probability 1	
09.0152	几乎一致收敛	almost uniform convergence	
09.0153	均方收敛	convergence in mean square	
09.0154	r 阶平均收敛	convergence in mean of order r	
09.0155	零一律	zero-one law	
09.0156	尾 σ 域	tail σ-field	
09.0157	尾事件	tail event	
09.0158	大数律	law of large numbers	
09.0159	强大数律	strong law of large numbers	
09.0160	重对数律	law of iterated logarithm	
09.0161	三级数定理	three series theorem	
09.0162	概率距离	probability metrics	

序码	汉文名	英文名	注释
09.0163	耦合	coupling	
09.0164	淡收敛	vague convergence	
09.0165	全收敛	complete convergence	
09.0166	依分布收敛	convergence in distribution	
09.0167	极限定理	limit theorem	
09.0168	中心极限定理	central limit theorem	
09.0169	局部极限定理	local limit theorem	
09.0170	无穷小条件	infinitesimality condition	
09.0171	一致渐近可略条件	uniformly asymptotically negligible condition, UAN condition	
09.0172	独立同分布[的]	independent identically distributed, IID	
09.0173	吸引[的]	attractive	
09.0174	吸引区域	domain of attraction, basin of attraction	
09.0175	斯科罗霍德拓扑	Skorohod topology	
09.0176	不变原理	invariance principle	
09.0177	强不变原理	strong invariance principle	
09.0178	大偏差	large deviation	
09.0179	随机逼近	stochastic approximation	
09.0180	强逼近	strong approximation	

09.4 随机过程

序码	汉文名	英文名	注释
09.0181	随机过程	stochastic process	
09.0182	随机序列	stochastic sequence	
09.0183	随机函数	random function	
09.0184	随机场	random field	
09.0185	多指标过程	multi-indexed process	
09.0186	多参数过程	multi-parametric process	
09.0187	集指标过程	set-indexed process	
09.0188	广义过程	generalized process, random distribution	
09.0189	柱集	cylinder set	
09.0190	柱测度	cylindrical measure	
09.0191	科尔莫戈罗夫相容性定理	Kolmogorov consistent theorem	

序码	汉文名	英文名	注释
09.0192	相容分布函数族	consistent family of distribution functions	
09.0193	过程的实现	realization of process	
09.0194	典型过程	canonical process	
09.0195	过程的修正	modification of process	
09.0196	过程的等价形	version of process	
09.0197	无区别过程	indistinguishable processes	
09.0198	二阶过程	second-order process	
09.0199	均值函数	mean function	
09.0200	协方差函数	covariance function	
09.0201	随机连续	stochastic continuity	
09.0202	均方连续	continuity in mean square	
09.0203	样本函数	sample function	
09.0204	[样本]轨道	path, trajectory	
09.0205	样本连续	sample continuity	
09.0206	右连左极	cadlag(法), right continuous with left limits	函数或随机过程的轨道为右连续且左极限存在。
09.0207	可分过程	separable process	
09.0208	可测过程	measurable process	
09.0209	σ 域流	filtration	随指标增加而增大的子 σ 域族。
09.0210	自然 σ 域流	natural filtration	
09.0211	通常条件	usual conditions	σ 域流满足完备性及右连续性两个条件。
09.0212	停时	stopping time	
09.0213	τ 前 σ 域	σ-field prior to τ, sigma-field prior to τ	
09.0214	严格 τ 前 σ 域	σ-field strictly prior to τ, sigma-field strictly prior to τ	
09.0215	最优停止问题	optimal stopping problem	
09.0216	马尔可夫时	Markov time	
09.0217	可料时	predictable time	
09.0218	全不可及时	totally inaccessible time	曾用名“绝不可及时”。
09.0219	适应[的]	adapted	
09.0220	循序[的]	progressive	

序码	汉文名	英文名	注释
09.0221	可选[的]	optional	
09.0222	可料[的]	predictable	
09.0223	拟左连续[的]	quasi-left continuous	
09.0224	不足道[的]	evanescent	
09.0225	不足道集	evanescent set	
09.0226	本质上确界	essential supremum, ess.sup	
09.0227	初遇	debut	
09.0228	截口定理	section theorem	
09.0229	鞅	martingale	一类特殊的随机过程，起源于对公平赌博过程的数学描述。
09.0230	上鞅	supermartingale	
09.0231	下鞅	submartingale	
09.0232	一致可积鞅	uniformly integrable martingale	
09.0233	右闭鞅	right closed martingale	
09.0234	平方可积鞅	square integrable martingale	
09.0235	逆鞅	reversed martingale	
09.0236	鞅差	martingale difference	
09.0237	局部鞅	local martingale	
09.0238	BMO 鞅	BMO martingale	
09.0239	Hp 鞅	Hp-martingale	
09.0240	拟鞅	quasi-martingale	
09.0241	类(D)过程	class (D) process	
09.0242	杜布－迈耶分解	Doob-Meyer decomposition	
09.0243	增过程	increasing process	
09.0244	有限变差过程	process of finite variation	
09.0245	半鞅	semi-martingale	
09.0246	特殊半鞅	special semi-martingale	
09.0247	平方变差过程	quadratic variation process	
09.0248	渐近鞅	asymptotic martingale	
09.0249	极限鞅	martingale in limit	
09.0250	极大不等式	maximal inequality	
09.0251	上穿不等式	upcrossing inequality	
09.0252	停止定理	stopping theorem	
09.0253	过程的投影	projection of process	
09.0254	对偶投影	dual projection	
09.0255	典型分解	canonical decomposition	

序码	汉文名	英文名	注释
09.0256	时变	time change	
09.0257	局部时	local time	
09.0258	田中公式	Tanaka formula	
09.0259	随机测度	stochastic measure	
09.0260	鞅测度	martingale measure	
09.0261	随机积分	stochastic integral, random integral	
09.0262	伊藤积分	Ito stochastic integral	
09.0263	斯特拉托诺维奇积分	Stratonovich stochastic integral	
09.0264	斯科罗霍德积分	Skorohod integral	
09.0265	伊藤公式	Ito formula	
09.0266	随机微分方程	stochastic differential equation, SDE	
09.0267	随机微分方程[的]强解	strong solution of SDE	
09.0268	随机微分方程[的]弱解	weak solution of SDE	
09.0269	指数公式	exponential formula	
09.0270	指数鞅	exponential martingale	
09.0271	随机分析	stochastic analysis, stochastic calculus	
09.0272	随机变分法	stochastic calculus of variations	
09.0273	马利亚万随机分析	Malliavin calculus	
09.0274	马利亚万协方差阵	Malliavin covariance matrix	
09.0275	奥恩斯坦－乌伦贝克算子	Ornstein-Uhlenbeck operator	
09.0276	奥恩斯坦－乌伦贝克算子半群	Ornstein-Uhlenbeck semi-group of operators	
09.0277	随机微分几何	stochastic differential geometry	
09.0278	随机力学	stochastic mechanics	
09.0279	随机流	stochastic flow	
09.0280	鞅问题	martingale problem	
09.0281	高斯测度	Gauss measure	
09.0282	概率测度奇异性	singularity of probability measures	

序码	汉文名	英文名	注释
09.0283	概率测度近邻性	contiguity of probability measures	
09.0284	马尔可夫过程	Markov process	
09.0285	马尔可夫链	Markov chain	
09.0286	对称马尔可夫过程	symmetric Markov process	
09.0287	可逆马尔可夫过程	reversible Markov process	
09.0288	狄利克雷型	Dirichlet form	
09.0289	无后效	without aftereffect	
09.0290	马尔可夫性	Markov property	
09.0291	强马尔可夫性	strong Markov property	
09.0292	次马尔可夫[的]	sub-Markovian	
09.0293	转移概率	transition probability	
09.0294	转移函数	transition function	
09.0295	转移密度函数	transition density function	
09.0296	转移阵	transition matrix	
09.0297	随机阵	stochastic matrix	
09.0298	初始分布	initial distribution	
09.0299	时齐[的]	temporally homogeneous	
09.0300	空齐[的]	spatially homogeneous	
09.0301	KC 方程	Kolmogorov-Chapman equation	全称“科尔莫戈罗夫－查普曼方程”。
09.0302	可达状态	accessible state	
09.0303	相通状态	communicating state	
09.0304	吸收状态	absorbing state	
09.0305	非常返状态	non-recurrent state, transient state	
09.0306	常返状态	recurrent state	
09.0307	零常返状态	null-recurrent state	
09.0308	正常返状态	positive recurrent state	
09.0309	周期状态	periodic state	
09.0310	稳定状态	stable state	
09.0311	瞬时状态	instantaneous state	
09.0312	耗散态	dissipative state	
09.0313	吉布斯态	Gibbs state	
09.0314	平衡态	equilibrium state	
09.0315	耗散部分	dissipative part	
09.0316	循环部分	cyclic part	

序码	汉文名	英文名	注释
09.0317	遍历链	ergodic chain	
09.0318	不可约链	irreducible chain	
09.0319	强不可约链	strong irreducible chain	
09.0320	常返链	recurrent chain	
09.0321	正规链	normal chain	
09.0322	最小链	minimal chain	
09.0323	Q 矩阵	Q-matrix	
09.0324	Q 过程	Q-process	
09.0325	向前方程	forward equation	
09.0326	向后方程	backward equation	
09.0327	马尔可夫半群	Markov semi-group	
09.0328	生存时	life time	
09.0329	首入时	first entrance time	
09.0330	首中时	[first] hitting time	
09.0331	首中分布	hitting distribution	
09.0332	末离时	last exit time	
09.0333	占位时	occupation time	
09.0334	消亡时	extinction time	
09.0335	爆炸时	explosion time	
09.0336	游弋	excursion	
09.0337	超均函数	superaveraging function	
09.0338	过分函数	excessive function	
09.0339	标准过程	standard process	
09.0340	中断过程	killed process	
09.0341	亨特过程	Hunt process	
09.0342	马丁边界	Martin boundary	
09.0343	马丁对偶边界	Martin dual-boundary	
09.0344	正则边界	regular boundary	
09.0345	流入边界	entrance boundary	
09.0346	流出边界	exit boundary	
09.0347	吸收壁	absorbing barrier	
09.0348	反射壁	reflecting barrier	
09.0349	弹性壁	elastic barrier	
09.0350	概率位势理论	probabilistic potential theory	
09.0351	随机游动	random walk	
09.0352	布朗运动	Brownian motion	
09.0353	维纳过程	Wiener process	

序码	汉文名	英文名	注释
09.0354	维纳空间	Wiener space	
09.0355	维纳测度	Wiener measure	
09.0356	抽象维纳空间	abstract Wiener space	
09.0357	维纳泛函	Wiener functional	
09.0358	混沌分解	chaos decomposition	
09.0359	布朗桥	Brownian bridge	
09.0360	布朗片	Brownian sheet	
09.0361	高斯过程	Gauss process	
09.0362	奥恩斯坦-乌伦贝克过程	Ornstein-Uhlenbeck process	
09.0363	基弗过程	Kiefer process	
09.0364	经验过程	empirical process	
09.0365	分位数过程	quantile process	
09.0366	分支过程	branching process	
09.0367	马尔可夫更新过程	Markov renewal process	
09.0368	生灭过程	birth and death process	
09.0369	纯生过程	birth process	
09.0370	纯灭过程	death process	
09.0371	扩散过程	diffusion process	
09.0372	伊藤过程	Ito process	
09.0373	漂移	drift	
09.0374	扩散	diffusion	
09.0375	独立增量过程	process with independent increments, additive process	
09.0376	点过程	point process	
09.0377	计数过程	counting process	
09.0378	标值点过程	marked point process	
09.0379	自激点过程	self-exciting point process	
09.0380	互激点过程	mutually exciting point process	
09.0381	跳过程	jump process	
09.0382	泊松过程	Poisson process	
09.0383	泊松随机测度	Poisson stochastic measure	
09.0384	广义泊松过程	generalized Poisson process	
09.0385	复合泊松过程	compound Poisson process	
09.0386	重随机泊松过程	doubly stochastic Poisson process	
09.0387	滤过的泊松过程	filtered Poisson process	

序码	汉文名	英文名	注释
09.0388	无穷粒子系统	infinite particle system	
09.0389	自旋系统	spin system	
09.0390	伊辛模型	Ising model	
09.0391	选举模型	voter model	
09.0392	接触过程	contact process	
09.0393	排它过程	exclusion process	
09.0394	渗流	percolation	
09.0395	平稳过程	stationary process	
09.0396	弱平稳过程	weakly stationary process	
09.0397	强平稳过程	strongly stationary process, strictly stationary process	
09.0398	不变 σ 域	invariant σ-field	
09.0399	不变事件	invariant event	
09.0400	不变随机变量	invariant random variable	
09.0401	随机遍历[的]	random ergodic	
09.0402	均方遍历[的]	ergodic in mean, ergodic in square	
09.0403	遍历过程	ergodic process	
09.0404	混合条件	mixing condition	
09.0405	强混合条件	strongly mixing condition	
09.0406	一致强混合条件	uniformly strong mixing condition	
09.0407	k 重混合条件	k-fold mixing condition	
09.0408	相关函数	correlation function	
09.0409	自相关函数	autocorrelation function	
09.0410	互相关函数	cross correlation function	
09.0411	正交增量过程	process with orthogonal increments	
09.0412	正交随机测度	orthogonal random measure	
09.0413	平稳过程谱分解	spectral decomposition of stationary process	又称"平稳过程谱表示(spectral representation of stationary process)"。
09.0414	谱分布函数	spectral distribution function	
09.0415	谱密度函数	spectral density function	
09.0416	互谱	cross spectrum	
09.0417	共谱	co-spectrum	
09.0418	有理谱密度	rational spectral density	
09.0419	沃尔德分解	Wold decomposition	

序码	汉文名	英文名	注释
09.0420	新息	innovation	
09.0421	滤波	filtering	
09.0422	线性滤波	linear filtering	
09.0423	非线性滤波	non-linear filtering	
09.0424	维纳滤波	Wiener filtering	
09.0425	卡尔曼滤波	Kalman filtering	
09.0426	预报	prediction, forecasting	
09.0427	平滑	smoothing	

09.5 样本·统计量

09.0428	统计[学]	statistics	
09.0429	数理统计[学]	mathematical statistics	
09.0430	描述性统计[学]	descriptive statistics	
09.0431	随机过程统计[学]	statistics of random processes	
09.0432	统计分析	statistical analysis	
09.0433	统计推断	statistical inference	
09.0434	统计图	statistical chart	
09.0435	统计表	statistical table	
09.0436	统计分析纸	stochastic paper	
09.0437	概率[坐标]纸	probability paper	
09.0438	正态概率纸	normal probability paper	
09.0439	统计空间	statistical space	
09.0440	个体	individual	
09.0441	总体	population	
09.0442	无穷总体	infinite population	
09.0443	有限总体	finite population	
09.0444	超总体	superpopulation	
09.0445	非齐性总体	heterogeneous populations	
09.0446	同方差性	homoscedasticity	
09.0447	异方差性	heteroscedasticity	
09.0448	总体分布	population distribution	
09.0449	混合分布	mixing distribution	
09.0450	总体分布族	family of population distributions	
09.0451	完全分布族	complete family of distributions	
09.0452	有界完全分布族	boundedly complete family of distributions	

序　码	汉 文 名	英 文 名	注　　释
09.0453	不变分布族	invariant family of distributions	
09.0454	指数型分布族	exponential family of distributions	
09.0455	曲指数族	curved exponential family	
09.0456	统计函数	statistical function	
09.0457	位置参数	location parameter	
09.0458	尺度参数	scale parameter	
09.0459	形状参数	shape parameter	
09.0460	非中心参数	non-centrality parameter	
09.0461	冗余参数	nuisance parameter	
09.0462	参数空间	parameter space	
09.0463	参数模型	parameter model	
09.0464	半参数模型	semi-parameter model	
09.0465	定性观察	qualitative observation	
09.0466	定量观测	quantitative observation	
09.0467	离群值	outlier	
09.0468	组	class	定量特性的整个变化区间分成相连接而不重叠的若干小区间，每个小区间称为组。
09.0469	组限	class limits，class boundaries	
09.0470	组中值	mid-point of class	
09.0471	组距	class width	
09.0472	频数	absolute frequency	
09.0473	累积频数	cumulative absolute frequency	
09.0474	频率	relative frequency	
09.0475	累积频率	cumulative relative frequency	
09.0476	直方图	histogram	
09.0477	经验分布函数	empirical distribution function	
09.0478	样本	sample	
09.0479	样本值	sample value	
09.0480	随机样本	random sample	
09.0481	简单随机样本	simple random sample	
09.0482	删失样本	censored sample	
09.0483	截尾样本	truncated sample	
09.0484	不相关样本	uncorrelated samples	
09.0485	子样本	subsample	

序码	汉文名	英文名	注释
09.0486	半样本	semi-sample	
09.0487	样本量	sample size	又称"样本大小"。
09.0488	样本个数	number of samples	
09.0489	样本分布	sample distribution	
09.0490	统计量	statistic	
09.0491	充分统计量	sufficient statistic	
09.0492	最小充分统计量	minimal sufficient statistic	
09.0493	完全统计量	complete statistic	
09.0494	有界完全统计量	boundedly complete statistic	
09.0495	有界完全充分统计量	boundedly complete sufficient statistic	
09.0496	不变统计量	invariant statistic	
09.0497	最大不变统计量	maximal invariant statistic	
09.0498	从属统计量	ancillary statistic, distribution free statistic	
09.0499	样本均值	sample mean	
09.0500	样本方差	sample variance	
09.0501	样本标准差	sample standard deviation	
09.0502	样本变异系数	sample coefficient of variation	
09.0503	样本矩	sample moment	
09.0504	样本 k 阶矩	sample moment of order k	
09.0505	样本中心矩	sample central moment	
09.0506	样本协方差	sample covariance	
09.0507	样本相关系数	sample correlation coefficient	
09.0508	顺序统计量	order statistic	
09.0509	样本中位数	sample median	
09.0510	样本分位数	sample fractile, sample quantile	
09.0511	样本四分位数	sample quartile	
09.0512	样本十分位数	sample deciles	
09.0513	样本百分位数	sample percentile	
09.0514	极差	range	样本中最大值与最小值之差。
09.0515	中程数	mid range	

09.6 统计决策论

序码	汉文名	英文名	注释
09.0516	统计决策论	statistical decision theory	
09.0517	决策	decision	

序码	汉文名	英文名	注释
09.0518	决策空间	space of decisions	
09.0519	[统计]决策函数	statistical decision function	
09.0520	非随机化决策函数	non-randomized decision function	
09.0521	随机化决策函数	randomized decision function	
09.0522	损失函数	loss function	
09.0523	平方损失函数	quadratic loss function	
09.0524	风险函数	risk function	
09.0525	极小化极大决策函数	minimax decision function	
09.0526	不变决策函数	invariant decision function	
09.0527	容许决策函数	admissible decision function	
09.0528	完全类	complete class	
09.0529	最小完全类	minimal complete class	
09.0530	本质完全类	essentially complete class	
09.0531	贝叶斯统计	Bayes statistics	
09.0532	先验分布	prior distribution	
09.0533	最不利先验分布	least favorable prior distribution	
09.0534	无信息先验分布	non-informative prior distribution	
09.0535	共轭先验分布族	family of conjugate prior distributions	
09.0536	广义先验分布	generalized prior distribution	
09.0537	贝叶斯风险	Bayes risk	
09.0538	后验分布	posterior distribution	
09.0539	后验风险[函数]	posterior risk [function]	
09.0540	贝叶斯决策函数	Bayes decision function	
09.0541	广义贝叶斯决策函数	generalized Bayes decision function	
09.0542	经验贝叶斯方法	empirical Bayes method	
09.0543	序贯分析	sequential analysis	
09.0544	停止规则	stopping rule	
09.0545	最终决策函数	terminal decision function	
09.0546	截尾型决策函数	truncated decision function	
09.0547	贝叶斯序贯决策函数	Bayes sequential decision function	
09.0548	极小化极大序贯决策函数	minimax sequential decision function	

序码	汉文名	英文名	注释

09.7 参数估计

序码	汉文名	英文名	注释
09.0549	参数估计	parameter estimation	
09.0550	点估计	point estimation	
09.0551	估计[量]	estimate, estimator	
09.0552	无偏估计	unbiased estimate	
09.0553	可估[的]	estimable	
09.0554	一致最小方差无偏估计	uniformly minimum variance unbiased estimate, UMVUE	
09.0555	偏倚	bias	
09.0556	有偏估计	biased estimate	
09.0557	均方误差	mean square error, MSE	估计量与被估计量之差的平方的期望。
09.0558	不变估计	invariant estimate	
09.0559	同变估计	equivariant estimate	
09.0560	皮特曼估计	Pitman estimate	
09.0561	极小化极大估计	minimax estimate	
09.0562	渐近极小化极大估计	asymptotically minimax estimate	
09.0563	贝叶斯估计	Bayes estimate	
09.0564	广义贝叶斯估计	generalized Bayes estimate	
09.0565	形式贝叶斯估计	formal Bayes estimate	
09.0566	序贯估计	sequential estimation	
09.0567	容许估计	admissible estimate	
09.0568	矩法估计	moment estimate	
09.0569	似然	likelihood	
09.0570	似然函数	likelihood function	
09.0571	似然方程	likelihood equation	
09.0572	最大似然估计	maximum likelihood estimate, MLE	
09.0573	偏似然函数	partial likelihood function	
09.0574	边缘似然函数	marginal likelihood function	
09.0575	罚似然函数	penalized likelihood function	
09.0576	最大罚似然估计	maximum penalized likelihood estimate, MPLE	
09.0577	克拉默-拉奥下界	Cramer-Rao lower bound	

序码	汉文名	英文名	注释
09.0578	巴塔恰里亚下界	Bhattacharyya lower bound	
09.0579	费希尔信息函数	Fisher information function	
09.0580	库尔贝克－莱布勒信息函数	Kullback-Leibler information function	
09.0581	估计的效率	efficiency of an estimate	
09.0582	相对效率	relative efficiency	
09.0583	巴哈杜尔效率	Bahadur efficiency	
09.0584	皮特曼效率	Pitman efficiency	
09.0585	有效估计	efficient estimate	
09.0586	超有效估计	superefficient estimate	
09.0587	渐近有效估计	asymptotically efficient estimate	
09.0588	克拉默渐近效率	Cramer asymptotic efficiency	
09.0589	巴哈杜尔渐近效率	Bahadur asymptotic efficiency	
09.0590	一阶效率	first-order efficiency	
09.0591	二阶效率	second-order efficiency	
09.0592	相合估计	consistent estimate	
09.0593	强相合估计	strong consistent estimate	
09.0594	一致强相合估计	uniformly strong consistent estimate	
09.0595	相合渐近正态估计	consistent asymptotically normal estimate	
09.0596	最佳渐近正态估计	best asymptotically normal estimate	

09.8 假设检验

序码	汉文名	英文名	注释
09.0597	假设检验	hypothesis testing	
09.0598	统计假设	statistical hypothesis	
09.0599	原假设	null hypothesis	
09.0600	备择假设	alternative hypothesis	
09.0601	简单假设	simple hypothesis	
09.0602	复合假设	composite hypothesis	
09.0603	检验	test	
09.0604	随机化检验	randomized test	
09.0605	检验统计量	test statistic	
09.0606	检验函数	test function, critical function	
09.0607	显著性检验	significance test	

序码	汉文名	英文名	注释
09.0608	显著性水平	significance level	
09.0609	检验水平	size of a test	
09.0610	临界区域	critical region	
09.0611	拒绝区域	rejection region	
09.0612	接受区域	acceptance region	
09.0613	第一类错误	error of the first kind	
09.0614	第二类错误	error of the second kind	
09.0615	功效函数	power function	检验函数的期望。
09.0616	最大功效检验	most powerful test	
09.0617	一致最大功效检验	uniformly most powerful test, UMP test	
09.0618	无偏检验	unbiased test	
09.0619	一致最大功效无偏检验	uniformly most powerful unbiased test, UMPU test	
09.0620	相似检验	similar test	
09.0621	奈曼结构	Neyman structure	
09.0622	不变检验	invariant test	
09.0623	似然比	likelihood ratio	
09.0624	单调似然比	monotone likelihood ratio	
09.0625	似然比检验	likelihood ratio test	
09.0626	包络功效函数	envelope power function	
09.0627	最严紧检验	most stringent test	
09.0628	序贯检验	sequential test	
09.0629	序贯概率比检验	sequential probability ratio test, SPRT	
09.0630	容许检验	admissible test	
09.0631	相合检验	consistent test	
09.0632	单侧检验	one-sided test	
09.0633	双侧检验	two-sided test	
09.0634	*u* 检验	*u*-test	
09.0635	*t* 检验	*t*-test	
09.0636	*F* 检验	*F*-test	
09.0637	差异显著性检验	test of the significance of difference	
09.0638	齐性检验	homogeneity test	
09.0639	方差齐性检验	homogeneity test for variance	

序码	汉文名	英文名	注释

09.9 区间估计

序码	汉文名	英文名	注释
09.0640	区间估计	interval estimation	
09.0641	区域估计	region estimation	
09.0642	置信推断	confidence inference	
09.0643	置信概率	confidence probability	
09.0644	置信系数	confidence coefficient	
09.0645	置信水平	confidence level	
09.0646	置信限	confidence limit	
09.0647	置信下限	confidence lower limit	
09.0648	置信上限	confidence upper limit	
09.0649	置信区间	confidence interval	
09.0650	一致最精确置信区间	uniformly most accurate confidence interval	
09.0651	无偏置信区间	unbiased confidence interval	
09.0652	一致最精确无偏置信区间	uniformly most accurate unbiased confidence interval	
09.0653	贝叶斯区间估计	Bayes interval estimate	
09.0654	置信区域	confidence region	
09.0655	无偏置信区域	unbiased confidence region	
09.0656	联合置信区域	simultaneous confidence regions	
09.0657	置信集	confidence set	
09.0658	统计覆盖区间	statistical coverage interval	又称“容忍区间(tolerance interval)”。
09.0659	信念推断	fiducial inference	
09.0660	信念概率	fiducial probability	
09.0661	信念分布	fiducial distribution	
09.0662	信念限	fiducial limit	
09.0663	信念区间	fiducial interval	

09.10 线性模型

序码	汉文名	英文名	注释
09.0664	线性模型	linear model	
09.0665	广义线性模型	generalized linear model	
09.0666	非线性模型	non-linear model	
09.0667	固定效应模型	fixed effect model	
09.0668	随机效应模型	random effect model	
09.0669	混合线性模型	mixed linear model	

序码	汉文名	英文名	注释
09.0670	方差分量	variance component	
09.0671	方差分量模型	variance component model	
09.0672	含误差变量模型	errors-in-variables model	
09.0673	可变参数模型	variable parameters model	
09.0674	多元线性模型	multivariate linear model	
09.0675	生长曲线模型	growth curves model	
09.0676	设计矩阵	design matrix	
09.0677	线性估计	linear estimate	
09.0678	最佳线性无偏估计	best linear unbiased estimate, BLUE	
09.0679	最佳线性不变估计	best linear invariant estimate, BLIE	
09.0680	最小二乘估计	least squares estimate, LSE	
09.0681	残差平方和	residual sum of squares	
09.0682	残差图	residual plot	
09.0683	最小范数二次无偏估计	minimum norm quadratic unbiased estimate	
09.0684	正半定二次估计	non-negative definite quadratic estimate	
09.0685	两步估计	two-stage estimate	
09.0686	回归分析	regression analysis	
09.0687	回归函数	regression function	
09.0688	线性回归	linear regression	
09.0689	回归系数	regression coefficient	
09.0690	非线性回归	non-linear regression	
09.0691	曲线回归	curvilinear regression	
09.0692	多项式回归	polynomial regression	
09.0693	正交多项式回归	orthogonal polynomial regression	
09.0694	逻辑斯谛回归	logistical regression	
09.0695	稳健回归	robustness regression	又称"鲁棒回归"。
09.0696	非参数回归	non-parametric regression	
09.0697	样条回归	spline regression	
09.0698	岭估计	ridge estimate	
09.0699	岭参数	ridge parameter	
09.0700	岭迹	ridge trace	
09.0701	主成分估计	principal component estimate	
09.0702	压缩[型]估计	shrinkage estimate	

序码	汉文名	英文名	注释
09.0703	C_p 统计量	C_p-statistic	
09.0704	逐步回归	step-wise regression	
09.0705	偏回归系数	partial regression coefficient	
09.0706	多重共线性	multicollinearity	
09.0707	线性假设的检验	test of a linear hypothesis	
09.0708	线性假设的典范型	canonical form of a linear hypothesis	
09.0709	回归诊断	regression diagnostics	
09.0710	事件概率的回归估计	regression estimation of event probability	
09.0711	删失回归	censored regression	
09.0712	截尾回归	truncated regression	
09.0713	对数单位模型	logit model	
09.0714	概率单位模型	probit model	
09.0715	方差分析	analysis of variance	
09.0716	因子	factor	又称"因素"。影响观测结果的选定因素。
09.0717	水平	level	
09.0718	效应	effect	
09.0719	交互效应	interaction	
09.0720	一种方式分组	one way classification	
09.0721	两种方式分组	two way classification	
09.0722	组间平方和	sum of squares between classes	
09.0723	组内平方和	sum of squares within classes	
09.0724	总平方和	total sum of squares	
09.0725	方差分析表	analysis of variance table	
09.0726	多元方差分析	multivariate analysis of variance	
09.0727	组间平方和阵	matrix of sum squares between classes	
09.0728	组内平方和阵	matrix of sum squares within classes	

09.11 多元统计分析

09.0729	多元[统计]分析	multivariate [statistical] analysis	
09.0730	多元总体	multivariate population	
09.0731	多元样本	multivariate sample	

序码	汉文名	英文名	注释
09.0732	样本协方差阵	sample covariance matrix	
09.0733	样本相关阵	sample correlation matrix	
09.0734	样本广义方差	sample generalized variance	
09.0735	霍特林 T^2 统计量	Hotelling T^2-statistic	
09.0736	威尔克斯 Λ 统计量	Wilks Λ-statistic	
09.0737	样本偏相关系数	sample partial correlation coefficient	
09.0738	样本复相关系数	sample multiple correlation coefficient	
09.0739	马哈拉诺比斯距离	Mahalanobis distance	
09.0740	协方差分析	covariance analysis	
09.0741	相关分析	correlation analysis	
09.0742	全相关	total correlation	
09.0743	全相关系数	coefficient of total correlation	
09.0744	复相关	multiple correlation	
09.0745	复相关系数	multiple correlation coefficient	
09.0746	偏相关	partial correlation	
09.0747	偏方差	partial variance	
09.0748	偏协方差	partial covariance	
09.0749	偏相关系数	partial correlation coefficient	
09.0750	典型相关分析	canonical correlation analysis	
09.0751	典型变量	canonical variable	
09.0752	典型相关系数	canonical correlation coefficient	
09.0753	主成分分析	principal component analysis	
09.0754	因子分析	factor analysis	
09.0755	因子模型	factor model	
09.0756	公共因子	common factor	
09.0757	特殊因子	specific factor	
09.0758	因子载荷	factor loading	
09.0759	因子得分	factor score	
09.0760	对应分析	correspondence analysis	
09.0761	判别分析	discriminant analysis	
09.0762	线性判别函数	linear discriminant function	
09.0763	费希尔判别函数	Fisher discriminant function	

序码	汉文名	英文名	注释
09.0764	贝叶斯分类规则	Bayes classification rule	
09.0765	距离判别法	discriminant by distance	
09.0766	聚类分析	cluster analysis	

09.12 非参数统计

09.0767	非参数统计	non-parametric statistics	
09.0768	计数统计量	counting statistic	
09.0769	秩统计量	rank statistic	
09.0770	绝对秩	absolute rank	
09.0771	符号秩	signed rank	
09.0772	线性秩统计量	linear rank statistic	
09.0773	线性符号秩统计量	linear signed rank statistic	
09.0774	α 修削平均	α-trimmed mean, alpha-trimmed mean	
09.0775	温莎平均	Winsorized mean	
09.0776	游程	run	
09.0777	游程数	number of runs	
09.0778	U 估计	U-estimator	
09.0779	M 估计	M-estimator	
09.0780	L 估计	L-estimator	
09.0781	R 估计	R-estimator	
09.0782	密度估计	density estimation	
09.0783	核型估计	kernel type estimator	
09.0784	最近邻估计	nearest neighbors estimate	
09.0785	中位无偏估计	median unbiased estimate	
09.0786	秩检验	rank test	
09.0787	秩和检验	rank sum test	
09.0788	符号秩检验	signed rank test	
09.0789	符号检验	sign test	
09.0790	置换检验	permutation test	
09.0791	游程检验	run test	
09.0792	拟合优度检验	test of goodness of fit	
09.0793	科尔莫戈罗夫-斯米尔诺夫检验	Kolmogorov-Smirnov test	
09.0794	χ^2检验	chi-square test	

序码	汉文名	英文名	注释
09.0795	正态性检验	test of normality	
09.0796	独立性检验	test of independence	
09.0797	列联表	contingency table	
09.0798	稳健性	robustness	又称“鲁棒性”。
09.0799	崩溃点	break down point	
09.0800	影响函数	influence function	
09.0801	探索性数据分析	exploratory data analysis	
09.0802	刀切法	jackknife	
09.0803	自助法	bootstrap	
09.0804	再抽样	resampling	
09.0805	交叉核实	cross validation	
09.0806	随机加权法	random weighting method	
09.0807	投影寻踪法	projection pursuit method	

09.13 抽样论

09.0808	抽样论	sampling theory	
09.0809	抽样单元	sampling unit	
09.0810	一级单元	primary [sampling] unit	
09.0811	二级单元	secondary [sampling] unit, second stage unit	
09.0812	抽样框	sampling frame	
09.0813	抽样比	sampling fraction	
09.0814	放回抽样	sampling with replacement	
09.0815	不放回抽样	sampling without replacement	
09.0816	概率抽样	probability sampling	
09.0817	简单随机抽样	simple random sampling	
09.0818	分层抽样	stratified sampling	
09.0819	层	stratum	将总体分成若干个互不相交的子总体，每个子总体称为层。
09.0820	最优层数	optimum number of strata	
09.0821	最优分配	optimum allocation	
09.0822	定额抽样	quota sampling	
09.0823	系统抽样	systematic sampling	
09.0824	整群抽样	cluster sampling	
09.0825	双重抽样	double sampling, two-phase sampling	

序码	汉文名	英文名	注释
09.0826	多级抽样	multistage sampling	
09.0827	序贯抽样	sequential sampling	
09.0828	散料抽样	bulk sampling	
09.0829	抽样调查	sampling survey	
09.0830	比估计	ratio estimate	
09.0831	回归估计	regression estimate	
09.0832	抽检	sampling inspection	
09.0833	检验批	inspection lot	
09.0834	批量	lot size	
09.0835	初检验	original inspection	
09.0836	最终检验	final inspection	
09.0837	抽检特性曲线	operating characteristic curve	
09.0838	产方风险	producer risk	
09.0839	用方风险	consumer risk	
09.0840	计数抽检	sampling inspection by attributes	
09.0841	计量抽检	sampling inspection by variables	
09.0842	正规抽检	normal sampling inspection	
09.0843	放宽抽检	reduced sampling inspection	
09.0844	加严抽检	tightened sampling inspection	
09.0845	连续抽检	continuous sampling inspection	
09.0846	跳批抽检	skip-lot sampling inspection	
09.0847	挑选型抽检	sampling inspection with screening	
09.0848	调整型抽检	sampling inspection with adjustment	
09.0849	一次抽检	single sampling inspection	
09.0850	二次抽检	double sampling inspection	
09.0851	多次抽检	multiple sampling inspection	
09.0852	截尾抽检	curtailed inspection	
09.0853	序贯抽检	sequential inspection	
09.0854	平均样本量	average sample number	
09.0855	统计质量控制	statistical quality control	
09.0856	控制图	control chart	
09.0857	上控制限	upper control limit	
09.0858	下控制限	lower control limit	

序码	汉文名	英文名	注释

09.14 试验设计

序码	汉文名	英文名	注释
09.0859	试验设计	experimental design	
09.0860	析因试验	factorial experiment	
09.0861	析因试验设计	factorial experiment design	
09.0862	二因子试验设计	two-way layout	
09.0863	最优设计	optimal design	
09.0864	混杂[法]	confounding	
09.0865	部分实施[法]	fractional replication	
09.0866	对照	contrast	
09.0867	对照分析	contrast analysis	
09.0868	多重比较	multiple comparison	
09.0869	调优操作	evolutionary operation	
09.0870	序贯设计	sequential design	
09.0871	裂区设计	split-plot design	
09.0872	套设计	nested design	
09.0873	拉丁矩	Latin rectangle	
09.0874	拉丁方	Latin square	
09.0875	正交拉丁方	orthogonal Latin squares, Greco-Latin square	
09.0876	尤登方	Youden square	
09.0877	拉丁方设计	Latin square design	
09.0878	随机区组设计	randomized blocks design	
09.0879	随机完全区组设计	randomized complete-block design	
09.0880	均匀设计	design by uniform distribution	
09.0881	混料设计	mixture design	
09.0882	回归设计	regression design	
09.0883	正交回归设计	orthogonal regression design	
09.0884	旋转设计	rotatable design	
09.0885	复合设计	composite design	
09.0886	*D* 最优设计	*D*-optimal design	
09.0887	*A* 最优设计	*A*-optimal design	
09.0888	*E* 最优设计	*E*-optimal design	
09.0889	*G* 最优设计	*G*-optimal design	

序码	汉文名	英文名	注释

09.15 时间序列分析

09.0890	时间序列分析	time series analysis	
09.0891	时间序列	time series	
09.0892	多元时间序列	multivariate time series	
09.0893	平稳时间序列	stationary time series	
09.0894	自回归模型	autoregression model, AR model	
09.0895	滑动平均模型	moving-average model, MA model	
09.0896	自回归滑动平均模型	autoregressive moving-average model, ARMA model	
09.0897	模型辨识	identification of a model	
09.0898	模型拟合	fitting of a model	
09.0899	定阶问题	problem of determining the order	
09.0900	FPE 准则	FPE criterion, final prediction error criterion	
09.0901	AIC 准则	AIC criterion, Akaike information criterion	
09.0902	BIC 准则	BIC criterion, Bayesian modification of the AIC	
09.0903	谱估计	spectral estimate	
09.0904	谱窗	spectral window	
09.0905	CAT 准则	CAT criterion, criterion for autoregressive transfer functions	
09.0906	最大熵准则	maximum entropy criterion	
09.0907	周期图分析	periodogram analysis	
09.0908	隐周期模型	scheme of hidden periodicities	
09.0909	季节性模型	seasonal model	
09.0910	趋势[项]	trend	
09.0911	非季节化序列	deseasonalized series	
09.0912	三角回归	trigonometric regression	
09.0913	非线性自回归模型	non-linear autoregressive model	
09.0914	双线性模型	bilinear model	
09.0915	指数自回归模型	exponential autoregressive model	
09.0916	门限自回归模型	threshold autoregressive model	
09.0917	门限参数	threshold parameter	

序 码	汉 文 名	英 文 名	注 释
09.0918	延迟参数	delay parameter	
09.0919	状态相依模型	state-dependent model	
09.0920	二值时间序列	binary time series	
09.0921	时间序列数据分析	data time series analysis	

10. 数值分析

序码	汉文名	英文名	注释

10.1 基本概念

序码	汉文名	英文名	注释
10.0001	数值分析	numerical analysis	
10.0002	数值计算	numerical calculation, numerical computation	
10.0003	定点数	fixed-point number	
10.0004	浮点数	floating-point number	
10.0005	定点运算	fixed-point arithmetic	
10.0006	浮点运算	floating-point arithmetic	
10.0007	舍入	rounding off, roundoff	
10.0008	保护数位	guarding figure, guarding digit	
10.0009	分析解	analytic solution	又称“解析解”。
10.0010	数值解	numerical solution	
10.0011	近似解	approximate solution	
10.0012	精确解	exact solution	
10.0013	精[确]度	accuracy, precision	
10.0014	字长	word length	
10.0015	单[字长]精度	single precision	
10.0016	双[字长]精度	double precision	
10.0017	多[字长]精度	multiprecision	
10.0018	数值方法	numerical method	
10.0019	数值稳定性	numerical stability	
10.0020	数值不稳定性	numerical instability	
10.0021	计算方法	computing method	
10.0022	算法	algorithm	求解数学计算问题的具体方法。
10.0023	计算[的]不稳定性	computational instability	
10.0024	数值模拟	numerical simulation	
10.0025	离散值函数	discrete-valued function	
10.0026	离散模拟	discrete analog, discrete simulation	
10.0027	离散化	discretization	
10.0028	离散化途径	discretization approach	

序　码	汉　文　名	英　文　名	注　　释
10.0029	离散模型	discrete model	
10.0030	离散解	discrete solution	
10.0031	符号计算	symbol computation	
10.0032	瑞特－吴方法	Ritt-Wu method	

10.2 误　差　论

10.0033	误差论	theory of errors	
10.0034	误差	error	
10.0035	绝对误差	absolute error	
10.0036	相对误差	relative error	
10.0037	百分误差	percentage error	
10.0038	舍入误差	round-off error, rounding error	
10.0039	截断误差	truncation error	
10.0040	系统误差	systematic error	
10.0041	疏失误差	gross error	
10.0042	随机误差	random error	
10.0043	固有误差	inherent error	
10.0044	初始误差	initial error	
10.0045	偶然误差	accidental error	
10.0046	观测误差	observational error	
10.0047	机器误差	machine error	
10.0048	全局误差	global error	又称“总体误差”。
10.0049	局部误差	local error	
10.0050	容许误差	tolerance error, admissible error	
10.0051	标准误差	standard error	
10.0052	累积误差	cumulative error	
10.0053	离散化误差	discretization error	
10.0054	逼近误差	approximation error	
10.0055	平均误差	mean error	
10.0056	均方根误差	root-mean-square error	
10.0057	一致误差	uniform error	
10.0058	加权误差	weighted error	
10.0059	近似值	approximate value	
10.0060	过剩近似值	upper approximate value	曾用名“上近似值”。
10.0061	不足近似值	lower approximate value	曾用名“下近似值”。

序码	汉文名	英文名	注释
10.0062	有效数字	significant digit, significant figure	
10.0063	有效位数	number of significant digit	
10.0064	可靠数字	reliable digit	
10.0065	误差传播	error propagation	
10.0066	误差估计	error estimate	
10.0067	误差分布	error distribution	
10.0068	误差曲线	error curve	
10.0069	误差校正	error correction	
10.0070	误差界	error bound	
10.0071	严格误差限	rigorous error limit	
10.0072	误差律	error law	
10.0073	误差分析	error analysis	
10.0074	向前误差分析	forward error analysis	
10.0075	向后误差分析	backward error analysis	
10.0076	区间分析	interval analysis	
10.0077	区间运算	interval arithmetic	

10.3 数值逼近

10.0078	逼近	approximation	
10.0079	可逼近性	approximability	
10.0080	逼近函数	approximating function	
10.0081	被逼近函数	approximated function	
10.0082	近似表示	approximate representation	
10.0083	逼近式	approximant	
10.0084	最佳逼近	best approximation	
10.0085	一致逼近	uniform approximation	
10.0086	伯恩斯坦多项式	Bernstein polynomial	
10.0087	最佳一致逼近	best uniform approximation	
10.0088	极小化极大逼近	minimax approximation	
10.0089	平方逼近	approximation in quadratic norm	
10.0090	最小二乘逼近	least squares approximation	
10.0091	平均逼近	approximation in the mean	
10.0092	加权逼近	weighted approximation	
10.0093	多项式逼近	polynomial approximation	
10.0094	有理逼近	rational approximation	
10.0095	连分式逼近	continued fraction approximation	
10.0096	三角逼近	trigonometric approximation	

序码	汉文名	英文名	注释
10.0097	广义多项式逼近	generalized polynomial approximation	
10.0098	广义有理逼近	generalized rational approximation	
10.0099	指数逼近	exponential approximation	
10.0100	线性逼近	linear approximation	
10.0101	非线性逼近	non-linear approximation	
10.0102	帕德逼近	Padé approximation	
10.0103	帕德方程	Padé equation	
10.0104	雅可比行列式解	Jacobian determinant solution	
10.0105	帕德表	Padé table	
10.0106	多点帕德逼近	multipoint Padé approximation	
10.0107	广义帕德逼近	generalized Padé approximation	
10.0108	切比雪夫-帕德逼近	Chebyshev-Padé approximation	
10.0109	矩阵帕德逼近	matrix Padé approximation	
10.0110	广义矩阵帕德逼近	generalized matrix Padé approximation	
10.0111	最佳逼近的特征	characterization of best approximation	
10.0112	切比雪夫组	Chebyshev set, Chebyshev system	
10.0113	交错定理	alternation theorem	
10.0114	最佳逼近的存在性	existence of best approximation	
10.0115	最佳逼近的唯一性	uniqueness of best approximation	
10.0116	哈尔条件	Haar condition	
10.0117	强唯一性定理	strong unicity theorem	
10.0118	收敛阶	degree of convergence	
10.0119	最优逼近	optimal approximation	
10.0120	折线逼近	polygonal approximation	
10.0121	单侧逼近	one-sided approximation	
10.0122	分段逼近	piecewise approximation	
10.0123	样条逼近	spline approximation	
10.0124	最光滑逼近	smoothest approximation	
10.0125	离散逼近	discrete approximation	
10.0126	数值逼近	numerical approximation	
10.0127	联合逼近	simultaneous approximation	

序码	汉文名	英文名	注释
10.0128	约束逼近	restricted approximation	
10.0129	插值约束逼近	approximation with interpolating constraints	
10.0130	约束值域逼近	approximation with restricted range	
10.0131	极小化极大解	minimax solution	
10.0132	最小二乘解	least squares solution	
10.0133	切比雪夫级数展开	Chebyshev series expansion	
10.0134	切比雪夫系数	Chebyshev coefficient	
10.0135	列梅兹算法	Remes algorithm	
10.0136	微分矫正算法	differential correction algorithm	
10.0137	加权极小化极大算法	weighted minimax algorithm	又称“劳勃算法(Loeb algorithm)”。
10.0138	拟合	fitting	
10.0139	拟合优度	goodness of fit	
10.0140	最佳拟合	best fit	
10.0141	曲线拟合	curve fitting	
10.0142	曲面拟合	surface fitting	
10.0143	最小二乘法	method of least squares	
10.0144	加权最小二乘法	method of weighted least squares	
10.0145	正规方程	normal equation	又称“法方程”。
10.0146	残差	residual	
10.0147	加权残差	weighted residual	
10.0148	拟合模型	model of fit	
10.0149	经验公式	empirical formula	
10.0150	经验曲线	empirical curve	
10.0151	测试函数	trial function	
10.0152	修匀[法]	graduation	
10.0153	数据修匀	graduation of data	
10.0154	曲线修匀	graduation of curve	
10.0155	磨光公式	smoothing formula	
10.0156	插值	interpolation	又称“内插”。
10.0157	插值条件	interpolation condition	
10.0158	插值节点	interpolation knot, interpolation node	又称“插值结点”。
10.0159	插值性质	interpolation property	

序　码	汉　文　名	英　文　名	注　　释
10.0160	插值函数	interpolating function	
10.0161	外插	extrapolation	又称“外推”。
10.0162	逆插值	inverse interpolation	又称“反插值”。
10.0163	插值公式	interpolation formula	
10.0164	插值余项	remainder of interpolation	
10.0165	插值多项式	interpolation polynomial	
10.0166	柯西插值	Cauchy interpolation	
10.0167	埃尔米特插值	Hermite interpolation	
10.0168	密切插值	osculating interpolation	
10.0169	伯克霍夫插值	Birkhoff interpolation	
10.0170	(0,2) 插值	(0,2) interpolation	
10.0171	拉格朗日插值公式	Lagrange interpolation formula	
10.0172	勒贝格函数	Lebesgue function	
10.0173	勒贝格常数	Lebesgue constant	
10.0174	牛顿插值公式	Newton interpolation formula	
10.0175	牛顿级数	Newton series	
10.0176	线性插值	linear interpolation	
10.0177	二次插值	quadratic interpolation	
10.0178	三次插值	cubic interpolation	
10.0179	迭代插值法	iterated interpolation method	
10.0180	艾特肯插值算法	Aitken interpolation algorithm	
10.0181	二重插值	double interpolation	
10.0182	双线性插值	bilinear interpolation	
10.0183	双二次插值	biquadratic interpolation	
10.0184	双三次插值	bicubic interpolation	
10.0185	多元插值	multivariate interpolation	
10.0186	有理插值	rational interpolation	
10.0187	三角插值	trigonometric interpolation	
10.0188	指数插值	exponential interpolation	
10.0189	分段插值	piecewise interpolation	
10.0190	分段多项式	piecewise polynomial	
10.0191	样条[函数]	spline, spline function	
10.0192	单项样条	monospline	
10.0193	三次样条	cubic spline	
10.0194	*B* 样条	*B*-spline	
10.0195	样条插值	spline interpolation	

序码	汉文名	英文名	注释
10.0196	样条拟合	spline fitting	

10.4 数值微分·数值积分

10.0197	数值微分	numerical differentiation	
10.0198	[有限]差分	difference, finite difference	
10.0199	一阶差分	difference of first order	
10.0200	高阶差分	difference of higher order, higher difference	
10.0201	向前差分	forward difference	
10.0202	向后差分	backward difference	
10.0203	中心差分	central difference, centered difference	
10.0204	二重差分	double difference	
10.0205	差分演算	calculus of finite differences	又称"有限差演算"。
10.0206	差分逼近	difference approximation	
10.0207	差分算子	difference operator	
10.0208	差分表	difference table	
10.0209	差分矫正	difference correction	
10.0210	差分方程	difference equation	
10.0211	差分微分方程	difference differential equation	
10.0212	差分法	difference method	
10.0213	差分格式	difference scheme	
10.0214	显式差分公式	explicit difference formula	
10.0215	显式差分格式	explicit difference scheme	
10.0216	隐式差分法	implicit difference method	
10.0217	隐式差分方程	implicit difference equation	
10.0218	常差分方程	ordinary difference equation	
10.0219	偏差分方程	partial difference equation	
10.0220	线性差分方程	linear difference equation	
10.0221	累[次]差分	repeated difference	
10.0222	倒差分	reciprocal difference	
10.0223	差商	difference quotient, difference coefficient	
10.0224	均差	divided difference	
10.0225	倒差商	reciprocal difference quotient	
10.0226	偏差商	partial difference quotient	

序码	汉文名	英文名	注释
10.0227	数值积分	numerical integration	
10.0228	常微分方程数值解	numerical solution of ordinary differential equations	
10.0229	求[面]积	quadrature	
10.0230	求体积	cubature	
10.0231	机械求积	mechanical quadrature	
10.0232	机械求体积	mechanical cubature	
10.0233	求积公式	quadrature formula	
10.0234	求积公式[的]余项	remainder of quadrature formula	
10.0235	求体积公式	cubature formula	
10.0236	计算效率	computational efficiency	
10.0237	代数精度	algebraic accuracy	
10.0238	佩亚诺误差表示	Peano error representation	
10.0239	欧拉-麦克劳林求和公式	Euler-Maclaurin summation formula	
10.0240	开型积分公式	open integration formula	
10.0241	闭型积分公式	closed integration formula	
10.0242	矩形法则	rectangle rule	
10.0243	中点法则	midpoint rule	
10.0244	梯形法则	trapezoidal rule	
10.0245	辛普森法则	Simpson rule	
10.0246	牛顿-科茨公式	Newton-Cotes formula	
10.0247	复合中点公式	compound midpoint formula	
10.0248	复合梯形公式	compound trapezoidal formula	
10.0249	复合辛普森公式	compound Simpson formula, composite Simpson formula	
10.0250	龙贝格积分[法]	Romberg integration	
10.0251	克伦肖-柯蒂斯积分[法]	Clenshaw-Curtis integration	
10.0252	埃尔米特求积	Hermite quadrature	
10.0253	切比雪夫求积	Chebyshev quadrature	
10.0254	高斯积分[法]	Gauss integration	
10.0255	高斯型求积	Gaussian type quadrature	
10.0256	勒让德-高斯求积	Legendre-Gauss quadrature	
10.0257	切比雪夫-高斯	Chebyshev-Gauss quadrature	

序码	汉文名	英文名	注释
	求积		
10.0258	雅可比－高斯求积	Jacobi-Gauss quadrature	
10.0259	拉盖尔－高斯求积	Laguerre-Gauss quadrature	
10.0260	埃尔米特－高斯求积	Hermite-Gauss quadrature	
10.0261	洛巴托求积	Lobatto quadrature	
10.0262	拉道求积	Radau quadrature	
10.0263	菲隆求积	Filon quadrature	
10.0264	多重数值积分	multiple numerical integration	
10.0265	乘积型积分公式	integration formula of product form	
10.0266	降维展开[法]	expansion of decreasing dimension	
10.0267	边界型积分公式	integration formula of boundary type	
10.0268	周期化	periodization	
10.0269	华－王方法	Hua-Wang method	又称"实分圆域法(method of real cyclotomic field)"。
10.0270	列表	tabulation	
10.0271	数学[函数]表	mathematical table	
10.0272	表[列]值	tabular value, entry	
10.0273	表的加密	subtabulation	
10.0274	步长	step size, step length, step width	
10.0275	[固]定步长	fixed step size	
10.0276	[可]变步长	variable step size	
10.0277	步长指标	step index	
10.0278	自动积分	automatic integration	
10.0279	[自]适应积分	[self-]adaptive integration	
10.0280	逐步积分	step-by-step integration	
10.0281	起步算法	starting algorithm	
10.0282	欧拉法	Euler method	又称"欧拉折线法"。
10.0283	变形欧拉法	modified Euler method	
10.0284	隐式欧拉法	implicit Euler method	
10.0285	亚当斯[－巴什	Adams[-Bashforth] method	

序码	汉文名	英文名	注释
	福思]法		
10.0286	亚当斯-莫尔顿法	Adams-Moulton method	
10.0287	龙格-库塔法	Runge-Kutta method	
10.0288	龙格-库塔-费尔贝格法	Runge-Kutta-Felhberg method	
10.0289	米尔恩法	Milne method	
10.0290	吉尔法	Gear method	
10.0291	单步法	single step method, one-step method	
10.0292	多步法	multistep method	
10.0293	线性多步法	linear multistep method	
10.0294	预估[式]	predictor	
10.0295	校正[式]	corrector	
10.0296	预估校正法	predictor-corrector method	
10.0297	刚性组	stiff system	
10.0298	单步迭代	single step iteration	
10.0299	整步迭代	total step iteration	
10.0300	阶梯迭代	staircase iteration	
10.0301	定常迭代	stationary iteration	
10.0302	不定常迭代	non-stationary iteration	
10.0303	内迭代	inner iteration	
10.0304	外迭代	outer iteration	
10.0305	稳定区域	stability region	
10.0306	全局渐近稳定[的]	globally asymptotically stable	
10.0307	指数稳定[的]	exponentially stable	
10.0308	零稳定性	zero-stability	
10.0309	*A* 稳定性	*A*-stability, absolute stability	
10.0310	单支格式	one-leg scheme	
10.0311	尝试法	trial and error procedure	
10.0312	试探解	trial solution	
10.0313	打靶法	shooting method	
10.0314	简单打靶法	simple shooting method	
10.0315	多重打靶法	multiple shooting method	

序码	汉文名	英文名	注释

10.5 方程求根·数值代数

序码	汉文名	英文名	注释
10.0316	数值代数	numerical algebra	
10.0317	无约束极小化	unconstrained minimization	
10.0318	多项式方程	polynomial equation	
10.0319	超越方程	transcendental equation	
10.0320	病态多项式	ill-conditioned polynomial	
10.0321	病态方程	ill-conditioned equation	
10.0322	一般迭代法	general iterative method	
10.0323	整体收敛	global convergence	
10.0324	局部收敛	local convergence	
10.0325	收敛速率	rate of convergence	
10.0326	平均收敛速率	average rate of convergence	
10.0327	渐近收敛速率	asymptotic rate of convergence	
10.0328	线性收敛	linear convergence	
10.0329	线性收敛速率	linear convergence rate	
10.0330	收敛因子	convergence factor	
10.0331	超线性收敛	superlinear convergence	
10.0332	超线性收敛速率	superlinear convergence rate	
10.0333	平方收敛	quadratic convergence	又称“二次收敛”。
10.0334	平方收敛速率	quadratic convergence rate	
10.0335	超收敛	overconvergence	指某迭代法或逼近过程在特殊场合其收敛速率超过正常速率。
10.0336	收敛指数	convergence exponent	刻划收敛速率的量，如平方收敛其收敛指数为2。
10.0337	收敛区域	convergence domain	
10.0338	收敛[性]加速	convergence acceleration	
10.0339	理查森外推[法]	Richardson extrapolation	
10.0340	艾特肯$\triangle^2$法	Aitken $\triangle^2$ method, Aitken $\triangle^2$ process	
10.0341	ε 算法	ε-algorithm, epsilon-algorithm	
10.0342	η 算法	η-algorithm, eta-algorithm	
10.0343	欧拉变换	Euler transformation	
10.0344	库默尔变换	Kummer transformation	
10.0345	加速过度	overacceleration	

序码	汉文名	英文名	注释
10.0346	伯努利迭代法	Bernoulli iteration	
10.0347	根平方法	root-squaring method	
10.0348	二次因子法	quadratic factoring method	
10.0349	林[士谔]迭代法	Lin iteration method	
10.0350	贝尔斯托迭代法	Bairstow iteration method	
10.0351	图解法	graphical method	
10.0352	搜索法	search method	
10.0353	对分法	bisection method, bisection technique	
10.0354	试位法	regular falsi, false position	
10.0355	割线法	secant method	
10.0356	切线法	tangent method	
10.0357	线性化	linearization	
10.0358	牛顿－拉弗森方法	Newton-Raphson method	
10.0359	变形牛顿法	modified Newton method	
10.0360	米勒方法	Müller method	又称“抛物线法”。
10.0361	秩 1 方法	rank-one method	
10.0362	秩 2 方法	rank-two method	
10.0363	下降法	descent method	
10.0364	下降算法	descent algorithm	
10.0365	下降方向	descent direction	
10.0366	最速下降	steepest descent	
10.0367	区间分半搜索	half interval search, interval-halving search	
10.0368	梯度法	gradient method	寻求目标函数极小值的一种方法。
10.0369	梯度方向	gradient direction	
10.0370	梯度搜索	gradient search	
10.0371	分割搜索	sectioning search	
10.0372	序贯搜索	sequential search	
10.0373	搜索步长	step size in search	
10.0374	变尺度[算]法	variable metric algorithm	
10.0375	上升算法	ascent algorithm	
10.0376	上升方向	ascent direction	
10.0377	最速上升	steepest ascent	
10.0378	超定组	overdetermined system	

序　码	汉　文　名	英　文　名	注　　释
10.0379	欠定组	underdetermined system	又称“亚定组”。
10.0380	直接法	direct method	经有限步骤求得线性代数方程组解的一类方法。
10.0381	消元法	elimination [method]	又称“消去法”。
10.0382	校验公式	check formula	
10.0383	验算	checking computations	
10.0384	校验和	check sum	
10.0385	和校验	sum check	
10.0386	最终校验	terminal check	
10.0387	回代	back substitution	
10.0388	逐次代换	successive substitution	
10.0389	消元矩阵	elimination matrix	
10.0390	高斯－若尔当消元法	Gauss-Jordan elimination	
10.0391	三角[形]分解	triangular decomposition	
10.0392	楚列斯基分解	Cholesky decomposition	
10.0393	平方根法	square root method	
10.0394	主元	pivot, pivotal element	
10.0395	全主元	complete pivot	
10.0396	部分主元	partial pivot	
10.0397	列主元	pivot in a column	
10.0398	全主元消元[法]	complete pivoting	
10.0399	部分主元消元[法]	partial pivoting	
10.0400	对角[线]化	diagonalization	
10.0401	对角优势	diagonal dominance	
10.0402	严格对角优势	strictly diagonal dominance	
10.0403	带状矩阵	band matrix	
10.0404	带宽	band width	
10.0405	三对角[矩]阵	tridiagonal matrix	
10.0406	追赶法	forward elimination and backward substitution	
10.0407	块三对角[矩]阵	block tridiagonal matrix	
10.0408	条件数	condition number	
10.0409	良态	well-behaved, well-conditioned	
10.0410	病态	ill-conditioned, ill-conditioning	

序码	汉文名	英文名	注释
10.0411	病态矩阵	ill-conditioned matrix	
10.0412	共轭梯度法	conjugate gradient method	
10.0413	交替方向法	alternating direction method	
10.0414	交替方向隐式法	alternating direction implicit method	
10.0415	向量[的]范数	norm of a vector, vector norm	
10.0416	矩阵[的]范数	norm of a matrix, matrix norm	
10.0417	迭代法	iteration method	
10.0418	迭代计算	iterative computations	
10.0419	迭代循环	iterative loop	
10.0420	副迭代	secondary iteration	
10.0421	松弛法	relaxation method	
10.0422	松弛表	relaxation table	
10.0423	松弛因子	relaxation factor, relaxation parameter	
10.0424	雅可比迭代[法]	Jacobi iteration	
10.0425	[高斯-]赛德尔迭代[法]	[Gauss-]Seidel iteration	
10.0426	超松弛	overrelaxation	
10.0427	低松弛	underrelaxation	又称“亚松弛”。
10.0428	逐次超松弛	successive overrelaxation, SOR	
10.0429	行迭代	row iteration	
10.0430	行松弛	line relaxation	
10.0431	行超松弛	line overrelaxation	
10.0432	同时行迭代	simultaneous row iteration	又称“联合行迭代”。
10.0433	分块	partitioning	
10.0434	点划分	point partitioning	
10.0435	红黑划分	red/black partitioning	
10.0436	线划分	line partitioning	
10.0437	块迭代	block iteration	
10.0438	块松弛	block relaxation	
10.0439	半迭代法	semi-iterative method	
10.0440	多项式加速[法]	polynomial acceleration	
10.0441	切比雪夫加速[法]	Chebyshev acceleration	
10.0442	切比雪夫自适应过程	Chebyshev adaptive process	

序码	汉文名	英文名	注释
10.0443	矩阵的谱半径	spectral radius of a matrix	
10.0444	谱分布	spectral distribution	
10.0445	谱条件	spectral condition	
10.0446	矩阵迭代分析	matrix iterative analysis	
10.0447	矩阵求逆	matrix inversion	
10.0448	广义逆矩阵	generalized inverse matrix	
10.0449	矩阵收缩	matrix deflation	
10.0450	[乘]幂法	power method	
10.0451	反幂法	inverse power method	
10.0452	子空间迭代法	subspace iterative method	
10.0453	*LR* 方法	*LR* method	
10.0454	*QR* 分解	*QR* decomposition	
10.0455	*QR* 方法	*QR* method	
10.0456	豪斯霍尔德变换	Householder transformation	
10.0457	豪斯霍尔德矩阵	Householder matrix	
10.0458	豪斯霍尔德法	Householder method	
10.0459	兰乔斯法	Lanczos method	
10.0460	鲍尔双迭代[法]	Bauer bi-iteration	
10.0461	旋转法	rotation method	
10.0462	吉文斯法	Givens method	
10.0463	雅可比法	Jacobi method	
10.0464	阈[值]	threshold [value]	
10.0465	海森伯矩阵	Heissenberg matrix	
10.0466	海曼法	Hyman method	

10.6 偏微分方程数值解

10.0467	偏微分方程数值解	numerical solution of partial differential equations	
10.0468	有限元	finite element	
10.0469	有限元分析	finite element analysis	
10.0470	有限元法	finite element method	
10.0471	剖分	cut, dissection	
10.0472	三角剖分	triangulation	区域离散化的一种方法。
10.0473	曲三角剖分	curved triangulation	
10.0474	细分	subdivision	
10.0475	网格	mesh, net, grid	

序码	汉文名	英文名	注释
10.0476	网格点	mesh point, net point, grid point	
10.0477	网格线	meshline	
10.0478	网格交界	interface between nets	
10.0479	交界条件	interface condition	
10.0480	网格边界	mesh boundary, net boundary	
10.0481	网格间距	mesh spacing	
10.0482	网格步长	mesh size	
10.0483	正则网格	regular net	
10.0484	[正]方形网格	square net, square mesh	
10.0485	矩形网格	rectangular net, rectangular mesh	
10.0486	三角形网格	triangular net	
10.0487	曲线网格	curvilinear net	
10.0488	曲线边界	curved boundary	
10.0489	自由边界	free boundary	
10.0490	结点	knot, node	网格线之间或网格线与边界的交点。
10.0491	内结点	interior node	
10.0492	非正则结点	irregular node	
10.0493	非正则网格	irregular net	
10.0494	端结点	end node	
10.0495	边界结点	boundary node	
10.0496	边界曲线	boundary curve	
10.0497	加细网格	refined net, refined mesh	
10.0498	可变网距	variable mesh size	
10.0499	网格函数	net function	
10.0500	线性元	linear element	
10.0501	二次元	quadratic element	
10.0502	三次元	cubic element	
10.0503	五次元	quintic element	
10.0504	样条元	spline element	
10.0505	双线性元	bilinear element	
10.0506	双三次元	bicubic element	
10.0507	三线性元	trilinear element	
10.0508	刚度矩阵	stiffness matrix	
10.0509	单元刚度矩阵	element stiffness matrix	
10.0510	三角形元	triangular element	
10.0511	边界元	boundary element	

序码	汉文名	英文名	注释
10.0512	边界元法	boundary element method	
10.0513	非协调有限元	non-conforming finite element	
10.0514	非协调板元	non-conforming plate element	
10.0515	非协调膜元	non-conforming membrane element	
10.0516	混合有限元法	mixed finite element method	
10.0517	杂交有限元法	hybrid finite element method	
10.0518	无限元法	infinite element method	
10.0519	区域分解	domain decomposition	
10.0520	物理解	physical solution	
10.0521	黎曼解算子	Riemann solver	
10.0522	弱稳定性	weak stability	
10.0523	强稳定性	strong stability	
10.0524	非线性不稳定性	non-linear instability	
10.0525	冯·诺伊曼条件	von Neumann condition	
10.0526	柯朗－弗里德里希斯－列维条件	Courant-Friedrichs-Lewy condition	简称“CFL 条件”。
10.0527	柯朗数	Courant number	
10.0528	放大因子	amplification factor	
10.0529	放大矩阵	amplification matrix	
10.0530	相位误差	phase error	
10.0531	阻尼误差	damping error	
10.0532	混淆误差	aliasing error	
10.0533	吸收边界条件	absorbing boundary condition	
10.0534	远场边界条件	far field boundary condition	
10.0535	流入边界条件	inflow boundary condition	
10.0536	流出边界条件	outflow boundary condition	
10.0537	混合边界条件	mixed boundary condition	
10.0538	周期边界条件	periodic boundary condition	
10.0539	间断分解	discontinuity decomposition	
10.0540	熵条件	entropy condition	
10.0541	熵通量	entropy flux	
10.0542	熵函数	entropy function	
10.0543	自动网格生成	automatic grid generation	
10.0544	自适应网格	self-adaptive mesh	
10.0545	交错网格	staggered mesh	
10.0546	多重网格	multi-grid	

序码	汉文名	英文名	注释
10.0547	网格雷诺数	cell Reynolds number	
10.0548	显格式	explicit scheme	
10.0549	隐格式	implicit scheme	
10.0550	半隐格式	semi-implicit scheme	
10.0551	交替方向隐格式	alternating direction implicit scheme, ADI scheme	
10.0552	比姆－沃明格式	Beam-Warming scheme	
10.0553	紧差分格式	compact difference scheme	
10.0554	克兰克－尼科尔森格式	Crank-Nicolson scheme	
10.0555	杜福特－弗兰克尔格式	Dufort-Frankel scheme	
10.0556	指数格式	exponential scheme	
10.0557	拉克斯－弗里德里希斯格式	Lax-Friedrichs scheme	
10.0558	拉克斯－温德罗夫格式	Lax-Wendroff scheme	
10.0559	蛙跳格式	leap-frog scheme	
10.0560	麦科马克格式	MacCormack scheme	
10.0561	单调差分格式	monotone difference scheme	
10.0562	保单调差分格式	monotonicity preserving difference scheme	
10.0563	穆曼－科尔格式	Murman-Cole scheme	
10.0564	多层格式	multilevel scheme	
10.0565	算子紧致隐格式	operator compact implicit scheme	
10.0566	PRD 格式	Peaceman-Rachford-Douglas scheme	全称“皮斯曼－拉什福德－道格拉斯格式”。
10.0567	迎风差分	upwind difference	
10.0568	迎风格式	upstream scheme	
10.0569	斜迎风格式	skew-upstream scheme	
10.0570	全变差下降	total variation diminishing, TVD	
10.0571	全变差不增	total variation non-increasing, TVNI	
10.0572	全变差有界	total variation bounded, TVB	
10.0573	本质不振荡	essentially non-oscillatory, ENO	
10.0574	全变差下降格式	total variation diminishing scheme	简称“TVD 格式”。

序码	汉文名	英文名	注释
10.0575	全变差稳定格式	total variation stable scheme	简称“TVS 格式”。
10.0576	辛差分格式	symplectic difference scheme	
10.0577	守恒律	conservation law	
10.0578	守恒律组	system of conservation laws	
10.0579	完全守恒格式	complete conservation scheme	
10.0580	强守恒型	strong conservation form	
10.0581	弱守恒型	weak conservation form	
10.0582	散度型	divergence form	
10.0583	贴体曲线坐标	body-fitted curvilinear coordinates	
10.0584	多重尺度问题	multiple scale problem	
10.0585	分裂[法]	splitting [method]	
10.0586	算子分裂	operator splitting	
10.0587	维数分裂	dimensional split	
10.0588	时间分裂	time splitting	
10.0589	时间尺度	time scale	
10.0590	不定常	time dependent	又称“时间相关”。
10.0591	不定常方法	time-dependent method	又称“时间相关法”。
10.0592	伪非定常方法	pseudo-unsteady method	又称“准非定常方法”。
10.0593	伽辽金－彼得罗夫法	Galerkin-Petrov method	
10.0594	戈杜诺夫法	Godunov method	
10.0595	配置法	collocation method	
10.0596	边界积分法	boundary integral method	
10.0597	近似因式分解法	approximate factorization method	
10.0598	分步法	fractional step method	
10.0599	多重网格法	multi-grid method	
10.0600	多层方法	multilevel method	
10.0601	直线法	method of lines	
10.0602	矩量法	moment method	
10.0603	投影迭代法	projection iterative method	
10.0604	谱方法	spectral method	
10.0605	准谱方法	pseudo-spectral method	
10.0606	随机选取法	random choice method	
10.0607	流线曲率法	method of streamline curvature	
10.0608	加权余量法	weighted residual method	
10.0609	半离散法	semi-discrete method	

序 码	汉 文 名	英 文 名	注 释
		10.7 蒙特卡罗方法	
10.0610	蒙特卡罗方法	Monte Carlo method	又称"统计试验方法(statistical testing method)"。
10.0611	非模拟蒙特卡罗方法	non-analog Monte Carlo method	
10.0612	条件蒙特卡罗方法	conditional Monte Carlo method	
10.0613	拟蒙特卡罗方法	quasi-Monte Carlo method	
10.0614	倒易蒙特卡罗方法	reciprocity Monte Carlo method	
10.0615	伴随蒙特卡罗方法	adjoint Monte Carlo method	
10.0616	多群蒙特卡罗方法	multigroup Monte Carlo method	
10.0617	贡献蒙特卡罗方法	contribution Monte Carlo method	
10.0618	微分蒙特卡罗方法	differential Monte Carlo method	
10.0619	相关蒙特卡罗方法	correlated Monte Carlo method	
10.0620	正贡献蒙特卡罗方法	positive contribution Monte Carlo method	
10.0621	差分蒙特卡罗方法	difference Monte Carlo method	
10.0622	向量蒙特卡罗方法	vectorized Monte Carlo method	
10.0623	集团蒙特卡罗方法	cluster Monte Carlo method	
10.0624	序贯蒙特卡罗方法	sequential Monte Carlo method	
10.0625	半解析蒙特卡罗方法	semi-analytic Monte Carlo method	
10.0626	蒙特卡罗估计	Monte Carlo estimator	
10.0627	重要性抽样[方]法	importance sampling method	

序码	汉文名	英文名	注释
10.0628	统计估计方法	statistical estimation method	
10.0629	相关方法	correlation method	
10.0630	对偶变数方法	antithetic variates method	
10.0631	赌与分裂方法	roulette and splitting method	
10.0632	零方差技巧	zero variance technique	
10.0633	随机数	random number	
10.0634	伪随机数	pseudo-random number	
10.0635	平方取中方法	mid-square method	
10.0636	线性同余方法	linear congruential method	
10.0637	非线性同余方法	non-linear congruential method	
10.0638	乘同余方法	multiplicative congruential method	
10.0639	混合同余方法	mixed congruential method	
10.0640	加同余方法	additional congruential method	
10.0641	陶斯沃特方法	Tausworthe method	
10.0642	伪随机数的周期	period of pseudo-random numbers	
10.0643	序列相关方法	serial correlation method	
10.0644	[成]对分布方法	pairs distribution method	
10.0645	三排列方法	triplets permutation method	
10.0646	独立偏度	independent departureness	
10.0647	均匀偏度	uniform departureness	
10.0648	抽样	sampling	
10.0649	直接抽样方法	direct sampling technique	
10.0650	舍选抽样方法	rejection sampling technique	
10.0651	加抽样方法	additional sampling technique	
10.0652	乘抽样方法	multiplicative sampling technique	
10.0653	乘加抽样方法	multiplicative-additional sampling technique	
10.0654	对称抽样方法	symmetry sampling technique	
10.0655	复合抽样方法	composition sampling technique	
10.0656	近似抽样方法	approaching sampling technique	
10.0657	积分抽样方法	integration sampling technique	
10.0658	偏倚抽样方法	bias sampling technique	
10.0659	迭代抽样方法	iteration sampling technique	
10.0660	米特罗波利斯抽样方法	Metropolis sampling technique	
10.0661	热浴抽样方法	heat bath sampling technique	

序码	汉文名	英文名	注释
10.0662	博克斯－米勒抽样方法	Box-Müller sampling technique	
10.0663	传递抽样方法	pass sampling technique	
10.0664	加权方法	weight method	
10.0665	指数变换方法	exponential transformation method	
10.0666	伴随统计估计方法	adjoint statistical estimation method	
10.0667	伴随指数变换方法	adjoint exponential transformation method	
10.0668	小区域方法	small region method	
10.0669	最大截面方法	maximum cross section method	
10.0670	δ 散射方法	δ-scattering method, delta-scattering method	
10.0671	裂变矩阵方法	fission matrix method	
10.0672	多代矩估计方法	multigeneration moment estimator method	
10.0673	表面增殖因子方法	surface multiplication factor method	
10.0674	时间平均方法	time average method	
10.0675	伴随权重方法	adjoint weight method	
10.0676	共域变换方法	corregion transformation method	
10.0677	指向概率方法	directive probability method	
10.0678	碰撞概率方法	collision probability method	
10.0679	二次碰撞概率方法	quadratic collision probability method	
10.0680	径迹长度方法	track length method	
10.0681	方向偏倚抽样方法	direction bias sampling method	
10.0682	有界估计方法	bounded estimator method	
10.0683	再选择方法	reselection method	
10.0684	强迫碰撞方法	forced collision method	
10.0685	表面密度方法	surface density method	
10.0686	控制变数方法	control variates method	
10.0687	格林函数蒙特卡罗方法	Green function Monte Carlo method	
10.0688	抽样效率	sampling efficiency	

11. 运 筹 学

序 码	汉 文 名	英 文 名	注 释

11.1 最 优 化

11.0001	运筹学	operations research, operational research	
11.0002	最优化	optimization	
11.0003	最优化模型	optimization model	
11.0004	最优化方法	optimization method	
11.0005	最优性	optimality	
11.0006	最优性条件	optimality condition	
11.0007	最优解	optimal solution, optimum solution	
11.0008	最优值	optimal value	
11.0009	非光滑最优化	non-smooth optimization	
11.0010	不可微最优化	non-differentiable optimization	
11.0011	多目标最优化	multiobjective optimization	
11.0012	向量最优化	vector optimization	
11.0013	动态最优化	dynamic optimization	
11.0014	离散最优化	discrete optimization	
11.0015	随机最优化	stochastic optimization	
11.0016	参数最优化	parameter optimization	
11.0017	大系统最优化	large scale optimization	又称"大型最优化"。
11.0018	极小化	minimization	
11.0019	极小化模型	minimization model	
11.0020	极小化方法	minimization method	
11.0021	极小点	minimum point	
11.0022	极小解	minimum solution	
11.0023	求极小[值]	minimizing	
11.0024	极大化	maximization	
11.0025	极大化模型	maximization model	
11.0026	极大点	maximum point	
11.0027	求极大[值]	maximizing	
11.0028	极大化序列	maximizing sequence	
11.0029	次优化	suboptimization	

序码	汉文名	英文名	注释
11.0030	次优	suboptimum	
11.0031	次极小	subminimum	
11.0032	次极大	submaximum	又称“副峰”。
11.0033	供选方案	alternatives	

11.2 数学规划

序码	汉文名	英文名	注释
11.0034	数学规划	mathematical programming	
11.0035	决策变量	decision variable	
11.0036	决策向量	decision vector	
11.0037	目标函数	objective function	
11.0038	约束条件	constraint condition	
11.0039	约束集	constraint set	
11.0040	不等式约束	inequality constraint	
11.0041	等式约束	equality constraint	
11.0042	线性约束	linear constraint	
11.0043	非线性约束	non-linear constraint	
11.0044	隐式约束	implicit constraint	
11.0045	可行约束	feasible constraint	
11.0046	积极约束	active constraint	
11.0047	机会约束	chance constraint	
11.0048	几何约束	geometrical constraint	
11.0049	理想约束	ideal constraint	
11.0050	不完整约束	non-holonomic constraint	
11.0051	对偶约束	dual constraint	
11.0052	约束规格	constraint qualification, C.Q.	又称“约束品性”。
11.0053	二阶约束规格	second-order constraint qualification	又称“二次约束品性”。
11.0054	库恩－塔克约束规格	Kuhn-Tucker constraint qualification	又称“库恩－塔克约束品性”。
11.0055	斯莱特约束规格	Slater constraint qualification	又称“斯莱特约束品性”。
11.0056	福科什引理	Farkas lemma	
11.0057	戈丹定理	Gordan theorem	
11.0058	最优性必要条件	necessary condition for optimality	
11.0059	最优性充分条件	sufficient condition for optimality	
11.0060	可行域	feasible region	
11.0061	可行解	feasible solution	

序　码	汉 文 名	英 文 名	注　　释
11.0062	可行方向	feasible direction	
11.0063	凸规划	convex programming	
11.0064	凹规划	concave programming	
11.0065	可行方向锥	feasible direction cone	
11.0066	互补凸规划	complementary convex program	
11.0067	二次规划	quadratic programming	
11.0068	凸二次规划	convex quadratic programming	
11.0069	非凸规划	non-convex programming	
11.0070	非凸二次规划	non-convex quadratic programming	
11.0071	双线性规划	bilinear programming	
11.0072	分式规划	fractional programming	
11.0073	代数规划	algebraic program	
11.0074	随机规划	stochastic programming	
11.0075	带偿付随机规划	stochastic programming with recourse	
11.0076	离散规划	discrete programming	
11.0077	网络规划	network programming	
11.0078	布尔规划	Boolean programming	
11.0079	相容规划	consistent program	
11.0080	对偶规划	dual program	
11.0081	大型规划	large scale programming	
11.0082	可分[离]规划	separable programming	
11.0083	半无限规划	semi-infinite programming	
11.0084	机会约束规划	chance constrained programming	
11.0085	启发式规划	heuristic programming	
11.0086	交互规划	interactive programming	又称“对话式规划”。
11.0087	约束替代规划	surrogate programming	
11.0088	稳定规划	stable programming	
11.0089	不可微规划	non-differentiable programming	
11.0090	全局最优化	global optimization	又称“总体最优化”。
11.0091	全局最优值	global optimum	又称“总体最优值”。
11.0092	全局极小值	global minimum	又称“总体极小值”。
11.0093	全局极大值	global maximum	又称“总体极大值”。
11.0094	局部最优化	local optimization	
11.0095	局部最优值	local optimum	
11.0096	局部极小值	local minimum	
11.0097	局部极大值	local maximum	

序码	汉文名	英文名	注释
11.0098	严格极小点	strict minimum point	
11.0099	严格极大点	strict maximum point	
11.0100	绝对极小值	absolute minimum	
11.0101	绝对极大值	absolute maximum	
11.0102	相对极值	relative extremum	
11.0103	择一最优性	alternative optimality	
11.0104	互补性问题	complementarity problem	
11.0105	线性互补问题	linear complementary problem	
11.0106	互补松弛定理	theorem of complementary slackness	
11.0107	鞍点定理	saddle point theorem	
11.0108	线性最优化	linear optimization	
11.0109	非线性最优化	non-linear optimization	
11.0110	对偶性	duality	
11.0111	对偶理论	duality theory	
11.0112	对偶原理	duality principle	
11.0113	对偶变量	dual variable	
11.0114	对偶解	dual solution	
11.0115	凸对偶	convex duality	
11.0116	对偶间隙	duality gap	
11.0117	对偶定理	duality theorem	
11.0118	弱对偶定理	weak duality theorem	
11.0119	强对偶定理	strong duality theorem	
11.0120	二次对偶问题	quadratic dual problem	
11.0121	拟可微函数	quasi-differentiable function	
11.0122	次梯度法	subgradient algorithm	
11.0123	聚束法	bundle algorithm	
11.0124	邻近点法	proximal point algorithm	

11.3 线性规划

11.0125	线性规划	linear programming	
11.0126	单纯形法	simplex method, simplex algorithm	
11.0127	单纯形表	simplex tabuleau	
11.0128	基[本]变量	basic variable	
11.0129	松弛变量	slack variable	
11.0130	人工变量	artificial variable	

序码	汉文名	英文名	注释
11.0131	剩余变量	surplus variable	
11.0132	辅助变量	auxiliary variable	
11.0133	可行基	feasible basis	
11.0134	人工基	artificial basis	
11.0135	入向量	incoming vector	
11.0136	出向量	outgoing vector	
11.0137	基本可行解	basic feasible solution	
11.0138	初始基本可行解	initial basic feasible solution	
11.0139	最优基本可行解	optimal basic feasible solution	
11.0140	非退化基本可行解	non-degenerate basic feasible solution	
11.0141	退化可行解	degenerate feasible solution	
11.0142	修正单纯形法	revised simplex method	
11.0143	对偶线性规划	dual linear programming	
11.0144	对偶单纯形法	dual simplex method	
11.0145	原始对偶单纯形法	primal-dual simplex method	
11.0146	原始对偶法	primal-dual method, primal-dual algorithm	
11.0147	椭球法	ellipsoid method	
11.0148	卡马卡法	Karmarkar algorithm	
11.0149	匈牙利法	Hungarian method	
11.0150	表作业法	Hitchock method	
11.0151	图作业法	graphical method for transportation	
11.0152	有界变量法	bounded-variable technique	
11.0153	丹齐格－沃尔夫法	Dantzig-Wolfe method	
11.0154	分解原理	decomposition principle	
11.0155	运输问题	transportation problem	
11.0156	转运问题	transshipment problem	
11.0157	平衡运输问题	balanced transportation problem	
11.0158	不平衡运输问题	unbalanced transportation problem	
11.0159	最优分配问题	optimum allocation problem	
11.0160	指派问题	assignment problem	
11.0161	二次指派问题	quadratic assignment problem	
11.0162	平衡指派问题	balanced assignment problem	

序码	汉文名	英文名	注释
11.0163	不平衡指派问题	unbalanced assignment problem	
11.0164	定位问题	location problem	
11.0165	航班问题	problem of routing aircraft	
11.0166	食谱问题	diet problem	
11.0167	营养问题	nutrition problem	
11.0168	影子价格	shadow price	
11.0169	整数规划	integer programming	
11.0170	整数线性规划	integer linear programming	
11.0171	纯整数规划	pure integer programming	
11.0172	混合整数规划	mixed integer programming	
11.0173	全整数规划	all integer programming	
11.0174	零一规划	zero-one programming	
11.0175	零一整数规划	zero-one integer programming	
11.0176	割平面法	cutting plane method	
11.0177	全整数割平面法	all integer algorithm for cutting plane	
11.0178	分支定界法	branch and bound method	又称"分支限界法"。
11.0179	隐枚举法	implicit enumeration method	

11.4 非线性规划

序码	汉文名	英文名	注释
11.0180	非线性规划	non-linear programming	
11.0181	一阶必要条件	first-order necessary condition	
11.0182	二阶充分条件	second-order sufficient condition	
11.0183	弗里茨·约翰条件	Fritz·John conditions	
11.0184	库恩-塔克条件	Kuhn-Tucker conditions	
11.0185	库恩-塔克点	Kuhn-Tucker point	
11.0186	广义拉格朗日乘子	generalized Lagrange multiplier	
11.0187	拉格朗日鞍点	Lagrange saddle point	
11.0188	线性搜索	linear search	又称"一维搜索"。
11.0189	对分搜索	dichotomous search	
11.0190	单峰函数	unimodal function	
11.0191	斐波那契搜索	Fibonacci search	
11.0192	黄金分割搜索	golden section search	
11.0193	优选法	optimum seeking method	
11.0194	最优策略	optimal strategy	

序　码	汉 文 名	英 文 名	注　　释
11.0195	单峰性	unimodality	
11.0196	斐波那契法	Fibonacci method	
11.0197	“0.618”法	“0.618” method	又称“近似黄金分割法(approximate golden section method)”。
11.0198	爬山法	climbing method	
11.0199	分批试验法	block search	
11.0200	单侧搜索	one-sided search	
11.0201	双侧搜索	two-sided search	
11.0202	弧线搜索法	arc search method	
11.0203	曲线搜索法	curvilinear search method	
11.0204	置信域	trust region	
11.0205	无约束最优化方法	unconstrained optimization method	
11.0206	搜索方向	direction of search	
11.0207	最速下降法	method of steepest descent	
11.0208	共轭方向法	conjugate direction method	
11.0209	黑塞矩阵	Hessian matrix	
11.0210	拟牛顿法	quasi-Newton method	
11.0211	变度量法	variable metric method	
11.0212	记忆梯度法	memory gradient method	
11.0213	超记忆梯度法	supermemory gradient method	
11.0214	直接搜索法	direct search method	
11.0215	坐标轮换法	univariate search technique	
11.0216	单纯形调优法	simplex evolutionary method	
11.0217	模式搜索法	pattern search method	
11.0218	模式移动	pattern move	
11.0219	旋转方向法	rotating direction method	
11.0220	鲍威尔法	Powell method	
11.0221	平行切线法	parallel tangent method	
11.0222	罗森布罗克函数	Rosenbrock function	
11.0223	弯谷函数	curved valley function	
11.0224	约束最优化方法	constrained optimization method	
11.0225	可行方向法	feasible direction method	
11.0226	可行下降方向	feasible descent direction	
11.0227	弗兰克－沃尔夫法	Frank-Wolfe method	

序码	汉文名	英文名	注释
11.0228	梯度投影法	gradient projection method	
11.0229	罗森法	Rosen method	
11.0230	修正梯度投影法	modified gradient projection method	
11.0231	中心法	centers method	
11.0232	约化梯度法	reduced gradient method	曾用名“既约梯度法”。
11.0233	广义约化梯度法	generalized reduced gradient method, GRG	曾用名“广义既约梯度法”。
11.0234	序贯无约束极小化方法	sequential unconstrained minimization technique, SUMT	
11.0235	增广目标函数	augmented objective function	
11.0236	罚函数	penalty function	又称“补偿函数”。
11.0237	罚参数	penalty parameter	
11.0238	障碍函数	barrier function	曾用名“围墙函数”,“碰壁函数”。
11.0239	罚函数法	penalty function method	
11.0240	内部惩罚法	interior penalty method	
11.0241	外部惩罚法	exterior penalty method	
11.0242	混合惩罚法	mixed penalty method	
11.0243	精确罚函数	exact penalty function	
11.0244	精确惩罚法	exact penalty method	
11.0245	无参数惩罚法	parameter-free penalty method	
11.0246	拉格朗日乘子法	Lagrange method of multipliers	
11.0247	增广乘子法	augmented multiplier method	
11.0248	线性逼近法	linear approximation method	
11.0249	二次逼近法	quadratic approximation method	
11.0250	约束变度量法	constrained variable metric method	
11.0251	复合形法	complex method	
11.0252	几何规划	geometric programming	
11.0253	正项几何规划	posynomial geometric programming	
11.0254	广义几何规划	generalized geometric programming	
11.0255	互补几何规划	complementary geometric programming	

序码	汉文名	英文名	注释
11.0256	正项式	posynomial	

11.5 多目标规划

11.0257	多目标规划	multiple objective programming	
11.0258	多指标	multicriteria	
11.0259	向量目标函数	vector objective function	
11.0260	多目标线性规划	multiobjective linear programming	
11.0261	多目标非线性规划	multiobjective non-linear programming	
11.0262	多目标分式规划	multiobjective fractional programming	
11.0263	多目标凸规划	multiobjective convex programming	
11.0264	控制结构	domination structure	
11.0265	权衡	trade off	
11.0266	有效性	efficiency	
11.0267	有效解	efficient solution	
11.0268	弱有效解	weakly efficient solution	
11.0269	正常有效解	proper efficient solution	
11.0270	帕雷托最优性	Pareto optimality	
11.0271	帕雷托解	Pareto solution	
11.0272	非劣解	non-inferior solution	
11.0273	可采纳解	admissible solution	又称“容许解”。
11.0274	锥极解	cone extreme solution	
11.0275	非[受]控解	non-dominated solution	
11.0276	较多有效性	major efficiency	
11.0277	较多有效解	majorly efficient solution	
11.0278	较多最优解	majorly optimal solution	
11.0279	绝对最优解	absolute optimal solution	
11.0280	偏爱解	preference solution	
11.0281	严格偏爱	strict preference	
11.0282	淡漠	indifference	又称“无差别”。
11.0283	偏爱序	preference ordering	
11.0284	自然序	natural order	
11.0285	字典序	lexicographic order	
11.0286	优化序	majorization order	
11.0287	较多序	major order	

序　码	汉 文 名	英 文 名	注　　释
11.0288	目标空间	objective space	
11.0289	有效点	efficient point	
11.0290	弱有效点	weakly efficient point	
11.0291	锥极点	cone extreme point	
11.0292	非受控点	non-dominated point	又称“非控点”。
11.0293	较多有效点	majorly efficient point	
11.0294	较多最优点	majorly optimal point	
11.0295	接触定理	contact theorem	
11.0296	极小向量	minimal vectors	
11.0297	最优向量	optimal vector	
11.0298	标量化	scalarization	
11.0299	保序函数	order-preserving function	
11.0300	权系数	weighting coefficients	
11.0301	权向量	weight vector	
11.0302	评价函数法	evaluation function method	
11.0303	线性加权和法	linear weight sum method	
11.0304	理想点	ideal point	
11.0305	理想点法	ideal point method	
11.0306	极大化极小法	maximin method	
11.0307	多目标交互规划方法	multiobjective interactive programming method	
11.0308	分层多目标规划	stratified multiobjective programming	
11.0309	分层单纯形法	stratified simplex method	
11.0310	目标规划	goal programming	
11.0311	目标值	goal value	
11.0312	目标约束	goal constraint	
11.0313	正偏差	positive deviation	
11.0314	负偏差	negative deviation	

11.6 参数规划

序　码	汉 文 名	英 文 名	注　　释
11.0315	参数规划	parametric programming	
11.0316	参数线性规划	parametric linear programming	
11.0317	灵敏度分析	sensitivity analysis	
11.0318	决策变量灵敏度分析	decision variable sensitivity analysis	
11.0319	灵敏度信息	sensitivity information	

序码	汉文名	英文名	注释
11.0320	内部稳定性	internal stability	
11.0321	外部稳定性	external stability	
11.0322	微分稳定性	differential stability	
11.0323	次微分稳定性	subdifferential stability	
11.0324	二阶稳定性	stability of degree two	
11.0325	最优值函数	optimal value function	
11.0326	解集连续性	solution set continuity	
11.0327	右端参数问题	rhs problem	

11.7 动态规划

序码	汉文名	英文名	注释
11.0328	动态规划	dynamic programming	
11.0329	微分动态规划	differential dynamic programming	
11.0330	多指标动态规划	multicriteria dynamic programming	
11.0331	最优性原理	principle of optimality	
11.0332	嵌入原理	imbedding principle	
11.0333	不变嵌入	invariant imbedding	
11.0334	多阶段决策过程	multistage decision process	又称“多级决策过程”。
11.0335	动态规划算法	dynamic programming algorithm	
11.0336	动态规划流程图	dynamic programming flow chart	
11.0337	函数方程法	function equation approach	
11.0338	函数迭代法	function iteration method	
11.0339	策略迭代法	policy iteration method	
11.0340	动态规划最优性方程	dynamic programming equation of optimality	
11.0341	哈密顿－雅可比－贝尔曼方程	Hamilton-Jacobi-Bellman equation	
11.0342	时界	horizon	又称“历程”。

11.8 组合最优化

序码	汉文名	英文名	注释
11.0343	组合最优化	combinatorial optimization	
11.0344	流动推销员问题	traveling salesman problem	曾用名“旅行商问题”。
11.0345	中国邮路问题	Chinese postman problem	
11.0346	排序问题	sequencing problem	
11.0347	进度安排法	scheduling method	
11.0348	排序和时间表理论	sequencing and scheduling theory	

序　码	汉　文　名	英　文　名	注　　释
11.0349	次模函数	submodular function	
11.0350	多项式时间算法	polynomial-time algorithm	
11.0351	指数时间算法	exponential-time algorithm	
11.0352	布尔方法	Boolean method	
11.0353	启发式方法	heuristic method	
11.0354	组合多面体	combinatorial polytope	
11.0355	有界近似法	bounded heuristic method	
11.0356	拟阵	matroid	
11.0357	定向拟阵	oriented matroid	
11.0358	拟阵交	intersection of matroids	
11.0359	广义拟阵	greedoid	
11.0360	最大树	maximal tree	
11.0361	最小生成树	minimum spanning tree	
11.0362	树搜索算法	tree search algorithm	
11.0363	最优分支	optimum branching	
11.0364	最小树问题	minimum tree problem	
11.0365	最短路问题	shortest path problem	
11.0366	最大流问题	maximal flow problem	
11.0367	最大匹配问题	maximum matching problem	
11.0368	最小费用流问题	minimum-cost flow problem	
11.0369	最大流最小割定理	maximum flow minimum cut theorem	
11.0370	迷宫算法	labyrinth algorithm	
11.0371	贪婪算法	greedy algorithm	
11.0372	网络理论	network theory	
11.0373	网络流	network flows	
11.0374	增益网络流	network flow with gain	
11.0375	循环流	circulant flow	
11.0376	网络分析	network analysis	
11.0377	广义网络	generalized network	
11.0378	统筹法	critical path method, CPM	又称“关键路线法”。
11.0379	计划评审法	program evaluation and review technique, PERT	
11.0380	关键路线进度表	critical path scheduling	
11.0381	箭头图	arrow diagram	
11.0382	流程图	flow graph	又称“流图”。
11.0383	交织图	intersection chart	

序码	汉文名	英文名	注释
11.0384	网络图	network chart	又称“线路图”。
11.0385	网络的截口	cut in a network	

11.9 对策论

序码	汉文名	英文名	注释
11.0386	对策论	game theory	又称“博奕论”。
11.0387	对策模型	gaming models	
11.0388	局	play	
11.0389	局中人	player	又称“参预者”。
11.0390	虚设局中人	dummy	又称“傀儡”。
11.0391	支付	payment	
11.0392	支付向量	payoff vector	
11.0393	支付[矩]阵	payoff matrix	
11.0394	支付函数	payoff function	
11.0395	旁支付	side payment	
11.0396	支付期望	payoff expected	
11.0397	终结支付	terminal payoff	
11.0398	策略	policy, strategy	
11.0399	纯策略	pure strategy	
11.0400	混合策略	mixed strategy	
11.0401	行为策略	behavioral strategy	
11.0402	威胁策略	threat strategy	
11.0403	极限策略	limiting strategy	
11.0404	局势	situation	
11.0405	结局	outcome	
11.0406	结局空间	outcome space	
11.0407	对策	game	又称“博弈”。
11.0408	对策元素	game element	
11.0409	对策的值	value of a game	
11.0410	对策模拟	gaming	
11.0411	竞争	competition	
11.0412	竞争均衡	competitive equilibrium	
11.0413	谈判集	bargaining set	
11.0414	谈判解	bargaining solution	
11.0415	人为步	personal move	又称“人为抉择”。
11.0416	对策的阶段	stage of game	
11.0417	对策树	game tree	
11.0418	终止面	terminal surface	又称“终结面”。

序　码	汉　文　名	英　文　名	注　　释
11.0419	策略变量	strategic variable	
11.0420	策略决策	strategied decision	
11.0421	获胜联盟	winning coalition	又称“赢联盟”。
11.0422	最小获胜联盟	minimal winning coalition	又称“最小赢联盟”。
11.0423	失败联盟	losing coalition	又称“输联盟”。
11.0424	冯·诺伊曼－莫根施特恩解	von Neumann-Morgenstern solution	
11.0425	极小极大定理	minimax theorem	
11.0426	零对策	zero game	
11.0427	零和对策	zero-sum game	
11.0428	两人对策	two-person game	
11.0429	矩阵对策	matrix game	
11.0430	双矩阵对策	bimatrix game	
11.0431	微分对策	differential game	
11.0432	正常对策	proper game	
11.0433	反常对策	improper game	
11.0434	本质对策	essential game	又称“实质性对策”。
11.0435	非本质对策	inessential game	又称“非实质性对策”。
11.0436	常和对策	constant-sum game	
11.0437	一般和对策	general sum game	
11.0438	非零和对策	non-zero-sum game	
11.0439	正规型对策	game in normal form	
11.0440	两人零和对策	two-person zero-sum game	
11.0441	两人常和对策	two-person constant-sum game	
11.0442	两人一般和对策	two-person general sum game	
11.0443	多人对策	multi-person games	
11.0444	n 人对策	n-person game	
11.0445	n 人零和对策	n-person zero-sum game	
11.0446	n 人常和对策	n-person constant-sum game	
11.0447	n 人一般和对策	n-person general sum game	
11.0448	合作对策	cooperative game	
11.0449	非合作对策	non-cooperative game	
11.0450	凸对策	convex games	
11.0451	次凸对策	subconvex game	
11.0452	子对策	subgame	
11.0453	凸合作对策	convex cooperative game	

序码	汉文名	英文名	注释
11.0454	*n* 人合作对策	*n*-person cooperative game	
11.0455	鞍点对策	saddle point game	
11.0456	对称对策	symmetric game	
11.0457	简单对策	simple game	
11.0458	简单多数对策	simple majority game	
11.0459	可分对策	separable game	
11.0460	追逃对策	pursuit evasion games	
11.0461	递归对策	recursive game	
11.0462	商对策	quotient game	
11.0463	多阶段对策	multistage game	
11.0464	穷竭对策	game of exhaustion	
11.0465	定时对策	game of timing	
11.0466	机会对策	game of chance	
11.0467	规避对策	evasion game	
11.0468	虚构对策	fictitious play	
11.0469	有限对策	finite game	
11.0470	无限对策	infinite game	
11.0471	需求对策	demand game	
11.0472	约束对策	constrained game	
11.0473	连续对策	continuous game	
11.0474	回避对策	eluding game	
11.0475	随机对策	stochastic games	
11.0476	循环对称对策	circular symmetric game	
11.0477	完全混合对策	completely mixed game	
11.0478	全信息对策	game with perfect information	
11.0479	全记忆对策	game with perfect recall	
11.0480	多面体对策	polyhedral game	
11.0481	多项式对策	polynomial game	
11.0482	限制对策	restricted game	
11.0483	极小极大策略	minimax strategy	

11.10 排 队 论

11.0484	排队论	queueing theory	
11.0485	随机服务系统	stochastic service system	
11.0486	排队模型	queueing model	
11.0487	排队过程	queue process	
11.0488	排队空间	buffer	又称“缓冲区”。

序码	汉文名	英文名	注释
11.0489	排队规则	queue discipline	
11.0490	输入过程	input stream	又称"输入流"。
11.0491	顾客	customer	又称"服务对象"。
11.0492	到达时刻	arrival instant	
11.0493	到达间隔	interarrival time	
11.0494	简单流	simple stream	
11.0495	损失制系统	loss system	又称"消失服务系统"。
11.0496	等待制系统	waiting system	又称"等待服务系统"。
11.0497	混合制系统	mixed system	
11.0498	先到先服务	first-come first-served, FCFS	
11.0499	后到先服务	last-come first-served, LCFS	
11.0500	优先权	priority	
11.0501	强占型优先权	preemptive priority	
11.0502	非强占型优先权	non-preemptive priority	
11.0503	优先排队	priority queues	
11.0504	优先服务	priority service	
11.0505	高负荷服务	heavy traffic	
11.0506	低负荷服务	light traffic	
11.0507	服务台	server	
11.0508	时间步长法	fixed-time incrementing method	
11.0509	事件步长法	next-event incrementing method	
11.0510	单台服务系统	single-server system	
11.0511	多台服务系统	multi-server system	
11.0512	对偶排队系统	dual queueing system	
11.0513	串联排队[系统]	tandem queue [system]	
11.0514	循环排队[系统]	cyclic queue [system]	
11.0515	成批排队	bulk queue	
11.0516	多重排队	multiqueue	
11.0517	排队网络	queueing network	
11.0518	成批到达	batch arrival	又称"大量到达(bulk arrival)"。
11.0519	成批服务	batch service	又称"大量服务(bulk service)"。
11.0520	排队时间	queueing time	
11.0521	服务时间	service time	

序码	汉文名	英文名	注释
11.0522	埃尔朗分布	Erlang distribution	
11.0523	逗留时间	sojourn time	
11.0524	队列长度	queue length	简称“队长”。
11.0525	队列量	queue size	
11.0526	等待时间	waiting time	
11.0527	虚等待时间	virtual waiting time	
11.0528	忙期	busy period	
11.0529	忙路线	busy channel	
11.0530	忙循环	busy cycle	
11.0531	闲期	idle period	
11.0532	平稳性态	stationary behavior	
11.0533	瞬时性态	transient behavior	
11.0534	嵌入马尔可夫链	imbedded Markov chain	
11.0535	损失率	loss probability	
11.0536	肯德尔记号	Kendall notation	
11.0537	最短服务时间	shortest service time, SST	
11.0538	最短剩余服务时间	shortest remaining service time, SRST	
11.0539	最长服务时间	longest service time, LST	
11.0540	最长剩余服务时间	longest remaining service time, LRST	
11.0541	特殊服务时间	special service times	

11.11 库存论·存储论

序码	汉文名	英文名	注释
11.0542	库存论	inventory theory	
11.0543	库存模型	inventory model	
11.0544	库存策略	inventory strategy	
11.0545	库存控制	inventory control	
11.0546	库存量	inventory level	
11.0547	定货	order	
11.0548	需求	demand	
11.0549	定货交付时间	lead time	
11.0550	保管费	holding cost	
11.0551	缺货损失费	shortage penalty cost	
11.0552	存储论	storage theory	
11.0553	水库论	dam theory	
11.0554	有限水库	finite dam	

序码	汉文名	英文名	注释
11.0555	无限水库	infinite dam	
11.0556	库容	content	
11.0557	泄放	release	
11.0558	放空	emptiness	
11.0559	首次放空	first emptiness	
11.0560	溢流	overflow	

11.12 决策论·价值论

序码	汉文名	英文名	注释
11.0561	决策论	decision theory	
11.0562	决策模型	decision model	
11.0563	决策过程	decision process	
11.0564	确定性策略	deterministic policy	
11.0565	决策	decision making	
11.0566	n 步决策	n-stage decision	
11.0567	决策树	decision tree	
11.0568	决策表	decision table	
11.0569	马尔可夫决策过程	Markov decision process	
11.0570	马尔可夫决策规划	Markov decision programming	
11.0571	报酬函数	reward function	
11.0572	平稳策略	stationary policy	
11.0573	马尔可夫策略	Markov policy	
11.0574	ε 最优策略	ε-optimal policy, epsilon-optimal policy	
11.0575	策略空间	policy space	
11.0576	策略改进[迭代]	policy improvement iteration	
11.0577	有限阶段模型	finite horizon model, finite stage model	
11.0578	平均报酬模型	average reward model	
11.0579	折扣模型	discounted reward model	
11.0580	极大风险模型	maximum risk pattern	
11.0581	连续时间模型	continuous time model	
11.0582	无界报酬模型	unbounded reward model	
11.0583	效用理论	utility theory	
11.0584	效用函数	utility function	
11.0585	决策分析	decision analysis	

序码	汉文名	英文名	注释
11.0586	序贯决策	sequential decision	
11.0587	不确定决策	decision under uncertainty	
11.0588	风险决策	decision under risk	
11.0589	递阶决策	hierarchical decision	
11.0590	群决策	group decision	
11.0591	交互决策	interactive decision making	
11.0592	多目标决策	multiple criteria decision making	
11.0593	风险	risk	
11.0594	抽奖	lottery	
11.0595	价值论	value theory	
11.0596	费用分析	cost analysis	
11.0597	费用结构	cost structure	
11.0598	费用系数	cost coefficients	
11.0599	费用向量	cost vector	
11.0600	费用函数	cost function	
11.0601	最小费用函数	minimum-cost function	
11.0602	活动分析	activity analysis	
11.0603	分配问题	allocation problem	

11.13 可靠性理论·更新论

序码	汉文名	英文名	注释
11.0604	可靠性理论	reliability theory	
11.0605	可靠性模型	reliability model	
11.0606	可靠度	reliability	
11.0607	可用度	availability	
11.0608	结构函数	structure function	
11.0609	故障率	failure rate	又称“失效率”。
11.0610	故障频度	failure frequency	
11.0611	故障树分析	fault tree analysis	
11.0612	故障模式和效应分析	failure mode and effect analysis, FMEA	
11.0613	维修策略	maintenance policy	
11.0614	可维护性	maintainability	
11.0615	维修率	maintenance rate	
11.0616	协调系统	coherent system	
11.0617	可修系统	repairable system	
11.0618	系统可靠性	system reliability	
11.0619	系统的寿命	lifetime of system	

序 码	汉 文 名	英 文 名	注 释
11.0620	剩余寿命	residual life	
11.0621	寿命特征[曲线]	life characteristics	
11.0622	寿命试验	life testing	简称“寿试”。
11.0623	更新论	renewal theory	
11.0624	更新过程	renewal process	
11.0625	交替更新过程	alternating renewal process	
11.0626	迟延更新过程	delayed renewal process	
11.0627	再生过程	regenerative process	
11.0628	更新密度	renewal density	
11.0629	更新函数	renewal function	
11.0630	更新方程	renewal equation	
11.0631	更新定理	renewal theorem	
11.0632	更换理论	replacement theory	
11.0633	更换策略	replacement strategy	
11.0634	按年龄更换策略	age replacement policy	
11.0635	成批更换策略	block replacement policy	

11.14 搜 索 论

序 码	汉 文 名	英 文 名	注 释
11.0636	搜索论	search theory	
11.0637	随机搜索	random search	
11.0638	搜索范围	hunting zone	
11.0639	检测概率	detection probability	又称“侦破概率”。
11.0640	搜索损失	hunting loss	
11.0641	搜索周期	hunting period	
11.0642	有效搜索度	effective search width	
11.0643	搜索运动学	kinematics of search	
11.0644	移动目标搜索	search for a moving target	
11.0645	前向搜索	sweep forward	
11.0646	后向搜索	sweep backward	
11.0647	作战对策技术	war gaming technique	
11.0648	兰彻斯特方程	Lanchester equation	

12. 信息论·控制论

序码	汉文名	英文名	注释

12.1 信息·编码

序码	汉文名	英文名	注释
12.0001	信息论	information theory	
12.0002	信息科学	information science	
12.0003	信息学	informatics	
12.0004	香农理论	Shannon theory	
12.0005	信息	information	又称“情报”。
12.0006	信息量	amount of information, quantity of information	
12.0007	自信息	self-information	
12.0008	互信息	mutual information	
12.0009	公信息	common information	又称“共信息”。
12.0010	条件信息	conditional information	
12.0011	部分信息	partial information	
12.0012	多余信息	redundant information	
12.0013	边信息	side information	
12.0014	信息可加性	additivity of information	
12.0015	遗传信息	genetic information	
12.0016	信息测度	measure of information	又称“信息的度量”。
12.0017	信息密度	information density	
12.0018	广义信息	generalized information	
12.0019	信息散度	information divergence	
12.0020	可观测信息	observable information	
12.0021	位	bit	指二进制数的位。
12.0022	比特	bit	信息度量的单位。
12.0023	信息位	information bit	
12.0024	信息率	information rate	
12.0025	传输速率	transmission rate	
12.0026	熵	entropy	信息量的一种度量，表示概率分布的一种不肯定性。
12.0027	条件熵	conditional entropy	
12.0028	不定度	uncertainty	
12.0029	信息熵	entropy of information	

序　码	汉 文 名	英 文 名	注　释
12.0030	平均熵	mean entropy	
12.0031	相对熵	relative entropy	
12.0032	熵率	entropy rate	
12.0033	ε 熵	ε-entropy，epsilon-entropy	
12.0034	互熵	cross entropy	
12.0035	语义信息	semantic information	
12.0036	信息的损失	loss of information	
12.0037	消息的熵	message entropy	
12.0038	信息几何	information geometry	
12.0039	信息统计	information statistics	
12.0040	信源	information source，source	
12.0041	无记忆信源	memoryless source	
12.0042	马尔可夫信源	Markov source	
12.0043	平稳信源	stationary source	
12.0044	遍历信源	ergodic source	
12.0045	高斯信源	Gaussian source	
12.0046	多信源	multiple source	
12.0047	独立信源	independent source	
12.0048	相关信源	correlated source	
12.0049	消息	message	
12.0050	信息稳定性	information stability	
12.0051	信道	channel	
12.0052	离散信道	discrete channel	
12.0053	连续信道	continuous channel	
12.0054	无噪信道	noiseless channel	
12.0055	有噪信道	noisy channel	
12.0056	无记忆信道	memoryless channel，channel without memory	
12.0057	有记忆信道	channel with memory	
12.0058	有限记忆信道	finite memory channel	
12.0059	有限状态信道	finite state channel	
12.0060	可分解信道	decomposable channel	
12.0061	不可分解信道	indecomposable channel	
12.0062	平稳信道	stationary channel	
12.0063	高斯信道	Gaussian channel	
12.0064	时变信道	time-varying channel	
12.0065	恒时信道	time-invariant channel	

序码	汉文名	英文名	注释
12.0066	线性信道	linear channel	
12.0067	单路信道	one way channel	
12.0068	多路信道	multi-way channel	
12.0069	多用户信道	multi-user channel	
12.0070	多用户信息论	multi-user information theory	
12.0071	二进对称信道	binary symmetric channel	
12.0072	二进删除信道	binary erasure channel	
12.0073	非对称信道	asymmetric channel	
12.0074	多接入信道	multiple access channel	
12.0075	可加信道	additive channel	
12.0076	广播信道	broadcast channel	
12.0077	互扰信道	interference channel	
12.0078	中继信道	relay channel	
12.0079	双向信道	two-way channel	
12.0080	公共信道	common channel	
12.0081	光子信道	photon channel	
12.0082	反馈信道	feedback channel	
12.0083	随机接入	random access	
12.0084	解冲突算法	collision resolution algorithm	
12.0085	α 容量	α-capacity，alpha-capacity	关于通信信道的一种基于 α 熵的容量。
12.0086	传输容量	transmission capacity	
12.0087	信道容量	channel capacity	
12.0088	容量区域	capacity region	
12.0089	信道编码	channel coding	
12.0090	信道字母	channel letter	
12.0091	信道噪声	channel noise	
12.0092	可达点	achievable point	
12.0093	可达率	achievable rate	
12.0094	可达区域	achievable region	
12.0095	混合字母表	mixed alphabet	
12.0096	字母表编码	alphabetic coding	
12.0097	字母码	alphabetic code，alpha code	
12.0098	字母表次序	alphabetic order	
12.0099	信号字母	signal alphabet	
12.0100	字典式	lexicographic	
12.0101	编码理论	coding theory	

序码	汉文名	英文名	注释
12.0102	编码	coding	
12.0103	最优编码	optimum coding	
12.0104	随机码	random code	
12.0105	随机编码	random coding	
12.0106	随机密码	random cipher	
12.0107	序贯编码	sequential coding	
12.0108	编码器	coder	
12.0109	自动编码	auto coding, automatic coding	
12.0110	编码[的]数据	coded data	
12.0111	编码定理	coding theorem	
12.0112	编码增益	coding gain	
12.0113	译码	decoding, decode	
12.0114	译码器	decoder	
12.0115	信息的译码	decoding of information	
12.0116	译码网络	decoding network	
12.0117	代数译码	algebraic decoding	
12.0118	反馈译码	feedback decoding	
12.0119	多数逻辑译码	majority logic decoding	
12.0120	门限译码	threshold decoding	又称“阈值译码”。
12.0121	概率译码	probabilistic decoding	
12.0122	最大似然译码	maximum likelihood decoding	
12.0123	序贯译码	sequential decoding	
12.0124	列表译码	list decoding	
12.0125	维特比译码算法	Viterbi decoding algorithm	
12.0126	费诺译码算法	Fano decoding algorithm	
12.0127	叠式存储算法	stack algorithm	又称“堆栈算法”。
12.0128	唯一可译性	unique decodability	
12.0129	唯一可译码	unique decodable code	
12.0130	译码时延	decoding delay	
12.0131	计算的分布	computational distribution	
12.0132	截止速率	cut off rate	
12.0133	溢出概率	overflow probability	
12.0134	硬决策	hard decision	又称“硬判决”。
12.0135	软决策	soft decision	又称“软判决”。
12.0136	抽象码	abstract code	
12.0137	[代]码	code	
12.0138	代码组	codes	

序码	汉文名	英文名	注释
12.0139	码字	code word	
12.0140	最优码	optimum code	
12.0141	码率	code rate	
12.0142	码树	code tree	
12.0143	信源编码	source coding	
12.0144	压缩	compression	
12.0145	消息压缩	message compression	
12.0146	数据压缩	data compression	
12.0147	语声压缩	speech compression	
12.0148	图象压缩	video compression	
12.0149	压缩率	compression rate	
12.0150	分块数据压缩	block data compression	
12.0151	量化	quantizing, quantization, quantifying	
12.0152	均匀量化	uniform quantizing	
12.0153	失真	distortion	又称"畸变"。
12.0154	率失真函数	rate distortion function	
12.0155	率失真理论	rate distortion theory	
12.0156	允许失真	admissible distortion	
12.0157	变长码	variable length code	
12.0158	莫尔斯码	Morse code	
12.0159	通用编码	universal coding	
12.0160	前缀码	prefix code	
12.0161	乘数词头	prefix multiplier	
12.0162	前置区	prefix area	
12.0163	语声编码	speech coding	
12.0164	调制编码系统	modulation coding system	
12.0165	预测编码	predictive coding	
12.0166	图象编码	picture coding	
12.0167	游程编码	run length coding	
12.0168	差错控制	error control	
12.0169	纠错码	error correcting code	
12.0170	差错校验	error check	
12.0171	差错校正	error correction	又称"纠错"。
12.0172	自动差错校正	automatic error correction	
12.0173	差错检测码	error detection code	
12.0174	差错保护	error protection	

序　码	汉　文　名	英　文　名	注　　释
12.0175	捕错	error trapping	
12.0176	带删除译码	erasure decoding	
12.0177	分组码	block code	曾用名“分块码”。
12.0178	分组编码	block coding	
12.0179	分组译码	block decoding	
12.0180	分组长度	block length	
12.0181	代数码	algebraic code	
12.0182	生成矩阵	generator matrix	
12.0183	生成多项式	generator polynomial	
12.0184	群码	group code	
12.0185	二进数群	group of binary numbers	
12.0186	线性码	linear code	
12.0187	陪集码	coset code	
12.0188	系统码	systematic code	
12.0189	汉明码	Hamming code	
12.0190	汉明界	Hamming bound	
12.0191	汉明距离	Hamming distance, Hamming metric	
12.0192	戈莱码	Golay code	
12.0193	循环码	cyclic code	
12.0194	循环码组	cyclic codes	
12.0195	非循环码	non-cyclic code	
12.0196	BCH 码	BCH code, Bose-Chaudhuri-Hocquenghem code	
12.0197	R-S 码	Reed-Solomon code	
12.0198	交替码	alternate code	
12.0199	几何码	geometric code	
12.0200	完全码	complete code	
12.0201	戈帕码	Goppa code	
12.0202	置换码	permuted code, permutation code	
12.0203	卷积码	convolutional code	
12.0204	树码	tree code	
12.0205	树图	tree graph	
12.0206	格子码	trellis code	又称“篱码”。
12.0207	格子图	trellis diagram	又称“篱图”。
12.0208	恶性码	catastrophic code	
12.0209	链码	chain code	

序码	汉文名	英文名	注释
12.0210	链级码	concatenated code	
12.0211	差错率	error rate	
12.0212	差错向量	error vector	
12.0213	差错空间	error space	
12.0214	差错序列	error sequence	
12.0215	差错方程	error equation	
12.0216	差错传播	error propagation	
12.0217	突发差错	burst error	
12.0218	突发长度	burst length	
12.0219	突发噪声	burst noise	
12.0220	捕获突发码	burst trapping code	
12.0221	校验	check	
12.0222	码校验	code check	
12.0223	奇偶校验	parity check, even-odd check	
12.0224	循环校验	cyclic check	
12.0225	剩余校验	residue check	
12.0226	校验比特	check bit	
12.0227	校验位	check digit	
12.0228	校验子	syndrome	
12.0229	校正子	corrector	
12.0230	权重分布	weight distribution	
12.0231	最小距离	minimum distance	
12.0232	自由距离	free distance	
12.0233	行距离	row distance	
12.0234	列距离	column distance	
12.0235	移位	shifting	
12.0236	移位算子	shifting operator	
12.0237	移位寄存器	shift register	
12.0238	线性复杂度	linear complexity	
12.0239	反馈函数	feedback function	
12.0240	反馈移位寄存器	feedback shift register	
12.0241	符号编码	symbolic coding	
12.0242	符号码	symbolic code	
12.0243	算术码	arithmetic code	
12.0244	正交码	orthogonal code	
12.0245	遗传码	genetic code	
12.0246	非线性复杂度	non-linear complexity	

序码	汉文名	英文名	注释

12.2 信号·数据处理

序码	汉文名	英文名	注释
12.0247	正交信号	orthogonal signal	
12.0248	信号估值	signal estimation	
12.0249	信噪比	signal to noise ratio	
12.0250	干扰	interfere	
12.0251	噪声	noise	
12.0252	白噪声	white noise	
12.0253	可加噪声	additive noise	
12.0254	散粒噪声	shot noise	
12.0255	功率谱	power spectrum	
12.0256	功率谱密度	power spectrum density	
12.0257	功率密度谱	power density spectrum	
12.0258	能量谱	energy spectrum	
12.0259	统计通信理论	statistical communication theory	
12.0260	信号检测	signal detection	
12.0261	双择检测	binary detection	又称"二元检测"。
12.0262	相关检测	correlation detection	
12.0263	相干检测	coherent detection	
12.0264	门限检测	threshold detection	
12.0265	门限值	threshold value	曾用名"阈值"。
12.0266	门限函数	threshold function	
12.0267	拒绝门限	rejection threshold	
12.0268	最大熵	maximum entropy	
12.0269	最大熵方法	maximum entropy method	
12.0270	最大熵估值	maximum entropy estimation	
12.0271	最大互信息	maximum mutual information	
12.0272	最大信噪比	maximum signal to noise ratio	
12.0273	量子信道	quantum channel	
12.0274	量子决策	quantum decision	
12.0275	量子检测	quantum detection	
12.0276	量子估值	quantum estimation	
12.0277	量子噪声	quantum noise	
12.0278	量子信号	quantum signal	
12.0279	接收区域	region of acceptance	
12.0280	搜索区域	region of search	
12.0281	数据传输	data transmission	

序码	汉文名	英文名	注释
12.0282	数字通信系统	digital communication system	
12.0283	数字信息	digital information	
12.0284	数值信息	numerical information	
12.0285	数字编码	numerical coding	
12.0286	数据系统	data system	
12.0287	数据通信	data communication	
12.0288	数据加密	data encryption	
12.0289	数据结构	data structure	
12.0290	存储空间	memory space	
12.0291	存储容量	memory capacity	
12.0292	树表示	tree representation	
12.0293	树算法	tree algorithm	
12.0294	伪随机码	pseudo-random code	
12.0295	伪随机信号	pseudo-random signal	
12.0296	流入边界点	entrance boundary point	

12.3 保 密 学

12.0297	密码学	cryptography	
12.0298	保密学	cryptology	
12.0299	保密体制	privacy system	
12.0300	保密量	amount of secrecy	
12.0301	加密	encipher	
12.0302	超加密	superencipher	
12.0303	解密	decipherment	
12.0304	密码	cipher	
12.0305	密文	ciphertext	
12.0306	破译	break	
12.0307	公开密钥	public key	
12.0308	公钥体制	public key system	
12.0309	对数公钥体制	logarithm public key system	
12.0310	背包公钥体制	knapsack public key system	
12.0311	RSA 体制	RSA system, Rivest-Shamir-Adelman system	
12.0312	明文	plaintext	
12.0313	陷门	trap-door	
12.0314	单开陷门函数	one-way trap door function	
12.0315	通信密钥	communication key	

序 码	汉 文 名	英 文 名	注 释
12.0316	双向通信	two-way communication	
12.0317	相关免疫性	correlation immunity	
12.0318	相关免疫函数	correlation immunite function	
12.0319	钟控序列	clock controlled sequence	

12.4 系统·控制

序 码	汉 文 名	英 文 名	注 释
12.0320	系统	system	
12.0321	子系统	subsystem	
12.0322	控制系统	control system	
12.0323	单变量系统	single variable system	又称“单输入单输出系统(single-input single-output system, SISO system)”。
12.0324	多变量系统	multivariable system	又称“多输入多输出系统(multi-input multi-output system, MIMO system)”。
12.0325	线性系统	linear system	
12.0326	广义线性系统	generalized linear system	
12.0327	奇异线性系统	singular linear system	
12.0328	时变系统	time-varying system	
12.0329	定常系统	time-invariant system	
12.0330	连续时间系统	continuous time system	
12.0331	离散系统	discrete system	
12.0332	离散时间系统	discrete time system	
12.0333	时滞系统	time-delay system	又称“延迟系统(delay system)”。
12.0334	不连续控制系统	discontinuous control system	
12.0335	连续控制系统	continuous control system	
12.0336	变结构控制系统	variable structure control system	
12.0337	开环系统	open-loop system	
12.0338	闭环系统	closed-loop system	
12.0339	奇异摄动系统	singularly perturbed system	
12.0340	慢变子系统	slow subsystem	
12.0341	快变子系统	fast subsystem	
12.0342	确定性系统	deterministic system	
12.0343	随机系统	stochastic system	

序码	汉文名	英文名	注释
12.0344	不确定性系统	uncertain system	
12.0345	[自]适应系统	adaptive system	
12.0346	模型参考适应系统	model reference adaptive system	
12.0347	模型跟随控制系统	model following control system	
12.0348	多项式矩阵系统	polynomial matrix system	
12.0349	可逆系统	invertible system	
12.0350	逆系统	inverse system	
12.0351	代数系统	algebraic system	
12.0352	非线性系统	non-linear system	
12.0353	双线性系统	bilinear system	
12.0354	二维系统	two dimensional system	简称"2D 系统 (2D system)"。
12.0355	多维系统	multidimensional system	
12.0356	集总参数系统	lumped parameter system	又称"集中参数系统"。
12.0357	分布参数系统	distributed parameter system	
12.0358	无穷维系统	infinite dimensional system	
12.0359	大系统	large scale system	
12.0360	大型动态系统	large scale dynamic system	
12.0361	离散事件动态系统	discrete event dynamic system	
12.0362	多级系统	multilevel system	
12.0363	关联系统	interconnected system	
12.0364	组合系统	composite system	
12.0365	孤立系统	isolated system	
12.0366	孤立子系统	isolated subsystem	
12.0367	耦合系统	coupled system	
12.0368	强耦合系统	strongly coupled system	
12.0369	弱耦合系统	weakly coupled system	
12.0370	解耦系统	decoupled system	
12.0371	数学模型	mathematical model	
12.0372	系统建模	system modelling	
12.0373	系统辨识	system identification	
12.0374	系统分析	system analysis	
12.0375	系统设计	system design	

序码	汉文名	英文名	注释
12.0376	系统综合	system synthesis	
12.0377	系统仿真	system simulation	
12.0378	控制	control	
12.0379	控制变量	control variable	
12.0380	容许控制	admissible control	
12.0381	控制律	control law	
12.0382	开环控制	open-loop control	
12.0383	闭环控制	closed-loop control	
12.0384	反馈控制	feedback control	
12.0385	前馈控制	feedforward control	
12.0386	比例控制	proportional control	
12.0387	积分控制	integral control	
12.0388	微分控制	derivative control	
12.0389	比例-积分-微分控制	proportional-integral-derivative control	简称“PID控制(PID control)”。
12.0390	最优控制	optimal control	
12.0391	时间最优控制	time-optimal control	又称“快速控制”。
12.0392	次优控制	suboptimal control	
12.0393	奇异控制	singular control	
12.0394	砰砰控制	bang-bang control	
12.0395	变结构控制	variable structure control	
12.0396	鲁棒控制	robust control	又称“稳健控制”。
12.0397	适应控制	adaptive control	
12.0398	自校正控制	self-tuning control	
12.0399	边界控制	boundary control	
12.0400	终值控制	terminal value control	
12.0401	随机控制	stochastic control	
12.0402	多级控制	multilevel control	
12.0403	递阶控制	hierarchical control	
12.0404	集中控制	centralized control	
12.0405	分散控制	decentralized control	

12.5 控制论

12.0406	控制理论	control theory	
12.0407	系统理论	systems theory	
12.0408	系统科学	systems science	
12.0409	现代控制理论	modern control theory	

序　码	汉　文　名	英　文　名	注　　释
12.0410	经典控制理论	classical control theory	
12.0411	线性控制理论	linear control theory	
12.0412	数学系统理论	mathematical system theory	
12.0413	线性系统理论	linear systems theory	
12.0414	最优控制理论	optimal control theory	
12.0415	随机控制理论	stochastic control theory	
12.0416	控制论	cybernetics	
12.0417	状态	state	
12.0418	初态	initial state	
12.0419	终态	terminal state	
12.0420	状态变量	state variable	
12.0421	状态向量	state vector	
12.0422	状态空间	state space	
12.0423	状态方程	state equation	
12.0424	状态反馈	state feedback	
12.0425	状态估计	state estimation	
12.0426	快变状态	fast state	
12.0427	慢变状态	slow state	
12.0428	输入	input	
12.0429	输入向量	input vector	
12.0430	阶跃输入	step input	
12.0431	单位阶跃输入	unit step input	
12.0432	随机输入	random input	
12.0433	外[部]输入	external input	
12.0434	参考输入	reference input	
12.0435	干扰输入	disturbance input	
12.0436	阶跃干扰	step disturbance	
12.0437	随机干扰	random disturbance	
12.0438	输出	output	
12.0439	输出向量	output vector	
12.0440	输出方程	output equation	
12.0441	输出反馈	output feedback	
12.0442	频域	frequency domain	
12.0443	频域分析	frequency domain analysis	
12.0444	时域	time domain	
12.0445	时域分析	time domain analysis	
12.0446	响应函数	response function	

序码	汉文名	英文名	注释
12.0447	响应曲线	response curve	
12.0448	频率响应	frequency response	
12.0449	时域响应	time domain response	
12.0450	单位阶跃函数	unit step function	
12.0451	单位阶跃响应	unit step response	
12.0452	冲激函数	impulse function	曾用名“脉冲函数”。
12.0453	冲激响应	impulse response	曾用名“脉冲响应”。
12.0454	零输入响应	zero-input response	
12.0455	框图	block diagram	
12.0456	可控性	controllability	又称“能控性”。
12.0457	可控性[矩]阵	controllability matrix	
12.0458	可控指数	controllability index	
12.0459	可控指数列	controllability indices	
12.0460	可控规范形	controllability canonical form	
12.0461	可控子空间	controllable subspace	
12.0462	观测值	observed value	
12.0463	可观测性	observability	又称“能观测性”。
12.0464	可观测性[矩]阵	observability matrix	
12.0465	可观测性指数	observability index	
12.0466	可观测性指数列	observability indicies	
12.0467	可观测性规范形	observability canonical form	
12.0468	不可观测子空间	unobservable subspace	
12.0469	系统的可达性	reachability of system	又称“系统的能达性”。
12.0470	可达集	reachable set	又称“能达集”。
12.0471	可检测性	detectability	又称“能检测性”。
12.0472	镇定	stabilization	
12.0473	可稳性	stabilizability	又称“能稳性”。
12.0474	辨识	identification	
12.0475	可辨识性	identifiability	又称“能辨识性”。
12.0476	实现理论	realization theory	
12.0477	最小实现	minimal realization	
12.0478	可实现性	realizability	又称“能实现性”。
12.0479	控制器	controller	
12.0480	反馈控制器	feedback controller	
12.0481	反馈增益	feedback gain	
12.0482	反馈增益[矩]阵	feedback gain matrix	

序码	汉文名	英文名	注释
12.0483	鲁棒控制器	robust controller	
12.0484	自校正控制器	self-tuning controller	
12.0485	适应控制器	adaptive controller	
12.0486	调节器	regulator	
12.0487	自校正调节器	self-tuning regulator	
12.0488	观测器	observer	
12.0489	状态观测器	state observer	
12.0490	全阶观测器	full order observer	
12.0491	降阶观测器	reduced order observer	
12.0492	最小阶观测器	minimal order observer	
12.0493	估计器	estimator	
12.0494	状态估计器	state estimator	
12.0495	补偿器	compensator	
12.0496	动态补偿器	dynamic compensator	
12.0497	卡尔曼滤波器	Kalman filter	
12.0498	卡尔曼－布西滤波器	Kalman-Bucy filter	
12.0499	传递函数	transfer function	
12.0500	传递函数[矩]阵	transfer function matrix	
12.0501	传输零点	transmission zero	
12.0502	传输极点	transmission pole	
12.0503	极点配置	pole assignment，pole placement	
12.0504	固定模	fixed mode	
12.0505	零极[点]相消	pole-zero cancellation	
12.0506	解耦	decoupling	
12.0507	干扰解耦	disturbance decoupling	
12.0508	内模	internal model	
12.0509	内模原理	internal model principle	
12.0510	系统矩阵	system matrix	
12.0511	系统等价	system equivalence	
12.0512	性能指标	performance index	
12.0513	庞特里亚金最大值原理	Pontryagin maximum principle	
12.0514	开关函数	switch function	
12.0515	开关曲线	switch curve	
12.0516	开关曲面	switch surface	
12.0517	线性二次型问题	linear quadratic problem	简称“LQ问题

序码	汉文名	英文名	注释
			(LQ problem)”。
12.0518	线性二次型高斯问题	linear quadratic Gaussian problem	简称“LQG 问题(LQG problem)”。
12.0519	输入输出稳定性	input-output stability	
12.0520	有界输入有界输出稳定性	bounded-input bounded-output stability	简称“BIBO 稳定性(BIBO stability)”。
12.0521	超稳定性	hyperstability	
12.0522	降阶模型	reduced model	
12.0523	模型降阶法	model reduction method	
12.0524	系统的分解	decomposition of system	
12.0525	系统的集结	aggregation of system	
12.0526	系统的协调	coordination in system	
12.0527	集结法	aggregation method	
12.0528	目标协调法	goal coordination method	
12.0529	模型协调法	model coordination method	
12.0530	关联预估法	interaction prediction approach	
12.0531	协态预估法	costate prediction approach	
12.0532	结构摄动法	structural perturbation approach	

英 汉 索 引

A

Abel ergodic theorem 阿贝尔遍历定理 07.0416
Abelian category 阿贝尔范畴 04.1624
Abelian crystal 阿贝尔晶体 04.1167
Abelian differential 阿贝尔微分 05.0468
Abelian extension 阿贝尔扩张 04.0437
Abelian function 阿贝尔函数 04.0316
Abelian function field 阿贝尔函数域 04.0317
Abelian group 阿贝尔群 04.1739
Abelian integral 阿贝尔积分 05.0454
abelianizing functor 阿贝尔化函子 04.1729
Abelian Lie algebra 阿贝尔李代数 04.1502
Abelian scheme 阿贝尔概形 04.1252
Abelian variety 阿贝尔簇 04.1235
Abel integral equation 阿贝尔积分方程 06.0575
Abel problem 阿贝尔问题 06.0574
Abel summation [method] 阿贝尔求和[法] 05.0250
Abel transformation 阿贝尔变换 05.0242
abscissa 横坐标 08.0212
abscissa of absolute convergence 绝对收敛横坐标 05.0367
abscissa of convergence 收敛横坐标 05.0366
abscissa of regularity 正则[性]横坐标 05.0368
absolute 绝对[的] 01.0065, 绝对形 08.0423
absolute differential calculus 绝对微分学 08.1018
absolute error 绝对误差 10.0035
absolute extremum 绝对极值 05.0711
absolute frequency 频数 09.0472
absolute geometry 绝对几何 08.0438
absolute height 绝对高 04.0370
absolute inequality 绝对不等式 05.0065
absolutely continuous 绝对连续[的] 05.0222
absolutely convergent 绝对收敛 05.0240
absolutely convex 绝对凸 07.0067
absolutely irreducible representation 绝对不可约表示 04.1924
absolute maximum 绝对极大值 11.0101
absolute minimum 绝对极小值 11.0100
absolute moment 绝对矩 09.0129
absolute neighborhood retract 绝对邻域收缩核 08.0575
absoluteness 绝对性 02.0206
absolute optimal solution 绝对最优解 11.0279
absolute rank 绝对秩 09.0770
absolute retract 绝对收缩核 08.0576
absolute stability A稳定性 10.0309
absolute value 绝对值 04.0118
absolute value of a field 域的绝对值 04.0480
absorbing 吸收[的] 07.0064
absorbing barrier 吸收壁 09.0347
absorbing boundary condition 吸收边界条件 10.0533
absorbing state 吸收状态 09.0304
absorption law 吸收律 03.0236
abstract code 抽象码 12.0136
abstract complex 抽象复形 08.0649
abstract harmonic analysis 抽象调和分析 05.0312
abstraction 抽象[化] 02.0127
abstract model theory 抽象模型论 02.0118
abstract non-singular curve 抽象非奇曲线 04.1059
abstract Riemann surface 抽象黎曼面 04.0311
abstract root system 抽象根系 04.2005
abstract simplex 抽象单形 08.0648
abstract variety 抽象簇 04.1135
abstract Wiener space 抽象维纳空间 09.0356
acceptable indexing 可接受标号 02.0225
acceptance region 接受区域 09.0612
accessibility 可达性 02.0213
accessible state 可达状态 09.0302
accidental error 偶然误差 10.0045

accretive operator 增生算子 07.0334
accuracy 精[确]度 10.0013
achievable point 可达点 12.0092
achievable rate 可达率 12.0093
achievable region 可达区域 12.0094
action of group 群作用 04.1840
active constraint 积极约束 11.0046
activity analysis 活动分析 11.0602
actual infinity 实无穷 02.0301
acute angle 锐角 08.0032
acute triangle 锐角三角形 08.0043
acyclic 零调[的] 08.0634
acyclic graph 无圈图 03.0112
acyclic quiver 零调箭图 04.1417
Adams[-Bashforth] method 亚当斯[－巴什福思]法 10.0285
Adams-Moulton method 亚当斯－莫尔顿法 10.0286
adapted 适应[的] 09.0219
adaptive control 适应控制 12.0397
adaptive controller 适应控制器 12.0485
adaptive system [自]适应系统 12.0345
addend 加数 04.0012
addition 加法 04.0009
additional congruential method 加同余方法 10.0640
additional sampling technique 加抽样方法 10.0651
addition of vectors 向量的加法 04.0673
additive 加性[的] 01.0071
additive category 加性范畴 04.1618
additive channel 可加信道 12.0075
additive functor 加性函子 04.1619
additive group of real numbers 实数加法群 04.2050
additive noise 可加噪声 12.0253
additive number theory 加性数论，＊堆垒数论 04.0214
additive process 独立增量过程 09.0375
additive reduction 加性约化 04.0364
additive set function 加性集函数 05.0183
additivity of information 信息可加性 12.0014
ADI scheme 交替方向隐格式 10.0551
adéle 阿代尔 04.0282
adéle group 阿代尔群 04.2028
adéle ring 阿代尔环 04.0283
adjacent angles 邻角 08.0031
adjacent edges 邻边 03.0067
adjacent matrix 邻接矩阵 03.0177
adjacent side 邻边 08.0052
adjacent vertices 邻顶点 03.0066
adjoint determinant 伴随行列式 04.0756
adjoint differential equation 伴随微分方程 06.0267
adjoint differential operator 伴随微分算子 06.0484
adjoint exponential transformation method 伴随指数变换方法 10.0667
adjoint functors 伴随函子 04.1613
adjoint kernel 伴随核 05.0628
adjoint Lie algebra 伴随李代数 04.1500
adjoint linear map 伴随线性映射 04.0777
adjoint matrix 伴随矩阵 04.0616
adjoint Monte Carlo method 伴随蒙特卡罗方法 10.0615
adjoint operator 伴随算子 07.0200
adjoint representation 伴随表示 04.1499
adjoint statistical estimation method 伴随统计估计方法 10.0666
adjoint weight method 伴随权重方法 10.0675
adjugant equivalence 转置伴随等价 04.1616
adjugate matrix 转置伴随矩阵 04.0617
adjunction of roots 根添加 04.0396
adjunction space 粘着空间 08.0495
admissible control 容许控制 12.0380
admissible decision function 容许决策函数 09.0527
admissible distortion 允许失真 12.0156
admissible error 容许误差 10.0050
admissible estimate 容许估计 09.0567
admissible function 容许函数 05.0691
admissible mapping 容许映射 04.1239
admissible ordinal 容许序数 02.0246
admissible set 容许集 02.0248
admissible solution 可采纳解，＊容许解 11.0273

admissible structure 容许结构 02.0116
admissible subgroup 容许子群 04.1782
admissible T_2 topological space 容许 T_2拓扑空间 04.2061
admissible test 容许检验 09.0630
admissible topological group 容许拓扑群 04.2062
advanced fundamental solution 超前基本解 06.0543
advanced potential 超前位势，* 前进位势 05.0646
a.e 几乎处处 05.0192
affine algebraic group 仿射代数群 04.1977
affine [algebraic] variety 仿射[代数]簇 04.1020
affine congruence 仿射等价 08.0415
affine connection 仿射联络 08.1016
affine coordinate 仿射坐标 08.0398
affine coordinate ring 仿射坐标环 04.1022
affine curvature 仿射曲率 08.1070
affine curve 仿射曲线 04.1173
affine differential geometry 仿射微分几何[学] 08.0942
affine equivalence 仿射等价 08.0415
affine function 仿射函数 05.0790
affine geometry 仿射几何[学] 08.0396
affine group 仿射群 04.1882
affine hull 仿射包 05.0740
affine hyperplane 仿射超平面 04.1026
affine line 仿射直线 04.1024
affinely independent 仿射无关 05.0789
affine mapping 仿射映射 08.0408
affine normal 仿射法线 08.1069
affine plane 仿射平面 04.1025
affine property 仿射性质 08.0416
affine scheme 仿射概形 04.1095
affine set 仿射集 05.0739
affine space 仿射空间 08.0397
affine transformation 仿射变换 08.0409
affine transformation group 仿射变换群 08.0410
affirmative 肯定[的] 01.0066
age replacement policy 按年龄更换策略 11.0634
aggregation method 集结法 12.0527
aggregation of system 系统的集结 12.0525
AIC criterion AIC 准则 09.0901
Airy differential equation 艾里微分方程 06.0061
Aitken interpolation algorithm 艾特肯插值算法 10.0180
Aitken $\triangle^2$ method 艾特肯$\triangle^2$法 10.0340
Aitken $\triangle^2$ process 艾特肯$\triangle^2$法 10.0340
Akaike information criterion AIC 准则 09.0901
Albanese variety 阿尔巴内塞簇 04.1238
Alexander duality 亚历山大对偶 08.0758
algebra 代数学 04.0388
algebra homomorphism 代数同态 04.1397
algebraic 代数的 04.0397
algebraic accuracy 代数精度 10.0237
algebraically closed field 代数闭域 04.0409
algebraically dependent 代数相关[的] 04.0444
algebraically equivalence 代数等价 04.1226
algebraically independent 代数无关[的] 04.0445
algebraic closure 代数闭包 04.0408
algebraic code 代数码 12.0181
algebraic cofactor 代数余子式 04.0751
algebraic curve 代数曲线 04.1172
algebraic cycle 代数闭链 04.1074
algebraic decoding 代数译码 12.0117
algebraic differential equation 代数微分方程 06.0049
algebraic element 代数元 04.0398
algebraic equation 代数方程 04.0556
algebraic expression 代数式 04.0535
algebraic extension 代数扩张 04.0402
algebraic function field 代数函数域 04.0305
algebraic geometry 代数几何[学] 04.1016
algebraic group 代数群 04.1976
algebraic groups over an algebraic number field 数域上代数群 04.2027
algebraic groups over local field 局部域上代数群 04.2026
algebraic integer 代数整数 04.0228
algebraic invariant 代数不变式 04.1887
algebraic *K* theory 代数 *K* 理论 04.1717
algebraic lattice 代数格 03.0294
algebraic Lie algebra 代数的李代数 04.1993
algebraic number 代数数 04.0227
algebraic number field 代数数域，* 数域 04.0226

algebraic number theory 代数数论 04.0225
algebraic program 代数规划 11.0073
algebraic set 代数集 04.1018
algebraic singularity 代数奇点 05.0453
algebraic subgroup 代数子群 04.1981
algebraic sum 代数和 04.0019
algebraic system 代数系统 12.0351
algebraic topology 代数拓扑[学] 08.0590
algebraic transformation space 代数变换空间 04.1985
[algebraic] variety [代数]簇 04.1017
algebra isomorphism 代数同构 04.1396
algebra of events *事件代数 09.0023
algebra of finite representation type 有限表示型代数 04.1409
algebra of logic *逻辑代数 02.0023
algebra of propositions 命题代数 02.0023
algebras 代数 04.1472
algebra with polynomial identities PI代数 04.1447
algebroidal function 代数体函数 05.0455
algorithm 算法 02.0261, 10.0022
aliasing error 混淆误差 10.0532
all integer algorithm for cutting plane 全整数割平面法 11.0177
all integer programming 全整数规划 11.0173
allocation problem 分配问题 11.0603
almost certain 几乎必然 09.0049
almost complex manifold 殆复流形 08.0891
almost complex structure 殆复结构 08.0893
almost everywhere 几乎处处 05.0192
almost flat manifold 殆平坦流形 08.1068
almost periodic function 殆周期函数, *几乎周期函数 05.0291
almost periodic function on a group 群上的殆周期函数 05.0295
almost periodic motion 殆周期运动 06.0120
almost periodic solution 殆周期解 06.0157
almost simple algebraic group 殆单代数群 04.1998
almost splitting extension 殆分裂扩张 04.1412
almost splitting sequence 殆分裂序列 04.1411
almost sure 几乎必然 09.0049
almost sure convergence 几乎必然收敛 09.0150
almost uniform convergence 几乎一致收敛 09.0152
alphabet 字母表 02.0260
alphabetic code 字母码 12.0097
alphabetic coding 字母表编码 12.0096
alphabetic order 字母表次序 12.0098
alpha-capacity α容量 12.0085
alpha code 字母码 12.0097
alpha-finite α有限 02.0293
alpha-limit point α极限点, *负向极限点 06.0124
alpha-limit set α极限集合 06.0165
alpha-recursion α递归性 02.0294
alpha-superharmonic function α上调和函数 05.0635
alpha-trimmed mean α修削平均 09.0774
alternate bilinear form 交错双线性型 04.0772
alternate code 交替码 12.0198
alternate exterior angles 外错角 08.0040
alternate interior angles 内错角 08.0041
alternating chain 交错链 03.0148
alternating direction implicit method 交替方向隐式法 10.0414
alternating direction implicit scheme 交替方向隐格式 10.0551
alternating direction method 交替方向法 10.0413
alternating matrix *交错矩阵 04.0628
alternating multilinear mapping 交错多重线性映射 04.0857
alternating renewal process 交替更新过程 11.0625
alternating series 交错级数 05.0244
alternation theorem 交错定理 10.0113
alternative algebra 交错代数 04.1476
alternative groups 交错群 04.1903
alternative hypothesis 备择假设 09.0600
alternative optimality 择一最优性 11.0103
alternatives 供选方案 11.0033
alternative tensor 交错张量 04.0852
alternizer 交错化子 04.0855
altitude 高线 08.0066

amalgamated product 共合积 04.1852
ambiguous class of ideals 自共轭理想类 04.0300
amount of information 信息量 12.0006
amount of secrecy 保密量 12.0300
ample complete linear system 丰富完全线性系 04.1243
ample divisor 丰富除子 04.1224
ample invertible sheaf 丰富可逆层 04.1146
amplification factor 放大因子 10.0528
amplification matrix 放大矩阵 10.0529
analysis 分析[学] 05.0001
analysis of variance 方差分析 09.0715
analysis of variance table 方差分析表 09.0725
analytically complete domain 解析完全域 05.0555
analytic automorphism operator 解析自同构算子 05.0565
analytic continuation 解析延拓 05.0448
analytic density 狄利克雷密度 04.0223
analytic function 解析函数 05.0378
analytic functional 解析泛函 07.0013
analytic function of bounded mean oscillation BMOA 函数，* 有界平均振动解析函数 05.0512
analytic function of several variables 多元解析函数 05.0548
analytic geometry 解析几何[学] 08.0203
analytic group 解析群 04.2077
analytic group of a Lie algebra 李代数的解析群 04.2114
analytic hierarchy 解析分层 02.0252
analytic homeomorphism 解析同胚 05.0564
analytic homomorphism 解析同态 04.2085
analytic-hypoelliptic operator 解析亚椭圆算子 06.0518
analytic isomorphism 解析同构 04.2086
analyticity 解析性 05.0377
analytic manifold 解析流形 08.0894
analytic mapping 解析映射 05.0562
analytic number theory 解析数论 04.0187
analytic operator 解析算子 07.0330
analytic polyhedron 解析多面体 05.0560
analytic prolongation 解析延拓 05.0448
analytic semi-group 解析半群 07.0226
analytic set 解析集 05.0016
analytic singular support 解析奇支集 06.0504
analytic solution 分析解，* 解析解 10.0009
analytic space 解析空间 05.0575
analytic subgroup 解析子群 04.2080
analytic theory of differential equation 微分方程解析理论 06.0048
analytic variety 解析簇 05.0574
anchor ring 环面 08.0595
ancillary statistic 从属统计量 09.0498
angle 角 08.0028
angle in a circular segment 圆周角 08.0089
angle of depression 俯角 08.0176
angle of elevation 仰角 08.0175
angle of inclination 倾角 08.0037
angle of rotation 旋转角 08.0323
angular bisector 角平分线 08.0068
angular domain 角域 08.0144
anharmonic ratio 交比 08.0370
anisotropic subspace 非迷向子空间 04.0806
anisotropic vector 非迷向向量 04.0804
annihilator of a module 模的零化子 04.0876
annular region 环形区域 08.0316
Anosov diffeomorphism 阿诺索夫微分同胚 06.0163
Anosov vector field 阿诺索夫向量场 06.0164
ansatz 拟设 08.1066
antecedent 前项 04.0072
anti-automorphism 反自同构 04.1318
anti-commutative 反交换 04.1492
anti-Hermitian matrix 反埃尔米特矩阵 04.0630
anti-homomorphism 反同态 04.1317
anti-isomorphism 反同构 04.1316
anti-logarithm 反对数 05.0114
antipodal point 对径点 08.0594
anti-sine 反正弦 08.0193
anti-symmetric 反称[的] 03.0218
anti-symmetric matrix 反称矩阵 04.0628
antithetic variates method 对偶变数方法 10.0630
A-optimal design *A* 最优设计 09.0887
apothem 边心距 08.0086

Appell hypergeometric function of two variables 阿佩尔二变量超几何函数 06.0647
applied mathematics 应用数学 01.0003
approaching sampling technique 近似抽样方法 10.0656
approximability 可逼近性 10.0079
approximant 逼近式 10.0083
approximate derivative 近似导数 05.0226
approximated function 被逼近函数 10.0081
approximate factorization method 近似因式分解法 10.0597
approximate golden section method *近似黄金分割法 11.0197
approximately derivable 近似可导[的] 05.0227
approximately everywhere 近乎处处 05.0613
approximate representation 近似表示 10.0082
approximate solution 近似解 10.0011
approximate value 近似值 10.0059
approximating function 逼近函数 10.0080
approximating proper mapping 逼近正则映射 07.0328
approximation 逼近 10.0078
approximation by interpolation 插值逼近 05.0538
approximation error 逼近误差 10.0054
approximation in quadratic norm 平方逼近 10.0089
approximation in the mean 平均逼近 10.0091
approximation theory 逼近论 05.0335
approximation theory of functions 函数逼近论 05.0533
approximation with interpolating constraints 插值约束逼近 10.0129
approximation with restricted range 约束值域逼近 10.0130
a priori bound 先验界限 06.0329
a priori estimate 先验估计 06.0330
A_p-weight A_p权 05.0308
arborescence 树形图 03.0196
arc 弧 03.0064, 08.0081
Archimedean absolute value 阿基米德绝对值 04.0482
Archimedean axiom 阿基米德公理 08.0011
Archimedean ordered field 阿基米德序域 04.0454
arc search method 弧线搜索法 11.0202
arc-sine 反正弦 08.0193
arcsine distribution 反正弦分布 09.0101
arcwise connected 弧连通[的] 08.0505
arc without contact 无切弧 06.0097
area 面积 08.0021
area functional 面积泛函 05.0725
area-preserving mapping 保面积映射 06.0100
argument 辐角 05.0340
argument function 变函数 05.0690
argument principle 辐角原理 05.0402
arithmetic 算术 04.0001
arithmetical hierarchy 算术分层 02.0251
arithmetical predicate 算术谓词 02.0249
arithmetic code 算术码 12.0243
arithmetic function 算术函数 04.0205
arithmetic genus 算术亏格 04.1155
arithmetic mean 算术平均 04.0134
arithmetic of associative algebra 结合代数的算术 04.1453
arithmetic progression 等差数列，*算术数列 04.0128
arithmetic progression of higher order 高阶等差数列 04.0140
arithmetic root 算术根 04.0109
arithmetic series 等差级数 04.0138
arithmetic subgroup 算术子群 04.2029
arithmetic system 算术系统 02.0138
arithmetization 算术化 02.0137
ARMA model 自回归滑动平均模型 09.0896
AR model 自回归模型 09.0894
arrival instant 到达时刻 11.0492
arrow diagram 箭头图 11.0381
artificial basis 人工基 11.0134
artificial variable 人工变量 11.0130
Artinian module 阿廷模 04.0910
Artinian ring 阿廷环 04.0981
Artin L-function 阿廷 L 函数 04.0220
Artin map 阿廷映射 04.0274
Artin root number 阿廷根数 04.0221
ascending chain condition 升链条件 04.0904

ascending chain condition for left ideals 左理想升链条件 04.1360
ascent algorithm 上升算法 10.0375
ascent direction 上升方向 10.0376
assertion 论断 01.0011
assignment problem 指派问题 11.0160
associated bundle 配丛，* 副丛 08.0850
associated elements 相伴元 04.0952
associated Legendre function 连带勒让德函数 06.0659
associated prime ideal 相伴素理想 04.0983
associated radius of convergence 相伴收敛半径 05.0547
association mapping 结合映射 08.0794
associative algebra 结合代数 04.1267
associative law 结合律 04.1268
associative law of addition 加法结合律 04.1270
associative law of multiplication 乘法结合律 04.1272
associative ring 结合环 04.1265
A-stability *A* 稳定性 10.0309
asteroid 星形线 08.0307
asymmetric channel 非对称信道 12.0073
asymptote 渐近线 08.0258
asymptotically efficient estimate 渐近有效估计 09.0587
asymptotically minimax estimate 渐近极小化极大估计 09.0562
asymptotic center 渐近中心 07.0171
asymptotic cone 渐近锥面 08.0280
asymptotic convergence 渐近收敛 05.0237
asymptotic curve 渐近曲线 08.0985
asymptotic direction 渐近方向 08.0984
asymptotic expansion 渐近展开 05.0254
asymptotic expansion of solution 解的渐近展开 06.0060
asymptotic generalized gradient 渐近广义梯度 07.0322
asymptotic martingale 渐近鞅 09.0248
asymptotic path 渐近路径 05.0439
asymptotic perturbation theory 渐近扰动理论 07.0260
asymptotic rate of convergence 渐近收敛速率 10.0327
asymptotic representation of Debye 德拜渐近表示 06.0714
asymptotic series 渐近级数 05.0231
asymptotic stability 渐近稳定性 06.0141
asymptotic tangent 渐近切线 08.0330
asymptotic value 渐近值 05.0438
atlas 图册 08.0879
atom 原子 03.0272
atom [event] 原子[事件] 09.0039
atomic Boolean polynomial 原子的布尔多项式 03.0287
atomic formula 原子公式 02.0102
atomic model 原子模型 02.0104
atomic sentence 原子[语]句 02.0101
atomic theory 原子理论 02.0103
atom lattice 原子格 03.0273
attractive 吸引[的] 09.0173
attractive fix-point 吸性不动点 05.0517
attractor 吸引子 06.0161
augmentation ideal 增广理想 04.1680
augmentation mapping 增广映射 04.1679
augmented complex 增广复形 04.1659
augmented matrix 增广矩阵 04.0667
augmented multiplier method 增广乘子法 11.0247
augmented objective function 增广目标函数 11.0235
augmented phase space 增广相空间 06.0088
auto coding 自动编码 12.0109
autocorrelation function 自相关函数 09.0409
automata 自动机 02.0259
automatic coding 自动编码 12.0109
automatic error correction 自动差错校正 12.0172
automatic grid generation 自动网格生成 10.0543
automatic integration 自动积分 10.0278
automorphic form 自守形式 05.0475
automorphic function 自守函数 05.0474
automorphic invariant 同构不变量 07.0430
automorphic representation 自守表示 04.0340
automorphism 自同构 04.1314
automorphism group of a graph 图自同构群

03.0180
automorphism of a module 模自同构 04.0874
automorphism of a sesquilinear form 半双线性型的自同构 04.0778
automorphism of block design 区组设计自同构 03.0036
automorphism of group 群的自同构 04.1766
autonomous system of differential equations 自治微分方程组 06.0078
autoregression model 自回归模型 09.0894
autoregressive moving-average model 自回归滑动平均模型 09.0896
auxiliary variable 辅助变量 11.0132
availability 可用度 11.0607
average rate of convergence 平均收敛速率 10.0326
average reward model 平均报酬模型 11.0578
average sample number 平均样本量 09.0854
averaging method 平均方法 06.0113
axiom 公理 01.0008
axiom *A* 公理 *A* 06.0162
axiomatic method 公理方法 02.0311
axiomatics 公理学 02.0306
axiomatic set theory 公理化集合论 02.0151
axiomatic theory 公理化理论 02.0310
axiom of choice 选择公理 02.0159
axiom of congruence 全等公理 08.0007
axiom of connection 关联公理 08.0005
axiom of continuity 连续公理 08.0010
axiom of order 次序公理 08.0006
axiom of parallels 平行公理 08.0008
axioms of countability 可数[性]公理 08.0519
axis of abscissas 横[坐标]轴 08.0208
axis of convergence 收敛轴 05.0369
axis of coordinates 坐标轴 08.0207
axis of ordinates 纵[坐标]轴 08.0209
axis of rotation 旋转轴 08.0324
axis of symmetry 对称轴 08.0328

B

back and forth construction 进退构造 02.0099
Bäcklund transformation 贝克隆变换 06.0458
back substitution 回代 10.0387
backward difference 向后差分 10.0202
backward equation 向后方程 09.0326
backward error analysis 向后误差分析 10.0075
backward parabolic equation 后向抛物[型]方程 06.0375
bad reduction 坏约化 04.0362
Baer radical 白尔根 04.1343
Bahadur asymptotic efficiency 巴哈杜尔渐近效率 09.0589
Bahadur efficiency 巴哈杜尔效率 09.0583
Baire functions 贝尔函数 05.0048
Baire space 贝尔空间 07.0045
Bairstow iteration method 贝尔斯托迭代法 10.0350
Baker-Cambell-Hausdorff formula 贝克－坎贝尔－豪斯多夫公式 04.2107
balanced 均衡[的] 07.0063
balanced assignment problem 平衡指派问题 11.0162
balanced block design 平衡区组设计 03.0027
balanced design 平衡设计 03.0026
balanced incomplete block design 平衡不完全区组设计，* BIB 设计 03.0028
balanced module 平衡模 04.0926
balanced transportation problem 平衡运输问题 11.0157
balayage 扫除 05.0669
balayage operator 扫除算子 05.0670
ball 球 08.0165
Banach*- algebra 巴拿赫 * 代数 07.0273
Banach algebra 巴拿赫代数 07.0265
Banach lattice 巴拿赫格 07.0130
Banach manifold 巴拿赫流形 07.0375
Banach space 巴拿赫空间 07.0117
band matrix 带状矩阵 10.0403
band width 带宽 10.0404
bang-bang control 砰砰控制 12.0394
bargaining set 谈判集 11.0413
bargaining solution 谈判解 11.0414

Barnes extended hypergeometric function　巴恩斯广义超几何函数　06.0645
barrel　桶集　07.0074
barreled space　桶型空间　07.0075
barrier cone　闸锥　05.0762
barrier [function]　闸函数　06.0319
barrier function　障碍函数，* 围墙函数，* 碰壁函数　11.0238
Barsotti-Tate group　巴索蒂－泰特群　04.1248
barycenter　重心　08.0057
barycentric coordinates　重心坐标　08.0220
barycentric mapping　单纯映射　08.0673
barycentric subdivision　重心重分　08.0675
base angle　底角　08.0049
base number　底数　04.0036
base of logarithm　对数的底　05.0108
base point　基点　08.0785
base space　底空间　08.0833
basic feasible solution　基本可行解　11.0137
basic invariant　基本不变式　04.1890
basic variable　基[本]变量　11.0128
basin of attraction　吸引区域　09.0174
basis coherent with the orientation　顺向基　08.0720
basis of linear space　线性空间的基　04.0686
batch arrival　成批到达　11.0518
batch service　成批服务　11.0519
Bauer bi-iteration　鲍尔双迭代[法]　10.0460
Bayes classification rule　贝叶斯分类规则　09.0764
Bayes decision function　贝叶斯决策函数　09.0540
Bayes estimate　贝叶斯估计　09.0563
Bayes formula　贝叶斯公式　09.0046
Bayesian modification of the AIC　BIC 准则　09.0902
Bayes interval estimate　贝叶斯区间估计　09.0653
Bayes risk　贝叶斯风险　09.0537
Bayes sequential decision function　贝叶斯序贯决策函数　09.0547
Bayes statistics　贝叶斯统计　09.0531
BCH code　BCH 码　12.0196
Beam-Warming scheme　比姆－沃明格式　10.0552
behavioral strategy　行为策略　11.0401
belong to　属于　01.0080
Beltrami equation　贝尔特拉米方程　06.0464
Bergman metric　伯格曼度量　05.0578
Bergman operator　伯格曼算子　06.0515
Bergman space　伯格曼空间　05.0511
Bernoulli differential equation　伯努利微分方程　06.0028
Bernoulli distribution　伯努利分布　04.0295
Bernoulli iteration　伯努利迭代法　10.0346
Bernoulli number　伯努利数　06.0593
Bernoulli partition　伯努利分割　07.0441
Bernoulli polynomial　伯努利多项式　06.0592
Bernoulli shift　伯努利推移　07.0403
Bernoulli trials　伯努利试验　09.0006
Bernstein polynomial　伯恩斯坦多项式　10.0086
Bers space　贝尔斯空间　05.0477
Bessel differential equation　贝塞尔微分方程　06.0692
Bessel function　* 贝塞尔函数　06.0693
Bessel function of the first kind　第一类贝塞尔函数　06.0693
Bessel function of the second kind　第二类贝塞尔函数　06.0694
Bessel function of the third kind　第三类贝塞尔函数　06.0695
Bessel inequality　贝塞尔不等式　05.0268
Bessel integral　贝塞尔积分　06.0706
best approximation　最佳逼近　10.0084
best asymptotically normal estimate　最佳渐近正态估计　09.0596
best fit　最佳拟合　10.0140
best linear invariant estimate　最佳线性不变估计　09.0679
best linear unbiased estimate　最佳线性无偏估计　09.0678
best uniform approximation　最佳一致逼近　10.0087
beta-distribution　β分布　09.0096
beta-function　β函数　06.0637
Betti number　贝蒂数　08.0659

Bhattacharyya lower bound 巴塔恰里亚下界 09.0578
bialgebra 双代数 04.1470
Bianchi identities 比安基恒等式 08.1028
bias 偏倚 09.0555
biased estimate 有偏估计 09.0556
bias sampling technique 偏倚抽样方法 10.0658
biaxial spherical surface function 双轴球面函数 06.0662
BIBO stability * BIBO 稳定性 12.0520
BIC criterion BIC 准则 09.0902
bicharacteristic rays 次特征射线 06.0245
bicharacteristics 次特征[线] 06.0251
bicharacteristic strip 次特征带 06.0244
bi-comodule 双余模 04.0931
bicubic element 双三次元 10.0506
bicubic interpolation 双三次插值 10.0184
bidual 二次对偶 07.0050
bidual space 二次对偶空间 07.0051
Bieberbach conjecture 比伯巴赫猜想 05.0496
biendomorphism ring 双自同态环 04.0925
bifunction 双重函数 05.0825
bifunctor 二元函子 04.1595
bifurcation point 歧点, * 分岔点 07.0355
bifurcation theory 分歧理论, * 分岔理论 07.0356
biharmonic equation 双调和方程, * 重调和方程 06.0415
biharmonic function 双调和函数, * 重调和函数 06.0416
biharmonic operator 双调和算子, * 重调和算子 06.0513
bijection 一一映射 01.0109
bijective 一一映射 01.0109
bijective measure-preserving transformation 双射保测变换 07.0394
bilateral surface 双侧曲面 08.0313
bilinear balanced map 双线性平衡映射 04.0902
bilinear element 双线性元 10.0505
bilinear form 双线性型 04.0766
bilinear function 双线性函数 04.0775
bilinear functional 双线性泛函 07.0009
bilinear interpolation 双线性插值 10.0182
bilinear mapping 双线性映射 04.0774
bilinear model 双线性模型 09.0914
bilinear operator 双线性算子 07.0180
bilinear programming 双线性规划 11.0071
bilinear system 双线性系统 12.0353
bimatrix game 双矩阵对策 11.0430
bimeasurable transformation 双可测变换 07.0392
bimodule 双模 04.0901
binary cubic form 二元三次型 04.0179
binary detection 双择检测, * 二元检测 12.0261
binary erasure channel 二进删除信道 12.0072
binary operation 二元运算 03.0335
binary symmetric channel 二进对称信道 12.0071
binary system 二进制 04.0089
binary time series 二值时间序列 09.0920
binding number 联结数 03.0089
Binet formula 比内公式 06.0631
binomial 二项式 04.0545
binomial coefficients 二项式系数 04.0126
binomial distribution 二项分布 09.0076
binomial equation 二项方程 04.0564
binomial theorem 二项式定理 04.0125
binormal 副法线 08.0960
biorthogonal 双正交[的] 07.0150
biorthogonal system 双正交系 07.0056
bipartite graph 二部图 03.0107
biquadratic interpolation 双二次插值 10.0183
biquadratic reciprocity law 四次互反律 04.0258
birational equivalence 双有理等价 04.1048
birational invariant 双有理不变量 04.1049
birational mapping 双有理映射 04.1047
birational morphism 双有理态射 04.1050
Birch and Swinnerton-Dyer conjecture BSD 猜想, * 伯奇与斯温纳顿-戴尔猜想 04.0383
Birkhoff interpolation 伯克霍夫插值 10.0169
birth and death process 生灭过程 09.0368
birth process 纯生过程 09.0369
bisection method 对分法 10.0353
bisection technique 对分法 10.0353
bit 位 12.0021, 比特 12.0022

Bitsadze-Lavrentiev equation 比察捷－拉夫连季耶夫方程 06.0381
Blaschke product 布拉施克乘积 05.0440
BLIE 最佳线性不变估计 09.0679
Bloch constant 布洛赫常数 05.0509
Bloch function 布洛赫函数 05.0508
Bloch space 布洛赫空间 05.0510
block code 分组码，＊分块码 12.0177
block coding 分组编码 12.0178
block data compression 分块数据压缩 12.0150
block decoding 分组译码 12.0179
block design 区组设计 03.0021
block diagonal matrix 分块对角矩阵 04.0613
block diagram 框图 12.0455
block iteration 块迭代 10.0437
block length 分组长度 12.0180
block multiplication 分块乘法 04.0612
block relaxation 块松弛 10.0438
block replacement policy 成批更换策略 11.0635
block search 分批试验法 11.0199
block tridiagonal matrix 块三对角[矩]阵 10.0407
blowing up at a point 点的拉开 04.1054
blowing-up of solution 解的破裂 06.0457
BLUE 最佳线性无偏估计 09.0678
BMO martingale BMO 鞅 09.0238
body-fitted curvilinear coordinates 贴体曲线坐标 10.0583
Bohr compactification 玻尔紧化 05.0315
Boltzmann [integro-differential] equation 玻耳兹曼[积分微分]方程 06.0588
Boolean algebra 布尔代数 03.0284
Boolean equation 布尔方程 03.0289
Boolean lattice 布尔格 03.0282
Boolean method 布尔方法 11.0352
Boolean polynomial 布尔多项式 03.0286
Boolean power 布尔幂 03.0360
Boolean product 布尔积 03.0363
Boolean programming 布尔规划 11.0078
Boolean ring 布尔环 03.0285
Boolean space 布尔空间 03.0283
bootstrap 自助法 09.0803
bordered compact Riemann surface 紧加边黎曼[曲]面 05.0466
bordered matrix 加边矩阵 04.0668
border set 边缘集 08.0468
Borel hierarchy 博雷尔分层 02.0242
Borel measurable function 博雷尔可测函数 05.0205
Borel set 博雷尔集 05.0013
Borel subgroup 博雷尔子群 04.2012
Borel summation [method] 博雷尔求和[法] 05.0251
Born-Infeld equation 玻恩－因费尔德方程 06.0451
bornologic space 有界型空间，＊囿空间 07.0080
Bose-Chaudhuri-Hocquenghem code BCH 码 12.0196
boundary 边缘 04.1638
boundary behavior 边界表现 05.0441
boundary chain 边缘链 08.0632
boundary condition of mixed type 混合型边界条件 06.0377
boundary control 边界控制 12.0399
boundary correspondence 边界对应 05.0489
boundary curve 边界曲线 10.0496
boundary element 边界元 10.0511
boundary element method 边界元法 10.0512
boundary estimate 边界估计 06.0328
boundary homomorphism 边缘同态 08.0629
boundary integral method 边界积分法 10.0596
boundary node 边界结点 10.0495
boundary of a set 集的边界 08.0455
boundary operation 边缘运算 04.1635
boundary point 边界点 08.0454
boundary value condition 边值条件 06.0070
boundary value problem 边值问题 06.0071
bounded 有界[的] 05.0007
bounded convergence topology 有界收敛拓扑 07.0039
bounded estimator method 有界估计方法 10.0682
bounded function 有界函数 05.0212
bounded heuristic method 有界近似法 11.0355
bounded-input bounded-output stability 有界输入

有界输出稳定性 12.0520
bounded lag 有界滞量 06.0211
bounded linear functional 有界线性泛函 07.0007
bounded linear operator 有界线性算子 07.0176
boundedly complete family of distributions 有界完全分布族 09.0452
boundedly complete statistic 有界完全统计量 09.0494
boundedly complete sufficient statistic 有界完全充分统计量 09.0495
bounded quantifier 受囿量词 02.0061
bounded representation type 有界表示型 04.1410
bounded set 有界集 07.0065
bounded-variable technique 有界变量法 11.0152
bound occurrence 约束出现 02.0060
bound variable 约束变量 02.0059
Boussinesq equation 布西内斯克方程 06.0445
Box-Müller sampling technique 博克斯－米勒抽样方法 10.0662
brachistochrone 捷线 05.0720
braid group 辫群 04.1861
branch 分支 05.0451
branch and bound method 分支定界法，* 分支限界法 11.0178
branching point [分]支点 05.0452
branching process 分支过程 09.0366
branch point of a morphism 态射的分支点 04.1215
Brauer group 布饶尔群 04.1432
Brauer group of a local field 局部域的布饶尔群 04.0503
Brauwerian algebra 布劳威尔代数 03.0341
break 破译 12.0306
break down point 崩溃点 09.0799
bridge of a graph 图的桥 03.0110
broadcast channel 广播信道 12.0076
broad sense Mathieu function 广义马蒂厄函数 06.0730
broken line 折线 08.0236
Brownian bridge 布朗桥 09.0359
Brownian motion 布朗运动 09.0352
Brownian sheet 布朗片 09.0360
Brown-McCoy radical 布朗－麦科伊根 04.1346
Bruhat decomposition 布吕阿分解 04.2021
B-spline *B* 样条 10.0194
buffer 排队空间，* 缓冲区 11.0488
building 厦 04.1970
bulk arrival * 大量到达 11.0518
bulk queue 成批排队 11.0515
bulk sampling 散料抽样 09.0828
bulk service * 大量服务 11.0519
bump function 冲击函数 06.0166
bundle algorithm 聚束法 11.0123
bundle map 丛映射 08.0837
bundle of lines 线把 08.0388
Burger equation 伯格方程 06.0446
Burnside problem 伯恩赛德问题 04.1853
burst error 突发差错 12.0217
burst length 突发长度 12.0218
burst noise 突发噪声 12.0219
burst trapping code 捕获突发码 12.0220
Busemann equation 布斯曼方程 06.0387
busy channel 忙路线 11.0529
busy cycle 忙循环 11.0530
busy period 忙期 11.0528

C

C^*-algebra $C*$代数 07.0274
cadlag(法) 右连左极 09.0206
calculus 微积分[学] 05.0070
calculus of finite differences 差分演算，* 有限差演算 10.0205
calculus of variation in the large 大范围变分法 08.1089
calculus of variations 变分法，* 变分学 05.0680
cancellation law 消去律 04.0946
cancellation law for addition 加法消去律 04.1274

cancellation law for multiplication 乘法消去律 04.0947
canonical bundle 典范丛 04.1255
canonical coordinates of the first kind 第一类典范坐标 04.2093
canonical coordinates of the second kind 第二类典范坐标 04.2094
canonical correlation analysis 典型相关分析 09.0750
canonical correlation coefficient 典型相关系数 09.0752
canonical decomposition 典型分解 09.0255
canonical divisor 典范除子 04.1204
canonical divisor class 典范除子类 04.1205
canonical form of a linear hypothesis 线性假设的典范型 09.0708
canonical imbedding 典范嵌入 04.1221
canonical matrix 典范矩阵 04.0650
canonical morphism 典范态射 04.1996
canonical process 典型过程 09.0194
canonical product 典范乘积 05.0420
canonical sheaf 典范层 04.1149
canonical valuation 典范赋值 04.0473
canonical variable 典型变量 09.0751
Cantor set 康托尔集 05.0017
capacitability 可赋容量性 05.0658
capacity 容量 05.0657
capacity distribution 容量分布 05.0665
capacity potential 容量位势 05.0666
capacity region 容量区域 12.0088
cap product 卡积 08.0751
Carathéodory existence theorem 卡拉泰奥多里存在定理 06.0008
Carathéodory measure 卡拉泰奥多里测度 05.0194
Carathéodory property 卡拉泰奥多里性质 05.0705
cardinal number 基数 01.0125
cardioid 心脏线 08.0295
Carleson measure 卡尔松测度 05.0311
carrier simplex 承载单形 08.0641
Cartan invariants 嘉当不变量 04.1963
Cartan-Killing form 嘉当－基灵型 04.1521
Cartan matrix 嘉当矩阵 04.1538
Cartan subalgebra 嘉当子代数 04.1530
Cartesian coordinates *笛卡儿坐标 08.0213
Cartesian diagram 笛卡儿图 04.1610
Cartesian oval 笛卡儿卵形线 08.0300
Cartesian product 笛卡儿积 01.0099
Cartesian space 笛卡儿空间 08.0204
Cartier divisor 卡吉耶除子 04.1142
Cartier dual 卡吉耶对偶 04.1250
Casimir element 开西米尔元 04.1522
Casimir polynomial 开西米尔多项式 04.1520
Cassels pairing 卡塞尔斯配对 04.0367
catastrophe 突变 06.0209
catastrophic code 恶性码 12.0208
CAT criterion CAT 准则 09.0905
categorical logic 范畴逻辑 02.0318
categoricity 范畴性 02.0110
category 范畴 04.1556
category of Abelian groups 阿贝尔群范畴 04.1569
category of a closed subset 闭子集的畴数 08.0668
category of functors 函子范畴 04.1596
category of groups 群范畴 04.1568
category of rings 环范畴 04.1571
category of R-modules R 模范畴 04.1570
category of sets 集范畴 04.1567
category of topological spaces 拓扑空间范畴 04.1572
category theory 范畴论 04.1555
category with product 带积范畴 04.1726
category with product and composition 带积合成范畴 04.1727
catenary 悬链线 08.0290
catenoid 悬链面 08.1013
Cauchy distribution 柯西分布 09.0093
Cauchy existence and uniqueness theorem 柯西存在和唯一性定理 06.0006
Cauchy-Hadamard formula 柯西－阿达马公式 05.0362
Cauchy integral formula 柯西积分公式 05.0386
Cauchy interpolation 柯西插值 10.0166
Cauchy-Kovalevskaja theorem 柯西－柯瓦列夫斯

卡娅定理 06.0228
Cauchy mean value theorem 柯西中值定理 05.0092
Cauchy method ＊柯西法 06.0276
Cauchy principal value 柯西主值 05.0158
Cauchy problem 柯西问题 06.0285
Cauchy-Riemann equations 柯西－黎曼方程 05.0381
Cauchy-Schwarz inequality 柯西－施瓦茨不等式 05.0068
Cauchy type integral 柯西型积分 05.0387
caustic surface 焦散曲面 08.1051
Cayley algebra 凯莱代数 04.1478
Cayley number 凯莱数 04.1479
Cayley transform 凯莱变换 07.0202
Čech cohomology 切赫上同调 08.0755
Čech homology 切赫同调 08.0715
cell 胞腔 08.0695
cell cohomology group 胞腔上同调群 08.0732
cell complex 胞腔复形 08.0694
cell decomposition 胞腔剖分 08.0698
cell Reynolds number 网格雷诺数 10.0547
cellular approximation 胞腔逼近 08.0704
cellular homology group 胞腔同调群 08.0708
cellular homotopy 胞腔同伦 08.0808
cellular mapping 胞腔式映射 08.0699
cellular space 胞腔空间 08.0807
censored regression 删失回归 09.0711
censored sample 删失样本 09.0482
center 中心 06.0092
centered difference 中心差分 10.0203
center element 中心元 03.0315
center of a circle 圆心 08.0077
center of affinity 仿射中心 08.0411
center of a group 群的中心 04.1760
center of a Lie algebra 李代数的中心 04.1508
center of an algebra 代数的中心 04.1398
center of a ring 环的中心 04.1320
center of curvature 曲率中心 08.0955
center of inversion 反演中心 08.0094
center of projection 投射中心 08.0340
center of symmetry 对称中心 08.0311
centers method 中心法 11.0231
central algebra 中心代数 04.1431
central angle 圆心角 08.0087
central automorphism 中心自同构 04.1786
central difference 中心差分 10.0203
central extension of groups 群中心扩张 04.1686
central index 中心指标 05.0415
central isomorphism 中心同构 04.1785
centralized control 集中控制 12.0404
centralizer 中心化子 04.1759
central limit theorem 中心极限定理 09.0168
central line 中[心]线 08.0171
central moment 中心矩 09.0128
central polynomial 中心多项式 04.1451
central product 中心积 04.1779
central projection 中心投射[法] 08.0436
central series 中心列 04.1798
central symmetry 中心对称 08.0320
centroid 形心 08.0172
certain event 必然事件 09.0012
Cesàro summation [method] 切萨罗求和[法] 05.0248
chain 链 04.1636
chain code 链码 12.0209
chain complex 链复形 04.1634, 08.0628
chain group 链群 08.0672
chain homotopy 链同伦 08.0671
chain mapping 链映射 04.1649, 08.0670
chain of model 模型链 02.0096
chain rule 链式法则 05.0095
chance constrained programming 机会约束规划 11.0084
chance constraint 机会约束 11.0047
change of bases 基变换 04.0687
change of variable 变量变换 05.0153
channel 信道 12.0051
channel capacity 信道容量 12.0087
channel coding 信道编码 12.0089
channel letter 信道字母 12.0090
channel noise 信道噪声 12.0091
channel with memory 有记忆信道 12.0057
channel without memory 无记忆信道 12.0056
chaos 混沌 06.0151
chaos decomposition 混沌分解 09.0358

Chaplygin equation 恰普雷金方程 06.0382
character 特征[标] 04.0190
characteristic class 示性类 08.0858
characteristic condition 特征条件 06.0248
characteristic cone 特征锥 06.0235
characteristic conoid 特征角面 06.0258
characteristic coordinates 特征坐标 06.0250
characteristic curve 特征曲线 06.0243
characteristic derivative 特征导数 06.0249
characteristic determinant 特征行列式 06.0237
characteristic differential equation 特征微分方程 06.0255
characteristic differentiation 特征微分法 06.0246
characteristic direction 特征方向 06.0252
characteristic element 特征元素 06.0247
characteristic form 特征形式 06.0234
characteristic function 特征函数 09.0139
characteristic function [of meromorphic function] [亚纯函数的]特征函数 05.0426
characteristic hyperplane 特征超平面 06.0239
characteristic hypersurface 特征超曲面 06.0233
characteristic line 特征[线] 06.0240
characteristic line element 特征线元[素] 06.0241
characteristic manifold 特征流形 06.0500
characteristic map 示性映射 08.0857
characteristic matrix 特征矩阵 06.0238
characteristic method 特征线法 06.0276
characteristic multiplier 特征乘数 06.0066
characteristic number 示性数 08.0859
characteristic of field 域特征[数] 04.0393
characteristic of logarithm 对数的首数 05.0109
characteristic parameter 特征参数 06.0257
characteristic polynomial 特征多项式 04.0658
characteristic ray 特征射线 06.0236
characteristics 特征[线] 06.0240
characteristic set 特征集合 06.0256
characteristic strip 特征带 06.0242
characteristic subgroup 特征子群 04.1773
characteristic surface 特征曲面 06.0253
characteristic value 特征值 04.0659
characteristic vector 特征向量 04.0707
characterization of best approximation 最佳逼近的特征 10.0111
character of algebraic group 代数群的特征[标] 04.1994
character of a representation 表示的特征[标] 04.1942
character sum 特征[标]和 04.0191
chart [坐标]卡 08.0880
Chebyshev acceleration 切比雪夫加速[法] 10.0441
Chebyshev adaptive process 切比雪夫自适应过程 10.0442
Chebyshev center 切比雪夫中心 07.0170
Chebyshev coefficient 切比雪夫系数 10.0134
Chebyshev differential equation 切比雪夫微分方程 06.0666
Chebyshev-Gauss quadrature 切比雪夫－高斯求积 10.0257
Chebyshev-Padé approximation 切比雪夫－帕德逼近 10.0108
Chebyshev polynomial 切比雪夫多项式 05.0537
Chebyshev polynomial of the first kind 第一类切比雪夫多项式 06.0667
Chebyshev polynomial of the second kind 第二类切比雪夫多项式 06.0668
Chebyshev quadrature 切比雪夫求积 10.0253
Chebyshev radius 切比雪夫半径 07.0169
Chebyshev series expansion 切比雪夫级数展开 10.0133
Chebyshev set 切比雪夫组 10.0112
Chebyshev system 切比雪夫组 10.0112
check 校验 12.0221
check bit 校验比特 12.0226
check digit 校验位 12.0227
check formula 校验公式 10.0382
checking computations 验算 10.0383
check sum 校验和 10.0384
Chern character 陈特征[标]，*陈省身特征标 08.0877
Chern class 陈[省身]类 08.0862
Chern number 陈[省身]数 08.0863
Chevalley group 谢瓦莱群 04.2025
Chinese Mathematical Society 中国数学会 01.0132

Chinese postman problem 中国邮路问题 11.0345
Chinese remainder theorem 孙子剩余定理，中国剩余定理 04.0165
chi-square distribution χ^2分布 09.0087
chi-square test χ^2检验 09.0794
choice function 选择函数 02.0160
Cholesky decomposition 楚列斯基分解 10.0392
chord 弦 08.0085
Chou coordinates 周坐标 04.1077
Chou ring 周环 04.1076
Christoffel symbol 克氏符号，*克里斯托费尔符号 08.1024
chromatic invariant 色不变量 03.0171
chromatic number 色数 03.0168
chromatic partition 色剖分 03.0173
chromatic polynomial 色多项式 03.0172
chromatic sum equation 色和方程 03.0174
chromial 色多项式 03.0172
Church thesis 丘奇论题 02.0221
cipher 密码 12.0304
ciphertext 密文 12.0305
circle 圆 08.0074
circle at infinity 无穷远[虚]圆 08.0404
circled 均衡[的] 07.0063
circle of convergence 收敛圆 05.0363
circle of curvature 曲率圆 08.0954
circle of inversion 反演圆 08.0093
circle problem 圆问题 04.0186
circuit 回路 03.0116
circulant flow 循环流 11.0375
circular cone 圆锥[体] 08.0160
circular cylinder 圆柱 08.0158
[circular] disc 圆盘 08.0076
circular domain 圆形域 08.0315
circular permutation [循]环排列 03.0006
circular points at infinity 无穷远[虚]圆点 08.0403
circular symmetric game 循环对称对策 11.0476
circulation 环流[量] 05.0332
circumcenter 外心 08.0058
circumcircle 外接圆 08.0062
circumference 周长 03.0092，圆周 08.0075
circumradius 外接圆半径 08.0063
circumscribed figure 外切形 08.0118
cissoid 蔓叶线 08.0303
cissoidal curve 蔓叶类曲线 08.0304
Clairaut differential equation 克莱罗微分方程 06.0034
class 类 01.0079，班 08.0247，组 09.0468
class (D) process 类(D)过程 09.0241
class boundaries 组限 09.0469
class equation 类方程 04.1844
class field 类域 04.0268
class field theory 类域论 04.0264
class formation 类结构 04.0290
class function 类函数 04.1948
class group 类群 04.0269
classical complex simple Lie algebras 典型复单李代数 04.1541
classical control theory 经典控制理论 12.0410
classical domain 典型域 05.0567
classical group 典型群 04.1862
classical probability 古典概率 09.0030
classical real simple Lie algebras 典型实单李代数 04.1543
classical solution 经典解 06.0493
classical Yang-Baxter equation 经典杨-巴克斯特方程 04.2127
classification of finite simple groups 有限单群分类 04.1902
classifying space 分类空间 08.0856
class limits 组限 09.0469
class number 类数 04.0244
class number of a rational simple algebra 有理单代数的类数 04.1461
class of a lattice 格的类 04.0828
class of universal algebras 泛代数类 03.0355
class operator 类算子 03.0354
class width 组距 09.0471
Clenshaw-Curtis integration 克伦肖-柯蒂斯积分[法] 10.0251
Clifford algebra 克利福德代数 04.0814
Clifford parallel 克利福德平行 08.0419
climbing method 爬山法 11.0198
clique 团 03.0104

clique graph 团图 03.0105
clock controlled sequence 钟控序列 12.0319
closable operator 可闭算子 07.0195
closed convex function 闭凸函数 05.0796
closed covering 闭覆盖 08.0481
closed curve 闭曲线 05.0357
closed differential form 闭微分[形]式 08.0914
closed domain 闭域 08.0314
closed filter 闭滤子 08.0472
closed formula 闭公式 02.0066
closed geodesic 闭测地线 08.0996
closed graph theorem 闭图象定理 07.0154
closed immersion 闭浸入 04.1124
closed integration formula 闭型积分公式 10.0241
closed interval 闭区间 05.0012
closed Lie subgroup 闭子李群 04.2090
closed-loop control 闭环控制 12.0383
closed-loop system 闭环系统 12.0338
closed manifold 闭流形 08.0890
closed mapping 闭映射 08.0487
closed operator 闭算子 07.0194
closed orbit 闭轨道 06.0102
closed path 闭路 08.0502
closed path space 闭路空间 08.0793
closed set 闭集 08.0448
closed set basis 闭集基 08.0458
closed star 闭星形 08.0644
closed subgroup 闭子群 04.2035
closed submanifold 闭子流形 08.0905
closed subscheme 闭子概形 04.1123
closed surface 闭曲面 08.0593
closed system of functions 封闭的函数系 05.0270
closing lemma 封闭引理 06.0167
closure 闭包 08.0461
closure finite 闭包有限 08.0703
closure of convex function 凸函数闭包 05.0795
closure operation 闭包运算 08.0462
clothoid * 回旋曲线 08.0288
cluster analysis 聚类分析 09.0766
cluster Monte Carlo method 集团蒙特卡罗方法 10.0623
cluster sampling 整群抽样 09.0824
cluster set 聚值集 05.0443
CM field CM 域 04.0289
CMS 中国数学会 01.0132
CN-group *CN* 群 04.1815
coalgebra 余代数 04.1465
coalgebra homomorphism 余代数同态 04.1468
coarse moduli space 粗糙模空间 04.1222
cobordism group 配边群 08.0759
coboundary 上边缘 04.1644, 08.0725
coboundary operator 上边缘算子 08.0724
cocategory 对偶范畴 04.1575
cochain 上链 04.1642, 08.0723
cochain complex 上链复形 04.1641, 08.0722
cochain mapping 上链映射 08.0729
cochleoid 蜗牛线 08.0297
cocircuit 余回路 03.0121
cocked hat 菱角线 08.0289
cocycle 余圈 03.0114, 上闭链 04.1643, 08.0726
cocycle rank 余圈秩 03.0115
code [代]码 12.0137
code check 码校验 12.0222
coded data 编码[的]数据 12.0110
coder 编码器 12.0108
code rate 码率 12.0141
codes 代码组 12.0138
code tree 码树 12.0142
code word 码字 12.0139
codimension 余维[数] 04.0705
coding 编码 12.0102
coding gain 编码增益 12.0112
coding theorem 编码定理 12.0111
coding theory 编码理论 12.0101
coefficient 系数 04.0517
coefficient group 系数群 08.0657
coefficient of total correlation 全相关系数 09.0743
coefficient of variation 变异系数 09.0120
coefficient ring 系数环 04.1008
coefficients of connection 联络系数 08.1063
coercive 强制[的] 07.0309
coercive boundary condition 强制边界条件 06.0529

cofactor 余子式 04.0750
cofibering 上纤维化 08.0869
cofibration 上纤维化 08.0869
cofibre mapping 上纤维映射 08.0802
cofinality 共尾性 02.0200
cofinal product-preserving functor 共尾保积函子 04.1731
cofinal subset 共尾子集 02.0201
coframe 余标架 08.1034
cogradient matrices 相合矩阵 04.0644
Cohen-Macaulay ring 科恩－麦考莱环 04.1013
Cohen-Macaulay scheme 科恩－麦考莱概形 04.1116
Cohen ring 科恩环 04.1386
coherent detection 相干检测 12.0263
coherent sheaf 凝聚层 04.1139
coherent system 协调系统 11.0616
cohomological dimension of modules 模的上同调维数 04.1710
cohomologically trivial module 上同调平凡模 04.1702
cohomology 上同调 04.1646, 08.0721
cohomology class 上同调类 04.1645, 08.0727
cohomology dimension of groups 群的上同调维数 04.1698
cohomology group 上同调群 04.1648, 08.0728
cohomology groups of a group 群的上同调群 04.1678
cohomology module 上同调模 04.1647
cohomology of bundle 丛的上同调 08.0855
cohomology of finite groups 有限群的上同调 04.1699
cohomology of groups 群的上同调 04.1677
cohomology of Lie algebras 李代数的上同调 04.1705
cohomology of projective spaces 射影空间的上同调 04.1154
cohomology of semi-simple Lie algebras 半单李代数的上同调 04.1707
cohomology of sheaves 层的上同调 04.1153
cohomology operation 上同调运算 08.0734
cohomology ring 上同调环 08.0739
cohomology spectral sequence 上同调谱序列 08.0735
cohomotopy group 上同伦群 08.0806
cohyponormal operator 协亚正规算子 07.0212
coimage of a morphism 态射的余象 04.1623
coincident point 重合点 08.0746
coinduced module 上诱导模 04.1689
coinverse 余逆 04.1469
cokernel of a morphism 态射的余核 04.1621
collapsing 坍缩 08.0681
collar 领口 08.0598
collinear 共线 08.0309
collineation 直射变换 08.0361
collineation group 直射变换群 08.0365
collineation [mapping] 直射映射 08.0360
collineatory transformation 直射变换 08.0361
collision probability method 碰撞概率方法 10.0678
collision resolution algorithm 解冲突算法 12.0084
collocation method 配置法 10.0595
colored graph 有色图 03.0167
colored tree 有色树 03.0195
column distance 列距离 12.0234
column equivalent 列等价[的] 04.0649
column matrix 列矩阵 04.0590
column rank 列秩 04.0602
column vector 列向量 04.0678
combination 组合 03.0007
combination without repetition 无重组合 03.0009
combination with repetition 有重组合 03.0008
combinatorial analysis 组合分析 03.0002
combinatorial design 组合设计 03.0023
combinatorial manifold 组合流形 08.0606
combinatorial map 组合地图 03.0156
combinatorial optimization 组合最优化 11.0343
combinatorial polytope 组合多面体 11.0354
combinatorial probability 组合概率 09.0031
combinatorics 组合学 03.0001
combinatory logic 组合逻辑 02.0317
commensurable 可公度的 08.0019
commensurable subgroups 可公度子群 04.0321

common channel 公共信道 12.0080
common denominator 公分母 04.0068
common difference 公差 04.0129
common divisor 公因数 04.0044
common factor 公共因子 09.0756
common information 公信息，＊共信息 12.0009
common logarithm 常用对数 05.0112
common multiple 公倍数 04.0046
common ratio 公比 04.0133
communicating state 相通状态 09.0303
communication key 通信密钥 12.0315
commutant 交换子 07.0276
commutative A-algebra 交换 A 代数 04.0969
commutative algebra 交换代数 04.0933
commutative Banach algebra 交换巴拿赫代数 07.0267
commutative cochain 交换上链 08.0736
commutative diagram 交换图表 04.1656
commutative group ＊交换群 04.1739
commutative law 交换律 04.1269
commutative law of addition 加法交换律 04.1271
commutative law of multiplication 乘法交换律 04.0934
commutative Lie group 交换李群 04.2097
commutative ring 交换环 04.0932
commutator 换位子 04.1775
commutator subgroup 换位子群 04.1776
comodule 余模 04.0929
comodule homomorphism 余模同态 04.0930
compact 紧[的] 08.0525
compact Abelian group 紧阿贝尔群 04.2051
compact difference scheme 紧差分格式 10.0553
compact element 紧元 03.0293
compactification 紧化 08.0535
compact linear operator 紧线性算子 07.0179
compactly generated lattice 紧生成格 03.0292
compact mapping 紧映射 08.0563
compactness 紧性 08.0524
compactopen topology 紧开拓扑 08.0559
compact operator 紧算子 07.0178
compact real form 紧实型 04.1551
compact Riemann surface 紧黎曼[曲]面，＊闭黎曼[曲]面 05.0465
compact space 紧空间 08.0526
compact topological group 紧拓扑群 04.2053
compactum 紧统 08.0582
companion matrix 友矩阵 04.0653
comparable 可比较[的] 03.0226
comparable complement 可比较补 03.0328
comparison theorem 比较定理 08.1088
comparison theorem for convergence 收敛的比较定理 05.0216
compensator 补偿器 12.0495
competition 竞争 11.0411
competitive equilibrium 竞争均衡 11.0412
complementarity problem 互补性问题 11.0104
complementary angle 余角 08.0029
complementary convex program 互补凸规划 11.0066
complementary events 对立事件 09.0018
complementary geometric programming 互补几何规划 11.0255
complementary modulus 补模数 06.0604
complementary set 补集 01.0093
complementary submatrix 余子矩阵 04.0600
complementary submodule 补子模 04.0889
complemented lattice 有补格 03.0267
complement of a graph 补图 03.0100
complement of an element 补元 03.0264
complement of an event 事件的补 09.0019
complete 完全[的]，＊完备[的] 01.0062
complete analytic function 完全解析函数 05.0450
complete bipartite graph 完全二部图 03.0108
complete block design 完全区组设计 03.0024
complete class 完全类 09.0528
complete code 完全码 12.0200
complete conservation scheme 完全守恒格式 10.0579
complete convergence 全收敛 09.0165
complete design 完全设计 03.0055
complete elliptic integral of the first kind 第一类完全椭圆积分 06.0606
complete elliptic integral of the second kind 第二类

完全椭圆积分 06.0609
complete family of distributions 完全分布族 09.0451
complete field 完全域 04.0485
complete graph 完全图 03.0101
complete group 完全群 04.1771
complete infinite distributive 完全无穷分配 03.0298
complete integral 完全积分 06.0275
complete *k*-nary graph 完全 *k* 分图 03.0099
complete lattice 完全格 03.0271
complete linear system 完全线性系 04.1203
complete local ring 完全局部环 04.0968
completely connected algebraic group 完全连通代数群 04.1980
completely continuous linear operator 全连续线性算子 07.0179
completely continuous operator 全连续算子 07.0178
completely convex function 完全凸函数 05.0797
completely meet irreducible element 完全交不可约元 03.0276
completely mixed game 完全混合对策 11.0477
completely multiple value 完全重值 05.0435
completely multiplicative function 完全乘性函数 04.0208
completely positive entropy 完全正熵 07.0436
completely primary ring 完全准素环 04.1372
completely ramified extension 全分歧扩张 04.0497
completely reducible module 完全可约模 04.0890
completely reducible representation 完全可约表示 04.1925
completely regular space 完全正则空间 08.0515
completely splitting 完全分裂 04.0240
complete maximum principle 完全最大值原理 05.0674
complete metric space 完全度量空间 08.0541
completeness 完全性 02.0079, 08.0542
completeness for representations 表示的完全性 04.1949
complete orthonormal set 完全正交规范集 07.0146
complete pivot 全主元 10.0395
complete pivoting 全主元消元[法] 10.0398
complete probability space 完全概率空间 09.0035
complete quadrangle 完全四点形 08.0348
complete reducibility 完全可约性 04.1930
complete Reinhardt domain 完全赖因哈特域 05.0545
complete resolution for finite groups 有限群的完全分解 04.1701
complete statistic 完全统计量 09.0493
complete system of functions 完全的函数系 05.0271
complete system of residues 完全剩余系 04.0161
complete topological group 完全的拓扑群 04.2039
complete tree 完全树 03.0198
complete uniform space 完全一致空间 08.0555
complete variation of signed measure 带号测度全变差 05.0615
completion 完备化 07.0016
completion of a field 域完全化 04.0484
completion of T_2-topological group T_2拓扑群的完全化 04.2040
complex 复形 04.1633
complex analysis 复分析 05.0336
complex analytic dynamics 复解析动力系统, *复解析动力学 05.0514
complex analytic representation 复解析表示 04.2104
complex conjugate 复共轭的 04.0578
complex general linear group 复一般线性群 04.2100
complexification 复化 08.1101
complexification of a Lie algebra 李代数的复化 04.1516
complex integral 复积分 05.0385
complex Lie group 复李群 04.2076
complex linear space 复线性空间 04.0728
complex manifold 复流形 05.0570
complex measure 复测度 05.0642
complex method 复合形法 11.0251

complex multiplication 复乘 04.0338
complex number 复数 04.0119
complex number field 复数域 04.0487
complex orthogonal group 复正交群 04.1875
complex oscillation 复振荡 06.0068
complex over a module 模上复形 04.1660
complex plane 复平面 05.0345
complex potential 复位势 05.0643
complex projective space 复射影空间 08.0369
complex random variable 复随机变量 09.0052
complex representation 复表示 04.2103
complex root 复根 04.0576
complex simply connected analytic Lie group 复单连通解析李群 04.2118
complex space of several dimensions 多维复空间 05.0540
complex special orthogonal group 特殊复正交群 04.1876
complex structure 复结构 08.0892
complex variable 复变数 05.0372
component of a space 空间的连通分支 08.0508
component of a tensor 张量的分量 04.0837
component of a vector 向量的分量 04.0675
composite design 复合设计 09.0885
composite function 复合函数 05.0057
composite group 复合群 04.1787
composite hypothesis 复合假设 09.0602
composite mapping 复合映射 01.0112
composite number 合数 04.0052
composite of fields 域的复合 04.0413
composite of functors 函子的复合 04.1587
composite operator 合成算子 07.0186
composite Simpson formula 复合辛普森公式 10.0249
composite system 组合系统 12.0364
composition 复合 01.0058
composition algebra 复合代数 04.1489
composition factor 合成因子 04.1795
composition factor series 合成因子列 04.1796
composition sampling technique 复合抽样方法 10.0655
composition series 合成列 04.1794
compound function 复合函数 05.0057
compound matrix 复合矩阵 04.0665
compound midpoint formula 复合中点公式 10.0247
compound Poisson process 复合泊松过程 09.0385
compound Simpson formula 复合辛普森公式 10.0249
compound trapezoidal formula 复合梯形公式 10.0248
comprehension axiom 概括公理 02.0165
compression 压缩 12.0144
compression rate 压缩率 12.0149
computability 可计算性 02.0257
computation 计算 02.0262
computational complexity 计算复杂性 02.0245
computational distribution 计算的分布 12.0131
computational efficiency 计算效率 10.0236
computational instability 计算[的]不稳定性 10.0023
computing method 计算方法 10.0021
comultiplication 余乘法 04.1466
concatenated code 链级码 12.0210
concave closure of saddle function 鞍函数的凹闭包 05.0830
concave-convex function 凹凸[二元]函数 05.0827
concave function 凹函数 05.0805
concave operator 凹算子 07.0368
concave polygon 凹多边形 08.0111
concave polyhedron 凹多面体 08.0136
concave programming 凹规划 11.0064
concavity 凹[性] 05.0746
concentration function 集中函数 09.0065
concentric circles 同心圆 08.0091
conchoid 蚌线 08.0298
conclusion 结论 01.0010
concurrent 共点 08.0308
condensation point 凝聚点 08.0463
condensing mapping 凝聚映射 07.0364
conditional distribution 条件分布 09.0146
conditional entropy 条件熵 12.0027
conditional expectation 条件期望 09.0144
conditional extremum 条件极值 05.0123

conditional inequality 条件不等式 05.0066
conditional information 条件信息 12.0010
conditionally convergent 条件收敛 05.0241
conditional mean 条件均值 09.0145
conditional Monte Carlo method 条件蒙特卡罗方法 10.0612
conditional probability 条件概率 09.0044
conditional problem of variation 条件变分问题 05.0684
condition number 条件数 10.0408
condition of integrability 可积条件 06.0033
condition of transversality 横截性条件 05.0706
conductor of number field 数域的导子 04.0273
conductor potential 导体位势 05.0647
cone 锥 07.0133, 锥[体] 08.0159
cone condition 锥条件 06.0524
cone extreme point 锥极点 11.0291
cone extreme solution 锥极解 11.0274
cone-preserving operator 保锥算子 07.0365
confidence coefficient 置信系数 09.0644
confidence inference 置信推断 09.0642
confidence interval 置信区间 09.0649
confidence level 置信水平 09.0645
confidence limit 置信限 09.0646
confidence lower limit 置信下限 09.0647
confidence probability 置信概率 09.0643
confidence region 置信区域 09.0654
confidence set 置信集 09.0657
confidence upper limit 置信上限 09.0648
configuration 构形 03.0054
confluent hypergeometric equation 汇合型超几何方程 06.0063
confocal 共焦[的] 08.0266
conformal 共形的 08.1044
conformal geometry 共形几何 08.0428
conformal invariant 共形不变量 05.0486
conformal mapping 共形映射, *保形映射, *共形映照 05.0485
conformal space 共形空间 08.0429
confounding 混杂[法] 09.0864
conglomerate 聚合 02.0218
congruence 同余式 04.0152, 同余方程 04.0153
congruence-distributive algebra 同余分配代数 03.0348
congruence kernel of a homomorphism 同态的同余核 03.0253
congruence lattice 同余格 03.0251
congruence-modular algebra 同余模代数 03.0349
congruence on universal algebra 泛代数的同余[关系] 03.0345
congruence-permutable algebra 同余可换代数 03.0350
congruence relation 同余关系 03.0255
congruence subgroup 同余子群 04.0319
congruent 同余[的] 04.0154
congruent figures 全等图形 08.0119
congruent matrices 相合矩阵 04.0644
congruent number 同余数 04.0143
congruent transformation 全等变换 08.0326
congruent transformation group 全等变换群 08.0414
conical surface 锥面 08.1003
conjecture 猜想 01.0021
conjugate 共轭 04.1755
conjugate algebraic numbers 共轭代数数 04.0229
conjugate axis 共轭轴 08.0262
conjugate bifunction 共轭双重函数 05.0826
conjugate complex number 共轭复数 05.0342
conjugate concave function 共轭凹函数 05.0808
conjugate conics 共轭圆锥曲线 08.0265
conjugate convex function 共轭凸函数 05.0798
conjugate diameters 共轭直径 08.0263
conjugate differential operator 共轭微分算子 06.0483
conjugate direction method 共轭方向法 11.0208
conjugate elements 共轭元 04.1756
conjugate field 共轭域 04.0430
conjugate foci 共轭焦点 08.0261
conjugate Fourier integral 共轭傅里叶积分 05.0585
conjugate function 共轭函数 05.0288
conjugate gradient method 共轭梯度法 10.0412
conjugate harmonic function 共轭调和函数

05.0298
conjugate hyperbolas 共轭双曲线 08.0257
conjugate hyperboloids 共轭双曲面 08.0273
conjugate lines 共轭直线 08.0264
conjugate locus 共轭轨迹 08.1083
conjugate matrix 共轭矩阵 04.0664
conjugate point 共轭点 08.1082
conjugate Poisson kernel 共轭泊松核 05.0286
conjugate representation 共轭表示 04.1936
conjugate roots 共轭根 04.0584
conjugate series 共轭级数 05.0280
conjugate spaces *共轭空间 04.0693, 07.0048
conjugate subgroups 共轭子群 04.1757
conjunct 合取项 02.0029
conjunction 合取[词] 02.0028
conjunctive normal form 合取范式 02.0037
connected algebraic group 连通代数群 04.1979
connected component 连通分支 03.0088
connected graph 连通图 03.0087
connected Lie group 解析群 04.2077
connected Lie subgroup 解析子群 04.2080
connected ring 连通环 04.1722
connected set 连通集 08.0498
connected solvable group 连通可解群 04.2007
connected space 连通空间 08.0500
connecting homomorphism 连接同态 04.1655
connecting morphism 连接同态 04.1655
connection 联络 08.1014
connective 联结词 02.0026
connectivity 连通度 03.0122, 连通性 08.0497
connectivity number 连通数 08.0781
conoid of dependence 依赖角面 06.0363
conormal bundle 余法丛 06.0528
conormal derivative 余法向导数, *余法向微商 06.0269
conormal sheaf 余正规层 04.1152
consequent 后项 04.0073
conservation equation 守恒方程 06.0403
conservation form 守恒形式 06.0402
conservation law 守恒律 10.0577
conservative 保守的 07.0421
conservative differential equation 保守微分方程 06.0081
conservative operator 保守算子 06.0532
consistency 相容性, *协调性, *和谐性 02.0078
consistent asymptotically normal estimate 相合渐近正态估计 09.0595
consistent estimate 相合估计 09.0592
consistent family of distribution functions 相容分布函数族 09.0192
consistent kernel 相容核 05.0629
consistent program 相容规划 11.0079
consistent test 相合检验 09.0631
constant 常数 01.0054, 常项 02.0052
constant field 常量域 04.0306
constant functor 常数函子 04.1594
constant of integration 积分常数 05.0149
constant of proportionality 比例常数 04.0079
constant sheaf 常数层 04.1091
constant-sum game 常和对策 11.0436
constrained game 约束对策 11.0472
constrained optimization method 约束最优化方法 11.0224
constrained variable metric method 约束变度量法 11.0250
constraint 约束 05.0697
constraint condition 约束条件 11.0038
constraint qualification 约束规格, *约束品性 11.0052
constraint set 约束集 11.0039
constructibility 可构成性 02.0196
constructible 可构成[的] 02.0198
constructible hull 可构成壳 02.0195
construction problem 作图题 08.0128
construction with ruler and compasses 尺规作图法 08.0126
constructive definition 构造性定义 02.0197
constructive ordinals 构造序数 02.0190
constructive theory of functions 函数构造论 05.0532
constructivist 构造论者 02.0125
constructivity 构造性 02.0124
consumer risk 用方风险 09.0839
contact 切触 08.1053

contact process 接触过程 09.0392
contact structure 切触结构 08.0926
contact theorem 接触定理 11.0295
contact transformation 切触变换 08.1055
content 库容 11.0556
content of a polynomial 多项式的容度 04.0533
contiguity of probability measures 概率测度近邻性 09.0283
contingency table 列联表 09.0797
continued fraction 连分数 04.0144
continued fraction approximation 连分式逼近 10.0095
continued product 连乘积 04.0025
continued proportion 连比 04.0078
continuity in mean square 均方连续 09.0202
continuity method 连续性方法 06.0324
continuous 连续[的] 01.0069
continuous channel 连续信道 12.0053
continuous control system 连续控制系统 12.0335
continuous distribution 连续分布 09.0060
continuous function 连续函数 05.0032
continuous game 连续对策 11.0473
continuous geometry 连续几何 08.0439
continuous homomorphism 连续同态 04.2041
continuous lattice 连续格 03.0319
continuous linear functional 连续线性泛函 07.0008
continuous linear operator 连续线性算子 07.0177
continuous mapping 连续映射 08.0482
continuous random variable 连续随机变量 09.0061
continuous sampling inspection 连续抽检 09.0845
continuous spectrum 连续谱 07.0255
continuous time model 连续时间模型 11.0581
continuous time system 连续时间系统 12.0330
continuum 连续统 02.0162
continuum hypothesis 连续统假设 02.0163
contour 周线，*围道，*回路 05.0358
contractible 可缩[的] 08.0773
contractible space 可缩空间 08.0574
contraction 缩并[运算] 03.0166
contraction of an ideal 理想的收缩 04.0961
contraction of tensor 张量的缩并 04.0838
contraction semi-group 压缩半群 07.0224
contractive mapping *压缩映射 07.0332
contractive operator 压缩[算子] 07.0332
contradiction 矛盾 01.0023
contragradient linear transformation 逆步线性变换 04.0704
contrast 对照 09.0866
contrast analysis 对照分析 09.0867
contravariant 反变 08.1023
contravariant functor 反变函子 04.1585
contravariant Hom functor 反变 Hom 函子 04.1603
contravariant index 反变指标 04.0844
contravariant tensor 反变张量 04.0842
contribution Monte Carlo method 贡献蒙特卡罗方法 10.0617
control 控制 12.0378
control chart 控制图 09.0856
controllability 可控性，*能控性 12.0456
controllability canonical form 可控规范形 12.0460
controllability index 可控指数 12.0458
controllability indices 可控指数列 12.0459
controllability matrix 可控性[矩]阵 12.0457
controllable subspace 可控子空间 12.0461
control law 控制律 12.0381
controller 控制器 12.0479
control system 控制系统 12.0322
control theory 控制理论 12.0406
control variable 控制变量 12.0379
control variates method 控制变数方法 10.0686
convergence 收敛[性] 05.0234
convergence acceleration 收敛[性]加速 10.0338
convergence almost everywhere 几乎处处收敛 05.0215
convergence domain 收敛区域 10.0337
convergence exponent 收敛指数 05.0423, 10.0336
convergence factor 收敛因子 10.0330
convergence in distribution 依分布收敛 09.0166
convergence in mean 平均收敛 05.0213
convergence in mean of order r r 阶平均收敛 09.0154
convergence in mean square 均方收敛 09.0153

convergence in measure 依测度收敛 05.0214
convergence in probability 依概率收敛 09.0149
convergence with probability 1 以概率 1 收敛 09.0151
convergents 渐近分数 04.0145
convergent series 收敛级数 05.0235
converse digraph 反向图 03.0210
converse-negative proposition 逆否命题 01.0017
converse proposition 逆命题 01.0016
convex 凸 07.0066
convex analysis 凸分析 05.0738
convex closure of saddle function 鞍函数的凸闭包 05.0829
convex combination 凸组合 05.0747
convex-concave function 凸凹[二元]函数 05.0828
convex cone 凸锥 05.0760
convex cooperative game 凸合作对策 11.0453
convex domain 凸区域 05.0355
convex duality 凸对偶 11.0115
convex function 凸函数 05.0791
convex functional 凸泛函 07.0004
convex games 凸对策 11.0450
convex hull 凸包 05.0748
convex hypersurface 凸超曲面 05.0749
convexity 凸性 05.0741
convexity coefficient 凸性系数 07.0168
convexity radius 凸半径 08.1093
convex metric space 凸度量空间 07.0158
convex operator 凸算子 07.0369
convex polygon 凸多边形 08.0110
convex polyhedral cone 凸多面锥 05.0761
convex polyhedron 凸多面体 05.0750
convex polytope 凸多胞体 05.0751
convex process 凸过程 05.0824
convex programming 凸规划 11.0063
convex quadratic programming 凸二次规划 11.0068
convex sequence 凸序列 05.0743
convex set 凸集 05.0742
convolution 卷积 05.0281
convolutional code 卷积码 12.0203
convolution of distributions 广义函数卷积 07.0094
convolution of measures 测度卷积 05.0623
convolution operator 卷积算子 07.0216
cooperative game 合作对策 11.0448
coordinate 坐标 08.0210
coordinate axis 坐标轴 08.0207
coordinate curves 坐标曲线 08.0222
coordinate neighborhood 坐标邻域 08.0883
coordinate operator 坐标算子 06.0491
coordinate system 坐标系 08.0205
coordinate transformation 坐标变换 08.0226
coordination in system 系统的协调 12.0526
coplanar 共面[的] 08.0317
copositive quadratic form 余正二次型 03.0058
coprime 互素 04.0053
coproduct of objects 对象的余积 04.1574
corestriction mapping 转移[映射] 04.1697
Cornu spiral 考纽螺线 08.0288
corollary 系 01.0019
corrector 校正[式] 10.0295, 校正子 12.0229
corregion transformation method 共域变换方法 10.0676
correlated Monte Carlo method 相关蒙特卡罗方法 10.0619
correlated source 相关信源 12.0048
correlation 对射变换 08.0362
correlation analysis 相关分析 09.0741
correlation coefficient 相关系数 09.0122
correlation detection 相关检测 12.0262
correlation function 相关函数 09.0408
correlation immunite function 相关免疫函数 12.0318
correlation immunity 相关免疫性 12.0317
correlation matrix 相关阵 09.0125
correlation method 相关方法 10.0629
correspondence 对应 01.0113
correspondence analysis 对应分析 09.0760
corresponding angles 同位角 08.0039
cosecant 余割 08.0187
coset 陪集 04.1747
coset code 陪集码 12.0187
co-sigma-function 余 σ 函数 06.0623
cosine 余弦 08.0182

cosine formula 余弦公式 08.0190
cosine formula for spherical triangle 球面三角余弦公式 08.0202
cosine integral 余弦积分 06.0689
co-spectrum 共谱 09.0417
cost analysis 费用分析 11.0596
costate prediction approach 协态预估法 12.0531
cost coefficients 费用系数 11.0598
cost function 费用函数 11.0600
cost structure 费用结构 11.0597
cost vector 费用向量 11.0599
cotangent 余切 08.0185
cotangent space 余切空间 08.1030
cotangent vector 余切向量 08.1032
cotree 余树 03.0199
counit 余单位 04.1467
countability 可数性 08.0518
countable 可数[的] 01.0129
countable Hilbert space 可数希尔伯特空间 07.0082
countable infinite 可数无穷[的] 01.0130
countable Lebesgue spectrum 可数勒贝格谱 07.0434
countably compact 列紧[的] 08.0531
countably compact space 列紧空间 08.0532
countably normed space 可数赋范空间 07.0081
countably paracompact space 列仿紧空间 08.0533
counter example 反例 01.0053
counting function 计数函数 05.0427
counting process 计数过程 09.0377
counting statistic 计数统计量 09.0768
coupled system 耦合系统 12.0367
coupling 耦合 09.0163
courant (法) 流动形 07.0109
Courant-Friedrichs-Lewy condition 柯朗－弗里德里希斯－列维条件，* CFL 条件 10.0526
Courant number 柯朗数 10.0527
covariance 协方差 09.0121
covariance analysis 协方差分析 09.0740
covariance function 协方差函数 09.0200
covariance matrix 协方差阵 09.0124
covariant 共变 08.1022
covariant derivative 共变导数 08.1071
covariant differential 共变微分 08.1072
covariant functor 共变函子 04.1584
covariant index 共变指标 04.0843
covariant tensor 共变张量 04.0841
cover 覆盖 01.0059
covering 覆盖 01.0059
covering dimension 覆盖维数 08.0588
covering group 覆叠群 04.2063
covering homomorphism 覆叠同态 04.2064
covering homotopy 覆叠同伦 08.0822
covering lemma 覆盖引理 05.0303
covering map 覆叠映射 08.0821
covering space 覆叠空间 08.0816
covering surface 覆盖面 05.0459
cover transformation 覆叠变换 08.0819
CPM 统筹法，* 关键路线法 11.0378
Cp-statistic *Cp* 统计量 09.0703
C.Q. 约束规格，* 约束品性 11.0052
Cramer asymptotic efficiency 克拉默渐近效率 09.0588
Cramer-Rao lower bound 克拉默－拉奥下界 09.0577
Cramer rule 克拉默法则 04.0736
cranioid 头颅线 08.0296
Crank-Nicolson scheme 克兰克－尼科尔森格式 10.0554
creative set 创造集 02.0271
criterion 准则 01.0031
criterion for autoregressive transfer functions CAT 准则 09.0905
criterion of normality 正规性准则 05.0506
criterion via Wronski determinant 朗斯基行列式准则 06.0043
critical edge 临界边 03.0149
critical function 检验函数 09.0606
critical graph 临界图 03.0151
critical path method 统筹法，* 关键路线法 11.0378
critical path scheduling 关键路线进度表 11.0380
critical point 临界点 08.0901
critical point theory 临界点理论 07.0372
critical region 临界区域 09.0610
critical set 临界集 05.0722

critical value 临界值 08.0902
critical vertex 临界[顶]点 03.0150
cross classification 容斥原理 04.0151
cross correlation function 互相关函数 09.0410
crossed homomorphism 叉同态 04.1681
cross entropy 互熵 12.0034
cross product 向量积，*叉积 08.0919
cross ratio 交比 08.0370
cross section 截面 08.0168
cross section of a bundle 丛的截面 08.0838
cross spectrum 互谱 09.0416
cross validation 交叉核实 09.0805
cryptography 密码学 12.0297
cryptology 保密学 12.0298
crystal 晶体 04.1164
crystalline cohomology 晶体上同调 04.1166
crystallographic group 晶体群 04.1894
cubature 求体积 10.0230
cubature formula 求体积公式 10.0235
cube 立方 04.0038, 立方体 08.0146
cubic element 三次元 10.0502
cubic equation 三次方程 04.0560
cubic form 三次型 04.0178
cubic interpolation 三次插值 10.0178
cubic reciprocity law 三次互反律 04.0257
cubics 三次曲线 04.1178
cubic spline 三次样条 10.0193
cubic surface 三次曲面 04.1232
cumulant 半不变量 09.0140
cumulative absolute frequency 累积频数 09.0473
cumulative error 累积误差 10.0052
cumulative relative frequency 累积频率 09.0475
cup product 上积 08.0738
curl 旋度 05.0331
current 流动形 07.0109
curtailed inspection 截尾抽检 09.0852
curvature 曲率 08.0951
curvature tensor 曲率张量 08.1025
curve 曲线 08.0244
curved boundary 曲线边界 10.0488
curved exponential family 曲指数族 09.0455
curved polyhedron 曲多面体 08.0652
curved triangulation 曲三角剖分 10.0473
curved valley function 弯谷函数 11.0223
curve fitting 曲线拟合 10.0141
curve of constant breadth 定阔曲线 08.0945
curve of constant inclination 定倾曲线 08.0966
curve of pursuit 追踪曲线 08.0294
curve of second order 二次曲线 08.0246
curve of steepest descent *最速降线 05.0720
curve of the second class 二班曲线 08.0248
curvilinear coordinates 曲线坐标 08.0221
curvilinear integral 线积分 05.0164
curvilinear net 曲线网格 10.0487
curvilinear regression 曲线回归 09.0691
curvilinear search method 曲线搜索法 11.0203
cusp 尖点 08.0310
cusp form 尖点形式 04.0324
customer 顾客，*服务对象 11.0491
cut 剖分 10.0471
cut in a network 网络的截口 11.0385
cut locus 割迹 08.1085
cut off rate 截止速率 12.0132
cut point 割点 03.0109, 08.1084
cut point graph 割点图 03.0111
cut rule 截规则 02.0147
cutset 割集 03.0113
cutting plane method 割平面法 11.0176
CW complex CW 复形 08.0701
CW decomposition CW 剖分 08.0702
cybernetics 控制论 12.0416
cycle 圈 03.0085, 闭链 04.1637
cycle index 轮换指数 03.0191
cycle matrix 圈矩阵 03.0179
cycle rank 圈秩 03.0086
cyclic algebra 循环代数 04.1440
cyclic block design 循环[区组]设计 03.0043
cyclic check 循环校验 12.0224
cyclic code 循环码 12.0193
cyclic codes 循环码组 12.0194
cyclic crossed product 循环叉积 04.1437
cyclic determinant 循环行列式 04.0762
cyclic equation 循环方程 04.0566
cyclic extension 循环扩张 04.0434
cyclic extension of groups 群循环扩张 04.1685
cyclic factor set 循环因子组 04.1438

cyclic group 循环群 04.1754
cyclic module 循环模 04.0878
cyclic part 循环部分 09.0316
cyclic permutation 轮换 04.1828
cyclic quasi－difference set 循环拟差集 03.0046
cyclic queue [system] 循环排队[系统] 11.0514
cycloid 摆线 08.0283
cyclotomic field 分圆域 04.0432
cyclotomic number 分圆数 03.0047
cyclotomic polynomial 分圆多项式 04.0433
cyclotomic units 分圆单位 04.0246
cyclotomic Zp extension 分圆 Zp 扩张 04.0296
cylinder set 柱集 09.0189
cylindrical coordinates 柱面坐标 08.0216
cylindrical function 柱面函数 06.0705
cylindric algebra 柱形代数 03.0342
cylindrical measure 柱测度 09.0190
cylindrical surface 柱面 08.1002
cylindrical wave equation 柱面波方程 06.0358

D

d'Alembert equation ＊达朗贝尔方程 06.0347
d'Alembert formula 达朗贝尔公式 06.0348
damping error 阻尼误差 10.0531
dam theory 水库论 11.0553
Dantzig-Wolfe method 丹齐格－沃尔夫法 11.0153
Darboux [differential] equation 达布[微分]方程 06.0351
Darboux problem 达布问题 06.0286
Darboux sum 达布和 05.0136
data communication 数据通信 12.0287
data compression 数据压缩 12.0146
data encryption 数据加密 12.0288
data structure 数据结构 12.0289
data system 数据系统 12.0286
data time series analysis 时间序列数据分析 09.0921
data transmission 数据传输 12.0281
death process 纯灭过程 09.0370
de Brujin graph 德布鲁因图 03.0130
debut 初遇 09.0227
Debye asymptotic expansion 德拜渐近展开 06.0704
decagon 十边形 08.0108
decentralized control 分散控制 12.0405
decidability 可判定性 02.0144
decimal [十进]小数 04.0091
decimal-binary conversion 十进二进制转换 04.0090
decimal digit 十进制数字 04.0088
decimal place 小数位 04.0092
decimal point 小数点 04.0093
decimal scale 十进制 04.0087
decipherment 解密 12.0303
decision 决策 09.0517
decision analysis 决策分析 11.0585
decision making 决策 11.0565
decision model 决策模型 11.0562
decision problem 判定问题 02.0146
decision process 决策过程 11.0563
decision table 决策表 11.0568
decision theory 决策论 11.0561
decision tree 决策树 11.0567
decision under risk 风险决策 11.0588
decision under uncertainty 不确定决策 11.0587
decision variable 决策变量 11.0035
decision variable sensitivity analysis 决策变量灵敏度分析 11.0318
decision vector 决策向量 11.0036
decode 译码 12.0113
decoder 译码器 12.0114
decoding 译码 12.0113
decoding delay 译码时延 12.0130
decoding network 译码网络 12.0116
decoding of information 信息的译码 12.0115
decomposable channel 可分解信道 12.0060
decomposable operator 可分解算子 07.0283
decomposable tensor 可分张量 04.0839
decomposition field 分解域 04.0249
decomposition group 分解群 04.0248

decomposition numbers 分解数 04.1964
decomposition of system 系统的分解 12.0524
decomposition principle 分解原理 11.0154
decoupled system 解耦系统 12.0370
decoupling 解耦 12.0506
decreasing function 减函数 05.0055
decreasing operator 减算子 07.0367
Dedekind domain 戴德金整环 04.0958
Dedekind ζ-function 戴德金 ζ 函数 04.0219
Dedekind η-function 戴德金 η 函数 04.0329
defect group of block 块的亏数群 04.1967
defect of block 块的亏数 04.1966
deficiency 亏量 05.0433, 亏度 07.0262
deficiency index 亏指数 07.0203
deficient value 亏值 05.0432
definability 可定义性 02.0082
defining relations 定义关系 04.1849
definite integral 定积分 05.0141
definite quadratic form 定二次型 04.0789
definition 定义 01.0012
definition by induction 归纳定义 02.0192
definition by transfinite induction 超穷归纳定义 02.0194
deformation 形变 08.0566
deformation cochain 形变上链 08.0827
deformation retract 形变收缩核 08.0570
deformation retraction 形变收缩 08.0572
degenerate distribution 退化分布 09.0073
degenerate elliptic equation 退化椭圆[型]方程 06.0389
degenerate feasible solution 退化可行解 11.0141
degenerate hyperbolic equation 退化双曲[型]方程 06.0390
degenerate kernel *退化核 06.0554
degenerate matrix 退化矩阵 04.0608
degenerate parabolic equation 退化抛物[型]方程 06.0391
degenerate quadric 退化二次曲面 08.0282
degree 度 02.0283
degree measure 角度[法] 08.0179
degree of a central simple algebra 中心单代数的次数 04.1433
degree of a curve 曲线的次数 04.1177
degree of a divisor 除子的次数 04.1197
degree of a permutation group 置换群的次数 04.1825
degree of a polynomial 多项式的次数 04.0520
degree of approximation 逼近阶 05.0536
degree of a representation 表示的级 04.1918
degree of a vertex 顶点次数 03.0094
degree of character 特征[标]的级 04.1943
degree of convergence 收敛阶 10.0118
degree of field extension 域扩张次数 04.0406
degree of finite morphism 有限态射的次数 04.1213
degree of mapping 映射度 07.0358
degree of transcendence 超越次数 04.0446
Dehn twist 德恩扭转 08.0625
delayed renewal process 迟延更新过程 11.0626
delay parameter 延迟参数 09.0918
delay system *延迟系统 12.0333
deletion 舍弃[运算] 03.0165
delta-measure δ 测度 05.0180
delta-Neumann problem δ 诺伊曼问题 06.0342
delta-scattering method δ 散射方法 10.0670
demand 需求 11.0548
demand game 需求对策 11.0471
demi-closed mapping 次闭映射 07.0312
demi-continuity 次连续性 07.0024
demi-continuous mapping 次连续映射 07.0310
De Moivre formula 棣莫弗公式 04.0124
De Morgan algebra 德摩根代数 03.0329
De Morgan identity 德摩根恒等式 03.0278
Denjoy integral 当茹瓦积分 05.0228
Denjoy minimum set 当茹瓦极小集 06.0126
denominator 分母 04.0064
dense 稠密 08.0465
dense element 稠元 03.0303
dense everywhere 处处稠密[的] 05.0191
dense in itself 自稠[的] 08.0467
dense lattice 稠格 03.0304
dense ring of linear transformations 稠密线性变换环 04.1367
dense subset 稠[密]子集 08.0466
density estimation 密度估计 09.0782
density of signed measure 带号测度密度 05.0618

denumerable 可数[的] 01.0129
dependent 相依[的] 09.0042
dependent linear equations 相关线性方程 04.0737
depth of ideal 理想的深度 04.1000
derangement problem 更列问题 03.0013
de Rham cohomology group 德拉姆上同调群 08.0923
derivable 可导的 05.0073
derivation algebra 导子代数 04.1515
derivation of an algebra 代数的导子 04.1513
derivation of a ring 环的导子 04.1383
derivative 导数，*微商 05.0072
derivative control 微分控制 12.0388
derivative of higher order 高阶导数 05.0086
derived algebra 导出代数 04.1505
derived block design 导出区组设计 03.0031
derived function 导函数 05.0080
derived functor 导出函子 04.1665
derived group *导群 04.1776
derived series 导出列 04.1799
derived set 导集 08.0577
Desargues theorem 德萨格定理 08.0346
descending chain condition 降链条件 04.0905
descending chain condition for left ideals 左理想降链条件 04.1356
descent algorithm 下降算法 10.0364
descent direction 下降方向 10.0365
descent method 下降法 10.0363
description 摹状[词] 02.0020
description operator 摹状算子 02.0021
descriptive geometry 画法几何[学] 08.0432
descriptive set theory 描述集合论 02.0149
descriptive statistics 描述性统计[学] 09.0430
deseasonalized series 非季节化序列 09.0911
design by uniform distribution 均匀设计 09.0880
design matrix 设计矩阵 09.0676
detectability 可检测性，*能检测性 12.0471
detection probability 检测概率，*侦破概率 11.0639
determinacy 确定性 02.0156
determinant 行列式 04.0747
determinantal expansion 行列式展开式 04.0753
determinant-divisor 行列式因子 04.0656
determinant mapping 行列式映射 04.1724
determinant of a matrix 矩阵的行列式 04.0748
determining set 确定集 05.0551
deterministic policy 确定性策略 11.0564
deterministic system 确定性系统 12.0342
deterministic Turing machine 确定性图灵机 02.0255
Deuring normal form 多伊林正规形 04.0346
developable surface 可展曲面 08.1004
developable topological space 可展拓扑空间 08.0547
(DF)-space DF空间 07.0079
d-group *d*群 04.2003
diagonal 对角线 08.0113
diagonal argument 对角线方法 02.0219
diagonal dominance 对角优势 10.0401
diagonal functor 常数函子 04.1594
diagonalizable algebraic group 可对角化代数群 04.2002
diagonalization 对角[线]化 10.0400
diagonalization method 对角化方法 04.0646
diagonal line of a matrix 矩阵的对角线 04.0597
diagonal matrix 对角矩阵 04.0596
diagonal method 对角线方法 02.0219
diagonal morphism 对角态射 04.1129
diagram-chases 图上追踪法 04.1657
diameter 直径 08.0079
diameter of a connected graph 连通图直径 03.0093
dichotomous search 对分搜索 11.0189
diet problem 食谱问题 11.0166
Dieudonné crystal 迪厄多内晶体 04.1165
Dieudonné determinant 迪厄多内行列式 04.1445
diffeomorphism 微分同胚 08.0887
difference 差 04.0015，[有限]差分 10.0198
difference algebra 差代数 04.0509
difference approximation 差分逼近 10.0206
difference cochain 差异上链 08.0826
difference coefficient 差商 10.0223
difference correction 差分矫正 10.0209
difference differential equation 差分微分方程 10.0211
difference equation 差分方程 10.0210

difference method 差分法 10.0212
difference Monte Carlo method 差分蒙特卡罗方法 10.0621
difference of events 事件的差 09.0020
difference of first order 一阶差分 10.0199
difference of higher order 高阶差分 10.0200
difference operator 差分算子 10.0207
difference quotient 差商 10.0223
difference scheme 差分格式 10.0213
difference set 差集 01.0094
difference table 差分表 10.0208
different 差积 04.0238
differentiable 可微的 05.0084
differentiable manifold 微分流形 08.0878
differentiable mapping 微分映射 08.0886
differentiable operator 可微算子 07.0339
differential 微分 05.0083
differential algebra 微分代数 04.0508
differential calculus 微分学 05.0071
differential correction algorithm 微分矫正算法 10.0136
differential dynamic programming 微分动态规划 11.0329
differential equation 微分方程 06.0001
differential equation of confluent type 汇合型微分方程 06.0677
differential equation of higher order 高阶微分方程 06.0038
differential form 微分[形]式 08.0912
differential game 微分对策 11.0431
differential geometry 微分几何[学] 08.0939
differential graded algebra 微分分次代数 08.0915
differential ideal 微分理想 08.0917
differential inclusion 微分包含 07.0383
differential invariant 微分不变式 06.0505
differential manifold 微分流形 08.0878
differential mapping 微分映射 08.0886
differential Monte Carlo method 微分蒙特卡罗方法 10.0618
differential of a map 映射的微分 08.0896
differential of a morphism 态射的微分 04.1995
differential of an analytic homomorphism 解析同态的微分 04.2087
differential of exponential mapping 指数映射的微分 04.2106
differential of higher order 高阶微分 05.0087
differential operator 微分算子 06.0473
differential quotient 导数, *微商 05.0072
differential ring 微分环 04.1384
differential stability 微分稳定性 11.0322
differential structure 微分结构 08.0882
differential topology 微分拓扑 08.0888
differentiation 微分法 05.0085
different of a simple algebra 单代数的差积 04.1459
diffusion 扩散 09.0374
diffusion equation 扩散方程 06.0452
diffusion kernel 扩散核 05.0632
diffusion operator 扩散算子 06.0537
diffusion problem 扩散问题 06.0454
diffusion process 扩散过程 09.0371
digamma-function 双Γ函数 06.0634
digital communication system 数字通信系统 12.0282
digital information 数字信息 12.0283
digraph 有向图 03.0061
dihedral group 二面体群 04.1812
dilatation 膨胀 04.0743
dilatation quotient 伸缩商 05.0526
dimension 维[数] 08.0585
dimensional split 维数分裂 10.0587
dimension of a linear system 线性系的维数 04.1202
dimension of an affine variety 仿射簇的维数 04.1023
dimension of a projective variety 射影簇的维数 04.1032
dimension of linear space 线性空间的维数 04.0689
dimension theory 维数论 08.0584
dimension type 维数型 08.0938
dimension vector 维数向量 04.1420
Dini derivative 迪尼导数 05.0078
Dini series 迪尼级数 06.0710
Diophantine approximation 丢番图逼近 04.0182

Diophantine equation 丢番图方程 04.0174
Diophantine geometry 丢番图几何 04.0175
Diophantine relation 丢番图关系 02.0243
Dirac distribution 狄拉克广义函数 07.0100
Dirac equation 狄拉克方程 06.0438
directed edge *有向边 03.0064
directed graph 有向图 03.0061
directed set 有向集 02.0186
directed tree 有向树 03.0194
direct integral *直积分 07.0282
directional derivative 方向导数 05.0098
direction bias sampling method 方向偏倚抽样方法 10.0681
direction field 方向场 06.0017
direction of recession 回收方向 05.0764
direction of search 搜索方向 11.0206
direction ratio 方向比 08.0230
directive probability method 指向概率方法 10.0677
direct limit *正[向]极限 04.1629
directly indecomposable lattice 直不可分解格 03.0309
direct method 直接法 05.0735, 10.0380
director circle 准圆 08.0255
direct product 直积 01.0088
direct product algebra 直积代数 04.1394
direct product of distributions 广义函数直积 07.0093
direct product of groups 群的直积 04.1777
direct product of modules 模的直积 04.0887
direct product of rings 环的直积 04.1333
direct product of topological groups 拓扑群的直积 04.2034
direct product set 直积集 01.0090
direct proportion 正比 04.0080
directrix 准线 08.0254
direct sampling technique 直接抽样方法 10.0649
direct search method 直接搜索法 11.0214
direct sum 直和 01.0087
direct sum of modules 模的直和 04.0885
direct sum of representations 表示的直和 04.1920
direct sum of rings 环的直和 04.1331
Dirichlet box principle 狄利克雷抽屉原理 04.0150
Dirichlet character 狄利克雷特征[标] 04.0197
Dirichlet data 狄利克雷数据 06.0303
Dirichlet density 狄利克雷密度 04.0223
Dirichlet distribution 狄利克雷分布 09.0108
Dirichlet form 狄利克雷型 09.0288
Dirichlet functional 狄利克雷泛函 05.0726
Dirichlet integral 狄利克雷积分 06.0316
Dirichlet kernel 狄利克雷核 05.0282
Dirichlet L-series 狄利克雷 L 级数 04.0199
Dirichlet multiplication 狄利克雷乘法 04.0206
Dirichlet principle 狄利克雷原理 06.0315
Dirichlet problem 狄利克雷问题 06.0299
Dirichlet series 狄利克雷级数 05.0365
Dirichlet space 狄利克雷空间 05.0675
disc algebra 圆盘代数 07.0301
disconnected set 不连通集 08.0506
discontinuity decomposition 间断分解 10.0539
discontinuity point of the first kind 第一类不连续点 05.0044
discontinuity point of the second kind 第二类不连续点 05.0045
discontinuous control system 不连续控制系统 12.0334
discontinuous group of transformations 不连续变换群 04.2072
discontinuous solution 间断解 06.0401
discounted reward model 折扣模型 11.0579
discrete 离散[的] 01.0070
discrete Abelian group 离散阿贝尔群 04.2052
discrete analog 离散模拟 10.0026
discrete approximation 离散逼近 10.0125
discrete channel 离散信道 12.0052
discrete distribution 离散分布 09.0057
discrete event dynamic system 离散事件动态系统 12.0361
discrete family 离散族 08.0548
discrete flow 离散流 06.0169
discrete model 离散模型 10.0029
discrete optimization 离散最优化 11.0014
discrete programming 离散规划 11.0076
discrete random variable 离散随机变量 09.0059
discrete set 离散集 08.0579

discrete signed measure 离散带号测度 05.0608
discrete simulation 离散模拟 10.0026
discrete solution 离散解 10.0030
discrete space 离散空间 08.0445
discrete spectrum 离散谱 07.0432
discrete subgroup 离散子群 04.2084
discrete system 离散系统 12.0331
discrete time system 离散时间系统 12.0332
discrete topology 离散拓扑 08.0444
discrete valuation 离散赋值 04.0493
discrete valuation ring 离散赋值环 04.0495
discrete-valued function 离散值函数 10.0025
discretization 离散化 10.0027
discretization approach 离散化途径 10.0028
discretization error 离散化误差 10.0053
discriminant 判别式 04.0232
discriminant analysis 判别分析 09.0761
discriminant by distance 距离判别法 09.0765
discriminant of a polynomial in one unknown 一元多项式的判别式 04.0554
discriminant of a quadratic equation in one unknown 一元二次方程的判别式 04.0559
discriminant of a simple algebra 单代数的判别式 04.1460
discriminant of elliptic curve 椭圆曲线的判别式 04.0347
discriminant of number field 数域的判别式 04.0233
discriminant of quadratic form 二次型的判别式 04.0783
discriminantor variety 判别子簇 03.0364
disjoint 不相交[的] 01.0092
disjoint events 不相容事件 09.0017
disjunct 析取项 02.0032
disjunction 析取[词] 02.0031
disjunctive normal form 析取范式 02.0038
dispersion 离差 09.0119
dissection 剖分 10.0471
dissipative differential equation 耗散微分方程 06.0080
dissipative operator 耗散算子 07.0333
dissipative part 耗散部分 09.0315
dissipative state 耗散态 09.0312
distance-regular graph 距离正则图 03.0096
distance structure 距离结构 08.0540
distance transitive graph 距离传递图 03.0183
distinguished polynomial 特异多项式 04.0297
distortion 失真，*畸变 12.0153
distributed parameter system 分布参数系统 12.0357
distribution [施瓦兹]广义函数 07.0090
distribution free statistic 从属统计量 09.0498
distribution function 分布函数 09.0062
distribution of finite energy 有限能量分布 05.0655
distribution of primes 素数分布 04.0203
distribution of values 值[的]分布 05.0429
distribution problem 分配问题 03.0016
distribution solution 分布解 06.0494
distributive element 分配元 03.0312
distributive lattice 分配格 03.0261
distributive law 分配律 04.1273
disturbance decoupling 干扰解耦 12.0507
disturbance input 干扰输入 12.0435
divergence 发散[性] 05.0238， 散度 05.0330
divergence form 散度型 10.0582
divide 除 04.0028
divided difference 均差 10.0224
dividend 被除数 04.0031
divisibility 整除性 04.0948
divisible 整除 04.0949
divisible group 可除群 04.1860
divisible module 可除模 04.0911
division 除法 04.0027
division algebra 可除代数 04.1406
division algorithm 带余除法 04.0029
division ring 除环，*体 04.1291
division with remainder 带余除法 04.0029
divisor 除数 04.0030， 除子 04.1194
divisor class group 除子类群 04.1206
divisor function 除数函数 04.0209
divisor of a function 函数的除子 04.1198
divisor problem 除数问题 04.0213
dodecahedron 十二面体 08.0155
domain 定义域 01.0101， 区域 05.0350
domain decomposition 区域分解 10.0519

domain of attraction 吸引区域 09.0174
domain of dependence 依赖[区]域 06.0227
domain of determinacy 决定[区]域 06.0225
domain of holomorphy 全纯域，*正则域 05.0553
domain of influence 影响[区]域 06.0226
domain of integration 积分域 05.0162
dominance ratio 优势比 04.0662
dominant function 控制函数 02.0272
dominant integral linear function 支配整线性函数 04.1548
dominant morphism 支配态射 04.1038
dominant rational mapping 支配有理映射 04.1046
dominant series 控制级数 05.0243
dominant weight 支配权 04.1545
dominated convergence theorem 控制收敛定理 05.0218
domination principle 控制原理 05.0671
domination structure 控制结构 11.0264
Doob-Meyer decomposition 杜布-迈耶分解 09.0242
D-optimal design *D* 最优设计 09.0886
double angle formula 倍角公式 08.0197
double chain condition 双链条件 04.1801
double commutant 二次交换子 07.0277
double complex 二重复形 04.1672
double coset 双陪集 04.1750
double difference 二重差分 10.0204
double graph 倍图 03.0212
double integral 二重积分 05.0159
double interpolation 二重插值 10.0181
double lattice 双格 03.0305
double layer potential 双层位势，*双层分布位势 05.0651
double point 二重点 04.1183
double precision 双[字长]精度 10.0016
double root 二重根 04.0581
double sampling 双重抽样 09.0825
double sampling inspection 二次抽检 09.0850
double series 二重级数 05.0257
double Stone lattice 双斯通格 03.0306
double tangent 二重切线 04.1188
double transitive group 双传递群 04.1836
doubly irreducible element 双不可约元 03.0277
doubly periodic function 双周期函数 06.0613
doubly stochastic Poisson process 重随机泊松过程 09.0386
Douglas functional 道格拉斯泛函 05.0727
down-ladder operator 下降算子 06.0644
downward Löwenheim-Skolem theorem 降 L-S 定理 02.0088
drift 漂移 09.0373
2D system *2D 系统 12.0354
dual 对偶 07.0046
dual Abelian variety 对偶阿贝尔簇 04.1251
dual algebra 对偶代数 07.0271
dual basis 对偶基 04.0694
dual block design 对偶区组设计 03.0035
dual bundle 对偶丛 08.0846
dual category 对偶范畴 04.1575
dual chain complex 对偶链复形 04.1700
dual cone 对偶锥 07.0135
dual constraint 对偶约束 11.0051
dual curve 对偶曲线 04.1191
dual functor 对偶函子 04.1586
dual homomorphism 对偶同态 03.0248
dual ideal *对偶理想 03.0247
dual isogeny 对偶同源 04.0351
dual isomorphism 对偶同构 03.0249
duality 对偶性 11.0110
duality gap 对偶间隙 11.0116
duality mapping 对偶[性]映射 07.0329
duality principle 对偶原理 08.0344, 11.0112
duality theorem 对偶定理 11.0117
duality theory 对偶理论 11.0111
dualizing sheaf 对偶化层 04.1156
dual lattice 对偶格 03.0244
dual [linear] mapping 对偶[线性]映射 04.0702
dual linear programming 对偶线性规划 11.0143
dual map 对偶地图 03.0157
dual module 对偶模 04.0884
dual object 对偶对象 05.0313
dual operator 对偶算子 07.0187
dual program 对偶规划 11.0080
dual projection 对偶投影 09.0254

dual queueing system 对偶排队系统 11.0512
dual representation 对偶表示 04.1934
dual semigroup 对偶半群 07.0228
dual simplex method 对偶单纯形法 11.0144
dual solution 对偶解 11.0114
dual spaces 对偶空间 04.0693, 07.0048
dual variable 对偶变量 11.0113
dual vector 对偶向量 08.1035
Duffing differential equation 达芬微分方程 06.0083
Dufort-Frankel scheme 杜福特－弗兰克尔格式 10.0555
Duhamel method 杜阿梅尔法 06.0280
dummy 虚设局中人，＊傀儡 11.0390
dummy index 傀指标 04.0846
Dunford integral 邓福德积分 07.0251
Dupin indicatrix 迪潘标形 08.0978
d-uple imbedding *d* 重嵌入 04.1066
duplication of a cube 倍立方[问题] 08.0131
dyadic decomposition 二进分割 05.0304
dyadic field 二进域 04.0492
dynamical system 动力系统 06.0159
dynamic compensator 动态补偿器 12.0496
dynamic optimization 动态最优化 11.0013
dynamic programming 动态规划 11.0328
dynamic programming algorithm 动态规划算法 11.0335
dynamic programming equation of optimality 动态规划最优性方程 11.0340
dynamic programming flow chart 动态规划流程图 11.0336
Dynkin diagram 邓肯图 04.1539

E

eccentric angle 离心角 08.0253
eccentricity 离心率 08.0252
echelon matrix 梯矩阵 04.0621
edge 边 03.0063, 棱 08.0138
edge chromatic number 边色数 03.0170
edge-connectivity 边连通度 03.0124
edge cover 边覆盖 03.0141
edge covering number 边覆盖数 03.0142
edge graph 边图 03.0131
edge group 棱道群 08.0682
edge independent number 边独立数 03.0144
edge-subgraph 边子图 03.0079
edge symmetry 边对称 03.0188
edge-transitive graph 边传递图 03.0182
effect 效应 09.0718
effective calculability 能行可计算性 02.0234
effective divisor 有效除子 04.1196
effective domain 有效域 05.0811
effectiveness 能行性 02.0235
effective search width 有效搜索度 11.0642
efficiency 有效性 11.0266
efficiency of an estimate 估计的效率 09.0581
efficient estimate 有效估计 09.0585
efficient point 有效点 11.0289
efficient solution 有效解 11.0267
eigenspace 本征空间 07.0238
eigenvalue 本征值 07.0234
eigenvalue problem 本征值问题 07.0233
eigenvector 本征向量 07.0236
eigenvector expansion 本征向量展开式 07.0240
Einstein equation 爱因斯坦方程 06.0448
Eisenstein polynomial 艾森斯坦多项式 04.0534
Eisenstein series 艾森斯坦级数 04.0328
elastic barrier 弹性壁 09.0349
element 元[素] 01.0076
elementarily equivalent 初等等价[的] 02.0091
elementary commutative group 初等交换群 04.1846
elementary divisor 初等因子 04.0654
elementary event 基本事件 09.0007
elementary function 初等函数 05.0105
elementary group 初等群 04.1954
elementary matrix 初等矩阵 04.0609
elementary submodel 初等子模型 02.0095
elementary substructure 初等子结构 02.0094
elementary symmetric polynomial 初等对称多项式 04.0550
elementary topological Abelian group 初等拓扑阿贝

尔群 04.2048
elementary transformation 初等变换 04.0741
element of analytic function 解析函数元素 05.0449
element of infinite order 无限阶元 04.1753
element stiffness matrix 单元刚度矩阵 10.0509
elimination by addition and subtraction 加减消元法 04.0744
elimination by substitution 代入消元法 04.0745
elimination matrix 消元矩阵 10.0389
elimination [method] 消元法, * 消去法 10.0381
elimination of quantifier 量词消去 02.0090
ellipse 椭圆 08.0249
ellipsograph 椭圆规 08.0127
ellipsoid 椭球面 08.0268
ellipsoidal coordinates 椭球坐标 08.0219
ellipsoidal harmonics 椭球调和函数 06.0718
ellipsoid method 椭球法 11.0147
elliptical complex 椭球复形 08.1039
elliptically contoured distribution 椭球等高分布 09.0112
elliptic curve 椭圆曲线 04.0343
elliptic cylinder 椭圆柱面 08.0274
elliptic cylinder function * 椭圆柱函数 06.0728
elliptic differential equation 椭圆[型]微分方程 06.0287
elliptic differential operator 椭圆[型]微分算子 06.0509
elliptic domain 椭圆[型]域 06.0385
elliptic function 椭圆函数 06.0596
elliptic function field 椭圆函数域 04.0313
elliptic function of the first kind 第一类椭圆函数 06.0620
elliptic function of the second kind 第二类椭圆函数 06.0621
elliptic function of the third kind 第三类椭圆函数 06.0622
elliptic geometry 椭圆几何[学] 08.0422
elliptic integral 椭圆积分 06.0598
elliptic integral of the first kind 第一类椭圆积分 06.0600
elliptic integral of the second kind 第二类椭圆积分 06.0601
elliptic integral of the third kind 第三类椭圆积分 06.0602
elliptic irrational function 椭圆无理函数 06.0597
ellipticity 椭圆性 06.0525
ellipticity condition 椭圆性条件 06.0526
ellipticity constant 椭圆性常数 06.0527
elliptic paraboloid 椭圆抛物面 08.0277
elliptic point 椭圆点 08.0979
elliptic Riemann surface 椭圆型黎曼[曲]面 05.0462
elliptic space 椭圆空间 08.0425
eluding game 回避对策 11.0474
embedding 嵌入 01.0116
empirical Bayes method 经验贝叶斯方法 09.0542
empirical curve 经验曲线 10.0150
empirical distribution function 经验分布函数 09.0477
empirical formula 经验公式 10.0149
empirical process 经验过程 09.0364
emptiness 放空 11.0558
empty set 空集 01.0077
encipher 加密 12.0301
end node 端结点 10.0494
endomorphism 自同态 04.1315
endomorphism of a module 模自同态 04.0875
endomorphism of elliptic curve 椭圆曲线的自同态 04.0352
endomorphism of group 群的自同态 04.1765
energy equation 能量方程 06.0449
energy identity 能量恒等式 06.0463
energy inequality 能量不等式 06.0466
energy of signed integral 带号测度能量[积分] 05.0652
energy spectrum 能量谱 12.0258
energy sum 能[量]和 06.0472
ENO 本质不振荡 10.0573
Enskog method 恩斯库格法 06.0583
entire function 整函数 05.0403
entrance boundary 流入边界 09.0345
entrance boundary point 流入边界点 12.0296
entropy 熵 07.0435, 12.0026
entropy condition 熵条件 10.0540

entropy flux 熵通量 10.0541
entropy function 熵函数 10.0542
entropy of information 信息熵 12.0029
entropy of the endomorphism 自同态的熵 07.0438
entropy of the partition 分割的熵 07.0437
entropy rate 熵率 12.0032
entry 表[列]值 10.0272
entry of matrix 矩阵的元 04.0589
enumeration 枚举 02.0264
enumeration problem 计数问题 03.0010
envelope of holomorphy 全纯包 05.0554
envelope power function 包络功效函数 09.0626
enveloping algebra 包络代数 04.1428
enveloping algebra of a Lie group 李群的包络代数 04.2111
E-optimal design E 最优设计 09.0888
epicycloid 外摆线 08.0285
epigraph 上境图 05.0810
epimorphism 满态射 04.1560
epitrochoid 长短辐圆外摆线 08.0287
epsilon-algorithm ε 算法 10.0341
epsilon-entropy ε 熵 12.0033
epsilon-optimal policy ε 最优策略 11.0574
equality 等式 01.0043, 相等 01.0044
equality constraint 等式约束 11.0041
equal to 等于 01.0045
equation 方程 01.0049
equational class of lattices 格等式类 03.0326
equation of divergence form 散度型方程 06.0340
equation of dynamics 动力[学]方程 06.0160
equation of Fuchs type 富克斯型方程 06.0062
equation of mixed type 混合型方程 06.0379
equation of separated variables 变量分离方程 06.0025
equation of variation 变分方程 05.0687
equianharmonic points *等交比点 08.0371
equicontinuous 等度连续[的] 05.0034
equidistant 等距 08.0325
equidistant curve 等距曲线 08.0418
equidistant surface 定幅曲面 08.0946
equilateral triangle 等边三角形 08.0048
equilibrium equation 平衡方程 06.0467
equilibrium mass-distribution 平衡分布 05.0634
equilibrium measure 平衡测度 05.0611
equilibrium point 平衡点 06.0089
equilibrium state 平衡态 09.0314
equipotential line 等势线 05.0326
equivalence 等价[性] 01.0037
equivalence class 等价类 01.0120
equivalence classes of extensions of a group 群扩张等价类 04.1687
equivalence of bilinear forms 双线性型的等价 04.0767
equivalence of categories 范畴的等价 04.1600
equivalence of group actions 群作用等价 04.1841
equivalence of quadratic forms 二次型的等价 04.0780
equivalence of representations 表示的等价 04.1917
equivalence of valuations 赋值等价 04.0469
equivalence relation 等价关系 01.0119
equivalent matrices 等价矩阵 04.0643
equivariant estimate 同变估计 09.0559
erasure decoding 带删除译码 12.0176
ergodic chain 遍历链 09.0317
ergodic hypothesis 遍历性假设 07.0389
ergodic in mean 均方遍历[的] 09.0402
ergodic in square 均方遍历[的] 09.0402
ergodicity 遍历性 07.0425
ergodic process 遍历过程 09.0403
ergodic source 遍历信源 12.0044
ergodic theorems 遍历定理 07.0410
ergodic theory 遍历理论 07.0388
ergodic transformation 遍历变换 07.0396
Erlang distribution 埃尔朗分布 11.0522
error 误差 10.0034
error analysis 误差分析 10.0073
error bound 误差界 10.0070
error check 差错校验 12.0170
error control 差错控制 12.0168
error correcting code 纠错码 12.0169
error correction 误差校正 10.0069, 差错校正, *纠错 12.0171
error curve 误差曲线 10.0068
error detection code 差错检测码 12.0173

error distribution 误差分布 10.0067
error equation 差错方程 12.0215
error estimate 误差估计 10.0066
error law 误差律 10.0072
error of the first kind 第一类错误 09.0613
error of the second kind 第二类错误 09.0614
error propagation 误差传播 10.0065, 差错传播 12.0216
error protection 差错保护 12.0174
error rate 差错率 12.0211
error sequence 差错序列 12.0214
errors-in-variables model 含误差变量模型 09.0672
error space 差错空间 12.0213
error trapping 捕错 12.0175
error vector 差错向量 12.0212
escenter of a triangle 旁心 08.0059
escribed circle 旁切圆 08.0061
essential extension of a module 模的本质扩张 04.0913
essential game 本质对策, *实质性对策 11.0434
essentially bounded 本质有界[的] 05.0193
essentially complete class 本质完全类 09.0530
essentially non-oscillatory 本质不振荡 10.0573
essentially self-adjoint operator 本质自伴算子 07.0206
essentially strictly convex 本质严格凸 05.0745
essential monomorphism 本质单同态 04.0912
essential singular point 本质奇点 05.0399
essential spectrum 本质谱 07.0257
essential supremum 本质上确界 09.0226
ess. sup 本质上确界 09.0226
estimable 可估[的] 09.0553
estimate 估计[量] 09.0551
estimator, 估计[量] 09.0551, 估计器 12.0493
eta-algorithm η 算法 10.0342
etale 艾达尔 04.1160
etale cohomology 艾达尔上同调 04.1163
etale covering 艾达尔覆叠 04.1161
etale morphism 艾达尔态射 04.1162
Euclid algorithm 欧几里得算法, *辗转相除法 04.0048
Euclidean domain 欧几里得整环 04.0944
Euclidean geometry 欧几里得几何[学], *欧氏几何 08.0002
Euclidean space 欧几里得空间 04.0717
Euler characteristic 欧拉示性数 08.0663
Euler constant 欧拉常数 06.0630
Euler graph 欧拉图 03.0127
Eulerian trail 欧拉[轨]迹 03.0126
Euler integral of the first kind *第一类欧拉积分 06.0637
Euler integral of the second kind *第二类欧拉积分 06.0627
Euler-Lagrange differential equation 欧拉-拉格朗日微分方程 05.0713
Euler-Maclaurin summation formula 欧拉-麦克劳林求和公式 10.0239
Euler method 欧拉法, *欧拉折线法 10.0282
Euler [necessary] condition 欧拉[必要]条件 05.0700
Euler number 欧拉数 06.0595
Euler-Poincaré formula 欧拉-庞加莱公式 08.0662
Euler-Poincaré mapping 欧拉-庞加莱映射 04.1708
Euler-Poisson-Darboux equation 欧拉-泊松-达布方程 06.0357
Euler polygons 欧拉折线 06.0012
Euler polynomial 欧拉多项式 06.0594
Euler transformation 欧拉变换 10.0343
Euler φ-function 欧拉 φ 函数 04.0163
evaluation function method 评价函数法 11.0302
evanescent 不足道[的] 09.0224
evanescent set 不足道集 09.0225
evasion game 规避对策 11.0467
even Clifford algebra 偶克利福德代数 04.0815
even function 偶函数 05.0051
even integer 偶数 04.0050
even-odd check 奇偶校验 12.0223
even permutation 偶置换 04.1830
event 事件 09.0011
evolute 渐屈线 08.0957
evolutionary operation 调优操作 09.0869

evolution equation 发展方程 06.0435
exact couple 正合偶 04.1676
exact differential equation 恰当微分方程 06.0030
exact differential form 恰当微分[形]式 08.0920
exact functor 正合函子 04.1625
exact pair 正合对 02.0270
exact penalty function 精确罚函数 11.0243
exact penalty method 精确惩罚法 11.0244
exact sequence 正合[序]列 04.1650
exact solution 精确解 10.0012
example 例 01.0052
excellent ring 优环 04.1010
excenter 外心 08.0058
exceptional complex simple Lie algebras 例外复单李代数 04.1542
exceptional curve 例外曲线 04.1231
exceptional Jordan algebra 例外若尔当代数 04.1484
exceptional value 例外值 05.0431
excessive function 过分函数 09.0338
exchangeable 可交换[的] 09.0043
excision axiom 切除公理 08.0706
excision isomorphism 切除同构 08.0707
exclusion process 排它过程 09.0393
exclusive disjunction 互斥析取 02.0033
excursion 游弋 09.0336
existence 存在[性] 01.0032
existence of best approximation 最佳逼近的存在性 10.0114
existential quantifier 存在量词 02.0056
exit boundary 流出边界 09.0346
exotic sphere 怪球面 08.0929
expanding map 扩张映射 06.0170
expansion 膨胀 02.0084
expansion of a function in series 函数的级数展开 05.0260
expansion of decreasing dimension 降维展开[法] 10.0266
expansive map 可扩映射 06.0171
experimental design 试验设计 09.0859
explicit difference formula 显式差分公式 10.0214
explicit difference scheme 显式差分格式 10.0215
explicit scheme 显格式 10.0548
exploratory data analysis 探索性数据分析 09.0801
explosion time 爆炸时 09.0335
exponent 指数 04.0035
exponential approximation 指数逼近 10.0099
exponential autoregressive model 指数自回归模型 09.0915
exponential distribution 指数分布 09.0094
exponential family of distributions 指数型分布族 09.0454
exponential formula 指数公式 09.0269
exponential function 指数函数 05.0106
exponential generating function 指数母函数 03.0012
exponential growth 指数增长性 05.0413
exponential integral 指数积分 06.0687
exponential interpolation 指数插值 10.0188
exponential law 指数律 04.0041
exponentially stable 指数稳定[的] 10.0307
exponential mapping 指数映射 04.2092
exponential martingale 指数鞅 09.0270
exponential scheme 指数格式 10.0556
exponential sum 指数和 04.0189
exponential-time algorithm 指数时间算法 11.0351
exponential transformation method 指数变换方法 10.0665
exponential valuation 指数赋值 04.0467
exponent of a central simple algebra 中心单代数的指数 04.1435
exposed direction 暴露方向 05.0756
exposed face 暴露面 05.0755
exposed point 暴露点 05.0754
exposed ray 暴露射线 05.0757
expression [表达]式 01.0041
extended complex plane 扩充复平面 05.0347
extended Markuschevich basis 扩充的马尔库舍维奇基 07.0059
extension 扩张 01.0060
extensionality 外延性 02.0155
extension field 扩域 04.0395
extension of a group 群扩张 04.1683

extension of a Lie algebra 李代数的扩张 04.1706
extension of an ideal 理想的扩张 04.0960
extension of a valuation 赋值的扩张，＊赋值的开拓 04.0475
extension of ring by module 环籍模的扩张 04.1005
extension theorems 扩张定理 07.0155
exterior 外部 08.0453
exterior algebra 外代数 04.0861
exterior angle 外角 08.0115
exterior differential form ＊外微分[形]式 08.0912
exterior measure 外测度 05.0178
exterior normal 外法线 08.1010
exterior penalty method 外部惩罚法 11.0241
exterior point 外点 08.0452
exterior power 外幂 04.0862
exterior product 外积 08.0918
external bisector 外分角线 08.0070
external division 外分 08.0233
external input 外[部]输入 12.0433
external stability 外部稳定性 11.0321
extinction time 消亡时 09.0334
extraction of cubic root 开立方 04.0103
extraction of square root 开平方 04.0102
extrapolation 外插，＊外推 10.0161
extremal curve 极值曲线 05.0721
extremal field 极值场 05.0712
extremal length 极值长度 05.0503
extremal point theorem 端点定理 07.0157
extreme direction 端方向 05.0759
extremely disconnected space 极端不连通空间 08.0507
extreme point 极值点 05.0499
extreme ray 端射线 05.0758
extreme terms of proportion 比例外项 04.0075
extreme-value distribution 极值分布 09.0100
extremum 极值 05.0119
extremum principle 极值原理 06.0291

F

Faber-Krahn inequality 法贝尔－克拉恩不等式 06.0471
face 面 08.0137
face of simplex [单形的]面 08.0639
face operator 面算子 08.0710
factor 因数，＊约数 04.0042，因式 04.0529，因子 04.0950，09.0716，＊因素 09.0716
1-factor 1－因子 03.0136
factor analysis 因子分析 09.0754
factor congruence 因子同余 03.0351
factor group 商群 04.1762
factorial 阶乘 04.0026
factorial experiment 析因试验 09.0860
factorial experiment design 析因试验设计 09.0861
factorial function 阶乘函数 06.0628
factorial moment 阶乘矩 09.0130
factorial moment generating function 阶乘矩母函数 09.0143
factorization 因数分解 04.0054，因式分解 04.0531，因子分解 04.0956
factor loading 因子载荷 09.0758
factor model 因子模型 09.0755
factor module 商模 04.0870
factor of von Neumann algebra 因子 07.0280
factor representation 商表示 04.1928
factor ring 商环 04.1308
factor score 因子得分 09.0759
factor set 因子组 04.1436
factor space 商空间 04.0692
failure frequency 故障频度 11.0610
failure mode and effect analysis 故障模式和效应分析 11.0612
failure rate 故障率，＊失效率 11.0609
faithful functor 忠实函子 04.1590
faithful module 忠实模 04.0877
false position 试位法 10.0354
falsity 假值 02.0043
family 族 01.0078

family of conjugate prior distributions 共轭先验分布族 09.0535
family of isogonal trajectories 等角轨线族 06.0036
family of orthogonal trajectories 正交轨线族 06.0037
family of population distributions 总体分布族 09.0450
family of straight lines 直线族 08.1005
family parameter 族参数 08.1079
Fano decoding algorithm 费诺译码算法 12.0126
Farey sequence 法里序列 04.0141
far field boundary condition 远场边界条件 10.0534
Farkas lemma 福科什引理 11.0056
fast state 快变状态 12.0426
fast subsystem 快变子系统 12.0341
Fatou set 法图集 05.0521
fault tree analysis 故障树分析 11.0611
FCFS 先到先服务 11.0498
F-distribution *F* 分布 09.0089
feasible basis 可行基 11.0133
feasible constraint 可行约束 11.0045
feasible descent direction 可行下降方向 11.0226
feasible direction 可行方向 11.0062
feasible direction cone 可行方向锥 11.0065
feasible direction method 可行方向法 11.0225
feasible region 可行域 11.0060
feasible solution 可行解 11.0061
feedback channel 反馈信道 12.0082
feedback control 反馈控制 12.0384
feedback controller 反馈控制器 12.0480
feedback decoding 反馈译码 12.0118
feedback function 反馈函数 12.0239
feedback gain 反馈增益 12.0481
feedback gain matrix 反馈增益[矩]阵 12.0482
feedback shift register 反馈移位寄存器 12.0240
feedforward control 前馈控制 12.0385
Fejér kernel 费耶核 05.0284
Fejér mean 费耶平均 05.0283
Fermat last theorem 费马大定理 04.0180
Fermat number 费马数 04.0058
fiber 纤维 08.0834
fiber bundle 纤维丛 08.0835
fibering 纤维化 08.0868
fiber product 纤维积 04.1133
fibers of a morphism 态射的纤维 04.1134
fiber space 纤维空间 08.0831
Fibonacci method 斐波那契法 11.0196
Fibonacci numbers 斐波那契数 04.0142
Fibonacci search 斐波那契搜索 11.0191
fibration 纤维化 08.0868
fibre mapping 纤维映射 08.0801
fictitious play 虚构对策 11.0468
fiducial distribution 信念分布 09.0661
fiducial inference 信念推断 09.0659
fiducial interval 信念区间 09.0663
fiducial limit 信念限 09.0662
fiducial probability 信念概率 09.0660
field 域 04.0390, 场 05.0716
field extension 域扩张 04.0405
field of definition for variety 簇定义域 04.1062
field of events 事件域 09.0023
field of formal Laurent series 形式洛朗级数域 04.0502
field of lines 线场 08.0393
field of points 点场 08.0392
field of rational fractions 有理分式域 04.0542
field theory 域论 04.0389
fifth postulate 第五公设 08.0009
Filon quadrature 菲隆求积 10.0263
filter 滤子 03.0230
filtered algebra 滤过代数 04.1464
filtered Poisson process 滤过的泊松过程 09.0387
filtering 滤波 09.0421
filter of a lattice 格滤子 03.0247
filtration 滤过 04.0993
filtration σ 域流 09.0209
final inspection 最终检验 09.0836
final prediction error criterion FPE 准则 09.0900
final segment 尾段 02.0185
fine moduli space 精细模空间 04.1223
fine sheaf 优层 08.1095
fine structure 精细结构 02.0199
fine topology 细拓扑 05.0620
finite 有限[的], * 有穷[的] 01.0127
finite *A*-algebra 有限 *A* 代数 04.0979

finite automaton 有限自动机 02.0224
finite continued fraction 有限连分数 04.0147
finite covering 有限覆盖 08.0474
finite dam 有限水库 11.0554
finite difference [有限]差分 10.0198
finite dimensional algebra 有限维代数 04.1399
finite dimensional vector space 有限维向量空间 04.0690
finite element 有限元 10.0468
finite element analysis 有限元分析 10.0469
finite element method 有限元法 10.0470
finite extension 有限扩张 04.0403
finite field 有限域 04.0439
finite game 有限对策 11.0469
finite geometry 有限几何 03.0052
finite group 有限群 04.1743
finite horizon model 有限阶段模型 11.0577
finitely additive 有限可加 05.0184
finitely generated A-algebra 有限生成 A 代数 04.0977
finitely generated Abelian group 有限生成阿贝尔群 04.1811
finitely generated group 有限生成群 04.1848
finitely generated module 有限生成模 04.0896
finitely presented A-algebra 有限表现 A 代数 04.0978
finitely presented group 有限表现群 04.1850
finitely presented module 有限表现模 04.0898
finite memory channel 有限记忆信道 12.0058
finite morphism 有限态射 04.1120
finite morphism of curves 曲线的有限态射 04.1212
finite order 有穷级 05.0410
finite part 有限部分 07.0101
finite point 有限点 05.0346
finite population 有限总体 09.0443
finite prime divisor 有限素除子 04.0309
finite stage model 有限阶段模型 11.0577
finite state channel 有限状态信道 12.0059
finite type 有限型 02.0250
finitist 有限论者 02.0303
Finsler manifold 芬斯勒流形 07.0376
first axiom of countability 第一可数公理 08.0520
first boundary value problem *第一边值问题 06.0299
first category 第一范畴 07.0043
first-come first-served 先到先服务 11.0498
first emptiness 首次放空 11.0559
first entrance time 首入时 09.0329
first fundamental form 第一基本型，*第一基本形式 08.0971
[first] hitting time 首中时 09.0330
first integral 首次积分，*第一积分 06.0032
first mean value theorem 第一中值定理 05.0145
first-order efficiency 一阶效率 09.0590
first-order logic 一阶逻辑 02.0047
first-order necessary condition 一阶必要条件 11.0181
first-order theory 一阶理论 02.0074
first problem of Cousin 库赞第一问题 05.0568
first transfinite ordinal 第一超穷序数 02.0181
first variation 一阶变分 05.0693
Fisher discriminant function 费希尔判别函数 09.0763
Fisher distribution F 分布 09.0089
Fisher information function 费希尔信息函数 09.0579
fission matrix method 裂变矩阵方法 10.0671
fitting 拟合 10.0138
Fitting decomposition 菲廷分解 04.1802
fitting of a model 模型拟合 09.0898
fixed effect model 固定效应模型 09.0667
fixed end point variational problem 固定终点变分问题 05.0685
fixed mode 固定模 12.0504
fixed point 不动点 08.0743
fixed-point arithmetic 定点运算 10.0005
fixed point index 不动点指数 08.0744
fixed point method of Leray and Schauder 勒雷-绍德尔不动点法 06.0325
fixed-point number 定点数 10.0003
fixed point theorem 不动点定理 07.0361
fixed singular point 固定奇点 06.0052
fixed step size [固]定步长 10.0275
fixed-time incrementing method 时间步长法 11.0508

flabby sheaf 松弛层 04.1090
flag manifold 旗流形 08.0895
flat module 平坦模 04.0895
flat morphism 平坦态射 04.1131
flat space 平坦空间 08.1067
floating-point arithmetic 浮点运算 10.0006
floating-point number 浮点数 10.0004
Floquet theorem 弗洛凯定理 06.0065
flow 流 07.0397
flow box 流盒 06.0172
flow graph 流程图，*流图 11.0382
FMEA 故障模式和效应分析 11.0612
focal set 焦集 08.1052
focus 焦点 06.0091
foliation 叶状结构 08.0927
folium 叶形线 08.0305
foot of a perpendicular 垂足 08.0072
forced collision method 强迫碰撞方法 10.0684
forced oscillation 强迫振动 06.0110
forcing condition 力迫条件 02.0202
forcing method 力迫法 02.0203
forcing relation 力迫关系 02.0204
forecasting 预报 09.0426
forgetful functor 底函子 04.1589
forking 分叉 02.0112
form 型，*齐式 04.0764
formal adjoint operator 形式伴随算子 06.0508
formal Bayes estimate 形式贝叶斯估计 09.0565
formal group 形式群 04.1261
formalism 形式主义 02.0308
formalized arithmetic 形式化算术 02.0117
formal language 形式语言 02.0006
formally hypoelliptic 形式亚椭圆 06.0517
formally real field 形式实域 04.0455
formally smooth ring 形式光滑环 04.1007
formal power series ring 形式幂级数环 04.1014
formal scheme 形式概形 04.1260
formal solution 形式解 06.0058
formal undecidable proposition 形式不可判定命题 02.0145
formation rule 形成规则 02.0008
formula 公式 01.0042
forward difference 向前差分 10.0201
forward elimination and backward substitution 追赶法 10.0406
forward equation 向前方程 09.0325
forward error analysis 向前误差分析 10.0074
foundation of mathematics 数学基础 02.0300
four color problem 四色问题 03.0169
four group 四元群 04.1817
Fourier analysis 傅里叶分析 05.0264
Fourier-Bessel series 傅里叶－贝塞尔级数 06.0709
Fourier-Bessel transform 傅里叶－贝塞尔变换 05.0604
Fourier coefficient 傅里叶系数 05.0277
Fourier cosine transform 傅里叶余弦变换 05.0590
Fourier integral 傅里叶积分 05.0584
Fourier integral operator 傅里叶积分算子 06.0477
Fourier inversion formula 傅里叶反演公式 05.0588
Fourier-Laplace transform 傅里叶－拉普拉斯变换 05.0602
Fourier series 傅里叶级数 05.0276
Fourier sine transform 傅里叶正弦变换 05.0589
Fourier-Stieltjes transform 傅里叶－斯蒂尔切斯变换 05.0603
Fourier transform 傅里叶变换 05.0583
FPE criterion FPE 准则 09.0900
fractal analysis 分形分析 05.0334
fractals 分形分析 05.0334
fraction 分数 04.0062
fractional derivative 分数次导数，*非整数阶导数 05.0079
fractional exponent 分[数]指数 04.0040
fractional ideal 分式理想 04.0235
fractional integral 分数次积分，*非整数次积分 05.0170
fractional linear transformation 分式线性变换 05.0482
fractional programming 分式规划 11.0072
fractional replication 部分实施[法] 09.0865
fractional step method 分步法 10.0598
frame 标架 08.1033

frame bundle 标架丛 08.0885
Frank-Wolfe method 弗兰克-沃尔夫法 11.0227
Frattini subgroup 弗拉蒂尼子群 04.1821
Fréchet differentiable operator 弗雷歇可微算子 07.0340
Fréchet derivative 弗雷歇导数 07.0313
Fréchet lattice 弗雷歇格 07.0129
Fréchet space 弗雷歇空间 07.0111
Fredholm alternative theorem 弗雷德霍姆择一定理 06.0571
Fredholm determinant 弗雷德霍姆行列式 06.0576
Fredholm first minor 弗雷德霍姆初余子式 06.0577
Fredholm integral equation 弗雷德霍姆积分方程 06.0566
Fredholm integral equation of the first kind 第一类弗雷德霍姆积分方程 06.0567
Fredholm integral equation of the second kind 第二类弗雷德霍姆积分方程 06.0568
Fredholm integral equation of the third kind 第三类弗雷德霍姆积分方程 06.0569
Fredholm mapping *弗雷德霍姆映射 07.0214
Fredholm method 弗雷德霍姆法 06.0314
Fredholm operator 弗雷德霍姆算子 07.0214
Fredholm r-th minor 弗雷德霍姆 r 次余子式 06.0578
free Abelian group 自由阿尔贝群 04.1810
free algebra 自由代数 04.1446
free boundary 自由边界 10.0489
free boundary problem 自由边界问题 06.0428
free distance 自由距离 12.0232
free end point variational problem 自由终点变分问题 05.0686
free face 自由面 08.0680
free functor 自由函子 04.1617
free group 自由群 04.1847
free lattice 自由格 03.0262
free Lie algebra 自由李代数 04.1524
free module 自由模 04.0891
free object 自由对象 04.1582
free product 自由积 04.1851
free resolution 自由分解 04.1663
free semi-group 自由半群 04.1856
free universal algebra 自由泛代数 03.0358
free variable 自由变元 02.0053
frequency domain 频域 12.0442
frequency domain analysis 频域分析 12.0443
frequency response 频率响应 12.0448
Fresnel integral 菲涅耳积分 06.0685
Friedrichs inequality 弗里德里希斯不等式 06.0470
Fritz·John conditions 弗里茨·约翰条件 11.0183
Frobenius automorphism 弗罗贝尼乌斯自同构 04.0254
Frobenius group 弗罗贝尼乌斯群 04.1839
Frobenius morphism 弗罗贝尼乌斯态射 04.1220
Frobenius reciprocity formula 弗罗贝尼乌斯互反公式 04.1951
Frobenius ring 弗罗贝尼乌斯环 04.1381
frontier point 边界点 08.0454
frustum 平截头台 08.0169
(F)-space *F空间 07.0111
F-test *F* 检验 09.0636
Fuchsian group 富克斯群 05.0480
full functor 满函子 04.1591
full group 完全群 07.0409
full imbedding 满嵌入 04.1592
full linear group 一般线性群 04.1864
full order observer 全阶观测器 12.0490
full subcategory 满子范畴 04.1565
fully invariant congruence 全不变同余 03.0359
fully invariant series 全不变列 04.1800
fully invariant subgroup 全不变子群 04.1774
fully normal space 全正规空间 08.0517
function 函数 05.0020
functional 泛函 07.0002
functional analysis 泛函分析 07.0001
functional calculus 谓词演算 02.0049
functional determinant *函数行列式 05.0126
functional equation 函数方程 06.0590
function algebra 函数代数 07.0300
functionally dependent 函数相关 05.0128
functionally independent 函数无关 05.0129
function equation approach 函数方程法 11.0337
function field of a variety 簇的函数域 04.1042

function iteration method 函数迭代法 11.0338
function of bounded mean oscillation 有界平均振动函数，* BMO 函数 05.0301
function of bounded variation 有界变差函数 05.0059
function of class C^0 C^0类函数，* 连续函数类 05.0100
function of class C^n C^n类函数，* n 次连续可微函数类 05.0102
function of class C^∞ C^∞类函数，* 无穷次连续可微函数类 05.0103
function of class C^ω C^ω类函数，* 实解析类函数类 05.0104
function of complex variable 复变函数 05.0373
function of confluent type 汇合型函数 06.0676
function of one variable 一元函数 05.0021
function of real variable 实变函数 05.0023
function of several complex variables 多复变函数 05.0539
function of several variables 多元函数 05.0022
function space 函数空间 07.0124
function symbol 函数符号 02.0051
functor 函子 04.1583
functor Ext 函子 Ext 04.1670
functorial morphism 自然变换 04.1597
functor Tor 函子 Tor 04.1671
fundamental conjecture 主猜测 08.0620
fundamental domain 基本区 04.0322
fundamental dominant weight 基本支配权 04.2024
fundamental function 基本函数 07.0087
fundamental group 基本群 08.0776
fundamental group of T_2 topological space T_2拓扑空间的基本群 04.2059
fundamental homology class 基本同调类 08.0753
fundamental operations 基本运算 03.0337
fundamental period 基本周期 06.0611
fundamental period parallelogram 基本周期平行四边形 06.0615
fundamental point 基本点 08.0352
fundamental region 基本[区]域 05.0473
fundamental solution 基本解 06.0264
fundamental space 基本空间 07.0086
fundamental symmetric polynomial 基本对称多项式 04.0551
fundamental system of neighborhoods 基本邻域系 08.0447
fundamental system of neighborhoods of zero element [零元的]基本邻域系 07.0062
fundamental system of solutions 基本解组 06.0042
fundamental tensor 基本张量 08.0974
fundamental theorem of arithmetic 算术基本定理 04.0055
fundamental theorem of the calculus 微积分基本定理 05.0154
fuzzy 模糊[性] 01.0035
F_σ set F_σ 集 05.0014

G

Galerkin-Petrov method 伽辽金－彼得罗夫法 10.0593
Galois cohomology 伽罗瓦上同调 04.1715
Galois correspondence 伽罗瓦对应 04.0429
Galois equation 伽罗瓦方程 04.0438
Galois extension 伽罗瓦扩张 04.0427
Galois field 有限域 04.0439
Galois group 伽罗瓦群 04.0426
Galois group of polynomial 多项式伽罗瓦群 04.0431
Galois theory 伽罗瓦论 04.0425
game 对策，* 博弈 11.0407
game element 对策元素 11.0408
game in normal form 正规型对策 11.0439
game of chance 机会对策 11.0466
game of exhaustion 穷竭对策 11.0464
game of timing 定时对策 11.0465
game theory 对策论，* 博奕论 11.0386
game tree 对策树 11.0417
game with perfect information 全信息对策 11.0478

game with perfect recall 全记忆对策 11.0479
gaming 对策模拟 11.0410
gaming models 对策模型 11.0387
gamma-distribution Γ分布 09.0095
gamma-function Γ函数 06.0627
gap 间隙 02.0263
gap phenomenon 空隙现象 08.1061
Gårding hyperbolicity condition 戈尔丁双曲性条件 06.0418
Gårding inequality 戈尔丁不等式 06.0413
Gâteaux derivative 加托导数 07.0314
Gâteaux differentiable operator 加托可微算子 07.0341
gauge function 度规函数 05.0813
gauge group 规范群 08.1064
gauge-like function 类度规函数 05.0816
gauge of set 集合度规 05.0814
Gauss differential equation *高斯微分方程 06.0641
Gauss domain *高斯整环 04.0957
Gauss elimination 高斯消元法 04.0746
Gaussian channel 高斯信道 12.0063
Gaussian curvature 高斯曲率 08.0969
Gaussian source 高斯信源 12.0045
Gaussian type quadrature 高斯型求积 10.0255
Gauss integration 高斯积分[法] 10.0254
Gauss interpolation formula 高斯插值公式 04.0570
Gauss-Jacobi identity 高斯-雅可比恒等式 03.0019
Gauss-Jordan elimination 高斯-若尔当消元法 10.0390
Gauss mapping 高斯映射 08.0976
Gauss measure 高斯测度 09.0281
Gauss process 高斯过程 09.0361
[Gauss-]Seidel iteration [高斯-]赛德尔迭代[法] 10.0425
Gauss series *高斯级数 06.0640
Gauss sum 高斯和 04.0192
Gauss variational problem 高斯变分问题 05.0676
Gear method 吉尔法 10.0290
Gegenbauer polynomial 盖根鲍尔多项式 06.0665
Gelfand-Levitan integral equation 盖尔范德-列维坦积分方程 06.0573
Gelfand representation 盖尔范德表示 07.0295
general Cayley algebra 一般凯莱代数 04.1480
general equation 一般方程 04.0561
general iterative method 一般迭代法 10.0322
generalization 推广 01.0026
generalized analytic function 广义解析函数 05.0524
generalized Bayes decision function 广义贝叶斯决策函数 09.0541
generalized Bayes estimate 广义贝叶斯估计 09.0564
generalized Bernoulli shift 广义伯努利推移 07.0404
generalized Bolza problem 广义博尔扎问题 07.0382
generalized Boolean algebra 广义布尔代数 03.0290
generalized Boolean lattice 广义布尔格 03.0291
generalized character 广义特征[标] 04.1955
generalized continuum hypothesis 广义连续统假设 02.0164
generalized convex program 广义凸规划 05.0823
generalized convolution 广义卷积 07.0095
generalized derivative 广义导数 06.0495
generalized directional derivative 广义方向导数 07.0320
generalized Dirichlet problem 广义狄利克雷问题 05.0667
generalized eigenspace 广义本征空间 07.0239
generalized eigenvalue 广义本征值 07.0235
generalized Fourier expansion 广义傅里叶展开 06.0074
generalized Fourier integral 广义傅里叶积分 05.0586
generalized function 广义函数 07.0085
generalized function solution *广义函数解 06.0494
generalized geometric programming 广义几何规划 11.0254
generalized gradient 广义梯度 07.0321
generalized Green formula 广义格林公式 06.0304

generalized ideal class group 广义理想类群 04.0263
generalized information 广义信息 12.0018
generalized inverse matrix 广义逆矩阵 10.0448
generalized isoperimetric problem 广义等周问题 05.0729
generalized Jacobian 广义雅可比矩阵 07.0387
generalized Lagrange multiplier 广义拉格朗日乘子 11.0186
generalized Laguerre polynomial 广义拉盖尔多项式 06.0673
generalized Lamé equation 广义拉梅方程 06.0690
generalized limit 广义极限 07.0015
generalized linear model 广义线性模型 09.0665
generalized linear system 广义线性系统 12.0326
generalized local extremum 广义局部极值 05.0710
generalized matrix Padé approximation 广义矩阵帕德逼近 10.0110
generalized m-dimensional simplex 广义 m 维单纯形 05.0753
generalized network 广义网络 11.0377
generalized nilpotent element 广义幂零元 07.0289
generalized Padé approximation 广义帕德逼近 10.0107
generalized Poisson process 广义泊松过程 09.0384
generalized polydisc 广义多圆盘 05.0542
generalized polynomial approximation 广义多项式逼近 10.0097
generalized polytope 广义多胞体 05.0752
generalized prior distribution 广义先验分布 09.0536
generalized process 广义过程 09.0188
generalized quaternion group 广义四元数群 04.1814
generalized quaternion ring 广义四元数环 04.1324
generalized rational approximation 广义有理逼近 10.0098
generalized reduced gradient method 广义约化梯度法，*广义既约梯度法 11.0233
generalized series of Schlömilch 广义施勒米希级数 06.0713
generalized solution 广义解 06.0499
generalized trigonometric polynomial 广义三角多项式 05.0293
generalized trigonometric series 广义三角级数 05.0294
general linear group 一般线性群 04.1864
general solution 通解 06.0020
general sum game 一般和对策 11.0437
general term 通项 05.0232
general topology 一般拓扑学，*点集拓扑学 08.0441
generating curve 母曲线 08.0331
generating function 母函数 03.0011
generating line 母线 08.0281
generator matrix 生成矩阵 12.0182
generator polynomial 生成多项式 12.0183
generators 生成元 04.0897
generic homomorphism 泛同态 04.1236
generic matrix algebra 泛矩阵代数 04.1452
generic point 泛点 04.1060
generic property 通有性质 06.0173
generic set 脱殊集 02.0205
genetic code 遗传码 12.0245
genetic information 遗传信息 12.0015
genus 亏格 04.1208
genus field 种域 04.0304
genus group 种群 04.0303
genus of a graph 图亏格 03.0160
genus of a lattice 格的种 04.0829
genus of a surface 曲面的亏格 08.0664
genus [of entire function] [整函数的]亏格 05.0422
genus of ideals 理想的种 04.0301
geodesic 测地线 08.0995
geodesic coordinates 测地坐标 08.0997
geodesic curvature 测地曲率 08.0991
geodesic flow 测地流 08.1048
geodesic loop 测地线环路 08.1075
geometrical constraint 几何约束 11.0048
geometrically integral 几何整的 04.1106
geometrically reduced 几何约化的 04.1107

geometrically regular 几何正则的 04.1114
geometric code 几何码 12.0199
geometric construction 尺规作图法 08.0126
geometric distribution 几何分布 09.0078
geometric genus 几何亏格 04.1150
geometric lattice 几何格 03.0318
geometric mean 几何平均 04.0135
geometric measure theory 几何测度论 05.0200
geometric multiplicity 几何重数 07.0237
geometric probability 几何概率 09.0032
geometric programming 几何规划 11.0252
geometric progression 等比数列，* 几何数列 04.0132
geometric realization 几何实现 08.0713
geometric series 等比级数 04.0139
geometric simplex 几何单形 08.0646
geometric simplicial complex 几何单纯复形 08.0647
geometry 几何[学] 08.0001
geometry of numbers 数的几何 04.0185
G-equivalent morphism *G* 等价态射 04.1986
germ 芽 08.1094
germ of analytic function 解析函数的芽 05.0552
Gevrey function of the second class 热夫雷二类函数 06.0378
Gibbs phenomenon 吉布斯现象 05.0287
Gibbs state 吉布斯态 09.0313
girth of a graph 图的围长 03.0091
Givens method 吉文斯法 10.0462
global 整体[的]，* 全局[的]，* 总体[的] 01.0063
global class field theory 整体类域论 04.0265
global convergence 整体收敛 10.0323
global dimension of rings 环的整体维数 04.1712
global error 全局误差，* 总体误差 10.0048
globally asymptotically stable 全局渐近稳定[的] 10.0306
global maximum 全局极大值，* 总体极大值 11.0093
global minimum 全局极小值，* 总体极小值 11.0092
global optimization 全局最优化，* 总体最优化 11.0090
global optimum 全局最优值，* 总体最优值 11.0091
global section 整体瓣 04.1081
global stability 全局稳定性 06.0143
global transformation group 整体变换群 04.2109
gluing of schemes 概形的粘合 04.1118
goal constraint 目标约束 11.0312
goal coordination method 目标协调法 12.0528
goal programming 目标规划 11.0310
goal value 目标值 11.0311
Gödel numbering 哥德尔配数法 02.0222
Godunov method 戈杜诺夫法 10.0594
Golay code 戈莱码 12.0192
Goldbach problem 哥德巴赫问题 04.0216
golden section search 黄金分割搜索 11.0192
goodness of fit 拟合优度 10.0139
good reduction 好约化 04.0361
Goppa code 戈帕码 12.0201
G-optimal design *G* 最优设计 09.0889
Gordan theorem 戈丹定理 11.0057
graded algebra 分次代数 04.1463
graded homomorphism 分次同态 04.0990
graded ideal 分次理想 04.0988
graded module 分次模 04.0989
graded ring 分次环 04.0987
graded submodule 分次子模 04.0991
gradient 梯度 05.0329
gradient direction 梯度方向 10.0369
gradient-like diffeomorphism 拟梯度微分同胚 06.0175
gradient mapping 梯度映射 07.0317
gradient method 梯度法 10.0368
gradient projection method 梯度投影法 11.0228
gradient search 梯度搜索 10.0370
gradient vector field 梯度向量场 06.0174
graduation 修匀[法] 10.0152
graduation of curve 曲线修匀 10.0154
graduation of data 数据修匀 10.0153
Gram determinant 格拉姆行列式 04.0758
Gram-Schmidt orthogonalization process 格拉姆－施密特正交化方法 04.0724
graph 图 03.0060
graphical method 图解法 10.0351

graphical method for transportation 图作业法 11.0151
graphoid 拟图 03.0120
graph theory 图论 03.0059
Grassmanian variety 格拉斯曼簇 04.1067
Grassmann algebra *格拉斯曼代数 04.0861
great circle 大圆 08.0166
greater than 大于 01.0047
greatest common divisor 最大公因数 04.0045
greatest lower bound 下确界，*最大下界 05.0006
Greco-Latin square 正交拉丁方 09.0875
greedoid 广义拟阵 11.0359
greedy algorithm 贪婪算法 11.0371
Green capacity 格林容量 05.0663
Green formula 格林公式 05.0166
Green function 格林函数 06.0305
Green function Monte Carlo method 格林函数蒙特卡罗方法 10.0687
Green [integral] formula 格林[积分]公式 06.0268
Green potential 格林位势 05.0641
GRG 广义约化梯度法，*广义既约梯度法 11.0233
grid 网格 10.0475
grid point 网格点 10.0476
Gronwall inequality 格朗沃尔不等式 06.0018
Grössencharakter(德) 赫克特征[标] 04.0281
gross error 疏失误差 10.0041
Grothendieck group 格罗滕迪克群 04.1718
Grothendieck group of a ring 环的格罗滕迪克群 04.1719
ground field 基域 04.0394
group 群 04.1736
group algebra 群代数 07.0298
group closure of a subset 子集的群闭包 04.1984
group code 群码 12.0184
group decision 群决策 11.0590
group determinant 群行列式 04.0761
group difference set 群差集 03.0044
group homomorphism 群同态 04.1764
group isomorphism 群同构 04.1763
group of automorphisms 自同构群 04.1767
group of binary numbers 二进数群 12.0185
group of motions 运动群 04.1883
group of outer automorphism 外自同构群 04.1770
groupoid 广群 04.1971
group ring of compact group 紧群的群环 04.2055
group scheme 群概形 04.1117
group theory 群论 04.1735
group variety 群簇 04.1069
group with operators 带算子群 04.1781
growth 增长性 05.0408
growth curves model 生长曲线模型 09.0675
growth order [增长]级 05.0409
G-structure *G* 结构 08.1042
guarding digit 保护数位 10.0008
guarding figure 保护数位 10.0008
G_δ set G_δ 集 05.0015

H

Haar condition 哈尔条件 10.0116
Haar measure 哈尔测度 05.0318
Hadamard block design 阿达马设计 03.0049
Hadamard derivative 阿达马导数 07.0315
Hadamard matrices of skew type 反称型阿达马矩阵 03.0051
Hadamard matrix 阿达马矩阵 03.0050
Hadamard method 阿达马法 06.0368
half angle formula 半角公式 08.0196
half interval search 区间分半搜索 10.0367
half line 射线 08.0229
half plane 半平面 05.0354
half plane of convergence 收敛半平面 05.0370
Hall subgroup 霍尔子群 04.1807
halting problem 停机问题 02.0258
Hamel basis 哈默尔基 07.0054
Hamilton canonical equations 哈密顿典范方程 06.0396
Hamilton equation 哈密顿方程 06.0395
Hamiltonian cycle 哈密顿圈 03.0128

Hamiltonian differential system 哈密顿微分系统 06.0082
Hamiltonian graph 哈密顿图 03.0129
Hamilton-Jacobi-Bellman equation 哈密顿－雅可比－贝尔曼方程 11.0341
Hamilton-Jocobi equation 哈密顿－雅可比方程 06.0397
Hamilton principle 哈密顿原理 05.0682
Hammerstein integral equation 哈默斯坦积分方程 06.0582
Hammerstein operator 哈默斯坦算子 07.0344
Hamming bound 汉明界 12.0190
Hamming code 汉明码 12.0189
Hamming distance 汉明距离 12.0191
Hamming metric 汉明距离 12.0191
handle 环柄 08.0596
Hankel asymptotic expansion 汉克尔渐近展开 06.0703
Hankel function *汉克尔函数 06.0695
Hankel function of the first kind 第一类汉克尔函数 06.0701
Hankel function of the second kind 第二类汉克尔函数 06.0702
Hankel operator 汉克尔算子 07.0220
Hankel transform 汉克尔变换 05.0596
hard decision 硬决策，*硬判决 12.0134
hard implicit function theorem 硬隐函数定理 07.0352
Hardy-Littlewood maximal function 哈代－李特尔伍德极大函数 05.0302
Hardy-Littlewood method 哈代－李特尔伍德方法 04.0218
harmonic analysis 调和分析 05.0296
harmonic conjugate 调和共轭 08.0372
harmonic conjugate points 调和共轭点 08.0371
harmonic function 调和函数 05.0297
harmonic majorant function 调和优函数 05.0636
harmonic map 调和映射 08.1090
harmonic mean 调和平均 04.0137
harmonic measure 调和测度 05.0668
harmonic operator 调和算子 05.0566
harmonic progression 调和数列 04.0136
harmonic series 调和级数 05.0245
harmonic solution 调和解 06.0116
Harnack inequality 哈纳克不等式 06.0311
Hasse invariant 哈塞不变量 04.0356
Hasse invariant of a quadratic form 二次型的哈塞不变量 04.0819
Hasse-Minkowski principle 哈塞－闵可夫斯基原理 04.0818
Hauptvermutung(德) 主猜测 08.0620
Hausdorff dimension 豪斯多夫维数 05.0202
Hausdorff measure 豪斯多夫测度 05.0201
Hausdorff topological group *豪斯多夫拓扑群 04.2033
heat bath sampling technique 热浴抽样方法 10.0661
heat-conduction equation 热[传]导方程 06.0374
heat equation 热[传]导方程 06.0374
Heaviside function 赫维赛德函数 07.0108
heavy traffic 高负荷服务 11.0505
Hecke character 赫克特征[标] 04.0281
Hecke operator 赫克算子 04.0333
Hecke ring 赫克环 04.0332
Heegard splitting 赫戈分裂 08.0621
Heegner point 赫格内尔点 04.0384
height 高[度] 08.0067
height of a field 域的高 04.0825
height of an ideal 理想的高 04.0995
height of elliptic curve 椭圆曲线的高 04.0369
Heissenberg matrix 海森伯矩阵 10.0465
helicoidal surface 螺[旋]面 08.1007
helix 螺[旋]线 08.0967
Helmholtz equation 亥姆霍兹方程 06.0700
hemi-continuity 拟弱连续性 07.0025
hemi-continuous mapping 拟弱连续映射 07.0311
Henselian ring 亨泽尔环 04.1015
Hensel valuation 亨泽尔赋值 04.0478
Hensel valuation field 亨泽尔赋值域 04.0479
heptagon 七边形 08.0105
hereditarily countable 世传可数[的] 02.0209
hereditarily finite set 世传有穷集 02.0191
Hermite differential equation 埃尔米特微分方程 06.0674
Hermite-Gauss quadrature 埃尔米特－高斯求积 10.0260

Hermite interpolation 埃尔米特插值 10.0167
Hermite polynomial 埃尔米特多项式 06.0675
Hermite quadrature 埃尔米特求积 10.0252
Hermitian functional 埃尔米特泛函 07.0012
Hermitian kernel 埃尔米特型核 06.0558
Hermitian matrix 埃尔米特矩阵 04.0629
Hermitian quadratic form 埃尔米特二次型 04.0785
Hermitian space *埃尔米特算子 07.0201
Hermitian transformation 埃尔米特变换 04.0731
Hessenberg group 海森伯格群 05.0321
Hessian determinant 黑塞行列式 05.0132
Hessian matrix 黑塞矩阵 11.0209
Hessian of projective curve 射影曲线的黑塞式 04.1192
heteroclinic point 异宿点 06.0176
heterogeneous populations 非齐性总体 09.0445
heteroscedasticity 异方差性 09.0447
heuristic method 启发式方法 11.0353
heuristic programming 启发式规划 11.0085
hexagon 六边形 08.0104
hexahedron 六面体 08.0153
Heyting algebra 海廷代数 03.0340
hierarchical control 递阶控制 12.0403
hierarchical decision 递阶决策 11.0589
hierarchy 分层 02.0223
higher difference 高阶差分 10.0200
highest weight 最高权 04.1546
high order logic 高阶逻辑 02.0071
Hilbert class field 希尔伯特类域 04.0284
Hilbert invariant integral 希尔伯特不变积分 05.0718
Hilbert manifold 希尔伯特流形 07.0374
Hilbert modular form 希尔伯特模形式 04.0330
Hilbert polynomial 希尔伯特多项式 04.0992
Hilbert product formula 希尔伯特乘积公式 04.0261
Hilbert program 希尔伯特计划 02.0122
Hilbert-Schmidt class 希尔伯特-施密特类 07.0198
Hilbert-Schmidt expansion theorem 希尔伯特-施密特展开定理 06.0572
Hilbert-Schmidt norm 希尔伯特-施密特范数 07.0199
Hilbert space 希尔伯特空间 07.0138
Hilbert transform 希尔伯特变换 05.0597
Hill determinant 希尔行列式 06.0732
Hill determinantal equation 希尔行列式方程 06.0731
Hill differential equation 希尔微分方程 06.0064
histogram 直方图 09.0476
Hitchock method 表作业法 11.0150
hitting distribution 首中分布 09.0331
Hochschild cohomology group 霍赫希尔德上同调群 04.1704
Hodge polygon 霍奇折线 04.1168
Hodge slope 霍奇斜率 04.1169
hodograph 速端曲线 06.0460
hodograph method 速端曲线法 06.0462
hodograph transformation 速端曲线变换 06.0461
Hölder condition 赫尔德条件 05.0035
Hölder inequality 赫尔德不等式 05.0067
Hölder summation [method] 赫尔德求和[法] 05.0249
holding cost 保管费 11.0550
Holmgren uniqueness theorem 霍姆格伦唯一性定理 06.0229
holomorph 全形 04.1768
holomorphic 全纯 05.0379
holomorphically convex domain 全纯凸域 05.0559
holomorphic bisectional curvature 全纯双截曲率 08.1100
holomorphic curvature 全纯曲率 08.1099
holomorphic function 全纯函数 05.0380
holomorphic function of several variables 多元全纯函数 05.0549
holomorphic mapping 全纯映射 05.0563
holonomy group 和乐群 08.1043
homeomorphism *同胚 08.0484
homeomorphism of graphs 图同胚 03.0159
Hom functor Hom 函子 04.1602
homoclinic point 同宿点 06.0177
homogeneity test 齐性检验 09.0638
homogeneity test for variance 方差齐性检验 09.0639

homogeneous bar resolution 齐次的横分解 04.1693
homogeneous boundary condition 齐次边界条件 06.0308
homogeneous coordinate ring 齐次坐标环 04.1030
homogeneous coordinates 齐次坐标 08.0356
homogeneous differential equation 齐次微分方程 06.0026
homogeneous graph 齐次图 03.0185
homogeneous ideal 齐次理想 04.1029
homogeneous integral equation 齐次积分方程 06.0547
homogeneous linear differential system 齐次线性微分系统 06.0041
homogeneous model 齐次模型 02.0109
homogeneous parts 齐次部分 04.0527
homogeneous polynomial 齐次多项式 04.0525
homogeneous space 齐性空间 04.2037
homological algebra 同调代数 04.1632
homological exact sequence 同调正合序列 08.0733
homologically equivalence 同调等价 04.1078
homologous 同调[的] 08.0633
homology 同调 08.0626
homology class 同调类 08.0635
homology group 同调群 04.1640, 08.0636
homology group of simplicial complex 单纯复形的同调群 08.0656
homology manifold 同调流形 08.0717
homology module 同调模 04.1639
homology of bundles 丛的同调 08.0854
homology of CW complex CW 复形的同调 08.0705
homology ring 同调环 08.0760
homology theory 同调论 08.0627
homomorphic image 同态象 04.1311
homomorphism 同态 01.0117
homomorphism of graphs 图同态 03.0175
homomorphism of Lie algebras 李[代数]同态 04.1497
homomorphism of topological groups 拓扑群同态 04.2042
homoscedasticity 同方差性 09.0446
homothetic 位似[的] 08.0123
homothetic figures 位似形 08.0124
homothetic transformation 位似变换 05.0483
homotopy 同伦 08.0762
homotopy class 同伦类 08.0764
homotopy constant 零伦[的] 08.0763
homotopy equivalence 同伦等价 08.0770
homotopy exact sequence 同伦正合序列 08.0767
homotopy extension 同伦扩张 08.0810
homotopy group 同伦群 08.0797
homotopy group of CW complexes CW 复形的同伦群 08.0809
homotopy invariant 同伦不变量 08.0765
homotopy inverse 同伦逆 08.0772
homotopy of chain mappings 链映射同伦 04.1658
homotopy of mappings 映射的同伦 08.0761
homotopy operation 同伦运算 08.0813
homotopy operator 同伦算子 08.0768
homotopy sphere 同伦球面 08.0830
homotopy type invariant 伦型不变量 08.0771
homotopy type of topological spaces 拓扑空间的伦型 08.0766
Hopf algebra 霍普夫代数 04.1471
Hopf bundle 霍普夫丛 08.0853
Hopf invariant 霍普夫不变量 08.0748
Hopf mapping 霍普夫映射 08.0747
horizon 时界，* 历程 11.0342
horizontal subspace 水平子空间，* 横子空间 08.1041
horseshoe 马蹄 06.0178
Hotelling T^2-statistic 霍特林 T^2统计量 09.0735
Householder matrix 豪斯霍尔德矩阵 10.0457
Householder method 豪斯霍尔德法 10.0458
Householder transformation 豪斯霍尔德变换 10.0456
Hp-martingale Hp 鞅 09.0239
Hp-space *Hp* 空间，* 哈代空间 05.0300
H-space *H* 空间 08.0795
H′-space *H*′空间 08.0796
Hua-Vinogradov method 华－维诺格拉多夫方法 04.0195

Hua-Wang method 华-王方法 10.0269
hull kernel topology 包核拓扑 07.0297
Hungarian method 匈牙利法 11.0149
hunting loss 搜索损失 11.0640
hunting period 搜索周期 11.0641
hunting zone 搜索范围 11.0638
Hunt kernel 亨特核 05.0630
Hunt process 亨特过程 09.0341
Hurwitz formula 赫尔维茨公式 04.1216
Huyghens principle 惠更斯原理 06.0366
Huyghens principle in wider sense 广义惠更斯原理 06.0367
hybrid finite element method 杂交有限元法 10.0517
Hyman method 海曼法 10.0466
hyperarithmetic 超算术 02.0244
hyperbola 双曲线 08.0256
hyperbolic closed orbit 双曲闭轨 06.0179
hyperbolic cylinder 双曲柱面 08.0275
hyperbolic differential equation 双曲[型]微分方程 06.0343
hyperbolic domain 双曲[型]域 06.0386
hyperbolic fixed point 双曲不动点 06.0180
hyperbolic function 双曲函数 05.0116
hyperbolic geometry 双曲几何[学] 08.0421
hyperbolic invariant set 双曲不变集 06.0181
hyperbolic linear map 双曲线性映射 06.0185
hyperbolic manifold 双曲流形 08.0622
hyperbolic operator 双曲[型]算子 06.0530
hyperbolic paraboloid 双曲抛物面 08.0278
hyperbolic periodic point 双曲周期点 06.0182
hyperbolic plane 双曲平面 04.0808
hyperbolic point 双曲点 08.0980
hyperbolic quadratic surface 双曲型二次曲面 08.0276
hyperbolic Riemann surface 双曲型黎曼[曲]面 05.0464
hyperbolic singularity 双曲奇点 06.0184
hyperbolic space 双曲空间 08.0424
hyperbolic spiral 双曲螺线 08.0302
hyperbolic structure 双曲结构 06.0183
hyperbolic toral automorphism 双曲环体自同构 06.0186
hyperboloid of one sheet 单叶双曲面 08.0271
hyperboloid of two sheets 双叶双曲面 08.0272
hyperelliptic curve 超椭圆曲线 04.1210
hyperelliptic function field 超椭圆函数域 04.0314
hyperelliptic integral 超椭圆积分 05.0445
hyperfunction 超函数 06.0481, 佐藤超函数 07.0104
hypergeometric differential equation 超几何微分方程 06.0641
hypergeometric distribution 超几何分布 09.0079
hypergeometric function 超几何函数 06.0639
hypergeometric function of confluent type 汇合型超几何函数 06.0678
hypergeometric function of matric argument 矩阵变量[的]超几何函数 06.0648
hypergeometric series 超几何级数 06.0640
hypergraph 超图 03.0213
hyperharmonic function 超调和函数 06.0333
hyperjump 超跃变 02.0247
hyperplane coordinates 超平面坐标 08.0357
hypersimple 超单纯 02.0273
hypersphere 超球 05.0543
hyperspherical differential equation 超球微分方程 06.0663
hyperspherical function 超球函数 06.0664
hyperspherical polynomial 超球多项式 06.0665
hyperstability 超稳定性 12.0521
hypersurface 超曲面 08.0947
hypertangent 超切向量 07.0386
hypocycloid 内摆线 08.0284
hypoelliptic operator 亚椭圆算子 06.0516
hypofunction 亚函数 06.0331
hypoharmonic function 亚调和函数 06.0332
hyponormal operator 亚正规算子 07.0210
hypothesis 假设 01.0009
hypothesis testing 假设检验 09.0597
hypotrochoid 长短辐圆内摆线 08.0286

I

I-adic topology　*I* 进拓扑　04.0994
icosahedron　二十面体　08.0156
ideal　理想　04.0935
ideal class　理想类　04.0241
ideal class group　理想类群　04.0243
ideal constraint　理想约束　11.0049
ideal kernel of a homomorphism　同态的理想核　03.0254
ideal lattice　理想格　03.0256
ideal of a lattice　格理想　03.0246
ideal of a Lie algebra　李代数的理想　04.1494
ideal of an algebraic set　代数集的理想　04.1019
ideal point　理想点　11.0304
ideal point method　理想点法　11.0305
idéle　伊代尔　04.0277
idéle class group　伊代尔类群　04.0279
idéle group　伊代尔群　04.0278
idempotent element　幂等元　04.1285
idempotent law　幂等律　03.0237
idenpotent matrix　幂等矩阵　04.0619
identical substitution　恒等代换　04.0539
identifiability　可辨识性，*能辨识性　12.0475
identification　辨识　12.0474
identification of a model　模型辨识　09.0897
identities of algebras　代数的恒等式　04.1448
identity　恒等[式]　01.0038
identity component　单位连通区　04.1978
identity element　单位元[素]，*幺元　04.1279
identity functor　单位函子　04.1588
identity group　单位元群　04.1745
identity mapping　恒同映射　01.0110
identity matrix　单位矩阵，*幺矩阵　04.0593
identity morphism　单位态射　04.1561
identity operator　*恒等算子　07.0174
idle period　闲期　11.0531
if and only if　当且仅当　01.0030
iff　当且仅当　01.0030
IID　独立同分布[的]　09.0172
ill-conditioned　病态　10.0410
ill-conditioned equation　病态方程　10.0321
ill-conditioned matrix　病态矩阵　10.0411
ill-conditioned polynomial　病态多项式　10.0320
ill-conditioning　病态　10.0410
ill-posed problem　不适定问题　06.0284
image　象　01.0103
image of a morphism　态射的象　04.1622
imaginary axis　虚轴　05.0344
imaginary number　虚数　04.0120
imaginary part　虚部　05.0338
imaginary quadratic field　虚二次域　04.0288
imaginary root　虚根　04.0577
imaginary unit　虚数单位　04.0121
imbedded Markov chain　嵌入马尔可夫链　11.0534
imbedding　嵌入　01.0116
imbedding class　示嵌类　08.0866
imbedding operator　嵌入算子　07.0188
imbedding principle　嵌入原理　11.0332
immersion　浸入　08.0903
implication　蕴涵　01.0039
implication of events　事件的蕴含　09.0014
implicit constraint　隐式约束　11.0044
implicit difference equation　隐式差分方程　10.0217
implicit difference method　隐式差分法　10.0216
implicit differential equation　隐式微分方程　06.0035
implicit enumeration method　隐枚举法　11.0179
implicit Euler method　隐式欧拉法　10.0284
implicit function　隐函数　05.0125
implicit scheme　隐格式　10.0549
imply　蕴涵　01.0039
importance sampling method　重要性抽样[方]法　10.0627
impossible event　不可能事件　09.0013
impredicative　非直谓[的]　02.0309
impredicative set theory　非直谓集合论　02.0154
imprimitive group　非本原群　04.1838

improper convex function 反常凸函数 05.0794
improper function 拟函数 07.0103
improper game 反常对策 11.0433
improper integral 反常积分 05.0156
improper orthogonal matrix 反常正交矩阵 04.0624
improper rotation 反常旋转 04.1873
impulse function 冲激函数，* 脉冲函数 12.0452
impulse response 冲激响应，* 脉冲响应 12.0453
IMU 国际数学联合会 01.0131
inaccessible cardinal 不可达基数 02.0212
Ince-Goldstein method 英斯－戈尔德施泰因法 06.0735
incenter 内心 08.0056
incidence axioms 关联公理 08.0005
incidence matrices 关联矩阵 08.0630
incidence matrix of a block design 区组设计的关联矩阵 03.0022
incidence matrix of a graph 图的关联矩阵 03.0065
incidence number 关联数 08.0679
incircle 内切圆 08.0060
inclined plane 斜面 08.0140
include 包含 01.0081
included angle 夹角 08.0239
including-excluding principle 容斥原理 04.0151
inclusion 包含 01.0081
inclusion functor 包含函子 04.1593
incoming vector 入向量 11.0135
incommensurable 不可公度的 04.0112
incomparable 不可比[的] 03.0227
incomplete block design 不完全区组设计 03.0025
incomplete elliptic integral of the first kind 第一类不完全椭圆积分 06.0607
incomplete elliptic integral of the second kind 第二类不完全椭圆积分 06.0610
incomplete Γ-function 不完全 Γ 函数 06.0633
incomplete β-function 不完全 β 函数 06.0638
incompressible 不可压缩的 07.0422
incompressible surface 不可压缩曲面 08.0613
incongruent 非同余 04.0156
increasing function 增函数 05.0053
increasing operator 增算子 07.0366
increasing process 增过程 09.0243
increment 增量 05.0082
indecomposable channel 不可分解信道 12.0061
indecomposable lattice 不可分解格 03.0316
indecomposable modular representation 不可分解模表示 04.1962
indecomposable module 不可分解模 04.0917
indefinite inner product space 不定度规空间，* 不定内积空间 07.0141
indefinite integral 不定积分 05.0147
indefinite matrix 不定矩阵 04.0636
indefinite quadratic form 不定二次型 04.0788
indegree 入次数 03.0202
independence 独立性 02.0142
independent 独立[的] 09.0040
independent departureness 独立偏度 10.0646
independent equation 独立方程 04.0738
independent identically distributed 独立同分布[的] 09.0172
independent set 独立集 03.0117
independent set of edges 独立边集 03.0143
independent set of vertices 独立[顶]点集 03.0145
independent source 独立信源 12.0047
independent trials 独立试验 09.0005
independent variable 自变量 05.0019
indeterminate 未定元 04.0514
indeterminate equation 不定方程 04.0176
index 指标 07.0263
index of an elliptic operator 椭球算子的指标 08.1040
index of a subgroup 子群的指数 04.1746
index of eigenvalues 本征值的指标 06.0570
index of inertia 惯性指数 04.0792
indicator function 指示函数 05.0812
indicator function of an event 事件指示函数 09.0022
indicator [of a set] [集合]指示函数 01.0084
indicial equation 指标方程 06.0057
indifference 淡漠，* 无差别 11.0282
indiscernible 不可辨元 02.0100
indistinguishable processes 无区别过程 09.0197
individual 个体 09.0440

individual ergodic theorem 个体遍历定理 07.0412
individual variable 个体变元 02.0054
indivisible 不能除尽[的] 04.0099
induced bundle 诱导丛 08.0852
induced character 诱导特征[标] 04.1952
induced covering space 诱导覆叠空间 08.0820
induced homomorphism 诱导同态 08.0805
induced module 诱导模 04.1688
induced orientation 诱导定向 08.0719
induced representation 诱导表示 04.1929
induced subgraph 诱导子图 03.0080
induced topology 诱导拓扑 08.0488
inductive limit 归纳极限 04.1629
inductive logic 归纳逻辑 02.0315
inductive ordered set 归纳序集 02.0161
inequality 不等式 01.0048
inequality constraint 不等式约束 11.0040
inequation 不等方程 01.0050
inertia field 惯性域 04.0251
inertia group 惯性群 04.0250
inessential game 非本质对策, *非实质性对策 11.0435
inferior arc 劣弧 08.0083
inferior limit 下极限 05.0029
infimal convolution 卷积下确界 05.0833
infimum 下确界, *最大下界 05.0006
infinitary logic 无穷逻辑 02.0073
infinite 无穷[的], *无限[的] 01.0128
infinite continued fraction 无限连分数 04.0148
infinite covering 无限覆盖 08.0476
infinite dam 无限水库 11.0555
infinite determinant 无穷行列式 06.0733
infinite dimensional 无穷维[的] 08.0586
infinite dimensional system 无穷维系统 12.0358
infinite distributive 无穷分配 03.0295
infinite element method 无限元法 10.0518
infinite extension 无限扩张 04.0442
infinite game 无限对策 11.0470
infinite group 无限群 04.1744
infinitely divisible distribution 无穷可分分布 09.0109
infinitely recurrent 无穷返回的 07.0419
infinite particle system 无穷粒子系统 09.0388
infinite population 无穷总体 09.0442
infinite prime divisor 无限素除子 04.0310
infinite product 无穷乘积 05.0418
infinitesimal 无穷小 02.0120
infinitesimal analysis 无穷小分析 02.0121
infinitesimal character 无穷小特征[标] 04.1550
infinitesimal generator [无穷小]生成元 07.0227
infinitesimality condition 无穷小条件 09.0170
infinitesimal transformation group 无穷小变换群 04.2110
inflation mapping 提升映射 04.1696
inflection point 拐点 04.1190
inflow boundary condition 流入边界条件 10.0535
influence function 影响函数 09.0800
informal axiomatics 非形式公理学 02.0312
informatics 信息学 12.0003
information 信息, *情报 12.0005
information bit 信息位 12.0023
information density 信息密度 12.0017
information divergence 信息散度 12.0019
information geometry 信息几何 12.0038
information rate 信息率 12.0024
information science 信息科学 12.0002
information source 信源 12.0040
information stability 信息稳定性 12.0050
information statistics 信息统计 12.0039
information theory 信息论 12.0001
inherent error 固有误差 10.0043
inhomogeneous bar resolution 非齐次的横分解 04.1694
inhomogeneous polynomial 非齐次多项式 04.0526
initial basic feasible solution 初始基本可行解 11.0138
initial-boundary value problem 初[值]-边值问题 06.0371
initial distribution 初始分布 09.0298
initial error 初始误差 10.0044
initial manifold 初始流形 06.0539
initial object 始对象 04.1577
initial ordinal 初始序数 02.0183
initial segment 初始段 02.0184
initial state 初态 12.0418

initial value condition 初值条件 06.0004
initial value problem 初值问题 06.0005
injection 单射 01.0107
injective 单射 01.0107
injective dimension of modules 模的内射维数 04.1711
injective homomorphism 单同态 04.1312
injective hull of a module 模的内射包 04.0914
injective module 内射模 04.0894
injective object 内射对象 04.1581
injective radius 单射半径 08.1092
injective resolution 内射分解 04.1664
injury set 损害集 02.0279
inner automorphism 内自同构 04.1769
inner capacity 内容量 05.0659
inner derivation 内导子 04.1514
inner iteration 内迭代 10.0303
inner product 内积 04.0716
inner product of tensors 张量的内积 04.0849
inner product space *内积空间 07.0139
innovation 新息 09.0420
input 输入 12.0428
input-output stability 输入输出稳定性 12.0519
input stream 输入过程，*输入流 11.0490
input vector 输入向量 12.0429
inscribed circle 内切圆 08.0060
inscribed figure 内接形 08.0117
inseparable degree 不可分次数 04.0421
inseparable extension 不可分扩张 04.0423
inseparable morphism 不可分态射 04.1218
inspection lot 检验批 09.0833
instantaneous description 瞬时描述 02.0265
instantaneous state 瞬时状态 09.0311
integer 整数 04.0004
integer linear programming 整数线性规划 11.0170
integer programming 整数规划 11.0169
integrability 可积性 06.0281
integrable 可积[的] 05.0208
integrable bounded multifunction 可积有界集值函数 07.0325
integrable in the sense of Riemann 黎曼可积的 05.0139
integrable system of differential equations 可积微分方程组 06.0085
integral 整的 04.0971，积分 05.0134
integral basis 整基 04.0231
integral calculus 积分学 05.0133
integral closure 整闭包 04.0973
integral constant 积分常数 05.0149
integral control 积分控制 12.0387
integral curve 积分曲线 06.0016
integral direct sum 积分直和 07.0282
[integral] domain 整环 04.0943
integral element 整元 04.0970
integral equation 积分方程 06.0545
integral exponent 整指数 04.0039
integral expression 整式 04.0536
integral extension 整扩张 04.0974
integral function 整函数 05.0403
integral geometry 积分几何[学] 08.0944
integral homology group 整同调群 08.0658
integral ideal 整理想 04.0234
integrality theorem 整性定理 08.0874
integral left 0-ideal 整左零理想 04.1457
integrally closed 整闭 04.0975
integrally closed domain 正规环 04.0976
integrally dependent 整相关 04.0972
integral manifold 积分流形 06.0501
integral number 整数 04.0004
integral operator 积分算子 07.0217
integral quadratic form 整二次型 04.0177
integral rational invariant 整有理不变式 04.1892
integral representation 整表示 04.1938
integral representation of solution 解的积分表示 06.0310
integral scheme 整概形 04.1104
integral surface 积分曲面 06.0232
integral transform 积分变换 05.0579
integral two-sided 0-ideal 整双边零理想 04.1458
integral weight 整权 04.1544
integrand 被积函数 05.0142
integrating factor 积分因子 06.0031
integration 积分法 05.0150
integration by parts 分部积分法 05.0152
integration by substitution 换元积分法 05.0151

integration formula of boundary type 边界型积分公式 10.0267
integration formula of product form 乘积型积分公式 10.0265
integration sampling technique 积分抽样方法 10.0657
integro-differential equation 积分微分方程 06.0584
integro-differential equation of Fredholm type 弗雷德霍姆型积分微分方程 06.0586
integro-differential equation of Volterra type 沃尔泰拉型积分微分方程 06.0585
intensified continuity 加强连续性，* 弱强连续性 07.0022
interaction 交互效应 09.0719
interaction prediction approach 关联预估法 12.0530
interactive decision making 交互决策 11.0591
interactive programming 交互规划，* 对话式规划 11.0086
interarrival time 到达间隔 11.0493
intercept 截距 08.0241
intercept form 截距式 08.0240
interconnected system 关联系统 12.0363
interface between nets 网格交界 10.0478
interface condition 交界条件 10.0479
interfere 干扰 12.0250
interference channel 互扰信道 12.0077
interior 内部 08.0451
interior angle 内角 08.0114
interior derivative 内导数 06.0270
interior differential operator 内微分算子 06.0490
interior estimate 内估计 06.0327
interior measure 内测度 05.0179
interior node 内结点 10.0491
interior penalty method 内部惩罚法 11.0240
interior point 内点 08.0450
interior product 内乘 08.0921
intermediate space 中间空间 07.0162
internal bisector 内分角线 08.0069
internal division 内分 08.0232
internally tangent 内切 08.0116
internal model 内模 12.0508
internal model principle 内模原理 12.0509
internal stability 内部稳定性 11.0320
internal terms of proportion 比例内项 04.0076
International Mathematical Union 国际数学联合会 01.0131
interpolating function 插值函数 10.0160
interpolation 插值，* 内插 10.0156
(0,2) interpolation (0,2) 插值 10.0170
interpolation condition 插值条件 10.0157
interpolation couple 插值偶 07.0161
interpolation formula 插值公式 10.0163
interpolation knot 插值节点，* 插值结点 10.0158
interpolation method 插值方法 07.0160
interpolation node 插值节点，* 插值结点 10.0158
interpolation polynomial 插值多项式 10.0165
interpolation property 插值性质 10.0159
interpolation space 插值空间 07.0163
interpolation theorem 内插定理 02.0089
interpretation 解释 02.0017
intersection 交 01.0085
intersection chart 交织图 11.0383
intersection graph 交图 03.0103
intersection multiplicity 交重数 04.1073
intersection number 相交数 04.1072
intersection of events 事件的交 09.0016
intersection of matroids 拟阵交 11.0358
intersection theory 相交理论 04.1070
intersect properly 正常相交 04.1071
intertwining number 交结数 04.1969
interval 区间 05.0010
interval analysis 区间分析 10.0076
interval arithmetic 区间运算 10.0077
interval estimation 区间估计 09.0640
interval function 区间函数 05.0220
interval-halving search 区间分半搜索 10.0367
intree 入树 03.0206
intrinsic geometry 内蕴几何[学] 08.0943
intuitionism 直觉主义 02.0305
intuitionistic mathematics 直觉主义数学 02.0126
intuitionist logic 直觉主义逻辑 02.0123
invariance principle 不变原理 09.0176

invariant 不变式 04.1885，不变量 04.1886
invariant central manifold 不变中心流形 06.0135
invariant decision function 不变决策函数 09.0526
invariant divisor 不变因子 04.0655
invariant estimate 不变估计 09.0558
invariant event 不变事件 09.0399
invariant family of distributions 不变分布族 09.0453
invariant imbedding 不变嵌入 11.0333
invariant integral on compact group 紧群上的不变积分 04.2054
invariant manifold 不变流形 06.0134
invariant mean 不变平均 05.0316
invariant measure 不变测度 05.0317
invariant measure problem 不变测度问题 07.0408
invariant polynomials 不变多项式 04.1549
invariant random variable 不变随机变量 09.0400
invariant statistic 不变统计量 09.0496
invariant subgroup 正规子群 04.1761
invariant subspace 不变子空间 04.0706
invariant subspace problem 不变子空间问题 07.0166
invariant test 不变检验 09.0622
invariant torus 不变环面 06.0128
invariant σ-field 不变σ域 09.0398
inventory control 库存控制 11.0545
inventory level 库存量 11.0546
inventory model 库存模型 11.0543
inventory strategy 库存策略 11.0544
inventory theory 库存论 11.0542
inverse 逆 01.0040
inverse circular function 反三角函数 08.0192
inverse domination principle 逆控制原理 05.0672
inverse element 逆元 04.1290
inverse Fourier transform 傅里叶逆变换 05.0587
inverse function 反函数 05.0058
inverse image 逆象 01.0104
inverse interpolation 逆插值，* 反插值 10.0162
inverse Laplace transform 拉普拉斯逆变换 05.0599
inverse limit * 反极限 04.1631
inverse mapping 逆映射 01.0106
inverse of matrix 矩阵的逆 04.0626
inverse operator 逆算子 07.0183
inverse power method 反幂法 10.0451
inverse proportion 反比 04.0081
inverse sine 反正弦 08.0193
inverse system 逆系统 12.0350
inverse transform 逆变换 05.0580
inverse trigonometric function 反三角函数 08.0192
inversion 反演 08.0092
inversion formula 反演公式 05.0581
invertible element * 可逆元 04.0951
invertible matrix 可逆矩阵 04.0606
invertible module 可逆模 04.1721
invertible morphism 可逆态射 04.1563
invertible operator 可逆算子 07.0184
invertible sheaf 可逆层 04.1144
invertible system 可逆系统 12.0349
involute 渐伸线 08.0958
involution 对合 07.0269
involution of a ring 环的对合 04.1319
involutive correlation 对合对射变换 08.0363
involutive ring 对合环 07.0275
involutory algebra 对合代数 07.0270
inward normal 内法线 08.1011
irrationality condition 无理性条件 06.0133
irrational number 无理数 04.0113
irrational root 无理根 04.0574
irreducible 3-manifold 不可约 3-流形 08.0616
irreducible Cartan matrix 不可约嘉当矩阵 04.1540
irreducible chain 不可约链 09.0318
irreducible character 不可约特征[标] 04.1944
irreducible curve 不可约曲线 04.1176
irreducible element 不可约元 04.0954
irreducible equation 不可约方程 04.0562
irreducible fraction 不可约分数，* 简分数 04.0066
irreducible mapping 不可约映射 08.0565
irreducible modular character 不可约模特征[标] 04.1959
irreducible module * 不可约模 04.0881

irreducible polynomial 不可约多项式 04.0528
irreducible representation 不可约表示 04.1923
irreducible scheme 不可约概形 04.1103
irredundant basis 无赘基 03.0344
irredundant representation 无赘表示 03.0325
irregular boundary point 非正则边界点 06.0321
irregular cusp 非正则尖点 04.0327
irregular net 非正则网格 10.0493
irregular node 非正则结点 10.0492
irregular prime 非正则素数 04.0299
irregular singular point 非正则奇点 06.0054
Ising model 伊辛模型 09.0390
isoclines 等倾线 06.0019
isogenous 同源的 04.0350
isogeny 同源 04.0349
isol 孤[立]元 02.0292
isolated point 孤[立]点 08.0464
isolated prime ideal 孤立素理想 04.0986
isolated singularity 孤立奇点 05.0394
isolated singular point 孤立奇点 05.0394
isolated subsystem 孤立子系统 12.0366
isolated system 孤立系统 12.0365
isometric mapping 等距算子 07.0189
isometric operator 等距算子 07.0189
isometry 等距同构 04.0797, 等距 08.0325
isomorphism 同构 01.0118
isomorphism of categories 范畴的同构 04.1599
isomorphism of graphs 图同构 03.0074
isomorphism of Lie algebras 李[代数]同构 04.1496
isomorphism of Lie groups 李群同构 04.2078
isomorphism of linear spaces 线性空间同构 04.0688
isomorphism of schemes 概形同构 04.1099
isomorphism of sheaves 层同构 04.1086
isomorphism of topological groups 拓扑群同构 04.2032
isomorphism of varieties 簇同构 04.1039
isoparametric hypersurface 等参超曲面 08.1058
isoperimetric inequality 等周不等式 08.1057
isoperimetric problem 等周问题 05.0728
isosceles trapezoid 等腰梯形 08.0101
isosceles triangle 等腰三角形 08.0047
isothermal coordinates 等温坐标 08.0999
isotopy 同痕, *合痕 08.0774
isotopy invariant 同痕不变量, *合痕不变量 08.0775
isotropic lines 迷向直线 08.0394
isotropic subspace 迷向子空间 04.0805
isotropic vector 迷向向量 04.0803
isotropy subgroup 稳定子群 04.1843
iterated clique graph 迭代团图 03.0106
iterated interpolation method 迭代插值法 10.0179
iterated kernel 叠核 06.0551
iteration method 迭代法 10.0417
iteration sampling technique 迭代抽样方法 10.0659
iterative computations 迭代计算 10.0418
iterative loop 迭代循环 10.0419
Ito formula 伊藤公式 09.0265
Ito process 伊藤过程 09.0372
Ito stochastic integral 伊藤积分 09.0262

J

jackknife 刀切法 09.0802
Jacobian [determinant] 雅可比行列式 05.0126
Jacobian determinant solution 雅可比行列式解 10.0104
Jacobian field 雅可比场 08.1080
Jacobian matrix 雅可比矩阵 05.0127
Jacobian variety 雅可比簇 04.1211
Jacobi differential equation 雅可比微分方程 06.0669
Jacobi elliptic function 雅可比椭圆函数 06.0626
Jacobi-Gauss quadrature 雅可比-高斯求积 10.0258
Jacobi identity 雅可比恒等式 04.1491
Jacobi imaginary transformation 雅可比虚数变换 06.0625
Jacobi iteration 雅可比迭代[法] 10.0424

Jacobi method 雅可比法 10.0463
Jacobi [necessary] condition 雅可比[必要]条件 05.0701
Jacobi polynomial 雅可比多项式 06.0670
Jacobi symbol 雅可比符号 04.0170
Jacobson-Bourbaki one-to-one correspondence 雅各布森－布巴基对应 04.1430
Jacobson radical 雅各布森根 04.1347
jet 节 08.0925
j-invariant of elliptic curve 椭圆曲线的 *j* 不变量 04.0348
join 并 03.0235, 统联 08.0669
join infinite distributive 并无穷分配 03.0296
join irreducible element 并不可约元 03.0274
join-preserving homomorphism 保并同态 03.0250
join representation 并表示 03.0324
join semi-lattice 并半格 03.0240
joint distribution 联合分布 09.0067
Jordan algebra 若尔当代数 04.1475
Jordan arc 若尔当弧 05.0356
Jordan canonical form 若尔当典范形 04.0651
Jordan curve 若尔当曲线 08.0592
Jordan decomposition 若尔当分解 04.0710, 05.0063
Jordan decomposition of signed measure 带号测度若尔当分解 05.0614
Jordan homomorphism 若尔当同态 04.1482
Jordan measurable 若尔当可测 05.0182
Jordan measure 若尔当测度 05.0181
Jordan module 若尔当模 04.1487
Julia direction 茹利亚方向 05.0516
Julia point 茹利亚点 05.0515
Julia set 茹利亚集 05.0520
jump 跃变 02.0276
jump process 跳过程 09.0381
justification 论证 01.0034

K

Kac-Moody algebra 卡茨－穆迪代数 04.1552
Kalman-Bucy filter 卡尔曼－布西滤波器 12.0498
Kalman filter 卡尔曼滤波器 12.0497
Kalman filtering 卡尔曼滤波 09.0425
Kamke uniqueness condition 卡姆克唯一性条件 06.0011
Kapteyn series 卡普坦级数 06.0711
Karmarkar algorithm 卡马卡法 11.0148
KdV equation KdV 方程 06.0450
Kelvin function 开尔文函数 06.0699
Kendall notation 肯德尔记号 11.0536
kernel distribution 核广义函数 05.0633
kernel function 核函数 05.0493
kernel of a homomorphism 同态的核 04.1310
kernel of a linear mapping 线性映射的核 04.0700
kernel of a morphism 态射的核 04.1620
kernel of an integral equation 积分方程核 06.0550
kernel of Carleman type 卡莱曼型核 06.0561
kernel of Hilbert-Schmidt type 希尔伯特－施密特型核 06.0559
kernel of integral transform [积分变换的]核 05.0582
kernel type estimator 核型估计 09.0783
k-fold mixing condition *k* 重混合条件 09.0407
Kiefer process 基弗过程 09.0363
killed process 中断过程 09.0340
kinematics of search 搜索运动学 11.0643
Kirchhoff formula 基尔霍夫公式 06.0365
Kirchhoff method 基尔霍夫法 06.0364
Klein bottle 克莱因瓶 08.0599
Klein-Gordon equation 克莱因－戈尔登方程 06.0443
Kleinian group 克莱因群 05.0479
Kloosterman sum 克卢斯特曼和 04.0193
knapsack public key system 背包公钥体制 12.0310
k-nary graph *k* 分图 03.0098
knot 纽结 08.0782, 结点 10.0490
knot group 纽结群 08.0783
Kobayashi metric 小林[昭七]度量 05.0577

Kodaira dimension　小平维数　04.1234

Koethe radical　克特根　04.1344

Kolmogorov-Arnold-Moser theory　KAM 理论　06.0130

Kolmogorov automorphism　柯尔莫哥洛夫自同构　07.0407

Kolmogorov-Chapman equation　KC 方程，＊科尔莫戈罗夫－查普曼方程　09.0301

Kolmogorov consistent theorem　科尔莫戈罗夫相容性定理　09.0191

Kolmogorov-Smirnov test　科尔莫戈罗夫－斯米尔诺夫检验　09.0793

Korteweg-de Vries equation　KdV 方程　06.0450

Kostant formula　科斯坦特公式　04.1547

Koszul complex　科斯居尔复形　04.1713

K-quasi-conformal mapping　*K* 拟共形映射　05.0527

Krein space　克赖因空间　07.0143

Kronecker product of matrices　矩阵的张量积　04.0669

Kronecker symbol　克罗内克符号　04.0171

Krull dimension　克鲁尔维数　04.0998

Krull ring　克鲁尔环　04.1012

Krull topology　克鲁尔拓扑　04.0428

Krull valuation　指数赋值　04.0467

Kuhn-Tucker conditions　库恩－塔克条件　11.0184

Kuhn-Tucker constraint qualification　库恩－塔克约束规格，＊库恩－塔克约束品性　11.0054

Kuhn-Tucker point　库恩－塔克点　11.0185

Kullback-Leibler information function　库尔贝克－莱布勒信息函数　09.0580

Kummer extension　库默尔扩张　04.0436

Kummer function　库默尔函数　06.0679

Kummer pairing　库默尔配对　04.0366

Kummer transformation　库默尔变换　10.0344

Künneth formula　屈内特公式　04.1674

kurtosis　峰度　09.0136

Kutta-Jukowsky condition　库塔－茹科夫斯基条件　06.0469

L

label　标号　02.0268

labeled graph　标号图　03.0189

labyrinth algorithm　迷宫算法　11.0370

lacunary series　缺项级数　05.0359

lacunary trigonometric series　缺项三角级数　05.0279

ladder method　升降算子法　06.0642

l-adic cohomology　*l* 进上同调　04.1159

l-adic representation　*l* 进表示　04.0354

Lagrange-Charpit method　拉格朗日－沙比法　06.0274

Lagrange expansion formula　拉格朗日展开公式　06.0741

Lagrange interpolation formula　拉格朗日插值公式　10.0171

Lagrange mean value theorem　拉格朗日中值定理　05.0091

Lagrange method of multipliers　拉格朗日乘子法　11.0246

Lagrange multiplier　拉格朗日乘数，＊拉格朗日乘子　05.0124

Lagrange [necessary] condition　拉格朗日[必要]条件　05.0704

Lagrange problem　拉格朗日问题　05.0732

Lagrange saddle point　拉格朗日鞍点　11.0187

Laguerre differential equation　拉盖尔微分方程　06.0671

Laguerre-Gauss quadrature　拉盖尔－高斯求积　10.0259

Laguerre polynomial　拉盖尔多项式　06.0672

Laguerre transformation　拉盖尔变换　08.0431

lambda-calculus　λ 演算　02.0231

lambda-definable function　λ 可定义函数　02.0232

lambda-lemma　λ 引理　06.0187

lambda-system　λ 系　09.0027

Lamé differential equation　拉梅微分方程　06.0719

Lamé function　拉梅函数　06.0720

Lamé function of the first kind　第一类拉梅函数　06.0721

Lamé function of the second kind　第二类拉梅函数

06.0722
Lanchester equation 兰彻斯特方程 11.0648
Lanczos method 兰乔斯法 10.0459
Landen transformation 兰登变换 06.0608
Laplace distribution 拉普拉斯分布 09.0098
Laplace expansion 拉普拉斯展开式 04.0754
Laplace harmonic equation 拉普拉斯调和方程 06.0288
Laplace hyperbolic equation 拉普拉斯双曲[型]方程 06.0352
Laplace-Stieltjes transform 拉普拉斯-斯蒂尔切斯变换 05.0601
Laplace transform 拉普拉斯变换 05.0598
large cardinals 大基数 02.0214
large deviation 大偏差 09.0178
larger than 大于 01.0047
large scale dynamic system 大型动态系统 12.0360
large scale optimization 大系统最优化，*大型最优化 11.0017
large scale programming 大型规划 11.0081
large scale system 大系统 12.0359
large sieve 大筛法 04.0201
last-come first-served 后到先服务 11.0499
last exit time 末离时 09.0332
last term 末项 04.0131
lateral area 侧面积 08.0139
Latin rectangle 拉丁矩 09.0873
Latin square 拉丁方 09.0874
Latin square design 拉丁方设计 09.0877
lattice 格 03.0233
lattice distribution 格点分布 09.0058
lattice equality 格等式 03.0259
lattice group 格群 04.1895
lattice homomorphism 格同态 03.0242
lattice in a quadratic space 二次空间的格 04.0827
lattice isomorphism 格同构 03.0243
lattice-ordered linear space 格序线性空间 07.0128
lattice polynomial 格多项式 03.0260
lattice theory 格论 03.0232
Laurent series 洛朗级数 05.0392
law of cosines 余弦定律 08.0189
law of excluded middle 排中律 02.0039
law of inertia 惯性律 04.0794
law of iterated logarithm 重对数律 09.0160
law of large numbers 大数律 09.0158
law of sines 正弦定律 08.0188
law of sines for spherical triangle 球面三角正弦定律 08.0201
law of tangents 正切定律 08.0191
Lax-Friedrichs scheme 拉克斯-弗里德里希斯格式 10.0557
Lax-Wendroff scheme 拉克斯-温德罗夫格式 10.0558
LCFS 后到先服务 11.0499
leading coefficient 首项系数 04.0518
leading term 首项 04.0130
lead time 定货交付时间 11.0549
leap-frog scheme 蛙跳格式 10.0559
least common denominator 最小公分母 04.0069
least common multiple 最小公倍数 04.0047
least favorable prior distribution 最不利先验分布 09.0533
least harmonic majorant function 最小调和优函数 05.0637
least squares approximation 最小二乘逼近 10.0090
least squares estimate 最小二乘估计 09.0680
least squares solution 最小二乘解 10.0132
least upper bound 上确界，*最小上界 05.0004
Lebesgue constant 勒贝格常数 10.0173
Lebesgue function 勒贝格函数 10.0172
Lebesgue integral 勒贝格积分 05.0206
Lebesgue measurable 勒贝格可测 05.0186
Lebesgue measurable function 勒贝格可测函数 05.0204
Lebesgue measure 勒贝格测度 05.0185
Lebesgue-Stieltjes measure 勒贝格-斯蒂尔切斯测度，*L-S 测度 05.0187
Lefschetz number 莱夫谢茨数 08.0745
left adjoint 左伴随 04.1614
left Artinian ring 左阿廷环 04.1357
left continuous 左连续[的] 05.0042
left coset 左陪集 04.1748
left derivative 左导数 05.0074
left derived functor 左导出函子 04.1666
left exact functor 左正合函子 04.1668

left fundamental solution 左基本解 06.0265
left Goldio ring 左戈尔迪环 04.1375
left ideal 左理想 04.1298
left identity element 左幺元 04.1277
left invariant 左不变 04.2083
left inverse element 左逆元 04.1288
left limit 左极限 05.0030
left linear space 左线性空间 04.0711
left multiplication ring 左乘环 04.1329
left Noetherian ring 左诺特环 04.1361
left order 左序模 04.1455
left Ore ring 左奥尔环 04.1374
left quasi-regular element 左拟正则元 04.1292
left quotient ring 左分式环 04.1378
left R-module 左 R 模 04.0867
left translation 左平移 04.2082
left translation of functions 左函数平移 04.1988
left uniformity 左一致结构 04.2038
left zero divisor 左零因子 04.1281
Legendre associated differential equation 勒让德连带微分方程 06.0652
Legendre coefficient 勒让德系数 06.0658
Legendre conjugate 勒让德共轭 05.0820
Legendre differential equation 勒让德微分方程 06.0651
Legendre function of the first kind 第一类勒让德函数 06.0653
Legendre function of the second kind 第二类勒让德函数 06.0654
Legendre-Gauss quadrature 勒让德－高斯求积 10.0256
Legendre-Jacobi standard form 勒让德－雅可比标准型 06.0599
Legendre [necessary] condition 勒让德[必要]条件 05.0703
Legendre normal form 勒让德正规形 04.0345
Legendre polynomial 勒让德多项式 06.0657
Legendre relation 勒让德关系 06.0619
Legendre symbol 勒让德符号 04.0168
Legendre transformation 勒让德变换 05.0821
Leibniz formula 莱布尼茨公式 05.0088
lemma 引理 01.0018
length 长度 08.0020
length of a vector 向量的长[度] 04.0720
lens space 透镜空间 08.0667
leptokurtic 尖峰[的] 09.0137
Leray-Schauder degree 勒雷－绍德尔度 07.0360
less than 小于 01.0046
L-estimator L 估计 09.0780
level 水平 09.0717
level of a field 域的水平 04.0824
level structure 水平结构 04.1257
Levi-Civita connection 列维－奇维塔联络 08.1015
Levi decomposition 莱维分解 04.2116
Levi problem 莱维问题 05.0556
Levi subgroup 莱维子群 04.2115
Levitzki radical 局部幂零根 04.1345
lexicographic 字典式 12.0100
lexicographic order 字典序 11.0285
(LF)-space LF 空间 07.0083
L'Hospital rule 洛必达法则 05.0093
Liapunov exponent 李雅普诺夫指数 06.0140
Liapunov function 李雅普诺夫函数 06.0139
Liapunov stability 李雅普诺夫稳定性 06.0138
Lie algebra 李代数 04.1490
Lie algebra of a Lie group 李群的李代数 04.2081
Lie algebra of an algebraic group 代数群的李代数 04.1992
Lie bialgebra 李双代数 04.2125
Lie bracket 李括号 08.0922
Lie group 李群 04.2073
Liénard differential equation 李纳微分方程 06.0084
Lie subalgebra 子李代数 04.1493
Lie subgroup 子李群 04.2079
life characteristics 寿命特征[曲线] 11.0621
life testing 寿命试验，＊寿试 11.0622
life time 生存时 09.0328
lifetime of system 系统的寿命 11.0619
lifting 提升 08.0812
lifting homotopy 同伦提升 08.0811
light traffic 低负荷服务 11.0506
likelihood 似然 09.0569
likelihood equation 似然方程 09.0571

likelihood function 似然函数 09.0570
likelihood ratio 似然比 09.0623
likelihood ratio test 似然比检验 09.0625
like term 同类项 04.0519
limit 极限 05.0027
limit-cycle 极限环，*极限圈 06.0103
limit function 极限函数 05.0371
limiting function 极限函数 05.0371
limiting point 极限点 05.0229
limiting strategy 极限策略 11.0403
limit ordinal number 极限序数 02.0182
limit theorem 极限定理 09.0167
Lindelöf space 林德勒夫空间 08.0522
line 边 03.0063，线 08.0013
linear 线性[的] 07.0003
linear algebra 线性代数 04.0585
linear algebraic group 线性代数群 04.1990
linear approximation 线性逼近 10.0100
linear approximation method 线性逼近法 11.0248
linear channel 线性信道 12.0066
linear character 线性特征[标] 04.1946
linear code 线性码 12.0186
linear combination 线性组合 04.0679
linear complementary problem 线性互补问题 11.0105
linear complexity 线性复杂度 12.0238
linear congruence 一次同余方程 04.0164
linear congruential method 线性同余方法 10.0636
linear constraint 线性约束 11.0042
linear control theory 线性控制理论 12.0411
linear convergence 线性收敛 10.0328
linear convergence rate 线性收敛速率 10.0329
linear difference equation 线性差分方程 10.0220
linear differential equation of first order 一阶线性微分方程 06.0027
linear discriminant function 线性判别函数 09.0762
linear element 线性元 10.0500
linear elliptic equation of higher order 高阶线性椭圆[型]方程 06.0412
linear equation 线性方程 04.0734
linear equation with one unknown 一元一次方程 04.0557
linear estimate 线性估计 09.0677
linear fiber map 线性纤维映射 08.0931
linear filtering 线性滤波 09.0422
linear form 线性型 04.0765
linear functional 线性泛函 07.0006
linear functional relation 线性函数关系 05.0130
linear group 线性群 04.1863
linear homotopy 线性同伦 08.0932
linear hyperbolic equation of higher order 高阶线性双曲[型]方程 06.0417
linear integral equation 线性积分方程 06.0546
linear interpolation 线性插值 10.0176
linearization 线性化 10.0357
linearization of affine groups 仿射群的线性化 04.1991
linearly dependence 线性相关 04.0681
linearly disjoint 线性无缘 04.0449
linearly equivalence 线性等价 04.1200
linearly independence 线性无关 04.0682
linearly ordered 全序[的] 03.0216
linear mapping 线性映射 04.0696
linear model 线性模型 09.0664
linear multistep method 线性多步法 10.0293
linear operator 线性算子 07.0175
linear optimization 线性最优化 11.0108
linear parabolic equation 线性抛物[型]方程 06.0373
linear partial differential equation 线性偏微分方程 06.0217
linear partial differential equation with constant coefficients 常系数线性偏微分方程 06.0218
linear partial differential equation with variable coefficients 变系数线性偏微分方程 06.0219
linear programming 线性规划 11.0125
linear quadratic Gaussian problem 线性二次型高斯问题 12.0518
linear quadratic problem 线性二次型问题 12.0517
linear rank statistic 线性秩统计量 09.0772
linear recurrence 线性递归关系 03.0014
linear regression 线性回归 09.0688
linear relation 线性关系 04.0680
linear representations of groups 群的线性表示

04.1909
linear search 线性搜索，*一维搜索 11.0188
linear signed rank statistic 线性符号秩统计量 09.0773
linear space 线性空间 04.0670
linear subvariety 线性子簇 04.1035
linear system 线性系 04.1201，线性系统 12.0325
linear systems theory 线性系统理论 12.0413
linear transformation 线性变换 04.0697
linear weight sum method 线性加权和法 11.0303
line at infinity 无穷远直线 08.0401
line bundle 线丛 08.0841
line complex 线聚 08.0389
line congruence 线汇 08.0390
line conic *线圆锥曲线 08.0248
line coordinates 线坐标 08.0358
line element field *线素场 06.0017
line of curvature 曲率线 08.0986
line of degeneration of type 蜕型线 06.0384
line of intersection 交线 08.0017
line of regression 脊线 08.0965
line overrelaxation 行超松弛 10.0431
line partitioning 线划分 10.0436
line relaxation 行松弛 10.0430
line segment 线段 08.0018
Lin iteration method 林[士谔]迭代法 10.0349
link 链环 08.0784
linking number 环绕数 08.0754
Liouville formula 刘维尔公式 06.0044
Lipschitz condition 利普希茨条件 05.0036
Lipschitzian continuity 利普希茨连续性 07.0026
Lipschitzian mapping 利普希茨映射 07.0331
Lipschitz uniqueness condition 利普希茨唯一性条件 06.0009
list decoding 列表译码 12.0124
Lobatto quadrature 洛巴托求积 10.0261
local 局部[的] 01.0064
local algebra 局部代数 04.1407
local class field theory 局部类域论 04.0266
local convergence 局部收敛 10.0324
local-ergodic theorem 局部遍历定理 07.0415
local error 局部误差 10.0049
local field 局部域 04.0501
local height 局部高 04.0372
local homology group 局部同调群 08.0690
local homomorphism 局部同态 04.2066
localization 局部化 04.0963
localization of a space 空间的局部化 08.0589
localization of distribution 广义函数局部化 07.0092
local Lie group 局部李群 04.2074
local limit theorem 局部极限定理 09.0169
locally analytical isomorphic 局部解析同构 04.2089
locally arcwise connected 局部弧连通 04.2058
locally compact division algebra 局部紧可除代数 04.0504
locally compact group 局部紧群 04.2043
locally compact space 局部紧空间 08.0529
locally connected 局部连通[的] 08.0499
locally convex 局部凸 07.0068
locally convex [topological linear] space 局部凸[拓扑线性]空间 07.0061
locally finite algebra 局部有限代数 04.1400
locally finite covering 局部有限覆盖 08.0478
locally free sheaf 局部自由层 04.1140
locally isomorphic 局部同构 04.2067
locally nilpotent algebra 局部幂零代数 04.1402
locally nilpotent ideal 局部幂零理想 04.1337
locally nilpotent radical 局部幂零根 04.1345
locally Noetherian scheme 局部诺特概形 04.1109
locally path connected 局部道路连通[的] 08.0504
locally presented module 局部表现模 04.0921
locally ringed space 局部戴环空间 04.1094
locally simply connected 局部单连通 04.2060
local martingale 局部鞅 09.0237
local maximum 局部极大值 11.0097
local minimum 局部极小值 11.0096
local optimization 局部最优化 11.0094
local optimum 局部最优值 11.0095
local parameter 局部参数 04.0308
local ring 局部环 04.0966
local ring of a point 点的局部环 04.1040
local solvability 局部可解性 06.0496

local subideal 局部次理想 04.1305
local time 局部时 09.0257
local transformation group 局部变换群 04.2108
local uniformization 局部单值化 04.0307
location parameter 位置参数 09.0457
location problem 定位问题 11.0164
locus 轨迹 08.0125
Loeb algorithm *劳勃算法 10.0137
Loewner equation 洛纳方程 05.0497
logarithm 对数 05.0107
logarithmic capacity 对数容量 05.0662
logarithmic derivative 对数导数 05.0081
logarithmic function 对数函数 05.0113
logarithmic integral 对数积分 06.0686
logarithmic kernel 对数核 05.0626
logarithmic normal distribution 对数正态分布 09.0086
logarithmic potential 对数位势 05.0639
logarithm public key system 对数公钥体制 12.0309
logical addition 逻辑加法 02.0030
logical calculus 逻辑演算 02.0004
logical expression 逻辑表达式 02.0065
logically equivalent 逻辑等值，*逻辑等价 02.0035
logical multiplication 逻辑乘法 02.0027
logical operation 逻辑运算 02.0013
logical product *逻辑积 02.0028
logical sum *逻辑和 02.0031
logical symbol 逻辑符号 02.0005
logicism 逻辑主义 02.0304
logistical regression 逻辑斯谛回归 09.0694
logistic distribution 逻辑斯谛分布 09.0099
logit model 对数单位模型 09.0713
Lommel integral 洛默尔积分 06.0708
long division 长除法 04.0547
longest remaining service time 最长剩余服务时间 11.0540
longest service time 最长服务时间 11.0539
long exact cohomology sequence 长正合上同调[序]列 04.1654
long exact homology sequence 长正合同调[序]列 04.1653
loop 自环 03.0068，幺拟群 04.1975，闭路 08.0502
loop space 闭路空间 08.0793
Lorentz group 洛伦兹群 04.1877
Lorentz transformation 洛伦兹变换 06.0361
Lorenz equations 洛伦茨方程 06.0150
losing coalition 失败联盟，*输联盟 11.0423
loss function 损失函数 09.0522
loss of information 信息的损失 12.0036
loss probability 损失率 11.0535
loss system 损失制系统，*消失服务系统 11.0495
lot size 批量 09.0834
lottery 抽奖 11.0594
lower approximate value 不足近似值，*下近似值 10.0061
lower bound 下界 05.0005
lower central series 下中心序列 04.1507
lower closure of concave-convex function 凹凸函数的下闭包 05.0831
lower control limit 下控制限 09.0858
lower derivative 下导数 05.0077
lower envelope principle 下包络原理 05.0673
lower limit 下极限 05.0029
lower limit function 下极限函数 05.0038
lower limit of integral 积分下限 05.0143
lower semi-continuity 下半连续性 07.0028
lower semi-continuous 下半连续[的] 05.0040
lower semi-continuous hull 下半连续包 05.0768
loxodrome 斜驶线 08.1020
l^p-space l^p空间 05.0211
L^p-space L^p空间 05.0210
LQG problem *LQG 问题 12.0518
LQ problem *LQ 问题 12.0517
LR method *LR* 方法 10.0453
LRST 最长剩余服务时间 11.0540
LS critical point LS 临界点 07.0377
LS critical value LS 临界值 07.0378
LSE 最小二乘估计 09.0680
L-series of elliptic curve 椭圆曲线的 *L* 级数 04.0382
LST 最长服务时间 11.0539
Lubin-Tate formal group 卢宾-泰特形式群

04.0267
Lukasiewicz trivalent algebra 武卡谢维奇三值代数 03.0331
lumped parameter system 集总参数系统，*集中参数系统 12.0356

M

MacCormack scheme 麦科马克格式 10.0560
machine error 机器误差 10.0047
Mackey space 麦基空间 07.0077
Mackey topology 麦基拓扑 07.0042
Maclaurin formula 麦克劳林公式 05.0256
magic square 幻方 03.0040
Mahalanobis distance 马哈拉诺比斯距离 09.0739
Mahlo cardinal 马洛基数 02.0211
maintainability 可维护性 11.0614
maintenance policy 维修策略 11.0613
maintenance rate 维修率 11.0615
major arc 优弧 08.0082
major axis 长轴 08.0250
major efficiency 较多有效性 11.0276
majority logic decoding 多数逻辑译码 12.0119
majorization order 优化序 11.0286
majorly efficient point 较多有效点 11.0293
majorly efficient solution 较多有效解 11.0277
majorly optimal point 较多最优点 11.0294
majorly optimal solution 较多最优解 11.0278
major order 较多序 11.0287
Malliavin calculus 马利亚万随机分析 09.0273
Malliavin covariance matrix 马利亚万协方差阵 09.0274
MA model 滑动平均模型 09.0895
Mandelbrot set 芒德布罗集 05.0522
Mangoldt function 曼戈尔特函数 04.0210
manifold 流形 08.0603
3-manifold 3-流形，*三维流形 08.0614
manifold with boundary 带边流形 08.0608
mantissa of logarithm 对数的尾数 05.0110
many-body problem 多体问题 06.0136
many one reducibility 多一可归约性 02.0287
many sorted predicate calculus 多种类谓词演算 02.0072
many-valued logic 多值逻辑 02.0313
map 映射 01.0100
map into 映入 01.0114
map onto 映上 01.0115
mapping 映射 01.0100
mapping cone 映射锥 08.0799
mapping cylinder 映射柱 08.0798
mapping degree 映射度 07.0358
mapping function 映射函数 05.0488
mapping path-space 映射道路空间 08.0800
mapping space 映射空间 08.0791
marginal distribution 边缘分布 09.0068
marginal likelihood function 边缘似然函数 09.0574
marked point process 标值点过程 09.0378
Markov chain 马尔可夫链 09.0285
Markov decision process 马尔可夫决策过程 11.0569
Markov decision programming 马尔可夫决策规划 11.0570
Markov measure 马尔可夫测度 07.0405
Markov partition 马尔可夫分割 07.0442
Markov policy 马尔可夫策略 11.0573
Markov process 马尔可夫过程 09.0284
Markov property 马尔可夫性 09.0290
Markov renewal process 马尔可夫更新过程 09.0367
Markov semi-group 马尔可夫半群 09.0327
Markov shift 马尔可夫推移 07.0406
Markov source 马尔可夫信源 12.0042
Markov time 马尔可夫时 09.0216
Markuschevich basis 马尔库舍维奇基 07.0058
Martin boundary 马丁边界 09.0342
Martin dual-boundary 马丁对偶边界 09.0343
martingale 鞅 09.0229
martingale difference 鞅差 09.0236
martingale in limit 极限鞅 09.0249
martingale measure 鞅测度 09.0260
martingale problem 鞅问题 09.0280

matching 匹配 03.0147
[mathematical] expectation [数学]期望 09.0114
mathematical induction 数学归纳法 02.0129
mathematical logic 数理逻辑 02.0002
mathematical model 数学模型 12.0371
mathematical programming 数学规划 11.0034
mathematical statistics 数理统计[学] 09.0429
mathematical system theory 数学系统理论 12.0412
mathematical table 数学[函数]表 10.0271
mathematics 数学 01.0001
Mather set 马瑟集 06.0127
Mathieu differential equation 马蒂厄微分方程 06.0724
Mathieu function 马蒂厄函数 06.0725
Mathieu function of the first kind 第一类马蒂厄函数 06.0728
Mathieu function of the second kind 第二类马蒂厄函数 06.0729
Mathieu groups 马蒂厄群 04.1906
Mathieu method 马蒂厄法 06.0734
matrix 矩阵 04.0587
matrix deflation 矩阵收缩 10.0449
matrix game 矩阵对策 11.0429
matrix group 矩阵群 04.1816
matrix group over rings 环上矩阵群 04.1881
matrix inversion 矩阵求逆 10.0447
matrix iterative analysis 矩阵迭代分析 10.0446
matrix norm 矩阵[的]范数 10.0416
matrix of a linear transformation 线性变换的矩阵 04.0701
matrix of quadratic form 二次型的矩阵 04.0782
matrix of sum squares between classes 组间平方和阵 09.0727
matrix of sum squares within classes 组内平方和阵 09.0728
matrix Padé approximation 矩阵帕德逼近 10.0109
matrix representation 矩阵表示 04.1913
matroid 拟阵 11.0356
maximal element 极大元 03.0229
maximal-ergodic theorem 极大遍历定理 07.0414
maximal filter 极大滤子 08.0473
maximal flow problem 最大流问题 11.0366
maximal ideal 极大理想 04.0939
maximal independent set 极大独立集 03.0118
maximal inequality 极大不等式 09.0250
maximal invariant statistic 最大不变统计量 09.0497
maximal left ideal 极大左理想 04.1338
maximal monotone mapping *极大单调映射 07.0337
maximal monotone operator 极大单调算子 07.0337
maximal normal operator 极大正规算子 07.0213
maximal order 极大序模 04.1454
maximal packing 最大填装 03.0039
maximal right ideal 极大右理想 04.1339
maximal set 极大集 02.0280
maximal spectrum of a ring 环的极大谱 04.0941
maximal subgroup 极大子群 04.1793
maximal symmetric operator 极大对称算子 07.0207
maximal torus 极大环面 04.2119
maximal tree 最大树 11.0360
maximal universal algebra 极大泛代数 03.0353
maximin method 极大化极小法 11.0306
maximization 极大化 11.0024
maximization model 极大化模型 11.0025
maximizing 求极大[值] 11.0027
maximizing sequence 极大化序列 11.0028
maximum 极大值 05.0121
maximum algebra 极大代数 07.0302
maximum condition 极大条件 04.0906
maximum condition for left ideals 左理想极大条件 04.1359
maximum cross section method 最大截面方法 10.0669
maximum entropy 最大熵 12.0268
maximum entropy criterion 最大熵准则 09.0906
maximum entropy estimation 最大熵估值 12.0270
maximum entropy method 最大熵方法 12.0269
maximum flow minimum cut theorem 最大流最小割定理 11.0369
maximum genus 最大亏格 03.0161

maximum independent set 最大独立集 03.0119
maximum interval of existence 最大存在区间 06.0015
maximum likelihood decoding 最大似然译码 12.0122
maximum likelihood estimate 最大似然估计 09.0572
maximum matching problem 最大匹配问题 11.0367
maximum modulus 最大模 05.0405
maximum modulus theorem 最大模定理 05.0406
maximum mutual information 最大互信息 12.0271
maximum penalized likelihood estimate 最大罚似然估计 09.0576
maximum point 极大点 11.0026
maximum principle 最大值原理 06.0294
maximum risk pattern 极大风险模型 11.0580
maximum signal to noise ratio 最大信噪比 12.0272
maximum solution 最大解 06.0023
maximum term 最大项 05.0414
Maxwell equations 麦克斯韦方程[组] 06.0440
Mayer problem 迈耶问题 05.0731
Mayer-Vietoris sequence 迈耶-菲托里斯序列 08.0693
mean 均值 09.0115
mean curvature 中曲率，* 平均曲率 08.0990
mean entropy 平均熵 12.0030
mean-ergodic theorem 平均遍历定理 07.0411
mean error 平均误差 10.0055
mean function 均值函数 09.0199
mean space 平均空间 07.0164
mean square error 均方误差 09.0557
mean term of proportion 比例中项 04.0077
mean value theorem 中值定理 05.0089
mean vector 均值向量 09.0116
measurable cardinal 可测基数 02.0215
measurable function 可测函数 05.0203
measurable multifunction 可测集值函数 07.0326
measurable process 可测过程 09.0208
measurable set 可测集 05.0175
measurable set-valued function 可测集值函数 07.0326
measurable space 可测空间 05.0174
measurable transformation 可测变换 07.0391
measure 测度 05.0177
measure of information 信息测度，* 信息的度量 12.0016
measure of non-compactness 非紧测度 07.0362
measure-preserving transformation 保测变换 07.0393
measure space 测度空间 05.0189
measure theory 测度论 05.0171
mechanical cubature 机械求体积 10.0232
mechanical quadrature 机械求积 10.0231
median 中线 08.0065， 中位数 09.0132
median unbiased estimate 中位无偏估计 09.0785
meet 交 03.0234
meet infinite distributive 交无穷分配 03.0297
meet irreducible element 交不可约元 03.0275
meet representation 交表示 03.0323
meet semi-lattice 交半格 03.0239
Mellin transform 梅林变换 05.0594
Mel′nikov method 梅利尼科夫方法 06.0149
membership 隶属关系 02.0170
memory capacity 存储容量 12.0291
memory gradient method 记忆梯度法 11.0212
memoryless channel 无记忆信道 12.0056
memoryless source 无记忆信源 12.0041
memory space 存储空间 12.0290
meromorphic curve 亚纯曲线 05.0444
Mersenne number 梅森数 04.0059
mesh 网格 10.0475
mesh boundary 网格边界 10.0480
meshline 网格线 10.0477
mesh point 网格点 10.0476
mesh size 网格步长 10.0482
mesh spacing 网格间距 10.0481
message 消息 12.0049
message compression 消息压缩 12.0145
message entropy 消息的熵 12.0037
M-estimator *M* 估计 09.0779
meta-Abelian group 亚阿贝尔群 04.1809
metacompact space 亚紧空间 08.0528
metacyclic equation 亚循环方程 04.0567

metacyclic group 亚循环群 04.1808
metaharmonic equation 元调和方程 06.0341
metalanguage 元语言 02.0141
metalogic 元逻辑 02.0140
metamathematics 元数学 02.0143
metatheory 元理论 02.0139
"0.618" method "0.618"法 11.0197
method of descent 降维法 06.0369
method of differential operator 微分算子法 06.0046
method of energy integral 能量积分法 06.0465
method of Laplace transformation 拉普拉斯变换法 06.0047
method of least squares 最小二乘法 10.0143
method of lines 直线法 10.0601
method of real cyclotomic field * 实分圆域法 10.0269
method of reduction of dimension 降维法 06.0369
method of reduction of order 降阶法 06.0039
method of separation of variables 分离变量法 06.0277
method of small parameter 小参数法 06.0112
method of stationary phase 稳定相位法 06.0479
method of steepest descent 最速下降法 11.0207
method of streamline curvature 流线曲率法 10.0607
method of undetermined coefficient 待定系数法 04.0569
method of variation of constant 常数变易法 06.0045
method of weighted least squares 加权最小二乘法 10.0144
metric 度量 08.0538
metrically convex 度量凸 07.0069
metric density 度量密度 08.0975
metric invariant * 度量不变量 07.0430
metric lattice 度量格 03.0322
metric linear space 度量线性空间 07.0110
metric space 度量空间, * 距离空间 08.0539
metric transitivity 度量可递性 07.0429
metrizability 可度量性 08.0544
metrizable 可度量化 08.0545
metrization 度量化 08.0546
Metropolis sampling technique 米特罗波利斯抽样方法 10.0660
microbundle 微丛 08.0851
microhyperbolic 微双曲[型] 06.0531
micro-hypoellipticity 微亚椭圆性 06.0523
micro-local analysis 微局部分析 06.0474
middle point 中点 08.0071
midpoint 中点 08.0071
mid-point of class 组中值 09.0470
midpoint rule 中点法则 10.0243
mid range 中程数 09.0515
mid-square method 平方取中方法 10.0635
Mikusinski operator 米库辛斯基算子 07.0107
Milne method 米尔恩法 10.0289
MIMO system * 多输入多输出系统 12.0324
minimal chain 最小链 09.0322
minimal complete class 最小完全类 09.0529
minimal covering 最小覆盖 03.0037
minimal degree 极小度 02.0284
minimal element 极小元 03.0228
minimal geodesic 最短测地线 08.1076
minimal ideal 极小理想 04.1353
minimal left ideal 极小左理想 04.1351
minimally ergodic 极小遍历 07.0427
minimal model 极小模型 02.0108
minimal order observer 最小阶观测器 12.0492
minimal pair 极小对 02.0282
minimal polynomial 极小多项式 04.0401
minimal realization 最小实现 12.0477
minimal right ideal 极小右理想 04.1352
minimal submanifold 极小子流形 08.1049
minimal sufficient statistic 最小充分统计量 09.0492
minimal surface 极小曲面 08.1012
minimal surface equation 极小曲面方程 06.0433
minimal vectors 极小向量 11.0296
minimal winning coalition 最小获胜联盟, * 最小赢联盟 11.0422
minimax 极小化极大 05.0734
minimax approximation 极小化极大逼近 10.0088
minimax decision function 极小化极大决策函数 09.0525
minimax estimate 极小化极大估计 09.0561

minimax principle 极小化极大原理 07.0380
minimax sequential decision function 极小化极大序贯决策函数 09.0548
minimax solution 极小化极大解 10.0131
minimax strategy 极小极大策略 11.0483
minimax theorem 极小极大定理 11.0425
minimization 极小化 11.0018
minimization method 极小化方法 11.0020
minimization model 极小化模型 11.0019
minimizing 求极小[值] 11.0023
minimum 极小值 05.0120
minimum condition 极小条件 04.0907
minimum condition for left ideals 左理想极小条件 04.1355
minimum-cost flow problem 最小费用流问题 11.0368
minimum-cost function 最小费用函数 11.0601
minimum distance 最小距离 12.0231
minimum norm quadratic unbiased estimate 最小范数二次无偏估计 09.0683
minimum point 极小点 11.0021
minimum principle 最小值原理 06.0295
minimum set of motions 运动的极小集 06.0125
minimum solution 最小解 06.0024
minimum solution 极小解 11.0022
minimum spanning tree 最小生成树 11.0361
minimum tree problem 最小树问题 11.0364
Minkowski functional 闵可夫斯基泛函 07.0014
Minkowski inequality 闵可夫斯基不等式 05.0069
minor 子式 04.0749
minor arc 劣弧 08.0083
minor axis 短轴 08.0251
minor diagonal 次对角线 04.0598
minuend 被减数 04.0018
minus 减 04.0016
Mittag-Leffler expansion 米塔-列夫勒展开，*有理分式展开 06.0742
mixed alphabet 混合字母表 12.0095
mixed boundary condition 混合边界条件 10.0537
mixed boundary problem 混合边界问题 06.0301
mixed conditional distribution 混合条件分布 09.0147
mixed congruential method 混合同余方法 10.0639
mixed exterior algebra 混合外代数 04.0863
mixed finite element method 混合有限元法 10.0516
mixed fraction 带分数 04.0067
mixed ideal 混合理想 04.0996
mixed integer programming 混合整数规划 11.0172
mixed linear model 混合线性模型 09.0669
mixed moment 混合矩 09.0131
mixed penalty method 混合惩罚法 11.0242
mixed recurring decimal 混循环小数 04.0096
mixed strategy 混合策略 11.0400
mixed system 混合制系统 11.0497
mixed tensor 混合张量 04.0845
mixed tensor algebra 混合张量代数 04.0847
mixing condition 混合条件 09.0404
mixing distribution 混合分布 09.0449
mixture design 混料设计 09.0881
MLE 最大似然估计 09.0572
Möbius function 默比乌斯函数 04.0211
Möbius inversion formula 默比乌斯反演公式 04.0212
Möbius strip 默比乌斯带 08.0597
Möbius transformation 默比乌斯变换 08.0430
modal logic 模态逻辑 02.0314
mode 众数 09.0134
model 模型 02.0076
model completeness 模型完全性 02.0080
model coordination method 模型协调法 12.0529
model following control system 模型跟随控制系统 12.0347
model of fit 拟合模型 10.0148
model reduction method 模型降阶法 12.0523
model reference adaptive system 模型参考适应系统 12.0346
model theory 模型论 02.0003
modern control theory 现代控制理论 12.0409
modification of process 过程的修正 09.0195
modified Bessel function of the first kind 变形第一类贝塞尔函数 06.0696
modified Bessel function of the second kind 变形第二类贝塞尔函数 06.0697

modified Bessel function of the third kind 变形第三类贝塞尔函数 06.0698
modified Euler method 变形欧拉法 10.0283
modified gradient projection method 修正梯度投影法 11.0230
modified Mathieu equation 变形马蒂厄方程 06.0726
modified Mathieu function 变形马蒂厄函数 06.0727
modified Mathieu function of the first kind 变形第一类马蒂厄函数 06.0736
modified Mathieu function of the second kind 变形第二类马蒂厄函数 06.0737
modified Mathieu function of the third kind 变形第三类马蒂厄函数 06.0738
modified Newton method 变形牛顿法 10.0359
modular character 模特征[标] 04.1958
modular curve 模曲线 04.0386
modular form 模形式 04.0323
modular form of half-integer weight 半整数权模形式 04.0335
modular function 模函数 05.0319
modular group 模群 04.0318
modular lattice 模格 03.0279
modular Lie algebra 模李代数 04.1553
modular representation 模表示 04.1957
modulation coding system 调制编码系统 12.0164
module 模 04.0866
module homomorphism 模同态 04.0873
module isomorphism 模同构 04.0872
module of constant rank 常数秩模 04.1723
module of differentials 微分模 04.1006
module of ellipticity 椭圆性模 06.0522
module theory 模论 04.0865
moduli space 模空间 *05.0472, 08.1063
modulo ρ-homology group 模 ρ 同调群 08.0665
modulus 模数 04.0155, 模 05.0339
modulus of an elliptic integral 椭圆积分[的]模数 06.0603
modulus of continuity 连续[性]模 05.0534
modulus of convexity 凸性模 07.0167
modulus of ray class group 束类群的模 04.0272
mollifier 光滑化算子 06.0492
moment 矩 09.0126
moment estimate 矩法估计 09.0568
moment generating function 矩母函数 09.0142
moment method 矩量法 10.0602
momentum operator 动量算子 06.0514
Monge-Ampére equation 蒙日－安培方程 06.0434
Monge axis 蒙日轴 06.0259
Monge cone 蒙日锥 06.0260
Monge curve 蒙日曲线 06.0262
Monge equation 蒙日方程 06.0263
Monge pencil 蒙日束 06.0261
monic polynomial 首一多项式 04.0522
monodromy 单值[性] 08.1105
monodromy group 单值群 08.1106
monodromy theorem 单值[性]定理 08.1107
monogenic 单演 05.0383
monogenic function 单演函数 05.0384
monoid 幺半群 04.1973
monoidal transformation 单项变换 04.1052
monomial 单项式 04.0544
monomial matrix 单项矩阵 04.0610
monomial representation 单项表示 04.1937
monomorphism 单态射 04.1559
monospline 单项样条 10.0192
monothetic 单一生成的 07.0400
monotone class 单调类 09.0026
monotone convergence theorem 单调收敛定理 05.0217
monotone difference scheme 单调差分格式 10.0561
monotone function 单调函数 05.0052
monotone likelihood ratio 单调似然比 09.0624
monotone mapping *单调映射 07.0336
monotone operator 单调算子 07.0336
monotonicity preserving difference scheme 保单调差分格式 10.0562
monster group 大魔群 04.1907
Monte Carlo estimator 蒙特卡罗估计 10.0626
Monte Carlo method 蒙特卡罗方法 10.0610
Montel space 蒙泰尔空间 07.0078
Mordell-Weil group 莫德尔－韦伊群 04.0375
Morita contexts 森田六元组 04.0922

Morita similar of rings 环的森田相似 04.1380
Morley theorem 莫利定理 02.0113
morphism 态射 04.1558
morphism of algebraic groups 有理同态 04.1982
morphism of complexes 链映射 04.1649
morphism of finite type 有限型态射 04.1119
morphism of schemes 概形态射 04.1098
morphism of sheaves 层态射 04.1085
morphism of varieties 簇态射 04.1037
Morse code 莫尔斯码 12.0158
Morse-Smale diffeomorphism 莫尔斯－斯梅尔微分同胚 06.0188
Morse-Smale system 莫尔斯－斯梅尔系统 06.0190
Morse-Smale vector field 莫尔斯－斯梅尔向量场 06.0189
Morse theory 莫尔斯理论 07.0371
most powerful test 最大功效检验 09.0616
most stringent test 最严紧检验 09.0627
mountain pass lemma 山路引理 07.0379
movable singular point 流动奇点 06.0051
moving-average model 滑动平均模型 09.0895
moving frame 活动标架 08.0950
moving trihedral 活动三面形 08.0949
MPLE 最大罚似然估计 09.0576
MSE 均方误差 09.0557
(M)-space ＊M空间 07.0078
mu-almost everywhere μ几乎处处 05.0612
Müller method 米勒方法，＊抛物线法 10.0360
multicollinearity 多重共线性 09.0706
multicriteria 多指标 11.0258
multicriteria dynamic programming 多指标动态规划 11.0330
multidimensional system 多维系统 12.0355
multigeneration moment estimator method 多代矩估计方法 10.0672
multigraph 重图 03.0070
multi-grid 多重网格 10.0546
multi-grid method 多重网格法 10.0599
multigroup Monte Carlo method 多群蒙特卡罗方法 10.0616
multi-indexed process 多指标过程 09.0185
multi-input multi-output system ＊多输入多输出系统 12.0324
multilevel control 多级控制 12.0402
multilevel method 多层方法 10.0600
multilevel scheme 多层格式 10.0564
multilevel system 多级系统 12.0362
multilinear algebra 多重线性代数 04.0831
multilinear form 多重线性型 04.0832
multilinear functional 多重线性泛函 07.0010
multilinear mapping 多重线性映射 04.0833
multilinear operator 多重线性算子 07.0182
multimodal distribution 多峰分布 09.0071
multinomial distribution 多项分布 09.0102
multiobjective convex programming 多目标凸规划 11.0263
multiobjective fractional programming 多目标分式规划 11.0262
multiobjective interactive programming method 多目标交互规划方法 11.0307
multiobjective linear programming 多目标线性规划 11.0260
multiobjective non-linear programming 多目标非线性规划 11.0261
multiobjective optimization 多目标最优化 11.0011
multi-parametric process 多参数过程 09.0186
multi-person games 多人对策 11.0443
multiple 倍数 04.0043，倍式 04.0530
multiple access channel 多接入信道 12.0074
multiple characteristics 多重特征 06.0254
multiple comparison 多重比较 09.0868
multiple correlation 复相关 09.0744
multiple correlation coefficient 复相关系数 09.0745
multiple criteria decision making 多目标决策 11.0592
multiple edges 重边 03.0069
multiple Fourier series 多重傅里叶级数 05.0290
multiple integral 多重积分 05.0161
multiple limit-cycle 多重极限环 06.0107
multiple numerical integration 多重数值积分 10.0264
multiple objective programming 多目标规划 11.0257

multiple point 重点 04.1182
multiple power series 多重幂级数 05.0546
multiple root 重根 04.0580
multiple sampling inspection 多次抽检 09.0851
multiple scale problem 多重尺度问题 10.0584
multiple series 多重级数 05.0258
multiple shooting method 多重打靶法 10.0315
multiple source 多信源 12.0046
multiple value 重值 05.0434
multiple valued function 多值函数 05.0375
multiple-value logic 多值逻辑 02.0313
multiplicand 被乘数 04.0024
multiplication 乘法 04.0020
multiplicative 乘性[的] 01.0072
multiplicative-additional sampling technique 乘加抽样方法 10.0653
multiplicative congruence 乘性同余 04.0262
multiplicative congruential method 乘同余方法 10.0638
multiplicative function 乘性函数 04.0207
multiplicative group 乘法群 04.1737
multiplicative linear functional 乘性线性泛函 07.0288
multiplicative number theory 乘性数论 04.0202
multiplicative quadratic form 乘性二次型 04.0822
multiplicative reduction 乘性约化 04.0363
multiplicative sampling technique 乘抽样方法 10.0652
multiplicative sequence 乘性序列 08.0873
multiplicative subset 乘性子集 04.0962
multiplicator 乘数 04.0023
multiplicity of a tangent 切线的重数 04.1186
multiplicity of pole *极点的重数 05.0397
multiplicity of root 根的重数 04.0583
multiplicity of zero *零点的重数 05.0390
multiplier of cyclic difference set 循环差集乘子 03.0045
multiply 乘 04.0022
multiply connected 多连通[的] 08.0780
multiply connected domain 多连通[区]域 05.0352
multipoint Padé approximation 多点帕德逼近 10.0106
multiprecision 多[字长]精度 10.0017
multiqueue 多重排队 11.0516
multi-server system 多台服务系统 11.0511
multistage decision process 多阶段决策过程，*多级决策过程 11.0334
multistage game 多阶段对策 11.0463
multistage sampling 多级抽样 09.0826
multistep method 多步法 10.0292
multi-user channel 多用户信道 12.0069
multi-user information theory 多用户信息论 12.0070
multivalent function 多叶函数 05.0500
multivalued accretive operator 集值增生算子 07.0335
multivalued function 多值函数 05.0375
multivalued function mapping 集值函数映射 07.0324
multivalue logic 多值逻辑 02.0313
multivariable system 多变量系统 12.0324
multivariate analysis of variance 多元方差分析 09.0726
multivariate hypergeometric distribution 多元超几何分布 09.0103
multivariate interpolation 多元插值 10.0185
multivariate linear model 多元线性模型 09.0674
multivariate normal distribution 多元正态分布 09.0105
multivariate population 多元总体 09.0730
multivariate sample 多元样本 09.0731
multivariate [statistical] analysis 多元[统计]分析 09.0729
multivariate time series 多元时间序列 09.0892
multi-way channel 多路信道 12.0068
mu-mapping μ映射 08.0562
mu-operator μ算子 02.0237
Murman-Cole scheme 穆曼-科尔格式 10.0563
mutual energy of signed measure 带号测度相互能量[积分] 05.0653
mutual information 互信息 12.0008
mutually exciting point process 互激点过程 09.0380
mutually exclusive events 不相容事件 09.0017

N

Nagata ring 永田环 04.1009
naive set theory 朴素集合论 02.0150
narrow ideal class 狭义理想类 04.0242
n-ary operation *n* 元运算 03.0336
natural constraint 自然约束 05.0698
natural density 自然密度 04.0224
natural equivalence 自然等价 04.1598
natural extension 自然扩张 07.0439
natural filtration 自然 σ 域流 09.0210
natural homomorphism 自然同态 04.0871
naturality 自然性 08.0814
natural logarithm 自然对数 05.0111
natural mapping 自然映射 01.0111
natural number * 自然数 04.0005
natural order 自然序 11.0284
natural transformation 自然变换 04.1597
Navier-Stokes equation 纳维－斯托克斯方程 06.0439
n-connected *n* 连通[的] 08.0779
n-cube *n* 立方图 03.0097
nearest neighbors estimate 最近邻估计 09.0784
near field 准域 04.0510
near ring 准环 04.1392
necessary and sufficient condition 充要条件 01.0029
necessary condition 必要条件 01.0027
necessary condition for optimality 最优性必要条件 11.0058
negation 否定[词] 02.0034
negative 否定[的] 01.0067
negative binomial distribution 负二项分布 09.0080
negative definite matrix 负定矩阵 04.0634
negative definite quadratic form 负定二次型 04.0787
negative deviation 负偏差 11.0314
negative element 负元[素] 04.1276
negative hypergeometric distribution 负超几何分布 09.0081
negative integer 负整数 04.0006
negative multinomial distribution 负多项分布 09.0104
negative norm 负范数 07.0152
negative number 负数 04.0117
negative proposition 否命题 01.0015
negative semi-definite quadratic form 负半定二次型 04.0791
negative sign 负号 04.0008
negative stable matrix 负稳定矩阵 04.0639
negative variation 负变差 05.0062
negative variation of signed measure 带号测度负变差 05.0617
negligible 可略[的] 09.0037
neighborhood 邻域 08.0446
neighborhood basis 邻域基 08.0457
neighborhood basis of a point 点的邻域基 08.0459
neighborhood retract 邻域收缩核 08.0569
Neron model 内龙模型 04.0381
Neron-Tate height * 内龙－泰特高 04.0371
nerve of a covering 覆盖的神经 08.0651
nested design 套设计 09.0872
net 网格 10.0475
net boundary 网格边界 10.0480
net function 网格函数 10.0499
net point 网格点 10.0476
network analysis 网络分析 11.0376
network chart 网络图, * 线路图 11.0384
network flows 网络流 11.0373
network flow with gain 增益网络流 11.0374
network programming 网络规划 11.0077
network theory 网络理论 11.0372
Neumann function * 诺伊曼函数 06.0694
Neumann method 诺伊曼法 06.0313
Neumann problem 诺伊曼问题 06.0300
Neumann series 诺伊曼级数 06.0552
neutral element 中性元 03.0314
neutral fix-point 中性不动点 05.0519
Nevanlinna theory 奈旺林纳理论 05.0430

Newton-Cotes formula 牛顿－科茨公式 10.0246
Newtonian kernel 牛顿核 05.0627
Newtonian potential 牛顿位势 05.0640
Newton identities 牛顿恒等式 04.0552
Newton interpolation formula 牛顿插值公式 10.0174
Newton-Leibniz formula 牛顿－莱布尼茨公式 05.0155
Newton polygon 牛顿折线 04.1170
Newton-Raphson method 牛顿－拉弗森方法 10.0358
Newton series 牛顿级数 10.0175
Newton slope 牛顿斜率 04.1171
next-event incrementing method 事件步长法 11.0509
Neyman structure 奈曼结构 09.0621
n-form *n* 次微分[形]式, * *n* 形式 08.0913
nil-ideal 诣零理想 04.1336
nilpotent algebra 幂零代数 04.1401
nilpotent analytic group 幂零解析群 04.2095
nilpotent element 幂零元 04.1284
nilpotent group 幂零群 04.1804
nilpotent ideal 幂零理想 04.1335
nilpotent Lie algebra 幂零李代数 04.1503
nilpotent linear transformation 幂零线性变换 04.0709
nilpotent matrix 幂零矩阵 04.0620
nilpotent operator 幂零算子 07.0185
nilpotent ring 幂零环 04.1349
nilradical 诣零根 04.1511
nilradical of a ring 环的诣零根 04.0937
nilrepresentation of a Lie algebra 李代数的诣零表示 04.1525
nilring 诣零环 04.1348
nine-point circle 九点圆 08.0073
no-cycle condition 无环条件 06.0208
node 结点 04.1185, 06.0090, 10.0490
Noetherian module 诺特模 04.0908
Noetherian ring 诺特环 04.0980
Noetherian scheme 诺特概形 04.1110
noise 噪声 12.0251
noiseless channel 无噪信道 12.0054
noisy channel 有噪信道 12.0055
non-Abelian class field theory 非阿贝尔类域论 04.0341
non-Abelian cohomology 非阿贝尔的上同调 04.1716
nonagon 九边形 08.0107
non-analog Monte Carlo method 非模拟蒙特卡罗方法 10.0611
non-analytic differential equation 非解析微分方程 06.0273
non-Archimedean absolute value 非阿基米德绝对值 04.0483
non-Archimedean geometry 非阿基米德几何[学] 08.0332
non-Archimedean ordered field 非阿基米德序域 04.0463
non-associative algebra 非结合代数 04.1474
non-associative division algebra 非结合可除代数 04.1481
non-associative ring 非结合环 04.1473
non-autonomous system of differential equations 非自治微分方程组 06.0079
non-central chi-square distribution 非中心 χ^2 分布 09.0090
non-central *F*-distribution 非中心 *F* 分布 09.0092
non-centrality parameter 非中心参数 09.0460
non-central *t*-distribution 非中心 *t* 分布 09.0091
non-central Wishart distribution 非中心威沙特分布 09.0107
non-commutative domain 非交换整环 04.1326
non-commutative group 非交换群 04.1738
non-commutative localization 非交换局部化 04.1376
non-commutative local ring 非交换局部环 04.1377
non-commutative principal ideal domain 非交换主理想整环 04.1327
non-commutative ring 非交换环 04.1266
non-commutative unique factorization 非交换唯一因子分解 04.1328
non-conforming finite element 非协调有限元 10.0513
non-conforming membrane element 非协调膜元

10.0515
non-conforming plate element 非协调板元 10.0514
non-convex programming 非凸规划 11.0069
non-convex quadratic programming 非凸二次规划 11.0070
non-cooperative game 非合作对策 11.0449
non-cyclic code 非循环码 12.0195
non-decreasing 非减 05.0054
non-degenerate basic feasible solution 非退化基本可行解 11.0140
non-degenerate bilinear form 非退化双线性型 04.0768
non-degenerate matrix 非退化矩阵 04.0607
non-degenerate quadratic form 非退化二次型 04.0784
non-Desargues geometry 非德萨格几何 08.0347
non-deterministic Turing machine 非确定性图灵机 02.0256
non-differentiable optimization 不可微最优化 11.0010
non-differentiable programming 不可微规划 11.0089
non-dominated point 非受控点，*非控点 11.0292
non-dominated solution 非[受]控解 11.0275
non-Euclidean angle 非欧[几里得]角 08.0427
non-Euclidean distance 非欧[几里得]距离 08.0426
non-Euclidean geometry 非欧几何[学] 08.0420
non-expansive operator 非扩张算子 07.0338
non-holonomic constraint 不完整约束 11.0050
non-homogeneous boundary condition 非齐次边界条件 06.0289
non-homogeneous coordinates 非齐次坐标 08.0355
non-increasing 非增 05.0056
non-increasing rearrangement function 非增重排函数 05.0305
non-inferior solution 非劣解 11.0272
non-informative prior distribution 无信息先验分布 09.0534
non-linear 非线性[的] 07.0306
non-linear approximation 非线性逼近 10.0101
non-linear autoregressive model 非线性自回归模型 09.0913
non-linear boundary value problem 非线性边值问题 06.0432
[non-linear] compact operator [非线性]紧算子 07.0346
[non-linear] completely continuous operator [非线性]全连续算子 07.0347
non-linear complexity 非线性复杂度 12.0246
non-linear congruential method 非线性同余方法 10.0637
non-linear constraint 非线性约束 11.0043
non-linear eigenvalue problem 非线性本征值问题 07.0354
non-linear elliptic 非线性椭圆[型] 06.0424
non-linear filtering 非线性滤波 09.0423
[non-linear] Fredholm operator [非线性]弗雷德霍姆算子 07.0345
non-linear functional analysis 非线性泛函分析 07.0305
non-linear hyperbolic 非线性双曲[型] 06.0425
non-linear instability 非线性不稳定性 10.0524
non-linear integral equation 非线性积分方程 06.0581
non-linear mapping 非线性映射 07.0307
non-linear model 非线性模型 09.0666
non-linear operator *非线性算子 07.0307
non-linear optimization 非线性最优化 11.0109
non-linear oscillation 非线性振动 06.0109
non-linear parabolic 非线性抛物[型] 06.0426
non-linear partial differential equation 非线性偏微分方程 06.0220
non-linear programming 非线性规划 11.0180
non-linear recurrence 非线性递归关系 03.0015
non-linear regression 非线性回归 09.0690
non-linear Schrödinger equation 非线性薛定谔方程 06.0437
non-linear system 非线性系统 12.0352
non-measurable set 不可测集 05.0176
non-negative characteristic form 非负特征型 06.0388
non-negative definite quadratic estimate 正半定二

次估计 09.0684
non-negative matrix 非负矩阵 04.0663
non-orientable manifold 不可定向流形 08.0611
non-orientable surface 不可定向曲面 08.0602
non-parametric regression 非参数回归 09.0696
non-parametric statistics 非参数统计 09.0767
non-preemptive priority 非强占型优先权 11.0502
non-randomized decision function 非随机化决策函数 09.0520
non-recurrent state 非常返状态 09.0305
non-residue 非剩余 04.0158
non-singular bilinear form 非奇异双线性型 04.0769
non-singular linear transformation 非奇异线性变换 04.0703
non-singular point 非奇[异]点 04.1055
non-singular transformation 非奇异变换 07.0395
non-singular variety 非奇簇 04.1057
non-smooth analysis 非光滑分析 07.0381
non-smooth optimization 非光滑最优化 11.0009
non-standard analysis 非标准分析 02.0119
non-standard model 非标准模型 02.0077
non-standard quantifier 非标准量词 02.0058
non-stationary iteration 不定常迭代 10.0302
non-tangential limit 非切向极限 05.0442
non-wandering set 非游荡集 06.0191
non-zero-sum game 非零和对策 11.0438
norm 范 04.0415, 范数 07.0112
normal 法线 08.0319
normal algebra 中心代数 04.1431
normal algorithm 正规算法 02.0228
normal basis 正规基 04.0440
normal bundle 法丛 08.0906
normal chain 正规链 09.0321
normal cone 正规锥 07.0137, 法锥 07.0385
normal coordinates 法坐标 08.0998
normal crossing 正规交叉 04.1228
normal curvature 法曲率 08.0988
normal distribution 正态分布 09.0084
normal equation 正规方程, *法方程 10.0145
normal extension 正规扩张 04.0411
normal family 正规族 05.0505
normal form 范式 02.0036
normal form 法线式 08.0242
normal form of a matrix 矩阵的正规形 04.0657
normal form of vector fields 向量场正规形 06.0132
normal function 正规函数 05.0507
normal geodesic 正规测地线 08.1074
normal hyperbolic equation 正规双曲[型]方程 06.0344
normalization of a variety 簇的正规化 04.1044
normalizer 正规化子 04.1758
normal line 法线 08.0319
normal matrix 正规矩阵 04.0631
normal operator 正规算子, *正常算子 07.0208
normal plane 法平面 08.0961
normal probability paper 正态概率纸 09.0438
normal ring 正规环 04.0976
normal sampling inspection 正规抽检 09.0842
normal scheme 正规概形 04.1112
normal series 正规列 04.1789
normal sheaf 正规层 04.1151
normal solvability 正规可解性 07.0350
normal space 正规空间 08.0516
normal structure 正规结构 07.0172
normal subgroup 正规子群 04.1761
normal system of partial differential equations 正规偏微分方程组 06.0224
normal transformation 正规变换 04.0733
normal valuation 正规赋值 04.0494
normal variety 正规簇 04.1043
normed algebra 赋范代数 07.0266
normed linear spaces 赋范[线性]空间 07.0115
normed ring 赋范环 07.0268
normed vector spaces *赋范向量空间 07.0115
norm of a matrix 矩阵[的]范数 10.0416
norm of an ideal 理想的范 04.0237
norm of a vector 向量[的]范数 10.0415
norm of signed measure 带号测度范数 05.0654
norm residue 范剩余 04.0259
norm residue symbol 范剩余符号 04.0260
nowhere dense set 疏集 08.0469
nowhere differentiable function 无处可微函数 05.0118
n-person constant-sum game n 人常和对策

11.0446
n-person cooperative game n 人合作对策 11.0454
n-person game n 人对策 11.0444
n-person general sum game n 人一般和对策 11.0447
n-person zero-sum game n 人零和对策 11.0445
NP problem NP 问题 02.0253
n-simple space n 单空间 08.0803
n-stage decision n 步决策 11.0566
n-th class of Baire functions 第 n 类贝尔函数 05.0049
n-tuple n 元组 01.0098
nuclear class *核族 07.0196
nuclear operator 核型算子 07.0218
nuclear space 核型空间 07.0072
nucleus of a set 集的核 08.0578
nuisance parameter 冗余参数 09.0461
nullary operation 空元运算 03.0333
null event 零[概率]事件 09.0038
null form 零型 04.0809
null homotopy 零伦[的] 08.0763
null hypothesis 原假设 09.0599
nullity 零化度 07.0261
null-recurrent state 零常返状态 09.0307
null set 零集 05.0190
null space 零空间 04.0685
null transformation 零变换 04.0698
number 数 01.0004
number axis 数轴 04.0115
number of runs 游程数 09.0777
number of samples 样本个数 09.0488
number of significant digit 有效位数 10.0063
number theory 数论 04.0002
number π 圆周率 08.0133
numeralwise representability 数词可表示性 02.0131
numerator 分子 04.0063
numerical algebra 数值代数 10.0316
numerical analysis 数值分析 10.0001
numerical approximation 数值逼近 10.0126
numerical calculation 数值计算 10.0002
numerical coding 数字编码 12.0285
numerical computation 数值计算 10.0002
numerical differentiation 数值微分 10.0197
numerical information 数值信息 12.0284
numerical instability 数值不稳定性 10.0020
numerical integration 数值积分 10.0227
numerically equivalence 数值等价 04.1225
numerical method 数值方法 10.0018
numerical range 数值域 07.0264
numerical simulation 数值模拟 10.0024
numerical solution 数值解 10.0010
numerical solution of ordinary differential equations 常微分方程数值解 10.0228
numerical solution of partial differential equations 偏微分方程数值解 10.0467
numerical stability 数值稳定性 10.0019
nutrition problem 营养问题 11.0167
Nymitz operator 涅米茨算子 07.0343

O

object 对象 04.1557
objective function 目标函数 11.0037
objective space 目标空间 11.0288
oblique axes 斜轴 08.0214
oblique coordinates 斜坐标 08.0215
oblique derivative problem 斜微商问题 06.0302
oblique projection 斜投射[法] 08.0435
observability 可观测性，*能观测性 12.0463
observability canonical form 可观测性规范形 12.0467
observability index 可观测性指数 12.0465
observability indicies 可观测性指数列 12.0466
observability matrix 可观测性[矩]阵 12.0464
observable information 可观测信息 12.0020
observational error 观测误差 10.0046
observed value 观测值 12.0462
observer 观测器 12.0488
obstruction 阻碍 08.0823
obstruction class 阻碍类 08.0824
obstruction cocycle 阻碍闭上链 08.0825

obstruction set　阻碍集　06.0168
obstruction to a homotopy　同伦阻碍　08.0828
obstruction to an extension　扩张阻碍　08.0829
obtuse angle　钝角　08.0033
obtuse triangle　钝角三角形　08.0046
occupation time　占位时　09.0333
occurrence　出现　02.0009
octagon　八边形　08.0106
octahedron　八面体　08.0154
octant　卦限　08.0225
odd function　奇函数　05.0050
odd integer　奇数　04.0049
odd permutation　奇置换　04.1829
odevity　奇偶性　04.1831
omega-consistency　ω相容性，*ω协调性，*ω和谐　02.0133
omega-limit point　ω极限点，*正向极限点　06.0123
omega-limit set　ω极限集合　06.0207
omega-stability　Ω稳定性　06.0195
omitting types theorem　型省略定理　02.0098
one dimensional group　一维群　04.2011
one-leg scheme　单支格式　10.0310
one-one correspondence　一一映射　01.0109
one-one reducibility　一一可归约性　02.0285
one parameter group of transformations　单参数变换群　08.0911
one parameter multiplicative subgroup　单参数乘法子群　04.2004
one parameter subgroup　单参数子群　04.2091
one point compactification　一点紧化　08.0536
one-point distribution　单点分布　09.0074
one-sided approximation　单侧逼近　10.0121
one-sided search　单侧搜索　11.0200
one-sided test　单侧检验　09.0632
one-step method　单步法　10.0291
one-valued branch　单值分支　05.0376
one way channel　单路信道　12.0067
one way classification　一种方式分组　09.0720
one-way trap door function　单开陷门函数　12.0314
open covering　开覆盖　08.0480
open immersion　开浸入　04.1122
open integration formula　开型积分公式　10.0240
open interval　开区间　05.0011
open-loop control　开环控制　12.0382
open-loop system　开环系统　12.0337
open mapping　开映射　08.0486
open mapping theorem　开映射定理　07.0153
open set　开集　08.0443
open set basis　开集基　08.0456
open star　开星形　08.0643
open subgroup　开子群　04.2036
open subscheme　开子概形　04.1121
operating characteristic curve　抽检特性曲线　09.0837
operation　运算　01.0057
operational calculus　算子演算　07.0106
operational research　运筹学　11.0001
operations research　运筹学　11.0001
operator　算子　07.0173
operator compact implicit scheme　算子紧致隐格式　10.0565
operator equation　算子方程　07.0348
operator homomorphism　算子同态　04.1784
operator isomorphism　算子同构　04.1783
operator of non-principal type　非主型算子　06.0487
operator of principal type　主型算子　06.0486
operator ring　*算子环　07.0278
operator splitting　算子分裂　10.0586
opposite algebra　反代数　04.1426
opposite angles　对顶角　08.0038
opposite category　对偶范畴　04.1575
opposite side　对边　08.0053
optimal approximation　最优逼近　10.0119
optimal basic feasible solution　最优基本可行解　11.0139
optimal block design　最优区组设计　03.0033
optimal control　最优控制　12.0390
optimal control theory　最优控制理论　12.0414
optimal design　最优设计　09.0863
optimality　最优性　11.0005
optimality condition　最优性条件　11.0006
optimal solution　最优解　11.0007
optimal stopping problem　最优停止问题　09.0215

optimal strategy 最优策略 11.0194
optimal value 最优值 11.0008
optimal value function 最优值函数 11.0325
optimal vector 最优向量 11.0297
optimization 最优化 11.0002
optimization method 最优化方法 11.0004
optimization model 最优化模型 11.0003
optimum allocation 最优分配 09.0821
optimum allocation problem 最优分配问题 11.0159
optimum branching 最优分支 11.0363
optimum code 最优码 12.0140
optimum coding 最优编码 12.0103
optimum number of strata 最优层数 09.0820
optimum seeking method 优选法 11.0193
optimum solution 最优解 11.0007
optional 可选[的] 09.0221
oracle 谕示 02.0286
orbifold 轨形 08.0623
orbit 轨道 04.1842
orbital stability 轨道稳定性 06.0144
orbit decomposition formula 轨道分解公式 04.1845
order 序 03.0214, 次 08.0245, 定货 11.0547
order convergence [顺]序收敛性 07.0019
ordered Abelian group 有序阿贝尔群 04.0466
ordered chain complex 有序链复形 08.0712
ordered field 序域 04.0453
ordered group 序群 04.1857
ordered linear space 有序线性空间 07.0127
ordered pair 序偶 01.0097
ordered partition 有序分拆 03.0017
ordered simplex 有序单形 08.0711
order ideal 阶理想 04.0879
ordering 序 03.0214
order isomorphism 序同构 03.0222
order limit [顺]序极限 07.0020
order of a covering 覆盖的阶 08.0587
order of a group 群的阶 04.1742
order of a matrix 矩阵的阶 04.0604
order of an element 元素的阶 04.1752
order of differential equation 微分方程的阶 06.0003
order of magnitude 数量级 05.0025
order of pole 极点的阶 05.0397
order of zero 零点的阶 05.0390
order-preserving function 保序函数 11.0299
order-preserving mapping 保序映射 03.0221
order statistic 顺序统计量 09.0508
order type 序型 03.0223
ordinal 序数 02.0176
ordinal-definable 序数可定义[的] 02.0208
ordinal notation 序数记号 02.0290
ordinal power 序数幂 02.0179
ordinal product 序数积 02.0178
ordinal sum 序数和 02.0177
ordinary difference equation 常差分方程 10.0218
ordinary differential equation 常微分方程 06.0002
ordinary distribution 常分布 04.0293
ordinary elliptic curve 正常椭圆曲线 04.0358
ordinary multiple point 寻常重点 04.1189
ordinary representation 常表示 04.1910
ordinate 纵坐标 08.0211
orientability 可定向性 08.0600
orientable bundle 可定向丛 08.0842
orientable manifold 可定向流形 08.0610
orientable surface 可定向曲面 08.0601
oriented cell 定向胞腔 08.0697
oriented graph 定向图 03.0072
oriented manifold 定向流形 08.0612
oriented matroid 定向拟阵 11.0357
oriented simplex 定向单形 08.0638
origin 原点 08.0206
original inspection 初检验 09.0835
origin moment 原点矩 09.0127
Orlicz space 奥尔利奇空间 07.0126
Ornstein-Uhlenbeck operator 奥恩斯坦－乌伦贝克算子 09.0275
Ornstein-Uhlenbeck process 奥恩斯坦－乌伦贝克过程 09.0362
Ornstein-Uhlenbeck semi-group of operators 奥恩斯坦－乌伦贝克算子半群 09.0276
orthocenter 垂心 08.0055
orthogonal 正交[的] 04.0719

orthogonal basis 正交基 04.0722
orthogonal code 正交码 12.0244
orthogonal complement 正交补 07.0149
orthogonal complete reducibility 正交完全可约性 04.1933
orthogonal coordinates 正交坐标 08.1000
orthogonal curvilinear coordinates 正交曲线坐标 08.0223
orthogonal group 正交群 04.1871
orthogonality relation 正交关系 04.1947
orthogonalization 正交化 07.0148
orthogonal Latin squares 正交拉丁方 09.0875
orthogonal matrix 正交矩阵 04.0622
orthogonal polynomial regression 正交多项式回归 09.0693
orthogonal polynomials 正交多项式 05.0265
orthogonal projection 正[交]投影 07.0193
orthogonal random measure 正交随机测度 09.0412
orthogonal regression design 正交回归设计 09.0883
orthogonal representation 正交表示 04.1932
orthogonal signal 正交信号 12.0247
orthogonal sum 正交和 04.0801
orthogonal system 正交系 07.0145
orthogonal transformation 正交变换 04.0725
orthographic projection 正投射[法] 08.0434
orthonormal basis 规范正交基，* 幺正基 04.0723
orthonormal system 规范正交系 07.0147
oscillation of solution 解的振荡 06.0067
oscillatory integral 振荡积分 06.0478
osculating circle 密切圆 08.0953
osculating interpolation 密切插值 10.0168
osculating plane 密切[平]面 08.0963
Osgood uniqueness condition 奥斯古德唯一性条件 06.0010
Ostrovski-Gauss formula 奥－高公式 05.0168
outcome 结局 11.0405
outcome space 结局空间 11.0406
outdegree 出次数 03.0201
outer capacity 外容量 05.0660
outer iteration 外迭代 10.0304
outflow boundary condition 流出边界条件 10.0536
outgoing vector 出向量 11.0136
outlier 离群值 09.0467
output 输出 12.0438
output equation 输出方程 12.0440
output feedback 输出反馈 12.0441
output vector 输出向量 12.0439
outtree 出树 03.0205
outward derivative 外导数 06.0271
oval 卵形线 08.0299
ovaloid 卵形面 08.1009
overacceleration 加速过度 10.0345
overconvergence 过度收敛 05.0364，超收敛 10.0335
overdetermined system 超定组 10.0378
overflow 溢流 11.0560
overflow probability 溢出概率 12.0133
overrelaxation 超松弛 10.0426

P

packing 填装 03.0038
Padé approximation 帕德逼近 10.0102
Padé equation 帕德方程 10.0103
Padé table 帕德表 10.0105
p-adic absolute value *p* 进绝对值 04.0488
p-adic formal group *p* 进形式群 04.0359
p-adic integer *p* 进整数 04.0491
p-adic *L*-function *p* 进 *L* 函数 04.0222
p-adic Lie group *p* 进李群 04.2122
p-adic modular form *p* 进模形式 04.0339
p-adic number *p* 进数 04.0490
p-adic number field *p* 进数域 04.0489
p-adic representation *p* 进表示 04.1939
Painlevé theory 潘勒韦理论 06.0050
pair 偶，* 对 01.0096
pairing 配对 02.0226
pairs distribution method [成]对分布方法 10.0644

pairwise balanced block design 按对平衡区组设计 03.0034
pairwise independent 两两独立[的] 09.0041
parabola 抛物线 08.0259
parabolic cylinder 抛物柱面 08.0279
parabolic cylinder coordinates 抛物柱面坐标 06.0682
parabolic cylinder function 抛物柱面函数 06.0684
parabolic differential equation 抛物[型]微分方程 06.0372
parabolic point 抛物点 08.0983
parabolic Riemann surface 抛物型黎曼[曲]面 05.0463
parabolic subgroup 抛物子群 04.2013
parabolic system 抛物[型]组 06.0410
paracompact space 仿紧空间 08.0527
paradifferential operator 仿微分算子 06.0480
paradox 悖论 01.0022
parallel 平行[的] 08.0023, 平行线 08.0024
parallel coordinates 平行坐标 08.0406
parallel lines 平行线 08.0024
parallelogram 平行四边形 08.0097
parallelogram law 平行四边形定律 07.0151
parallelopiped 平行六面体 08.0152
parallelotope 超平行体 08.0407
parallel projection 平行投射[法] 08.0405
parallel tangent method 平行切线法 11.0221
parallel translation 平行移动 08.1021
parallel translation group 平移群, * 平行移动群 08.0412
parameter 参数 01.0056
parameter estimation 参数估计 09.0549
1-parameter family of geodesics 单参数测地线族 08.1078
parameter-free penalty method 无参数惩罚法 11.0245
parameter model 参数模型 09.0463
parameter optimization 参数最优化 11.0016
parameter space 参数空间 09.0462
parameter variety 参数簇 04.1240
parametric linear programming 参数线性规划 11.0316
parametric programming 参数规划 11.0315
parametrix 拟基本解 06.0272
Pareto optimality 帕雷托最优性 11.0270
Pareto solution 帕雷托解 11.0271
parity 奇偶性 04.1831
parity check 奇偶校验 12.0223
Parseval equality 帕塞瓦尔等式 05.0269
partial correlation 偏相关 09.0746
partial correlation coefficient 偏相关系数 09.0749
partial covariance 偏协方差 09.0748
partial derivative 偏导数, * 偏微商 05.0094
partial derivative of higher order 高阶偏导数 05.0099
partial difference equation 偏差分方程 10.0219
partial difference quotient 偏差商 10.0226
partial differential equation 偏微分方程 06.0213
partial differential equation of first order 一阶偏微分方程 06.0214
partial differential equation of higher order 高阶偏微分方程 06.0216
partial differential equation of second order 二阶偏微分方程 06.0215
partial differential inequality 偏微分不等式 06.0290
partial fraction 部分分式 04.0543
partial information 部分信息 12.0011
partial lattice 偏格 03.0263
partial likelihood function 偏似然函数 09.0573
partially balanced incomplete block design 部分平衡不完全区组设计, * PBIB 设计 03.0029
partially hypoelliptic 部分亚椭圆 06.0519
partially isometric operator 部分等距算子 07.0190
partially ordered set 偏序集 03.0219
partial ordering 偏序 03.0215
partial pivot 部分主元 10.0396
partial pivoting 部分主元消元[法] 10.0399
partial product 部分乘积 05.0419
partial regression coefficient 偏回归系数 09.0705
partial sum 部分和 05.0233
partial variance 偏方差 09.0747
particular solution 特解 06.0021
partition 划分 01.0124

partition function 分拆函数 04.0217
partitioning 分块 10.0433
partition lattice 分划格 03.0321
partition of a graph 图分拆 03.0125
partition of unity 单位分解 08.0924
Pascal configuration 帕斯卡构图 08.0349
Pascal triangle 杨辉三角形 04.0127
pass sampling technique 传递抽样方法 10.0663
path 路 03.0084, 道路 08.0501, [样本]轨道 09.0204
path connected 道路连通[的] 08.0503
path of integration 积分路径 05.0388
path space 道路空间 08.0792
pattern move 模式移动 11.0218
pattern search method 模式搜索法 11.0217
payment 支付 11.0391
payoff expected 支付期望 11.0396
payoff function 支付函数 11.0394
payoff matrix 支付[矩]阵 11.0393
payoff vector 支付向量 11.0392
p-basis p 基 04.1011
p-block p 块 04.1965
p-conjugate element p 共轭元 04.1961
PDE 偏微分方程 06.0213
Peaceman-Rachford-Douglas scheme PRD 格式, *皮斯曼－拉什福德－道格拉斯格式 10.0566
Peano axiom 佩亚诺公理 02.0128
Peano error representation 佩亚诺误差表示 10.0238
Peano existence theorem 佩亚诺存在定理 06.0007
Pearson type distribution 皮尔逊型分布 09.0113
pedal curve 垂足曲线 08.0293
Peirce decomposition 皮尔斯分解 04.1354
p-elementary group p 初等群 04.1953
penalized likelihood function 罚似然函数 09.0575
penalty function 罚函数, *补偿函数 11.0236
penalty function method 罚函数法 11.0239
penalty parameter 罚参数 11.0237
pencil of circles 圆束 08.0387
pencil of hyperplanes 超平面束 08.0386
pencil of lines 线束 08.0384
pencil of planes 平面束 08.0385
pentagon 五边形 08.0103
percent 百分率 04.0086
percentage 百分法 04.0085
percentage error 百分误差 10.0037
percolation 渗流 09.0394
perfect field 完满域 04.0422
perfect group 完满群 04.1772
perfect kernel 完满核 05.0631
perfect mapping 逆紧映射 08.0564
perfect number 完满数 04.0060
perfect ring 完满环 04.1390
perfect set 完满集 08.0581
perfect square 完满平方 04.0538
performance index 性能指标 12.0512
perimeter 周[长] 08.0080
period 周期 01.0074
periodic boundary condition 周期边界条件 10.0538
periodic cohomology 周期上同调 04.1703
periodic function 周期函数 05.0275
periodic group 周期群 04.1858
periodicity 周期性 01.0073
periodicity modulus 周期[性]模 06.0605
periodic state 周期状态 09.0309
periodization 周期化 10.0268
period of pseudo-random numbers 伪随机数的周期 10.0642
periodogram analysis 周期图分析 09.0907
period parallelogram 周期平行四边形 06.0614
periods of elliptic curve 椭圆曲线的周期 04.0385
permanent 积和式 03.0020
permutation 排列 03.0003, 置换 04.1826
permutation code 置换码 12.0202
permutation group 置换群 04.1823
permutation matrix 置换矩阵 04.0611
permutation representation 置换表示 04.1914
permutation test 置换检验 09.0790
permutation without repetition 无重排列 03.0005
permutation with repetition 有重排列 03.0004
permuted code 置换码 12.0202
perpendicular 垂直[的] 08.0026, 垂线 08.0027

perpendicular bisector 中垂线 08.0064
perpendicular line 垂线 08.0027
Perron method 佩龙法 06.0322
personal move 人为步，*人为抉择 11.0415
perspective 透视 08.0433
perspective drawing *透视图法 08.0436
perspective mapping 透视映射 08.0341
perspective projection 透视投影法 08.0437
PERT 计划评审法 11.0379
perturbation 扰动 06.0155
perturbation equation 扰动方程 06.0153
perturbation method 扰动法 06.0154
perturbation of operator 算子扰动 07.0229
perturbation of semigroup 半群扰动 07.0230
perturbation of spectrum 谱扰动 07.0259
perturbation theory 扰动理论 06.0152
Peterson graph 彼得松图 03.0137
Peterson inner product 彼得松内积 04.0334
Petrowsky hyperbolicity 彼得罗夫斯基双曲性 06.0419
Pfaff equation 普法夫方程 06.0394
Pfaff form 普法夫型 04.0816
Pfister quadratic form 普菲斯特二次型 04.0821
$\mathscr{P}$-function $\mathscr{P}$函数 06.0617
p-group p 群 04.1818
phase error 相位误差 10.0530
phase locking 锁相 06.0147
phase space 相空间 06.0087
phi-descent φ下降法 04.0373
photon channel 光子信道 12.0081
physical solution 物理解 10.0520
PI-algebra PI代数 04.1447
Picard group 皮卡群 04.1145
Picard number 皮卡数 04.1227
Picard problem 皮卡问题 06.0356
Picard scheme 皮卡概形 04.1253
Picard sequence 皮卡序列 06.0013
picture coding 图象编码 12.0166
PID control *PID控制 12.0389
piecewise approximation 分段逼近 10.0122
piecewise continuous 分段连续[的] 05.0046
piecewise interpolation 分段插值 10.0189
piecewise linear manifold 分片线性流形 08.0605
piecewise polynomial 分段多项式 10.0190
Pinsker partition 平斯克分割 07.0440
pi-solvable group π可解群 04.1806
pi-system π系 09.0028
Pitman efficiency 皮特曼效率 09.0584
Pitman estimate 皮特曼估计 09.0560
pivot 主元 10.0394
pivotal element 主元 10.0394
pivot in a column 列主元 10.0397
place 位 04.0471
plaintext 明文 12.0312
planar design 平面设计 03.0053
planar embedding 平面嵌入 03.0153
planar graph 可平面图 03.0155
planarity 平面性 03.0154
planar point 平点 08.0982
plane 平面 08.0015
plane angle 平面角 08.0141
plane at infinity 无穷远平面 08.0402
plane coordinates 平面坐标 08.0359
plane curve 平面曲线 04.1175
plane geometry 平面几何[学] 08.0003
plane graph 平面图 03.0152
plane triangle 平面三角形 08.0174
Plateau problem 普拉托问题 05.0724
platykurtic 扁峰[的] 09.0138
play 局 11.0388
player 局中人，*参预者 11.0389
Plücker coordinates 普吕克坐标 04.1068
Plücker formula 普吕克公式 04.1193
pluriharmonic function 多重调和函数 05.0550
plurisubharmonic function 多重次调和函数 05.0557
plus 加 04.0011
Poincaré-Bendixson theorem 庞加莱－本迪克松定理 06.0108
Poincaré conjecture 庞加莱猜测 08.0619
Poincaré divisor 庞加莱除子 04.1244
Poincaré duality 庞加莱对偶 08.0757
Poincaré formula 庞加莱公式 06.0317
Poincaré inequality 庞加莱不等式 06.0318
Poincaré-Lefschetz duality 庞加莱－莱夫谢茨对偶 08.0756

Poincaré mapping 庞加莱映射 06.0099
Poincaré metric 庞加莱度量 05.0501
Poincaré series 庞加莱级数 05.0476
Poincaré-Siegel theorem 庞加莱－西格尔定理 06.0131
point 点 08.0012
point at infinity 无穷远点 08.0400
point conic *圆锥曲线 08.0246
pointed space 带基点的空间 08.0786
point estimation 点估计 09.0550
point-finite covering 点有限覆盖 08.0475
point function 点函数 05.0221
point of accumulation 聚点 05.0008
point of contact 切触点 08.1054
point of density 密集点 05.0225
point of division 分点 08.0231
point of intersection 交点 08.0016
point of tangency 切点 08.0238
point partitioning 点划分 10.0434
point process 点过程 09.0376
point slope form 点斜式 08.0243
point spectrum 点谱 07.0254
pointwise ergodic theorem *逐点遍历定理 07.0412
Poisson bracket 泊松括号 06.0282
Poisson distribution 泊松分布 09.0077
Poisson equation 泊松方程 06.0307
Poisson formula 泊松公式 06.0309
Poisson kernel 泊松核 05.0285
Poisson Lie group 泊松李群 04.2124
Poisson motion 泊松运动 06.0122
Poisson process 泊松过程 09.0382
Poisson solution 泊松解 06.0362
Poisson stochastic measure 泊松随机测度 09.0383
Poisson summation formula 泊松求和公式 05.0253
polar 极集 07.0053
polar class 极类 04.1246
polar coordinates 极坐标 08.0217
polar decomposition 极式分解 04.0641
polar divisor 极除子 04.1245
polar hypersurface 极超曲面 08.0376
polarity 配极 08.0375
polarization of an Abelian variety 阿贝尔簇的极化 04.1262
polarized Abelian variety 极化的阿贝尔簇 04.1249
polar line 极线 08.0378
polar of a gauge function 度规函数的极函 05.0815
polar of non-negative convex function 非负凸函数的极函 05.0817
polar plane 极面 08.0379
polar set 极集 05.0678
pole 极点 05.0396, 极[点] 08.0377
pole assignment 极点配置 12.0503
pole placement 极点配置 12.0503
pole-zero cancellation 零极[点]相消 12.0505
policy 策略 11.0398
policy improvement iteration 策略改进[迭代] 11.0576
policy iteration method 策略迭代法 11.0339
policy space 策略空间 11.0575
Polya enumeration theorem 波利亚计数定理 03.0192
polydisc 多圆盘 05.0541
polygamma-function 多Γ函数 06.0636
polygon 多边形 08.0109
polygonal approximation 折线逼近 10.0120
polyhedral angle 多面角 08.0143
polyhedral game 多面体对策 11.0480
polyhedron 多面体 08.0135
polyhedron group 多面体群 04.1901
polynomial 多项式 04.0513
polynomial acceleration 多项式加速[法] 10.0440
polynomial approximation 多项式逼近 10.0093
polynomial equation 多项式方程 10.0318
polynomial game 多项式对策 11.0481
polynomial in several indeterminates 多元多项式 04.0523
polynomial matrix system 多项式矩阵系统 12.0348
polynomial of one indeterminate 一元多项式 04.0515
polynomial regression 多项式回归 09.0692

polynomial ring　多项式环　04.0512
polynomial-time algorithm　多项式时间算法　11.0350
Pontryagin class　庞特里亚金类　08.0864
Pontryagin duality theorem　庞特里亚金对偶定理　04.2046
Pontryagin maximum principle　庞特里亚金最大值原理　12.0513
Pontryagin number　庞特里亚金数　08.0865
Pontryagin product　庞特里亚金积　08.0740
Pontryagin space　庞特里亚金空间　07.0144
Pontryagin-van Kampen duality theorem　庞特里亚金－范坎彭对偶定理　05.0314
population　总体　09.0441
population distribution　总体分布　09.0448
poset　偏序集　03.0219
position vector　位置向量，*位矢　08.0227
positive　肯定[的]　01.0066
positive contribution Monte Carlo method　正贡献蒙特卡罗方法　10.0620
positive definite kernel　正定核　06.0557
positive definite matrix　正定矩阵　04.0632
positive definite quadratic form　正定二次型　04.0786
positive definite rational function　正定有理函数　04.0461
positive definite scalar product　正定内积　04.0718
positive deviation　正偏差　11.0313
positive divisor　*正除子　04.1196
positive endomorphism　正自同态　04.1247
positive functional　正泛函　07.0287
positive integer　正整数　04.0005
positive number　正数　04.0116
positive recurrent state　正常返状态　09.0308
positive semi-definite kernel　正半定核　06.0556
positive semi-definite matrix　正半定矩阵　04.0633
positive semi-definite quadratic form　正半定二次型　04.0790
positive semi-definite rational function　正半定有理函数　04.0462
positive sign　正号　04.0007
positive [symmetric] operator　正[对称]算子　07.0204
positive system of roots　正根系　04.1533
positive variation　正变差　05.0061
positive variation of signed measure　带号测度正变差　05.0616
posterior distribution　后验分布　09.0538
posterior probability　后验概率　09.0048
posterior risk [function]　后验风险[函数]　09.0539
postulate　*公设　01.0008
posynomial　正项式　11.0256
posynomial geometric programming　正项几何规划　11.0253
potential　位势　05.0624
potential function　势函数　05.0325
potential infinity　潜无穷　02.0302
potential theory　位势论　05.0606
potential with finite energy　有限能量位势　05.0656
Powell method　鲍威尔法　11.0220
power　幂，*乘方　04.0034
power associative algebra　幂结合代数　04.1477
power density spectrum　功率密度谱　12.0257
power function　幂函数　05.0117，功效函数　09.0615
power group　幂群　03.0190
power method　[乘]幂法　10.0450
power reciprocity law　幂互反律　04.0256
power residue　幂剩余　04.0255
power series　幂级数　05.0360
power set　幂集　01.0091
power spectrum　功率谱　12.0255
power spectrum density　功率谱密度　12.0256
Prandtl integro-differential equation　普朗特积分微分方程　06.0587
p-rank of Abelian variety　阿贝尔簇的 p 秩　04.1256
precision　精[确]度　10.0013
preclosed operator　*准闭算子　07.0195
predecessor　前导　03.0225
predicate　谓词　02.0048
predicate calculus　谓词演算　02.0049
predicate variable　谓词变元　02.0050

predicative 直谓[的] 02.0307
predicative set theory 直谓集合论 02.0153
predictable 可料[的] 09.0222
predictable time 可料时 09.0217
prediction 预报 09.0426
predictive coding 预测编码 12.0165
predictor 预估[式] 10.0294
predictor-corrector method 预估校正法 10.0296
predual 前对偶 07.0047
preemptive priority 强占型优先权 11.0501
preference ordering 偏爱序 11.0283
preference solution 偏爱解 11.0280
prefix 前束词 02.0062
prefix area 前置区 12.0162
prefix code 前缀码 12.0160
prefix multiplier 乘数词头 12.0161
p-regular element p 正则元 04.1960
pre-Hilbert space 准希尔伯特空间 07.0139
preimage 原象 01.0105
pre-indefinite inner product space 准不定度规空间 07.0142
prenex normal form 前束范式 02.0063
presheaf 预层 04.1079
primal-dual algorithm 原始对偶法 11.0146
primal-dual method 原始对偶法 11.0146
primal-dual simplex method 原始对偶单纯形法 11.0145
primary component 准素分量 04.0985
primary decomposition 准素分解 04.0984
primary ideal 准素理想 04.0982
primary ring 准素环 04.1370
primary [sampling] unit 一级单元 09.0810
primary submodule 准素子模 04.0909
prime 素数 04.0051
prime 3-manifold 素 3-流形 08.0617
prime decomposition of ideals 理想的素分解 04.0239
prime divisor 素除子 04.1195
prime element 素元 04.0955
prime ends 素端 05.0498
prime field 素域 04.0392
prime filter 素滤子 03.0258
prime function 素函数 05.0436
prime ideal 素理想 04.0938
prime model 素模型 02.0105
prime number 素数 04.0051
prime number theorem 素数定理 04.0204
prime ring 素环 04.1369
prime twins 孪生素数 04.0057
primitive character 本原特征[标] 04.0198
primitive element 本原元 04.0407
primitive function 原函数 05.0148
primitive group 本原群 04.1837
primitive ideal 本原理想 07.0292
primitive idempotent element 本原幂等元 04.1286
primitive polynomial 本原多项式 04.0532
primitive recursion 原始递归式 02.0236
primitive recursiveness 原始递归性 02.0233
primitive ring 本原环 04.1365
primitive root 原根 04.0172
primitive sentence 原子[语]句 02.0101
principal axis 主轴 08.0260
principal block 主块 04.1968
principal bundle 主丛 08.0844
principal component analysis 主成分分析 09.0753
principal component estimate 主成分估计 09.0701
principal congruence 主同余 03.0347
principal congruence subgroup 主同余子群 04.0320
principal crossed homomorphism 主叉同态 04.1682
principal curvature 主曲率 08.0987
principal direction 主方向 08.0989
principal divisor 主除子 04.1199
principal filter 主滤子 03.0257
principal genus 主种 04.0302
principal homogeneous space 主齐性空间 04.0380
principal ideal 主理想 04.0236
principal ideal domain 主理想整环 04.0945
principal idempotent element 主幂等元 04.1287
principal indecomposable module 主不可分解模 04.0918
principal minor 主子式 04.0752
principal normal 主法线 08.0959

principal part 主部 05.0400
principal series 主列 04.1797
principal symbol 主象征 06.0489
principal value 主值 05.0157
principle 原理 01.0020
principle of directional duality 有向对偶原理 03.0211
principle of optimality 最优性原理 11.0331
principle of the point of accumulation 聚点原理 05.0009
prior distribution 先验分布 09.0532
priority 优先权 11.0500
priority method 优先[方]法 02.0278
priority queues 优先排队 11.0503
priority service 优先服务 11.0504
prior probability 先验概率 09.0047
prism 棱柱 08.0149
prismoid 平截头棱锥体 08.0162
privacy system 保密体制 12.0299
probabilistic decoding 概率译码 12.0121
probabilistic metric space 概率度量空间 07.0159
probabilistic potential theory 概率位势理论 09.0350
probability 概率 09.0029
[probability] density function 密度函数 09.0064
probability distribution 概率分布 09.0056
probability function 概率函数 09.0063
probability generating function 概率母函数 09.0141
probability logic 概率逻辑 02.0319
probability measure 概率测度 09.0033
probability metrics 概率距离 09.0162
probability paper 概率[坐标]纸 09.0437
probability sampling 概率抽样 09.0816
probability space 概率空间 09.0034
probability theory 概率论 09.0001
probit model 概率单位模型 09.0714
problem of determining the order 定阶问题 09.0899
problem of minimum time 极小时间问题 05.0730
problem of routing aircraft 航班问题 11.0165
process of finite variation 有限变差过程 09.0244
process with independent increments 独立增量过程 09.0375
process with orthogonal increments 正交增量过程 09.0411
producer risk 产方风险 09.0838
product 积 04.0021
product bundle 积丛 08.0843
product category 积范畴 04.1576
product complex 积复形 08.0737
product expansion 乘积展开式 05.0421
product measurable set 积可测集 05.0196
product measurable space 积可测空间 05.0195
product measure 积测度 05.0197
product measure space 积测度空间 05.0198
product of ideals 理想的积 04.1302
product of objects 对象的积 04.1573
product orientation 积定向 08.0718
product-preserving functor 保积函子 04.1730
product set 积集 01.0089
product space 积空间 08.0491
product topology 积拓扑 08.0490
product variety 积簇 04.1063
profinite group 投射有限群 04.2069
progenerator 投射生成元 04.0924
program evaluation and review technique 计划评审法 11.0379
progressive 循序[的] 09.0220
project 投射 08.0339
projection 投射 08.0339
projection iterative method 投影迭代法 10.0603
projection method 投影[解]法 07.0351
projection of process 过程的投影 09.0253
projection operator 投影算子 07.0192
projection pursuit method 投影寻踪法 09.0807
projective algebraic set 射影代数集 04.1027
projective [algebraic] variety 射影[代数]簇 04.1028
projective closure 射影闭包 04.1033
projective coordinates 射影坐标 08.0345
projective coordinate system 射影坐标系 08.0354
projective correspondence 射影对应 08.0343
projective cover 投射覆盖 04.0919
projective curve 射影曲线 04.1174

projective determinacy 投影确定性 02.0157
projective differential geometry 射影微分几何[学] 08.0941
projective dimension 投射维数 04.1709
projective equivalence 射影等价 08.0367
projective frame 射影标架 08.0350
projective general linear group 一般射影线性群 04.1866
projective geometry 射影几何[学] 08.0333
projective hyperplane 射影超平面 08.0337
projective invariant 射影不变量 08.0373
projective limit 投射极限 04.1631
projective line 射影直线 08.0335
projective mapping 射影映射 08.0342
projective matrix *射影矩阵 04.0619
projective metric 射影度量 08.0395
projective module 投射模 04.0893
projective morphism 射影态射 04.1127
projective object 投射对象 04.1580
projective plane 射影平面 08.0336
projective property 射影性质 08.0417
projective representation 射影表示 04.1935
projective resolution 投射分解 04.1662
projective scheme 射影概形 04.1128
projective space 射影空间 08.0334
projective space over a scheme 概形上的射影空间 04.1126
projective special linear group 特殊射影线性群 04.1867
projective subspace 射影子空间 08.0338
projective symplectic group 射影辛群 04.1880
projective system of topological groups 拓扑群的投射系 04.2068
projective transformation 射影变换 08.0364
projective transformation group 射影变换群 08.0366
projective unitary group 射影酉群 04.1870
prolongation 延拓 08.0839
promptly simple set 及时单纯集 02.0274
proof 证[明] 01.0024
proof by induction 归纳证明 02.0019
propagation of singularities 奇性传播 06.0541
proper concave function 正常凹函数 05.0806
proper convex function 正常凸函数 05.0793
proper divisor 真因子 04.0953
proper efficient solution 正常有效解 11.0269
proper face of a simplex [单形的]真面 08.0640
proper forcing 正常力迫 02.0207
proper game 正常对策 11.0432
properly discontinuous group 真不连续群 05.0478
properly elliptic 真椭圆[型] 06.0414
properly hyperbolic 真双曲[型] 06.0421
proper mapping 逆紧映射 08.0564
proper morphism 真态射 04.1125
proper orthogonal group 旋转群 04.1872
proper orthogonal matrix 正常正交矩阵 04.0623
proper subgroup 真子群 04.1740
proper subset 真子集 01.0083
proper subspace 真子空间 04.0684
proper variation 正常变分 08.1081
proportion 比例 04.0074
proportional control 比例控制 12.0386
proportional-integral-derivative control 比例-积分-微分控制 12.0389
proportion by addition 合比 04.0082
proportion by alternation 更比 04.0084
proportion by subtraction 分比 04.0083
proposition 命题 01.0014
propositional calculus 命题演算 02.0022
propositional function 命题函数 02.0025
propositional logic *命题逻辑 02.0022
propositional variable 命题变元 02.0024
proximal point algorithm 邻近点法 11.0124
proximate function 迫近函数 05.0428
proximity space 邻近空间 08.0558
Prüfer domain 普吕弗整环 04.0959
pseudo-Anosov map 伪阿诺索夫映射 08.0624
pseudo-compact space 伪紧空间 08.0534
pseudo-complement 伪补 03.0266
pseudo-complemented lattice 伪补格 03.0269
pseudo-concave 伪凹[的] 05.0834
pseudo-concave function 伪凹函数 05.0836
pseudo-concave functional 伪凹泛函 05.0835
pseudo-convex domain 伪凸域 05.0558
pseudo-differential equation 伪微分方程，*拟微

分方程 06.0475
pseudo-differential operator 伪微分算子，* 拟微分算子 06.0476
pseudo-function 伪函数 07.0102
pseudo-group structure 伪群结构 08.0928
pseudo-manifold 伪流形 08.0607
pseudo-metric 伪度量 08.0543
pseudo-prime function 伪素函数 05.0437
pseudo-random code 伪随机码 12.0294
pseudo-random number 伪随机数 10.0634
pseudo-random signal 伪随机信号 12.0295
pseudo-resolvent 伪预解式 07.0243
pseudo-spectral method 准谱方法 10.0605
pseudo-unsteady method 伪非定常方法，* 准非定常方法 10.0592
public key 公开密钥 12.0307
public key system 公钥体制 12.0308
pull back 拉回 04.1611
pure imaginary number 纯虚数 04.0122
pure inseparable extension 纯不可分扩张 04.0424
pure integer programming 纯整数规划 11.0171
purely inseparable morphism 纯不可分态射 04.1219
purely transcendental extension 纯超越扩张 04.0448
pure mathematics 纯粹数学 01.0002
pure recurring decimal 纯循环小数 04.0095
pure spectrum * 纯点谱 07.0432
pure strategy 纯策略 11.0399
pursuit evasion games 追逃对策 11.0460
push out 推出 04.1612
pyramid 棱锥[体] 08.0161
Pythagoras theorem 勾股定理，* 毕达哥拉斯定理，* 商高定理 08.0045
Pythagorean field 毕达哥拉斯域 04.0460

Q

q-expansion formula *q* 展开式 06.0624
Q-matrix *Q* 矩阵 09.0323
Q-process *Q* 过程 09.0324
QR decomposition *QR* 分解 10.0454
QR method *QR* 方法 10.0455
quadrangle 四角形 08.0095
quadrangular prism 四棱柱 08.0150
quadrant 象限 08.0224
quadratic approximation method 二次逼近法 11.0249
quadratic assignment problem 二次指派问题 11.0161
quadratic collision probability method 二次碰撞概率方法 10.0679
quadratic congruence 二次同余方程 04.0166
quadratic convergence 平方收敛，* 二次收敛 10.0333
quadratic convergence rate 平方收敛速率 10.0334
quadratic dual problem 二次对偶问题 11.0120
quadratic element 二次元 10.0501
quadratic equation with one unknown 一元二次方程 04.0558
quadratic factoring method 二次因子法 10.0348
quadratic field 二次域 04.0286
quadratic form 二次型 04.0779
quadratic hypersurface 二次超曲面 08.0374
quadratic interpolation 二次插值 10.0177
quadratic loss function 平方损失函数 09.0523
quadratic mapping 二次映射 04.0796
quadratic programming 二次规划 11.0067
quadratic reciprocity law 二次互反律 04.0169
quadratic residue 二次剩余 04.0167
quadratic space 二次空间 04.0795
quadratic space of a quiver 箭图的二次空间 04.1419
quadratic transformation 二次变换 04.1053
quadratic variation process 平方变差过程 09.0247
quadratrix 割圆曲线 08.0267
quadrature 求[面]积 10.0229
quadrature formula 求积公式 10.0233
quadrature of a circle 化圆为方[问题] 08.0132
quadric surface 二次曲面 08.0270

quadrilateral 四边形 08.0096
qualitative observation 定性观察 09.0465
qualitative theory 定性理论 06.0075
quantifier 量词 02.0055
quantifying 量化 12.0151
quantile 分位数 09.0133
quantile process 分位数过程 09.0365
quantitative observation 定量观测 09.0466
quantity 量 01.0005
quantity of information 信息量 12.0006
quantization 量化 12.0151
quantized universal enveloping algebra 量子化泛包络代数 04.2126
quantizing 量化 12.0151
quantum channel 量子信道 12.0273
quantum decision 量子决策 12.0274
quantum detection 量子检测 12.0275
quantum estimation 量子估值 12.0276
quantum group 量子群 04.2123
quantum noise 量子噪声 12.0277
quantum probability 量子概率 09.0050
quantum signal 量子信号 12.0278
quantum Yang-Baxter equation 量子杨-巴克斯特方程 04.2128
quartics 四次曲线 04.1179
quasi-affine variety 拟仿射簇 04.1021
quasi-algebraically closed field 拟代数闭域 04.0410
quasi-barreled space 拟桶型空间 07.0076
quasi-character 拟特征[标] 04.0280
quasi-circle 拟圆周 05.0529
quasi-coherent sheaf 拟凝聚层 04.1137
quasi-concave function 拟凹函数 05.0809
quasi-conformal mapping 拟共形映射，*拟共形映照 05.0525
quasi-conformal reflection 拟共形反射 05.0530
quasi-convex 拟凸 05.0800
quasi-convex function 拟凸函数 05.0801
quasi-convex functional 拟凸泛函 05.0804
quasi-convexity 拟凸性 05.0799
quasi-differentiable function 拟可微函数 11.0121
quasi-discrete spectrum 拟离散谱 07.0433
quasi-elementary solution 拟基本解 06.0272
quasi-Frobenius algebra 拟弗罗贝尼乌斯代数 04.1425
quasi-Frobenius ring 拟弗罗贝尼乌斯环 04.1382
quasi-group 拟群 04.1974
quasi-injective hull of a module 模的拟内射包 04.0916
quasi-injective module 拟内射模 04.0915
quasi-inverse 拟逆元 07.0284
quasi-isomorphism of modules 模的拟同构 04.0927
quasi-left continuous 拟左连续[的] 09.0223
quasi-linear elliptic equation 拟线性椭圆[型]方程 06.0429
quasi-linear hyperbolic equation 拟线性双曲[型]方程 06.0430
quasi-linearization 拟线性化 06.0459
quasi-linear parabolic equation 拟线性抛物[型]方程 06.0431
quasi-linear partial differential equation 拟线性偏微分方程 06.0222
quasi-martingale 拟鞅 09.0240
quasi-Monte Carlo method 拟蒙特卡罗方法 10.0613
quasi-Newton method 拟牛顿法 11.0210
quasi-norm 拟范数 07.0114
quasi-normal family 拟正规族 05.0513
quasi-normed linear space 拟赋范[线性]空间 07.0116
quasi-periodic solution 拟周期解 06.0119
quasi-projective variety 拟射影簇 04.1031
quasi-reflexive Banach space 拟自反巴拿赫空间 07.0121
quasi-regular element 拟正则元 04.1294
quasi-regular function 拟正则函数 05.0531
quasi-regular left ideal 拟正则左理想 04.1340
quasi-regular right ideal 拟正则右理想 04.1341
quasi-symmetric function 拟对称函数 05.0528
quaternion 四元数 04.0506
quaternion division algebra 四元数可除代数，*四元数体 04.0507
quaternion group 四元数群 04.1813
queue discipline 排队规则 11.0489

queueing model 排队模型 11.0486
queueing network 排队网络 11.0517
queueing theory 排队论 11.0484
queueing time 排队时间 11.0520
queue length 队列长度，*队长 11.0524
queue process 排队过程 11.0487
queue size 队列量 11.0525
quintic element 五次元 10.0503
quintics 五次曲线 04.1180
quiver 箭图 04.1413
quota sampling 定额抽样 09.0822
quotient 商 04.0032
quotient algebra 商代数 07.0304
quotient bundle 商丛 08.0847
quotient category 商范畴 04.1626
quotient field 分式域，*商域 04.0965
quotient game 商对策 11.0462
quotient graph 商图 03.0162
quotient group 商群 04.1762
quotient lattice 商格 03.0252
quotient Lie algebra 商李代数 04.1495
quotient Lie group 商李群 04.2098
quotient map 商映射 08.0494
quotient module 商模 04.0870
quotient object 商对象 04.1628
quotient of ideals 理想的商 04.1303
quotient ring 商环 04.1308
quotient set 商集 01.0095
quotient sheaf 商层 04.1092
quotient space 商空间 08.0493
quotient topology 商拓扑 08.0492
quotient universal algebra 商泛代数 03.0346

R

Radau quadrature 拉道求积 10.0262
Rademacher system of [orthogonal] functions 拉德马赫[正交]函数系 05.0272
radially unbounded 径向无界 06.0148
radian 弧度 08.0177
radian measure 弧度[法] 08.0178
radical 根式 04.0104，根[基] 04.1342
radical exponent 根指数 04.0105
radical extension 根式扩张 04.0435
radical geodesic 径向测地线 08.1077
radical of algebraic group 代数群的根[基] 04.2008
radical of a Lie algebra 李代数的根 04.1510
radical of a module 模的根 04.0882
radical of an algebra 代数的根 04.1403
radical of an ideal 理想的根 04.0936
radical of a quadratic space 二次空间的根 04.0799
radical of a vector lattice 向量格的根 07.0131
radical [of commutative Banach algebra] [交换巴拿赫代数的]根 07.0290
radical of Jordan algebra 若尔当代数的根 04.1485
radical ring 根环 04.1350
radical sign 根号 04.0106
radicand 被开方数 04.0101
radication 开方 04.0100
radius 半径 08.0078
radius of convergence 收敛半径 05.0361
radius of curvature 曲率半径 08.0956
radius vector 径向量，*径矢 08.0228
Radon measure 拉东测度 05.0199
Radon transform 拉东变换 05.0605
ramification field 分歧域 04.0253
ramification group 分歧群 04.0252
ramification index 分歧指数 04.0476
ramification index of a morphism 态射分歧指数 04.1214
ramification point [分]支点 05.0452
ramified theory of types 分支类型论 02.0169
Ramsey number 拉姆齐数 03.0102
random 随机[的] 09.0002
random access 随机接入 12.0083
random choice method 随机选取法 10.0606
random cipher 随机密码 12.0106
random code 随机码 12.0104
random coding 随机编码 12.0105
random distribution 广义过程 09.0188

random disturbance 随机干扰 12.0437
random effect model 随机效应模型 09.0668
random element 随机元 09.0054
random ergodic 随机遍历[的] 09.0401
random error 随机误差 10.0042
random experiment 随机试验 09.0004
random field 随机场 09.0184
random function 随机函数 09.0183
random input 随机输入 12.0432
random integral 随机积分 09.0261
randomized blocks design 随机区组设计 09.0878
randomized complete-block design 随机完全区组设计 09.0879
randomized decision function 随机化决策函数 09.0521
randomized test 随机化检验 09.0604
random number 随机数 10.0633
random phenomenon 随机现象 09.0003
random sample 随机样本 09.0480
random search 随机搜索 11.0637
random set 随机集 09.0055
random trial 随机试验 09.0004
random variable 随机变量 09.0051
random vector 随机向量 09.0053
random walk 随机游动 09.0351
random weighting method 随机加权法 09.0806
range 值域 01.0102, 极差 09.0514
range of lines 线列 08.0391
range of points 点列 08.0383
Rankine-Hugoniot relation 兰金－于戈尼奥关系 06.0399
Rankine-Hugoniot shock conditions 兰金－于戈尼奥激波条件 06.0400
rank of a free module 自由模的秩 04.0892
rank of a graph 图秩 03.0133
rank of algebraic group 代数群的秩 04.2014
rank of a Lie algebra 李代数的秩 04.1523
rank of a linear mapping 线性映射的秩 04.0699
rank of a matrix 矩阵的秩 04.0601
rank of a valuation 赋值的阶 04.0474
rank of elliptic curve 椭圆曲线的秩 04.0376
rank of quadratic form 二次型的秩 04.0781
rank-one method 秩 1 方法 10.0361
rank polynomial 秩多项式 03.0134
rank statistic 秩统计量 09.0769
rank sum test 秩和检验 09.0787
rank test 秩检验 09.0786
rank-two method 秩 2 方法 10.0362
rapidly decreasing C^∞ function 急减 C^∞ 类函数 07.0096
rapidly decreasing distribution 急减广义函数 07.0097
rate distortion function 率失真函数 12.0154
rate distortion theory 率失真理论 12.0155
rate of convergence 收敛速率 10.0325
ratio 比 04.0071
ratio-ergodic theorem 比率遍历定理 07.0413
ratio estimate 比估计 09.0830
rational approximation 有理逼近 10.0094
rational canonical form 有理典范形 04.0652
rational central simple algebra 有理中心单代数 04.1441
rational curve 有理曲线 04.1209
rational division algebra 有理可除代数 04.1424
rational fraction 有理分式 04.0537
rational function 有理函数 05.0424
rational function field 有理函数域 04.0312
rational function over a variety 簇上有理函数 04.1041
rational homology group 有理同调群 08.0666
rational homomorphism 有理同态 04.1982
rational homotopy 有理同伦 08.0815
rational interpolation 有理插值 10.0186
rational invariant 有理不变式 04.1891
rationalizing denominators 有理化分母 04.0110
rationalizing factor 有理化因子 04.0111
rationally equivalence 有理等价 04.1075
rational mapping 有理映射 04.1045
rational number 有理数 04.0061
rational number field 有理数域 04.0285
rational point group 有理点群 04.0374
rational representation 有理表示 04.2022
rational representation of algebraic group 代数群的有理表示 04.1983
rational root 有理根 04.0573
rational ruled surface 有理直纹面 04.1230

rational spectral density 有理谱密度 09.0418
rational variety 有理簇 04.1056
ratio of external division 外分比 08.0235
ratio of internal division 内分比 08.0234
ray 射线 08.0229
ray class field 束类域 04.0270
ray class group 束类群 04.0271
Rayleigh-Ritz method 瑞利－里茨方法 05.0737
reachability of system 系统的可达性，* 系统的能达性 12.0469
reachable set 可达集，* 能达集 12.0470
reaction-diffusion equation 反应扩散方程 06.0453
real analysis 实分析 05.0002
real axis 实轴 05.0343
real closed 实封闭的 04.0456
real closure 实闭包 04.0457
real general linear group 实一般线性群 04.2099
realizability 可实现性，* 能实现性 12.0478
realization of process 过程的实现 09.0193
realization theory 实现理论 12.0476
real Lie group 实李群 04.2075
real linear space 实线性空间 04.0715
real matrix 实矩阵 04.0637
real number 实数 04.0114
real number field 实数域 04.0486
real part 实部 05.0337
real projective space 实射影空间 08.0368
real quadratic field 实二次域 04.0287
real representation 实表示 04.2102
real root 实根 04.0575
real-valued function 实值函数 05.0024
real variable 实变量 05.0018
recession cone 回收锥 05.0763
recession cone of convex function 凸函数的回收锥 05.0819
recession function of convex function 凸函数的回收函数 05.0818
reciprocal difference 倒差分 10.0222
reciprocal difference quotient 倒差商 10.0225
reciprocal equation 互反方程 04.0568
reciprocity law 互反律 04.0275
reciprocity Monte Carlo method 倒易蒙特卡罗方法 10.0614
reciprocity of annihilators 零化子的互反性 04.2047
reconstruction 重构 03.0075
rectangle 矩形，* 长方形 08.0098
rectangle rule 矩形法则 10.0242
rectangular coordinates 直角坐标 08.0213
rectangular mesh 矩形网格 10.0485
rectangular net 矩形网格 10.0485
rectangular parallelopiped 长方体 08.0147
rectifiable 可求长的 05.0064
rectifiable curve 可求长曲线 08.0948
rectifying plane 从切[平]面 08.0962
recurrent 返回的 07.0418
recurrent chain 常返链 09.0320
recurrent motion 回复运动 06.0121
recurrent point 回复点 06.0197
recurrent state 常返状态 09.0306
recurring continued fraction 循环连分数 04.0149
recurring decimal 循环小数 04.0094
recursion theory 递归论 02.0220
recursive analysis 递归分析 02.0296
recursive arithmetic 递归算术 02.0297
recursive edge graph 递归边图 03.0132
recursive function 递归函数 02.0238
recursive game 递归对策 11.0461
recursively axiomatizable 递归可公理化 02.0295
recursively enumerable set 递归可枚举集 02.0240
recursiveness 递归性 02.0241
recursive ordinal 递归序数 02.0291
recursive set 递归集 02.0239
recursive structure 递归结构 02.0115
red/black partitioning 红黑划分 10.0435
reduced cone 约化锥 08.0790
reduced divisor 简化除子 04.1229
reduced equation 简化方程 04.0563
reduced gradient method 约化梯度法，* 既约梯度法 11.0232
reduced Grothendieck group 约化格罗滕迪克群 04.1720
reduced homology group 约化同调群 08.0688
reduced kernel 约化核 05.0677

reduced model 降阶模型 12.0522
reduced norm 简化范 04.1444
reduced order observer 降阶观测器 12.0491
reduced product 约化积 08.0788
reduced sampling inspection 放宽抽检 09.0843
reduced scheme 约化概形 04.1105
reduced suspension 约化纬垂 08.0789
reduced system of residues 既约剩余系 04.0162
reduced trace 简化迹 04.1443
reduced wave equation 约化波[动]方程 06.0338
reduced Whitehead group 约化怀特黑德群 04.1442
reducible 可归约[的] 02.0277
reducible representation 可约表示 04.1922
reduction 归约 02.0298
reduction of a fraction 约分 04.0065
reduction of elliptic curve 椭圆曲线的约化 04.0360
reduction of fractions to a common denominator 通分 04.0070
reduction theory [of von Neumann algebra] 约化理论 07.0281
reductive group 约化群 04.2010
reductive Lie algebra 约化李代数 04.1512
reductive rank 约化秩 04.2020
redundant information 多余信息 12.0012
Reed-Solomon code R-S 码 12.0197
reference input 参考输入 12.0434
refined mesh 加细网格 10.0497
refined net 加细网格 10.0497
reflecting barrier 反射壁 09.0348
reflection 镜射，*反射 08.0327
reflexive Banach space 自反巴拿赫空间 07.0120
reflexive locally convex space 自反局部凸空间 07.0070
reflexivity 自反性 01.0121
refutable 可驳[的] 02.0132
regenerative process 再生过程 11.0627
region 区域 05.0350
region estimation 区域估计 09.0641
region of acceptance 接收区域 12.0279
region of search 搜索区域 12.0280
regression analysis 回归分析 09.0686
regression coefficient 回归系数 09.0689
regression design 回归设计 09.0882
regression diagnostics 回归诊断 09.0709
regression estimate 回归估计 09.0831
regression estimation of event probability 事件概率的回归估计 09.0710
regression function 回归函数 09.0687
regular *正则 05.0379
regular block design 正则[区组]设计 03.0048
regular boundary 正则边界 09.0344
regular boundary point 正则边界点 06.0320
regular conditional probability 正则条件概率 09.0148
regular cone 正则锥 07.0136
regular covering space 正则覆叠空间 08.0818
regular cusp 正则尖点 04.0326
regular dodecahedron group 正十二面体群 04.1899
regular element of a Lie algebra 李代数的正则元 04.1528
regular falsi 试位法 10.0354
regular function 正则函数 04.1036
regular graph 正则图 03.0095
regular hexahedron group 正六面体群 04.1897
regular icosahedron group 正二十面体群 04.1900
regularity axiom 正则公理 02.0166
regularity cardinal 正则基数 02.0188
regular local ring 正则局部环 04.1001
regularly homotopic 正则同伦[的] 08.0930
regular mapping 正则映射 08.0898
regular maximum ideal 正则极大理想 07.0286
regular measure 正则测度 05.0188
regular net 正则网格 10.0483
regular octahedron group 正八面体群 04.1898
regular one-parameter subgroup 正则单参数子群 04.2018
regular permutation 正则置换 04.1832
regular p-group 正则 p 群 04.1819
regular point 正则点 05.0382, 08.0899
regular polygon 正多边形 08.0112
regular polyhedron 正多面体 08.0157
regular prime 正则素数 04.0298
regular projective transformation 正则射影变换

08.0381
regular quadratic space 正则二次空间 04.0798
regular representation 正则表示 04.1915
regular representation of compact group 紧群的正则表示 04.2057
regular ring 正则环 04.1003
regular scheme 正则概形 04.1113
regular sequence 正则序列 04.0999
regular set 正则集 02.0167
regular singular point 正则奇点 06.0053
regular solution 正则解 06.0230
regular space 正则空间 08.0514
regular submanifold 正则子流形 08.0904
regular system of parameters 正则参数系 04.1002
regular tetrahedron group 正四面体群 04.1896
regular torus 正则环面 04.2015
regular value 正则值 08.0900
regulator 调整子 04.0247, 调节器 12.0486
Reinhardt domain 赖因哈特域 05.0544
rejection region 拒绝区域 09.0611
rejection sampling technique 舍选抽样方法 10.0650
rejection threshold 拒绝门限 12.0267
relation 关系 01.0036
relative cohomology group 相对上同调群 08.0730
relative complement 相对补 03.0265
relative consistency 相对相容性 02.0136
relative cycle 相对闭链 08.0631
relative efficiency 相对效率 09.0582
relative entropy 相对熵 12.0031
relative error 相对误差 10.0036
relative extremum 相对极值 11.0102
relative frequency 频率 09.0474
relative homology group 相对同调群 08.0689
relative homotopy 相对同伦 08.0769
relative homotopy group 相对同伦群 08.0804
relative injective module 相对内射模 04.1691
relative invariant 相对不变式 04.1888
relatively boundary 相对边界 05.0766
relatively closed set 相对闭集 08.0449
relatively complemented lattice 相对有补格 03.0268
relatively interior 相对内部 05.0767
relatively minimal model 相对极小模型 04.1233
relatively open 相对开 05.0765
relatively prime 互素 04.0053
relative projective module 相对投射模 04.1690
relative recursiveness 相对递归性 02.0275
relative topology 相对拓扑 08.0489
relaxation factor 松弛因子 10.0423
relaxation method 松弛法 10.0421
relaxation parameter 松弛因子 10.0423
relaxation table 松弛表 10.0422
relay channel 中继信道 12.0078
release 泄放 11.0557
reliability 可靠度 11.0606
reliability model 可靠性模型 11.0605
reliability theory 可靠性理论 11.0604
reliable digit 可靠数字 10.0064
remainder 余数 04.0033
remainder of interpolation 插值余项 10.0164
remainder of quadrature formula 求积公式[的]余项 10.0234
remarkable theorem 绝妙定理 08.1019
Remes algorithm 列梅兹算法 10.0135
removable singularity 可去奇点 05.0395
renewal density 更新密度 11.0628
renewal equation 更新方程 11.0630
renewal function 更新函数 11.0629
renewal process 更新过程 11.0624
renewal theorem 更新定理 11.0631
renewal theory 更新论 11.0623
repairable system 可修系统 11.0617
repeated difference 累[次]差分 10.0221
repeated integral 累次积分 05.0163
replacement 替换 02.0067
replacement strategy 更换策略 11.0633
replacement theory 更换理论 11.0632
representability 可表示性 02.0083
representable functor 可表示函子 04.1609
representation functor 表示函子 04.1608
representation module 表示模 04.1912
representation of algebras 代数的表示 04.1408
representation of a Lie group 李群的表示 04.2101

representation [of Banach algebra] [巴拿赫代数的]表示 07.0293
* -representation [of Banach*-algebra] [巴拿赫*代数的]*表示 07.0294
representation of quiver 箭图的表示 04.1415
representation of symmetric group 对称群的表示 04.1940
representations of a Lie algebra 李代数的表示 04.1498
representations of compact group 紧群的表示 04.2056
representations of Jordan algebra 若尔当代数的表示 04.1488
representation space 表示空间 04.1911
representation theory 表示论 04.1908
representative of a residue class 剩余类的代表 04.0160
repulsive fix-point 斥性不动点 05.0518
resampling 再抽样 09.0804
reselection method 再选择方法 10.0683
residual 残差 10.0146
residual block design 剩余区组设计 03.0032
residual life 剩余寿命 11.0620
residual plot 残差图 09.0682
residual spectrum 剩余谱，*残谱 07.0256
residual sum of squares 残差平方和 09.0681
residue 剩余 04.0157，留数，*残数 05.0401
residue check 剩余校验 12.0225
residue class 剩余类 04.0159
residue class field 剩余域 04.0472
residue class ring *剩余类环 04.1308
residue degree 剩余次数 04.0477
residue field 剩余域 04.0472
resolution 预解 08.1098
resolution of a module 模的分解 04.1661
resolution of singularity 奇点的分解 04.1051
resolvent 预解式 07.0242
resolvent equation 预解方程 07.0241
resolvent kernel 预解核 06.0553
resolvent operator *预解算子 07.0242
resolvent set 预解集 07.0253
resonance phenomenon 共振现象 06.0111
response curve 响应曲线 12.0447
response function 响应函数 12.0446
R-estimator R 估计 09.0781
restricted approximation 约束逼近 10.0128
restricted direct product 限制直积 04.0276
restricted game 限制对策 11.0482
restricted Lie algebra of characteristic p 特征 p 限制李代数 04.1554
restricted three-body problem 限制三体问题 06.0137
restriction 限制 01.0061
restriction mapping 限制映射 04.1695
restriction of measure μ on set E 限制测度 05.0609
restriction of representation 表示的限制 04.1950
resultant 结式 04.0553
retarded fundamental solution 推迟基本解 06.0542
retarded potential 推迟位势 05.0645
retract 收缩核 08.0568
retracting transformation 收缩变换 08.0571
retraction 收缩 08.0567
retraction mapping 收缩映射 08.0573
reversed martingale 逆鞅 09.0235
reversible Markov process 可逆马尔可夫过程 09.0287
revised simplex method 修正单纯形法 11.0142
reward function 报酬函数 11.0571
r-fold transitive group r 重传递群 04.1835
rhombohedron 菱体 08.0148
rhombus 菱形 08.0102
rhs problem 右端参数问题 11.0327
Riccati differential equation 里卡蒂微分方程 06.0029
Ricci curvature 里奇曲率 08.0993
Richardson extrapolation 理查森外推[法] 10.0339
ridge estimate 岭估计 09.0698
ridge parameter 岭参数 09.0699
ridge trace 岭迹 09.0700
Riemann function 黎曼函数 06.0354
Riemann-Hilbert problem 黎曼-希尔伯特问题 06.0455

Riemann hypothesis 黎曼假设 05.0447
Riemannian geometry 黎曼几何[学] 08.0940
Riemannian manifold 黎曼流形 07.0373
Riemann integral 黎曼积分 05.0135
Riemann lower integral 黎曼下积分 05.0138
Riemann mapping theorem 黎曼映射定理 05.0487
Riemann matrix 黎曼矩阵 04.0642
Riemann method 黎曼法 06.0355
Riemann metric 黎曼度量 08.0973
Riemann problem 黎曼问题 06.0353
Riemann-Roch theorem 黎曼－罗赫定理 04.1207
Riemann solver 黎曼解算子 10.0521
Riemann space 黎曼空间 05.0472
Riemann-Stieltjes integral 黎曼－斯蒂尔切斯积分 05.0169
Riemann sum 黎曼和 05.0140
Riemann surface 黎曼[曲]面 05.0458
Riemann surface of finite type 有限型黎曼[曲]面 05.0467
Riemann upper integral 黎曼上积分 05.0137
Riemann zeta-function 黎曼 ζ 函数 05.0446
Riesz kernel 里斯核 05.0625
Riesz method 里斯法 06.0370
Riesz potential 里斯位势 05.0638
Riesz summation [method] 里斯求和[法] 05.0252
Riesz transform 里斯变换 05.0600
right adjoint 右伴随 04.1615
right angle 直角 08.0034
right Artinian local algebra 右阿廷局部代数 04.1414
right Artinian ring 右阿廷环 04.1358
right closed martingale 右闭鞅 09.0233
right conoid 正劈锥曲面 08.1006
right continuous 右连续[的] 05.0043
right continuous with left limits 右连左极 09.0206
right coset 右陪集 04.1749
right derivative 右导数 05.0075
right derived functor 右导出函子 04.1667
right exact functor 右正合函子 04.1669
right fundamental solution 右基本解 06.0266
right helicoid 正螺[旋]面 08.1008
right ideal 右理想 04.1299
right identity element 右幺元 04.1278
right inverse element 右逆元 04.1289
right limit 右极限 05.0031
right line 直线 08.0014
right linear space 右线性空间 04.0712
right multiplication ring 右乘环 04.1330
right Noetherian ring 右诺特环 04.1362
right order 右序模 04.1456
right quasi-regular element 右拟正则元 04.1293
right quotient ring 右分式环 04.1379
right R-module 右 R 模 04.0868
right selfinjective ring 右自内射环 04.1389
right serial ring 右列环 04.1387
right translation of functions 右函数平移 04.1989
right triangle 直角三角形 08.0044
right zero divisor 右零因子 04.1282
right v-ring 右 v 环 04.1385
rigidity 刚性 08.1045
rigid representation of quiver 箭图的刚体表示 04.1418
rigorous error limit 严格误差限 10.0071
ring 环 04.1264
ringed space 戴环空间 04.1093
ring homomorphism 环同态 04.1309
ring isomorphism 环同构 04.1297
ring of algebraic integers 代数整数环 04.0230
ring of fractions 分式环 04.0964
ring of residue classes modulo an integer 模整数剩余类环 04.1323
rings with identity 幺环 04.1280
ring theory 环论 04.1263
risk 风险 11.0593
risk function 风险函数 09.0524
Ritt-Wu method 瑞特－吴方法 10.0032
Ritz method 里茨方法 05.0736
Rivest-Shamir-Adelman system RSA 体制 12.0311
Robin constant 罗宾常数 05.0664
robust control 鲁棒控制，＊稳健控制 12.0396

robust controller 鲁棒控制器 12.0483

robustness 稳健性, *鲁棒性 09.0798

robustness regression 稳健回归, *鲁棒回归 09.0695

Rodrigues ruler 罗德里格斯法则 06.0656

Rolle mean value theorem 罗尔中值定理 05.0090

rolling curve 滚线 08.0292

Romberg integration 龙贝格积分[法] 10.0250

root 根 04.0572

rooted graph 有根图 03.0163

rooted tree 有根树 03.0200

root-mean-square error 均方根误差 10.0056

roots of unity 单位根 04.0123

root-squaring method 根平方法 10.0347

root subspace 根子空间 04.1532

root system of a semi-simple Lie algebra 半单李代数的根系 04.1531

rose curve 玫瑰线 08.0306

Rosenbrock function 罗森布罗克函数 11.0222

Rosen method 罗森法 11.0229

rotatable design 旋转设计 09.0884

rotating direction method 旋转方向法 11.0219

rotation 旋度 05.0331, 旋转 07.0398, 08.0322

rotation group 旋转群 04.1872

rotation method 旋转法 10.0461

rotation number 旋转数 07.0359

roulette and splitting method 赌与分裂方法 10.0631

round angle 周角 08.0036

rounding error 舍入误差 10.0038

rounding off 舍入 10.0007

roundoff 舍入 10.0007

round-off error 舍入误差 10.0038

row distance 行距离 12.0233

row equivalent 行等价[的] 04.0648

row iteration 行迭代 10.0429

row matrix 行矩阵 04.0591

row rank 行秩 04.0603

row vector 行向量 04.0677

RSA system RSA体制 12.0311

rudimentary set 初步集[合] 02.0171

ruled surface 直纹[曲]面 08.1001

run 游程 09.0776

Runge-Kutta-Felhberg method 龙格-库塔-费尔贝格法 10.0288

Runge-Kutta method 龙格-库塔法 10.0287

run length coding 游程编码 12.0167

run test 游程检验 09.0791

S

saddle connection 鞍形连接 06.0096

saddle-function 鞍函数 05.0822

saddle point 鞍点 06.0093

saddle point game 鞍点对策 11.0455

saddle point theorem 鞍点定理 11.0107

saddle separatrix 鞍形分界线环 06.0095

sample 样本 09.0478

sample central moment 样本中心矩 09.0505

sample coefficient of variation 样本变异系数 09.0502

sample continuity 样本连续 09.0205

sample correlation coefficient 样本相关系数 09.0507

sample correlation matrix 样本相关阵 09.0733

sample covariance 样本协方差 09.0506

sample covariance matrix 样本协方差阵 09.0732

sample deciles 样本十分位数 09.0512

sample distribution 样本分布 09.0489

sample fractile 样本分位数 09.0510

sample function 样本函数 09.0203

sample generalized variance 样本广义方差 09.0734

sample mean 样本均值 09.0499

sample median 样本中位数 09.0509

sample moment 样本矩 09.0503

sample moment of order *k* 样本 *k* 阶矩 09.0504

sample multiple correlation coefficient 样本复相关系数 09.0738

sample partial correlation coefficient 样本偏相关系数 09.0737

sample percentile 样本百分位数 09.0513
sample point 样本点 09.0008
sample quantile 样本分位数 09.0510
sample quartile 样本四分位数 09.0511
sample size 样本量，* 样本大小 09.0487
sample space 样本空间 09.0010
sample standard deviation 样本标准差 09.0501
sample value 样本值 09.0479
sample variance 样本方差 09.0500
sampling 抽样 10.0648
sampling efficiency 抽样效率 10.0688
sampling fraction 抽样比 09.0813
sampling frame 抽样框 09.0812
sampling inspection 抽检 09.0832
sampling inspection by attributes 计数抽检 09.0840
sampling inspection by variables 计量抽检 09.0841
sampling inspection with adjustment 调整型抽检 09.0848
sampling inspection with screening 挑选型抽检 09.0847
sampling survey 抽样调查 09.0829
sampling theory 抽样论 09.0808
sampling unit 抽样单元 09.0809
sampling without replacement 不放回抽样 09.0815
sampling with replacement 放回抽样 09.0814
s-arc transitive graph *s* 弧传递图 03.0184
satisfiability 可满足性 02.0081
saturated model 饱和模型 02.0106
saturation class 饱和类 05.0535
scalar 标量 04.0672
scalar curvature 数量曲率 08.0994
scalar extension of algebras 代数的标量扩张 04.1422
scalar field 标量场 05.0323
scalarization 标量化 11.0298
scalar matrix 标量矩阵 04.0594
scalar multiplication 标量乘法 04.0674
scalar product * 标量积 04.0716
scale parameter 尺度参数 09.0458
scattered set 无核集 08.0580
scattering function 散布函数 09.0066
scattering theory 散射理论 06.0339
Scharlau reciprocity formula 沙尔劳互反公式 04.0820
Scharten *p*-class operator 沙尔滕 *p* 类算子 07.0223
Schauder basis 绍德尔基 07.0055
Schauder estimates 绍德尔估计 06.0326
Schauder method 绍德尔法 06.0323
scheduling method 进度安排法 11.0347
scheme 概形 04.1097
scheme of finite type 有限型概形 04.1111
scheme of hidden periodicities 隐周期模型 09.0908
Schimidt orthogonalization 施密特正交化 05.0274
Schläfli integral representation 施拉夫利积分表示 06.0655
Schlömilch series 施勒米希级数 06.0712
Schottky group 肖特基群 05.0481
Schrödinger equation 薛定谔方程 06.0436
Schur index 舒尔指数 04.1434
Schur index of an irreducible representation 不可约表示的舒尔指数 04.1926
[Schwartz] generalized function [施瓦兹]广义函数 07.0090
Schwartz space 施瓦兹空间 07.0073
Schwarz alternative method 施瓦茨交替法 06.0312
Schwarz-Christoffel formula 施瓦茨－克里斯托费尔公式 05.0491
Schwarz derivative 施瓦茨导数 05.0492
scope 辖域 02.0012
SDE 随机微分方程 09.0266
search for a moving target 移动目标搜索 11.0644
search method 搜索法 10.0352
search theory 搜索论 11.0636
seasonal model 季节性模型 09.0909
secant 正割 08.0186
secant method 割线法 10.0355
secondary iteration 副迭代 10.0420
secondary [sampling] unit 二级单元 09.0811
second axiom of countability 第二可数公理

08.0521
second boundary value problem ＊第二边值问题 06.0300
second category 第二范畴 07.0044
second dual 二次对偶 07.0050
second fundamental form 第二基本型，＊第二基本形式 08.0972
second Gâteaux differential 二阶加托微分 05.0696
second mean value theorem 第二中值定理 05.0146
second-order arithmetic 二阶算术 02.0130
second-order constraint qualification 二阶约束规格，＊二次约束品性 11.0053
second-order efficiency 二阶效率 09.0591
second-order process 二阶过程 09.0198
second-order sufficient condition 二阶充分条件 11.0182
second problem of Cousin 库赞第二问题 05.0569
second stage unit 二级单元 09.0811
second variation 二阶变分 05.0694
section 瓣 04.1080，截面 08.0168
sectional curvature 截[面]曲率 08.0992
sectionally complemented lattice 截段有补格 03.0270
sectioning search 分割搜索 10.0371
section theorem 截口定理 09.0228
sector 扇形 08.0088
secular term 久期项，＊永年项 06.0114
segment of a circle 弓形 08.0090
Segre class 塞格雷类 04.1065
Segre imbedding 塞格雷嵌入 04.1064
Seifert manifold 塞弗特流形 08.0618
Selberg trace formula 塞尔贝格迹公式 04.0342
selection of multifunction 选择函数 07.0327
[self-]adaptive integration [自]适应积分 10.0279
self-adaptive mesh 自适应网格 10.0544
self-adjoint algebra 自伴代数 07.0272
self-adjoint boundary value problem 自伴边值问题 06.0072
self-adjoint differential operator 自伴微分算子 06.0482
self-adjoint operator 自伴算子 07.0205
self-conjugate operator ＊自共轭算子 07.0205
self-dual 自对偶[的] 04.0695
self-dual connection 自对偶联络 08.1065
self-excited oscillation 自激振荡 06.0104
self-exciting point process 自激点过程 09.0379
self-information 自信息 12.0007
self-injective ring 自内射环 04.1368
self-orthogonal 自正交[的] 04.0802
self-reciprocal function 自反函数 05.0593
self-tuning control 自校正控制 12.0398
self-tuning controller 自校正控制器 12.0484
self-tuning regulator 自校正调节器 12.0487
Selmer group 塞尔默群 04.0377
semantic information 语义信息 12.0035
semantics 语义 02.0016
semi-analytic Monte Carlo method 半解析蒙特卡罗方法 10.0625
semi-bilinear form 半双线性型 04.0776
semi-bilinear functional 半双线性泛函 07.0011
semi-circle 半圆 08.0084
semi-continuity 半连续性 07.0029
semi-continuous 半连续[的] 05.0041
semi-definite matrix 半定矩阵 04.0635
semi-direct product 半直积 04.1778
semi-discrete method 半离散法 10.0609
semi-field 半域 04.0511
semi-flow 半流 06.0193
semi-Fredholm operator 半弗雷德霍姆算子 07.0215
semi-group 半群 04.1972
semi-group of class C_0 C_0类半群 07.0225
semi-group ring 半群环 04.1325
semi-implicit scheme 半隐格式 10.0550
semi-infinite programming 半无限规划 11.0083
semi-inner product 半内积 07.0140
semi-invariant 半不变量 09.0140
semi-iterative method 半迭代法 10.0439
semi-lattice 半格 03.0238
semi-linear isomorphism 半线性同构 04.0713
semi-linear mapping 半线性映射 04.0714
semi-linear partial differential equation 半线性偏微分方程 06.0221

semi-locally simply connected 半局部单连通[的] 08.0778
semi-local ring 半局部环 04.0967
semi-martingale 半鞅 09.0245
semi-modular lattice 半模格 03.0280
semi-norm 半范数 07.0113
semi-normal operator 半正规算子 07.0209
semi-ordering *半序 03.0215
semi-parameter model 半参数模型 09.0464
semi-perfect ring 半完满环 04.1391
semi-primary ring 半准素环 04.1371
semi-prime ring 半素环 04.1373
semi-primitive ring 半本原环 04.1366
semi-reflexive locally convex space 半自反局部凸空间 07.0071
semi-ring of sets [集]半环 09.0025
semi-sample 半样本 09.0486
semi-scalar product *半标量积 07.0140
semi-simple algebra 半单代数 04.1405
semi-simple algebraic group 半单代数群 04.1997
semi-simple element 半单元 04.2000
semi-simple Jordan algebra 半单若尔当代数 04.1486
semi-simple Lie algebra 半单李代数 04.1519
semi-simple Lie group 半单李群 04.2112
semi-simple linear transformation 半单线性变换 04.0708
semi-simple module 半单模 04.0888
semi-simple [normed] ring 半单[赋范]环 07.0291
semi-simple rank 半单秩 04.2019
semi-simple ring 半单环 04.1364
semi-simple universal algebra 半单泛代数 03.0365
semi-simple variety 半单簇 03.0366
semi-simplicial complex 半单纯复形 08.0709
semi-simplicial mapping 半单纯映射 08.0714
semi-sphere 半球面 08.0164
semi-stable limit-cycle 半稳定极限环 06.0106
sensitivity analysis 灵敏度分析 11.0317
sensitivity information 灵敏度信息 11.0319
sentence 语句 02.0064
sentential variable 命题变元 02.0024
separability 分离性 08.0509
separable algebra 可分代数 04.1429
separable algebraic closure 可分代数闭包 04.0419
separable algebraic extension 可分代数扩张 04.0418
separable degree 可分次数 04.0420
separable element 可分元 04.0417
separable extension field 可分扩张域 04.0452
separable game 可分对策 11.0459
separable morphism 可分态射 04.1217
separable polynomial 可分多项式 04.0416
separable process 可分过程 09.0207
separable programming 可分[离]规划 11.0082
separable space 可分空间 08.0523
separably generated 可分生成[的] 04.0451
separated convex set 分离凸集 05.0784
separated kernel 可分核 06.0554
separated morphism 分离态射 04.1130
separated point 分离点 05.0785
separated quiver 分离箭图 04.1416
separated scheme 分离概形 04.1108
separated set 分离集 05.0783
separating axiom 分离公理 05.0787
separating hyperplane 分离超平面 05.0786
separating theorem 分离定理 05.0788
separating transcendental basis 分离超越基 04.0450
separation axiom 分离性公理 08.0510
sequence 序列 05.0026
sequence of factor groups 因子群列 04.1792
sequence space 数列空间 07.0123
sequencing and scheduling theory 排序和时间表理论 11.0348
sequencing problem 排序问题 11.0346
sequent 矢列式 02.0014
sequential analysis 序贯分析 09.0543
sequential coding 序贯编码 12.0107
sequential decision 序贯决策 11.0586
sequential decoding 序贯译码 12.0123
sequential design 序贯设计 09.0870
sequential estimation 序贯估计 09.0566
sequential inspection 序贯抽检 09.0853
sequentially compact space 序列式紧空间 08.0530

sequentially complete　序列完备　07.0017
sequentially weak complete　序列弱完备　07.0018
sequential Monte Carlo method　序贯蒙特卡罗方法　10.0624
sequential probability ratio test　序贯概率比检验　09.0629
sequential sampling　序贯抽样　09.0827
sequential search　序贯搜索　10.0372
sequential test　序贯检验　09.0628
sequential unconstrained minimization technique　序贯无约束极小化方法　11.0234
serial correlation method　序列相关方法　10.0643
serial ring　列环　04.1388
series　级数　05.0230
series of functions　函数项级数　05.0259
series of positive terms　正项级数　05.0239
series solution　级数解　06.0278
Serre duality　塞尔对偶　04.1158
server　服务台　11.0507
service time　服务时间　11.0521
sesquilinear form　半双线性型　04.0776
sesquilinear functional　半双线性泛函　07.0011
set　集[合]　01.0075
set contraction mapping　集压缩映射　07.0363
set function　集函数　05.0219
set-indexed process　集指标过程　09.0187
set of the first category　第一范畴集　08.0470
set of the second category　第二范畴集　08.0471
set of uniqueness　唯一性集　05.0289
set theory　集合论　02.0148
set-valued　集值[的]　07.0323
set-valued accretive operator　集值增生算子　07.0335
set-valued function mapping　集值函数映射　07.0324
shadow price　影子价格　11.0168
Shafarevich-Tate group　沙法列维奇－泰特群　04.0378
Shannon theory　香农理论　12.0004
shape operator　形状算子　08.1056
shape parameter　形状参数　09.0459
sheaf　层　04.1083
sheaf of Abelian groups　阿贝尔群层　04.1088
sheaf of differentials　微分层　04.1147
sheaf of germs　芽层　05.0572
sheaf of germs of analytic function　解析函数的芽层　05.0573
sheaf of modules　模层　04.1136
sheaf of regular functions　正则函数层　04.1087
sheaf of rings　环层　04.1089
sheaf of total quotient ring　全商环层　04.1143
shift automorphism　位移自同构　06.0192
shifting　移位　12.0235
shifting operator　移位算子　12.0236
shift register　移位寄存器　12.0237
shift transformation　推移变换　07.0402
Shimura lift　志村提升　04.0336
Shimura reciprocity law　志村互反律　04.0337
shock condition　激波条件　06.0406
shock discontinuity　激波间断　06.0407
shooting method　打靶法　10.0313
shortage penalty cost　缺货损失费　11.0551
shortest path problem　最短路问题　11.0365
shortest remaining service time　最短剩余服务时间　11.0538
shortest service time　最短服务时间　11.0537
short exact sequence　短正合[序]列　04.1651
shot noise　散粒噪声　12.0254
shrinkage estimate　压缩[型]估计　09.0702
side　边　08.0051
side information　边信息　12.0013
side opposite of an angle　角的对边　08.0054
side payment　旁支付　11.0395
Siegel modular form　西格尔模形式　04.0331
sieve　筛法　04.0200
sieve of Eratosthenes　埃拉托色尼筛法　04.0173
sigma-complete　σ完备　07.0132
sigma-discrete family　σ离散族　08.0549
sigma-field　σ域　05.0173
sigma-field of events　事件σ域　09.0024
sigma-field prior to τ　τ前σ域　09.0213
sigma-field strictly prior to τ　严格τ前σ域　09.0214
sigma-function　σ函数　06.0618
sigma-locally finite family　σ局部有限族　08.0550

sigma-ring σ环 05.0172
signal alphabet 信号字母 12.0099
signal detection 信号检测 12.0260
signal estimation 信号估值 12.0248
signal to noise ratio 信噪比 12.0249
signature 符号差 04.0793
signed measure 带号测度 05.0607
signed rank 符号秩 09.0771
signed rank test 符号秩检验 09.0788
significance level 显著性水平 09.0608
significance test 显著性检验 09.0607
significant digit 有效数字 10.0062
significant figure 有效数字 10.0062
sign test 符号检验 09.0789
Silov boundary 希洛夫边界 07.0303
similar 相似[的] 08.0120
similar figures 相似形 08.0121
similarity of representations 表示的相似 04.1916
similarity transformation 相似变换 08.0413
similar matrices 相似矩阵 04.0645
similar surds 同类根式 04.0107
similar test 相似检验 09.0620
similar triangles 相似三角形 08.0122
simple Abelian variety 单阿贝尔簇 04.1237
simple algebra 单代数 04.1404
simple algebraic group 单代数群 04.1999
simple closed curve 简单闭曲线 08.0591
simple continued fraction 简单连分数 04.0146
simple convergence topology 单收敛拓扑 07.0038
simple extension 单扩张 04.0404
simple game 简单对策 11.0457
simple graph 单图 03.0071
simple group 单群 04.1788
simple groups of Lie type 李型单群 04.1904
simple hypothesis 简单假设 09.0601
simple lattice 单格 03.0310
simple layer potential 单层位势，*单一分布位势 05.0650
simple Lie algebra 单李代数 04.1518
simple Lie group 单李群 04.2113
simple majority game 简单多数对策 11.0458
simple module 单模 04.0881
simple point 单点 04.1181
simple pole 单极点，*一阶极点 05.0398
simple random sample 简单随机样本 09.0481
simple random sampling 简单随机抽样 09.0817
simple ring 单环 04.1363
simple root 单根 04.0579
simple set 单[纯]集 02.0281
simple shooting method 简单打靶法 10.0314
simple stream 简单流 11.0494
simple system of roots 单根系 04.1534
simple tangent 单切线 04.1187
simple universal algebra 单泛代数 03.0352
simple waves 简单波 06.0405
simplex 单[纯]形 08.0637
simplex algorithm 单纯形法 11.0126
simplex evolutionary method 单纯形调优法 11.0216
simplex method 单纯形法 11.0126
simplex tabuleau 单纯形表 11.0127
simple zero 单零点，*一阶零点 05.0391
simplicial approximation 单纯逼近 08.0677
simplicial chain mapping 单纯链映射 08.0674
simplicial complex 单纯复形 08.0645
simplicial mapping 单纯映射 08.0673
simplicial subdivision 单纯重分 08.0676
simply connected 单连通[的] 08.0777
simply connected analytic group 单连通解析群 04.2088
simply connected domain 单连通[区]域 05.0351
simply connected Riemann surface 单连通黎曼[曲]面 05.0461
simply periodic function 单周期函数 06.0612
Simpson rule 辛普森法则 10.0245
simultaneous approximation 联合逼近 10.0127
simultaneous confidence regions 联合置信区域 09.0656
simultaneous row iteration 同时行迭代，*联合行迭代 10.0432
sine 正弦 08.0180
sine curve 正弦曲线 08.0194
sine-Gordon equation 正弦戈登方程 06.0441
sine integral 正弦积分 06.0688
single-input single-output system *单输入单输出系统 12.0323

single precision　单[字长]精度　10.0015
single sampling inspection　一次抽检　09.0849
single - server system　单台服务系统　11.0510
single step iteration　单步迭代　10.0298
single step method　单步法　10.0291
single valued function　单值函数　05.0374
single variable system　单变量系统　12.0323
singular　奇异的　05.0224
singular cardinal　奇异基数　02.0189
singular cell　奇异胞腔，*连续胞腔　08.0696
singular chain complex　奇异链复形　08.0686
singular cohomology group　奇异上同调群　08.0731
singular control　奇异控制　12.0393
singular element of a Lie algebra　李代数的奇异元　04.1529
singular homology　奇异同调　08.0683
singular homology group　奇异同调群　08.0687
singular integral　奇异积分　05.0299
singular integral equation　奇异积分方程　06.0549
singularity　奇点　05.0393
singularity of probability measures　概率测度奇异性　09.0282
singular kernel　奇[异]核　06.0560
singular linear system　奇异线性系统　12.0327
singularly perturbed system　奇异摄动系统　12.0339
singular ordinal　奇异序数　02.0187
singular perturbation　奇异扰动　06.0156
singular point　奇点　05.0393
singular point of higher order　高阶奇点　06.0094
singular projective transformation　奇[异]射影变换　08.0382
singular simplex　奇异单形　08.0685
singular solution　奇异解　06.0022
singular support　奇[异]支集　06.0503
singular torus　奇异环面　04.2016
singular value　奇异值　04.0660
singular value decomposition　奇异值分解　04.0661
sinh-Gordon equation　双曲正弦戈登方程　06.0442
sink　汇点　03.0204，汇　06.0198
SISO system　*单输入单输出系统　12.0323
situation　局势　11.0404
size of a test　检验水平　09.0609
skeleton　骨架　08.0655
skew-derivation　斜导算子　08.1073
skew field　除环，*体　04.1291
skew-Hermitjan matrix　反埃尔米特矩阵　04.0630
skew-Hermitian transformation　反埃尔米特变换　04.0732
skew lines　相错[直]线　08.0025
skewness　偏度　09.0135
skew polynomial ring　斜多项式环　04.1322
skew-symmetric bilinear form　反称双线性型　04.0773
skew-symmetric determinant　反称行列式　04.0760
skew-symmetric matrix　反称矩阵　04.0628
skew-symmetric multilinear mapping　斜称多重线性映射　04.0858
skew-symmetric tensor　斜称张量　04.0853
skew-symmetric transformation　反称变换　04.0727
skew-upstream scheme　斜迎风格式　10.0569
skip-lot sampling inspection　跳批抽检　09.0846
Skolem function　斯科伦函数　02.0085
Skolem hull　斯科伦壳　02.0086
Skolem paradox　斯科伦佯谬　02.0087
Skorohod integral　斯科罗霍德积分　09.0264
Skorohod topology　斯科罗霍德拓扑　09.0175
skyscraper sheaf　摩天大厦层　08.1097
slack variable　松弛变量　11.0129
slant product　斜积　08.0752
Slater constraint qualification　斯莱特约束规格，*斯莱特约束品性　11.0055
slip down operator　下降算子　06.0644
slip up operator　上升算子　06.0643
slope function　斜率函数　05.0717
slowly increasing C^{∞} function　缓增 C^{∞} 类函数　07.0098
slowly increasing distribution　缓增广义函数　07.0099
slow state　慢变状态　12.0427
slow subsystem　慢变子系统　12.0340
small category　小范畴　04.1566
small divisors　小除数　06.0115

smaller than 小于 01.0046
small region method 小区域方法 10.0668
smoothest approximation 最光滑逼近 10.0124
smooth function 光滑函数 05.0101
smoothing 平滑 09.0427
smoothing formula 磨光公式 10.0155
smooth manifold 光滑流形 08.0889
smooth morphism 光滑态射 04.1132
smooth scheme 光滑概形 04.1115
smooth variety 光滑簇 04.1058
S-morphism *S* 态射 04.1102
Sobolev inequality 索伯列夫不等式 06.0506
Sobolev lemma 索伯列夫引理 06.0507
Sobolev space 索伯列夫空间 07.0125
socle of a module 模的基座 04.0883
soft decision 软决策，* 软判决 12.0135
soft implicit function theorem 软隐函数定理 07.0353
soft sheaf 软层 08.1096
sojourn time 逗留时间 11.0523
solid 立体 08.0134
solid angle 立体角 08.0142
solid cone 体锥 07.0134
solid figure 立体形 08.0145
solid geometry 立体几何[学] 08.0004
solid [harmonic] function 立体[调和]函数 06.0649
solid sphere 球 08.0165
solitary wave 孤波 06.0468
soliton 孤[立]子 06.0456
solution 解 01.0051
solution of generalized power series 广义幂级数解 06.0056
solution of power series 幂级数解 06.0055
solution set continuity 解集连续性 11.0326
solvability 可解性 02.0227
solvable analytic group 可解解析群 04.2096
solvable group 可解群 04.1803
solvable Lie algebra 可解李代数 04.1501
SOR 逐次超松弛 10.0428
soundness 可靠性 02.0114
source 源点 03.0203， 源 06.0199， 信源 12.0040
source coding 信源编码. 12.0143
space 空间 01.0006
space at infinity 无穷远空间 08.0399
space coordinates 空间坐标 08.0970
space curve of order *n* *n* 次空间曲线 08.0329
space form ·空间型 08.1037
space group 空间群 04.1893
spacelike 类空[向] 06.0350
space of constant curvature 常曲率空间 08.1038
space of decisions 决策空间 09.0518
space of elementary events 基本事件空间 09.0009
space of generalized function 广义函数空间 07.0089
spanning space 生成空间 04.0691
spanning subgraph 生成子图 03.0077
sparse matrix 稀疏矩阵 04.0666
spatially homogeneous 空齐[的] 09.0300
special function 特殊函数 06.0591
specialization of a point 点的特殊化 04.1061
special Jordan algebra 特殊若尔当代数 04.1483
special linear group 特殊线性群 04.1865
special semi-martingale 特殊半鞅 09.0246
special service times 特殊服务时间 11.0541
special unitary group 特殊酉群 04.1869
specific factor 特殊因子 09.0757
spectral analysis 谱分析 07.0232
spectral condition 谱条件 10.0445
spectral decomposition 谱分解 07.0244
spectral decomposition of stationary process 平稳过程谱分解 09.0413
spectral density function 谱密度函数 09.0415
spectral distribution 谱分布 10.0444
spectral distribution function 谱分布函数 09.0414
spectral estimate 谱估计 09.0903
spectral homology 谱同调 08.0716
spectral integral 谱积分 07.0252
spectral invariant 谱不变量 07.0431
spectral mapping theorem 谱映射定理 07.0258
spectral measure 谱测度 07.0250
spectral method 谱方法 10.0604
spectral operator 谱算子 07.0247
spectral property * 谱性质 07.0431
spectral radius 谱半径 07.0249

spectral radius of a matrix　矩阵的谱半径　10.0443
spectral representation of stationary process　*平稳过程谱表示　09.0413
spectral representation　谱表示　07.0245
spectral resolution　谱分解　07.0244
spectral resolution of operator　算子的[谱]分解　07.0246
spectral sequence　谱序列　04.1675
spectral sequence of a fiber space　纤维空间的谱序列　08.0875
spectral synthesis　谱综合　07.0299
spectral theory　谱[理]论　07.0231
spectral window　谱窗　09.0904
spectrum　谱　07.0248
spectrum of a graph　图谱　03.0178
spectrum of a matrix　矩阵的谱　04.0640
spectrum of a ring　环的谱　04.0940
spectrum [of element in normed ring]　[赋范环元的]谱　07.0285
speech coding　语声编码　12.0163
speech compression　语声压缩　12.0147
speedup　加速　02.0269
sphere　球面　08.0163
sphere bundle　球面丛　08.0840
sphere of inversion　反演球面　08.0167
sphere theorem　球面定理　08.1091
spherical Bessel function　球面贝塞尔函数　06.0707
spherical coordinates　球面坐标　08.0218
spherical distance　球面距离　05.0349
spherical excess　球面角盈　08.0200
spherical harmonics　*球面调和函数　06.0649
spherically symmetric distribution　球对称分布　09.0111
spherical means formula　球面[平]均值公式　06.0306
spherical representation　球面表示　08.0977
spherical triangle　球面三角形　08.0199
spherical trigonometry　球面三角学　08.0198
spherical wave equation　球面波方程　06.0360
spheroidal [wave] function　球体[波]函数　06.0723
spinor genus of a lattice　格的旋量种　04.0830
spinor group　旋量群　04.1874
spinor norm　旋量范　04.0817
spin representation　旋量表示　04.2105
spin system　自旋系统　09.0389
spiral　螺线　08.0301
spline　样条[函数]　10.0191
spline approximation　样条逼近　10.0123
spline element　样条元　10.0504
spline fitting　样条拟合　10.0196
spline function　样条[函数]　10.0191
spline interpolation　样条插值　10.0195
spline regression　样条回归　09.0697
split extension of algebras　代数的分裂扩张　04.1427
split extension of groups　群分裂扩张　04.1684
split Lie algebra　分裂李代数　04.1504
split-plot design　裂区设计　09.0871
splitting　分裂[运算]　03.0164
splitting factor set　分裂因子组　04.1439
splitting field of a group　群的分裂域　04.1956
splitting field of a polynomial in an indeterminate　一元多项式的分裂域　04.0412
splitting fields of algebras　代数的分裂域　04.1423
splitting lattice　分裂格　03.0327
splitting map of a bundle　丛的分裂映射　08.0871
splitting [method]　分裂[法]　10.0585
splitting principle　分裂原理　08.0870
splitting short exact sequence　可裂短正合[序]列　04.1652
sporadic simple groups　零散单群　04.1905
SPRT　序贯概率比检验　09.0629
spur　迹　04.0414
square　平方　04.0037,　正方形　08.0099
square integrable　平方可积[的]　05.0209
square integrable martingale　平方可积鞅　09.0234
squarely equivalent to zero　平方等价于零　04.1242
square matrix　方阵　04.0588
square mesh　[正]方形网格　10.0484
square net　[正]方形网格　10.0484
square root method　平方根法　10.0393
SRST　最短剩余服务时间　11.0538
S-scheme　*S*概形　04.1100

(S)-space　＊S空间　07.0073
SST　最短服务时间　11.0537
stability　稳定性　02.0111
stability of degree two　二阶稳定性　11.0324
stability region　稳定区域　10.0305
stability theory of motions　运动稳定性理论　06.0076
stabilizability　可稳性，＊能稳性　12.0473
stabilization　镇定　12.0472
stable distribution　稳定分布　09.0110
stable equivalence　稳定等价　08.0872
stable homotopy group　稳定同伦群　08.0935
stable isomorphism of modules　模的稳定同构　04.0928
stable limit-cycle　稳定极限环　06.0105
stable matrix　稳定矩阵　04.0638
stable programming　稳定规划　11.0088
stable set　独立集　03.0117
stable state　稳定状态　09.0310
stable subgroup　稳定子群　04.1843
stack algorithm　叠式存储算法，＊堆栈算法　12.0127
stage of game　对策的阶段　11.0416
staggered mesh　交错网格　10.0545
staircase iteration　阶梯迭代　10.0300
stalk of presheaf　预层的茎　04.1082
standard deviation　标准差　09.0118
standard element　标准元　03.0313
standard error　标准误差　10.0051
standard factorization　标准分解式　04.0056
standard height　标准高　04.0371
standard identities　标准恒等式　04.1450
standard normal distribution　标准正态分布　09.0085
standard process　标准过程　09.0339
standard resolution　标准分解　04.1692
standard simplex　标准单形　08.0684
star　星形　08.0642
star finite covering　星形有限覆盖　08.0479
starlike function　星形函数　05.0495
star-shaped domain　星形区域　08.1046
starting algorithm　起步算法　10.0281
state　状态　12.0417
state-dependent model　状态相依模型　09.0919
state equation　状态方程　12.0423
state estimation　状态估计　12.0425
state estimator　状态估计器　12.0494
state feedback　状态反馈　12.0424
state observer　状态观测器　12.0489
state space　状态空间　12.0422
state variable　状态变量　12.0420
state vector　状态向量　12.0421
stationary behavior　平稳性态　11.0532
stationary channel　平稳信道　12.0062
stationary curve　平稳曲线　05.0715
stationary function　平稳函数　05.0714
stationary iteration　定常迭代　10.0301
stationary phase　定常相　06.0158
stationary policy　平稳策略　11.0572
stationary process　平稳过程　09.0395
stationary set　平稳集[合]　02.0172
stationary source　平稳信源　12.0043
stationary time series　平稳时间序列　09.0893
stationary value　平稳值　05.0122
statistic　统计量　09.0490
statistical analysis　统计分析　09.0432
statistical chart　统计图　09.0434
statistical communication theory　统计通信理论　12.0259
statistical coverage interval　统计覆盖区间　09.0658
statistical decision function　[统计]决策函数　09.0519
statistical decision theory　统计决策论　09.0516
statistical estimation method　统计估计方法　10.0628
statistical function　统计函数　09.0456
statistical hypothesis　统计假设　09.0598
statistical inference　统计推断　09.0433
statistical quality control　统计质量控制　09.0855
statistical space　统计空间　09.0439
statistical table　统计表　09.0435
statistical testing method　＊统计试验方法　10.0610
statistics　统计[学]　09.0428
statistics of random processes　随机过程统计[学]

09.0431
Staudt algebra 施陶特代数 08.0351
steady state motion 稳态运动 06.0145
Steenrod powers 斯廷罗德幂 08.0750
Steenrod squares 斯廷罗德平方 08.0749
steepest ascent 最速上升 10.0377
steepest descent 最速下降 10.0366
Stefan problem 施特藩问题 06.0427
Steinberg group 施坦贝格群 04.1732
Steinberg group of a ring 环的施坦贝格群 04.1734
Steinberg relations 施坦贝格关系 04.1733
Steiner triple system 施泰纳三元系 03.0042
Stein manifold 施坦流形 05.0571
Stein space 施坦空间 05.0576
step-by-step integration 逐步积分 10.0280
step disturbance 阶跃干扰 12.0436
step function 阶梯函数 05.0047
step index 步长指标 10.0277
step input 阶跃输入 12.0430
step length 步长 10.0274
step size 步长 10.0274
step size in search 搜索步长 10.0373
step width 步长 10.0274
step-wise regression 逐步回归 09.0704
stereographic projection 球极平面投影 05.0348
Stickelberger element 施蒂克贝格元 04.0292
Stickelberger ideal 施蒂克贝格理想 04.0291
Stiefel-Whitney class 斯蒂弗尔－惠特尼类 08.0860
Stiefel-Whitney number 斯蒂弗尔－惠特尼数 08.0861
Stieltjes transform 斯蒂尔切斯变换 05.0595
stiffness matrix 刚度矩阵 10.0508
stiff system 刚性组 10.0297
Stirling formula 斯特林公式 06.0632
stochastic 随机[的] 09.0002
stochastic analysis 随机分析 09.0271
stochastic approximation 随机逼近 09.0179
stochastic calculus 随机分析 09.0271
stochastic calculus of variations 随机变分法 09.0272
stochastic continuity 随机连续 09.0201
stochastic control 随机控制 12.0401
stochastic control theory 随机控制理论 12.0415
stochastic differential equation 随机微分方程 09.0266
stochastic differential geometry 随机微分几何 09.0277
stochastic-ergodic theorem 随机遍历定理 07.0417
stochastic flow 随机流 09.0279
stochastic games 随机对策 11.0475
stochastic integral 随机积分 09.0261
stochastic matrix 随机阵 09.0297
stochastic measure 随机测度 09.0259
stochastic mechanics 随机力学 09.0278
stochastic optimization 随机最优化 11.0015
stochastic paper 统计分析纸 09.0436
stochastic process 随机过程 09.0181
stochastic programming 随机规划 11.0074
stochastic programming with recourse 带偿付随机规划 11.0075
stochastic sequence 随机序列 09.0182
stochastic service system 随机服务系统 11.0485
stochastic system 随机系统 12.0343
Stokes equation 斯托克斯方程 06.0691
Stokes formula 斯托克斯公式 05.0167
Stokes phenomenon 斯托克斯现象 06.0739
Stone algebra 斯通代数 03.0300
Stone-Čech compactification 斯通－切赫紧化 08.0537
Stone duality 斯通对偶 03.0302
Stone lattice 斯通格 03.0301
Stone space 斯通空间 03.0299
stopping rule 停止规则 09.0544
stopping theorem 停止定理 09.0252
stopping time 停时 09.0212
storage theory 存储论 11.0552
straight angle 平角 08.0035
straight line 直线 08.0014
strange attractor 奇怪吸引子，*怪引子 06.0200
strategic variable 策略变量 11.0419
strategied decision 策略决策 11.0420
strategy 策略 11.0398
stratification 分层 08.0916

stratified multiobjective programming 分层多目标规划 11.0308
stratified sampling 分层抽样 09.0818
stratified simplex method 分层单纯形法 11.0309
Stratonovich stochastic integral 斯特拉托诺维奇积分 09.0263
stratum 层 09.0819
stream function 流函数 05.0327
stream line 流线 05.0328
strength 强度 02.0135
strict derivative 严格导数 07.0316
strict hyperbolicity 严格双曲性 06.0420
strict inductive limit 严格归纳极限 04.1630
strictly concave function 严格凹函数 05.0807
strictly convex 严格凸 05.0744
strictly convex [Banach] space 严格凸[巴拿赫]空间 07.0119
strictly convex function 严格凸函数 05.0792
strictly diagonal dominance 严格对角优势 10.0402
strictly ergodic 严格遍历 07.0428
strictly hypoelliptic 严格亚椭圆 06.0520
strictly quasi-convex function 严格拟凸函数 05.0802
strictly stationary process 强平稳过程 09.0397
strict maximum point 严格极大点 11.0099
strict minimum point 严格极小点 11.0098
strict preference 严格偏爱 11.0281
strong approximation 强逼近 09.0180
strong conservation form 强守恒型 10.0580
strong consistent estimate 强相合估计 09.0593
strong duality theorem 强对偶定理 11.0119
strong dual space 强对偶空间 07.0052
strong ellipticity 强椭圆性 06.0511
strong invariance principle 强不变原理 09.0177
strong irreducible chain 强不可约链 09.0319
strong law of large numbers 强大数律 09.0159
strong local extremum 强局部极值 05.0707
strongly connected 强连通[的] 03.0207
strongly convergent 强收敛[的] 07.0033
strongly coupled system 强耦合系统 12.0368
strongly elliptic differential operator 强椭圆[型]微分算子 06.0510
strongly hyperbolic 强双曲[型] 06.0534
strongly hyperbolic differential operator 强双曲[型]微分算子 06.0535
strongly mixing condition 强混合条件 09.0405
strongly multiplicative quadratic form 强乘性二次型 04.0823
strongly quasi-convex function 强拟凸函数 05.0803
strongly recurrent 强返回的 07.0420
strongly stationary process 强平稳过程 09.0397
strong Markov property 强马尔可夫性 09.0291
strong maximum principle 强最大值原理 06.0293
strong solution 强解 06.0497
strong solution of SDE 随机微分方程[的]强解 09.0267
strong stability 强稳定性 10.0523
strong topology 强拓扑 07.0032
strong topology of operators 算子强拓扑 07.0040
strong transversality condition 强横截条件 06.0196
strong unicity theorem 强唯一性定理 10.0117
structural perturbation approach 结构摄动法 12.0532
structural stability 结构稳定性 06.0194
structure 结构 02.0075
structure constants 结构常数 04.1509
structure function 结构函数 11.0608
structure group 结构群 08.0836
structure morphism 结构态射 04.1101
structure sheaf 结构层 04.1096
structure space 结构空间 07.0296
student distribution *t* 分布 09.0088
Sturm comparison theorem 施图姆比较定理 06.0069
Sturm-Liouville boundary problem SL 问题，* 施图姆－刘维尔边值问题 06.0073
Sturm theorem 施图姆定理 04.0571
subadditive functional 次加性泛函 07.0005
subalgebra 子代数 04.1395
subbase 子基 08.0460
subbundle 子丛 08.0845
subcategory 子范畴 04.1564
subcomplex 子复形 08.0650

subconvex game 次凸对策 11.0451
subcovering 子覆盖 08.0477
subdifferentiability 次可微性 05.0771
subdifferential 次微分 07.0319
subdifferential mapping 次微分映射 05.0772
subdifferential stability 次微分稳定性 11.0323
subdirectly irreducible 次直不可约[的] 03.0308
subdirect product 次直积 04.1334
subdirect representation 次直表示 03.0307
subdirect sum 次直和 04.1332
subdivision 细分 10.0474
subdivision chain mapping 重分链映射 08.0678
subelliptic 次椭圆 06.0521
subfield 子域 04.0391
subgame 子对策 11.0452
subgradient 次梯度 07.0318
subgradient algorithm 次梯度法 11.0122
subgraph 子图 03.0076
subharmonic 下调和[的] 08.1102
subharmonic function 下调和函数 06.0334
subharmonic solution 下调和解 06.0117
subideal 次理想 04.1304
sublattice 子格 03.0241
sublevel set 水平子集 08.0897
sublinear 次线性[的] 07.0308
submanifold 子流形 08.0609
sub-Markovian 次马尔可夫[的] 09.0292
submartingale 下鞅 09.0231
submatrix 子矩阵 04.0599
submaximum 次极大, *副峰 11.0032
submersion 浸没 08.0910
subminimum 次极小 11.0031
submodel 子模型 02.0093
submodular function 次模函数 11.0349
submodule 子模 04.0869
subnormal operator 次正规算子 07.0211
subnormal series 次正规列 04.1790
subnormal subgroup 次正规子群 04.1791
subobject 子对象 04.1627
suboptimal control 次优控制 12.0392
suboptimization 次优化 11.0029
suboptimum 次优 11.0030
subordination 从属性 05.0504
subquotient 子商 03.0311
subrecursiveness 次递归性 02.0266
subrepresentation 子表示 04.1927
subring 子环 04.1295
subsample 子样本 09.0485
subset 子集 01.0082
subsheaf 子层 04.1084
subsolution 下解 06.0336
subspace 子空间 04.0683
subspace iterative method 子空间迭代法 10.0452
substitution 代入 02.0068
substitution property 代换性质 03.0245
substructure 子结构 02.0092
subsystem 子系统 12.0321
subtabulation 表的加密 10.0273
subtraction 减法 04.0014
subtrahend 减数 04.0017
subuniverse 子底集 03.0343
subvariety 子簇 04.1034
successive overrelaxation 逐次超松弛 10.0428
successive substitution 逐次代换 10.0388
successor 后继 03.0224
successor function 后继函数 06.0098
sufficient condition 充分条件 01.0028
sufficient condition for optimality 最优性充分条件 11.0059
sufficiently large 3-manifold 充分大的 3-流形 08.0615
sufficient statistic 充分统计量 09.0491
sum 和 04.0010
sum check 和校验 10.0385
summability 可求和性 05.0247
summable function 可和函数 05.0207
summand 被加数 04.0013, 直和项 04.0886
summation of series 级数求和 05.0246
sum of ideals 理想的和 04.1301
sum of series 级数的和 05.0236
sum of squares between classes 组间平方和 09.0722
sum of squares within classes 组内平方和 09.0723
SUMT 序贯无约束极小化方法 11.0234
superaveraging function 超均函数 09.0337
superclosure of concave - convex function 凹凸函数

的上闭包 05.0832
superefficient estimate 超有效估计 09.0586
superencipher 超加密 12.0302
supergraph 母图 03.0081
superharmonic function 上调和函数 06.0335
superharmonic solution 上调和解 06.0118
superior limit 上极限 05.0028
superlinear convergence 超线性收敛 10.0331
superlinear convergence rate 超线性收敛速率 10.0332
supermartingale 上鞅 09.0230
supermemory gradient method 超记忆梯度法 11.0213
superpopulation 超总体 09.0444
superposition principle 叠加原理 06.0279
superreflexive Banach space 超自反巴拿赫空间 07.0122
supersingular elliptic curve 超奇椭圆曲线 04.0357
supersingular reduction 超奇约化 04.0365
supersolution 上解 06.0337
supersolvable group 超可解群 04.1805
supplementary angle 补角 08.0030
support function 支撑函数 05.0775
support half space 支撑半空间 05.0777
supporting functional 支撑泛函 05.0776
supporting hyperplane 支撑超平面 05.0778
supporting hyperplane algorithm 支撑超平面算法 05.0780
supporting hyperplane method 支撑超平面法 05.0779
supporting line function 支撑线函数 05.0781
supporting plane 支撑平面 05.0782
supporting point 支撑点 05.0774
support of distribution 广义函数支集 07.0091
support of fundamental function 基本函数支集 07.0088
support of measure 测度支集 05.0610
support set 支撑集 05.0773
supremum 上确界, *最小上界 05.0004
surd root 不尽根 04.0108
surface density method 表面密度方法 10.0685
surface distribution potential 面分布位势 05.0648
surface embedding 曲面嵌入 03.0158
surface fitting 曲面拟合 10.0142
surface [harmonic] function 面[调和]函数 06.0650
surface integral [曲]面积分 05.0165
surface multiplication factor method 表面增殖因子方法 10.0673
surface of revolution 旋转曲面 08.0269
surface of second order 二次曲面 08.0270
surgery 割补术 08.0936
surgery obstruction 割补阻碍 08.0937
surjection 满射 01.0108
surjective 满射 01.0108
surjective homomorphism 满同态 04.1313
surplus variable 剩余变量 11.0131
surrogate programming 约束替代规划 11.0087
Suslin tree 苏斯林树 02.0210
suspension 纬垂 08.0691
suspension isomorphism 纬垂同构 08.0692
sweep backward 后向搜索 11.0646
sweep forward 前向搜索 11.0645
switch curve 开关曲线 12.0515
switch function 开关函数 12.0514
switch surface 开关曲面 12.0516
Sylow subgroup 西罗子群 04.1820
Sylvester formula 西尔维斯特公式 04.0755
symbol 符号 01.0007, 象征 06.0488
symbol computation 符号计算 10.0031
symbolic code 符号码 12.0242
symbolic coding 符号编码 12.0241
symbolic language 符号语言 02.0007
symbolic logic *符号逻辑 02.0002
symbolism 符号体系 02.0001
symmetric algebra 对称代数 04.0864
symmetric bilinear form 对称双线性型 04.0771
symmetric block design 对称区组设计 03.0030
symmetric determinant 对称行列式 04.0759
symmetric difference 对称差 03.0288
symmetric difference of events 事件的对称差 09.0021
symmetric distribution 对称分布 09.0072
symmetric game 对称对策 11.0456
symmetric graph 对称图 03.0186

symmetric group 对称群 04.1824
symmetric hyperbolic operator 对称双曲[型]算子 06.0544
symmetric hyperbolic system 对称双曲[型]组 06.0408
symmetric kernel 对称核 06.0555
symmetric lattice 对称格 03.0317
symmetric Markov process 对称马尔可夫过程 09.0286
symmetric matrix 对称矩阵 04.0627
symmetric multilinear mapping 对称多重线性映射 04.0856
symmetric operator 对称算子 07.0201
symmetric point 对称点 05.0484
symmetric polynomial 对称多项式 04.0549
symmetric positive system 正对称组 06.0409
symmetric tensor 对称张量 04.0851
symmetric transformation 对称变换 04.0726
symmetrizer 对称化子 04.0854
symmetry 对称性 01.0122
symmetry principle 对称原理 05.0490
symmetry sampling technique 对称抽样方法 10.0654
symplectic difference scheme 辛差分格式 10.0576
symplectic group 辛群 04.1879
symplectic transformation 辛变换 04.1878
syndrome 校验子 12.0228
syntax 语法 02.0015
synthetic division 综合除法 04.0548
system 系统 12.0320
system analysis 系统分析 12.0374
systematic code 系统码 12.0188
systematic error 系统误差 10.0040
systematic sampling 系统抽样 09.0823
system design 系统设计 12.0375
system equivalence 系统等价 12.0511
system identification 系统辨识 12.0373
system matrix 系统矩阵 12.0510
system modelling 系统建模 12.0372
system of conservation laws 守恒律组 10.0578
system of coset representatives 陪集代表系 04.1751
system of elliptic equations 椭圆[型]方程组 06.0392
system of fundamental units 基本单位系 04.0245
system of homogeneous linear equations 齐次线性方程组 04.0739
system of Jacobi equations 雅可比方程组 05.0723
system of linear differential equations 线性微分方程组 06.0040
system of linear equations 线性方程组 04.0735
system of non-homogeneous linear equations 非齐次线性方程组 04.0740
system of orthogonal functions 正交函数系 05.0266
system of orthonormal functions 规范正交函数系 05.0267
system of partial differential equations 偏微分方程组 06.0223
system of quasi-linear hyperbolic equations 拟线性双曲[型]方程组 06.0398
system of quasi-linear parabolic equations 拟线性抛物[型]组 06.0411
system of strongly elliptic equations 强椭圆[型]方程组 06.0393
system reliability 系统可靠性 11.0618
system simulation 系统仿真 12.0377
systems science 系统科学 12.0408
systems theory 系统理论 12.0407
system synthesis 系统综合 12.0376
syzygy 合冲 04.1714

T

T_0 space T_0空间 08.0511
T_1 space T_1空间 08.0512
T_2 space T_2空间 08.0513
T_2-topological group T_2拓扑群 04.2033
tabular value 表[列]值 10.0272
tabulation 列表 10.0270
tail event 尾事件 09.0157
tail σ-field 尾σ域 09.0156

tamely ramified extension 弱分歧扩张 04.0498
Tanaka formula 田中公式 09.0258
tandem queue [system] 串联排队[系统] 11.0513
tangent 正切 08.0184
tangent bundle 切丛 08.0884
tangent cone 切锥 07.0384
tangent curve 正切曲线 08.0195
tangent cut locus 切割迹 08.1087
tangent cut point 切割点 08.1086
tangent hyperplane 切超平面 08.0380
tangential derivative *切[向]导数 06.0270
tangent line 切线 08.0237
tangent method 切线法 10.0356
tangent plane 切面 08.0318
tangent sheaf 切层 04.1148
tangent space 切空间 08.1029
tangent surface 切线曲面 08.0964
tangent vector 切向量 08.1031
tape 带 02.0267
Tate curve 泰特曲线 04.0387
Tate module 泰特模 04.0353
Tausworthe method 陶斯沃特方法 10.0641
taut 套紧[的] 08.1060
tautology 重言式 02.0046
Taylor formula 泰勒公式 05.0255
t-distribution t分布 09.0088
Teichmüller metric 泰希米勒度量 05.0471
Teichmüller space 泰希米勒空间 05.0469
telegraph equations 电报方程 06.0444
temporal logic 时态逻辑 02.0316
temporally homogeneous 时齐[的] 09.0299
tensor 张量 04.0834
tensor algebra 张量代数 04.0835
tensor calculus 张量分析 08.1017
tensor functor 张量函子 04.1601
tensor power 张量幂 04.0860
tensor product 张量积 04.0859
tensor product of algebras 代数的张量积 04.1421
tensor product of chain complexes 链复形的张量积 04.1673
tensor product of matrices 矩阵的张量积 04.0669
tensor product of modules 模的张量积 04.0903
tensor product of representations 表示的张量积 04.1921
tensor representation 张量表示 04.0840
tensor space 张量空间 04.0836
term 项 04.0516
terminal check 最终校验 10.0386
terminal decision function 最终决策函数 09.0545
terminal object 终对象 04.1578
terminal payoff 终结支付 11.0397
terminal state 终态 12.0419
terminal surface 终止面，*终结面 11.0418
terminal value control 终值控制 12.0400
terminating decimal 有尽小数 04.0097
term universal algebra 项泛代数 03.0357
termwise differentiation 逐项微分 05.0263
termwise integration 逐项积分 05.0262
tesseral harmonics 田形[调和]函数 06.0661
test 检验 09.0603
test function 检验函数 09.0606
test of a linear hypothesis 线性假设的检验 09.0707
test of goodness of fit 拟合优度检验 09.0792
test of independence 独立性检验 09.0796
test of normality 正态性检验 09.0795
test of the significance of difference 差异显著性检验 09.0637
test statistic 检验统计量 09.0605
tetrahedron 四面体 08.0151
Theodorsen function 泰奥多森函数 06.0716
theorem 定理 01.0013
theorema egregium 绝妙定理 08.1019
theorem of complementary slackness 互补松弛定理 11.0106
theory 理论 02.0069
theory of algebraic equations 代数方程论 04.0555
theory of algebraic invariants 代数不变式论 04.1884
theory of algebras 代数论 04.1393
theory of errors 误差论 10.0033
theory of fields 场论 05.0322
theory of matrices 矩阵论 04.0586
theory of solvability 可解性理论 07.0349
thesis 论题 02.0018

theta-function θ函数 04.0315
thin set 薄集 05.0679
third boundary value problem *第三边值问题 06.0301
Thom complex 托姆复形 08.0933
Thomé normal solution 托姆法式解 06.0059
Thom-Gysin isomorphism 托姆－吉赞同构 08.0934
threat strategy 威胁策略 11.0402
three circles theorem 三圆定理 05.0407
three-curve theorem 三曲线定理 06.0296
three-series theorem 三级数定理 09.0161
three-sphere theorem 三球面定理 06.0298
three-surface theorem 三曲面定理 06.0297
threshold autoregressive model 门限自回归模型 09.0916
threshold decoding 门限译码，*阈值译码 12.0120
threshold detection 门限检测 12.0264
threshold function 门限函数 12.0266
threshold parameter 门限参数 09.0917
threshold [value] 阈[值] 10.0464
threshold value 门限值，*阈值 12.0265
tight 胎紧[的] 08.1059
tightened sampling inspection 加严抽检 09.0844
time average method 时间平均方法 10.0674
time change 时变 09.0256
time-delay system 时滞系统 12.0333
time dependent 不定常，*时间相关 10.0590
time-dependent method 不定常方法，*时间相关法 10.0591
time domain 时域 12.0444
time domain analysis 时域分析 12.0445
time domain response 时域响应 12.0449
time-invariant channel 恒时信道 12.0065
time-invariant system 定常系统 12.0329
time lag 时滞 06.0210
timelike 类时[向] 06.0349
time-optimal control 时间最优控制，*快速控制 12.0391
time scale 时间尺度 10.0589
time series 时间序列 09.0891
time series analysis 时间序列分析 09.0890
time splitting 时间分裂 10.0588
time-varying channel 时变信道 12.0064
time-varying system 时变系统 12.0328
Tissot-Pohhammer differential equation 蒂索－波哈默微分方程 06.0646
to complete square 配方 04.0541
Toeplitz operator 特普利茨算子 07.0219
tolerance error 容许误差 10.0050
tolerance interval *容忍区间 09.0658
Tonelli sequence 托内利序列 06.0014
tonneau(法) 桶集 07.0074
topological Abelian group 拓扑阿贝尔群 04.2045
topological degree *拓扑度 07.0358
topological division ring 拓扑除环 04.0500
topological dynamical system 拓扑动力系统 06.0077
topological equivalence 拓扑等价 08.0484
topological generator 拓扑生成元 07.0399
topological group 拓扑群 04.2030
topological invariant 拓扑不变量 08.0485
topological lattice 拓扑格 03.0330
topological linear space 拓扑线性空间 07.0060
topological logic 拓扑逻辑 02.0320
topological manifold 拓扑流形 08.0604
topological mapping 拓扑映射 08.0483
topological method 拓扑方法 07.0357
topological space 拓扑空间 08.0442
topological stability 拓扑稳定性 06.0202
topological sum 拓扑和 08.0496
topological transformation group 拓扑变换群 04.2071
topological transitivity 拓扑传递性 06.0204
topological type 拓扑型 08.0583
topological vector space *拓扑向量空间 07.0060
topological Ω-stability 拓扑Ω稳定性 06.0203
topology 拓扑[学] 08.0440
topology of pointwise convergence 点式收敛拓扑 08.0560
topology of uniform convergence 一致收敛拓扑 08.0561
torsion 挠率 08.0952
torsion coefficients 挠系数 08.0661
torsion divisor 扭除子 04.1241

torsion element　扭元　04.0880
torsionfree　无挠的　08.1027
torsion free commutative group　无扭交换群　04.1859
torsion-free module　无扭模　04.0900
torsion group　挠群　08.0660
torsion group　周期群　04.1858
torsion module　扭模　04.0899
torsion tensor　挠率张量　08.1026
torus　环面　08.0595
torus group　环面群　04.2049
total correlation　全相关　09.0742
total curvature　全曲率　08.0968
total degree　全次数　04.0524
total differential　全微分　05.0096
total graph　全图　03.0135
totally differentiable　完全可微的　05.0097
totally disconnected　全不连通的　04.0505
totally disconnected compact group　全不连通紧群　04.2070
totally disconnected graph　全不连通图　03.0090
totally geodesic submanifold　全测地子流形　08.1047
totally hyperbolic　全双曲[型]　06.0533
totally inaccessible time　全不可及时，*绝不可及时　09.0218
totally isotropic space　全迷向空间　04.0807
totally ordered　全序[的]　03.0216
totally ordered set　全序集　03.0220
totally positive element　全正元　04.0458
totally ramified extension　全分歧扩张　04.0497
totally real field　全实域　04.0459
total matrix ring　全矩阵环　04.1321
total probability formula　全概率公式　09.0045
total space　全空间　08.0832
total step iteration　整步迭代　10.0299
total sum of squares　总平方和　09.0724
total variation　全变差　05.0060
total variation bounded　全变差有界　10.0572
total variation diminishing　全变差下降　10.0570
total variation diminishing scheme　全变差下降格式，*TVD格式　10.0574
total variation non-increasing　全变差不增　10.0571
total variation stable scheme　全变差稳定格式，*TVS格式　10.0575
trace　迹　04.0414
trace class　迹族　07.0196
trace form　迹形式　04.1259
trace ideal　迹理想　04.0923
trace norm　迹范数　07.0197
trace of a matrix　矩阵的迹　04.0605
trace of endomorphism　自同态的迹　04.1258
trace of von Neumann algebra　迹　07.0279
trace space　迹空间　07.0165
track length method　径迹长度方法　10.0680
tractrix　曳物线　08.0291
trade off　权衡　11.0265
trail　[轨]迹　03.0083
trajectory　[样本]轨道　09.0204
transcendental　超越的　04.0399
transcendental basis　超越基　04.0447
transcendental element　超越元　04.0400
transcendental entire function　超越整函数　05.0404
transcendental equation　超越方程　10.0319
transcendental extension　超越扩张　04.0443
transcendental meromorphic function　超越亚纯函数　05.0425
transcendental number　超越数　04.0181
transcendental number theory　超越数论　04.0183
transfer　转移[映射]　04.1697
transfer function　传递函数　12.0499
transfer function matrix　传递函数[矩]阵　12.0500
transfer of frontier conditions　边界条件转移　05.0699
transfinite cardinal number　超穷基数　01.0126
transfinite diameter　超限直径　05.0502
transfinite induction　超穷归纳法　02.0193
transfinite ordinal　超穷序数　02.0180
transformation group　变换群　04.1822
transgression　超渡　08.0876
transient behavior　瞬时性态　11.0533
transient motion　过渡运动　06.0146
transient state　非常返状态　09.0305
transition condition　过渡条件　06.0538
transition density function　转移密度函数

09.0295
transition function 转移函数 09.0294
transition matrix 转移阵 09.0296
transition probability 转移概率 09.0293
transitive group 传递群 04.1834
transitive set 传递集 04.1833
transitivity 传递性 01.0123
translation 平移 08.0321
translation invariant 平移不变 05.0310
translation number 平移数 05.0292
translation of functions 函数平移 04.1987
transmission capacity 传输容量 12.0086
transmission pole 传输极点 12.0502
transmission rate 传输速率 12.0025
transmission zero 传输零点 12.0501
transportation problem 运输问题 11.0155
transpose 转置 04.0595
transposed equation 转置方程 06.0485
transposed integral equation 转置积分方程 06.0548
transpose of a linear map 线性映射的转置 04.0770
transposition 对换 04.1827
transposition of terms 移项 04.0540
transshipment problem 转运问题 11.0156
transvection 平延 04.0742
transversal 横截 08.0908
transversal 陪集代表系 04.1751
transversal design 横截设计 03.0057
transversality 横截性 08.0909
transversal system 横截系 03.0056
transverse intersection 横截相交 06.0201
trap-door 陷门 12.0313
trapezoid 梯形 08.0100
trapezoidal rule 梯形法则 10.0244
traveling salesman problem 流动推销员问题，＊旅行商问题 11.0344
tree 树 03.0193
tree algorithm 树算法 12.0293
tree code 树码 12.0204
tree graph 树图 12.0205
tree representation 树表示 12.0292
tree search algorithm 树搜索算法 11.0362
trellis code 格子码，＊篱码 12.0206
trellis diagram 格子图，＊篱图 12.0207
trend 趋势[项] 09.0910
trial and error procedure 尝试法 10.0311
trial function 测试函数 10.0151
trial solution 试探解 10.0312
triangle 三角形 08.0042
triangulable 可三角剖分[的] 08.0653
triangular decomposition 三角[形]分解 10.0391
triangular determinant 三角形行列式 04.0763
triangular element 三角形元 10.0510
triangularization 三角形化 04.0647
triangular matrix 三角形矩阵 04.0614
triangular net 三角形网格 10.0486
triangulated space 剖分空间 08.0654
triangulation 三角剖分 10.0472
Tricomi equation 特里科米方程 06.0380
Tricomi function 特里科米函数 06.0740
Tricomi problem 特里科米问题 06.0383
tridiagonal matrix 三对角[矩]阵 10.0405
trigamma-function 三Γ函数 06.0635
trigonometrical form of complex number 复数的三角形式 05.0341
trigonometric approximation 三角逼近 10.0096
trigonometric function 三角函数 05.0115
trigonometric interpolation 三角插值 10.0187
trigonometric regression 三角回归 09.0912
trigonometric series 三角级数 05.0278
trigonometric sum 三角和 04.0188
trigonometry 三角学 08.0173
trilinear element 三线性元 10.0507
trinomial 三项式 04.0546
trinomial equation 三项方程 04.0565
triple integral 三重积分 05.0160
triple point 三重点 04.1184
triple root 三重根 04.0582
triple system 三元系 03.0041
triplets permutation method 三排列方法 10.0645
trisection of an angle 三等分角[问题] 08.0130
trisectrix 三等分角线 08.0129
trivial 平凡[的] 01.0068
trivial absolute value 平凡绝对值 04.0481
trivialization 平凡化 08.0867

trivial ordered 平凡序[的] 03.0217
trivial subgroup 平凡子群 04.1741
trivial valuation 平凡赋值 04.0468
truncated cone 截锥 08.0170
truncated decision function 截尾型决策函数 09.0546
truncated distribution 截尾分布 09.0069
truncated regression 截尾回归 09.0712
truncated sample 截尾样本 09.0483
truncation error 截断误差 10.0039
trust region 置信域 11.0204
truth 真值 02.0042
truth function 真假值函数 02.0044
truth table 真假值表 02.0045
truth table reducibility 真假值表归约性 02.0288
truth value 真假值 02.0041
t-test *t* 检验 09.0635
tubular neighborhood 管状邻域 08.0907
Turing machine 图灵机 02.0254
Turing reduction 图灵归约 02.0299
Tutte graph 塔特图 03.0138
Tutte polynomial 塔特多项式 03.0176
TVB 全变差有界 10.0572
TVD 全变差下降 10.0570
TVNI 全变差不增 10.0571
twisting sheaf 扭曲层 04.1138
twist mapping 扭转映射 06.0101
twist of elliptic curve 椭圆曲线的扭曲 04.0379
twist theorem 扭转定理 06.0129
two dimensional system 二维系统 12.0354
two-person constant-sum game 两人常和对策 11.0441
two-person game 两人对策 11.0428
two-person general sum game 两人一般和对策 11.0442
two-person zero－sum game 两人零和对策 11.0440
two-phase sampling 双重抽样 09.0825
two-point distribution 两点分布 09.0075
two-sided generator 双边生成元 07.0401
[two-sided] ideal [双边]理想 04.1300
two-sided search 双侧搜索 11.0201
two-sided surface 双侧曲面 08.0313
two-sided test 双侧检验 09.0633
two-stage estimate 两步估计 09.0685
two-way channel 双向信道 12.0079
two way classification 两种方式分组 09.0721
two-way communication 双向通信 12.0316
two-way layout 二因子试验设计 09.0862
type 型 02.0097
type-function 型函数 05.0417
type of an universal algebra 泛代数的型 03.0339
type [of entire function] [整函数的]型 05.0412

U

UAN condition 一致渐近可略条件 09.0171
U-estimator *U* 估计 09.0778
UFD 唯一因子分解整环 04.0957
u-invariant of a field 域的 *u* 不变量 04.0826
ultrabornologic space 超有界型空间 07.0084
ultradistribution 超广义函数 07.0105
ultrafilter 超滤子 03.0231
ultrahyperbolic equation 超双曲[型]方程 06.0345
ultraparabolic equation 超抛物[型]方程 06.0376
ultrapower 超幂 03.0362
ultraproduct 超积 03.0361
umbilical point 脐点 08.0981
UMP test 一致最大功效检验 09.0617
UMPU test 一致最大功效无偏检验 09.0619
UMVUE 一致最小方差无偏估计 09.0554
unary operation 一元运算 03.0334
unbalanced assignment problem 不平衡指派问题 11.0163
unbalanced transportation problem 不平衡运输问题 11.0158
unbiased confidence interval 无偏置信区间 09.0651
unbiased confidence region 无偏置信区域 09.0655
unbiased estimate 无偏估计 09.0552
unbiased test 无偏检验 09.0618

unbounded lag 无界滞量 06.0212
unbounded linear operator 无界线性算子 07.0181
unbounded reward model 无界报酬模型 11.0582
unbounded solution 无界解 06.0231
uncertain system 不确定性系统 12.0344
uncertainty 不定度 12.0028
unconditional basis 无条件基 07.0057
unconstrained minimization 无约束极小化 10.0317
unconstrained optimization method 无约束最优化方法 11.0205
uncorrelated 不相关[的] 09.0123
uncorrelated samples 不相关样本 09.0484
underdetermined system 欠定组，*亚定组 10.0379
underlying functor 底函子 04.1589
underlying group 底群 04.2031
underlying topological space 底拓扑空间 08.0881
underrelaxation 低松弛，*亚松弛 10.0427
undirected graph 无向图 03.0073
unicellular operator 单胞算子 07.0221
uniform algebra *一致代数 07.0300
uniform approximation 一致逼近 10.0085
uniform boundedness theorems 一致有界性定理 07.0156
uniform continuous mapping 一致连续映射 08.0556
uniform convergence 一致收敛性 05.0261
uniform covering 一致覆盖 08.0554
uniform departureness 均匀偏度 10.0647
uniform distribution 一致分布 04.0184
uniform distribution 均匀分布 09.0083
uniform ellipticity 一致椭圆性 06.0512
uniform error 一致误差 10.0057
uniform function 单值函数 05.0374
uniform hyperbolicity 一致双曲性 06.0422
uniformity 一致结构 08.0552
uniformization 单值化 05.0456
uniformization theorem 单值化定理 05.0457
uniformly absolutely continuous 一致绝对连续[的] 05.0223
uniformly asymptotically negligible condition 一致渐近可略条件 09.0171
uniformly continuous 一致连续[的] 05.0033
uniformly convex [Banach] space 一致凸[巴拿赫]空间 07.0118
uniformly integrable martingale 一致可积鞅 09.0232
uniformly minimum variance unbiased estimate 一致最小方差无偏估计 09.0554
uniformly most accurate confidence interval 一致最精确置信区间 09.0650
uniformly most accurate unbiased confidence interval 一致最精确无偏置信区间 09.0652
uniformly most powerful test 一致最大功效检验 09.0617
uniformly most powerful unbiased test 一致最大功效无偏检验 09.0619
uniformly strong consistent estimate 一致强相合估计 09.0594
uniformly strong mixing condition 一致强混合条件 09.0406
uniform parabolicity 一致抛物性 06.0423
uniform quantizing 均匀量化 12.0152
uniform space 一致空间 08.0551
uniform stability 一致稳定性 06.0142
uniform topology 一致拓扑 08.0553
uniform topology of operators 算子一致拓扑 07.0041
unilaterally connected 单向连通[的] 03.0208
unilateral surface 单侧曲面 08.0312
unimodal distribution 单峰分布 09.0070
unimodal function 单峰函数 11.0190
unimodality 单峰性 11.0195
unimodular 幺模[的] 05.0320
unimodular group *幺模群 04.1865
unimodular matrix 幺模矩阵 04.0618
unimorphism 一致同构 08.0557
union 并 01.0086
union of events 事件的并 09.0015
unipotent element 幂幺元 04.2001
unipotent group 幂幺群 04.2006
unipotent radical 幂幺根 04.2009
unipotent representation 幂幺表示 04.2117
unique decodability 唯一可译性 12.0128

unique decodable code 唯一可译码 12.0129
unique factorization domain 唯一因子分解整环 04.0957
uniquely ergodic 唯一遍历 07.0426
uniqueness 唯一[性] 01.0033
uniqueness of best approximation 最佳逼近的唯一性 10.0115
uniserial module 单列模 04.0920
unit 单位 04.0951
unitary frame 酉正标架 08.1103
unitary group 酉群 04.1868
unitary matrix 酉矩阵 04.0625
unitary operator 酉算子 07.0191
unitary representation 酉表示 04.1931
unitary representations of locally compact group 局部紧群的酉表示 04.2044
unitary ring 幺环 04.1280
unitary space 酉空间 04.0729
unitary transformation 酉变换 04.0730
unit character 单位特征[标] 04.1945
unit disk 单位圆[盘] 05.0353
unit element 单位元[素], *幺元 04.1279
unit function *单位函数 07.0108
unit ideal 单位理想 04.1306
unit matrix 单位矩阵, *幺矩阵 04.0593
unit operator 单位算子 07.0174
unit point 单位点 08.0353
unit representation 单位表示 04.1919
unit step function 单位阶跃函数 12.0450
unit step input 单位阶跃输入 12.0431
unit step response 单位阶跃响应 12.0451
unit tensor 单位张量 04.0850
unit vector 单位向量 04.0721
univalent function 单叶函数 05.0494
univariate search technique 坐标轮换法 11.0215
universal algebra 泛代数 03.0332
universal bundle 万有丛 08.0849
universal coding 通用编码 12.0159
universal covering group 泛覆叠群 04.2065
universal covering space 万有覆叠空间 08.0817
universal covering surface 万有覆盖面 05.0460
universal distribution 泛分布 04.0294
universal element of a functor 函子的泛元 04.1605
universal enveloping algebra 泛包络代数 04.1517
universal form 泛值型 04.0800
universal function 通用函数 02.0229
universally measurable 普遍可测[的] 09.0036
universal mapping 泛映射 04.1607
universal model 万有模型 02.0107
universal object 泛对象 04.1606
universal property 泛性质 04.1604
universal quantifier 全称量词 02.0057
universal Teichmüller space 万有泰希米勒空间 05.0470
universe 全域 02.0070, 底集 03.0338
unlimited decimal 无尽小数 04.0098
unmixed ideal 非混合理想 04.0997
unobservable subspace 不可观测子空间 12.0468
unordered partition 无序分拆 03.0018
unprovability 不可证明性 02.0134
unramified extension 非分歧扩张 04.0496
unsolvability 不可解性 02.0230
unstable manifold 非稳定流形 06.0205
upcrossing inequality 上穿不等式 09.0251
up-ladder operator 上升算子 06.0643
upper approximate value 过剩近似值, *上近似值 10.0060
upper bound 上界 05.0003
upper central series 上中心序列 04.1506
upper continuous lattice 上连续格 03.0320
upper control limit 上控制限 09.0857
upper derivative 上导数 05.0076
upper limit 上极限 05.0028
upper limit function 上极限函数 05.0037
upper limit of integral 积分上限 05.0144
upper semi-continuity 上半连续性 07.0027
upper semi-continuous 上半连续[的] 05.0039
upper semi-continuous mapping 上半连续映射 05.0770
upper triangular matrix 上三角形矩阵 04.0615
upstream scheme 迎风格式 10.0568
upwind difference 迎风差分 10.0567
urelement 本元 02.0168
Urysohn operator 乌雷松算子 07.0342
usual conditions 通常条件 09.0211

u-test u 检验 09.0634
utility function 效用函数 11.0584
utility theory 效用理论 11.0583

V

vague compact 淡紧 05.0621
vague convergence 淡收敛 09.0164
vague topology 淡拓扑 05.0619
validity *有效性 02.0114
valuation 赋值 02.0040, 04.0465
valuation ring 赋值环 04.0470
valuation theory 赋值论 04.0464
value distribution 值[的]分布 05.0429
value of a game 对策的值 11.0409
value theory 价值论 11.0595
Van der Corput method 范德科普方法 04.0196
Vandermonde determinant 范德蒙德行列式 04.0757
van der Pol equation 范德波尔方程 06.0086
vanishing theorem 消灭定理 08.1104
variable 变量 01.0055
variable length code 变长码 12.0157
variable mesh size 可变网距 10.0498
variable metric algorithm 变尺度[算]法 10.0374
variable metric method 变度量法 11.0211
variable parameters model 可变参数模型 09.0673
variable step size [可]变步长 10.0276
variable structure control 变结构控制 12.0395
variable structure control system 变结构控制系统 12.0336
variance 方差 09.0117
variance component 方差分量 09.0670
variance component model 方差分量模型 09.0671
variation 变分 05.0692
variational derivative 变分导数 05.0695
variational equation 变分方程 05.0687
variational inequality 变分不等式 05.0688
variational inequation 变分不等方程 05.0689
variational method 变分方法 07.0370
variational principle 变分原理 05.0681
variational problem 变分问题 05.0683
variety of associative algebras 结合代数簇 04.1449
variety of universal algebras 泛代数簇 03.0356
vector 向量, *矢量 04.0671
vector bundle 向量丛, *矢丛 08.0848
vector field 向量场 05.0324
vectorized Monte Carlo method 向量蒙特卡罗方法 10.0622
vector lattice *向量格 07.0128
vector norm 向量[的]范数 10.0415
vector objective function 向量目标函数 11.0259
vector optimization 向量最优化 11.0012
vector space *向量空间 04.0670
verification 验证 01.0025
versed cosine 余矢 08.0183
versed sine 正矢 08.0181
versine 正矢 08.0181
version of process 过程的等价形 09.0196
vertex 顶点 03.0062
vertex angle 顶角 08.0050
vertex connectivity [顶]点连通度 03.0123
vertex cover [顶]点覆盖 03.0139
vertex cover number [顶]点覆盖数 03.0140
vertex independent number [顶]点独立数 03.0146
vertex subgraph 顶点子图 03.0078
vertex symmetry 顶点对称 03.0187
vertex transitive graph 顶点传递图 03.0181
vertical angles 对顶角 08.0038
very ample bundle 极丰富丛 04.1254
very ample sheaf 极丰富层 04.1157
vibrating string equation 弦振动方程 06.0346
video compression 图象压缩 12.0148
virtual character 广义特征[标] 04.1955
virtual waiting time 虚等待时间 11.0527
viscosity vanishing method 粘性消失法 06.0404
Viterbi decoding algorithm 维特比译码算法 12.0125
Volterra integral equation 沃尔泰拉积分方程

06.0562
Volterra integral equation of the first kind 第一类沃尔泰拉积分方程 06.0563
Volterra integral equation of the second kind 第二类沃尔泰拉积分方程 06.0564
Volterra integral equation of the third kind 第三类沃尔泰拉积分方程 06.0565
Volterra method 沃尔泰拉法 06.0359
volume 体积 08.0022
volume element 体积元 08.1036
volume potential 体积位势 05.0649
von Neumann algebra 冯·诺伊曼代数 07.0278
von Neumann condition 冯·诺伊曼条件 10.0525
von Neumann criterion 冯·诺伊曼判据 06.0502
von Neumann-Morgenstern solution 冯·诺伊曼-莫根施特恩解 11.0424
voter model 选举模型 09.0391

W

W*-algebra *W*代数 07.0278
Wagner function 瓦格纳函数 06.0717
waiting system 等待制系统，*等待服务系统 11.0496
waiting time 等待时间 11.0526
walk 通道 03.0082
Walsh system of [orthogonal] functions 沃尔什[正交]函数系 05.0273
wandering domain 游荡[区]域 05.0523
wandering point 游荡点 06.0206
wandering set 徘徊集，*游荡集 07.0423
war gaming technique 作战对策技术 11.0647
Waring problem 华林问题 04.0215
Watson formula 沃森公式 06.0715
Watson transform 沃森变换 05.0591
wave equation 波[动]方程 06.0347
wave front set 波前集 06.0540
wavelet analysis 小波分析 05.0333
wavelets 小波分析 05.0333
wavelet transform 小波变换 05.0592
weak* dual space 弱*对偶空间 07.0049
weak* topology 弱*拓扑 07.0036
weak conservation form 弱守恒型 10.0581
weak continuity 弱连续性 07.0023
weak duality theorem 弱对偶定理 11.0118
weak extremum 弱极值 05.0708
weak local extremum 弱局部极值 05.0709
weakly* compact 弱*紧 07.0031
weakly* convergent 弱*收敛[的] 07.0037
weakly bounded set 弱有界集[合] 05.0622
weakly closed 弱闭[的] 07.0021
weakly compact 弱紧 07.0030
weakly connected 弱连通[的] 03.0209
weakly convergent 弱收敛[的] 07.0035
weakly coupled system 弱耦合系统 12.0369
weakly efficient point 弱有效点 11.0290
weakly efficient solution 弱有效解 11.0268
weakly hyperbolic operator 弱双曲[型]算子 06.0536
weakly lower semi-continuous 弱下半连续[的] 05.0769
weakly modular lattice 弱模格 03.0281
weakly stationary process 弱平稳过程 09.0396
weakly wandering set 弱徘徊集，*弱游荡集 07.0424
weak maximum principle 弱最大值原理 06.0292
weak solution 弱解 06.0498
weak solution of SDE 随机微分方程[的]弱解 09.0268
weak stability 弱稳定性 10.0522
weak topology 弱拓扑 07.0034，08.0700
weak truth table reducibility 弱真假值表归约性 02.0289
weak type estimate 弱型估计 05.0309
Weber function 韦伯函数 06.0683
wedge product 楔积 08.0787
Weibull distribution 韦布尔分布 09.0097
Weierstrass canonical form 魏尔斯特拉斯典范型 06.0629
Weierstrass elliptic function 魏尔斯特拉斯椭圆函数 06.0616
Weierstrass equation 魏尔斯特拉斯方程

04.0344
Weierstrass [necessary] condition 魏尔斯特拉斯[必要]条件 05.0702
Weierstrass p-function 魏尔斯特拉斯 p 函数 04.0368
Weierstrass ε-function 魏尔斯特拉斯 ε 函数 05.0719
weight distribution 权重分布 12.0230
weighted approximation 加权逼近 10.0092
weighted error 加权误差 10.0058
weighted inequality 加权不等式 05.0306
weighted minimax algorithm 加权极小化极大算法 10.0137
weighted residual 加权残差 10.0147
weighted residual method 加权余量法 10.0608
weight function 权函数 05.0307
weighting coefficients 权系数 11.0300
weight method 加权方法 10.0664
weight of a vertex 顶点的权 03.0197
weight of invariant 不变式的权 04.1889
weight of modular form 模形式的权 04.0325
weight of representation 表示的权 04.1526
weight of tensor 张量的权 04.0848
weights of rational representation 有理表示的权 04.2023
weight subspace 权子空间 04.1527
weight vector 权向量 11.0301
Weil divisor 韦伊除子 04.1141
Weil domain 韦伊域 05.0561
Weil pairing 韦伊配对 04.0355
well-behaved 良态 10.0409
well-conditioned 良态 10.0409
well-formed 合式[的] 02.0010
well-formed formula 合式公式 02.0011
well-ordered 良序[的] 02.0173
well-ordered set 良序集[合] 02.0174
well-ordering principle 良序原则 02.0175
well-posed problem 适定问题 06.0283
Weyl basis 外尔基 04.1536
Weyl chamber 外尔房 04.1535
Weyl character formula 外尔特征[标]公式 04.2120
Weyl dimension formula 外尔维数公式 04.2121
Weyl group 外尔群 04.1537
Weyl group of algebraic group 代数群的外尔群 04.2017
Weyl sum 外尔和 04.0194
Whitehead group 怀特黑德群 04.1725
Whitehead group of a ring 环的怀特黑德群 04.1728
white noise 白噪声 12.0252
Whittaker differential equation 惠特克微分方程 06.0680
Whittaker function 惠特克函数 06.0681
whole number 整数 04.0004
wiedersehen surface 再见曲面 08.1050
Wiener capacity 维纳容量 05.0661
Wiener filtering 维纳滤波 09.0424
Wiener functional 维纳泛函 09.0357
Wiener-Hopf integral equation 维纳－霍普夫积分方程 06.0579
Wiener-Hopf integro-differential equation 维纳－霍普夫积分微分方程 06.0589
Wiener-Hopf operator 维纳－霍普夫算子 07.0222
Wiener-Hopf technique 维纳－霍普夫法 06.0580
Wiener measure 维纳测度 09.0355
Wiener process 维纳过程 09.0353
Wiener space 维纳空间 09.0354
wildly ramified extension 强分歧扩张 04.0499
Wilks Λ-statistic 威尔克斯 Λ 统计量 09.0736
Wiman-Valiron method 威曼－瓦利龙方法 05.0416
winding number 卷绕数 08.0742
winning coalition 获胜联盟，*赢联盟 11.0421
Winsorized mean 温莎平均 09.0775
Wishart distribution 威沙特分布 09.0106
without aftereffect 无后效 09.0289
Witt decomposition 维特分解 04.0810
Witt-Grothendieck group 维特－格罗滕迪克群 04.0813
Witt index 维特指数 04.0811
Witt ring 维特环 04.0812
Witt vector 维特向量 04.0441
Wold decomposition 沃尔德分解 09.0419
word 字 04.1854

word length 字长 10.0014
word problem 字问题 04.1855
wreath product 圈积 04.1780
wringing number 拧数 08.0741
Wronskian [determinant] 朗斯基行列式 05.0131

Y

Yang-Mills connection 杨－米尔斯联络 08.1062
Yang-Mills equations 杨－米尔斯方程 06.0447
Youden square 尤登方 09.0876
Young diagram 杨氏图 04.1941
Young transformation 杨氏变换 05.0733
Yukawa potential 汤川位势 05.0644

Z

Zariski ring 扎里斯基环 04.1004
Zariski topology 扎里斯基拓扑 04.0942
Zermelo-Frankel set theory 策梅洛－弗兰克尔集合论，＊Z-F 集合论 02.0152
zero 零 04.0003，零点 05.0389
zero-dagger 0^+ 02.0217
zero degree 零次 04.0521
zero divisor 零因子 04.1283
zero element 零元[素] 04.1275
zero game 零对策 11.0426
zero ideal 零理想 04.1307
zero-input response 零输入响应 12.0454
zero matrix 零矩阵 04.0592
zero morphism 零态射 04.1562
zero object 零对象 04.1579
zero-one integer programming 零一整数规划 11.0175
zero-one law 零一律 09.0155
zero-one programming 零一规划 11.0174
zero order 零级 05.0411
zero ring 零环 04.1296
zero-sharp $0^\#$ 02.0216
zero-stability 零稳定性 10.0308
zero-sum game 零和对策 11.0427
zero variance technique 零方差技巧 10.0632
zero vector 零向量 04.0676
zeta-distribution ζ 分布 09.0082
zeta-function of simple algebra 单代数的 ζ 函数 04.1462
zonal harmonics 带[调和]函数 06.0660
Zorn lemma 佐恩引理 02.0158

α-capacity α 容量 12.0085
α-finite α 有限 02.0293
α-limit point α 极限点，＊负向极限点 06.0124
α-limit set α 极限集合 06.0165
α-polar set 极集 05.0678
α-recursion α 递归性 02.0294
α-superharmonic function α 上调和函数 05.0635
α-trimmed mean α 修削平均 09.0774
β-distribution β 分布 09.0096
β-function β 函数 06.0637
Γ-distribution Γ 分布 09.0095
δ-measure δ 测度 05.0180
δ-Neumann problem δ 诺伊曼问题 06.0342
δ-scattering method δ 散射方法 10.0670
ε-algorithm ε 算法 10.0341
ε-entropy ε 熵 12.0033
ε-optimal policy ε 最优策略 11.0574
ζ-distribution ζ 分布 09.0082
ζ-function of simple algebra 单代数的 ζ 函数 04.1462
η-algorithm η 算法 10.0342
θ-function θ 函数 04.0315
λ-calculus λ 演算 02.0231
λ-definable function λ 可定义函数 02.0232
λ-lemma λ 引理 06.0187
λ-system λ 系 09.0027

μ-almost everywhere　μ 几乎处处　05.0612
μ-mapping　μ 映射　08.0562
μ-operator　μ 算子　02.0237
π-solvable group　π 可解群　04.1806
π-system　π 系　09.0028
σ-algebra　* σ 代数　05.0173
σ-algebra of events　* 事件 σ 代数　09.0024
σ-complete　σ 完备　07.0132
σ-discrete family　σ 离散族　08.0549
σ-field　σ 域　05.0173
σ-field of events　事件 σ 域　09.0024
σ-field prior to τ　τ 前 σ 域　09.0213
σ-field strictly prior to τ　严格 τ 前 σ 域　09.0214
σ-finite measure space　σ 有限测度空间　07.0390
σ-function　σ 函数　06.0618
σ-locally finite family　σ 局部有限族　08.0550
σ-ring　σ 环　05.0172
φ-descent　φ 下降法　04.0373
ω-consistency　ω 相容性，* ω 协调性，* ω 和谐　02.0133
ω-limit point　ω 极限点，* 正向极限点　06.0123
ω-limit set　ω 极限集合　06.0207
Ω-stability　Ω 稳定性　06.0195

汉 英 索 引

A

$0^{\#}$ zero-sharp 02.0216
0^{+} zero-dagger 02.0217
阿贝尔变换 Abel transformation 05.0242
阿贝尔遍历定理 Abel ergodic theorem 07.0416
阿贝尔簇 Abelian variety 04.1235
阿贝尔簇的 p 秩 p-rank of Abelian variety 04.1256
阿贝尔簇的极化 polarization of an Abelian variety 04.1262
阿贝尔范畴 Abelian category 04.1624
阿贝尔概形 Abelian scheme 04.1252
阿贝尔函数 Abelian function 04.0316
阿贝尔函数域 Abelian function field 04.0317
阿贝尔化函子 abelianizing functor 04.1729
阿贝尔积分 Abelian integral 05.0454
阿贝尔积分方程 Abel integral equation 06.0575
阿贝尔晶体 Abelian crystal 04.1167
阿贝尔扩张 Abelian extension 04.0437
阿贝尔李代数 Abelian Lie algebra 04.1502
阿贝尔求和[法] Abel summation [method] 05.0250
阿贝尔群 Abelian group 04.1739
阿贝尔群层 sheaf of Abelian groups 04.1088
阿贝尔群范畴 category of Abelian groups 04.1569
阿贝尔微分 Abelian differential 05.0468
阿贝尔问题 Abel problem 06.0574
阿达马导数 Hadamard derivative 07.0315
阿达马法 Hadamard method 06.0368
阿达马矩阵 Hadamard matrix 03.0050
阿达马设计 Hadamard block design 03.0049
阿代尔 adéle 04.0282
阿代尔环 adéle ring 04.0283
阿代尔群 adéle group 04.2028
阿尔巴内塞簇 Albanese variety 04.1238
阿基米德公理 Archimedean axiom 08.0011
阿基米德绝对值 Archimedean absolute value 04.0482
阿基米德序域 Archimedean ordered field 04.0454
阿诺索夫微分同胚 Anosov diffeomorphism 06.0163
阿诺索夫向量场 Anosov vector field 06.0164
阿佩尔二变量超几何函数 Appell hypergeometric function of two variables 06.0647
阿廷 L 函数 Artin L-function 04.0220
阿廷根数 Artin root number 04.0221
阿廷环 Artinian ring 04.0981
阿廷模 Artinian module 04.0910
阿廷映射 Artin map 04.0274
埃尔朗分布 Erlang distribution 11.0522
埃尔米特变换 Hermitian transformation 04.0731
埃尔米特插值 Hermite interpolation 10.0167
埃尔米特多项式 Hermite polynomial 06.0675
埃尔米特二次型 Hermitian quadratic form 04.0785
埃尔米特泛函 Hermitian functional 07.0012
埃尔米特-高斯求积 Hermite-Gauss quadrature 10.0260
埃尔米特矩阵 Hermitian matrix 04.0629
埃尔米特求积 Hermite quadrature 10.0252
* 埃尔米特算子 Hermitian operator 07.0201
埃尔米特微分方程 Hermite differential equation 06.0674
埃尔米特型核 Hermitian kernel 06.0558
埃拉托色尼筛法 sieve of Eratosthenes 04.0173
艾达尔 etale 04.1160
艾达尔覆叠 etale covering 04.1161
艾达尔上同调 etale cohomology 04.1163
艾达尔态射 etale morphism 04.1162
艾里微分方程 Airy differential equation 06.0061

艾森斯坦多项式　Eisenstein polynomial　04.0534
艾森斯坦级数　Eisenstein series　04.0328
艾特肯$\triangle^2$法　Aitken $\triangle^2$ method, Aitken $\triangle^2$ process　10.0340
艾特肯插值算法　Aitken interpolation algorithm　10.0180
爱因斯坦方程　Einstein equation　06.0448
鞍点　saddle point　06.0093
鞍点定理　saddle point theorem　11.0107
鞍点对策　saddle point game　11.0455
鞍函数　saddle-function　05.0822
鞍函数的凹闭包　concave closure of saddle function　05.0830
鞍函数的凸闭包　convex closure of saddle function　05.0829
鞍形分界线环　saddle separatrix　06.0095
鞍形连接　saddle connection　06.0096
按对平衡区组设计　pairwise balanced block design　03.0034
按年龄更换策略　age replacement policy　11.0634
凹多边形　concave polygon　08.0111
凹多面体　concave polyhedron　08.0136
凹规划　concave programming　11.0064
凹函数　concave function　05.0805
凹算子　concave operator　07.0368
凹凸[二元]函数　concave-convex function　05.0827
凹凸函数的上闭包　superclosure of concave-convex function　05.0832
凹凸函数的下闭包　lower closure of concave-convex function　05.0831
凹[性]　concavity　05.0746
奥恩斯坦－乌伦贝克过程　Ornstein-Uhlenbeck process　09.0362
奥恩斯坦－乌伦贝克算子　Ornstein-Uhlenbeck operator　09.0275
奥恩斯坦－乌伦贝克算子半群　Ornstein--Uhlenbeck semi-group of operators　09.0276
奥尔利奇空间　Orlicz space　07.0126
奥－高公式　Ostrovski-Gauss formula　05.0168
奥斯古德唯一性条件　Osgood uniqueness condition　06.0010

B

八边形　octagon　08.0106
八面体　octahedron　08.0154
巴恩斯广义超几何函数　Barnes extended hypergeometric function　06.0645
巴哈杜尔渐近效率　Bahadur asymptotic efficiency　09.0589
巴哈杜尔效率　Bahadur efficiency　09.0583
巴拿赫*代数　Banach*-algebra　07.0273
[巴拿赫*代数的]*表示　*-representation [of Banach*-algebra]　07.0294
巴拿赫代数　Banach algebra　07.0265
[巴拿赫代数的]表示　representation [of Banach algebra]　07.0293
巴拿赫格　Banach lattice　07.0130
巴拿赫空间　Banach space　07.0117
巴拿赫流形　Banach manifold　07.0375
巴索蒂－泰特群　Barsotti-Tate group　04.1248
巴塔恰里亚下界　Bhattacharyya lower bound　09.0578
白尔根　Baer radical　04.1343
白噪声　white noise　12.0252
百分法　percentage　04.0085
百分率　percent　04.0086
百分误差　percentage error　10.0037
摆线　cycloid　08.0283
班　class　08.0247
伴随表示　adjoint representation　04.1499
伴随行列式　adjoint determinant　04.0756
伴随函子　adjoint functors　04.1613
伴随核　adjoint kernel　05.0628
伴随矩阵　adjoint matrix　04.0616
伴随李代数　adjoint Lie algebra　04.1500
伴随蒙特卡罗方法　adjoint Monte Carlo method　10.0615
伴随权重方法　adjoint weight method　10.0675
伴随算子　adjoint operator　07.0200
伴随统计估计方法　adjoint statistical estimation method　10.0666

伴随微分方程 adjoint differential equation 06.0267
伴随微分算子 adjoint differential operator 06.0484
伴随线性映射 adjoint linear map 04.0777
伴随指数变换方法 adjoint exponential transformation method 10.0667
瓣 section 04.1080
半本原环 semi-primitive ring 04.1366
*半标量积 semi-scalar product 07.0140
半不变量 semi-invariant, cumulant 09.0140
半参数模型 semi-parameter model 09.0464
半单纯复形 semi-simplicial complex 08.0709
半单纯映射 semi-simplicial mapping 08.0714
半单簇 semi-simple variety 03.0366
半单代数 semi-simple algebra 04.1405
半单代数群 semi-simple algebraic group 04.1997
半单泛代数 semi-simple universal algebra 03.0365
半单[赋范]环 semi-simple [normed] ring 07.0291
半单环 semi-simple ring 04.1364
半单李代数 semi-simple Lie algebra 04.1519
半单李代数的根系 root system of a semi-simple Lie algebra 04.1531
半单李代数的上同调 cohomology of semi-simple Lie algebras 04.1707
半单李群 semi-simple Lie group 04.2112
半单模 semi-simple module 04.0888
半单若尔当代数 semi-simple Jordan algebra 04.1486
半单线性变换 semi-simple linear transformation 04.0708
半单元 semi-simple element 04.2000
半单秩 semi-simple rank 04.2019
半迭代法 semi-iterative method 10.0439
半定矩阵 semi-definite matrix 04.0635
半范数 semi-norm 07.0113
半弗雷德霍姆算子 semi-Fredholm operator 07.0215
半格 semi-lattice 03.0238
半角公式 half angle formula 08.0196
半解析蒙特卡罗方法 semi-analytic Monte Carlo method 10.0625
半径 radius 08.0078
半局部单连通[的] semi-locally simply connected 08.0778
半局部环 semi-local ring 04.0967
半离散法 semi-discrete method 10.0609
半连续[的] semi-continuous 05.0041
半连续性 semi-continuity 07.0029
半流 semi-flow 06.0193
半模格 semi-modular lattice 03.0280
半内积 semi-inner product 07.0140
半平面 half plane 05.0354
半球面 semi-sphere 08.0164
半群 semi-group 04.1972
半群环 semi-group ring 04.1325
半群扰动 perturbation of semi-group 07.0230
半双线性泛函 semi-bilinear functional, sesquilinear functional 07.0011
半双线性型 semi-bilinear form, sesquilinear form 04.0776
半双线性型的自同构 automorphism of a sesquilinear form 04.0778
半素环 semi-prime ring 04.1373
半完满环 semi-perfect ring 04.1391
半稳定极限环 semi-stable limit-cycle 06.0106
半无限规划 semi-infinite programming 11.0083
半线性偏微分方程 semi-linear partial differential equation 06.0221
半线性同构 semi-linear isomorphism 04.0713
半线性映射 semi-linear mapping 04.0714
*半序 semi-ordering 03.0215
半鞅 semi-martingale 09.0245
半样本 semi-sample 09.0486
半隐格式 semi-implicit scheme 10.0550
半域 semi-field 04.0511
半圆 semi-circle 08.0084
半整数权模形式 modular form of half-integer weight 04.0335
半正规算子 semi-normal operator 07.0209
半直积 semi-direct product 04.1778
半准素环 semi-primary ring 04.1371
半自反局部凸空间 semi-reflexive locally convex space 07.0071

蚌线 conchoid 08.0298
胞腔 cell 08.0695
胞腔逼近 cellular approximation 08.0704
胞腔复形 cell complex 08.0694
胞腔空间 cellular space 08.0807
胞腔剖分 cell decomposition 08.0698
胞腔上同调群 cell cohomology group 08.0732
胞腔式映射 cellular mapping 08.0699
胞腔同调群 cellular homology group 08.0708
胞腔同伦 cellular homotopy 08.0808
包含 inclusion, include 01.0081
包含函子 inclusion functor 04.1593
包核拓扑 hull kernel topology 07.0297
包络代数 enveloping algebra 04.1428
包络功效函数 envelope power function 09.0626
薄集 thin set 05.0679
保并同态 join-preserving homomorphism 03.0250
保测变换 measure-preserving transformation 07.0393
保单调差分格式 monotonicity preserving difference scheme 10.0562
保管费 holding cost 11.0550
保护数位 guarding figure, guarding digit 10.0008
保积函子 product-preserving functor 04.1730
保密量 amount of secrecy 12.0300
保密体制 privacy system 12.0299
保密学 cryptology 12.0298
保面积映射 area-preserving mapping 06.0100
保守的 conservative 07.0421
保守算子 conservative operator 06.0532
保守微分方程 conservative differential equation 06.0081
* 保形映射 conformal mapping 05.0485
保序函数 order-preserving function 11.0299
保序映射 order-preserving mapping 03.0221
保锥算子 cone-preserving operator 07.0365
饱和类 saturation class 05.0535
饱和模型 saturated model 02.0106
报酬函数 reward function 11.0571
暴露点 exposed point 05.0754
暴露方向 exposed direction 05.0756
暴露面 exposed face 05.0755
暴露射线 exposed ray 05.0757
鲍尔双迭代[法] Bauer bi-iteration 10.0460
鲍威尔法 Powell method 11.0220
爆炸时 explosion time 09.0335
背包公钥体制 knapsack public key system 12.0310
悖论 paradox 01.0022
贝蒂数 Betti number 08.0659
贝尔函数 Baire functions 05.0048
贝尔空间 Baire space 07.0045
贝尔斯空间 Bers space 05.0477
贝尔斯托迭代法 Bairstow iteration method 10.0350
贝尔特拉米方程 Beltrami equation 06.0464
贝克－坎贝尔－豪斯多夫公式 Baker-Cambell-Hausdorff formula 04.2107
贝克隆变换 Backlund transformation 06.0458
贝塞尔不等式 Bessel inequality 05.0268
* 贝塞尔函数 Bessel function 06.0693
贝塞尔积分 Bessel integral 06.0706
贝塞尔微分方程 Bessel differential equation 06.0692
贝叶斯分类规则 Bayes classification rule 09.0764
贝叶斯风险 Bayes risk 09.0537
贝叶斯公式 Bayes formula 09.0046
贝叶斯估计 Bayes estimate 09.0563
贝叶斯决策函数 Bayes decision function 09.0540
贝叶斯区间估计 Bayes interval estimate 09.0653
贝叶斯统计 Bayes statistics 09.0531
贝叶斯序贯决策函数 Bayes sequential decision function 09.0547
倍角公式 double angle formula 08.0197
倍立方[问题] duplication of a cube 08.0131
倍式 multiple 04.0530
倍数 multiple 04.0043
倍图 double graph 03.0212
备择假设 alternative hypothesis 09.0600
被逼近函数 approximated function 10.0081
被乘数 multiplicand 04.0024
被除数 dividend 04.0031

被积函数 integrand 05.0142
被加数 summand 04.0013
被减数 minuend 04.0018
被开方数 radicand 04.0101
本元 urelement 02.0168
本原多项式 primitive polynomial 04.0532
本原环 primitive ring 04.1365
本原理想 primitive ideal 07.0292
本原幂等元 primitive idempotent element 04.1286
本原群 primitive group 04.1837
本原特征[标] primitive character 04.0198
本原元 primitive element 04.0407
本征空间 eigenspace 07.0238
本征向量 eigenvector 07.0236
本征向量展开式 eigenvector expansion 07.0240
本征值 eigenvalue 07.0234
本征值的指标 index of eigenvalues 06.0570
本征值问题 eigenvalue problem 07.0233
本质不振荡 essentially non-oscillatory, ENO 10.0573
本质单同态 essential monomorphism 04.0912
本质对策 essential game 11.0434
本质谱 essential spectrum 07.0257
本质奇点 essential singular point 05.0399
本质上确界 essential supremum, ess. sup 09.0226
本质完全类 essentially complete class 09.0530
本质严格凸 essentially strictly convex 05.0745
本质有界[的] essentially bounded 05.0193
本质自伴算子 essentially self-adjoint operator 07.0206
崩溃点 break down point 09.0799
逼近 approximation 10.0078
逼近函数 approximating function 10.0080
逼近阶 degree of approximation 05.0536
逼近论 approximation theory 05.0335
逼近式 approximant 10.0083
逼近误差 approximation error 10.0054
逼近正则映射 approximating proper mapping 07.0328
比 ratio 04.0071
比安基恒等式 Bianchi identities 08.1028
比伯巴赫猜想 Bieberbach conjecture 05.0496
比察捷－拉夫连季耶夫方程 Bitsadze-Lavrentiev equation 06.0381
比估计 ratio estimate 09.0830
比较定理 comparison theorem 08.1088
比例 proportion 04.0074
比例常数 constant of proportionality 04.0079
比例－积分－微分控制 proportional-integral--derivative control 12.0389
比例控制 proportional control 12.0386
比例内项 internal terms of proportion 04.0076
比例外项 extreme terms of proportion 04.0075
比例中项 mean term of proportion 04.0077
比率遍历定理 ratio-ergodic theorem 07.0413
比姆－沃明格式 Beam-Warming scheme 10.0552
比内公式 Binet formula 06.0631
比特 bit 12.0022
彼得罗夫斯基双曲性 Petrowsky hyperbolicity 06.0419
彼得松内积 Peterson inner product 04.0334
彼得松图 Peterson graph 03.0137
＊毕达哥拉斯定理 Pythagoras theorem 08.0045
毕达哥拉斯域 Pythagorean field 04.0460
闭包 closure 08.0461
闭包有限 closure finite 08.0703
闭包运算 closure operation 08.0462
闭测地线 closed geodesic 08.0996
闭覆盖 closed covering 08.0481
闭公式 closed formula 02.0066
闭轨道 closed orbit 06.0102
闭环控制 closed-loop control 12.0383
闭环系统 closed-loop system 12.0338
闭集 closed set 08.0448
闭集基 closed set basis 08.0458
闭浸入 closed immersion 04.1124
＊闭黎曼[曲]面 compact Riemann surface 05.0465
闭链 cycle 04.1637
闭流形 closed manifold 08.0890
闭路 closed path, loop 08.0502
闭路空间 loop space, closed path space 08.0793
闭滤子 closed filter 08.0472

闭区间　closed interval　05.0012
闭曲面　closed surface　08.0593
闭曲线　closed curve　05.0357
闭算子　closed operator　07.0194
闭凸函数　closed convex function　05.0796
闭图象定理　closed graph theorem　07.0154
闭微分[形]式　closed differential form　08.0914
闭星形　closed star　08.0644
闭型积分公式　closed integration formula　10.0241
闭映射　closed mapping　08.0487
闭域　closed domain　08.0314
闭子概形　closed subscheme　04.1123
闭子集的畴数　category of a closed subset　08.0668
闭子李群　closed Lie subgroup　04.2090
闭子流形　closed submanifold　08.0905
闭子群　closed subgroup　04.2035
必然事件　certain event　09.0012
必要条件　necessary condition　01.0027
边　edge, line　03.0063,　side　08.0051
边传递图　edge-transitive graph　03.0182
边独立数　edge independent number　03.0144
边对称　edge symmetry　03.0188
边覆盖　edge cover　03.0141
边覆盖数　edge covering number　03.0142
边界表现　boundary behavior　05.0441
边界点　frontier point, boundary point　08.0454
边界对应　boundary correspondence　05.0489
边界估计　boundary estimate　06.0328
边界积分法　boundary integral method　10.0596
边界结点　boundary node　10.0495
边界控制　boundary control　12.0399
边界曲线　boundary curve　10.0496
边界条件转移　transfer of frontier conditions　05.0699
边界型积分公式　integration formula of boundary type　10.0267
边界元　boundary element　10.0511
边界元法　boundary element method　10.0512
边连通度　edge-connectivity　03.0124
边色数　edge chromatic number　03.0170
边图　edge graph　03.0131
边心距　apothem　08.0086
边信息　side information　12.0013
边缘　boundary　04.1638
边缘分布　marginal distribution　09.0068
边缘集　border set　08.0468
边缘链　boundary chain　08.0632
边缘似然函数　marginal likelihood function　09.0574
边缘同态　boundary homomorphism　08.0629
边缘运算　boundary operation　04.1635
边值条件　boundary value condition　06.0070
边值问题　boundary value problem　06.0071
边子图　edge-subgraph　03.0079
编码　coding　12.0102
编码[的]数据　coded data　12.0110
编码定理　coding theorem　12.0111
编码理论　coding theory　12.0101
编码器　coder　12.0108
编码增益　coding gain　12.0112
扁峰[的]　platykurtic　09.0138
变长码　variable length code　12.0157
变尺度[算]法　variable metric algorithm　10.0374
变度量法　variabie metric method　11.0211
变分　variation　05.0692
变分不等方程　variational inequation　05.0689
变分不等式　variational inequality　05.0688
变分导数　variational derivative　05.0695
变分法　calculus of variations　05.0680
变分方程　variational equation, equation of variation　05.0687
变分方法　variational method　07.0370
变分问题　variational problem　05.0683
*变分学　calculus of variations　05.0680
变分原理　variational principle　05.0681
变函数　argument function　05.0690
变换群　transformation group　04.1822
变结构控制　variable structure control　12.0395
变结构控制系统　variable structure control system　12.0336
变量　variable　01.0055
变量变换　change of variable　05.0153
变量分离方程　equation of separated variables

06.0025
变系数线性偏微分方程 linear partial differential equation with variable coefficients 06.0219
变形第二类贝塞尔函数 modified Bessel function of the second kind 06.0697
变形第二类马蒂厄函数 modified Mathieu function of the second kind 06.0737
变形第三类贝塞尔函数 modified Bessel function of the third kind 06.0698
变形第三类马蒂厄函数 modified Mathieu function of the third kind 06.0738
变形第一类贝塞尔函数 modified Bessel function of the first kind 06.0696
变形第一类马蒂厄函数 modified Mathieu function of the first kind 06.0736
变形马蒂厄方程 modified Mathieu equation 06.0726
变形马蒂厄函数 modified Mathieu function 06.0727
变形牛顿法 modified Newton method 10.0359
变形欧拉法 modified Euler method 10.0283
变异系数 coefficient of variation 09.0120
辨识 identification 12.0474
辫群 braid group 04.1861
遍历变换 ergodic transformation 07.0396
遍历定理 ergodic theorems 07.0410
遍历过程 ergodic process 09.0403
遍历理论 ergodic theory 07.0388
遍历链 ergodic chain 09.0317
遍历信源 ergodic source 12.0044
遍历性 ergodicity 07.0425
遍历性假设 ergodic hypothesis 07.0389
标号 label 02.0268
标号图 labeled graph 03.0189
标架 frame 08.1033
标架丛 frame bundle 08.0885
标量 scalar 04.0672
标量场 scalar field 05.0323
标量乘法 scalar multiplication 04.0674
标量化 scalarization 11.0298
*标量积 scalar product 04.0716
标量矩阵 scalar matrix 04.0594
标值点过程 marked point process 09.0378
标准差 standard deviation 09.0118
标准单形 standard simplex 08.0684
标准分解 standard resolution 04.1692
标准分解式 standard factorization 04.0056
标准高 standard height 04.0371
标准过程 standard process 09.0339
标准恒等式 standard identities 04.1450
标准误差 standard error 10.0051
标准元 standard element 03.0313
标准正态分布 standard normal distribution 09.0085
[表达]式 expression 01.0041
表的加密 subtabulation 10.0273
表[列]值 tabular value, entry 10.0272
表面密度方法 surface density method 10.0685
表面增殖因子方法 surface multiplication factor method 10.0673
表示的等价 equivalence of representations 04.1917
表示的级 degree of a representation 04.1918
表示的权 weight of representation 04.1526
表示的特征[标] character of a representation 04.1942
表示的完全性 completeness for representations 04.1949
表示的限制 restriction of representation 04.1950
表示的相似 similarity of representations 04.1916
表示的张量积 tensor product of representations 04.1921
表示的直和 direct sum of representations 04.1920
表示函子 representation functor 04.1608
表示空间 representation space 04.1911
表示论 representation theory 04.1908
表示模 representation module 04.1912
表作业法 Hitchock method 11.0150
病态 ill-conditioned, ill-conditioning 10.0410
病态多项式 ill-conditioned polynomial 10.0320
病态方程 ill-conditioned equation 10.0321
病态矩阵 ill-conditioned matrix 10.0411
并 union 01.0086, join 03.0235
并半格 join semi-lattice 03.0240
并表示 join representation 03.0324

并不可约元　join irreducible element　03.0274
并无穷分配　join infinite distributive　03.0296
玻恩-因费尔德方程　Born-Infeld equation　06.0451
玻耳兹曼[积分微分]方程　Boltzmann [integro-differential] equation　06.0588
玻尔紧化　Bohr compactification　05.0315
波[动]方程　wave equation　06.0347
波利亚计数定理　Polya enumeration theorem　03.0192
波前集　wave front set　06.0540
博克斯-米勒抽样方法　Box-Müller sampling technique　10.0662
博雷尔分层　Borel hierarchy　02.0242
博雷尔集　Borel set　05.0013
博雷尔可测函数　Borel measurable function　05.0205
博雷尔求和[法]　Borel summation [method]　05.0251
博雷尔子群　Borel subgroup　04.2012
*博弈　game　11.0407
*博弈论　game theory　11.0386
伯恩赛德问题　Burnside problem　04.1853
伯恩斯坦多项式　Bernstein polynomial　10.0086
伯格方程　Burger equation　06.0446
伯格曼度量　Bergman metric　05.0578
伯格曼空间　Bergman space　05.0511
伯格曼算子　Bergman operator　06.0515
伯克霍夫插值　Birkhoff interpolation　10.0169
伯努利迭代法　Bernoulli iteration　10.0346
伯努利多项式　Bernoulli polynomial　06.0592
伯努利分布　Bernoulli distribution　04.0295
伯努利分割　Bernoulli partition　07.0441
伯努利试验　Bernoulli trials　09.0006
伯努利数　Bernoulli number　06.0593
伯努利推移　Bernoulli shift　07.0403
伯努利微分方程　Bernoulli differential equation　06.0028
*伯奇与斯温纳顿-戴尔猜想　Birch and Swinnerton-Dyer conjecture　04.0383
泊松方程　Poisson equation　06.0307
泊松分布　Poisson distribution　09.0077
泊松公式　Poisson formula　06.0309
泊松过程　Poisson process　09.0382
泊松核　Poisson kernel　05.0285
泊松解　Poisson solution　06.0362
泊松括号　Poisson bracket　06.0282
泊松李群　Poisson Lie group　04.2124
泊松求和公式　Poisson summation formula　05.0253
泊松随机测度　Poisson stochastic measure　09.0383
泊松运动　Poisson motion　06.0122
捕错　error trapping　12.0175
捕获突发码　burst trapping code　12.0220
*补偿函数　penalty function　11.0236
补偿器　compensator　12.0495
补集　complementary set　01.0093
补角　supplementary angle　08.0030
补模数　complementary modulus　06.0604
补图　complement of a graph　03.0100
补元　complement of an element　03.0264
补子模　complementary submodule　04.0889
不变σ域　invariant σ-field　09.0398
不变测度　invariant measure　05.0317
不变测度问题　invariant measure problem　07.0408
不变多项式　invariant polynomials　04.1549
不变分布族　invariant family of distributions　09.0453
不变估计　invariant estimate　09.0558
不变环面　invariant torus　06.0128
不变检验　invariant test　09.0622
不变决策函数　invariant decision function　09.0526
不变量　invariant　04.1886
不变流形　invariant manifold　06.0134
不变平均　invariant mean　05.0316
不变嵌入　invariant imbedding　11.0333
不变式　invariant　04.1885
不变式的权　weight of invariant　04.1889
不变事件　invariant event　09.0399
不变随机变量　invariant random variable　09.0400
不变统计量　invariant statistic　09.0496
不变因子　invariant divisor　04.0655

不变原理　invariance principle　09.0176
不变中心流形　invariant central manifold　06.0135
不变子空间　invariant subspace　04.0706
不变子空间问题　invariant subspace problem　07.0166
不等方程　inequation　01.0050
不等式　inequality　01.0048
不等式约束　inequality constraint　11.0040
不定常　time dependent　10.0590
不定常迭代　non-stationary iteration　10.0302
不定常方法　time-dependent method　10.0591
不定度　uncertainty　12.0028
不定度规空间　indefinite inner product space　07.0141
不定二次型　indefinite quadratic form　04.0788
不定方程　indeterminate equation　04.0176
不定积分　indefinite integral　05.0147
不定矩阵　indefinite matrix　04.0636
*不定内积空间　indefinite inner product space　07.0141
不动点　fixed point　08.0743
不动点定理　fixed point theorem　07.0361
不动点指数　fixed point index　08.0744
不放回抽样　sampling without replacement　09.0815
不尽根　surd root　04.0108
不可比[的]　incomparable　03.0227
不可辨元　indiscernible　02.0100
不可测集　non-measurable set　05.0176
不可达基数　inaccessible cardinal　02.0212
不可定向流形　non-orientable manifold　08.0611
不可定向曲面　non-orientable surface　08.0602
不可分次数　inseparable degree　04.0421
不可分解格　indecomposable lattice　03.0316
不可分解模　indecomposable module　04.0917
不可分解模表示　indecomposable modular representation　04.1962
不可分解信道　indecomposable channel　12.0061
不可分扩张　inseparable extension　04.0423
不可分态射　inseparable morphism　04.1218
不可公度的　incommensurable　04.0112
不可观测子空间　unobservable subspace　12.0468
不可解性　unsolvability　02.0230
不可能事件　impossible event　09.0013
不可微规划　non-differentiable programming　11.0089
不可微最优化　non-differentiable optimization　11.0010
不可压缩的　incompressible　07.0422
不可压缩曲面　incompressible surface　08.0613
不可约 3-流形　irreducible 3-manifold　08.0616
不可约表示　irreducible representation　04.1923
不可约表示的舒尔指数　Schur index of an irreducible representation　04.1926
不可约多项式　irreducible polynomial　04.0528
不可约方程　irreducible equation　04.0562
不可约分数　irreducible fraction　04.0066
不可约概形　irreducible scheme　04.1103
不可约嘉当矩阵　irreducible Cartan matrix　04.1540
不可约链　irreducible chain　09.0318
*不可约模　irreducible module　04.0881
不可约模特征[标]　irreducible modular character　04.1959
不可约曲线　irreducible curve　04.1176
不可约特征[标]　irreducible character　04.1944
不可约映射　irreducible mapping　08.0565
不可约元　irreducible element　04.0954
不可证明性　unprovability　02.0134
不连通集　disconnected set　08.0506
不连续变换群　discontinuous group of transformations　04.2072
不连续控制系统　discontinuous control system　12.0334
不能除尽[的]　indivisible　04.0099
不平衡运输问题　unbalanced transportation problem　11.0158
不平衡指派问题　unbalanced assignment problem　11.0163
不确定决策　decision under uncertainty　11.0587
不确定性系统　uncertain system　12.0344
不适定问题　ill-posed problem　06.0284
不完全 Γ 函数　incomplete Γ-function　06.0633
不完全 β 函数　incomplete β-function　06.0638
不完全区组设计　incomplete block design

03.0025
不完整约束 non-holonomic constraint 11.0050
不相关[的] uncorrelated 09.0123
不相关样本 uncorrelated samples 09.0484
不相交[的] disjoint 01.0092
不相容事件 mutually exclusive events, disjoint events 09.0017
不足道[的] evanescent 09.0224
不足道集 evanescent set 09.0225
不足近似值 lower approximate value 10.0061
布尔代数 Boolean algebra 03.0284
布尔多项式 Boolean polynomial 03.0286
布尔方程 Boolean equation 03.0289
布尔方法 Boolean method 11.0352
布尔格 Boolean lattice 03.0282
布尔规划 Boolean programming 11.0078
布尔环 Boolean ring 03.0285
布尔积 Boolean product 03.0363
布尔空间 Boolean space 03.0283
布尔幂 Boolean power 03.0360
布拉施克乘积 Blaschke product 05.0440
布朗－麦科伊根 Brown-McCoy radical 04.1346
布朗片 Brownian sheet 09.0360
布朗桥 Brownian bridge 09.0359
布朗运动 Brownian motion 09.0352
布劳威尔代数 Brauwerian algebra 03.0341
布吕阿分解 Bruhat decomposition 04.2021
布洛赫常数 Bloch constant 05.0509
布洛赫函数 Bloch function 05.0508
布洛赫空间 Bloch space 05.0510
布饶尔群 Brauer group 04.1432
布斯曼方程 Busemann equation 06.0387
布西内斯克方程 Boussinesq equation 06.0445
步长 step size, step length, step width 10.0274
步长指标 step index 10.0277
n 步决策 n-stage decision 11.0566
部分乘积 partial product 05.0419
部分等距算子 partially isometric operator 07.0190
部分分式 partial fraction 04.0543
部分和 partial sum 05.0233
部分平衡不完全区组设计 partially balanced incomplete block design 03.0029
部分实施[法] fractional replication 09.0865
部分信息 partial information 12.0011
部分亚椭圆 partially hypoelliptic 06.0519
部分主元 partial pivot 10.0396
部分主元消元[法] partial pivoting 10.0399

C

猜想 conjecture 01.0021
BSD 猜想 Birch and Swinnerton-Dyer conjecture 04.0383
参考输入 reference input 12.0434
参数 parameter 01.0056
参数簇 parameter variety 04.1240
参数估计 parameter estimation 09.0549
参数规划 parameter programming 11.0315
参数空间 parameter space 09.0462
参数模型 parameter model 09.0463
参数线性规划 parameter linear programming 11.0316
参数最优化 parameter optimization 11.0016
＊参预者 player 11.0389
残差 residual 10.0146
残差平方和 residual sum of squares 09.0681
残差图 residual plot 09.0682
＊残谱 residual spectrum 07.0256
＊残数 residue 05.0401
策略 policy, strategy 11.0398
策略变量 strategic variable 11.0419
策略迭代法 policy iteration method 11.0339
策略改进[迭代] policy improvement iteration 11.0576
策略决策 strategied decision 11.0420
策略空间 policy space 11.0575
策梅洛－弗兰克尔集合论 Zermelo-Frankel set theory 02.0152
侧面积 lateral area 08.0139
测地流 geodesic flow 08.1048
测地曲率 geodesic curvature 08.0991

测地线　geodesic　08.0995
测地线环路　geodesic loop　08.1075
测地坐标　geodesic coordinates　08.0997
测度　measure　05.0177
δ测度　δ-measure, delta-measure　05.0180
＊L-S测度　Lebesgue-Stieltjes measure　05.0187
测度卷积　convolution of measures　05.0623
测度空间　measure space　05.0189
测度论　measure theory　05.0171
测度支集　support of measure　05.0610
测试函数　trial function　10.0151
层　sheaf　04.1083,　stratum　09.0819
层的上同调　cohomology of sheaves　04.1153
层态射　morphism of sheaves　04.1085
层同构　isomorphism of sheaves　04.1086
插值　interpolation　10.0156
(0,2)插值　(0,2) interpolation　10.0170
插值逼近　approximation by interpolation　05.0538
插值多项式　interpolation polynomial　10.0165
插值方法　interpolation method　07.0160
插值公式　interpolation formula　10.0163
插值函数　interpolating function　10.0160
插值节点　interpolation knot, interpolation node　10.0158
＊插值结点　interpolation knot, interpolation node　10.0158
插值空间　interpolation space　07.0163
插值偶　interpolation couple　07.0161
插值条件　interpolation condition　10.0157
插值性质　interpolation property　10.0159
插值余项　remainder of interpolation　10.0164
插值约束逼近　approximation with interpolating constraints　10.0129
＊叉积　cross product　08.0919
叉同态　crossed homomorphism　04.1681
差　difference　04.0015
差错保护　error protection　12.0174
差错传播　error propagation　12.0216
差错方程　error equation　12.0215
差错检测码　error detection code　12.0173
差错空间　error space　12.0213
差错控制　error control　12.0168
差错率　error rate　12.0211
差错向量　error vector　12.0212
差错校验　error check　12.0170
差错校正　error correction　12.0171
差错序列　error sequence　12.0214
差代数　difference algebra　04.0509
差分逼近　difference approximation　10.0206
差分表　difference table　10.0208
差分法　difference method　10.0212
差分方程　difference equation　10.0210
差分格式　difference scheme　10.0213
差分矫正　difference correction　10.0209
差分蒙特卡罗方法　difference Monte Carlo method　10.0621
差分算子　difference operator　10.0207
差分微分方程　difference differential equation　10.0211
差分演算　calculus of finite differences　10.0205
差积　different　04.0238
差集　difference set　01.0094
差商　difference quotient, difference coefficient　10.0223
差异上链　difference cochain　08.0826
差异显著性检验　test of the significance of difference　09.0637
产方风险　producer risk　09.0838
场　field　05.0716
场论　theory of fields　05.0322
尝试法　trial and error procedure　10.0311
常表示　ordinary representation　04.1910
常差分方程　ordinary difference equation　10.0218
常返链　recurrent chain　09.0320
常返状态　recurrent state　09.0306
常分布　ordinary distribution　04.0293
常和对策　constant-sum game　11.0436
常量域　constant field　04.0306
常曲率空间　space of constant curvature　08.1038
常数　constant　01.0054
常数变易法　method of variation of constant　06.0045
常数层　constant sheaf　04.1091
常数函子　constant functor, diagonal functor　04.1594

常数秩模　module of constant rank　04.1723
常微分方程　ordinary differential equation　06.0002
常微分方程数值解　numerical solution of ordinary differential equations　10.0228
常系数线性偏微分方程　linear partial differential equation with constant coefficients　06.0218
常项　constant　02.0052
常用对数　common logarithm　05.0112
长除法　long division　04.0547
长度　length　08.0020
长短辐圆内摆线　hypotrochoid　08.0286
长短辐圆外摆线　epitrochoid　08.0287
长方体　rectangular parallelopiped　08.0147
*长方形　rectangle　08.0098
长正合上同调[序]列　long exact cohomology sequence　04.1654
长正合同调[序]列　long exact homology sequence　04.1653
长轴　major axis　08.0250
超单纯　hypersimple　02.0273
超定组　overdetermined system　10.0378
超渡　transgression　08.0876
超广义函数　ultradistribution　07.0105
超函数　hyperfunction　06.0481
超积　ultraproduct　03.0361
超几何分布　hypergeometric distribution　09.0079
超几何函数　hypergeometric function　06.0639
超几何级数　hypergeometric series　06.0640
超几何微分方程　hypergeometric differential equation　06.0641
超记忆梯度法　supermemory gradient method　11.0213
超加密　superencipher　12.0302
超均函数　superaveraging function　09.0337
超可解群　supersolvable group　04.1805
超滤子　ultrafilter　03.0231
超幂　ultrapower　03.0362
超抛物[型]方程　ultraparabolic equation　06.0376
超平面束　pencil of hyperplanes　08.0386
超平面坐标　hyperplane coordinates　08.0357
超平行体　parallelotope　08.0407
超奇椭圆曲线　supersingular elliptic curve　04.0357
超奇约化　supersingular reduction　04.0365
超前基本解　advanced fundamental solution　06.0543
超前位势　advanced potential　05.0646
超切向量　hypertangent　07.0386
超穷归纳定义　definition by transfinite induction　02.0194
超穷归纳法　transfinite induction　02.0193
超穷基数　transfinite cardinal number　01.0126
超穷序数　transfinite ordinal　02.0180
超球　hypersphere　05.0543
*超球多项式　hyperspherical polynomial　06.0665
超球函数　hyperspherical function　06.0664
超球微分方程　hyperspherical differential equation　06.0663
超曲面　hypersurface　08.0947
超收敛　overconvergence　10.0335
超双曲[型]方程　ultrahyperbolic equation　06.0345
超松弛　overrelaxation　10.0426
超算术　hyperarithmetic　02.0244
超调和函数　hyperharmonic function　06.0333
超图　hypergraph　03.0213
超椭圆函数域　hyperelliptic function field　04.0314
超椭圆积分　hyperelliptic integral　05.0445
超椭圆曲线　hyperelliptic curve　04.1210
超稳定性　hyperstability　12.0521
超限直径　transfinite diameter　05.0502
超线性收敛　superlinear convergence　10.0331
超线性收敛速率　superlinear convergence rate　10.0332
超有界型空间　ultrabornologic space　07.0084
超有效估计　superefficient estimate　09.0586
超越次数　degree of transcendence　04.0446
超越的　transcendental　04.0399
超越方程　transcendental equation　10.0319
超越基　transcendental basis　04.0447
超越扩张　transcendental extension　04.0443
超越数　transcendental number　04.0181
超越数论　transcendental number theory　04.0183

超越亚纯函数 transcendental meromorphic function 05.0425
超越元 transcendental element 04.0400
超越整函数 transcendental entire function 05.0404
超跃变 hyperjump 02.0247
超自反巴拿赫空间 superreflexive Banach space 07.0122
超总体 superpopulation 09.0444
陈[省身]类 Chern class 08.0862
陈[省身]数 Chern number 08.0863
*陈省身特征标 Chern character 08.0877
陈特征[标] Chern character 08.0877
[成]对分布方法 pairs distribution method 10.0644
成批到达 batch arrival 11.0518
成批服务 batch service 11.0519
成批更换策略 block replacement policy 11.0635
成批排队 bulk queue 11.0515
乘 multiply 04.0022
乘抽样方法 multiplicative sampling technique 10.0652
乘法 multiplication 04.0020
乘法交换律 commutative law of multiplication 04.0934
乘法结合律 associative law of multiplication 04.1272
乘法群 multiplicative group 04.1737
乘法消去律 cancellation law for multiplication 04.0947
*乘方 power 04.0034
乘积型积分公式 integration formula of product form 10.0265
乘积展开式 product expansion 05.0421
乘加抽样方法 multiplicative-additional sampling technique 10.0653
[乘]幂法 power method 10.0450
乘数 multiplicator 04.0023
乘数词头 prefix multiplier 12.0161
乘同余方法 multiplicative-congruential method 10.0638
乘性[的] multiplicative 01.0072
乘性二次型 multiplicative quadratic form 04.0822
乘性函数 multiplicative function 04.0207
乘性数论 multiplicative number theory 04.0202
乘性同余 multiplicative congruence 04.0262
乘性线性泛函 multiplicative linear functional 07.0288
乘性序列 multiplicative sequence 08.0873
乘性约化 multiplicative reduction 04.0363
乘性子集 multiplicative subset 04.0962
承载单形 carrier simplex 08.0641
迟延更新过程 delayed renewal process 11.0626
尺度参数 scale parameter 09.0458
尺规作图法 construction with ruler and compasses, geometric construction 08.0126
斥性不动点 repulsive fix-point 05.0518
充分大的 3-流形 sufficiently large 3-manifold 08.0615
充分条件 sufficient condition 01.0028
充分统计量 sufficient statistic 09.0491
充要条件 necessary and sufficient condition 01.0029
重边 multiple edges 03.0069
r 重传递群 r-fold transitive group 04.1835
重点 multiple point 04.1182
重对数律 law of iterated logarithm 09.0160
重分链映射 subdivision chain mapping 08.0678
重根 multiple root 04.0580
重构 reconstruction 03.0075
重合点 coincident point 08.0746
k 重混合条件 k-fold mixing condition 09.0407
d 重嵌入 d-uple imbedding 04.1066
重随机泊松过程 doubly stochastic Poisson process 09.0386
*重调和方程 biharmonic equation 06.0415
*重调和函数 biharmonic function 06.0416
*重调和算子 biharmonic operator 06.0513
重图 multigraph 03.0070
重言式 tautology 02.0046
重值 multiple value 05.0434
冲击函数 bump function 06.0166
冲激函数 impulse function 12.0452
冲激响应 impulse response 12.0453
抽检 sampling inspection 09.0832

抽检特性曲线 operating characteristic curve 09.0837
抽奖 lottery 11.0594
抽象簇 abstract variety 04.1135
抽象单形 abstract simplex 08.0648
抽象调和分析 abstract harmonic analysis 05.0312
抽象非奇曲线 abstract non-singular curve 04.1059
抽象复形 abstract complex 08.0649
抽象根系 abstract root system 04.2005
抽象[化] abstraction 02.0127
抽象黎曼面 abstract Riemann surface 04.0311
抽象码 abstract code 12.0136
抽象模型论 abstract model theory 02.0118
抽象维纳空间 abstract Wiener space 09.0356
抽样 sampling 10.0648
抽样比 sampling fraction 09.0813
抽样单元 sampling unit 09.0809
抽样调查 sampling survey 09.0829
抽样框 sampling frame 09.0812
抽样论 sampling theory 09.0808
抽样效率 sampling efficiency 10.0688
稠格 dense lattice 03.0304
稠密 dense 08.0465
稠密线性变换环 dense ring of linear transformations 04.1367
稠[密]子集 dense subset 08.0466
稠元 dense element 03.0303
初步集[合] rudimentary set 02.0171
初等变换 elementary transformation 04.0741
初等等价[的] elementarily equivalent 02.0091
初等对称多项式 elementary symmetric polynomial 04.0550
初等函数 elementary function 05.0105
初等交换群 elementary commutative group 04.1846
初等矩阵 elementary matrix 04.0609
初等群 elementary group 04.1954
p 初等群 p-elementary group 04.1953
初等拓扑阿贝尔群 elementary topological Abelian group 04.2048
初等因子 elementary divisor 04.0654
初等子结构 elementary substructure 02.0094
初等子模型 elementary submodel 02.0095
初检验 original inspection 09.0835
初始段 initial segment 02.0184
初始分布 initial distribution 09.0298
初始基本可行解 initial basic feasible solution 11.0138
初始流形 initial manifold 06.0539
初始误差 initial error 10.0044
初始序数 initial ordinal 02.0183
初态 initial state 12.0418
初遇 debut 09.0227
初[值]-边值问题 initial-boundary value problem 06.0371
初值条件 initial value condition 06.0004
初值问题 initial value problem 06.0005
出次数 outdegree 03.0201
出树 outtree 03.0205
出现 occurrence 02.0009
出向量 outgoing vector 11.0136
除 divide 04.0028
除法 division 04.0027
除环 division ring, skew field 04.1291
除数 divisor 04.0030
除数函数 divisor function 04.0209
除数问题 divisor problem 04.0213
除子 divisor 04.1194
除子的次数 degree of a divisor 04.1197
除子类群 divisor class group 04.1206
楚列斯基分解 Cholesky decomposition 10.0392
处处稠密[的] dense everywhere 05.0191
传递抽样方法 pass sampling technique 10.0663
传递函数 transfer function 12.0499
传递函数[矩]阵 transfer function matrix 12.0500
传递集 transitive set 04.1833
传递群 transitive group 04.1834
传递性 transitivity 01.0123
传输极点 transmission pole 12.0502
传输零点 transmission zero 12.0501
传输容量 transmission capacity 12.0086
传输速率 transmission rate 12.0025
串联排队[系统] tandem queue [system]

11.0513
创造集 creative set 02.0271
垂线 perpendicular, perpendicular line 08.0027
垂心 orthocenter 08.0055
垂直[的] perpendicular 08.0026
垂足 foot of a perpendicular 08.0072
垂足曲线 pedal curve 08.0293
纯不可分扩张 pure inseparable extension 04.0424
纯不可分态射 purely inseparable morphism 04.1219
纯策略 pure strategy 11.0399
纯超越扩张 purely transcendental extension 04.0448
纯粹数学 pure mathematics 01.0002
*纯点谱 pure spectrum 07.0432
纯灭过程 death process 09.0370
纯生过程 birth process 09.0369
纯虚数 pure imaginary number 04.0122
纯循环小数 pure recurring decimal 04.0095
纯整数规划 pure integer programming 11.0171
次 order 08.0245
次闭映射 demi-closed mapping 07.0312
次递归性 subrecursiveness 02.0266
次对角线 minor diagonal 04.0598
次极大 submaximum 11.0032
次极小 subminimum 11.0031
次加性泛函 subadditive functional 07.0005
次可微性 subdifferentiability 05.0771
n 次空间曲线 space curve of order n 08.0329
次理想 subideal 04.1304
* n 次连续可微函数类 function of class C^n 05.0102
次连续性 demi-continuity 07.0024
次连续映射 demi-continuous mapping 07.0310
次马尔可夫[的] sub-Markovian 09.0292
次模函数 submodular function 11.0349
次特征带 bicharacteristic strip 06.0244
次特征射线 bicharacteristic rays 06.0245
次特征[线] bicharacteristics 06.0251
次梯度 subgradient 07.0318
次梯度法 subgradient algorithm 11.0122
次凸对策 subconvex game 11.0451
次椭圆 subelliptic 06.0521
次微分 subdifferential 07.0319
次微分稳定性 subdifferential stability 11.0323
n 次微分[形]式 n-form 08.0913
次微分映射 subdifferential mapping 05.0772
次线性[的] sublinear 07.0308
次序公理 axiom of order 08.0006
次优 suboptimum 11.0030
次优化 suboptimization 11.0029
次优控制 suboptimal control 12.0392
次正规列 subnormal series 04.1790
次正规算子 subnormal operator 07.0211
次正规子群 subnormal subgroup 04.1791
次直表示 subdirect representation 03.0307
次直不可约[的] subdirectly irreducible 03.0308
次直和 subdirect sum 04.1332
次直积 subdirect product 04.1334
从切[平]面 rectifying plane 08.0962
从属统计量 ancillary statistic, distribution free statistic 09.0498
从属性 subordination 05.0504
丛的分裂映射 splitting map of a bundle 08.0871
丛的截面 cross section of a bundle 08.0838
丛的上同调 cohomology of bundle 08.0855
丛的同调 homology of bundles 08.0854
丛映射 bundle map 08.0837
粗糙模空间 coarse moduli space 04.1222
簇的函数域 function field of a variety 04.1042
簇的正规化 normalization of a variety 04.1044
簇定义域 field of definition for variety 04.1062
簇上有理函数 rational function over a variety 04.1041
簇态射 morphism of varieties 04.1037
簇同构 isomorphism of varieties 04.1039
存储空间 memory space 12.0290
存储论 storage theory 11.0552
存储容量 memory capacity 12.0291
存在量词 existential quantifier 02.0056
存在[性] existence 01.0032

D

达布和　Darboux sum　05.0136
达布[微分]方程　Darboux [differential] equation　06.0351
达布问题　Darboux problem　06.0286
达芬微分方程　Duffing differential equation　06.0083
* 达朗贝尔方程　d'Alembert equation　06.0347
达朗贝尔公式　d'Alembert formula　06.0348
打靶法　shooting method　10.0313
大范围变分法　calculus of variation in the large　08.1089
大基数　large cardinals　02.0214
* 大量到达　bulk arrival　11.0518
* 大量服务　bulk service　11.0519
大魔群　monster group　04.1907
大偏差　large deviation　09.0178
大筛法　large sieve　04.0201
大数律　law of large numbers　09.0158
大系统　large scale system　12.0359
大系统最优化　large scale optimization　11.0017
大型动态系统　large scale dynamic system　12.0360
大型规划　large scale programming　11.0081
* 大型最优化　large scale optimization　11.0017
大于　greater than, larger than　01.0047
大圆　great circle　08.0166
戴德金 ζ 函数　Dedekind ζ-function　04.0219
戴德金 η 函数　Dedekind η-function　04.0329
戴德金整环　Dedekind domain　04.0958
戴环空间　ringed space　04.1093
带　tape　02.0267
带边流形　manifold with boundary　08.0608
带偿付随机规划　stochastic programming with recourse　11.0075
带分数　mixed fraction　04.0067
带号测度　signed measure　05.0607
带号测度范数　norm of signed measure　05.0654
带号测度负变差　negative variation of signed measure　05.0617
带号测度密度　density of signed measure　05.0618
带号测度能量[积分]　energy of signed integral　05.0652
带号测度全变差　complete variation of signed measure　05.0615
带号测度若尔当分解　Jordan decomposition of signed measure　05.0614
带号测度相互能量[积分]　mutual energy of signed measure　05.0653
带号测度正变差　positive variation of signed measure　05.0616
带基点的空间　pointed space　08.0786
带积范畴　category with product　04.1726
带积合成范畴　category with product and composition　04.1727
带宽　band width　10.0404
带删除译码　erasure decoding　12.0176
带算子群　group with operators　04.1781
带[调和]函数　zonal harmonics　06.0660
带余除法　division with remainder, division algorithm　04.0029
带状矩阵　band matrix　10.0403
殆单代数群　almost simple algebraic group　04.1998
殆分裂扩张　almost splitting extension　04.1412
殆分裂序列　almost splitting sequence　04.1411
殆复结构　almost complex structure　08.0893
殆复流形　almost complex manifold　08.0891
殆平坦流形　almost flat manifold　08.1068
殆周期函数　almost periodic function　05.0291
殆周期解　almost periodic solution　06.0157
殆周期运动　almost periodic motion　06.0120
代换性质　substitution property　03.0245
[代]码　code　12.0137
代码组　codes　12.0138
代入　substitution　02.0068

代入消元法 elimination by substitution 04.0745
代数 algebras 04.1472
C^*代数 C^*-algebra 07.0274
PI 代数 algebra with polynomial identities, PI-algebra 04.1447
代数 K 理论 algebraic$K$ theory 04.1717
* W^*代数 W^*-algebra 07.0278
* σ代数 σ-algebra 05.0173
代数闭包 algebraic closure 04.0408
代数闭链 algebraic cycle 04.1074
代数闭域 algebraically closed field 04.0409
代数变换空间 algebraic transformation space 04.1985
代数不变式 algebraic invariant 04.1887
代数不变式论 theory of algebraic invariants 04.1884
[代数]簇 [algebraic] variety 04.1017
代数的 algebraic 04.0397
代数的标量扩张 scalar extension of algebras 04.1422
代数的表示 representation of algebras 04.1408
代数的导子 derivation of an algebra 04.1513
代数的分裂扩张 split extension of algebras 04.1427
代数的分裂域 splitting fields of algebras 04.1423
代数的根 radical of an algebra 04.1403
代数的恒等式 identities of algebras 04.1448
代数的李代数 algebraic Lie algebra 04.1993
代数的张量积 tensor product of algebras 04.1421
代数的中心 center of an algebra 04.1398
代数等价 algebraically equivalence 04.1226
代数方程 algebraic equation 04.0556
代数方程论 theory of algebraic equations 04.0555
代数格 algebraic lattice 03.0294
代数规划 algebraic program 11.0073
代数函数域 algebraic function field 04.0305
代数和 algebraic sum 04.0019
代数集 algebraic set 04.1018
代数集的理想 ideal of an algebraic set . 04.1019
代数几何[学] algebraic geometry 04.1016
代数精度 algebraic accuracy 10.0237
代数扩张 algebraic extension 04.0402
代数论 theory of algebras 04.1393
代数码 algebraic code 12.0181
代数奇点 algebraic singularity 05.0453
代数曲线 algebraic curve 04.1172
代数群 algebraic group 04.1976
代数群的根[基] radical of algebraic group 04.2008
代数群的李代数 Lie algebra of an algebraic group 04.1992
代数群的特征[标] character of algebraic group 04.1994
代数群的外尔群 Weyl group of algebraic group 04.2017
代数群的有理表示 rational representation of algebraic group 04.1983
代数群的秩 rank of algebraic group 04.2014
代数式 algebraic expression 04.0535
代数数 algebraic number 04.0227
代数数论 algebraic number theory 04.0225
代数数域 algebraic number field 04.0226
代数体函数 algebroidal function 05.0455
代数同构 algebra isomorphism 04.1396
代数同态 algebra homomorphism 04.1397
代数拓扑[学] algebraic topology 08.0590
代数微分方程 algebraic differential equation 06.0049
代数无关[的] algebraically independent 04.0445
代数系统 algebraic system 12.0351
代数相关[的] algebraically dependent 04.0444
代数学 algebra 04.0388
代数译码 algebraic decoding 12.0117
代数余子式 algebraic cofactor 04.0751
代数元 algebraic element 04.0398
代数整数 algebraic integer 04.0228
代数整数环 ring of algebraic integers 04.0230
代数子群 algebraic subgroup, k-closed subgroup 04.1981
待定系数法 method of undetermined coefficient 04.0569
丹齐格－沃尔夫法 Dantzig-Wolfe method 11.0153
单阿贝尔簇 simple Abelian variety 04.1237

单胞算子　unicellular operator　07.0221
单变量系统　single variable system　12.0323
单步迭代　single step iteration　10.0298
单步法　single step method，one-step method　10.0291
单参数变换群　one parameter group of transformations　08.0911
单参数测地线族　1-parameter family of geodesics　08.1078
单参数乘法子群　one parameter multiplicative subgroup　04.2004
单参数子群　one parameter subgroup　04.2091
单侧逼近　one-sided approximation　10.0121
单侧检验　one-sided test　09.0632
单侧曲面　unilateral surface　08.0312
单侧搜索　one-sided search　11.0200
单层位势　simple layer potential　05.0650
单纯重分　simplicial subdivision　08.0676
单[纯]集　simple set　02.0281
单纯逼近　simplicial approximation　08.0677
单纯复形　simplicial complex　08.0645
单纯复形的同调群　homology group of simplicial complex　08.0656
单纯链映射　simplicial chain mapping　08.0674
单[纯]形　simplex　08.0637
单纯形表　simplex tabuleau　11.0127
单纯形调优法　simplex evolutionary method　11.0216
单纯形法　simplex method，simplex algorithm　11.0126
单纯映射　simplicial mapping，barycentric mapping　08.0673
单代数　simple algebra　04.1404
单代数的 ζ 函数　ζ-function of simple algebra，zeta-function of simple algebra　04.1462
单代数的差积　different of a simple algebra　04.1459
单代数的判别式　discriminant of a simple algebra　04.1460
单代数群　simple algebraic group　04.1999
单点　simple point　04.1181
单点分布　one-point distribution　09.0074
单调差分格式　monotone difference scheme　10.0561
单调函数　monotone function　05.0052
单调类　monotone class　09.0026
单调收敛定理　monotone convergence theorem　05.0217
单调似然比　monotone likelihood ratio　09.0624
单调算子　monotone operator　07.0336
＊单调映射　monotone mapping　07.0336
单泛代数　simple universal algebra　03.0352
单峰分布　unimodal distribution　09.0070
单峰函数　unimodal function　11.0190
单峰性　unimodality　11.0195
单格　simple lattice　03.0310
单根　simple root　04.0579
单根系　simple system of roots　04.1534
单环　simple ring　04.1363
单极点　simple pole　05.0398
单开陷门函数　one-way trap door function　12.0314
n 单空间　***n*-simple space**　08.0803
单扩张　simple extension　04.0404
单李代数　simple Lie algebra　04.1518
单李群　simple Lie group　04.2113
单连通[的]　simply connected　08.0777
单连通解析群　simply connected analytic group　04.2088
单连通黎曼[曲]面　simply connected Riemann surface　05.0461
单连通[区]域　simply connected domain　05.0351
单列模　uniserial module　04.0920
单零点　simple zero　05.0391
单路信道　one way channel　12.0067
单模　simple module　04.0881
单切线　simple tangent　04.1187
单群　simple group　04.1788
单射　injection，injective　01.0107
单射半径　injective radius　08.1092
单收敛拓扑　simple convergence topology　07.0038
＊单输入单输出系统　single-input single-output system，SISO system　12.0323
单台服务系统　single-server system　11.0510
单态射　monomorphism　04.1559

单同态　injective homomorphism　04.1312
单图　simple graph　03.0071
单位　unit　04.0951
单位表示　unit representation　04.1919
单位点　unit point　08.0353
单位分解　partition of unity　08.0924
单位根　roots of unity　04.0123
*单位函数　unit function　07.0108
单位函子　identity functor　04.1588
单位阶跃函数　unit step function　12.0450
单位阶跃输入　unit step input　12.0431
单位阶跃响应　unit step response　12.0451
单位矩阵　identity matrix, unit matrix　04.0593
单位理想　unit ideal　04.1306
单位连通区　identity component　04.1978
单位算子　unit operator　07.0174
单位态射　identity morphism　04.1561
单位特征[标]　unit character　04.1945
单位向量　unit vector　04.0721
单位元群　identity group　04.1745
单位元[素]　identity element, unit element　04.1279
单位圆[盘]　unit disk　05.0353
单位张量　unit tensor　04.0850
单项变换　monoidal transformation　04.1052
单项表示　monomial representation　04.1937
单项矩阵　monomial matrix　04.0610
单项式　monomial　04.0544
单项样条　monospline　10.0192
单向连通[的]　unilaterally connected　03.0208
[单形的]面　face of simplex　08.0639
[单形的]真面　proper face of a simplex　08.0640
单演　monogenic　05.0383
单演函数　monogenic function　05.0384
单叶函数　univalent function　05.0494
单叶双曲面　hyperboloid of one sheet　08.0271
*单一分布位势　simple layer potential　05.0650
单一生成的　monothetic　07.0400
单元刚度矩阵　element stiffness matrix　10.0509
单支格式　one-leg scheme　10.0310
单值分支　one-valued branch　05.0376
单值函数　single valued function, uniform function　05.0374
单值化　uniformization　05.0456
单值化定理　uniformization theorem　05.0457
单值群　monodromy group　08.1106
单值[性]　monodromy　08.1105
单值[性]定理　monodromy theorem　08.1107
单周期函数　simply periodic function　06.0612
单[字长]精度　single precision　10.0015
淡紧　vague compact　05.0621
淡漠　indifference　11.0282
淡收敛　vague convergence　09.0164
淡拓扑　vague topology　05.0619
当且仅当　if and only if, iff　01.0030
当茹瓦积分　Denjoy integral　05.0228
当茹瓦极小集　Denjoy minimum set　06.0126
刀切法　jackknife　09.0802
导出代数　derived algebra　04.1505
导出函子　derived functor　04.1665
导出列　derived series　04.1799
导出区组设计　derived block design　03.0031
导函数　derived function　05.0080
导集　derived set　08.0577
*导群　derived group　04.1776
导数　derivative, differential quotient　05.0072
导体位势　conductor potential　05.0647
导子代数　derivation algebra　04.1515
到达间隔　interarrival time　11.0493
到达时刻　arrival instant　11.0492
倒差分　reciprocal difference　10.0222
倒差商　reciprocal difference quotient　10.0225
倒易蒙特卡罗方法　reciprocity Monte Carlo method　10.0614
道格拉斯泛函　Douglas functional　05.0727
道路　path　08.0501
道路空间　path space　08.0792
道路连通[的]　path connected　08.0503
德拜渐近表示　asymptotic representation of Debye　06.0714
德拜渐近展开　Debye asymptotic expansion　06.0704
德布鲁因图　de Brujin graph　03.0130
德恩扭转　Dehn twist　08.0625
德拉姆上同调群　de Rham cohomology group　08.0923

德摩根代数 De Morgan algebra 03.0329
德摩根恒等式 De Morgan identity 03.0278
德萨格定理 Desargues theorem 08.0346
等比级数 geometric series 04.0139
等比数列 geometric progression 04.0132
等边三角形 equilateral triangle 08.0048
等参超曲面 isoparametric hypersurface 08.1058
等差级数 arithmetic series 04.0138
等差数列 arithmetic progression 04.0128
* 等待服务系统 waiting system 11.0496
等待时间 waiting time 11.0526
等待制系统 waiting system 11.0496
等度连续[的] equicontinuous 05.0034
等价关系 equivalence relation 01.0119
等价矩阵 equivalent matrices 04.0643
等价类 equivalence class 01.0120
G 等价态射 *G*-equivalent morphism 04.1986
等价[性] equivalence 01.0037
* 等交比点 equianharmonic points 08.0371
等角轨线族 family of isogonal trajectories 06.0036
等距 equidistant, isometry 08.0325
等距曲线 equidistant curve 08.0418
等距算子 isometric operator, isometric mapping 07.0189
等距同构 isometry 04.0797
等倾线 isoclines 06.0019
等式 equality 01.0043
等式约束 equality constraint 11.0041
等势线 equipotential line 05.0326
等温坐标 isothermal coordinates 08.0999
等腰三角形 isosceles triangle 08.0047
等腰梯形 isosceles trapezoid 08.0101
等于 equal to 01.0045
等周不等式 isoperimetric inequality 08.1057
等周问题 isoperimetric problem 05.0728
邓福德积分 Dunford integral 07.0251
邓肯图 Dynkin diagram 04.1539
低负荷服务 light traffic 11.0506
低松弛 underrelaxation 10.0427
迪厄多内晶体 Dieudonné crystal 04.1165
迪厄多内行列式 Dieudonné determinant 04.1445
迪尼导数 Dini derivative 05.0078
迪尼级数 Dini series 06.0710
迪潘标形 Dupin indicatrix 08.0978
笛卡儿积 Cartesian product 01.0099
笛卡儿空间 Cartesian space 08.0204
笛卡儿卵形线 Cartesian oval 08.0300
* 笛卡儿坐标 Cartesian coordinates 08.0213
笛卡儿图 Cartesian diagram 04.1610
狄拉克方程 Dirac equation 06.0438
狄拉克广义函数 Dirac distribution 07.0100
狄利克雷 *L* 级数 Dirichlet *L*-series 04.0199
狄利克雷乘法 Dirichlet multiplication 04.0206
狄利克雷抽屉原理 Dirichlet box principle 04.0150
狄利克雷泛函 Dirichlet functional 05.0726
狄利克雷分布 Dirichlet distribution 09.0108
狄利克雷核 Dirichlet kernel 05.0282
狄利克雷积分 Dirichlet integral 06.0316
狄利克雷级数 Dirichlet series 05.0365
狄利克雷空间 Dirichlet space 05.0675
狄利克雷密度 Dirichlet density, analytic density 04.0223
狄利克雷数据 Dirichlet data 06.0303
狄利克雷特征[标] Dirichlet character 04.0197
狄利克雷问题 Dirichlet problem 06.0299
狄利克雷型 Dirichlet form 09.0288
狄利克雷原理 Dirichlet principle 06.0315
底函子 underlying functor, forgetful functor 04.1589
底集 universe 03.0338
底角 base angle 08.0049
底空间 base space 08.0833
底群 underlying group 04.2031
底数 base number 04.0036
底拓扑空间 underlying topological space 08.0881
蒂索-波哈默微分方程 Tissot-Pohhammer differential equation 06.0646
棣莫弗公式 De Moivre formula 04.0124
* 第二边值问题 second boundary value problem 06.0300
第二范畴 second category 07.0044
第二范畴集 set of the second category 08.0471
第二基本型 second fundamental form 08.0972

* 第二基本形式　second fundamental form　08.0972
第二可数公理　second axiom of countability　08.0521
第二类贝塞尔函数　Bessel function of the second kind　06.0694
第二类不连续点　discontinuity point of the second kind　05.0045
第二类不完全椭圆积分　incomplete elliptic integral of the second kind　06.0610
第二类错误　error of the second kind　09.0614
第二类典范坐标　canonical coordinates of the second kind　04.2094
第二类弗雷德霍姆积分方程　Fredholm integral equation of the second kind　06.0568
第二类汉克尔函数　Hankel function of the second kind　06.0702
第二类拉梅函数　Lamé function of the second kind　06.0722
第二类勒让德函数　Legendre function of the second kind　06.0654
第二类马蒂厄函数　Mathieu function of the second kind　06.0729
* 第二类欧拉积分　Euler integral of the second kind　06.0627
第二类切比雪夫多项式　Chebyshev polynomial of the second kind　06.0668
第二类椭圆函数　elliptic function of the second kind　06.0621
第二类椭圆积分　elliptic integral of the second kind　06.0601
第二类完全椭圆积分　complete elliptic integral of the second kind　06.0609
第二类沃尔泰拉积分方程　Volterra integral equation of the second kind　06.0564
第二中值定理　second mean value theorem　05.0146
第 n 类贝尔函数　n-th class of Baire functions　05.0049
* 第三边值问题　third boundary value problem　06.0301
第三类贝塞尔函数　Bessel function of the third kind　06.0695
第三类弗雷德霍姆积分方程　Fredholm integral equation of the third kind　06.0569
第三类椭圆函数　elliptic function of the third kind　06.0622
第三类椭圆积分　elliptic integral of the third kind　06.0602
第三类沃尔泰拉积分方程　Volterra integral equation of the third kind　06.0565
第五公设　fifth postulate　08.0009
* 第一边值问题　first boundary value problem　06.0299
第一超穷序数　first transfinite ordinal　02.0181
第一范畴　first category　07.0043
第一范畴集　set of the first category　08.0470
第一基本型　first fundamental form　08.0971
* 第一基本形式　first fundamental form　08.0971
* 第一积分　first integral　06.0032
第一可数公理　first axiom of countability　08.0520
第一类贝塞尔函数　Bessel function of the first kind　06.0693
第一类不连续点　discontinuity point of the first kind 05.0044
第一类不完全椭圆积分　incomplete elliptic integral of the first kind　06.0607
第一类错误　error of the first kind　09.0613
第一类典范坐标　canonical coordinates of the first kind　04.2093
第一类弗雷德霍姆积分方程　Fredholm integral equation of the first kind　06.0567
第一类汉克尔函数　Hankel function of the first kind　06.0701
第一类拉梅函数　Lamé function of the first kind　06.0721
第一类勒让德函数　Legendre function of the first kind　06.0653
第一类马蒂厄函数　Mathieu function of the first kind　06.0728
* 第一类欧拉积分　Euler integral of the first kind　06.0637
第一类切比雪夫多项式　Chebyshev polynomial of the first kind　06.0667
第一类椭圆函数　elliptic function of the first kind　06.0620

第一类椭圆积分 elliptic integral of the first kind 06.0600
第一类完全椭圆积分 complete elliptic integral of the first kind 06.0606
第一类沃尔泰拉积分方程 Volterra integral equation of the first kind 06.0563
第一中值定理 first mean value theorem 05.0145
递归边图 recursive edge graph 03.0132
递归对策 recursive game 11.0461
递归分析 recursive analysis 02.0296
递归函数 recursive function 02.0238
递归集 recursive set 02.0239
递归结构 recursive structure 02.0115
递归可公理化 recursively axiomatizable 02.0295
递归可枚举集 recursively enumerable set 02.0240
递归论 recursion theory 02.0220
递归算术 recursive arithmetic 02.0297
递归性 recursiveness 02.0241
α 递归性 α-recursion, alpha-recursion 02.0294
递归序数 recursive ordinal 02.0291
递阶决策 hierarchical decision 11.0589
递阶控制 hierarchical control 12.0403
点 point 08.0012
点场 field of points 08.0392
点的局部环 local ring of a point 04.1040
点的拉开 blowing up at a point 04.1054
点的邻域基 neighborhood basis of a point 08.0459
点的特殊化 specialization of a point 04.1061
点估计 point estimation 09.0550
点过程 point process 09.0376
点函数 point function 05.0221
点划分 point partitioning 10.0434
*点集拓扑学 general topology 08.0441
点列 range of points 08.0383
点谱 point spectrum 07.0254
点式收敛拓扑 topology of pointwise convergence 08.0560
点斜式 point slope form 08.0243
点有限覆盖 point-finite covering 08.0475
典范层 canonical sheaf 04.1149
典范乘积 canonical product 05.0420
典范除子 canonical divisor 04.1204
典范除子类 canonical divisor class 04.1205
典范丛 canonical bundle 04.1255
典范赋值 canonical valuation 04.0473
典范矩阵 canonical matrix 04.0650
典范嵌入 canonical imbedding 04.1221
典范态射 canonical morphism 04.1996
典型变量 canonical variable 09.0751
典型分解 canonical decomposition 09.0255
典型复单李代数 classical complex simple Lie algebras 04.1541
典型过程 canonical process 09.0194
典型群 classical group 04.1862
典型实单李代数 classical real simple Lie algebras 04.1543
典型相关分析 canonical correlation analysis 09.0750
典型相关系数 canonical correlation coefficient 09.0752
典型域 classical domain 05.0567
电报方程 telegraph equations 06.0444
迭代插值法 iterated interpolation method 10.0179
迭代抽样方法 iteration sampling technique 10.0659
迭代法 iteration method 10.0417
迭代计算 iterative computations 10.0418
迭代团图 iterated clique graph 03.0106
迭代循环 iterative loop 10.0419
叠核 iterated kernel 06.0551
叠加原理 superposition principle 06.0279
叠式存储算法 stack algorithm 12.0127
顶点 vertex 03.0062
顶点传递图 vertex transitive graph 03.0181
顶点次数 degree of a vertex 03.0094
顶点的权 weight of a vertex 03.0197
[顶]点独立数 vertex independent number 03.0146
顶点对称 vertex symmetry 03.0187
[顶]点覆盖 vertex cover 03.0139
[顶]点覆盖数 vertex cover number 03.0140
[顶]点连通度 vertex connectivity 03.0123
顶点子图 vertex subgraph 03.0078

顶角　vertex angle　08.0050
定常迭代　stationary iteration　10.0301
定常系统　time-invariant system　12.0329
定常相　stationary phase　06.0158
定点数　fixed-point number　10.0003
定点运算　fixed-point arithmetic　10.0005
定额抽样　quota sampling　09.0822
定二次型　definite quadratic form　04.0789
定幅曲面　equidistant surface　08.0946
定货　order　11.0547
定货交付时间　lead time　11.0549
定积分　definite integral　05.0141
定阶问题　problem of determining the order　09.0899
定阔曲线　curve of constant breadth　08.0945
定理　theorem　01.0013
定量观测　quantitative observation　09.0466
定倾曲线　curve of constant inclination　08.0966
定时对策　game of timing　11.0465
定位问题　location problem　11.0164
定向胞腔　oriented cell　08.0697
定向单形　oriented simplex　08.0638
定向流形　oriented manifold　08.0612
定向拟阵　oriented matroid　11.0357
定向图　oriented graph　03.0072
定性观察　qualitative observation　09.0465
定性理论　qualitative theory　06.0075
定义　definition　01.0012
定义关系　defining relations　04.1849
定义域　domain　01.0101
丢番图逼近　Diophantine approximation　04.0182
丢番图方程　Diophantine equation　04.0174
丢番图关系　Diophantine relation　02.0243
丢番图几何　Diophantine geometry　04.0175
动力系统　dynamical system　06.0159
动力[学]方程　equation of dynamics　06.0160
动量算子　momentum operator　06.0514
动态补偿器　dynamic compensator　12.0496
动态规划　dynamic programming　11.0328
动态规划流程图　dynamic programming flow chart　11.0336
动态规划算法　dynamic programming algorithm　11.0335
动态规划最优性方程　dynamic programming equation of optimality　11.0340
动态最优化　dynamic optimization　11.0013
逗留时间　sojourn time　11.0523
独立边集　independent set of edges　03.0143
独立[的]　independent　09.0040
独立[顶]点集　independent set of vertices　03.0145
独立方程　independent equation　04.0738
独立集　independent set, stable set　03.0117
独立偏度　independent departureness　10.0646
独立试验　independent trials　09.0005
独立同分布[的]　independent identically distributed, IID　09.0172
独立信源　independent source　12.0047
独立性　independence　02.0142
独立性检验　test of independence　09.0796
独立增量过程　process with independent increments, additive process　09.0375
赌与分裂方法　roulette and splitting method　10.0631
杜阿梅尔法　Duhamel method　06.0280
杜布－迈耶分解　Doob-Meyer decomposition　09.0242
杜福特－弗兰克尔格式　Dufort-Frankel scheme　10.0555
度　degree　02.0283
度规函数　gauge function　05.0813
度规函数的极函　polar of a gauge function　05.0815
度量　metric　08.0538
*度量不变量　metric invariant　07.0430
度量格　metric lattice　03.0322
度量化　metrization　08.0546
度量可递性　metric transitivity　07.0429
度量空间　metric space　08.0539
度量密度　metric density　08.0975
度量凸　metrically convex　07.0069
度量线性空间　metric linear space　07.0110
端点定理　extremal point theorem　07.0157
端方向　extreme direction　05.0759
端结点　end node　10.0494
端射线　extreme ray　05.0758

短正合[序]列　short exact sequence　04.1651
短轴　minor axis　08.0251
* 堆垒数论　additive number theory　04.0214
* 堆栈算法　stack algorithm　12.0127
* 队长　queue length　11.0524
队列长度　queue length　11.0524
队列量　queue size　11.0525
* 对　pair　01.0096
对边　opposite side　08.0053
对策　game　11.0407
对策的阶段　stage of game　11.0416
对策的值　value of a game　11.0409
对策论　game theory　11.0386
对策模拟　gaming　11.0410
对策模型　gaming models　11.0387
对策树　game tree　11.0417
对策元素　game element　11.0408
对称变换　symmetric transformation　04.0726
对称差　symmetric difference　03.0288
对称抽样方法　symmetry sampling technique　10.0654
对称代数　symmetric algebra　04.0864
对称点　symmetric point　05.0484
对称对策　symmetric game　11.0456
对称多项式　symmetric polynomial　04.0549
对称多重线性映射　symmetric multilinear mapping　04.0856
对称分布　symmetric distribution　09.0072
对称格　symmetric lattice　03.0317
对称核　symmetric kernel　06.0555
对称化子　symmetrizer　04.0854
对称矩阵　symmetric matrix　04.0627
对称马尔可夫过程　symmetric Markov process　09.0286
对称区组设计　symmetric block design　03.0030
对称群　symmetric group　04.1824
对称群的表示　representation of symmetric group　04.1940
对称双曲[型]算子　symmetric hyperbolic operator　06.0544
对称双曲[型]组　symmetric hyperbolic system　06.0408
对称双线性型　symmetric bilinear form　04.0771
对称算子　symmetric operator　07.0201
对称图　symmetric graph　03.0186
对称行列式　symmetric determinant　04.0759
对称性　symmetry　01.0122
对称原理　symmetry principle　05.0490
对称张量　symmetric tensor　04.0851
对称中心　center of symmetry　08.0311
对称轴　axis of symmetry　08.0328
对顶角　opposite angles, vertical angles　08.0038
对分法　bisection method, bisection technique　10.0353
对分搜索　dichotomous search　11.0189
对合　involution　07.0269
对合代数　involutory algebra　07.0270
对合对射变换　involutive correlation　08.0363
对合环　involutive ring　07.0275
* 对话式规划　interactive programming　11.0086
对换　transposition　04.1827
对角化方法　diagonalization method　04.0646
对角矩阵　diagonal matrix　04.0596
对角态射　diagonal morphism　04.1129
对角线　diagonal　08.0113
对角线方法　diagonal argument, diagonal method　02.0219
对角[线]化　diagonalization　10.0400
对角优势　diagonal dominance　10.0401
对径点　antipodal point　08.0594
对立事件　complementary events　09.0018
对偶　dual　07.0046
对偶阿贝尔簇　dual Abelian variety　04.1251
对偶半群　dual semi-group　07.0228
对偶变量　dual variable　11.0113
对偶变数方法　antithetic variates method　10.0630
对偶表示　dual representation　04.1934
对偶丛　dual bundle　08.0846
对偶代数　dual algebra　07.0271
对偶单纯形法　dual simplex method　11.0144
对偶地图　dual map　03.0157
对偶定理　duality theorem　11.0117
对偶对象　dual object　05.0313
对偶范畴　dual category, cocategory, opposite category　04.1575

对偶格　dual lattice　03.0244
对偶规划　dual program　11.0080
对偶函子　dual functor　04.1586
对偶化层　dualizing sheaf　04.1156
对偶基　dual basis　04.0694
对偶间隙　duality gap　11.0116
对偶解　dual solution　11.0114
对偶空间　dual spaces　04.0693，07.0048
对偶理论　duality theory　11.0111
*对偶理想　dual ideal　03.0247
对偶链复形　dual chain complex　04.1700
对偶模　dual module　04.0884
对偶排队系统　dual queueing system　11.0512
对偶区组设计　dual block design　03.0035
对偶曲线　dual curve　04.1191
对偶算子　dual operator　07.0187
对偶同构　dual isomorphism　03.0249
对偶同态　dual homomorphism　03.0248
对偶同源　dual isogeny　04.0351
对偶投影　dual projection　09.0254
对偶[线性]映射　dual [linear] mapping　04.0702
对偶线性规划　dual linear programming　11.0143
对偶向量　dual vector　08.1035
对偶性　duality　11.0110
对偶[性]映射　duality mapping　07.0329
对偶原理　duality principle　08.0344，11.0112
对偶约束　dual constraint　11.0051
对偶锥　dual cone　07.0135
对射变换　correlation　08.0362
对数　logarithm　05.0107
对数单位模型　logit model　09.0713
对数导数　logarithmic derivative　05.0081
对数的底　base of logarithm　05.0108
对数的首数　characteristic of logarithm　05.0109
对数的尾数　mantissa of logarithm　05.0110
对数公钥体制　logarithm public key system　12.0309
对数函数　logarithmic function　05.0113
对数核　logarithmic kernel　05.0626
对数积分　logarithmic integral　06.0686
对数容量　logarithmic capacity　05.0662
对数位势　logarithmic potential　05.0639
对数正态分布　logarithmic normal distribution　09.0086
对象　object　04.1557
对象的积　product of objects　04.1573
对象的余积　coproduct of objects　04.1574
对应　correspondence　01.0113
对应分析　correspondence analysis　09.0760
对照　contrast　09.0866
对照分析　contrast analysis　09.0867
钝角　obtuse angle　08.0033
钝角三角形　obtuse triangle　08.0046
多Γ函数　polygamma-function　06.0636
多边形　polygon　08.0109
多变量系统　multivariable system　12.0324
多步法　multistep method　10.0292
多参数过程　multi-parametric process　09.0186
多层方法　multilevel method　10.0600
多层格式　multilevel scheme　10.0564
多次抽检　multiple sampling inspection　09.0851
多重比较　multiple comparison　09.0868
多重尺度问题　multiple scale problem　10.0584
多重次调和函数　plurisubharmonic function　05.0557
多重打靶法　multiple shooting method　10.0315
多重傅里叶级数　multiple Fourier series　05.0290
多重共线性　multicollinearity　09.0706
多重积分　multiple integral　05.0161
多重极限环　multiple limit-cycle　06.0107
多重级数　multiple series　05.0258
多重幂级数　multiple power series　05.0546
多重排队　multiqueue　11.0516
多重数值积分　multiple numerical integration　10.0264
多重调和函数　pluriharmonic function　05.0550
多重特征　multiple characteristics　06.0254
多重网格　multi-grid　10.0546
多重网格法　multi-grid method　10.0599
多重线性代数　multilinear algebra　04.0831
多重线性泛函　multilinear functional　07.0010
多重线性算子　multilinear operator　07.0182
多重线性型　multilinear form　04.0832
多重线性映射　multilinear mapping　04.0833
多代矩估计方法　multigeneration moment estimator method　10.0672

多点帕德逼近 multipoint Padé approximation 10.0106
多峰分布 multimodal distribution 09.0071
多复变函数 function of several complex variables 05.0539
多级抽样 multistage sampling 09.0826
* 多级决策过程 multistage decision process 11.0334
多级控制 multilevel control 12.0402
多级系统 multilevel system 12.0362
多接入信道 multiple access channel 12.0074
多阶段对策 multistage game 11.0463
多阶段决策过程 multistage decision process 11.0334
多连通[的] multiply connected 08.0780
多连通[区]域 multiply connected domain 05.0352
多路信道 multi-way channel 12.0068
多面角 polyhedral angle 08.0143
多面体 polyhedron 08.0135
多面体对策 polyhedral game 11.0480
多面体群 polyhedron group 04.1901
多目标非线性规划 multiobjective non-linear programming 11.0261
多目标分式规划 multiobjective fractional programming 11.0262
多目标规划 multiple objective programming 11.0257
多目标交互规划方法 multiobjective interactive programming method 11.0307
多目标决策 multiple criteria decision making 11.0592
多目标凸规划 multiobjective convex programming 11.0263
多目标线性规划 multiobjective linear programming 11.0260
多目标最优化 multiobjective optimization 11.0011
多群蒙特卡罗方法 multigroup Monte Carlo method 10.0616
多人对策 multi-person games 11.0443
* 多输入多输出系统 multi-input multi-output system, MIMO system 12.0324
多数逻辑译码 majority logic decoding 12.0119
多台服务系统 multi-server system 11.0511
多体问题 many-body problem 06.0136
多维复空间 complex space of several dimensions 05.0540
多维系统 multidimensional system 12.0355
多项分布 multinomial distribution 09.0102
多项式 polynomial 04.0513
多项式逼近 polynomial approximation 10.0093
多项式的次数 degree of a polynomial 04.0520
多项式的容度 content of a polynomial 04.0533
多项式对策 polynomial game 11.0481
多项式方程 polynomial equation 10.0318
多项式环 polynomial ring 04.0512
多项式回归 polynomial regression 09.0692
多项式加速[法] polynomial acceleration 10.0440
多项式矩阵系统 polynomial matrix system 12.0348
多项式时间算法 polynomial-time algorithm 11.0350
多项式伽罗瓦群 Galois group of polynomial 04.0431
多信源 multiple source 12.0046
多叶函数 multivalent function 05.0500
多一可归约性 many one reducibility 02.0287
多伊林正规形 Deuring normal form 04.0346
多用户信道 multi-user channel 12.0069
多用户信息论 multi-user information theory 12.0070
多余信息 redundant information 12.0012
多元插值 multivariate interpolation 10.0185
多元超几何分布 multivariate hypergeometric distribution 09.0103
多元多项式 polynomial in several indeterminates 04.0523
多元方差分析 multivariate analysis of variance 09.0726
多元函数 function of several variables 05.0022
多元解析函数 analytic function of several variables 05.0548
多元全纯函数 holomorphic function of several variables 05.0549

多元时间序列　multivariate time series　09.0892
多元[统计]分析　multivariate [statistical] analysis　09.0729
多元线性模型　multivariate linear model　09.0674
多元样本　multivariate sample　09.0731
多元正态分布　multivariate normal distribution　09.0105
多元总体　multivariate population　09.0730
多圆盘　polydisc　05.0541
多值函数　multiple valued function, multivalued function　05.0375
多值逻辑　multivalue logic, many-valued logic, multiple-value logic　02.0313
多指标　multicriteria　11.0258
多指标动态规划　multicriteria dynamic programming　11.0330
多指标过程　multi-indexed process　09.0185
多种类谓词演算　many sorted predicate calculus　02.0072
多[字长]精度　multiprecision　10.0017

E

恶性码　catastrophic code　12.0208
恩斯库格法　Enskog method　06.0583
二班曲线　curve of the second class　08.0248
二部图　bipartite graph　03.0107
二次逼近法　quadratic approximation method　11.0249
二次变换　quadratic transformation　04.1053
二次插值　quadratic interpolation　10.0177
二次超曲面　quadratic hypersurface　08.0374
二次抽检　double sampling inspection　09.0850
二次对偶　bidual, second dual　07.0050
二次对偶空间　bidual space　07.0051
二次对偶问题　quadratic dual problem　11.0120
二次规划　quadratic programming　11.0067
二次互反律　quadratic reciprocity law　04.0169
二次交换子　double commutant　07.0277
二次空间　quadratic space　04.0795
二次空间的格　lattice in a quadratic space　04.0827
二次空间的根　radical of a quadratic space　04.0799
二次碰撞概率方法　quadratic collision probability method　10.0679
二次曲面　quadric surface, surface of second order　08.0270
二次曲线　curve of second order　08.0246
二次剩余　quadratic residue　04.0167
* 二次收敛　quadratic convergence　10.0333
二次同余方程　quadratic congruence　04.0166
二次型　quadratic form　04.0779
二次型的等价　equivalence of quadratic forms　04.0780
二次型的哈塞不变量　Hasse invariant of a quadratic form　04.0819
二次型的矩阵　matrix of quadratic form　04.0782
二次型的判别式　discriminant of quadratic form　04.0783
二次型的秩　rank of quadratic form　04.0781
二次因子法　quadratic factoring method　10.0348
二次映射　quadratic mapping　04.0796
二次域　quadratic field　04.0286
二次元　quadratic element　10.0501
* 二次约束品性　second-order constraint qualification　11.0053
二次指派问题　quadratic assignment problem　11.0161
二重插值　double interpolation　10.0181
二重差分　double difference　10.0204
二重点　double point　04.1183
二重复形　double complex　04.1672
二重根　double root　04.0581
二重积分　double integral　05.0159
二重级数　double series　05.0257
二重切线　double tangent　04.1188
二级单元　secondary [sampling] unit, second stage unit　09.0811
二阶变分　second variation　05.0694
二阶充分条件　second-order sufficient condition　11.0182
二阶过程　second-order process　09.0198

二阶加托微分 second Gâteaux differential 05.0696
二阶偏微分方程 partial differential equation of second order 06.0215
二阶算术 second-order arithmetic 02.0130
二阶稳定性 stability of degree two 11.0324
二阶效率 second-order efficiency 09.0591
二阶约束规格 second-order constraint qualification 11.0053
二进对称信道 binary symmetric channel 12.0071
二进分割 dyadic decomposition 05.0304
二进删除信道 binary erasure channel 12.0072
二进数群 group of binary numbers 12.0185
二进域 dyadic field 04.0492
二进制 binary system 04.0089
二面体群 dihedral group 04.1812
二十面体 icosahedron 08.0156
二维系统 two dimensional system 12.0354
二项方程 binomial equation 04.0564
二项分布 binomial distribution 09.0076
二项式 binomial 04.0545
二项式定理 binomial theorem 04.0125
二项式系数 binomial coefficients 04.0126
二因子试验设计 two-way layout 09.0862
二元函子 bifunctor 04.1595
* 二元检测 binary detection 12.0261
二元三次型 binary cubic form 04.0179
二元运算 binary operation 03.0335
二值时间序列 binary time series 09.0920

F

发散[性] divergence 05.0238
发展方程 evolution equation 06.0435
罚参数 penalty parameter 11.0237
罚函数 penalty function 11.0236
罚函数法 penalty function method 11.0239
罚似然函数 penalized likelihood function 09.0575
“0.618”法 “0.618” method 11.0197
法贝尔-克拉恩不等式 Faber-Krahn inequality 06.0471
法丛 normal bundle 08.0906
* 法方程 normal equation 10.0145
法里序列 Farey sequence 04.0141
法平面 normal plane 08.0961
法曲率 normal curvature 08.0988
法图集 Fatou set 05.0521
法线 normal line, normal 08.0319
法线式 normal form 08.0242
法锥 normal cone 07.0385
法坐标 normal coordinates 08.0998
反埃尔米特变换 skew-Hermitian transformation 04.0732
反埃尔米特矩阵 skew-Hermitian matrix, anti-Hermitian matrix 04.0630
反比 inverse proportion 04.0081
反变 contravariant 08.1023
反变 Hom 函子 contravariant Hom functor 04.1603
反变函子 contravariant functor 04.1585
反变张量 contravariant tensor 04.0842
反变指标 contravariant index 04.0844
* 反插值 inverse interpolation 10.0162
反常对策 improper game 11.0433
反常积分 improper integral 05.0156
反常凸函数 improper convex function 05.0794
反常旋转 improper rotation 04.1873
反常正交矩阵 improper orthogonal matrix 04.0624
反称变换 skew-symmetric transformation 04.0727
反称[的] anti-symmetric 03.0218
反称矩阵 skew-symmetric matrix, anti-symmetric matrix 04.0628
反称双线性型 skew-symmetric bilinear form 04.0773
反称型阿达马矩阵 Hadamard matrices of skew type 03.0051
反称行列式 skew-symmetric determinant 04.0760
反代数 opposite algebra 04.1426

反对数 anti-logarithm 05.0114
反函数 inverse function 05.0058
*反极限 inverse limit 04.1631
反交换 anti-commutative 04.1492
反馈函数 feedback function 12.0239
反馈控制 feedback control 12.0384
反馈控制器 feedback controller 12.0480
反馈信道 feedback channel 12.0082
反馈移位寄存器 feedback shift register 12.0240
反馈译码 feedback decoding 12.0118
反馈增益 feedback gain 12.0481
反馈增益[矩]阵 feedback gain matrix 12.0482
反例 counter example 01.0053
反幂法 inverse power method 10.0451
反三角函数 inverse circular function, inverse trigonometric function 08.0192
*反射 reflection 08.0327
反射壁 reflecting barrier 09.0348
反同构 anti-isomorphism 04.1316
反同态 anti-homomorphism 04.1317
反向图 converse digraph 03.0210
反演 inversion 08.0092
反演公式 inversion formula 05.0581
反演球面 sphere of inversion 08.0167
反演圆 circle of inversion 08.0093
反演中心 center of inversion 08.0094
反应扩散方程 reaction-diffusion equation 06.0453
反正弦 inverse sine, anti-sine, arc-sine 08.0193
反正弦分布 arcsine distribution 09.0101
反自同构 anti-automorphism 04.1318
返回的 recurrent 07.0418
范 norm 04.0415
范畴 category 04.1556
范畴的等价 equivalence of categories 04.1600
范畴的同构 isomorphism of categories 04.1599
范畴论 category theory 04.1555
范畴逻辑 categorical logic 02.0318
范畴性 categoricity 02.0110
范德波尔方程 van der Pol equation 06.0086
范德科普方法 Van der Corput method 04.0196
范德蒙德行列式 Vandermonde determinant 04.0757
范剩余 norm residue 04.0259
范剩余符号 norm residue symbol 04.0260
范式 normal form 02.0036
范数 norm 07.0112
泛包络代数 universal enveloping algebra 04.1517
泛代数 universal algebra 03.0332
泛代数簇 variety of universal algebras 03.0356
泛代数的同余[关系] congruence on universal algebra 03.0345
泛代数的型 type of an universal algebra 03.0339
泛代数类 class of universal algebras 03.0355
泛点 generic point 04.1060
泛对象 universal object 04.1606
泛分布 universal distribution 04.0294
泛覆叠群 universal covering group 04.2065
泛函 functional 07.0002
泛函分析 functional analysis 07.0001
泛矩阵代数 generic matrix algebra 04.1452
泛同态 generic homomorphism 04.1236
泛性质 universal property 04.1604
泛映射 universal mapping 04.1607
泛值型 universal form 04.0800
方差 variance 09.0117
方差分量 variance component 09.0670
方差分量模型 variance component model 09.0671
方差分析 analysis of variance 09.0715
方差分析表 analysis of variance table 09.0725
方差齐性检验 homogeneity test for variance 09.0639
方程 equation 01.0049
KC方程 Kolmogorov-Chapman equation 09.0301
KdV方程 KdV equation, Korteweg-de Vries equation 06.0450
LR 方法 *LR* method 10.0453
QR 方法 *QR* method 10.0455
方向比 direction ratio 08.0230
方向场 direction field 06.0017
方向导数 directional derivative 05.0098
方向偏倚抽样方法 direction bias sampling method 10.0681
方阵 square matrix 04.0588
仿紧空间 paracompact space 08.0527

仿射包　affine hull　05.0740
仿射变换　affine transformation　08.0409
仿射变换群　affine transformation group　08.0410
仿射超平面　affine hyperplane　04.1026
仿射簇的维数　dimension of an affine variety　04.1023
仿射[代数]簇　affine [algebraic] variety　04.1020
仿射代数群　affine algebraic group　04.1977
仿射等价　affine congruence, affine equivalence　08.0415
仿射法线　affine normal　08.1069
仿射概形　affine scheme　04.1095
仿射函数　affine function　05.0790
仿射集　affine set　05.0739
仿射几何[学]　affine geometry　08.0396
仿射空间　affine space　08.0397
仿射联络　affine connection　08.1016
仿射平面　affine plane　04.1025
仿射曲率　affine curvature　08.1070
仿射曲线　affine curve　04.1173
仿射群　affine group　04.1882
仿射群的线性化　linearization of affine groups　04.1991
仿射微分几何[学]　affine differential geometry　08.0942
仿射无关　affinely independent　05.0789
仿射性质　affine property　08.0416
仿射映射　affine mapping　08.0408
仿射直线　affine line　04.1024
仿射中心　center of affinity　08.0411
仿射坐标　affine coordinate　08.0398
仿射坐标环　affine coordinate ring　04.1022
仿微分算子　paradifferential operator　06.0480
放大矩阵　amplification matrix　10.0529
放大因子　amplification factor　10.0528
放回抽样　sampling with replacement　09.0814
放空　emptiness　11.0558
放宽抽检　reduced sampling inspection　09.0843
菲隆求积　Filon quadrature　10.0263
菲涅耳积分　Fresnel integral　06.0685
菲廷分解　Fitting decomposition　04.1802
非阿贝尔的上同调　non-Abelian cohomology　04.1716
非阿贝尔类域论　non-Abelian class field theory　04.0341
非阿基米德几何[学]　non-Archimedean geometry　08.0332
非阿基米德绝对值　non-Archimedean absolute value　04.0483
非阿基米德序域　non-Archimedean ordered field　04.0463
非本原群　imprimitive group　04.1838
非本质对策　inessential game　11.0435
非标准分析　non-standard analysis　02.0119
非标准量词　non-standard quantifier　02.0058
非标准模型　non-standard model　02.0077
非参数回归　non-parametric regression　09.0696
非参数统计　non-parametric statistics　09.0767
非常返状态　non-recurrent state, transient state　09.0305
非德萨格几何　non-Desargues geometry　08.0347
非对称信道　asymmetric channel　12.0073
非分歧扩张　unramified extension　04.0496
非负矩阵　non-negative matrix　04.0663
非负特征型　non-negative characteristic form　06.0388
非负凸函数的极函　polar of non-negative convex function　05.0817
非光滑分析　non-smooth analysis　07.0381
非光滑最优化　non-smooth optimization　11.0009
非合作对策　non-cooperative game　11.0449
非混合理想　unmixed ideal　04.0997
非季节化序列　deseasonalized series　09.0911
非减　non-decreasing　05.0054
非交换环　non-commutative ring　04.1266
非交换局部化　non-commutative localization　04.1376
非交换局部环　non-commutative local ring　04.1377
非交换群　non-commutative group　04.1738
非交换唯一因子分解　non-commutative unique factorization　04.1328
非交换整环　non-commutative domain　04.1326
非交换主理想整环　non-commutative principal ideal domain　04.1327
非结合代数　non-associative algebra　04.1474

非结合环 non-associative ring 04.1473
非结合可除代数 non-associative division algebra 04.1481
非解析微分方程 non-analytic differential equation 06.0273
非紧测度 measure of non-compactness 07.0362
*非控点 non-dominated point 11.0292
非扩张算子 non-expansive operator 07.0338
非劣解 non-inferior solution 11.0272
非零和对策 non-zero-sum game 11.0438
非迷向向量 anisotropic vector 04.0804
非迷向子空间 anisotropic subspace 04.0806
非模拟蒙特卡罗方法 non-analog Monte Carlo method 10.0611
非欧几何[学] non-Euclidean geometry 08.0420
非欧[几里得]角 non-Euclidean angle 08.0427
非欧[几里得]距离 non-Euclidean distance 08.0426
非奇簇 non-singular variety 04.1057
非奇异变换 non-singular transformation 07.0395
非奇[异]点 non-singular point 04.1055
非奇异双线性型 non-singular bilinear form 04.0769
非奇异线性变换 non-singular linear transformation 04.0703
非齐次边界条件 non-homogeneous boundary condition 06.0289
非齐次的横分解 inhomogeneous bar resolution 04.1694
非齐次多项式 inhomogeneous polynomial 04.0526
非齐次线性方程组 system of non-homogeneous linear equations 04.0740
非齐次坐标 non-homogeneous coordinates 08.0355
非齐性总体 heterogeneous populations 09.0445
非强占型优先权 non-preemptive priority 11.0502
非切向极限 non-tangential limit 05.0442
非确定性图灵机 non-deterministic Turing machine 02.0256
非剩余 non-residue 04.0158
*非实质性对策 inessential game 11.0435
非受控点 non-dominated point 11.0292
非[受]控解 non-dominated solution 11.0275
非随机化决策函数 non-randomized decision function 09.0520
非同余 incongruent 04.0156
非凸二次规划 non-convex quadratic programming 11.0070
非凸规划 non-convex programming 11.0069
非退化二次型 non-degenerate quadratic form 04.0784
非退化基本可行解 non-degenerate basic feasible solution 11.0140
非退化矩阵 non-degenerate matrix 04.0607
非退化双线性型 non-degenerate bilinear form 04.0768
非稳定流形 unstable manifold 06.0205
非线性本征值问题 non-linear eigenvalue problem 07.0354
非线性逼近 non-linear approximation 10.0101
非线性边值问题 non-linear boundary value problem 06.0432
非线性不稳定性 non-linear instability 10.0524
非线性[的] non-linear 07.0306
非线性递归关系 non-linear recurrence 03.0015
非线性泛函分析 non-linear functional analysis 07.0305
[非线性]弗雷德霍姆算子 [non-linear] Fredholm operator 07.0345
非线性复杂度 non-linear complexity 12.0246
非线性规划 non-linear programming 11.0180
非线性回归 non-linear regression 09.0690
非线性积分方程 non-linear integral equation 06.0581
[非线性]紧算子 [non-linear] compact operator 07.0346
非线性滤波 non-linear filtering 09.0423
非线性模型 non-linear model 09.0666
非线性抛物[型] non-linear parabolic 06.0426
非线性偏微分方程 non-linear partial differential equation 06.0220
[非线性]全连续算子 [non-linear] completely continuous operator 07.0347
非线性双曲[型] non-linear hyperbolic 06.0425

* 非线性算子　non-linear operator　07.0307
非线性同余方法　non-linear congruential method　10.0637
非线性椭圆[型]　non-linear elliptic　06.0424
非线性系统　non-linear system　12.0352
非线性薛定谔方程　non-linear Schrödinger equation　06.0437
非线性映射　non-linear mapping　07.0307
非线性约束　non-linear constraint　11.0043
非线性振动　non-linear oscillation　06.0109
非线性自回归模型　non-linear autoregressive model　09.0913
非线性最优化　non-linear optimization　11.0109
非协调板元　non-conforming plate element　10.0514
非协调膜元　non-conforming membrane element　10.0515
非协调有限元　non-conforming finite element　10.0513
非形式公理学　informal axiomatics　02.0312
非循环码　non-cyclic code　12.0195
非游荡集　non-wandering set　06.0191
非增　non-increasing　05.0056
非增重排函数　non-increasing rearrangement function　05.0305
* 非整数次积分　fractional integral　05.0170
* 非整数阶导数　fractional derivative　05.0079
非正则边界点　irregular boundary point　06.0321
非正则尖点　irregular cusp　04.0327
非正则结点　irregular node　10.0492
非正则奇点　irregular singular point　06.0054
非正则素数　irregular prime　04.0299
非正则网格　irregular net　10.0493
非直谓[的]　impredicative　02.0309
非直谓集合论　impredicative set theory　02.0154
非中心参数　non-centrality parameter　09.0460
非中心 F 分布　non-central F-distribution　09.0092
非中心 t 分布　non-central t-distribution　09.0091
非中心 χ^2 分布　non-central chi-square distribution　09.0090
非中心威沙特分布　non-central Wishart distribution　09.0107
非主型算子　operator of non-principal type　06.0487
非自治微分方程组　non-autonomous system of differential equations　06.0079
斐波那契法　Fibonacci method　11.0196
斐波那契数　Fibonacci numbers　04.0142
斐波那契搜索　Fibonacci search　11.0191
费马大定理　Fermat last theorem　04.0180
费马数　Fermat number　04.0058
费诺译码算法　Fano decoding algorithm　12.0126
费希尔判别函数　Fisher discriminant function　09.0763
费希尔信息函数　Fisher information function　09.0579
费耶核　Fejér kernel　05.0284
费耶平均　Fejér mean　05.0283
费用分析　cost analysis　11.0596
费用函数　cost function　11.0600
费用结构　cost structure　11.0597
费用系数　cost coefficients　11.0598
费用向量　cost vector　11.0599
芬斯勒流形　Finsler manifold　07.0376
分比　proportion by subtraction　04.0083
Γ 分布　Γ-distribution, gamma-distribution　09.0095
F 分布　F-distribution, Fisher distribution　09.0089
t 分布　t-distribution, student distribution　09.0088
β 分布　β-distribution, beta-distribution　09.0096
χ^2 分布　chi-square distribution　09.0087
ζ 分布　ζ-distribution, zeta-distribution　09.0082
分布参数系统　distributed parameter system　12.0357
分布函数　distribution function　09.0062
分布解　distribution solution　06.0494
分步法　fractional step method　10.0598
分部积分法　integration by parts　05.0152
分层　hierarchy　02.0223, stratification　08.0916
分层抽样　stratified sampling　09.0818
分层单纯形法　stratified simplex method　11.0309
分层多目标规划　stratified multiobjective

programming 11.0308
分叉 forking 02.0112
*分岔点 bifurcation point 07.0355
*分岔理论 bifurcation theory 07.0356
分拆函数 partition function 04.0217
分次代数 graded algebra 04.1463
分次环 graded ring 04.0987
分次理想 graded ideal 04.0988
分次模 graded module 04.0989
分次同态 graded homomorphism 04.0990
分次子模 graded submodule 04.0991
分点 point of division 08.0231
分段逼近 piecewise approximation 10.0122
分段插值 piecewise interpolation 10.0189
分段多项式 piecewise polynomial 10.0190
分段连续[的] piecewise continuous 05.0046
分割的熵 entropy of the partition 07.0437
分割搜索 sectioning search 10.0371
分划格 partition lattice 03.0321
QR 分解 *QR* decomposition 10.0454
分解群 decomposition group 04.0248
分解数 decomposition numbers 04.1964
分解域 decomposition field 04.0249
分解原理 decomposition principle 11.0154
分块 partitioning 10.0433
分块乘法 block multiplication 04.0612
分块对角矩阵 block diagonal matrix 04.0613
*分块码 block code 12.0177
分块数据压缩 block data compression 12.0150
分类空间 classifying space 08.0856
分离变量法 method of separation of variables 06.0277
分离超平面 separating hyperplane 05.0786
分离超越基 separating transcendental basis 04.0450
分离点 separated point 05.0785
分离定理 separating theorem 05.0788
分离概形 separated scheme 04.1108
分离公理 separating axiom 05.0787
分离集 separated set 05.0783
分离箭图 separated quiver 04.1416
分离态射 separated morphism 04.1130
分离凸集 separated convex set 05.0784
分离性 separability 08.0509
分离性公理 separation axiom 08.0510
分裂[法] splitting [method] 10.0585
分裂格 splitting lattice 03.0327
分裂李代数 split Lie algebra 04.1504
分裂因子组 splitting factor set 04.1439
分裂原理 splitting principle 08.0870
分裂[运算] splitting 03.0164
分母 denominator 04.0064
分配格 distributive lattice 03.0261
分配律 distributive law 04.1273
分配问题 distribution problem 03.0016, allocation problem 11.0603
分配元 distributive element 03.0312
分批试验法 block search 11.0199
分片线性流形 piecewise linear manifold 08.0605
分歧理论 bifurcation theory 07.0356
分歧群 ramification group 04.0252
分歧域 ramification field 04.0253
分歧指数 ramification index 04.0476
分散控制 decentralized control 12.0405
分式规划 fractional programming 11.0072
分式环 ring of fractions 04.0964
分式理想 fractional ideal 04.0235
分式线性变换 fractional linear transformation 05.0482
分式域 quotient field 04.0965
分数 fraction 04.0062
分[数]指数 fractional exponent 04.0040
分数次导数 fractional derivative 05.0079
分数次积分 fractional integral 05.0170
k 分图 *k*-nary graph 03.0098
分位数 quantile 09.0133
分位数过程 quantile process 09.0365
分析解 analytic solution 10.0009
分析[学] analysis 05.0001
分形分析 fractals, fractal analysis 05.0334
分圆 *Zp* 扩张 cyclotomic *Zp* extension 04.0296
分圆单位 cyclotomic units 04.0246
分圆多项式 cyclotomic polynomial 04.0433
分圆数 cyclotomic number 03.0047
分圆域 cyclotomic field 04.0432
分支 branch 05.0451

[分]支点　branching point, ramification point　05.0452
分支定界法　branch and bound method　11.0178
分支过程　branching process　09.0366
分支类型论　ramified theory of types　02.0169
*分支限界法　branch and bound method　11.0178
分子　numerator　04.0063
分组编码　block coding　12.0178
分组长度　block length　12.0180
分组码　block code　12.0177
分组译码　block decoding　12.0179
丰富除子　ample divisor　04.1224
丰富可逆层　ample invertible sheaf　04.1146
丰富完全线性系　ample complete linear system　04.1243
封闭的函数系　closed system of functions　05.0270
封闭引理　closing lemma　06.0167
峰度　kurtosis　09.0136
风险　risk　11.0593
风险函数　risk function　09.0524
风险决策　decision under risk　11.0588
冯·诺伊曼代数　von Neumann algebra　07.0278
冯·诺伊曼－莫根施特恩解　von Neumann-Morgenstern solution　11.0424
冯·诺伊曼判据　von Neumann criterion　06.0502
冯·诺伊曼条件　von Neumann condition　10.0525
否定[词]　negation　02.0034
否定[的]　negative　01.0067
否命题　negative proposition　01.0015
辐角　argument　05.0340
辐角原理　argument principle　05.0402
符号　symbol　01.0007
符号编码　symbolic coding　12.0241
符号差　signature　04.0793
符号计算　symbol computation　10.0031
符号检验　sign test　09.0789
*符号逻辑　symbolic logic　02.0002
符号码　symbolic code　12.0242
符号体系　symbolism　02.0001
符号语言　symbolic language　02.0007
符号秩　signed rank　09.0771
符号秩检验　signed rank test　09.0788
*服务对象　customer　11.0491
服务时间　service time　11.0521
服务台　server　11.0507
浮点数　floating-point number　10.0004
浮点运算　floating-point arithmetic　10.0006
福科什引理　Farkas lemma　11.0056
弗拉蒂尼子群　Frattini subgroup　04.1821
弗兰克-沃尔夫法　Frank-Wolfe method　11.0227
弗雷德霍姆 r 次余子式　Fredholm r-th minor　06.0578
弗雷德霍姆初余子式　Fredholm first minor　06.0577
弗雷德霍姆法　Fredholm method　06.0314
弗雷德霍姆积分方程　Fredholm integral equation　06.0566
弗雷德霍姆算子　Fredholm operator　07.0214
弗雷德霍姆型积分微分方程　integro-differential equation of Fredholm type　06.0586
弗雷德霍姆行列式　Fredholm determinant　06.0576
*弗雷德霍姆映射　Fredholm mapping　07.0214
弗雷德霍姆择一定理　Fredholm alternative theorem　06.0571
弗雷歇导数　Fréchet derivative　07.0313
弗雷歇格　Fréchet lattice　07.0129
弗雷歇可微算子　Frechet differentiable operator　07.0340
弗雷歇空间　Fréchet space　07.0111
弗里茨·约翰条件　Fritz·John conditions　11.0183
弗里德里希斯不等式　Friedrichs inequality　06.0470
弗罗贝尼乌斯互反公式　Frobenius reciprocity formula　04.1951
弗罗贝尼乌斯环　Frobenius ring　04.1381
弗罗贝尼乌斯群　Frobenius group　04.1839
弗罗贝尼乌斯态射　Frobenius morphism　04.1220
弗罗贝尼乌斯自同构　Frobenius automorphism　04.0254
弗洛凯定理　Floquet theorem　06.0065
辅助变量　auxiliary variable　11.0132
俯角　angle of depression　08.0176

＊副丛　associated bundle　08.0850
副迭代　secondary iteration　10.0420
副法线　binormal　08.0960
＊副峰　submaximum　11.0032
覆叠变换　cover transformation　08.0819
覆叠空间　covering space　08.0816
覆叠群　covering group　04.2063
覆叠同伦　covering homotopy　08.0822
覆叠同态　covering homomorphism　04.2064
覆叠映射　covering map　08.0821
覆盖　cover, covering　01.0059
覆盖的阶　order of a covering　08.0587
覆盖的神经　nerve of a covering　08.0651
覆盖面　covering surface　05.0459
覆盖维数　covering dimension　08.0588
覆盖引理　covering lemma　05.0303
赋范代数　normed algebra　07.0266
赋范环　normed ring　07.0268
[赋范环元的]谱　spectrum [of element in normed ring]　07.0285
赋范[线性]空间　normed linear spaces　07.0115
＊赋范向量空间　normed vector spaces　07.0115
赋值　valuation　02.0040, 04.0465
赋值的阶　rank of a valuation　04.0474
＊赋值的开拓　extension of a valuation　04.0475
赋值的扩张　extension of a valuation　04.0475
赋值等价　equivalence of valuations　04.0469
赋值环　valuation ring　04.0470
赋值论　valuation theory　04.0464
复变函数　function of complex variable　05.0373
复变数　complex variable　05.0372
复表示　complex representation　04.2103
复测度　complex measure　05.0642
复乘　complex multiplication　04.0338
复单连通解析李群　complex simply connected analytic Lie group　04.2118
复分析　complex analysis　05.0336
复根　complex root　04.0576
复共轭的　complex conjugate　04.0578
复合　composition　01.0058
复合泊松过程　compound Poisson process　09.0385
复合抽样方法　composition sampling technique　10.0655
复合代数　composition algebra　04.1489
复合函数　composite function, compound function　05.0057
复合假设　composite hypothesis　09.0602
复合矩阵　compound matrix　04.0665
复合群　composite group　04.1787
复合设计　composite design　09.0885
复合梯形公式　compound trapezoidal formula　10.0248
复合辛普森公式　compound Simpson formula, composite Simpson formula　10.0249
复合形法　complex method　11.0251
复合映射　composite mapping　01.0112
复合中点公式　compound midpoint formula　10.0247
复化　complexification　08.1101
复积分　complex integral　05.0385
复结构　complex structure　08.0892
复解析表示　complex analytic representation　04.2104
复解析动力系统　complex analytic dynamics　05.0514
＊复解析动力学　complex analytic dynamics　05.0514
复李群　complex Lie group　04.2076
复流形　complex manifold　05.0570
复平面　complex plane　05.0345
复射影空间　complex projective space　08.0369
复数　complex number　04.0119
复数的三角形式　trigonometrical form of complex number　05.0341
复数域　complex number field　04.0487
复随机变量　complex random variable　09.0052
复位势　complex potential　05.0643
复线性空间　complex linear space　04.0728
复相关　multiple correlation　09.0744
复相关系数　multiple correlation coefficient　09.0745
复形　complex　04.1633
CW 复形　CW complex　08.0701
CW 复形的同调　homology of CW complex　08.0705

CW 复形的同伦群 homotopy group of CW complexes 08.0809
复一般线性群 complex general linear group 04.2100
复振荡 complex oscillation 06.0068
复正交群 complex orthogonal group 04.1875
傅里叶－贝塞尔变换 Fourier-Bessel transform 05.0604
傅里叶－贝塞尔级数 Fourier-Bessel series 06.0709
傅里叶变换 Fourier transform 05.0583
傅里叶反演公式 Fourier inversion formula 05.0588
傅里叶分析 Fourier analysis 05.0264
傅里叶积分 Fourier integral 05.0584
傅里叶积分算子 Fourier integral operator 06.0477
傅里叶级数 Fourier series 05.0276
傅里叶－拉普拉斯变换 Fourier-Laplace transform 05.0602
傅里叶逆变换 inverse Fourier transform 05.0587
傅里叶－斯蒂尔切斯变换 Fourier-Stieltjes transform 05.0603
傅里叶系数 Fourier coefficient 05.0277
傅里叶余弦变换 Fourier cosine transform 05.0590
傅里叶正弦变换 Fourier sine transform 05.0589
负半定二次型 negative semi-definite quadratic form 04.0791
负变差 negative variation 05.0062
负超几何分布 negative hypergeometric distribution 09.0081
负定二次型 negative definite quadratic form 04.0787
负定矩阵 negative definite matrix 04.0634
负多项分布 negative multinomial distribution 09.0104
负二项分布 negative binomial distribution 09.0080
负范数 negative norm 07.0152
负号 negative sign 04.0008
负偏差 negative deviation 11.0314
负数 negative number 04.0117
负稳定矩阵 negative stable matrix 04.0639
＊负向极限点 α-limit point, alpha-limit point 06.0124
负元[素] negative element 04.1276
负整数 negative integer 04.0006
富克斯群 Fuchsian group 05.0480
富克斯型方程 equation of Fuchs type 06.0062

G

概括公理 comprehension axiom 02.0165
概率 probability 09.0029
概率测度 probability measure 09.0033
概率测度近邻性 contiguity of probability measures 09.0283
概率测度奇异性 singularity of probability measures 09.0282
概率抽样 probability sampling 09.0816
概率单位模型 probit model 09.0714
概率度量空间 probabilistic metric space 07.0159
概率分布 probability distribution 09.0056
概率函数 probability function 09.0063
概率距离 probability metrics 09.0162
概率空间 probability space 09.0034
概率论 probability theory 09.0001
概率逻辑 probability logic 02.0319
概率母函数 probability generating function 09.0141
概率位势理论 probabilistic potential theory 09.0350
概率译码 probabilistic decoding 12.0121
概率[坐标]纸 probability paper 09.0437
概形 scheme 04.1097
S 概形 *S*-scheme 04.1100
概形的粘合 gluing of schemes 04.1118
概形上的射影空间 projective space over a scheme 04.1126
概形态射 morphism of schemes 04.1098
概形同构 isomorphism of schemes 04.1099
盖尔范德表示 Gelfand representation 07.0295

盖尔范德－列维坦积分方程 Gelfand-Levitan integral equation 06.0573
盖根鲍尔多项式 Gegenbauer polynomial 06.0665
干扰 interfere 12.0250
干扰解耦 disturbance decoupling 12.0507
干扰输入 disturbance input 12.0435
刚度矩阵 stiffness matrix 10.0508
刚性 rigidity 08.1045
刚性组 stiff system 10.0297
高[度] height 08.0067
高负荷服务 heavy traffic 11.0505
高阶差分 difference of higher order, higher difference 10.0200
高阶导数 derivative of higher order 05.0086
高阶等差数列 arithmetic progression of higher order 04.0140
高阶逻辑 high order logic 02.0071
高阶偏导数 partial derivative of higher order 05.0099
高阶偏微分方程 partial differential equation of higher order 06.0216
高阶奇点 singular point of higher order 06.0094
高阶微分 differential of higher order 05.0087
高阶微分方程 differential equation of higher order 06.0038
高阶线性双曲[型]方程 linear hyperbolic equation of higher order 06.0417
高阶线性椭圆[型]方程 linear elliptic equation of higher order 06.0412
高斯变分问题 Gauss variational problem 05.0676
高斯测度 Gauss measure 09.0281
高斯插值公式 Gauss interpolation formula 04.0570
高斯过程 Gauss process 09.0361
高斯和 Gauss sum 04.0192
高斯积分[法] Gauss integration 10.0254
* 高斯级数 Gauss series 06.0640
高斯曲率 Gaussian curvature 08.0969
高斯－若尔当消元法 Gauss-Jordan elimination 10.0390
[高斯－]赛德尔迭代[法] [Gauss-] Seidel iteration 10.0425
* 高斯微分方程 Gauss differential equation 06.0641
高斯消元法 Gauss elimination 04.0746
高斯信道 Gaussian channel 12.0063
高斯信源 Gaussian source 12.0045
高斯型求积 Gaussian type quadrature 10.0255
高斯－雅可比恒等式 Gauss-Jacobi identity 03.0019
高斯映射 Gauss mapping 08.0976
* 高斯整环 Gauss domain 04.0957
高线 altitude 08.0066
哥德巴赫问题 Goldbach problem 04.0216
哥德尔配数法 Gödel numbering 02.0222
戈丹定理 Gordan theorem 11.0057
戈杜诺夫法 Godunov method 10.0594
戈尔丁不等式 Gårding inequality 06.0413
戈尔丁双曲性条件 Gårding hyperbolicity condition 06.0418
戈莱码 Golay code 12.0192
戈帕码 Goppa code 12.0201
割补术 surgery 08.0936
割补阻碍 surgery obstruction 08.0937
割点 cut point 03.0109, 08.1084
割点图 cut point graph 03.0111
割迹 cut locus 08.1085
割集 cutset 03.0113
割平面法 cutting plane method 11.0176
割线法 secant method 10.0355
割圆曲线 quadratrix 08.0267
格 lattice 03.0233
格的类 class of a lattice 04.0828
格的旋量种 spinor genus of a lattice 04.0830
格的种 genus of a lattice 04.0829
格等式 lattice equality 03.0259
格等式类 equational class of lattices 03.0326
格点分布 lattice distribution 09.0058
格多项式 lattice polynomial 03.0260
格拉姆－施密特正交化方法 Gram-Schmidt orthogonalization process 04.0724
格拉姆行列式 Gram determinant 04.0758
格拉斯曼簇 Grassmanian variety 04.1067
* 格拉斯曼代数 Grassmann algebra 04.0861

格朗沃尔不等式 Gronwall inequality 06.0018
格理想 ideal of a lattice 03.0246
格林公式 Green formula 05.0166
格林函数 Green function 06.0305
格林函数蒙特卡罗方法 Green function Monte Carlo method 10.0687
格林[积分]公式 Green [integral] formula 06.0268
格林容量 Green capacity 05.0663
格林位势 Green potential 05.0641
格滤子 filter of a lattice 03.0247
格论 lattice theory 03.0232
格罗滕迪克群 Grothendieck group 04.1718
格群 lattice group 04.1895
PRD 格式 Peaceman-Rachford-Douglas scheme 10.0566
* TVD 格式 total variation diminishing scheme 10.0574
* TVS 格式 total variation stable scheme 10.0575
格同构 lattice isomorphism 03.0243
格同态 lattice homomorphism 03.0242
格序线性空间 lattice-ordered linear space 07.0128
格子码 trellis code 12.0206
格子图 trellis diagram 12.0207
个体 individual 09.0440
个体变元 individual variable 02.0054
个体遍历定理 individual ergodic theorem 07.0412
根 root 04.0572
根的重数 multiplicity of root 04.0583
根号 radical sign 04.0106
根环 radical ring 04.1350
根[基] radical 04.1342
根平方法 root-squaring method 10.0347
根式 radical 04.0104
根式扩张 radical extension 04.0435
根添加 adjunction of roots 04.0396
根指数 radical exponent 04.0105
根子空间 root subspace 04.1532
更比 proportion by alternation 04.0084
更换策略 replacement strategy 11.0633
更换理论 replacement theory 11.0632
更列问题 derangement problem 03.0013
更新定理 renewal theorem 11.0631
更新方程 renewal equation 11.0630
更新过程 renewal process 11.0624
更新函数 renewal function 11.0629
更新论 renewal theory 11.0623
更新密度 renewal density 11.0628
功率密度谱 power density spectrum 12.0257
功率谱 power spectrum 12.0255
功率谱密度 power spectrum density 12.0256
功效函数 power function 09.0615
供选方案 alternatives 11.0033
公倍数 common multiple 04.0046
公比 common ratio 04.0133
公差 common difference 04.0129
公分母 common denominator 04.0068
公共信道 common channel 12.0080
公共因子 common factor 09.0756
公开密钥 public key 12.0307
公理 axiom 01.0008
公理 *A* axiom *A* 06.0162
公理方法 axiomatic method 02.0311
公理化集合论 axiomatic set theory 02.0151
公理化理论 axiomatic theory 02.0310
公理学 axiomatics 02.0306
* 公设 postulate 01.0008
公式 formula 01.0042
公信息 common information 12.0009
公因数 common divisor 04.0044
公钥体制 public key system 12.0308
弓形 segment of a circle 08.0090
贡献蒙特卡罗方法 contribution Monte Carlo method 10.0617
共变 covariant 08.1022
共变导数 covariant derivative 08.1071
共变函子 covariant functor 04.1584
共变微分 covariant differential 08.1072
共变张量 covariant tensor 04.0841
共变指标 covariant index 04.0843
共点 concurrent 08.0308
共合积 amalgamated product 04.1852
共焦[的] confocal 08.0266
共面[的] coplanar 08.0317

共谱 co-spectrum 09.0417
共尾保积函子 cofinal product-preserving functor 04.1731
共尾性 cofinality 02.0200
共尾子集 cofinal subset 02.0201
共线 collinear 08.0309
*共信息 common information 12.0009
共形不变量 conformal invariant 05.0486
共形的 conformal 08.1044
共形几何 conformal geometry 08.0428
共形空间 conformal space 08.0429
共形映射 conformal mapping 05.0485
*共形映照 conformal mapping 05.0485
共域变换方法 corregion transformation method 10.0676
共振现象 resonance phenomenon 06.0111
共轭 conjugate 04.1755
共轭凹函数 conjugate concave function 05.0808
共轭表示 conjugate representation 04.1936
共轭泊松核 conjugate Poisson kernel 05.0286
共轭代数数 conjugate algebraic numbers 04.0229
共轭点 conjugate point 08.1082
共轭调和函数 conjugate harmonic function 05.0298
共轭方向法 conjugate direction method 11.0208
共轭复数 conjugate complex number 05.0342
共轭傅里叶积分 conjugate Fourier integral 05.0585
共轭根 conjugate roots 04.0584
共轭轨迹 conjugate locus 08.1083
共轭函数 conjugate function 05.0288
共轭级数 conjugate series 05.0280
共轭焦点 conjugate foci 08.0261
共轭矩阵 conjugate matrix 04.0664
*共轭空间 conjugate spaces 04.0693, 07.0048
共轭双曲面 conjugate hyperboloids 08.0273
共轭双曲线 conjugate hyperbolas 08.0257
共轭双重函数 conjugate bifunction 05.0826
共轭梯度法 conjugate gradient method 10.0412
共轭凸函数 conjugate convex function 05.0798
共轭微分算子 conjugate differential operator 06.0483
共轭先验分布族 family of conjugate prior distributions 09.0535
共轭域 conjugate field 04.0430
共轭元 conjugate elements 04.1756
p 共轭元 *p*-conjugate element 04.1961
共轭圆锥曲线 conjugate conics 08.0265
共轭直径 conjugate diameters 08.0263
共轭直线 conjugate lines 08.0264
共轭轴 conjugate axis 08.0262
共轭子群 conjugate subgroups 04.1757
勾股定理 Pythagoras theorem 08.0045
构形 configuration 03.0054
构造论者 constructivist 02.0125
构造性 constructivity 02.0124
构造性定义 constructive definition 02.0197
构造序数 constructive ordinals 02.0190
L 估计 *L*-estimator 09.0780
R 估计 *R*-estimator 09.0781
M 估计 *M*-estimator 09.0779
U 估计 *U*-estimator 09.0778
估计的效率 efficiency of an estimate 09.0581
估计[量] estimate, estimator 09.0551
估计器 estimator 12.0493
孤波 solitary wave 06.0468
孤[立]元 isol 02.0292
孤[立]点 isolated point 08.0464
孤立奇点 isolated singular point, isolated singularity 05.0394
孤立素理想 isolated prime ideal 04.0986
孤立系统 isolated system 12.0365
孤[立]子 soliton 06.0456
孤立子系统 isolated subsystem 12.0366
古典概率 classical probability 09.0030
骨架 skeleton 08.0655
故障率 failure rate 11.0609
故障模式和效应分析 failure mode and effect analysis, FMEA 11.0612
故障频度 failure frequency 11.0610
故障树分析 fault tree analysis 11.0611
顾客 customer 11.0491
[固]定步长 fixed step size 10.0275
固定模 fixed mode 12.0504

固定奇点　fixed singular point　06.0052
固定效应模型　fixed effect model　09.0667
固定终点变分问题　fixed end point variational problem　05.0685
固有误差　inherent error　10.0043
卦限　octant　08.0225
拐点　inflection point　04.1190
怪球面　exotic sphere　08.0929
* 怪引子　strange attractor　06.0200
* 关键路线法　critical path method, CPM　11.0378
关键路线进度表　critical path scheduling　11.0380
关联公理　incidence axioms, axiom of connection　08.0005
关联矩阵　incidence matrices　08.0630
关联数　incidence number　08.0679
关联系统　interconnected system　12.0363
关联预估法　interaction prediction approach　12.0530
关系　relation　01.0036
观测器　observer　12.0488
观测误差　observational error　10.0046
观测值　observed value　12.0462
管状邻域　tubular neighborhood　08.0907
惯性律　law of inertia　04.0794
惯性群　inertia group　04.0250
惯性域　inertia field　04.0251
惯性指数　index of inertia　04.0792
光滑簇　smooth variety　04.1058
光滑概形　smooth scheme　04.1115
光滑函数　smooth function　05.0101
光滑化算子　mollifier　06.0492
光滑流形　smooth manifold　08.0889
光滑态射　smooth morphism　04.1132
光子信道　photon channel　12.0081
广播信道　broadcast channel　12.0076
广群　groupoid　04.1971
广义 m 维单纯形　generalized m-dimensional simplex　05.0753
广义贝叶斯估计　generalized Bayes estimate　09.0564
广义贝叶斯决策函数　generalized Bayes decision function　09.0541
广义本征空间　generalized eigenspace　07.0239
广义本征值　generalized eigenvalue　07.0235
广义博尔扎问题　generalized Bolza problem　07.0382
广义伯努利推移　generalized Bernoulli shift　07.0404
广义泊松过程　generalized Poisson process　09.0384
广义布尔代数　generalized Boolean algebra　03.0290
广义布尔格　generalized Boolean lattice　03.0291
广义导数　generalized derivative　06.0495
广义等周问题　generalized isoperimetric problem　05.0729
广义狄利克雷问题　generalized Dirichlet problem　05.0667
广义多胞体　generalized polytope　05.0752
广义多项式逼近　generalized polynomial approximation　10.0097
广义多圆盘　generalized polydisc　05.0542
广义方向导数　generalized directional derivative　07.0320
广义傅里叶积分　generalized Fourier integral　05.0586
广义傅里叶展开　generalized Fourier expansion　06.0074
广义格林公式　generalized Green formula　06.0304
广义过程　generalized process, random distribution　09.0188
广义函数　generalized function　07.0085
* 广义函数解　generalized function solution　06.0494
广义函数局部化　localization of distribution　07.0092
广义函数卷积　convolution of distributions　07.0094
广义函数空间　space of generalized function　07.0089
广义函数支集　support of distribution　07.0091
广义函数直积　direct product of distributions　07.0093

广义惠更斯原理　Huyghens principle in wider sense 06.0367

广义极限　generalized limit　07.0015

广义几何规划　generalized geometric programming 11.0254

* 广义既约梯度法　generalized reduced gradient method, GRG　11.0233

广义解　generalized solution　06.0499

广义解析函数　generalized analytic function 05.0524

广义局部极值　generalized local extremum 05.0710

广义矩阵帕德逼近　generalized matrix Padé approximation　10.0110

广义卷积　generalized convolution　07.0095

广义拉盖尔多项式　generalized Laguerre polynomial 06.0673

广义拉格朗日乘子　generalized Lagrange multiplier 11.0186

广义拉梅方程　generalized Lamé equation 06.0690

广义理想类群　generalized ideal class group 04.0263

广义连续统假设　generalized continuum hypothesis 02.0164

广义马蒂厄函数　broad sense Mathieu function 06.0730

广义幂级数解　solution of generalized power series 06.0056

广义幂零元　generalized nilpotent element 07.0289

广义拟阵　greedoid　11.0359

广义逆矩阵　generalized inverse matrix　10.0448

广义帕德逼近　generalized Padé approximation 10.0107

广义三角多项式　generalized trigonometric polynomial　05.0293

广义三角级数　generalized trigonometric series 05.0294

广义施勒米希级数　generalized series of Schlömilch 06.0713

广义四元数环　generalized quaternion ring 04.1324

广义四元数群　generalized quaternion group 04.1814

广义特征[标]　generalized character, virtual character 04.1955

广义梯度　generalized gradient　07.0321

广义凸规划　generalized convex program　05.0823

广义网络　generalized network　11.0377

广义先验分布　generalized prior distribution 09.0536

广义线性模型　generalized linear model　09.0665

广义线性系统　generalized linear system　12.0326

广义信息　generalized information　12.0018

广义雅可比矩阵　generalized Jacobian　07.0387

广义有理逼近　generalized rational approximation 10.0098

广义约化梯度法　generalized reduced gradient method, GRG　11.0233

规避对策　evasion game　11.0467

规范群　gauge group　08.1064

规范正交函数系　system of orthonormal functions 05.0267

规范正交基　orthonormal basis　04.0723

规范正交系　orthonormal system　07.0147

归纳定义　definition by induction　02.0192

归纳极限　inductive limit　04.1629

归纳逻辑　inductive logic　02.0315

归纳序集　inductive ordered set　02.0161

归纳证明　proof by induction　02.0019

归约　reduction　02.0298

轨道　orbit　04.1842

轨道分解公式　orbit decomposition formula 04.1845

轨道稳定性　orbital stability　06.0144

[轨]迹　trail　03.0083

轨迹　locus　08.0125

轨形　orbifold　08.0623

滚线　rolling curve　08.0292

国际数学联合会　International Mathematical Union, IMU　01.0131

Q 过程　Q-process　09.0324

过程的等价形　version of process　09.0196

过程的实现　realization of process　09.0193

过程的投影　projection of process　09.0253

过程的修正 modification of process 09.0195
过度收敛 overconvergence 05.0364
过渡条件 transition condition 06.0538
过渡运动 transient motion 06.0146
过分函数 excessive function 09.0338
过剩近似值 upper approximate value 10.0060

H

* 哈代空间 H_p-space 05.0300
哈代-李特尔伍德方法 Hardy-Littlewood method 04.0218
哈代-李特尔伍德极大函数 Hardy-Littlewood maximal function 05.0302
哈尔测度 Haar measure 05.0318
哈尔条件 Haar condition 10.0116
哈密顿典范方程 Hamilton canonical equations 06.0396
哈密顿方程 Hamilton equation 06.0395
哈密顿圈 Hamiltonian cycle 03.0128
哈密顿图 Hamiltonian graph 03.0129
哈密顿微分系统 Hamiltonian differential system 06.0082
哈密顿-雅可比-贝尔曼方程 Hamilton-Jacobi-Bellman equation 11.0341
哈密顿-雅可比方程 Hamilton-Jocobi equation 06.0397
哈密顿原理 Hamilton principle 05.0682
哈默尔基 Hamel basis 07.0054
哈默斯坦积分方程 Hammerstein integral equation 06.0582
哈默斯坦算子 Hammerstein operator 07.0344
哈纳克不等式 Harnack inequality 06.0311
哈塞不变量 Hasse invariant 04.0356
哈塞-闵可夫斯基原理 Hasse-Minkowski principle 04.0818
海曼法 Hyman method 10.0466
海森伯格群 Hessenberg group 05.0321
海森伯矩阵 Heissenberg matrix 10.0465
海廷代数 Heyting algebra 03.0340
亥姆霍兹方程 Helmholtz equation 06.0700
含误差变量模型 errors-in-variables model 09.0672
函数 function 05.0020
BMOA 函数 analytic function of bounded mean oscillation 05.0512
$\mathscr{P}$ 函数 $\mathscr{P}$-function 06.0617
Γ 函数 gamma-function 06.0627
β 函数 β-function, beta-function 06.0637
θ 函数 θ-function, theta-function 04.0315
σ 函数 σ-function, sigma-function 06.0618
* BMO 函数 function of bounded mean oscillation 05.0301
函数逼近论 approximation theory of functions 05.0533
函数代数 function algebra 07.0300
函数的除子 divisor of a function 04.1198
函数的级数展开 expansion of a function in series 05.0260
函数迭代法 function iteration method 11.0338
函数方程 functional equation 06.0590
函数方程法 function equation approach 11.0337
函数符号 function symbol 02.0051
函数构造论 constructive theory of functions 05.0532
函数空间 function space 07.0124
函数平移 translation of functions 04.1987
函数无关 functionally independent 05.0129
函数相关 functionally dependent 05.0128
函数项级数 series of functions 05.0259
* 函数行列式 functional determinant 05.0126
函子 functor 04.1583
Hom 函子 Hom functor 04.1602
函子 Ext functor Ext 04.1670
函子 Tor functor Tor 04.1671
函子的泛元 universal element of a functor 04.1605
函子的复合 composite of functors 04.1587
函子范畴 category of functors 04.1596
汉克尔变换 Hankel transform 05.0596
* 汉克尔函数 Hankel function 06.0695
汉克尔渐近展开 Hankel asymptotic expansion 06.0703

汉克尔算子　Hankel operator　07.0220
汉明界　Hamming bound　12.0190
汉明距离　Hamming distance, Hamming metric　12.0191
汉明码　Hamming code　12.0189
行超松弛　line overrelaxation　10.0431
行等价[的]　row equivalent　04.0648
行迭代　row iteration　10.0429
行矩阵　row matrix　04.0591
行距离　row distance　12.0233
行列式　determinant　04.0747
行列式因子　determinant divisor　04.0656
行列式映射　determinant mapping　04.1724
行列式展开式　determinantal expansion　04.0753
行松弛　line relaxation　10.0430
行为策略　behavioral strategy　11.0401
行向量　row vector　04.0677
行秩　row rank　04.0603
航班问题　problem of routing aircraft　11.0165
豪斯多夫测度　Hausdorff measure　05.0201
*豪斯多夫拓扑群　Hausdorff topological group　04.2033
豪斯多夫维数　Hausdorff dimension　05.0202
豪斯霍尔德变换　Householder transformation　10.0456
豪斯霍尔德法　Householder method　10.0458
豪斯霍尔德矩阵　Householder matrix　10.0457
好约化　good reduction　04.0361
耗散部分　dissipative part　09.0315
耗散算子　dissipative operator　07.0333
耗散态　dissipative state　09.0312
耗散微分方程　dissipative differential equation　06.0080
核广义函数　kernel distribution　05.0633
核函数　kernel function　05.0493
核型估计　kernel type estimator　09.0783
核型空间　nuclear space　07.0072
核型算子　nuclear operator　07.0218
*核族　nuclear class　07.0196
和　sum　04.0010
和乐群　holonomy group　08.1043
和校验　sum check　10.0385
*ω和谐　ω-consistency, omega-consistency　02.0133
*和谐性　consistency　02.0078
合比　proportion by addition　04.0082
合成列　composition series　04.1794
合成算子　composite operator　07.0186
合成因子　composition factor　04.1795
合成因子列　composition factor series　04.1796
合冲　syzygy　04.1714
*合痕　isotopy　08.0774
*合痕不变量　isotopy invariant　08.0775
合取[词]　conjunction　02.0028
合取范式　conjunctive normal form　02.0037
合取项　conjunct　02.0029
合式[的]　well-formed　02.0010
合式公式　well-formed formula　02.0011
合数　composite number　04.0052
合作对策　cooperative game　11.0448
赫尔德不等式　Hölder inequality　05.0067
赫尔德求和[法]　Hölder summation [method]　05.0249
赫尔德条件　Hölder condition　05.0035
赫尔维茨公式　Hurwitz formula　04.1216
赫戈分裂　Heegard splitting　08.0621
赫格内尔点　Heegner point　04.0384
赫克环　Hecke ring　04.0332
赫克算子　Hecke operator　04.0333
赫克特征[标]　Hecke character, Grössencharakter (德)　04.0281
赫维赛德函数　Heaviside function　07.0108
黑塞矩阵　Hessian matrix　11.0209
黑塞行列式　Hessian determinant　05.0132
亨特过程　Hunt process　09.0341
亨特核　Hunt kernel　05.0630
亨泽尔赋值　Hensel valuation　04.0478
亨泽尔赋值域　Hensel valuation field　04.0479
亨泽尔环　Henselian ring　04.1015
横截　transversal　08.0908
横截设计　transversal design　03.0057
横截系　transversal system　03.0056
横截相交　transverse intersection　06.0201
横截性　transversality　08.0909
横截性条件　condition of transversality　05.0706
*横子空间　horizontal subspace　08.1041

横坐标　abscissa　08.0212
横[坐标]轴　axis of abscissas　08.0208
恒等代换　identical substitution　04.0539
恒等[式]　identity　01.0038
*恒等算子　identity operator　07.0174
恒时信道　time-invariant channel　12.0065
恒同映射　identity mapping　01.0110
红黑划分　red/black partitioning　10.0435
后到先服务　last-come first-served, LCFS　11.0499
后继　successor　03.0224
后继函数　successor function　06.0098
后项　consequent　04.0073
后向抛物[型]方程　backward parabolic equation　06.0375
后向搜索　sweep backward　11.0646
后验分布　posterior distribution　09.0538
后验风险[函数]　posterior risk [function]　09.0539
后验概率　posterior probability　09.0048
弧　arc　03.0064, 08.0081
s 弧传递图　s-arc transitive graph　03.0184
弧度　radian　08.0177
弧度[法]　radian measure　08.0178
弧连通[的]　arcwise connected　08.0505
弧线搜索法　arc search method　11.0202
互补几何规划　complementary geometric programming　11.0255
互补松弛定理　theorem of complementary slackness　11.0106
互补凸规划　complementary convex program　11.0066
互补性问题　complementarity problem　11.0104
互斥析取　exclusive disjunction　02.0033
互反方程　reciprocal equation　04.0568
互反律　reciprocity law　04.0275
互激点过程　mutually exciting point process　09.0380
互谱　cross spectrum　09.0416
互扰信道　interference channel　12.0077
互素　coprime, relatively prime　04.0053
互相关函数　cross correlation function　09.0410
互信息　mutual information　12.0008
互熵　cross entropy　12.0034
华－王方法　Hua-Wang method　10.0269
华林问题　Waring problem　04.0215
华－维诺格拉多夫方法　Hua-Vinogradov method　04.0195
滑动平均模型　moving-average model, MA model　09.0895
画法几何[学]　descriptive geometry　08.0432
划分　partition　01.0124
化圆为方[问题]　quadrature of a circle　08.0132
怀特黑德群　Whitehead group　04.1725
坏约化　bad reduction　04.0362
环　ring　04.1264
σ 环　σ-ring, sigma-ring　05.0172
环柄　handle　08.0596
环层　sheaf of rings　04.1089
环的导子　derivation of a ring　04.1383
环的对合　involution of a ring　04.1319
环的格罗滕迪克群　Grothendieck group of a ring　04.1719
环的怀特黑德群　Whitehead group of a ring　04.1728
环的极大谱　maximal spectrum of a ring　04.0941
环的谱　spectrum of a ring　04.0940
环的森田相似　Morita similar of rings　04.1380
环的施坦贝格群　Steinberg group of a ring　04.1734
环的诣零根　nilradical of a ring　04.0937
环的整体维数　global dimension of rings　04.1712
环的直和　direct sum of rings　04.1331
环的直积　direct product of rings　04.1333
环的中心　center of a ring　04.1320
环范畴　category of rings　04.1571
环藉模的扩张　extension of ring by module　04.1005
环流[量]　circulation　05.0332
环论　ring theory　04.1263
环面　torus, anchor ring　08.0595
环面群　torus group　04.2049
环绕数　linking number　08.0754
环上矩阵群　matrix group over rings　04.1881
环同构　ring isomorphism　04.1297

环同态 ring homomorphism 04.1309
环形区域 annular region 08.0316
*缓冲区 buffer 11.0488
缓增 C^∞ 类函数 slowly increasing C^∞ function 07.0098
缓增广义函数 slowly increasing distribution 07.0099
换位子 commutator 04.1775
换位子群 commutator subgroup 04.1776
换元积分法 integration by substitution 05.0151
幻方 magic square 03.0040
黄金分割搜索 golden section search 11.0192
回避对策 eluding game 11.0474
回代 back substitution 10.0387
回复点 recurrent point 06.0197
回复运动 recurrent motion 06.0121
回归分析 regression analysis 09.0686
回归估计 regression estimate 09.0831
回归函数 regression function 09.0687
回归设计 regression design 09.0882
回归系数 regression coefficient 09.0689
回归诊断 regression diagnostics 09.0709
回路 circuit 03.0116
*回路 contour 05.0358
回收方向 direction of recession 05.0764
回收锥 recession cone 05.0763
*回旋曲线 clothoid 08.0288
惠更斯原理 Huyghens principle 06.0366
惠特克函数 Whittaker function 06.0681
惠特克微分方程 Whittaker differential equation 06.0680
汇 sink 06.0198
汇点 sink 03.0204
汇合型超几何方程 confluent hypergeometric equation 06.0063
汇合型超几何函数 hypergeometric function of confluent type 06.0678
汇合型函数 function of confluent type 06.0676
汇合型微分方程 differential equation of confluent type 06.0677
混合边界条件 mixed boundary condition 10.0537
混合边界问题 mixed boundary problem 06.0301
混合策略 mixed strategy 11.0400
混合惩罚法 mixed penalty method 11.0242
混合分布 mixing distribution 09.0449
混合矩 mixed moment 09.0131
混合理想 mixed ideal 04.0996
混合条件 mixing condition 09.0404
混合条件分布 mixed conditional distribution 09.0147
混合同余方法 mixed congruential method 10.0639
混合外代数 mixed exterior algebra 04.0863
混合线性模型 mixed linear model 09.0669
混合型边界条件 boundary condition of mixed type 06.0377
混合型方程 equation of mixed type 06.0379
混合有限元法 mixed finite element method 10.0516
混合张量 mixed tensor 04.0845
混合张量代数 mixed tensor algebra 04.0847
混合整数规划 mixed integer programming 11.0172
混合制系统 mixed system 11.0497
混合字母表 mixed alphabet 12.0095
混料设计 mixture design 09.0881
混淆误差 aliasing error 10.0532
混循环小数 mixed recurring decimal 04.0096
混杂[法] confounding 09.0864
混沌 chaos 06.0151
混沌分解 chaos decomposition 09.0358
活动标架 moving frame 08.0950
活动分析 activity analysis 11.0602
活动三面形 moving trihedral 08.0949
获胜联盟 winning coalition 11.0421
霍尔子群 Hall subgroup 04.1807
霍赫希尔德上同调群 Hochschild cohomology group 04.1704
霍姆格伦唯一性定理 Holmgren uniqueness theorem 06.0229
霍普夫不变量 Hopf invariant 08.0748
霍普夫丛 Hopf bundle 08.0853
霍普夫代数 Hopf algebra 04.1471
霍普夫映射 Hopf mapping 08.0747
霍奇斜率 Hodge slope 04.1169

霍奇折线　Hodge polygon　04.1168
霍特林 T^2 统计量　Hotelling T^2-statistic　09.0735

J

p 基　*p*-basis　04.1011
基[本]变量　basic variable　11.0128
基本不变式　basic invariant　04.1890
基本单位系　system of fundamental units　04.0245
基本点　fundamental point　08.0352
基本对称多项式　fundamental symmetric polynomial　04.0551
基本函数　fundamental function　07.0087
基本函数支集　support of fundamental function　07.0088
基本解　fundamental solution　06.0264
基本解组　fundamental system of solutions　06.0042
基本可行解　basic feasible solution　11.0137
基本空间　fundamental space　07.0086
基本邻域系　fundamental system of neighborhoods　08.0447
基本区　fundamental domain　04.0322
基本[区]域　fundamental region　05.0473
基本群　fundamental group　08.0776
基本事件　elementary event　09.0007
基本事件空间　space of elementary events　09.0009
基本同调类　fundamental homology class　08.0753
基本运算　fundamental operations　03.0337
基本张量　fundamental tensor　08.0974
基本支配权　fundamental dominant weight　04.2024
基本周期　fundamental period　06.0611
基本周期平行四边形　fundamental period parallelogram　06.0615
基变换　change of bases　04.0687
基点　base point　08.0785
基尔霍夫法　Kirchhoff method　06.0364
基尔霍夫公式　Kirchhoff formula　06.0365
基弗过程　Kiefer process　09.0363
基数　cardinal number　01.0125
基域　ground field　04.0394
机会对策　game of chance　11.0466
机会约束　chance constraint　11.0047
机会约束规划　chance constrained programming　11.0084
机器误差　machine error　10.0047
机械求积　mechanical quadrature　10.0231
机械求体积　mechanical cubature　10.0232
奇函数　odd function　05.0050
奇偶校验　parity check, even-odd check　12.0223
奇偶性　parity, odevity　04.1831
奇数　odd integer　04.0049
* 畸变　distortion　12.0153
积　product　04.0021
积测度　product measure　05.0197
积测度空间　product measure space　05.0198
积丛　product bundle　08.0843
积簇　product variety　04.1063
积定向　product orientation　08.0718
积范畴　product category　04.1576
积分　integral　05.0134
积分变换　integral transform　05.0579
[积分变换的]核　kernel of integral transform　05.0582
积分常数　constant of integration, integral constant　05.0149
积分抽样方法　integration sampling technique　10.0657
积分法　integration　05.0150
积分方程　integral equation　06.0545
积分方程核　kernel of an integral equation　06.0550
积分几何[学]　integral geometry　08.0944
积分控制　integral control　12.0387
积分流形　integral manifold　06.0501
积分路径　path of integration　05.0388
积分曲面　integral surface　06.0232
积分曲线　integral curve　06.0016
积分上限　upper limit of integral　05.0144
积分算子　integral operator　07.0217

积分微分方程　integro-differential equation　06.0584
积分下限　lower limit of integral　05.0143
积分学　integral calculus　05.0133
积分因子　integrating factor　06.0031
积分域　domain of integration　05.0162
积分直和　integral direct sum　07.0282
积复形　product complex　08.0737
积和式　permanent　03.0020
积极约束　active constraint　11.0046
积集　product set　01.0089
积可测集　product measurable set　05.0196
积可测空间　product measurable space　05.0195
积空间　product space　08.0491
积拓扑　product topology　08.0490
迹　trace, spur　04.0414,　trace of von Neumann algebra　07.0279
迹范数　trace norm　07.0197
迹空间　trace space　07.0165
迹理想　trace ideal　04.0923
迹形式　trace form　04.1259
迹族　trace class　07.0196
激波间断　shock discontinuity　06.0407
激波条件　shock condition　06.0406
吉布斯态　Gibbs state　09.0313
吉布斯现象　Gibbs phenomenon　05.0287
吉尔法　Gear method　10.0290
吉文斯法　Givens method　10.0462
极差　range　09.0514
极超曲面　polar hypersurface　08.0376
极除子　polar divisor　04.1245
极大遍历定理　maximal-ergodic theorem　07.0414
极大不等式　maximal inequality　09.0250
极大代数　maximum algebra　07.0302
极大单调算子　maximal monotone operator　07.0337
* 极大单调映射　maximal monotone mapping　07.0337
极大点　maximum point　11.0026
极大独立集　maximal independent set　03.0118
极大对称算子　maximal symmetric operator　07.0207
极大泛代数　maximal universal algebra　03.0353
极大风险模型　maximum risk pattern　11.0580
极大化　maximization　11.0024
极大化极小法　maximin method　11.0306
极大化模型　maximization model　11.0025
极大化序列　maximizing sequence　11.0028
极大环面　maximal torus　04.2119
极大集　maximal set　02.0280
极大理想　maximal ideal　04.0939
极大滤子　maximal filter　08.0473
极大条件　maximum condition　04.0906
极大序模　maximal order　04.1454
极大右理想　maximal right ideal　04.1339
极大元　maximal element　03.0229
极大正规算子　maximal normal operator　07.0213
极大值　maximum　05.0121
极大子群　maximal subgroup　04.1793
极大左理想　maximal left ideal　04.1338
极[点]　pole　08.0377
极点　pole　05.0396
* 极点的重数　multiplicity of pole　05.0397
极点的阶　order of pole　05.0397
极点配置　pole assignment, pole placement　12.0503
极端不连通空间　extremely disconnected space　08.0507
极丰富层　very ample sheaf　04.1157
极丰富丛　very ample bundle　04.1254
极化的阿贝尔簇　polarized Abelian variety　04.1249
极集　polar set, α-polar set　05.0678,　polar　07.0053
极类　polar class　04.1246
极面　polar plane　08.0379
极式分解　polar decomposition　04.0641
极限　limit　05.0027
极限策略　limiting strategy　11.0403
极限点　limiting point　05.0229
α 极限点　α-limit point, alpha-limit point　06.0124
ω 极限点　ω-limit point, omega-limit point　06.0123
极限定理　limit theorem　09.0167
极限函数　limiting function, limit function

05.0371
极限环 limit-cycle 06.0103
α 极限集合 α-limit set, alpha-limit set 06.0165
ω 极限集合 ω-limit set, omega-limit set 06.0207
*极限圈 limit-cycle 06.0103
极限序数 limit ordinal number 02.0182
极限鞅 martingale in limit 09.0249
极线 polar line 08.0378
极小遍历 minimally ergodic 07.0427
极小点 minimum point 11.0021
极小度 minimal degree 02.0284
极小对 minimal pair 02.0282
极小多项式 minimal polynomial 04.0401
极小化 minimization 11.0018
极小化方法 minimization method 11.0020
极小化极大 minimax 05.0734
极小化极大逼近 minimax approximation 10.0088
极小化极大估计 minimax estimate 09.0561
极小化极大解 minimax solution 10.0131
极小化极大决策函数 minimax decision function 09.0525
极小化极大序贯决策函数 minimax sequential decision function 09.0548
极小化极大原理 minimax principle 07.0380
极小化模型 minimization model 11.0019
极小极大策略 minimax strategy 11.0483
极小极大定理 minimax theorem 11.0425
极小解 minimum solution 11.0022
极小理想 minimal ideal 04.1353
极小模型 minimal model 02.0108
极小曲面 minimal surface 08.1012
极小曲面方程 minimal surface equation 06.0433
极小时间问题 problem of minimum time 05.0730
极小条件 minimum condition 04.0907
极小向量 minimal vectors 11.0296
极小右理想 minimal right ideal 04.1352
极小元 minimal element 03.0228
极小值 minimum 05.0120
极小子流形 minimal submanifold 08.1049
极小左理想 minimal left ideal 04.1351
极值 extremum 05.0119
极值场 extremal field 05.0712
极值长度 extremal length 05.0503
极值点 extreme point 05.0499
极值分布 extreme-value distribution 09.0100
极值曲线 extremal curve 05.0721
极值原理 extremum principle 06.0291
极坐标 polar coordinates 08.0217
G_δ 集 G_δ set 05.0015
F_σ 集 F_σ set 05.0014
[集]半环 semi-ring of sets 09.0025
集的边界 boundary of a set 08.0455
集的核 nucleus of a set 08.0578
集范畴 category of sets 04.1567
集函数 set function 05.0219
集[合] set 01.0075
集合度规 gauge of set 05.0814
集合论 set theory 02.0148
*Z-F 集合论 Zermelo-Frankel set theory 02.0152
[集合]指示函数 indicator [of a set] 01.0084
集结法 aggregation method 12.0527
集团蒙特卡罗方法 cluster Monte Carlo method 10.0623
集压缩映射 set contraction mapping 07.0363
集值[的] set-valued 07.0323
集值函数映射 set-valued function mapping, multivalued function mapping 07.0324
集值增生算子 set-valued accretive operator, multivalued accretive operator 07.0335
集指标过程 set-indexed process 09.0187
*集中参数系统 lumped parameter system 12.0356
集中函数 concentration function 09.0065
集中控制 centralized control 12.0404
集总参数系统 lumped parameter system 12.0356
及时单纯集 promptly simple set 02.0274
急减 C^∞ 类函数 rapidly decreasing C^∞ function 07.0096
急减广义函数 rapidly decreasing distribution 07.0097
级数 series 05.0230
级数的和 sum of series 05.0236

级数解 series solution 06.0278
级数求和 summation of series 05.0246
几何测度论 geometric measure theory 05.0200
几何单纯复形 geometric simplicial complex 08.0647
几何单形 geometric simplex 08.0646
几何分布 geometric distribution 09.0078
几何概率 geometric probability 09.0032
几何格 geometric lattice 03.0318
几何规划 geometric programming 11.0252
几何亏格 geometric genus 04.1150
几何码 geometric code 12.0199
几何平均 geometric mean 04.0135
几何实现 geometric realization 08.0713
*几何数列 geometric progression 04.0132
几何[学] geometry 08.0001
几何约化的 geometrically reduced 04.1107
几何约束 geometrical constraint 11.0048
几何整的 geometrically integral 04.1106
几何正则的 geometrically regular 04.1114
几何重数 geometric multiplicity 07.0237
几乎必然 almost sure, almost certain 09.0049
几乎必然收敛 almost sure convergence 09.0150
几乎处处 almost everywhere, a.e 05.0192
μ几乎处处 μ-almost everywhere, mu-almost everywhere 05.0612
几乎处处收敛 convergence almost everywhere 05.0215
几乎一致收敛 almost uniform convergence 09.0152
*几乎周期函数 almost periodic function 05.0291
脊线 line of regression 08.0965
季节性模型 seasonal model 09.0909
计划评审法 program evaluation and review technique, PERT 11.0379
计量抽检 sampling inspection by variables 09.0841
计数抽检 sampling inspection by attributes 09.0840
计数过程 counting process 09.0377
计数函数 counting function 05.0427
计数统计量 counting statistic 09.0768
计数问题 enumeration problem 03.0010
计算 computation 02.0262
计算[的]不稳定性 computational instability 10.0023
计算的分布 computational distribution 12.0131
计算方法 computing method 10.0021
计算复杂性 computational complexity 02.0245
计算效率 computational efficiency 10.0236
记忆梯度法 memory gradient method 11.0212
既约剩余系 reduced system of residues 04.0162
*既约梯度法 reduced gradient method 11.0232
嘉当不变量 Cartan invariants 04.1963
嘉当-基灵型 Cartan-Killing form 04.1521
嘉当矩阵 Cartan matrix 04.1538
嘉当子代数 Cartan subalgebra 04.1530
夹角 included angle 08.0239
加 plus 04.0011
加边矩阵 bordered matrix 04.0668
加抽样方法 additional sampling technique 10.0651
加法 addition 04.0009
加法交换律 commutative law of addition 04.1271
加法结合律 associative law of addition 04.1270
加法消去律 cancellation law for addition 04.1274
加减消元法 elimination by addition and subtraction 04.0744
加密 encipher 12.0301
加强连续性 intensified continuity 07.0022
加权逼近 weighted approximation 10.0092
加权不等式 weighted inequality 05.0306
加权残差 weighted residual 10.0147
加权方法 weight method 10.0664
加权极小化极大算法 weighted minimax algorithm 10.0137
加权误差 weighted error 10.0058
加权余量法 weighted residual method 10.0608
加权最小二乘法 method of weighted least squares 10.0144
加数 addend 04.0012
加速 speedup 02.0269
加速过度 overacceleration 10.0345
加同余方法 additional congruential method

10.0640
加托导数　Gâteaux derivative　07.0314
加托可微算子　Gâteaux differentiable operator 07.0341
加细网格　refined net, refined mesh　10.0497
加性[的]　additive　01.0071
加性范畴　additive category　04.1618
加性函子　additive functor　04.1619
加性集函数　additive set function　05.0183
加性数论　additive number theory　04.0214
加性约化　additive reduction　04.0364
加严抽检　tightened sampling inspection　09.0844
伽辽金－彼得罗夫法　Galerkin-Petrov method 10.0593
伽罗瓦对应　Galois correspondence　04.0429
伽罗瓦方程　Galois equation　04.0438
伽罗瓦扩张　Galois extension　04.0427
伽罗瓦论　Galois theory　04.0425
伽罗瓦群　Galois group　04.0426
伽罗瓦上同调　Galois cohomology　04.1715
假设　hypothesis　01.0009
假设检验　hypothesis testing　09.0597
假值　falsity　02.0043
价值论　value theory　11.0595
尖点　cusp　08.0310
尖点形式　cusp form　04.0324
尖峰[的]　leptokurtic　09.0137
间断分解　discontinuity decomposition　10.0539
间断解　discontinuous solution　06.0401
间隙　gap　02.0263
检测概率　detection probability　11.0639
检验　test　09.0603
F 检验　F-test　09.0636
t 检验　t-test　09.0635
u 检验　u-test　09.0634
χ^2 检验　chi-square test　09.0794
检验函数　test function, critical function　09.0606
检验批　inspection lot　09.0833
检验水平　size of a test　09.0609
检验统计量　test statistic　09.0605
简单闭曲线　simple closed curve　08.0591
简单波　simple waves　06.0405
简单打靶法　simple shooting method　10.0314
简单对策　simple game　11.0457
简单多数对策　simple majority game　11.0458
简单假设　simple hypothesis　09.0601
简单连分数　simple continued fraction　04.0146
简单流　simple stream　11.0494
简单随机抽样　simple random sampling　09.0817
简单随机样本　simple random sample　09.0481
*简分数　irreducible fraction　04.0066
简化除子　reduced divisor　04.1229
简化范　reduced norm　04.1444
简化方程　reduced equation　04.0563
简化迹　reduced trace　04.1443
减　minus　04.0016
减法　subtraction　04.0014
减函数　decreasing function　05.0055
减数　subtrahend　04.0017
减算子　decreasing operator　07.0367
箭头图　arrow diagram　11.0381
箭图　quiver　04.1413
箭图的表示　representation of quiver　04.1415
箭图的二次空间　quadratic space of quiver 04.1419
箭图的刚体表示　rigid representation of quiver 04.1418
渐近方向　asymptotic direction　08.0984
渐近分数　convergents　04.0145
渐近广义梯度　asymptotic generalized gradient 07.0322
渐近极小化极大估计　asymptotically minimax estimate　09.0562
渐近级数　asymptotic series　05.0231
渐近路径　asymptotic path　05.0439
渐近切线　asymptotic tangent　08.0330
渐近曲线　asymptotic curve　08.0985
渐近扰动理论　asymptotic perturbation theory 07.0260
渐近收敛　asymptotic convergence　05.0237
渐近收敛速率　asymptotic rate of convergence 10.0327
渐近稳定性　asymptotic stability　06.0141
渐近线　asymptote　08.0258
渐近有效估计　asymptotically efficient estimate 09.0587

渐近展开 asymptotic expansion 05.0254
渐近值 asymptotic value 05.0438
渐近中心 asymptotic center 07.0171
渐近锥面 asymptotic cone 08.0280
渐近鞅 asymptotic martingale 09.0248
渐屈线 evolute 08.0957
渐伸线 involute 08.0958
降L-S定理 downward Löwenheim-Skolem theorem 02.0088
降阶法 method of reduction of order 06.0039
降阶观测器 reduced order observer 12.0491
降阶模型 reduced model 12.0522
降链条件 descending chain condition 04.0905
降维法 method of descent, method of reduction of dimension 06.0369
降维展开[法] expansion of decreasing dimension 10.0266
焦点 focus 06.0091
焦集 focal set 08.1052
焦散曲面 caustic surface 08.1051
交 intersection 01.0085, meet 03.0234
交半格 meet semi-lattice 03.0239
交比 cross ratio, anharmonic ratio 08.0370
交表示 meet representation 03.0323
交不可约元 meet irreducible element 03.0275
交叉核实 cross validation 09.0805
交重数 intersection multiplicity 04.1073
交错代数 alternative algebra 04.1476
交错定理 alternation theorem 10.0113
交错多重线性映射 alternating multilinear mapping 04.0857
交错化子 alternizer 04.0855
交错级数 alternating series 05.0244
*交错矩阵 alternating matrix 04.0628
交错链 alternating chain 03.0148
交错群 alternative groups 04.1903
交错双线性型 alternate bilinear form 04.0772
交错网格 staggered mesh 10.0545
交错张量 alternative tensor 04.0852
交点 point of intersection 08.0016
交互规划 interactive programming 11.0086
交互决策 interactive decision making 11.0591
交互效应 interaction 09.0719
交换A代数 commutative A-algebra 04.0969
交换巴拿赫代数 commutative Banach algebra 07.0267
[交换巴拿赫代数的]根 radical [of commutative Banach algebra] 07.0290
交换代数 commutative algebra 04.0933
交换环 commutative ring 04.0932
交换李群 commutative Lie group 04.2097
交换律 commutative law 04.1269
*交换群 commutative group 04.1739
交换上链 commutative cochain 08.0736
交换图表 commutative diagram 04.1656
交换子 commutant 07.0276
交结数 intertwining number 04.1969
交界条件 interface condition 10.0479
交替方向法 alternating direction method 10.0413
交替方向隐格式 alternating direction implicit scheme, ADI scheme 10.0551
交替方向隐式法 alternating direction implicit method 10.0414
交替更新过程 alternating renewal process 11.0625
交替码 alternate code 12.0198
交图 intersection graph 03.0103
交无穷分配 meet infinite distributive 03.0297
交线 line of intersection 08.0017
交织图 intersection chart 11.0383
角 angle 08.0028
角的对边 side opposite of an angle 08.0054
角度[法] degree measure 08.0179
角平分线 angular bisector 08.0068
角域 angular domain 08.0144
较多序 major order 11.0287
较多有效点 majorly efficient point 11.0293
较多有效解 majorly efficient solution 11.0277
较多有效性 major efficiency 11.0276
较多最优点 majorly optimal point 11.0294
较多最优解 majorly optimal solution 11.0278
接触定理 contact theorem 11.0295
接触过程 contact process 09.0392
接收区域 region of acceptance 12.0279
接受区域 acceptance region 09.0612

阶乘　factorial　04.0026
阶乘函数　factorial function　06.0628
阶乘矩　factorial moment　09.0130
阶乘矩母函数　factorial moment generating function　09.0143
阶理想　order ideal　04.0879
r 阶平均收敛　convergence in mean of order r　09.0154
阶梯迭代　staircase iteration　10.0300
阶梯函数　step function　05.0047
阶跃干扰　step disturbance　12.0436
阶跃输入　step input　12.0430
截段有补格　sectionally complemented lattice　03.0270
截断误差　truncation error　10.0039
截规则　cut rule　02.0147
截距　intercept　08.0241
截距式　intercept form　08.0240
截口定理　section theorem　09.0228
截面　cross section, section　08.0168
截[面]曲率　sectional curvature　08.0992
截尾抽检　curtailed inspection　09.0852
截尾分布　truncated distribution　09.0069
截尾回归　truncated regression　09.0712
截尾型决策函数　truncated decision function　09.0546
截尾样本　truncated sample　09.0483
截止速率　cut off rate　12.0132
截锥　truncated cone　08.0170
节　jet　08.0925
捷线　brachistochrone　05.0720
结点　node　04.1185, 06.0090, 10.0490, knot　10.0490
结构　structure　02.0075
G 结构　G-structure　08.1042
结构层　structure sheaf　04.1096
结构常数　structure constants　04.1509
结构函数　structure function　11.0608
结构空间　structure space　07.0296
结构群　structure group　08.0836
结构摄动法　structural perturbation approach　12.0532
结构态射　structure morphism　04.1101
结构稳定性　structural stability　06.0194
结合代数　associative algebra　04.1267
结合代数簇　variety of associative algebras　04.1449
结合代数的算术　arithmetic of associative algebra　04.1453
结合环　associative ring　04.1265
结合律　associative law　04.1268
结合映射　association mapping　08.0794
结局　outcome　11.0405
结局空间　outcome space　11.0406
结论　conclusion　01.0010
结式　resultant　04.0553
解　solution　01.0051
解冲突算法　collision resolution algorithm　12.0084
解的积分表示　integral representation of solution　06.0310
解的渐近展开　asymptotic expansion of solution　06.0060
解的破裂　blowing-up of solution　06.0457
解的振荡　oscillation of solution　06.0067
解集连续性　solution set continuity　11.0326
解密　decipherment　12.0303
解耦　decoupling　12.0506
解耦系统　decoupled system　12.0370
解释　interpretation　02.0017
解析半群　analytic semi-group　07.0226
解析簇　analytic variety　05.0574
解析多面体　analytic polyhedron　05.0560
解析泛函　analytic functional　07.0013
解析分层　analytic hierarchy　02.0252
解析函数　analytic function　05.0378
解析函数的芽　germ of analytic function　05.0552
解析函数的芽层　sheaf of germs of analytic function　05.0573
解析函数元素　element of analytic function　05.0449
解析集　analytic set　05.0016
解析几何[学]　analytic geometry　08.0203
* 解析解　analytic solution　10.0009
解析空间　analytic space　05.0575

解析流形 analytic manifold 08.0894
解析奇支集 analytic singular support 06.0504
解析群 analytic group, connected Lie group 04.2077
解析数论 analytic number theory 04.0187
解析算子 analytic operator 07.0330
解析同构 analytic isomorphism 04.2086
解析同胚 analytic homeomorphism 05.0564
解析同态 analytic homomorphism 04.2085
解析同态的微分 differential of an analytic homomorphism 04.2087
解析完全域 analytically complete domain 05.0555
解析性 analyticity 05.0377
解析亚椭圆算子 analytic-hypoelliptic operator 06.0518
解析延拓 analytic prolongation, analytic continuation 05.0448
解析映射 analytic mapping 05.0562
解析子群 analytic subgroup, connected Lie subgroup 04.2080
解析自同构算子 analytic automorphism operator 05.0565
紧阿贝尔群 compact Abelian group 04.2051
紧差分格式 compact difference scheme 10.0553
紧[的] compact 08.0525
紧化 compactification 08.0535
紧加边黎曼[曲]面 bordered compact Riemann surface 05.0466
紧开拓扑 compactopen topology 08.0559
紧空间 compact space 08.0526
紧黎曼[曲]面 compact Riemann surface 05.0465
紧群的表示 representation of compact group 04.2056
紧群的群环 group ring of compact group 04.2055
紧群的正则表示 regular representation of compact group 04.2057
紧群上的不变积分 invariant integral on compact group 04.2054
紧生成格 compactly generated lattice 03.0292
紧实型 compact real form 04.1551
紧算子 compact operator 07.0178
紧统 compactum 08.0582
紧拓扑群 compact topological group 04.2053
紧线性算子 compact linear operator 07.0179
紧性 compactness 08.0524
紧映射 compact mapping 08.0563
紧元 compact element 03.0293
l 进表示 *l*-adic r presentation 04.0354
p 进表示 *p*-adic representation 04.1939
进度安排法 scheduling method 11.0347
p 进 *L* 函数 *p*-adic *L*-function 04.0222
p 进绝对值 *p*-adic absolute value 04.0488
p 进李群 *p*-adic Lie group 04.2122
p 进模形式 *p*-adic modular form 04.0339
l 进上同调 *l*-adic cohomology 04.1159
p 进数 *p*-adic number 04.0490
p 进数域 *p*-adic number field 04.0489
进退构造 back and forth construction 02.0099
I 进拓扑 *I*-adic topology 04.0994
p 进形式群 *p*-adic formal group 04.0359
p 进整数 *p*-adic integer 04.0491
近乎处处 approximately everywhere 05.0613
近似表示 approximate representation 10.0082
近似抽样方法 approaching sampling technique 10.0656
近似导数 approximate derivative 05.0226
*近似黄金分割法 approximate golden section method 11.0197
近似解 approximate solution 10.0011
近似可导[的] approximately derivable 05.0227
近似因式分解法 approximate factorization method 10.0597
近似值 approximate value 10.0059
浸没 submersion 08.0910
浸入 immersion 08.0903
晶体 crystal 04.1164
晶体群 crystallographic group 04.1894
晶体上同调 crystalline cohomology 04.1166
精确惩罚法 exact penalty method 11.0244
精[确]度 accuracy, precision 10.0013
精确罚函数 exact penalty function 11.0243
精确解 exact solution 10.0012
精细结构 fine structure 02.0199

精细模空间 fine moduli space 04.1223
经典解 classical solution 06.0493
经典控制理论 classical control theory 12.0410
经典杨-巴克斯特方程 classical Yang-Baxter equation 04.2127
经验贝叶斯方法 empirical Bayes method 09.0542
经验分布函数 empirical distribution function 09.0477
经验公式 empirical formula 10.0149
经验过程 empirical process 09.0364
经验曲线 empirical curve 10.0150
镜射 reflection 08.0327
径迹长度方法 track length method 10.0680
* 径矢 radius vector 08.0228
径向测地线 radical geodesic 08.1077
径向量 radius vector 08.0228
径向无界 radially unbounded 06.0148
竞争 competition 11.0411
竞争均衡 competitive equilibrium 11.0412
* 纠错 error correction 12.0171
纠错码 error correcting code 12.0169
久期项 secular term 06.0114
九边形 nonagon 08.0107
九点圆 nine-point circle 08.0073
局 play 11.0388
局部变换群 local transformation group 04.2108
局部遍历定理 local-ergodic theorem 07.0415
局部表现模 locally presented module 04.0921
局部参数 local parameter 04.0308
局部次理想 local subideal 04.1305
局部戴环空间 locally ringed space 04.1094
局部代数 local algebra 04.1407
局部单连通 locally simply connected 04.2060
局部单值化 local uniformization 04.0307
局部道路连通[的] locally path connected 08.0504
局部[的] local 01.0064
局部高 local height 04.0372
局部弧连通 locally arcwise connected 04.2058
局部化 localization 04.0963
局部环 local ring 04.0966
局部极大值 local maximum 11.0097
局部极限定理 local limit theorem 09.0169
局部极小值 local minimum 11.0096
局部解析同构 locally analytical isomorphic 04.2089
局部紧可除代数 locally compact division algebra 04.0504
局部紧空间 locally compact space 08.0529
局部紧群 locally compact group 04.2043
局部紧群的酉表示 unitary representation of locally compact group 04.2044
局部可解性 local solvability 06.0496
局部类域论 local class field theory 04.0266
局部李群 local Lie group 04.2074
局部连通[的] locally connected 08.0499
局部幂零代数 locally nilpotent algebra 04.1402
局部幂零根 locally nilpotent radical, Levitzki radical 04.1345
局部幂零理想 locally nilpotent ideal 04.1337
局部诺特概形 locally Noetherian scheme 04.1109
局部时 local time 09.0257
局部收敛 local convergence 10.0324
局部同调群 local homology group 08.0690
局部同构 locally isomorphic 04.2067
局部同态 local homomorphism 04.2066
局部凸 locally convex 07.0068
局部凸[拓扑线性]空间 locally convex [topological linear] space 07.0061
局部误差 local error 10.0049
局部有限代数 locally finite algebra 04.1400
局部有限覆盖 locally finite covering 08.0478
σ 局部有限族 σ-locally finite family, sigma-locally finite family 08.0550
局部域 local field 04.0501
局部域的布饶尔群 Brauer group of a local field 04.0503
局部域上代数群 algebraic groups over a local field 04.2026
局部自由层 locally free sheaf 04.1140
局部最优化 local optimization 11.0094
局部最优值 local optimum 11.0095

局部鞅　local martingale　09.0237
局势　situation　11.0404
局中人　player　11.0389
矩　moment　09.0126
矩法估计　moment estimate　09.0568
矩量法　moment method　10.0602
矩母函数　moment generating function　09.0142
矩形　rectangle　08.0098
矩形法则　rectangle rule　10.0242
矩形网格　rectangular net, rectangular mesh　10.0485
矩阵　matrix　04.0587
Q 矩阵　*Q*-matrix　09.0323
矩阵变量[的]超几何函数　hypergeometric function of matric argument　06.0648
矩阵表示　matrix representation　04.1913
矩阵的对角线　diagonal line of a matrix　04.0597
矩阵[的]范数　norm of a matrix, matrix norm　10.0416
矩阵的迹　trace of a matrix　04.0605
矩阵的阶　order of a matrix　04.0604
矩阵的逆　inverse of a matrix　04.0626
矩阵的谱　spectrum of a matrix　04.0640
矩阵的谱半径　spectral radius of a matrix 10.0443
矩阵的行列式　determinant of a matrix　04.0748
矩阵的元　entry of a matrix　04.0589
矩阵的张量积　tensor product of matrices, Kronecker product of matrices　04.0669
矩阵的正规形　normal form of a matrix　04.0657
矩阵的秩　rank of a matrix　04.0601
矩阵迭代分析　matrix iterative analysis　10.0446
矩阵对策　matrix game　11.0429
矩阵论　theory of matrices　04.0586
矩阵帕德逼近　matrix Padé approximation　10.0109
矩阵求逆　matrix inversion　10.0447
矩阵群　matrix group　04.1816
矩阵收缩　matrix deflation　10.0449
聚点　point of accumulation　05.0008
聚点原理　principle of the point of accumulation　05.0009
聚合　conglomerate　02.0218
聚类分析　cluster analysis　09.0766
聚束法　bundle algorithm　11.0123
聚值集　cluster set　05.0443
拒绝门限　rejection threshold　12.0267
拒绝区域　rejection region　09.0611
距离传递图　distance transitive graph　03.0183
距离结构　distance structure　08.0540
*距离空间　metric space　08.0539
距离判别法　discriminant by distance　09.0765
距离正则图　distance-regular graph　03.0096
卷积　convolution　05.0281
卷积码　convolutional code　12.0203
卷积算子　convolution operator　07.0216
卷积下确界　infimal convolution　05.0833
卷绕数　winding number　08.0742
决策　decision　09.0517
决策　decision making　11.0565
决策变量　decision variable　11.0035
决策变量灵敏度分析　decision variable sensitivity analysis　11.0318
决策表　decision table　11.0568
决策分析　decision analysis　11.0585
决策过程　decision process　11.0563
决策空间　space of decisions　09.0518
决策论　decision theory　11.0561
决策模型　decision model　11.0562
决策树　decision tree　11.0567
决策向量　decision vector　11.0036
决定[区]域　domain of determinacy　06.0225
*绝不可及时　totally inaccessible time　09.0218
绝对不等式　absolute inequality　05.0065
绝对不可约表示　absolutely irreducible representation　04.1924
绝对[的]　absolute　01.0065
绝对高　absolute height　04.0370
绝对极大值　absolute maximum　11.0101
绝对极小值　absolute minimum　11.0100
绝对极值　absolute extremum　05.0711
绝对几何　absolute geometry　08.0438

绝对矩 absolute moment 09.0129
绝对连续[的] absolutely continuous 05.0222
绝对邻域收缩核 absolute neighborhood retract 08.0575
绝对收敛 absolutely convergent 05.0240
绝对收敛横坐标 abscissa of absolute convergence 05.0367
绝对收缩核 absolute retract 08.0576
绝对凸 absolutely convex 07.0067
绝对微分学 absolute differential calculus 08.1018
绝对误差 absolute error 10.0035
绝对形 absolute 08.0423
绝对性 absoluteness 02.0206
绝对值 absolute value 04.0118
绝对秩 absolute rank 09.0770
绝对最优解 absolute optimal solution 11.0279
绝妙定理 theorema egregium, remarkable theorem 08.1019
均差 divided difference 10.0224
均方遍历[的] ergodic in mean, ergodic in square 09.0402
均方根误差 root-mean-square error 10.0056
均方连续 continuity in mean square 09.0202
均方收敛 convergence in mean square 09.0153
均方误差 mean square error, MSE 09.0557
均衡[的] balanced, circled 07.0063
均匀分布 uniform distribution 09.0083
均匀量化 uniform quantizing 12.0152
均匀偏度 uniform departureness 10.0647
均匀设计 design by uniform distribution 09.0880
均值 mean 09.0115
均值函数 mean function 09.0199
均值向量 mean vector 09.0116

K

卡茨－穆迪代数 Kac-Moody algebra 04.1552
卡尔曼－布西滤波器 Kalman-Bucy filter 12.0498
卡尔曼滤波 Kalman filtering 09.0425
卡尔曼滤波器 Kalman filter 12.0497
卡尔松测度 Carleson measure 05.0311
卡积 cap product 08.0751
卡吉耶除子 Cartier divisor 04.1142
卡吉耶对偶 Cartier dual 04.1250
卡拉泰奥多里测度 Carathéodory measure 05.0194
卡拉泰奥多里存在定理 Carathéodory existence theorem 06.0008
卡拉泰奥多里性质 Carathéodory property 05.0705
卡莱曼型核 kernel of Carleman type 06.0561
卡马卡法 Karmarkar algorithm 11.0148
卡姆克唯一性条件 Kamke uniqueness condition 06.0011
卡普坦级数 Kapteyn series 06.0711
卡塞尔斯配对 Cassels pairing 04.0367
开尔文函数 Kelvin function 06.0699
开方 radication 04.0100
开覆盖 open covering 08.0480
开关函数 switch function 12.0514
开关曲面 switch surface 12.0516
开关曲线 switch curve 12.0515
开环控制 open-loop control 12.0382
开环系统 open-loop system 12.0337
开集 open set 08.0443
开集基 open set basis 08.0456
开浸入 open immersion 04.1122
开立方 extraction of cubic root 04.0103
开平方 extraction of square root 04.0102
开区间 open interval 05.0011
开西米尔多项式 Casimir polynomial 04.1520
开西米尔元 Casimir element 04.1522
开星形 open star 08.0643
开型积分公式 open integration formula 10.0240
开映射 open mapping 08.0486
开映射定理 open mapping theorem 07.0153
开子概形 open subscheme 04.1121
开子群 open subgroup 04.2036

凯莱变换 Cayley transform 07.0202
凯莱代数 Cayley algebra 04.1478
凯莱数 Cayley number 04.1479
康托尔集 Cantor set 05.0017
考纽螺线 Cornu spiral 08.0288
柯尔莫哥洛夫自同构 Kolmogorov automorphism 07.0407
柯朗－弗里德里希斯－列维条件 Courant-Friedrichs-Lewy condition 10.0526
柯朗数 Courant number 10.0527
柯西－阿达马公式 Cauchy-Hadamard formula 05.0362
柯西插值 Cauchy interpolation 10.0166
柯西存在和唯一性定理 Cauchy existence and uniqueness theorem 06.0006
＊柯西法 Gauchy method 06.0276
柯西分布 Cauchy distribution 09.0093
柯西积分公式 Cauchy integral formula 05.0386
柯西－柯瓦列夫斯卡娅定理 Cauchy-Kovalevskaja theorem 06.0228
柯西－黎曼方程 Cauchy-Riemann equations 05.0381
柯西－施瓦茨不等式 Cauchy-Schwarz inequality 05.0068
柯西问题 Cauchy problem 06.0285
柯西型积分 Cauchy type integral 05.0387
柯西中值定理 Cauchy mean value theorem 05.0092
柯西主值 Cauchy principal value 05.0158
科恩环 Cohen ring 04.1386
科恩－麦考莱概形 Cohen-Macaulay scheme 04.1116
科恩－麦考莱环 Cohen-Macaulay ring 04.1013
＊科尔莫戈罗夫－查普曼方程 Kolmogorov-Chapman equation 09.0301
科尔莫戈罗夫－斯米尔诺夫检验 Kolmogorov-Smirnov test 09.0793
科尔莫戈罗夫相容性定理 Kolmogorov consistent theorem 09.0191
科斯居尔复形 Koszul complex 04.1713
科斯坦特公式 Kostant formula 04.1547
可逼近性 approximability 10.0079
可比较补 comparable complement 03.0328
可比较[的] comparable 03.0226
可闭算子 closable operator 07.0195
[可]变步长 variable step size 10.0276
可变参数模型 variable parameters model 09.0673
可变网距 variable mesh size 10.0498
可辨识性 identifiability 12.0475
可表示函子 representable functor 04.1609
可表示性 representability 02.0083
可驳[的] refutable 02.0132
可采纳解 admissible solution 11.0273
可测变换 measurable transformation 07.0391
可测过程 measurable process 09.0208
可测函数 measurable function 05.0203
可测基数 measurable cardinal 02.0215
可测集 measurable set 05.0175
可测集值函数 measurable set-valued function, measurable multifunction 07.0326
可测空间 measurable space 05.0174
可除代数 division algebra 04.1406
可除模 divisible module 04.0911
可除群 divisible group 04.1860
可达点 achievable point 12.0092
可达集 reachable set 12.0470
可达率 achievable rate 12.0093
可达区域 achievable region 12.0094
可达性 accessibility 02.0213
可达状态 accessible state 09.0302
可导的 derivable 05.0073
可定向丛 orientable bundle 08.0842
可定向流形 orientable manifold 08.0610
可定向曲面 orientable surface 08.0601
可定向性 orientability 08.0600
λ可定义函数 λ-definable function, lambda-definable function 02.0232
可定义性 definability 02.0082
可度量化 metrizable 08.0545
可度量性 metrizability 08.0544
可对角化代数群 diagonalizable algebraic group 04.2002
可分次数 separable degree 04.0420
可分代数 separable algebra 04.1429

可分代数闭包　separable algebraic closure 04.0419
可分代数扩张　separable algebraic extension 04.0418
可分对策　separable game　11.0459
可分多项式　separable polynomial　04.0416
可分过程　separable process　09.0207
可分核　separated kernel　06.0554
可分解算子　decomposable operator　07.0283
可分解信道　decomposable channel　12.0060
可分空间　separable space　08.0523
可分扩张域　separable extension field　04.0452
可分[离]规划　separable programming　11.0082
可分生成[的]　separably generated　04.0451
可分态射　separable morphism　04.1217
可分元　separable element　04.0417
可分张量　decomposable tensor　04.0839
可赋容量性　capacitability　05.0658
可公度的　commensurable　08.0019
可公度子群　commensurable subgroups　04.0321
可构成[的]　constructible　02.0198
可构成壳　constructible hull　02.0195
可构成性　constructibility　02.0196
可估[的]　estimable　09.0553
可观测信息　observable information　12.0020
可观测性　observability　12.0463
可观测性规范形　observability canonical form 12.0467
可观测性[矩]阵　observability matrix　12.0464
可观测性指数　observability index　12.0465
可观测性指数列　observability indicies　12.0466
可归约[的]　reducible　02.0277
可和函数　summable function　05.0207
可积[的]　integrable　05.0208
可积条件　condition of integrability　06.0033
可积微分方程组　integrable system of differential equations　06.0085
可积性　integrability　06.0281
可积有界集值函数　integrable bounded multi-function　07.0325
可计算性　computability　02.0257
可加信道　additive channel　12.0075
可加噪声　additive noise　12.0253
可检测性　detectability　12.0471
可交换[的]　exchangeable　09.0043
可接受标号　acceptable indexing　02.0225
可解解析群　solvable analytic group　04.2096
可解李代数　solvable Lie algebra　04.1501
可解群　solvable group　04.1803
π可解群　π-solvable group, pi-solvable group 04.1806
可解性　solvability　02.0227
可解性理论　theory of solvability　07.0349
可靠度　reliability　11.0606
可靠数字　reliable digit　10.0064
可靠性　soundness　02.0114
可靠性理论　reliability theory　11.0604
可靠性模型　reliability model　11.0605
可控规范形　controllability canonical form 12.0460
可控性　controllability　12.0456
可控性[矩]阵　controllability matrix　12.0457
可控指数　controllability index　12.0458
可控指数列　controllability indices　12.0459
可控子空间　controllable subspace　12.0461
可扩映射　expansive map　06.0171
可料[的]　predictable　09.0222
可料时　predictable time　09.0217
可裂短正合[序]列　splitting short exact sequence 04.1652
可略[的]　negligible　09.0037
可满足性　satisfiability　02.0081
可逆层　invertible sheaf　04.1144
可逆矩阵　invertible matrix　04.0606
可逆马尔可夫过程　reversible Markov process 09.0287
可逆模　invertible module　04.1721
可逆算子　invertible operator　07.0184
可逆态射　invertible morphism　04.1563
可逆系统　invertible system　12.0349
*可逆元　invertible element　04.0951
可判定性　decidability　02.0144
可平面图　planar graph　03.0155
可求长的　rectifiable　05.0064
可求长曲线　rectifiable curve　08.0948
可求和性　summability　05.0247

可去奇点 removable singularity 05.0395
可三角剖分[的] triangulable 08.0653
可实现性 realizability 12.0478
可数[的] countable, denumerable 01.0129
可数赋范空间 countably normed space 07.0081
可数勒贝格谱 countable Lebesgue spectrum 07.0434
可数无穷[的] countable infinite 01.0130
可数希尔伯特空间 countable Hilbert space 07.0082
可数性 countability 08.0518
可数[性]公理 axioms of countability 08.0519
可缩[的] contractible 08.0773
可缩空间 contractible space 08.0574
可微的 differentiable 05.0084
可微算子 differentiable operator 07.0339
可维护性 maintainability 11.0614
可稳性 stabilizability 12.0473
可行方向 feasible direction 11.0062
可行方向法 feasible direction method 11.0225
可行方向锥 feasible direction cone 11.0065
可行基 feasible basis 11.0133
可行解 feasible solution 11.0061
可行下降方向 feasible descent direction 11.0226
可行域 feasible region 11.0060
可行约束 feasible constraint 11.0045
可修系统 repairable system 11.0617
可选[的] optional 09.0221
可用度 availability 11.0607
可约表示 reducible representation 04.1922
可展曲面 developable surface 08.1004
可展拓扑空间 developable topological space 08.0547
克拉默法则 Cramer rule 04.0736
克拉默渐近效率 Cramer asymptotic efficiency 09.0588
克拉默-拉奥下界 Cramer-Rao lower bound 09.0577
克莱罗微分方程 Clairaut differential equation 06.0034
克莱因-戈尔登方程 Klein-Gordon equation 06.0443
克莱因瓶 Klein bottle 08.0599
克莱因群 Kleinian group 05.0479
克赖因空间 Krein space 07.0143
克兰克-尼科尔森格式 Crank-Nicolson scheme 10.0554
*克里斯托费尔符号 Christoffel symbol 08.1024
克利福德代数 Clifford algebra 04.0814
克利福德平行 Clifford parallel 08.0419
克卢斯特曼和 Kloosterman sum 04.0193
克鲁尔环 Krull ring 04.1012
克鲁尔拓扑 Krull topology 04.0428
克鲁尔维数 Krull dimension 04.0998
克伦肖-柯蒂斯积分[法] Clenshaw-Curtis integration 10.0251
克罗内克符号 Kronecker symbol 04.0171
克氏符号 Christoffel symbol 08.1024
克特根 Koethe radical 04.1344
肯德尔记号 Kendall notation 11.0536
肯定[的] affirmative, positive 01.0066
空集 empty set 01.0077
空间 space 01.0006
l^p 空间 l^p-space 05.0211
DF 空间 (DF)-space 07.0079
*F 空间 (F)-space 07.0111
H 空间 H-space 08.0795
H'空间 H' space 08.0796
T_0 空间 T_0 space 08.0511
H_p 空间 H_p-space 05.0300
T_1 空间 T_1 space 08.0512
T_2 空间 T_2 space 08.0513
LF 空间 (LF)-space 07.0083
L^p 空间 L^p-space 05.0210
*S 空间 (S)-space 07.0073
*M 空间 (M)-space 07.0078
空间的局部化 localization of a space 08.0589
空间的连通分支 component of a space 08.0508
空间群 space group 04.1893
空间型 space form 08.1037
空间坐标 space coordinates 08.0970
空齐[的] spatially homogeneous 09.0300
空隙现象 gap phenomenon 08.1061
空元运算 nullary operation 03.0333
控制 control 12.0378
*PID 控制 PID control 12.0389

控制变量　control variable　12.0379
控制变数方法　control variates method　10.0686
控制函数　dominant function　02.0272
控制级数　dominant series　05.0243
控制结构　domination structure　11.0264
控制理论　control theory　12.0406
控制律　control law　12.0381
控制论　cybernetics　12.0416
控制器　controller　12.0479
控制收敛定理　dominated convergence theorem　05.0218
控制图　control chart　09.0856
控制系统　control system　12.0322
控制原理　domination principle　05.0671
库存策略　inventory strategy　11.0544
库存控制　inventory control　11.0545
库存量　inventory level　11.0546
库存论　inventory theory　11.0542
库存模型　inventory model　11.0543
库恩－塔克点　Kuhn-Tucker point　11.0185
库恩－塔克条件　Kuhn-Tucker conditions　11.0184
库恩－塔克约束规格　Kuhn-Tucker constraint qualification　11.0054
*库恩－塔克约束品性　Kuhn-Tucker constraint qualification　11.0054
库尔贝克－莱布勒信息函数　Kullback-Leibler information function　09.0580
库默尔变换　Kummer transformation　10.0344
库默尔函数　Kummer function　06.0679
库默尔扩张　Kummer extension　04.0436
库默尔配对　Kummer pairing　04.0366
库容　content　11.0556
库塔－茹科夫斯基条件　Kutta-Jukowsky condition　06.0469
库赞第二问题　second problem of Cousin　05.0569
库赞第一问题　first problem of Cousin　05.0568
p 块　p-block　04.1965
块的亏数　defect of block　04.1966
块的亏数群　defect group of block　04.1967
块迭代　block iteration　10.0437
块三对角[矩]阵　block tridiagonal matrix　10.0407
块松弛　block relaxation　10.0438
快变状态　fast state　12.0426
快变子系统　fast subsystem　12.0341
*快速控制　time-optimal control　12.0391
框图　block diagram　12.0455
亏度　deficiency　07.0262
亏格　genus　04.1208
亏量　deficiency　05.0433
亏值　deficient value　05.0432
亏指数　deficiency index　07.0203
*傀儡　dummy　11.0390
傀指标　dummy index　04.0846
扩充的马尔库舍维奇基　extended Markuschevich basis　07.0059
扩充复平面　extended complex plane　05.0347
扩散　diffusion　09.0374
扩散方程　diffusion equation　06.0452
扩散过程　diffusion process　09.0371
扩散核　diffusion kernel　05.0632
扩散算子　diffusion operator　06.0537
扩散问题　diffusion problem　06.0454
扩域　extension field　04.0395
扩张　extension　01.0060
扩张定理　extension theorems　07.0155
扩张映射　expanding map　06.0170
扩张阻碍　obstruction to an extension　08.0829

L

拉道求积　Radau quadrature　10.0262
拉德马赫[正交]函数系　Rademacher system of [orthogonal] functions　05.0272
拉丁方　Latin square　09.0874
拉丁方设计　Latin square design　09.0877
拉丁矩　Latin rectangle　09.0873
拉东变换　Radon transform　05.0605
拉东测度　Radon measure　05.0199
拉盖尔变换　Laguerre transformation　08.0431
拉盖尔多项式　Laguerre polynomial　06.0672

拉盖尔－高斯求积　Laguerre-Gauss quadrature 10.0259
拉盖尔微分方程　Laguerre differential equation 06.0671
拉格朗日鞍点　Lagrange saddle point　11.0187
拉格朗日[必要]条件　Lagrange [necessary] condition　05.0704
拉格朗日插值公式　Lagrange interpolation formula 10.0171
拉格朗日乘数　Lagrange multiplier　05.0124
＊拉格朗日乘子　Lagrange multiplier　05.0124
拉格朗日乘子法　Lagrange method of multipliers 11.0246
拉格朗日－沙比法　Lagrange-Charpit method 06.0274
拉格朗日问题　Lagrange problem　05.0732
拉格朗日展开公式　Lagrange expansion formula 06.0741
拉格朗日中值定理　Lagrange mean value theorem 05.0091
拉回　pull back　04.1611
拉克斯－弗里德里希斯格式　Lax-Friedrichs scheme　10.0557
拉克斯－温德罗夫格式　Lax-Wendroff scheme 10.0558
拉梅函数　Lamé function　06.0720
拉梅微分方程　Lamé differential equation 06.0719
拉姆齐数　Ramsey number　03.0102
拉普拉斯变换　Laplace transform　05.0598
拉普拉斯变换法　method of Laplace transformation 06.0047
拉普拉斯分布　Laplace distribution　09.0098
拉普拉斯逆变换　inverse Laplace transform 05.0599
拉普拉斯双曲[型]方程　Laplace hyperbolic equation　06.0352
拉普拉斯调和方程　Laplace harmonic equation 06.0288
拉普拉斯－斯蒂尔切斯变换　Laplace-Stieltjes transform　05.0601
拉普拉斯展开式　Laplace expansion　04.0754
莱布尼茨公式　Leibniz formula　05.0088
莱夫谢茨数　Lefschetz number　08.0745
莱维分解　Levi decomposition　04.2116
莱维问题　Levi problem　05.0556
莱维子群　Levi subgroup　04.2115
赖因哈特域　Reinhardt domain　05.0544
兰彻斯特方程　Lanchester equation　11.0648
兰登变换　Landen transformation　06.0608
兰金－于戈尼奥关系　Rankine-Hugoniot relation 06.0399
兰金－于戈尼奥激波条件　Rankine-Hugoniot shock conditions　06.0400
兰乔斯法　Lanczos method　10.0459
朗斯基行列式　Wronskian [determinant] 05.0131
朗斯基行列式准则　criterion via Wronski determinant　06.0043
＊劳勒算法　Loeb algorithm　10.0137
勒贝格测度　Lebesgue measure　05.0185
勒贝格常数　Lebesgue constant　10.0173
勒贝格函数　Lebesgue function　10.0172
勒贝格积分　Lebesgue integral　05.0206
勒贝格可测　Lebesgue measurable　05.0186
勒贝格可测函数　Lebesgue measurable function 05.0204
勒贝格－斯蒂尔切斯测度　Lebesgue-Stieltjes measure　05.0187
勒雷－绍德尔不动点法　fixed point method of Leray and Schauder　06.0325
勒雷－绍德尔度　Leray-Schauder degree　07.0360
勒让德[必要]条件　Legendre [necessary] condition 05.0703
勒让德变换　Legendre transformation　05.0821
勒让德多项式　Legendre polynomial　06.0657
勒让德符号　Legendre symbol　04.0168
勒让德－高斯求积　Legendre-Gauss quadrature 10.0256
勒让德共轭　Legendre conjugate　05.0820
勒让德关系　Legendre relation　06.0619
勒让德连带微分方程　Legendre associated differential equation　06.0652
勒让德微分方程　Legendre differential equation 06.0651
勒让德系数　Legendre coefficient　06.0658

勒让德－雅可比标准型 Legendre-Jacobi standard form 06.0599
勒让德正规形 Legendre normal form 04.0345
累[次]差分 repeated difference 10.0221
累次积分 repeated integral 05.0163
累积频率 cumulative relative frequency 09.0475
累积频数 cumulative absolute frequency 09.0473
累积误差 cumulative error 10.0052
类 class 01.0079
类(D)过程 class (D) process 09.0241
C_0类半群 semi-group of class C_0 07.0225
类度规函数 gauge-like function 05.0816
类方程 class equation 04.1844
类函数 class function 04.1948
C^∞类函数 function of class C^∞ 05.0103
C^ω类函数 function of class C^ω 05.0104
C^n类函数 function of class C^n 05.0102
C^0类函数 function of class C^0 05.0100
类结构 class formation 04.0290
类空[向] spacelike 06.0350
类群 class group 04.0269
类时[向] timelike 06.0349
类数 class number 04.0244
类算子 class operator 03.0354
类域 class field 04.0268
类域论 class field theory 04.0264
棱 edge 08.0138
棱道群 edge group 08.0682
棱柱 prism 08.0149
棱锥[体] pyramid 08.0161
黎曼ζ函数 Riemann zeta-function 05.0446
黎曼度量 Riemann metric 08.0973
黎曼法 Riemann method 06.0355
黎曼函数 Riemann function 06.0354
黎曼和 Riemann sum 05.0140
黎曼积分 Riemann integral 05.0135
黎曼几何[学] Riemannian geometry 08.0940
黎曼假设 Riemann hypothesis 05.0447
黎曼解算子 Riemann solver 10.0521
黎曼矩阵 Riemann matrix 04.0642
黎曼可积的 integrable in the sense of Riemann 05.0139
黎曼空间 Riemann space 05.0472
黎曼流形 Riemannian manifold 07.0373
黎曼－罗赫定理 Riemann-Roch theorem 04.1207
黎曼[曲]面 Riemann surface 05.0458
黎曼上积分 Riemann upper integral 05.0137
黎曼－斯蒂尔切斯积分 Riemann-Stieltjes integral 05.0169
黎曼问题 Riemann problem 06.0353
黎曼－希尔伯特问题 Riemann-Hilbert problem 06.0455
黎曼下积分 Riemann lower integral 05.0138
黎曼映射定理 Riemann mapping theorem 05.0487
* 篱码 trellis code 12.0206
* 篱图 trellis diagram 12.0207
离差 dispersion 09.0119
离群值 outlier 09.0467
离散阿贝尔群 discrete Abelian group 04.2052
离散逼近 discrete approximation 10.0125
离散带号测度 discrete signed measure 05.0608
离散[的] discrete 01.0070
离散分布 discrete distribution 09.0057
离散赋值 discrete valuation 04.0493
离散赋值环 discrete valuation ring 04.0495
离散规划 discrete programming 11.0076
离散化 discretization 10.0027
离散化途径 discretization approach 10.0028
离散化误差 discretization error 10.0053
离散集 discrete set 08.0579
离散解 discrete solution 10.0030
离散空间 discrete space 08.0445
离散流 discrete flow 06.0169
离散模拟 discrete analog, discrete simulation 10.0026
离散模型 discrete model 10.0029
离散谱 discrete spectrum 07.0432
离散时间系统 discrete time system 12.0332
离散事件动态系统 discrete event dynamic system 12.0361
离散随机变量 discrete random variable 09.0059
离散拓扑 discrete topology 08.0444
离散系统 discrete system 12.0331
离散信道 discrete channel 12.0052

离散值函数 discrete-valued function 10.0025
离散子群 discrete subgroup 04.2084
离散族 discrete family 08.0548
σ 离散族 σ-discrete family, sigma-discrete family 08.0549
离散最优化 discrete optimization 11.0014
离心角 eccentric angle 08.0253
离心率 eccentricity 08.0252
理查森外推[法] Richardson extrapolation 10.0339
理论 theory 02.0069
KAM 理论 Kolmogorov-Arnold-Moser theory 06.0130
理想 ideal 04.0935
理想的范 norm of an ideal 04.0237
理想的高 height of an ideal 04.0995
理想的根 radical of an ideal 04.0936
理想的和 sum of ideals 04.1301
理想的积 product of ideals 04.1302
理想的扩张 extension of an ideal 04.0960
理想的商 quotient of ideals 04.1303
理想的深度 depth of an ideal 04.1000
理想的收缩 contraction of an ideal 04.0961
理想的素分解 prime decomposition of ideals 04.0239
理想的种 genus of ideals 04.0301
理想点 ideal point 11.0304
理想点法 ideal point method 11.0305
理想格 ideal lattice 03.0256
理想类 ideal class 04.0241
理想类群 ideal class group 04.0243
理想约束 ideal constraint 11.0049
李代数 Lie algebra 04.1490
李代数的表示 representations of a Lie algebra 04.1498
李代数的复化 complexification of a Lie algebra 04.1516
李代数的根 radical of a Lie algebra 04.1510
李代数的解析群 analytic group of a Lie algebra 04.2114
李代数的扩张 extension of a Lie algebra 04.1706
李代数的理想 ideal of a Lie algebra 04.1494
李代数的奇异元 singular element of a Lie algebra 04.1529
李代数的上同调 cohomology of Lie algebras 04.1705
李代数的诣零表示 nilrepresentation of a Lie algebra 04.1525
李代数的正则元 regular element of a Lie algebra 04.1528
李代数的秩 rank of a Lie algebra 04.1523
李代数的中心 center of a Lie algebra 04.1508
李[代数]同构 isomorphism of Lie algebras 04.1496
李[代数]同态 homomorphism of Lie algebras 04.1497
李括号 Lie bracket 08.0922
李纳微分方程 Liénard differential equation 06.0084
李群 Lie group 04.2073
李群的包络代数 enveloping algebra of a Lie group 04.2111
李群的表示 representation of a Lie group 04.2101
李群的李代数 Lie algebra of a Lie group 04.2081
李群同构 isomorphism of Lie groups 04.2078
李双代数 Lie bialgebra 04.2125
李型单群 simple groups of Lie type 04.1904
李雅普诺夫函数 Liapunov function 06.0139
李雅普诺夫稳定性 Liapunov stability 06.0138
李雅普诺夫指数 Liapunov exponent 06.0140
里茨方法 Ritz method 05.0736
里卡蒂微分方程 Riccati differential equation 06.0029
里奇曲率 Ricci curvature 08.0993
里斯变换 Riesz transform 05.0600
里斯法 Riesz method 06.0370
里斯核 Riesz kernel 05.0625
里斯求和[法] Riesz summation [method] 05.0252
里斯位势 Riesz potential 05.0638
*历程 horizon 11.0342
利普希茨连续性 Lipschitzian continuity 07.0026
利普希茨条件 Lipschitz condition 05.0036
利普希茨唯一性条件 Lipschitz uniqueness

condition 06.0009
利普希茨映射 Lipschitzian mapping 07.0331
例 example 01.0052
例外复单李代数 exceptional complex simple Lie algebras 04.1542
例外曲线 exceptional curve 04.1231
例外若尔当代数 exceptional Jordan algebra 04.1484
例外值 exceptional value 05.0431
立方 cube 04.0038
立方体 cube 08.0146
n 立方图 n-cube 03.0097
立体 solid 08.0134
立体[调和]函数 solid [harmonic] function 06.0649
立体几何[学] solid geometry 08.0004
立体角 solid angle 08.0142
立体形 solid figure 08.0145
隶属关系 membership 02.0170
力迫法 forcing method 02.0203
力迫关系 forcing relation 02.0204
力迫条件 forcing condition 02.0202
联合逼近 simultaneous approximation 10.0127
联合分布 joint distribution 09.0067
* 联合行迭代 simultaneous row iteration 10.0432
联合置信区域 simultaneous confidence regions 09.0656
联结词 connective 02.0026
联结数 binding number 03.0089
联络 connection 08.1014
联络系数 coefficients of connection 08.1063
连比 continued proportion 04.0078
连乘积 continued product 04.0025
连带勒让德函数 associated Legendre function 06.0659
连分式逼近 continued fraction approximation 10.0095
连分数 continued fraction 04.0144
连接同态 connecting homomorphism, connecting morphism
连通代数群 connected algebraic group 04.1979
n 连通[的] n-connected 08.0779
连通度 connectivity 03.0122
连通分支 connected component 03.0088
连通环 connected ring 04.1722
连通集 connected set 08.0498
连通可解群 connected solvable group 04.2007
连通空间 connected space 08.0500
连通数 connectivity number 08.0781
连通图 connected graph 03.0087
连通图直径 diameter of a connected graph 03.0093
连通性 connectivity 08.0497
* 连续胞腔 singular cell 08.0696
连续抽检 continuous sampling inspection 09.0845
连续[的] continuous 01.0069
连续对策 continuous game 11.0473
连续分布 continuous distribution 09.0060
连续格 continuous lattice 03.0319
连续公理 axiom of continuity 08.0010
连续函数 continuous function 05.0032
* 连续函数类 function of class C^0 05.0100
连续几何 continuous geometry 08.0439
连续控制系统 continuous control system 12.0335
连续谱 continuous spectrum 07.0255
连续时间模型 continuous time model 11.0581
连续时间系统 continuous time system 12.0330
连续随机变量 continuous random variable 09.0061
连续同态 continuous homomorphism 04.2041
连续统 continuum 02.0162
连续统假设 continuum hypothesis 02.0163
连续线性泛函 continuous linear functional 07.0008
连续线性算子 continuous linear operator 07.0177
连续信道 continuous channel 12.0053
连续[性]模 modulus of continuity 05.0534
连续性方法 continuity method 06.0324
连续映射 continuous mapping 08.0482
链 chain 04.1636
链复形 chain complex 04.1634, 08.0628
链复形的张量积 tensor product of chain complexes

04.1673
链环 link 08.0784
链级码 concatenated code 12.0210
链码 chain code 12.0209
链群 chain group 08.0672
链式法则 chain rule 05.0095
链同伦 chain homotopy 08.0671
链映射 chain mapping 04.1649, 08.0670, morphism of complexes 04.1649
链映射同伦 homotopy of chain mappings 04.1658
良态 well-behaved, well-conditioned 10.0409
良序[的] well-ordered 02.0173
良序集[合] well-ordered set 02.0174
良序原则 well-ordering principle 02.0175
两步估计 two-stage estimate 09.0685
两点分布 two-point distribution 09.0075
两两独立[的] pairwise independent 09.0041
两人常和对策 two-person constant-sum game 11.0441
两人对策 two-person game 11.0428
两人零和对策 two-person zero-sum game 11.0440
两人一般和对策 two-person general sum game 11.0442
两种方式分组 two way classification 09.0721
量 quantity 01.0005
量词 quantifier 02.0055
量词消去 elimination of quantifier 02.0090
量化 quantizing, quantization, quantifying 12.0151
量子概率 quantum probability 09.0050
量子估值 quantum estimation 12.0276
量子化泛包络代数 quantized universal enveloping algebra 04.2126
量子检测 quantum detection 12.0275
量子决策 quantum decision 12.0274
量子群 quantum group 04.2123
量子信道 quantum channel 12.0273
量子信号 quantum signal 12.0278
量子杨-巴克斯特方程 quantum Yang-Baxter equation 04.2128
量子噪声 quantum noise 12.0277
列表 tabulation 10.0270
列表译码 list decoding 12.0124
列等价[的] column equivalent 04.0649
列仿紧空间 countably paracompact space 08.0533
列环 serial ring 04.1388
列紧[的] countably compact 08.0531
列紧空间 countably compact space 08.0532
列矩阵 column matrix 04.0590
列距离 column distance 12.0234
列联表 contingency table 09.0797
列梅兹算法 Remes algorithm 10.0135
列维-奇维塔联络 Levi-Civita connection 08.1015
列向量 column vector 04.0678
列秩 column rank 04.0602
列主元 pivot in a column 10.0397
裂变矩阵方法 fission matrix method 10.0671
裂区设计 split-plot design 09.0871
劣弧 minor arc, inferior arc 08.0083
林德勒夫空间 Lindelöf space 08.0522
林[士谔]迭代法 Lin iteration method 10.0349
临界边 critical edge 03.0149
临界点 critical point 08.0901
LS 临界点 LS critical point 07.0377
临界点理论 critical point theory 07.0372
临界[顶]点 critical vertex 03.0150
临界集 critical set 05.0722
临界区域 critical region 09.0610
临界图 critical graph 03.0151
临界值 critical value 08.0902
LS 临界值 LS critical value 07.0378
邻边 adjacent edges 03.0067, adjacent side 08.0052
邻顶点 adjacent vertices 03.0066
邻角 adjacent angles 08.0031
邻接矩阵 adjacent matrix 03.0177
邻近点法 proximal point algorithm 11.0124
邻近空间 proximity space 08.0558
邻域 neighborhood 08.0446
邻域基 neighborhood basis 08.0457
邻域收缩核 neighborhood retract 08.0569
菱角线 cocked hat 08.0289

菱体　rhombohedron　08.0148
菱形　rhombus　08.0102
零　zero　04.0003
零变换　null transformation　04.0698
零常返状态　null-recurrent state　09.0307
零次　zero degree　04.0521
零点　zero　05.0389
零点的阶　order of zero　05.0390
*零点的重数　multiplicity of zero　05.0390
零调[的]　acyclic　08.0634
零调箭图　acyclic quiver　04.1417
零对策　zero game　11.0426
零对象　zero object　04.1579
零方差技巧　zero variance technique　10.0632
零[概率]事件　null event　09.0038
零和对策　zero-sum game　11.0427
零化度　nullity　07.0261
零化子的互反性　reciprocity of annihilators　04.2047
零环　zero ring　04.1296
零极[点]相消　pole-zero cancellation　12.0505
零集　null set　05.0190
零级　zero order　05.0411
零矩阵　zero matrix　04.0592
零空间　null space　04.0685
零理想　zero ideal　04.1307
零伦[的]　null homotopy, homotopy constant　08.0763
零散单群　sporadic simple groups　04.1905
零输入响应　zero-input response　12.0454
零态射　zero morphism　04.1562
零稳定性　zero-stability　10.0308
零向量　zero vector　04.0676
零型　null form　04.0809
零一规划　zero-one programming　11.0174
零一律　zero-one law　09.0155
零一整数规划　zero-one integer programming　11.0175
零因子　zero divisor　04.1283
[零元的]基本邻域系　fundamental system of neighborhoods of zero element　07.0062
零元[素]　zero element　04.1275
灵敏度分析　sensitivity analysis　11.0317
灵敏度信息　sensitivity information　11.0319
岭参数　ridge parameter　09.0699
岭估计　ridge estimate　09.0698
岭迹　ridge trace　09.0700
领口　collar　08.0598
留数　residue　05.0401
刘维尔公式　Liouville formula　06.0044
流　flow　07.0397
流程图　flow graph　11.0382
流出边界　exit boundary　09.0346
流出边界条件　outflow boundary condition　10.0536
流动奇点　movable singular point　06.0051
流动推销员问题　traveling salesman problem　11.0344
流动形　current, courant (法)　07.0109
流函数　stream function　05.0327
流盒　flow box　06.0172
流入边界　entrance boundary　09.0345
流入边界点　entrance boundary point　12.0296
流入边界条件　inflow boundary condition　10.0535
*流图　flow graph　11.0382
流线　stream line　05.0328
流线曲率法　method of streamline curvature　10.0607
流形　manifold　08.0603
3-流形　3-manifold　08.0614
六边形　hexagon　08.0104
六面体　hexahedron　08.0153
龙贝格积分[法]　Romberg integration　10.0250
龙格－库塔法　Runge-Kutta method　10.0287
龙格－库塔－费尔贝格法　Runge-Kutta-Felhberg method　10.0288
卢宾－泰特形式群　Lubin-Tate formal group　04.0267
鲁棒控制　robust control　12.0396
鲁棒控制器　robust controller　12.0483
*鲁棒性　robustness　09.0798
路　path　03.0084
*旅行商问题　traveling salesman problem　11.0344
率失真函数　rate distortion function　12.0154

率失真理论 rate distortion theory 12.0155
滤波 filtering 09.0421
滤过 filtration 04.0993
滤过代数 filtered algebra 04.1464
滤过的泊松过程 filtered Poisson process 09.0387
滤子 filter 03.0230
孪生素数 prime twins 04.0057
卵形面 ovaloid 08.1009
卵形线 oval 08.0299
轮换 cyclic permutation 04.1828
轮换指数 cycle index 03.0191
伦型不变量 homotopy type invariant 08.0771
论断 assertion 01.0011
论题 thesis 02.0018
论证 justification 01.0034
螺线 spiral 08.0301
螺[旋]面 helicoidal surface 08.1007
螺[旋]线 helix 08.0967
罗宾常数 Robin constant 05.0664
罗德里格斯法则 Rodrigues ruler 06.0656
罗尔中值定理 Rolle mean value theorem 05.0090
罗森布罗克函数 Rosenbrock function 11.0222
罗森法 Rosen method 11.0229
逻辑表达式 logical expression 02.0065
逻辑乘法 logical multiplication 02.0027
*逻辑代数 algebra of logic 02.0023
*逻辑等价 logically equivalent 02.0035
逻辑等值 logically equivalent 02.0035
逻辑符号 logical symbol 02.0005
*逻辑和 logical sum 02.0031
*逻辑积 logical product 02.0028
逻辑加法 logical addition 02.0030
逻辑斯谛分布 logistic distribution 09.0099
逻辑斯谛回归 logistical regression 09.0694
逻辑演算 logical calculus 02.0004
逻辑运算 logical operation 02.0013
逻辑主义 logicism 02.0304
洛巴托求积 Lobatto quadrature 10.0261
洛必达法则 L'Hospital rule 05.0093
洛朗级数 Laurent series 05.0392
洛伦茨方程 Lorenz equations 06.0150
洛伦兹变换 Lorentz transformation 06.0361
洛伦兹群 Lorentz group 04.1877
洛默尔积分 Lommel integral 06.0708
洛纳方程 Loewner equation 05.0497

M

BCH 码 BCH code, Bose-Chaudhuri-Hocquenghem code 12.0196
R-S 码 Reed-Solomon code 12.0197
码率 code rate 12.0141
码树 code tree 12.0142
码校验 code check 12.0222
码字 code word 12.0139
马蒂厄法 Mathieu method 06.0734
马蒂厄函数 Mathieu function 06.0725
马蒂厄群 Mathieu groups 04.1906
马蒂厄微分方程 Mathieu differential equation 06.0724
马丁边界 Martin boundary 09.0342
马丁对偶边界 Martin dual-boundary 09.0343
马尔可夫半群 Markov semi-group 09.0327
马尔可夫策略 Markov policy 11.0573
马尔可夫测度 Markov measure 07.0405
马尔可夫分割 Markov partition 07.0442
马尔可夫更新过程 Markov renewal process 09.0367
马尔可夫过程 Markov process 09.0284
马尔可夫决策规划 Markov decision programming 11.0570
马尔可夫决策过程 Markov decision process 11.0569
马尔可夫链 Markov chain 09.0285
马尔可夫时 Markov time 09.0216
马尔可夫推移 Markov shift 07.0406
马尔可夫信源 Markov source 12.0042
马尔可夫性 Markov property 09.0290
马尔库舍维奇基 Markuschevich basis 07.0058

马哈拉诺比斯距离　Mahalanobis distance　09.0739
马利亚万随机分析　Malliavin calculus　09.0273
马利亚万协方差阵　Malliavin covariance matrix　09.0274
马洛基数　Mahlo cardinal　02.0211
马瑟集　Mather set　06.0127
马蹄　horseshoe　06.0178
麦基空间　Mackey space　07.0077
麦基拓扑　Mackey topology　07.0042
麦科马克格式　MacCormack scheme　10.0560
麦克劳林公式　Maclaurin formula　05.0256
麦克斯韦方程[组]　Maxwell equations　06.0440
迈耶－菲托里斯序列　Mayer-Vietoris sequence　08.0693
迈耶问题　Mayer problem　05.0731
*脉冲函数　impulse function　12.0452
*脉冲响应　impulse response　12.0453
满函子　full functor　04.1591
满嵌入　full imbedding　04.1592
满射　surjection, surjective　01.0108
满态射　epimorphism　04.1560
满同态　surjective homomorphism　04.1313
满子范畴　full subcategory　04.1565
蔓叶类曲线　cissoidal curve　08.0304
蔓叶线　cissoid　08.0303
曼戈尔特函数　Mangoldt function　04.0210
慢变状态　slow state　12.0427
慢变子系统　slow subsystem　12.0340
芒德布罗集　Mandelbrot set　05.0522
忙路线　busy channel　11.0529
忙期　busy period　11.0528
忙循环　busy cycle　11.0530
矛盾　contradiction　01.0023
玫瑰线　rose curve　08.0306
枚举　enumeration　02.0264
梅利尼科夫方法　Mel′nikov method　06.0149
梅林变换　Mellin transform　05.0594
梅森数　Mersenne number　04.0059
门限参数　threshold parameter　09.0917
门限函数　threshold function　12.0266
门限检测　threshold detection　12.0264
门限译码　threshold decoding　12.0120
门限值　threshold value　12.0265
门限自回归模型　threshold autoregressive model　09.0916
蒙日－安培方程　Monge-Ampère equation　06.0434
蒙日方程　Monge equation　06.0263
蒙日曲线　Monge curve　06.0262
蒙日束　Monge pencil　06.0261
蒙日轴　Monge axis　06.0259
蒙日锥　Monge cone　06.0260
蒙泰尔空间　Montel space　07.0078
蒙特卡罗方法　Monte Carlo method　10.0610
蒙特卡罗估计　Monte Carlo estimator　10.0626
迷宫算法　labyrinth algorithm　11.0370
迷向向量　isotropic vector　04.0803
迷向直线　isotropic lines　08.0394
迷向子空间　isotropic subspace　04.0805
米尔恩法　Milne method　10.0289
米库辛斯基算子　Mikusinski operator　07.0107
米勒方法　Müller method　10.0360
米塔－列夫勒展开　Mittag-Leffler expansion　06.0742
米特罗波利斯抽样方法　Metropolis sampling technique　10.0660
密度估计　density estimation　09.0782
密度函数　[probability] density function　09.0064
密集点　point of density　05.0225
密码　cipher　12.0304
密码学　cryptography　12.0297
密切插值　osculating interpolation　10.0168
密切[平]面　osculating plane　08.0963
密切圆　osculating circle　08.0953
密文　ciphertext　12.0305
幂　power　04.0034
幂等矩阵　idenpotent matrix　04.0619
幂等律　idempotent law　03.0237
幂等元　idempotent element　04.1285
幂函数　power function　05.0117
幂互反律　power reciprocity law　04.0256
幂集　power set　01.0091
幂级数　power series　05.0360
幂级数解　solution of power series　06.0055
幂结合代数　power associative algebra　04.1477

幂零代数　nilpotent algebra　04.1401
幂零环　nilpotent ring　04.1349
幂零解析群　nilpotent analytic group　04.2095
幂零矩阵　nilpotent matrix　04.0620
幂零理想　nilpotent ideal　04.1335
幂零李代数　nilpotent Lie algebra　04.1503
幂零群　nilpotent group　04.1804
幂零算子　nilpotent operator　07.0185
幂零线性变换　nilpotent linear transformation　04.0709
幂零元　nilpotent element　04.1284
幂群　power group　03.0190
幂剩余　power residue　04.0255
幂幺表示　unipotent representation　04.2117
幂幺根　unipotent radical　04.2009
幂幺群　unipotent group　04.2006
幂幺元　unipotent element　04.2001
面　face　08.0137
面分布位势　surface distribution potential　05.0648
面积　area　08.0021
面积泛函　area functional　05.0725
面算子　face operator　08.0710
面[调和]函数　surface [harmonic] function　06.0650
描述集合论　descriptive set theory　02.0149
描述性统计[学]　descriptive statistics　09.0430
闵可夫斯基不等式　Minkowski inequality　05.0069
闵可夫斯基泛函　Minkowski functional　07.0014
明文　plaintext　12.0312
命题　proposition　01.0014
命题变元　propositional variable, sentential variable　02.0024
命题代数　algebra of propositions　02.0023
命题函数　propositional function　02.0025
* 命题逻辑　propositional logic　02.0022
命题演算　propositional calculus　02.0022
摹状[词]　description　02.0020
摹状算子　description operator　02.0021
模　module　04.0866,　modulus　05.0339
模表示　modular representation　04.1957
模层　sheaf of modules　04.1136
模的本质扩张　essential extension of a module　04.0913
模的分解　resolution of a module　04.1661
模的根　radical of a module　04.0882
模的基座　socle of a module　04.0883
模的零化子　annihilator of a module　04.0876
模的内射包　injective hull of a module　04.0914
模的内射维数　injective dimension of modules　04.1711
模的拟内射包　quasi-injective hull of a module　04.0916
模的拟同构　quasi-isomorphism of modules　04.0927
模的上同调维数　cohomological dimension of modules　04.1710
模的稳定同构　stable isomorphism of modules　04.0928
模的张量积　tensor product of modules　04.0903
模的直和　direct sum of modules　04.0885
模的直积　direct product of modules　04.0887
R 模范畴　category of R-modules　04.1570
模格　modular lattice　03.0279
模函数　modular function　05.0319
模糊[性]　fuzzy　01.0035
* 模空间　moduli space　05.0472
模李代数　modular Lie algebra　04.1553
模论　module theory　04.0865
模曲线　modular curve　04.0386
模群　modular group　04.0318
模上复形　complex over a module　04.1660
模式搜索法　pattern search method　11.0217
模式移动　pattern move　11.0218
模数　modulus　04.0155
模态逻辑　modal logic　02.0314
模特征[标]　modular character　04.1958
模同构　module isomorphism　04.0872
模同态　module homomorphism　04.0873
模ρ同调群　modulo ρ-homology group　08.0665
弹性壁　elastic harrier　09.0349
模型　model　02.0076
模型辨识　identification of a model　09.0897
模型参考适应系统　model reference adaptive system　12.0346

模型跟随控制系统　model following control system　12.0347
模型降阶法　model reduction method　12.0523
模型链　chain of model　02.0096
模型论　model theory　02.0003
模型拟合　fitting of a model　09.0898
模型完全性　model completeness　02.0080
模型协调法　model coordination method　12.0529
模形式　modular form　04.0323
模形式的权　weight of modular form　04.0325
模整数剩余类环　ring of residue classes modulo an integer　04.1323
模自同构　automorphism of a module　04.0874
模自同态　endomorphism of a module　04.0875
磨光公式　smoothing formula　10.0155
摩天大厦层　skyscraper sheaf　08.1097
末离时　last exit time　09.0332
末项　last term　04.0131
莫德尔-韦伊群　Mordell-Weil group　04.0375
莫尔斯理论　Morse theory　07.0371
莫尔斯码　Morse code　12.0158
莫尔斯－斯梅尔微分同胚　Morse-Smale diffeomorphism　06.0188
莫尔斯－斯梅尔系统　Morse-Smale system　06.0190
莫尔斯－斯梅尔向量场　Morse-Smale vector field　06.0189
莫利定理　Morley theorem　02.0113
默比乌斯变换　Möbius transformation　08.0430
默比乌斯带　Möbius strip　08.0597
默比乌斯反演公式　Möbius inversion formula　04.0212
默比乌斯函数　Möbius function　04.0211
母函数　generating function　03.0011
母曲线　generating curve　08.0331
母图　supergraph　03.0081
母线　generating line　08.0281
目标规划　goal programming　11.0310
目标函数　objective function　11.0037
目标空间　objective space　11.0288
目标协调法　goal coordination method　12.0528
目标约束　goal constraint　11.0312
目标值　goal value　11.0311
穆曼－科尔格式　Murman-Cole scheme　10.0563

N

纳特模　Noetherian module　04.0908
纳维－斯托克斯方程　Navier-Stokes equation　06.0439
奈曼结构　Neyman structure　09.0621
奈旺林纳理论　Nevanlinna theory　05.0430
挠率　torsion　08.0952
挠率张量　torsion tensor　08.1026
挠群　torsion group　08.0660
挠系数　torsion coefficients　08.0661
内摆线　hypocycloid　08.0284
内部　interior　08.0451
内部惩罚法　interior penalty method　11.0240
内部稳定性　internal stability　11.0320
内测度　interior measure　05.0179
* 内插　interpolation　10.0156
内插定理　interpolation theorem　02.0089
内乘　interior product　08.0921
内错角　alternate interior angles　08.0041
内导数　interior derivative　06.0270
内导子　inner derivation　04.1514
内点　interior point　08.0450
内迭代　inner iteration　10.0303
内法线　inward normal　08.1011
内分　internal division　08.0232
内分比　ratio of internal division　08.0234
内分角线　internal bisector　08.0069
内估计　interior estimate　06.0327
内积　inner product　04.0716
* 内积空间　inner product space　07.0139
内角　interior angle　08.0114
内接形　inscribed figure　08.0117
内结点　interior node　10.0491
内龙模型　Neron model　04.0381
* 内龙－泰特高　Neron-Tate height　04.0371
内模　internal model　12.0508
内模原理　internal model principle　12.0509

内切　internally tangent　08.0116
内切圆　inscribed circle, incircle　08.0060
内容量　inner capacity　05.0659
内射对象　injective object　04.1581
内射分解　injective resolution　04.1664
内射模　injective module　04.0894
内微分算子　interior differential operator　06.0490
内心　incenter　08.0056
内蕴几何[学]　intrinsic geometry　08.0943
内自同构　inner automorphism　04.1769
*能辨识性　identifiability　12.0475
*能达集　reachable set　12.0470
*能观测性　observability　12.0463
*能检测性　detectability　12.0471
*能控性　controllability　12.0456
能[量]和　energy sum　06.0472
能量不等式　energy inequality　06.0466
能量方程　energy equation　06.0449
能量恒等式　energy identity　06.0463
能量积分法　method of energy integral　06.0465
能量谱　energy spectrum　12.0258
*能实现性　realizability　12.0478
*能稳性　stabilizability　12.0473
能行可计算性　effective calculability　02.0234
能行性　effectiveness　02.0235
拟凹函数　quasi-concave function　05.0809
拟代数闭域　quasi-algebraically closed field　04.0410
拟对称函数　quasi-symmetric function　05.0528
拟范数　quasi-norm　07.0114
拟仿射簇　quasi-affine variety　04.1021
拟弗罗贝尼乌斯代数　quasi-Frobenius algebra　04.1425
拟弗罗贝尼乌斯环　quasi-Frobenius ring　04.1382
拟赋范[线性]空间　quasi-normed linear space　07.0116
拟共形反射　quasi-conformal reflection　05.0530
拟共形映射　quasi-conformal mapping　05.0525
K 拟共形映射　K-quasi-conformal mapping　05.0527
*拟共形映照　quasi-conformal mapping　05.0525
拟函数　improper function　07.0103
拟合　fitting　10.0138
拟合模型　model of fit　10.0148
拟合优度　goodness of fit　10.0139
拟合优度检验　test of goodness of fit　09.0792
拟基本解　parametrix, quasi-elementary solution　06.0272
拟可微函数　quasi-differentiable function　11.0121
拟离散谱　quasi-discrete spectrum　07.0433
拟蒙特卡罗方法　quasi-Monte Carlo method　10.0613
拟内射模　quasi-injective module　04.0915
拟逆元　quasi-inverse　07.0284
拟凝聚层　quasi-coherent sheaf　04.1137
拟牛顿法　quasi-Newton method　11.0210
拟群　quasi-group　04.1974
拟弱连续性　hemi-continuity　07.0025
拟弱连续映射　hemi-continuous mapping　07.0311
拟射影簇　quasi-projective variety　04.1031
拟设　ansatz　08.1066
拟特征[标]　quasi-character　04.0280
拟梯度微分同胚　gradient-like diffeomorphism　06.0175
拟桶型空间　quasi-barreled space　07.0076
拟凸　quasi-convex　05.0800
拟凸泛函　quasi-convex functional　05.0804
拟凸函数　quasi-convex function　05.0801
拟凸性　quasi-convexity　05.0799
拟图　graphoid　03.0120
*拟微分方程　pseudo-differential equation　06.0475
*拟微分算子　pseudo-differential operator　06.0476
拟线性化　quasi-linearization　06.0459
拟线性抛物[型]方程　quasi-linear parabolic equation　06.0431
拟线性抛物[型]组　system of quasi-linear parabolic equations　06.0411
拟线性偏微分方程　quasi-linear partial differential equation　06.0222
拟线性双曲[型]方程　quasi-linear hyperbolic equation　06.0430
拟线性双曲[型]方程组　system of quasi-linear hyperbolic equations　06.0398

拟线性椭圆[型]方程　quasi-linear elliptic equation　06.0429
拟圆周　quasi-circle　05.0529
拟阵　matroid　11.0356
拟阵交　intersection of matroids　11.0358
拟正规族　quasi-normal family　05.0513
拟正则函数　quasi-regular function　05.0531
拟正则右理想　quasi-regular right ideal　04.1341
拟正则元　quasi-regular element　04.1294
拟正则左理想　quasi-regular left ideal　04.1340
拟周期解　quasi-periodic solution　06.0119
拟自反巴拿赫空间　quasi-reflexive Banach space　07.0121
拟左连续[的]　quasi-left continuous　09.0223
拟鞅　quasi-martingale　09.0240
逆　inverse　01.0040
逆变换　inverse transform　05.0580
逆步线性变换　contragradient linear transformation　04.0704
逆插值　inverse interpolation　10.0162
逆否命题　converse-negative proposition　01.0017
逆紧映射　proper mapping, perfect mapping　08.0564
逆控制原理　inverse domination principle　05.0672
逆命题　converse proposition　01.0016
逆算子　inverse operator　07.0183
逆系统　inverse system　12.0350
逆象　inverse image　01.0104
逆映射　inverse mapping　01.0106
逆元　inverse element　04.1290
逆鞅　reversed martingale　09.0235
粘性消失法　viscosity vanishing method　06.0404
粘着空间　adjunction space　08.0495
涅米茨算子　Nymitz operator　07.0343
凝聚层　coherent sheaf　04.1139
凝聚点　condensation point　08.0463
凝聚映射　condensing mapping　07.0364
拧数　wringing number　08.0741
牛顿插值公式　Newton interpolation formula　10.0174
牛顿核　Newtonian kernel　05.0627
牛顿恒等式　Newton identities　04.0552
牛顿级数　Newton series　10.0175
牛顿－科茨公式　Newton-Cotes formula　10.0246
牛顿－拉弗森方法　Newton-Raphson method　10.0358
牛顿－莱布尼茨公式　Newton-Leibniz formula　05.0155
牛顿位势　Newtonian potential　05.0640
牛顿斜率　Newton slope　04.1171
牛顿折线　Newton polygon　04.1170
扭除子　torsion divisor　04.1241
扭模　torsion module　04.0899
扭曲层　twisting sheaf　04.1138
扭元　torsion element　04.0880
扭转定理　twist theorem　06.0129
扭转映射　twist mapping　06.0101
纽结　knot　08.0782
纽结群　knot group　08.0783
诺特概形　Noetherian scheme　04.1110
诺特环　Noetherian ring　04.0980
诺伊曼法　Neumann method　06.0313
＊诺伊曼函数　Neumann function　06.0694
诺伊曼级数　Neumann series　06.0552
诺伊曼问题　Neumann problem　06.0300
δ诺伊曼问题　δ-Neumann problem, delta-Neumann problem　06.0342

O

欧几里得几何[学]　Euclidean geometry　08.0002
欧几里得空间　Euclidean space　04.0717
欧几里得算法　Euclid algorithm　04.0048
欧几里得整环　Euclidean domain　04.0944
欧拉 φ 函数　Euler φ-function　04.0163
欧拉[必要]条件　Euler [necessary] condition　05.0700
欧拉变换　Euler transformation　10.0343
欧拉－泊松－达布方程　Euler-Poisson-Darboux equation　06.0357
欧拉常数　Euler constant　06.0630
欧拉多项式　Euler polynomial　06.0594

欧拉法　Euler method　10.0282
欧拉[轨]迹　Eulerian trail　03.0126
欧拉－拉格朗日微分方程　Euler-Lagrange differential equation　05.0713
欧拉－麦克劳林求和公式　Euler-Maclaurin summation formula　10.0239
欧拉－庞加莱公式　Euler-Poincaré formula　08.0662
欧拉－庞加莱映射　Euler-Poincaré mapping　04.1708
欧拉示性数　Euler characteristic　08.0663
欧拉数　Euler number　06.0595
欧拉图　Euler graph　03.0127
欧拉折线　Euler polygons　06.0012
＊欧拉折线法　Euler method　10.0282
＊欧氏几何　Euclidean geometry　08.0002
偶　pair　01.0096
偶函数　even function　05.0051
偶克利福德代数　even Clifford algebra　04.0815
偶然误差　accidental error　10.0045
偶数　even integer　04.0050
偶置换　even permutation　04.1830
耦合　coupling　09.0163
耦合系统　coupled system　12.0367

P

爬山法　climbing method　11.0198
帕德逼近　Padé approximation　10.0102
帕德表　Padé table　10.0105
帕德方程　Padé equation　10.0103
帕雷托解　Pareto solution　11.0271
帕雷托最优性　Pareto optimality　11.0270
帕塞瓦尔等式　Parseval equality　05.0269
帕斯卡构图　Pascal configuration　08.0349
排队规则　queue discipline　11.0489
排队过程　queue process　11.0487
排队空间　buffer　11.0488
排队论　queueing theory　11.0484
排队模型　queueing model　11.0486
排队时间　queueing time　11.0520
排队网络　queueing network　11.0517
排列　permutation　03.0003
排它过程　exclusion process　09.0393
排序和时间表理论　sequencing and scheduling theory　11.0348
排序问题　sequencing problem　11.0346
排中律　law of excluded middle　02.0039
徘徊集　wandering set　07.0423
潘勒韦理论　Painlevé theory　06.0050
判别分析　discriminant analysis　09.0761
判别式　discriminant　04.0232
判别子簇　discriminantor variety　03.0364
判定问题　decision problem　02.0146
庞加莱－本迪克松定理　Poincaré-Bendixson theorem　06.0108
庞加莱不等式　Poincaré inequality　06.0318
庞加莱猜测　Poincaré conjecture　08.0619
庞加莱除子　Poincaré divisor　04.1244
庞加莱度量　Poincaré metric　05.0501
庞加莱对偶　Poincaré duality　08.0757
庞加莱公式　Poincaré formula　06.0317
庞加莱级数　Poincaré series　05.0476
庞加莱－莱夫谢茨对偶　Poincaré-Lefschetz duality　08.0756
庞加莱－西格尔定理　Poincaré-Siegel theorem　06.0131
庞加莱映射　Poincaré mapping　06.0099
庞特里亚金对偶定理　Pontryagin duality theorem　04.2046
庞特里亚金－范坎彭对偶定理　Pontryagin-van Kampen duality theorem　05.0314
庞特里亚金积　Pontryagin product　08.0740
庞特里亚金空间　Pontryagin space　07.0144
庞特里亚金类　Pontryagin class　08.0864
庞特里亚金数　Pontryagin number　08.0865
庞特里亚金最大值原理　Pontryagin maximum principle　12.0513
旁切圆　escribed circle　08.0061
旁心　escenter of a triangle　08.0059
旁支付　side payment　11.0395
抛物点　parabolic point　08.0983
抛物线　parabola　08.0259

* 抛物线法　Müller method　10.0360
抛物型黎曼[曲]面　parabolic Riemann surface　05.0463
抛物[型]微分方程　parabolic differential equation　06.0372
抛物[型]组　parabolic system　06.0410
抛物柱面　parabolic cylinder　08.0279
抛物柱面函数　parabolic cylinder function　06.0684
抛物柱面坐标　parabolic cylinder coordinates　06.0682
抛物子群　parabolic subgroup　04.2013
陪集　coset　04.1747
陪集代表系　system of coset representatives, transversal　04.1751
陪集码　coset code　12.0187
配边群　cobordism group　08.0759
配丛　associated bundle　08.0850
配对　pairing　02.0226
配方　to complete square　04.0541
配极　polarity　08.0375
配置法　collocation method　10.0595
佩龙法　Perron method　06.0322
佩亚诺存在定理　Peano existence theorem　06.0007
佩亚诺公理　Peano axiom　02.0128
佩亚诺误差表示　Peano error representation　10.0238
砰砰控制　bang-bang control　12.0394
膨胀　expansion　02.0084, dilatation　04.0743
* 碰壁函数　barrier function　11.0238
碰撞概率方法　collision probability method　10.0678
批量　lot size　09.0834
皮尔斯分解　Peirce decomposition　04.1354
皮尔逊型分布　Pearson type distribution　09.0113
皮卡概形　Picard scheme　04.1253
皮卡群　Picard group　04.1145
皮卡数　Picard number　04.1227
皮卡问题　Picard problem　06.0356
皮卡序列　Picard sequence　06.0013
* 皮斯曼－拉什福德－道格拉斯格式　Peaceman-Rachford-Douglas scheme　10.0566
皮特曼估计　Pitman estimate　09.0560
皮特曼效率　Pitman efficiency　09.0584
匹配　matching　03.0147
偏爱解　preference solution　11.0280
偏爱序　preference ordering　11.0283
偏差分方程　partial difference equation　10.0219
偏差商　partial difference quotient　10.0226
偏导数　partial derivative　05.0094
偏度　skewness　09.0135
偏方差　partial variance　09.0747
偏格　partial lattice　03.0263
偏回归系数　partial regression coefficient　09.0705
偏似然函数　partial likelihood function　09.0573
偏微分不等式　partial differential inequality　06.0290
偏微分方程　partial differential equation, PDE　06.0213
偏微分方程数值解　numerical solution of partial differential equations　10.0467
偏微分方程组　system of partial differential equations　06.0223
* 偏微商　partial derivative　05.0094
偏相关　partial correlation　09.0746
偏相关系数　partial correlation coefficient　09.0749
偏协方差　partial covariance　09.0748
偏序　partial ordering　03.0215
偏序集　partially ordered set, poset　03.0219
偏倚　bias　09.0555
偏倚抽样方法　bias sampling technique　10.0658
漂移　drift　09.0373
频率　relative frequency　09.0474
频率响应　frequency response　12.0448
频数　absolute frequency　09.0472
频域　frequency domain　12.0442
频域分析　frequency domain analysis　12.0443
平点　planar point　08.0982
平凡[的]　trivial　01.0068
平凡赋值　trivial valuation　04.0468
平凡化　trivialization　08.0867
平凡绝对值　trivial absolute value　04.0481
平凡序[的]　trivial ordered　03.0217

平凡子群　trivial subgroup　04.1741
平方　square　04.0037
平方逼近　approximation in quadratic norm　10.0089
平方变差过程　quadratic variation process　09.0247
平方等价于零　squarely equivalent to zero　04.1242
平方根法　square root method　10.0393
平方可积[的]　square integrable　05.0209
平方可积鞅　square integrable martingale　09.0234
平方取中方法　mid-square method　10.0635
平方收敛　quadratic convergence　10.0333
平方收敛速率　quadratic convergence rate　10.0334
平方损失函数　quadratic loss function　09.0523
平衡不完全区组设计　balanced incomplete block design　03.0028
平衡测度　equilibrium measure　05.0611
平衡点　equilibrium point　06.0089
平衡方程　equilibrium equation　06.0467
平衡分布　equilibrium mass-distribution　05.0634
平衡模　balanced module　04.0926
平衡区组设计　balanced block design　03.0027
平衡设计　balanced design　03.0026
平衡态　equilibrium state　09.0314
平衡运输问题　balanced transportation problem　11.0157
平衡指派问题　balanced assignment problem　11.0162
平滑　smoothing　09.0427
平角　straight angle　08.0035
平截头棱锥体　prismoid　08.0162
平截头台　frustum　08.0169
平均报酬模型　average reward model　11.0578
平均逼近　approximation in the mean　10.0091
平均遍历定理　mean-ergodic theorem　07.0411
平均方法　averaging method　06.0113
平均空间　mean space　07.0164
*平均曲率　mean curvature　08.0990
平均收敛　convergence in mean　05.0213
平均收敛速率　average rate of convergence　10.0326
平均误差　mean error　10.0055
平均样本量　average sample number　09.0854
平均熵　mean entropy　12.0030
平面　plane　08.0015
平面几何[学]　plane geometry　08.0003
平面角　plane angle　08.0141
平面嵌入　planar embedding　03.0153
平面曲线　plane curve　04.1175
平面三角形　plane triangle　08.0174
平面设计　planar design　03.0053
平面束　pencil of planes　08.0385
平面图　plane graph　03.0152
平面性　planarity　03.0154
平面坐标　plane coordinates　08.0359
平斯克分割　Pinsker partition　07.0440
平坦空间　flat space　08.1067
平坦模　flat module　04.0895
平坦态射　flat morphism　04.1131
平稳策略　stationary policy　11.0572
平稳过程　stationary process　09.0395
*平稳过程谱表示　spectral representation of stationary process　09.0413
平稳过程谱分解　spectral decomposition of stationary process　09.0413
平稳函数　stationary function　05.0714
平稳集[合]　stationary set　02.0172
平稳曲线　stationary curve　05.0715
平稳时间序列　stationary time series　09.0893
平稳信道　stationary channel　12.0062
平稳信源　stationary source　12.0043
平稳性态　stationary behavior　11.0532
平稳值　stationary value　05.0122
平行[的]　parallel　08.0023
平行公理　axiom of parallels　08.0008
平行六面体　parallelopiped　08.0152
平行切线法　parallel tangent method　11.0221
平行四边形　parallelogram　08.0097
平行四边形定律　parallelogram law　07.0151
平行投射[法]　parallel projection　08.0405
平行线　parallel, parallel lines　08.0024
平行移动　parallel translation　08.1021
*平行移动群　parallel translation group　08.0412

平行坐标　parallel coordinates　08.0406
平延　transvection　04.0742
平移　translation　08.0321
平移不变　translation invariant　05.0310
平移群　parallel translation group　08.0412
平移数　translation number　05.0292
评价函数法　evaluation function method　11.0302
破译　break　12.0306
迫近函数　proximate function　05.0428
剖分　cut, dissection　10.0471
CW 剖分　CW decomposition　08.0702
剖分空间　triangulated space　08.0654
朴素集合论　naive set theory　02.0150
普遍可测[的]　universally measurable　09.0036
普法夫方程　Pfaff equation　06.0394
普法夫型　Pfaff form　04.0816
普菲斯特二次型　Pfister quadratic form　04.0821
普拉托问题　Plateau problem　05.0724
普朗特积分微分方程　Prandtl integro-differential equation　06.0587
普吕弗整环　Prüfer domain　04.0959
普吕克公式　Plücker formula　04.1193
普吕克坐标　Plücker coordinates　04.1068
谱　spectrum　07.0248
谱半径　spectral radius　07.0249
谱表示　spectral representation　07.0245
谱不变量　spectral invariant　07.0431
谱测度　spectral measure　07.0250
谱窗　spectral window　09.0904
谱方法　spectral method　10.0604
谱分布　spectral distribution　10.0444
谱分布函数　spectral distribution function　09.0414
谱分解　spectral decomposition, spectral resolution　07.0244
谱分析　spectral analysis　07.0232
谱估计　spectral estimate　09.0903
谱积分　spectral integral　07.0252
谱[理]论　spectral theory　07.0231
谱密度函数　spectral density function　09.0415
谱扰动　perturbation of spectrum　07.0259
谱算子　spectral operator　07.0247
谱条件　spectral condition　10.0445
谱同调　spectral homology　08.0716
* 谱性质　spectral property　07.0431
谱序列　spectral sequence　04.1675
谱映射定理　spectral mapping theorem　07.0258
谱综合　spectral synthesis　07.0299

Q

七边形　heptagon　08.0105
奇点　singular point, singularity　05.0393
奇点的分解　resolution of singularity　04.1051
奇怪吸引子　strange attractor　06.0200
奇性传播　propagation of singularities　06.0541
奇[异]核　singular kernel　06.0560
奇[异]射影变换　singular projective transformation　08.0382
奇[异]支集　singular support　06.0503
奇异胞腔　singular cell　08.0696
奇异单形　singular simplex　08.0685
奇异的　singular　05.0224
奇异环面　singular torus　04.2016
奇异基数　singular cardinal　02.0189
奇异积分　singular integral　05.0299
奇异积分方程　singular integral equation　06.0549
奇异解　singular solution　06.0022
奇异控制　singular control　12.0393
奇异链复形　singular chain complex　08.0686
奇异扰动　singular perturbation　06.0156
奇异上同调群　singular cohomology group　08.0731
奇异摄动系统　singularly perturbed system　12.0339
奇异同调　singular homology　08.0683
奇异同调群　singular homology group　08.0687
奇异线性系统　singular linear system　12.0327
奇异序数　singular ordinal　02.0187
奇异值　singular value　04.0660
奇异值分解　singular value decomposition　04.0661
奇置换　odd permutation　04.1829

歧点　bifurcation point　07.0355
脐点　umbilical point　08.0981
齐次边界条件　homogeneous boundary condition　06.0308
齐次部分　homogeneous parts　04.0527
齐次的横分解　homogeneous bar resolution　04.1693
齐次多项式　homogeneous polynomial　04.0525
齐次积分方程　homogeneous integral equation　06.0547
齐次理想　homogeneous ideal　04.1029
齐次模型　homogeneous model　02.0109
齐次图　homogeneous graph　03.0185
齐次微分方程　homogeneous differential equation　06.0026
齐次线性方程组　system of homogeneous linear equations　04.0739
齐次线性微分系统　homogeneous linear differential system　06.0041
齐次坐标　homogeneous coordinates　08.0356
齐次坐标环　homogeneous coordinate ring　04.1030
*齐式　form　04.0764
齐性检验　homogeneity test　09.0638
齐性空间　homogeneous space　04.2037
旗流形　flag manifold　08.0895
起步算法　starting algorithm　10.0281
启发式方法　heuristic method　11.0353
启发式规划　heuristic programming　11.0085
恰当微分方程　exact differential equation　06.0030
恰当微分[形]式　exact differential form　08.0920
恰普雷金方程　Chaplygin equation　06.0382
τ前σ域　σ-field prior to τ, sigma-field prior to τ　09.0213
前导　predecessor　03.0225
前对偶　predual　07.0047
*前进位势　advanced potential　05.0646
前馈控制　feedforward control　12.0385
前束词　prefix　02.0062
前束范式　prenex normal form　02.0063
前项　antecedent　04.0072
前向搜索　sweep forward　11.0645
前置区　prefix area　12.0162
前缀码　prefix code　12.0160
潜无穷　potential infinity　02.0302
嵌入　imbedding, embedding　01.0116
嵌入马尔可夫链　imbedded Markov chain　11.0534
嵌入算子　imbedding operator　07.0188
嵌入原理　imbedding principle　11.0332
欠定组　underdetermined system　10.0379
强逼近　strong approximation　09.0180
强不变原理　strong invariance principle　09.0177
强不可约链　strong irreducible chain　09.0319
强乘性二次型　strongly multiplicative quadratic form　04.0823
强大数律　strong law of large numbers　09.0159
强度　strength　02.0135
强对偶定理　strong duality theorem　11.0119
强对偶空间　strong dual space　07.0052
强返回的　strongly recurrent　07.0420
强分歧扩张　wildly ramified extension　04.0499
强横截条件　strong transversality condition　06.0196
强混合条件　strongly mixing condition　09.0405
强解　strong solution　06.0497
强局部极值　strong local extremum　05.0707
强连通[的]　strongly connected　03.0207
强马尔可夫性　strong Markov property　09.0291
强拟凸函数　strongly quasi-convex function　05.0803
强平稳过程　strongly stationary process, strictly stationary process　09.0397
强迫碰撞方法　forced collision method　10.0684
强迫振动　forced oscillation　06.0110
强收敛[的]　strongly convergent　07.0033
强守恒型　strong conservation form　10.0580
强双曲[型]　strongly hyperbolic　06.0534
强双曲[型]微分算子　strongly hyperbolic differential operator　06.0535
强椭圆[型]微分算子　strongly elliptic differential operator　06.0510
强椭圆[型]方程组　system of strongly elliptic equations　06.0393
强椭圆性　strong ellipticity　06.0511

强拓扑　strong topology　07.0032
强唯一性定理　strong unicity theorem　10.0117
强稳定性　strong stability　10.0523
强相合估计　strong consistent estimate　09.0593
强占型优先权　preemptive priority　11.0501
强制边界条件　coercive boundary condition　06.0529
强制[的]　coercive　07.0309
强最大值原理　strong maximum principle　06.0293
强耦合系统　strongly coupled system　12.0368
切比雪夫半径　Chebyshev radius　07.0169
切比雪夫多项式　Chebyshev polynomial　05.0537
切比雪夫－高斯求积　Chebyshev-Gauss quadrature　10.0257
切比雪夫级数展开　Chebyshev series expansion　10.0133
切比雪夫加速[法]　Chebyshev acceleration　10.0441
切比雪夫－帕德逼近　Chebyshev-Padé approximation　10.0108
切比雪夫求积　Chebyshev quadrature　10.0253
切比雪夫微分方程　Chebyshev differential equation　06.0666
切比雪夫系数　Chebyshev coefficient　10.0134
切比雪夫中心　Chebyshev center　07.0170
切比雪夫自适应过程　Chebyshev adaptive process　10.0442
切比雪夫组　Chebyshev set, Chebyshev system　10.0112
切层　tangent sheaf　04.1148
切超平面　tangent hyperplane　08.0380
切除公理　excision axiom　08.0706
切除同构　excision isomorphism　08.0707
切触　contact　08.1053
切触变换　contact transformation　08.1055
切触点　point of contact　08.1054
切触结构　contact structure　08.0926
切丛　tangent bundle　08.0884
切点　point of tangency　08.0238
切割点　tangent cut point　08.1086
切割迹　tangent cut locus　08.1087
切赫上同调　Čech cohomology　08.0755
切赫同调　Čech homology　08.0715
切空间　tangent space　08.1029
切面　tangent plane　08.0318
切萨罗求和[法]　Cesàro summation [method]　05.0248
切线　tangent line　08.0237
切线的重数　multiplicity of a tangent　04.1186
切线法　tangent method　10.0356
切线曲面　tangent surface　08.0964
* 切[向]导数　tangential derivative　06.0270
切向量　tangent vector　08.1031
切锥　tangent cone　07.0384
倾角　angle of inclination　08.0037
* 情报　information　12.0005
穷竭对策　game of exhaustion　11.0464
丘奇论题　Church thesis　02.0221
球　solid sphere, ball　08.0165
球对称分布　spherically symmetric distribution　09.0111
球极平面投影　stereographic projection　05.0348
球面　sphere　08.0163
球面贝塞尔函数　spherical Bessel function　06.0707
球面表示　spherical representation　08.0977
球面波方程　spherical wave equation　06.0360
球面丛　sphere bundle　08.0840
球面定理　sphere theorem　08.1091
球面角盈　spherical excess　08.0200
球面距离　spherical distance　05.0349
球面[平]均值公式　spherical means formula　06.0306
球面三角形　spherical triangle　08.0199
球面三角学　spherical trigonometry　08.0198
球面三角余弦公式　cosine formula for spherical triangle　08.0202
球面三角正弦定律　law of sines for spherical triangle　08.0201
* 球面调和函数　spherical harmonics　06.0649
球面坐标　spherical coordinates　08.0218
球体[波]函数　spheroidal [wave] function　06.0723
求积公式　quadrature formula　10.0233
求积公式[的]余项　remainder of quadrature

formula 10.0234
求极大[值] maximizing 11.0027
求极小[值] minimizing 11.0023
求[面]积 quadrature 10.0229
求体积 cubature 10.0230
求体积公式 cubature formula 10.0235
趋势[项] trend 09.0910
区间 interval 05.0010
区间分半搜索 half interval search, interval-halving search 10.0367
区间分析 interval analysis 10.0076
区间估计 interval estimation 09.0640
区间函数 interval function 05.0220
区间运算 interval arithmetic 10.0077
区域 domain, region 05.0350
区域分解 domain decomposition 10.0519
区域估计 region estimation 09.0641
区组设计 block design 03.0021
区组设计的关联矩阵 incidence matrix of a block design 03.0022
区组设计自同构 automorphism of block design 03.0036
曲多面体 curved polyhedron 08.0652
曲率 curvature 08.0951
曲率半径 radius of curvature 08.0956
曲率线 line of curvature 08.0986
曲率圆 circle of curvature 08.0954
曲率张量 curvature tensor 08.1025
曲率中心 center of curvature 08.0955
曲面的亏格 genus of a surface 08.0664
[曲]面积分 surface integral 05.0165
曲面拟合 surface fitting 10.0142
曲面嵌入 surface embedding 03.0158
曲三角剖分 curved triangulation 10.0473
曲线 curve 08.0244
曲线边界 curved boundary 10.0488
曲线的次数 degree of a curve 04.1177
曲线的有限态射 finite morphism of curves 04.1212
曲线回归 curvilinear regression 09.0691
曲线拟合 curve fitting 10.0141
曲线搜索法 curvilinear search method 11.0203
曲线网格 curvilinear net 10.0487
曲线修匀 graduation of curve 10.0154
曲线坐标 curvilinear coordinates 08.0221
曲指数族 curved exponential family 09.0455
屈内特公式 Künneth formula 04.1674
圈 cycle 03.0085
圈积 wreath product 04.1780
圈矩阵 cycle matrix 03.0179
圈秩 cycle rank 03.0086
A_P 权 A_p-weight 05.0308
权函数 weight function 05.0307
权衡 trade off 11.0265
权系数 weighting coefficients 11.0300
权向量 weight vector 11.0301
权重分布 weight distribution 12.0230
权子空间 weight subspace 04.1527
全变差 total variation 05.0060
全变差不增 total variation non-increasing, TVNI 10.0571
全变差稳定格式 total variation stable scheme 10.0575
全变差下降 total variation diminishing, TVD 10.0570
全变差下降格式 total variation diminishing scheme 10.0574
全变差有界 total variation bounded, TVB 10.0572
全不变列 fully invariant series 04.1800
全不变同余 fully invariant congruence 03.0359
全不变子群 fully invariant subgroup 04.1774
全不可及时 totally inaccessible time 09.0218
全不连通的 totally disconnected 04.0505
全不连通紧群 totally disconnected compact group 04.2070
全不连通图 totally disconnected graph 03.0090
全测地子流形 totally geodesic submanifold 08.1047
全称量词 universal quantifier 02.0057
全纯 holomorphic 05.0379
全纯包 envelope of holomorphy 05.0554
全纯函数 holomorphic function 05.0380
全纯曲率 holomorphic curvature 08.1099
全纯双截曲率 holomorphic bisectional curvature 08.1100

全纯凸域 holomorphically convex domain 05.0559
全纯映射 holomorphic mapping 05.0563
全纯域 domain of holomorphy 05.0553
全次数 total degree 04.0524
全等变换 congruent transformation 08.0326
全等变换群 congruent transformation group 08.0414
全等公理 axiom of congruence 08.0007
全等图形 congruent figures 08.0119
全分歧扩张 totally ramifield extension, completely ramified extension 04.0497
全概率公式 total probability formula 09.0045
全记忆对策 game with perfect recall 11.0479
全阶观测器 full order observer 12.0490
* 全局[的] global 01.0063
全局极大值 global maximum 11.0093
全局极小值 global minimum 11.0092
全局渐近稳定[的] globally asymptotically stable 10.0306
全局稳定性 global stability 06.0143
全局误差 global error 10.0048
全局最优化 global optimization 11.0090
全局最优值 global optimum 11.0091
全矩阵环 total matrix ring 04.1321
全空间 total space 08.0832
* 全连续算子 completely continuous operator 07.0178
* 全连续线性算子 completely continuous linear operator 07.0179
全迷向空间 totally isotropic space 04.0807
全曲率 total curvature 08.0968
全商环层 sheaf of total quotient ring 04.1143
全实域 totally real field 04.0459
全收敛 complete convergence 09.0165
全双曲[型] totally hyperbolic 06.0533
全图 total graph 03.0135
全微分 total differential 05.0096
全相关 total correlation 09.0742
全相关系数 coefficient of total correlation 09.0743
全信息对策 game with perfect information 11.0478
全形 holomorph 04.1768
全序[的] totally ordered, linearly ordered 03.0216
全序集 totally ordered set 03.0220
全域 universe 02.0070
全整数割平面法 all integer algorithm for cutting plane 11.0177
全整数规划 all integer programming 11.0173
全正规空间 fully normal space 08.0517
全正元 totally positive element 04.0458
全主元 complete pivot 10.0395
全主元消元[法] complete pivoting 10.0398
缺货损失费 shortage penalty cost 11.0551
缺项级数 lacunary series 05.0359
缺项三角级数 lacůnary trigonometric series 05.0279
确定集 determining set 05.0551
确定性 determinacy 02.0156
确定性策略 deterministic policy 11.0564
确定性图灵机 deterministic Turing machine 02.0255
确定性系统 deterministic system 12.0342
群 group 04.1736
CN 群 *CN*-group 04.1815
d 群 *d*-group 04.2003
p 群 *p*-group 04.1818
群差集 group difference set 03.0044
群簇 group variety 04.1069
群代数 group algebra 07.0298
群的分裂域 splitting field of a group 04.1956
群的阶 order of a group 04.1742
群的上同调 cohomology of groups 04.1677
群的上同调群 cohomology groups of a group 04.1678
群的上同调维数 cohomology dimension of groups 04.1698
群的线性表示 linear representations of groups 04.1909
群的直积 direct product of groups 04.1777
群的中心 center of a group 04.1760
群的自同构 automorphism of group 04.1766
群的自同态 endomorphism of group 04.1765
群范畴 category of groups 04.1568

群分裂扩张 split extension of groups 04.1684
群概形 group scheme 04.1117
群决策 group decision 11.0590
群扩张 extension of a group 04.1683
群扩张等价类 equivalence classes of extensions of a group 04.1687
群论 group theory 04.1735
群码 group code 12.0184
群上的殆周期函数 almost periodic function on a group 05.0295
群同构 group isomorphism 04.1763
群同态 group homomorphism 04.1764
群行列式 group determinant 04.0761
群循环扩张 cyclic extension of groups 04.1685
群中心扩张 central extension of groups 04.1686
群作用 action of group 04.1840
群作用等价 equivalence of group actions 04.1841

R

扰动 perturbation 06.0155
扰动法 perturbation method 06.0154
扰动方程 perturbation equation 06.0153
扰动理论 perturbation theory 06.0152
热[传]导方程 heat-conduction equation, heat equation 06.0374
热夫雷二类函数 Gevrey function of the second class 06.0378
热浴抽样方法 heat bath sampling technique 10.0661
n 人常和对策 *n*-person constant-sum game 11.0446
n 人对策 *n*-person game 11.0444
人工变量 artificial variable 11.0130
人工基 artificial basis 11.0134
n 人合作对策 *n*-person cooperative game 11.0454
n 人零和对策 *n*-person zero-sum game 11.0445
人为步 personal move 11.0415
* 人为抉择 personal move 11.0415
n 人一般和对策 *n*-person general sum game 11.0447
容斥原理 including-excluding principle, cross classification 04.0151
容量 capacity 05.0657
α容量 α-capacity, alpha-capacity 12.0085
容量分布 capacity distribution 05.0665
容量区域 capacity region 12.0088
容量位势 capacity potential 05.0666
* 容忍区间 tolerance interval 09.0658
容许 T_2 拓扑空间 admissible T_2 topological space 04.2061
容许估计 admissible estimate 09.0567
容许函数 admissible function 05.0691
容许集 admissible set 02.0248
容许检验 admissible test 09.0630
容许结构 admissible structure 02.0116
* 容许解 admissible solution 11.0273
容许决策函数 admissible decision function 09.0527
容许控制 admissible control 12.0380
容许拓扑群 admissible topological group 04.2062
容许误差 tolerance error, admissible error 10.0050
容许序数 admissible ordinal 02.0246
容许映射 admissible mapping 04.1239
容许子群 admissible subgroup 04.1782
冗余参数 nuisance parameter 09.0461
茹利亚点 Julia point 05.0515
茹利亚方向 Julia direction 05.0516
茹利亚集 Julia set 05.0520
入次数 indegree 03.0202
入树 intree 03.0206
入向量 incoming vector 11.0135
软层 soft sheaf 08.1096
软决策 soft decision 12.0135
* 软判决 soft decision 12.0135
软隐函数定理 soft implicit function theorem 07.0353
瑞利－里茨方法 Rayleigh-Ritz method 05.0737
瑞特－吴方法 Ritt-Wu method 10.0032
锐角 acute angle 08.0032

锐角三角形　acute triangle　08.0043
若尔当测度　Jordan measure　05.0181
若尔当代数　Jordan algebra　04.1475
若尔当代数的表示　representations of Jordan algebra　04.1488
若尔当代数的根　radical of Jordan algebra　04.1485
若尔当典范形　Jordan canonical form　04.0651
若尔当分解　Jordan decomposition　04.0710, 05.0063
若尔当弧　Jordan arc　05.0356
若尔当可测　Jordan measurable　05.0182
若尔当模　Jordan module　04.1487
若尔当曲线　Jordan curve　08.0592
若尔当同态　Jordan homomorphism　04.1482
弱*对偶空间　weak* dual space　07.0049
弱*紧　weakly* compact　07.0031
弱*收敛[的]　weakly* convergent　07.0037
弱*拓扑　weak* topology　07.0036
弱闭[的]　weakly closed　07.0021
弱对偶定理　weak duality theorem　11.0118
弱分歧扩张　tamely ramified extension　04.0498
弱极值　weak extremum　05.0708
弱解　weak solution　06.0498
弱紧　weakly compact　07.0030
弱局部极值　weak local extremum　05.0709
弱连通[的]　weakly connected　03.0209
弱连续性　weak continuity　07.0023
弱模格　weakly modular lattice　03.0281
弱徘徊集　weakly wandering set　07.0424
弱耦合系统　weakly coupled system　12.0369
弱平稳过程　weakly stationary process　09.0396
*弱强连续性　intensified continuity　07.0022
弱收敛[的]　weakly convergent　07.0035
弱守恒型　weak conservation form　10.0581
弱双曲[型]算子　weakly hyperbolic operator　06.0536
弱拓扑　weak topology　07.0034, 08.0700
弱稳定性　weak stability　10.0522
弱下半连续[的]　weakly lower semi-continuous　05.0769
弱型估计　weak type estimate　05.0309
*弱游荡集　weakly wandering set　07.0424
弱有界集[合]　weakly bounded set　05.0622
弱有效点　weakly efficient point　11.0290
弱有效解　weakly efficient solution　11.0268
弱真假值表归约性　weak truth table reducibility　02.0289
弱最大值原理　weak maximum principle　06.0292

S

塞尔贝格迹公式　Selberg trace formula　04.0342
塞尔对偶　Serre duality　04.1158
塞尔默群　Selmer group　04.0377
塞弗特流形　Seifert manifold　08.0618
塞格雷类　Segre class　04.1065
塞格雷嵌入　Segre imbedding　04.1064
三Γ函数　trigamma-function　06.0635
三次插值　cubic interpolation　10.0178
三次方程　cubic equation　04.0560
三次互反律　cubic reciprocity law　04.0257
三次曲面　cubic surface　04.1232
三次曲线　cubics　04.1178
三次型　cubic form　04.0178
三次样条　cubic spline　10.0193
三次元　cubic element　10.0502
三重点　triple point　04.1184
三重根　triple root　04.0582
三重积分　triple integral　05.0160
三等分角[问题]　trisection of an angle　08.0130
三等分角线　trisectrix　08.0129
三对角[矩]阵　tridiagonal matrix　10.0405
三级数定理　three series theorem　09.0161
三角逼近　trigonometric approximation　10.0096
三角插值　trigonometric interpolation　10.0187
三角函数　trigonometric function　05.0115
三角和　trigonometric sum　04.0188
三角回归　trigonometric regression　09.0912
三角级数　trigonometric series　05.0278
三角剖分　triangulation　10.0472
三角形　triangle　08.0042

三角[形]分解　triangular decomposition　10.0391
三角形化　triangularization　04.0647
三角形矩阵　triangular matrix　04.0614
三角形网格　triangular net　10.0486
三角形行列式　triangular determinant　04.0763
三角形元　triangular element　10.0510
三角学　trigonometry　08.0173
三排列方法　triplets permutation method　10.0645
三球面定理　three-sphere theorem　06.0298
三曲面定理　three-surface theorem　06.0297
三曲线定理　three-curve theorem　06.0296
*三维流形　3-manifold　08.0614
三线性元　trilinear element　10.0507
三项方程　trinomial equation　04.0565
三项式　trinomial　04.0546
三元系　triple system　03.0041
三圆定理　three circles theorem　05.0407
散布函数　scattering function　09.0066
散度　divergence　05.0330
散度型　divergence form　10.0582
散度型方程　equation of divergence form　06.0340
散粒噪声　shot noise　12.0254
散料抽样　bulk sampling　09.0828
δ散射方法　δ-scattering method, delta-scattering method　10.0670
散射理论　scattering theory　06.0339
扫除　balayage　05.0669
扫除算子　balayage operator　05.0670
色不变量　chromatic invariant　03.0171
色多项式　chromatic polynomial, chromial　03.0172
色和方程　chromatic sum equation　03.0174
色剖分　chromatic partition　03.0173
色数　chromatic number　03.0168
森田六元组　Morita contexts　04.0922
沙尔劳互反公式　Scharlau reciprocity formula　04.0820
沙尔滕 p 类算子　Scharten p-class operator　07.0223
沙法列维奇－泰特群　Shafarevich-Tate group　04.0378
筛法　sieve　04.0200
山路引理　mountain pass lemma　07.0379
删失回归　censored regression　09.0711
删失样本　censored sample　09.0482
扇形　sector　08.0088
熵　entropy　07.0435,　12.0026
ε熵　ε-entropy, epsilon-entropy　12.0033
熵函数　entropy function　10.0542
熵率　entropy rate　12.0032
熵条件　entropy condition　10.0540
熵通量　entropy flux　10.0541
商　quotient　04.0032
商表示　factor representation　04.1928
商层　quotient sheaf　04.1092
商丛　quotient bundle　08.0847
商代数　quotient algebra　07.0304
商对策　quotient game　11.0462
商对象　quotient object　04.1628
商范畴　quotient category　04.1626
商泛代数　quotient universal algebra　03.0346
*商高定理　Pythagoras theorem　08.0045
商格　quotient lattice　03.0252
商环　quotient ring, factor ring　04.1308
商集　quotient set　01.0095
商空间　factor space　04.0692,　quotient space　08.0493
商李代数　quotient Lie algebra　04.1495
商李群　quotient Lie group　04.2098
商模　factor module, quotient module　04.0870
商群　factor group, quotient group　04.1762
商图　quotient graph　03.0162
商拓扑　quotient topology　08.0492
商映射　quotient map　08.0494
*商域　quotient field　04.0965
上半连续[的]　upper semi-continuous　05.0039
上半连续性　upper semi-continuity　07.0027
上半连续映射　upper semi-continuous mapping　05.0770
上闭链　cocycle　04.1643,　08.0726
上边缘　coboundary　04.1644,　08.0725
上边缘算子　coboundary operator　08.0724
上穿不等式　upcrossing inequality　09.0251
上导数　upper derivative　05.0076
上积　cup product　08.0738
上极限　upper limit, superior limit　05.0028

上极限函数　upper limit function　05.0037
上解　supersolution　06.0337
上界　upper bound　05.0003
* 上近似值　upper approximate value　10.0060
上境图　epigraph　05.0810
上控制限　upper control limit　09.0857
上连续格　upper continuous lattice　03.0320
上链　cochain　04.1642，　08.0723
上链复形　cochain complex　04.1641，　08.0722
上链映射　cochain mapping　08.0729
上确界　least upper bound，supremum　05.0004
上三角形矩阵　upper triangular matrix　04.0615
上升方向　ascent direction　10.0376
上升算法　ascent algorithm　10.0375
上升算子　slip up operator，up-ladder operator　06.0643
上调和函数　superharmonic function　06.0335
α 上调和函数　α-superharmonic function，alpha-superharmonic function　05.0635
上调和解　superharmonic solution　06.0118
上同调　cohomology　04.1646，　08.0721
上同调环　cohomology ring　08.0739
上同调类　cohomology class　04.1645，　08.0727
上同调模　cohomology module　04.1647
上同调平凡模　cohomologically trivial module　04.1702
上同调谱序列　cohomology spectral sequence　08.0735
上同调群　cohomology group　04.1648，　08.0728
上同调运算　cohomology operation　08.0734
上同伦群　cohomotopy group　08.0806
上纤维化　cofibering，cofibration　08.0869
上纤维映射　cofibre mapping　08.0802
上鞅　supermartingale　09.0230
上诱导模　coinduced module　04.1689
上中心序列　upper central series　04.1506
绍德尔法　Schauder method　06.0323
绍德尔估计　Schauder estimates　06.0326
绍德尔基　Schauder basis　07.0055
舍弃[运算]　deletion　03.0165
舍入　rounding off，roundoff　10.0007
舍入误差　round-off error，rounding error　10.0038
舍选抽样方法　rejection sampling technique　10.0650
射线　half line，ray　08.0229
射影闭包　projective closure　04.1033
射影变换　projective transformation　08.0364
射影变换群　projective transformation group　08.0366
射影标架　projective frame　08.0350
射影表示　projective representation　04.1935
射影不变量　projective invariant　08.0373
射影超平面　projective hyperplane　08.0337
射影簇的维数　dimension of a projective variety　04.1032
射影[代数]簇　projective [algebraic] variety　04.1028
射影代数集　projective algebraic set　04.1027
射影等价　projective equivalence　08.0367
射影度量　projective metric　08.0395
射影对应　projective correspondence　08.0343
射影概形　projective scheme　04.1128
射影几何[学]　projective geometry　08.0333
* 射影矩阵　projective matrix　04.0619
射影空间　projective space　08.0334
射影空间的上同调　cohomology of projective spaces　04.1154
射影平面　projective plane　08.0336
射影曲线　projective curve　04.1174
射影曲线的黑塞式　Hessian of projective curve　04.1192
射影态射　projective morphism　04.1127
射影微分几何[学]　projective differential geometry　08.0941
射影辛群　projective symplectic group　04.1880
射影性质　projective property　08.0417
射影映射　projective mapping　08.0342
射影酉群　projective unitary group　04.1870
射影直线　projective line　08.0335
射影子空间　projective subspace　08.0338
射影坐标　projective coordinates　08.0345
射影坐标系　projective coordinate system　08.0354
* BIB 设计　balanced incomplete block design

03.0028
* PBIB 设计 partially balanced incomplete block design 03.0029
设计矩阵 design matrix 09.0676
伸缩商 dilatation quotient 05.0526
渗流 percolation 09.0394
生长曲线模型 growth curves model 09.0675
生成多项式 generator polynomial 12.0183
生成矩阵 generator matrix 12.0182
生成空间 spanning space 04.0691
生成元 generators 04.0897
生成子图 spanning subgraph 03.0077
生存时 life time 09.0328
生灭过程 birth and death process 09.0368
升降算子法 ladder method 06.0642
升链条件 ascending chain condition 04.0904
剩余 residue 04.0157
剩余变量 surplus variable 11.0131
剩余次数 residue degree 04.0477
剩余类 residue class 04.0159
剩余类的代表 representative of a residue class 04.0160
* 剩余类环 residue class ring 04.1308
剩余谱 residual spectrum 07.0256
剩余区组设计 residual block design 03.0032
剩余寿命 residual life 11.0620
剩余校验 residue check 12.0225
剩余域 residue field, residue class field 04.0472
失败联盟 losing coalition 11.0423
* 失效率 failure rate 11.0609
失真 distortion 12.0153
施蒂克贝格理想 Stickelberger ideal 04.0291
施蒂克贝格元 Stickelberger element 04.0292
施拉夫利积分表示 Schläfli integral representation 06.0655
施勒米希级数 Schlömilch series 06.0712
施密特正交化 Schimidt orthogonalization 05.0274
施泰纳三元系 Steiner triple system 03.0042
施坦贝格关系 Steinberg relations 04.1733
施坦贝格群 Steinberg group 04.1732
施坦空间 Stein space 05.0576
施坦流形 Stein manifold 05.0571
施陶特代数 Staudt algebra 08.0351
施特藩问题 Stefan problem 06.0427
施图姆比较定理 Sturm comparison theorem 06.0069
施图姆定理 Sturm theorem 04.0571
* 施图姆-刘维尔边值问题 Sturm-Liouville boundary problem 06.0073
施瓦茨导数 Schwarz derivative 05.0492
施瓦茨交替法 Schwarz alternative method 06.0312
施瓦茨-克里斯托费尔公式 Schwarz-Christoffel formula 05.0491
[施瓦兹]广义函数 [Schwartz] generalized function, distribution 07.0090
施瓦兹空间 Schwartz space 07.0073
十边形 decagon 08.0108
十二面体 dodecahedron 08.0155
十进二进制转换 decimal-binary conversion 04.0090
[十进]小数 decimal 04.0091
十进制 decimal scale 04.0087
十进制数字 decimal digit 04.0088
时变 time change 09.0256
时变系统 time-varying system 12.0328
时变信道 time-varying channel 12.0064
时间步长法 fixed-time incrementing method 11.0508
时间尺度 time scale 10.0589
时间分裂 time splitting 10.0588
时间平均方法 time average method 10.0674
* 时间相关 time dependent 10.0590
* 时间相关法 time-dependent method 10.0591
时间序列 time series 09.0891
时间序列分析 time series analysis 09.0890
时间序列数据分析 data time series analysis 09.0921
时间最优控制 time-optimal control 12.0391
时界 horizon 11.0342
时齐[的] temporally homogeneous 09.0299
时态逻辑 temporal logic 02.0316
时域 time domain 12.0444
时域分析 time domain analysis 12.0445
时域响应 time domain response 12.0449

时滞　time lag　06.0210
时滞系统　time-delay system　12.0333
食谱问题　diet problem　11.0166
实闭包　real closure　04.0457
实变函数　function of real variable　05.0023
实变量　real variable　05.0018
实表示　real representation　04.2102
实部　real part　05.0337
实二次域　real quadratic field　04.0287
实分析　real analysis　05.0002
* 实分圆域法　method of real cyclotomic field　10.0269
实封闭的　real closed　04.0456
实根　real root　04.0575
* 实解析类函数类　function of class C^ω　05.0104
实矩阵　real matrix　04.0637
实李群　real Lie group　04.2075
实射影空间　real projective space　08.0368
实数　real number　04.0114
实数加法群　additive group of real numbers　04.2050
实数域　real number field　04.0486
实无穷　actual infinity　02.0301
实现理论　realization theory　12.0476
实线性空间　real linear space　04.0715
实一般线性群　real general linear group　04.2099
实值函数　real-valued function　05.0024
* 实质性对策　essential game　11.0434
实轴　real axis　05.0343
* 矢丛　vector bundle　08.0848
* 矢量　vector　04.0671
矢列式　sequent　02.0014
始对象　initial object　04.1577
示嵌类　imbedding class　08.0866
示性类　characteristic class　08.0858
示性数　characteristic number　08.0859
示性映射　characteristic map　08.0857
世传可数[的]　hereditarily countable　02.0209
世传有穷集　hereditarily finite set　02.0191
事件　event　09.0011
* 事件 σ 代数　σ-algebra of events　09.0024
事件 σ 域　σ-field of events, sigma-field of events　09.0024
事件步长法　next-event incrementing method　11.0509
* 事件代数　algebra of events　09.0023
事件的并　union of events　09.0015
事件的补　complement of an event　09.0019
事件的差　difference of events　09.0020
事件的对称差　symmetric difference of events　09.0021
事件的交　intersection of events　09.0016
事件的蕴含　implication of events　09.0014
事件概率的回归估计　regression estimation of event probability　09.0710
事件域　field of events　09.0023
事件指示函数　indicator function of an event　09.0022
势函数　potential function　05.0325
适定问题　well-posed problem　06.0283
适应[的]　adapted　09.0219
适应控制　adaptive control　12.0397
适应控制器　adaptive controller　12.0485
试探解　trial solution　10.0312
试位法　regular falsi, false position　10.0354
试验设计　experimental design　09.0859
收敛半径　radius of convergence　05.0361
收敛半平面　half plane of convergence　05.0370
收敛的比较定理　comparison theorem for convergence　05.0216
收敛横坐标　abscissa of convergence　05.0366
收敛级数　convergent series　05.0235
收敛阶　degree of convergence　10.0118
收敛区域　convergence domain　10.0337
收敛速率　rate of convergence　10.0325
收敛[性]　convergence　05.0234
收敛[性]加速　convergence acceleration　10.0338
收敛因子　convergence factor　10.0330
收敛圆　circle of convergence　05.0363
收敛指数　convergence exponent　05.0423, 10.0336
收敛轴　axis of convergence　05.0369
收缩　retraction　08.0567
收缩变换　retracting transformation　08.0571
收缩核　retract　08.0568
收缩映射　retraction mapping　08.0573

首次放空　first emptiness　11.0559
首次积分　first integral　06.0032
首入时　first entrance time　09.0329
首项　leading term　04.0130
首项系数　leading coefficient　04.0518
首一多项式　monic polynomial　04.0522
首中分布　hitting distribution　09.0331
首中时　[first] hitting time　09.0330
守恒方程　conservation equation　06.0403
守恒律　conservation law　10.0577
守恒律组　system of conservation laws　10.0578
守恒形式　conservation form　06.0402
寿命试验　life testing　11.0622
寿命特征[曲线]　life characteristics　11.0621
*寿试　life testing　11.0622
受囿量词　bounded quantifier　02.0061
输出　output　12.0438
输出反馈　output feedback　12.0441
输出方程　output equation　12.0440
输出向量　output vector　12.0439
*输联盟　losing coalition　11.0423
输入　input　12.0428
输入过程　input stream　11.0490
*输入流　input stream　11.0490
输入输出稳定性　input-output stability　12.0519
输入向量　input vector　12.0429
舒尔指数　Schur index　04.1434
疏集　nowhere dense set　08.0469
疏失误差　gross error　10.0041
属于　belong to　01.0080
树　tree　03.0193
树表示　tree representation　12.0292
树码　tree code　12.0204
树搜索算法　tree search algorithm　11.0362
树算法　tree algorithm　12.0293
树图　tree graph　12.0205
树形图　arborescence　03.0196
束类群　ray class group　04.0271
束类群的模　modulus of ray class group　04.0272
束类域　ray class field　04.0270
数　number　01.0004
数词可表示性　numeralwise representability　02.0131
数的几何　geometry of numbers　04.0185
数据传输　data transmission　12.0281
数据加密　data encryption　12.0288
数据结构　data structure　12.0289
数据通信　data communication　12.0287
数据系统　data system　12.0286
数据修匀　graduation of data　10.0153
数据压缩　data compression　12.0146
数理逻辑　mathematical logic　02.0002
数理统计[学]　mathematical statistics　09.0429
数量级　order of magnitude　05.0025
数量曲率　scalar curvature　08.0994
数列空间　sequence space　07.0123
数论　number theory　04.0002
数学　mathematics　01.0001
数学规划　mathematical programming　11.0034
数学归纳法　mathematical induction　02.0129
数学[函数]表　mathematical table　10.0271
数学基础　foundation of mathematics　02.0300
数学模型　mathematical model　12.0371
[数学]期望　[mathematical] expectation　09.0114
数学系统理论　mathematical system theory　12.0412
*数域　algebraic number field　04.0226
数域的导子　conductor of number field　04.0273
数域的判别式　discriminant of number field　04.0233
数域上代数群　algebraic groups over an algebraic number field　04.2027
数值逼近　numerical approximation　10.0126
数值不稳定性　numerical instability　10.0020
数值代数　numerical algebra　10.0316
数值等价　numerically equivalence　04.1225
数值方法　numerical method　10.0018
数值分析　numerical analysis　10.0001
数值积分　numerical integration　10.0227
数值计算　numerical calculation, numerical computation　10.0002
数值解　numerical solution　10.0010
数值模拟　numerical simulation　10.0024
数值微分　numerical differentiation　10.0197
数值稳定性　numerical stability　10.0019
数值信息　numerical information　12.0284

数值域　numerical range　07.0264
数轴　number axis　04.0115
数字编码　numerical coding　12.0285
数字通信系统　digital communication system　12.0282
数字信息　digital information　12.0283
双Γ函数　digamma-function　06.0634
[双边]理想　[two-sided] ideal　04.1300
双边生成元　two-sided generator　07.0401
双不可约元　doubly irreducible element　03.0277
双侧检验　two-sided test　09.0633
双侧曲面　two-sided surface, bilateral surface　08.0313
双侧搜索　two-sided search　11.0201
* 双层分布位势　double layer potential　05.0651
双层位势　double layer potential　05.0651
双重抽样　double sampling, two-phase sampling　09.0825
双重函数　bifunction　05.0825
双传递群　double transitive group　04.1836
双代数　bialgebra　04.1470
双二次插值　biquadratic interpolation　10.0183
双格　double lattice　03.0305
双矩阵对策　bimatrix game　11.0430
双可测变换　bimeasurable transformation　07.0392
双链条件　double chain condition　04.1801
双模　bimodule　04.0901
双陪集　double coset　04.1750
双曲闭轨　hyperbolic closed orbit　06.0179
双曲不变集　hyperbolic invariant set　06.0181
双曲不动点　hyperbolic fixed point　06.0180
双曲点　hyperbolic point　08.0980
双曲函数　hyperbolic function　05.0116
双曲环体自同构　hyperbolic toral automorphism　06.0186
双曲几何[学]　hyperbolic geometry　08.0421
双曲结构　hyperbolic structure　06.0183
双曲空间　hyperbolic space　08.0424
双曲流形　hyperbolic manifold　08.0622
双曲螺线　hyperbolic spiral　08.0302
双曲抛物面　hyperbolic paraboloid　08.0278
双曲平面　hyperbolic plane　04.0808
双曲奇点　hyperbolic singularity　06.0184
双曲线　hyperbola　08.0256
双曲线性映射　hyperbolic linear map　06.0185
双曲型二次曲面　hyperbolic quadratic surface　08.0276
双曲型黎曼[曲]面　hyperbolic Riemann surface　05.0464
双曲[型]算子　hyperbolic operator　06.0530
双曲[型]微分方程　hyperbolic differential equation　06.0343
双曲[型]域　hyperbolic domain　06.0386
双曲正弦戈登方程　sinh-Gordon equation　06.0442
双曲周期点　hyperbolic periodic point　06.0182
双曲柱面　hyperbolic cylinder　08.0275
双三次插值　bicubic interpolation　10.0184
双三次元　bicubic element　10.0506
双射保测变换　bijective measure-preserving transformation　07.0394
双斯通格　double Stone lattice　03.0306
双调和方程　biharmonic equation　06.0415
双调和函数　biharmonic function　06.0416
双调和算子　biharmonic operator　06.0513
双线性插值　bilinear interpolation　10.0182
双线性泛函　bilinear functional　07.0009
双线性规划　bilinear programming　11.0071
双线性函数　bilinear function　04.0775
双线性模型　bilinear model　09.0914
双线性平衡映射　bilinear balanced map　04.0902
双线性算子　bilinear operator　07.0180
双线性系统　bilinear system　12.0353
双线性型　bilinear form　04.0766
双线性型的等价　equivalence of bilinear forms　04.0767
双线性映射　bilinear mapping　04.0774
双线性元　bilinear element　10.0505
双向通信　two-way communication　12.0316
双向信道　two-way channel　12.0079
双叶双曲面　hyperboloid of two sheets　08.0272
双有理不变量　birational invariant　04.1049
双有理等价　birational equivalence　04.1048
双有理态射　birational morphism　04.1050
双有理映射　birational mapping　04.1047

双余模　bi-comodule　04.0931
双择检测　binary detection　12.0261
双正交[的]　biorthogonal　07.0150
双正交系　biorthogonal system　07.0056
双周期函数　doubly periodic function　06.0613
双轴球面函数　biaxial spherical surface function　06.0662
双自同态环　biendomorphism ring　04.0925
双[字长]精度　double precision　10.0016
水库论　dam theory　11.0553
水平　level　09.0717
水平结构　level structure　04.1257
水平子集　sublevel set　08.0897
水平子空间　horizontal subspace　08.1041
瞬时描述　instantaneous description　02.0265
瞬时性态　transient behavior　11.0533
瞬时状态　instantaneous state　09.0311
顺向基　basis coherent with the orientation　08.0720
[顺]序极限　order limit　07.0020
[顺]序收敛性　order convergence　07.0019
顺序统计量　order statistic　09.0508
斯蒂尔切斯变换　Stieltjes transform　05.0595
斯蒂弗尔－惠特尼类　Stiefel-Whitney class　08.0860
斯蒂弗尔－惠特尼数　Stiefel-Whitney number　08.0861
斯科伦函数　Skolem function　02.0085
斯科伦壳　Skolem hull　02.0086
斯科伦悖谬　Skolem paradox　02.0087
斯科罗霍德积分　Skorohod integral　09.0264
斯科罗霍德拓扑　Skorohod topology　09.0175
斯莱特约束规格　Slater constraint qualification　11.0055
*斯莱特约束品性　Slater constraint qualification　11.0055
斯特拉托诺维奇积分　Stratonovich stochastic integral　09.0263
斯特林公式　Stirling formula　06.0632
斯廷罗德幂　Steenrod powers　08.0750
斯廷罗德平方　Steenrod squares　08.0749
斯通代数　Stone algebra　03.0300
斯通对偶　Stone duality　03.0302
斯通格　Stone lattice　03.0301
斯通空间　Stone space　03.0299
斯通－切赫紧化　Stone-Čech compactification　08.0537
斯托克斯方程　Stokes equation　06.0691
斯托克斯公式　Stokes formula　05.0167
斯托克斯现象　Stokes phenomenon　06.0739
四边形　quadrilateral　08.0096
四次互反律　biquadratic reciprocity law　04.0258
四次曲线　quartics　04.1179
四角形　quadrangle　08.0095
四棱柱　quadrangular prism　08.0150
四面体　tetrahedron　08.0151
四色问题　four color problem　03.0169
四元群　four group　04.1817
四元数　quaternion　04.0506
四元数可除代数　quaternion division algebra　04.0507
四元数群　quaternion group　04.1813
*四元数体　quaternion division algebra　04.0507
似然　likelihood　09.0569
似然比　likelihood ratio　09.0623
似然比检验　likelihood ratio test　09.0625
似然方程　likelihood equation　09.0571
似然函数　likelihood function　09.0570
松弛变量　slack variable　11.0129
松弛表　relaxation table　10.0422
松弛层　flabby sheaf　04.1090
松弛法　relaxation method　10.0421
松弛因子　relaxation factor, relaxation parameter　10.0423
搜索步长　step size in search　10.0373
搜索法　search method　10.0352
搜索范围　hunting zone　11.0638
搜索方向　direction of search　11.0206
搜索论　search theory　11.0636
搜索区域　region of search　12.0280
搜索损失　hunting loss　11.0640
搜索运动学　kinematics of search　11.0643
搜索周期　hunting period　11.0641
苏斯林树　Suslin tree　02.0210
素3-流形　prime 3-manifold　08.0617
素除子　prime divisor　04.1195

素端 prime ends 05.0498
素函数 prime function 05.0436
素环 prime ring 04.1369
素理想 prime ideal 04.0938
素滤子 prime filter 03.0258
素模型 prime model 02.0105
素数 prime number, prime 04.0051
素数定理 prime number theorem 04.0204
素数分布 distribution of primes 04.0203
素域 prime field 04.0392
素元 prime element 04.0955
速端曲线 hodograph 06.0460
速端曲线变换 hodograph transformation 06.0461
速端曲线法 hodograph method 06.0462
算法 algorithm 02.0261, 10.0022
ε算法 ε-algorithm, epsilon-algorithm 10.0341
η算法 η-algorithm, eta-algorithm 10.0342
算术 arithmetic 04.0001
算术分层 arithmetical hierarchy 02.0251
算术根 arithmetic root 04.0109
算术函数 arithmetic function 04.0205
算术化 arithmetization 02.0137
算术基本定理 fundamental theorem of arithmetic 04.0055
算术亏格 arithmetic genus 04.1155
算术码 arithmetic code 12.0243
算术平均 arithmetic mean 04.0134
* 算术数列 arithmetic progression 04.0128
算术谓词 arithmetical predicate 02.0249
算术系统 arithmetic system 02.0138
算术子群 arithmetic subgroup 04.2029
算子 operator 07.0173
μ算子 μ-operator, mu-operator 02.0237
算子的[谱]分解 spectral resolution of operator 07.0246
算子方程 operator equation 07.0348
算子分裂 operator splitting 10.0586
* 算子环 operator ring 07.0278
算子紧致隐格式 operator compact implicit scheme 10.0565
算子强拓扑 strong topology of operators 07.0040
算子扰动 perturbation of operator 07.0229
算子同构 operator isomorphism 04.1783
算子同态 operator homomorphism 04.1784
算子演算 operational calculus 07.0106
算子一致拓扑 uniform topology of operators 07.0041
随机逼近 stochastic approximation 09.0179
随机编码 random coding 12.0105
随机变分法 stochastic calculus of variations 09.0272
随机变量 random variable 09.0051
随机遍历[的] random ergodic 09.0401
随机遍历定理 stochastic-ergodic theorem 07.0417
随机测度 stochastic measure 09.0259
随机场 random field 09.0184
随机[的] random, stochastic 09.0002
随机对策 stochastic games 11.0475
随机分析 stochastic analysis, stochastic calculus 09.0271
随机服务系统 stochastic service system 11.0485
随机干扰 random disturbance 12.0437
随机规划 stochastic programming 11.0074
随机过程 stochastic process 09.0181
随机过程统计[学] statistics of random processes 09.0431
随机函数 random function 09.0183
随机化检验 randomized test 09.0604
随机化决策函数 randomized decision function 09.0521
随机积分 stochastic integral, random integral 09.0261
随机集 random set 09.0055
随机加权法 random weighting method 09.0806
随机接入 random access 12.0083
随机控制 stochastic control 12.0401
随机控制理论 stochastic control theory 12.0415
随机力学 stochastic mechanics 09.0278
随机连续 stochastic continuity 09.0201
随机流 stochastic flow 09.0279
随机码 random code 12.0104
随机密码 random cipher 12.0106
随机区组设计 randomized blocks design 09.0878
随机试验 random trial, random experiment

09.0004
随机输入　random input　12.0432
随机数　random number　10.0633
随机搜索　random search　11.0637
随机完全区组设计　randomized complete-block design　09.0879
随机微分方程　stochastic differential equation, SDE　09.0266
随机微分方程[的]强解　strong solution of SDE　09.0267
随机微分方程[的]弱解　weak solution of SDE　09.0268
随机微分几何　stochastic differential geometry　09.0277
随机误差　random error　10.0042
随机系统　stochastic system　12.0343
随机现象　random phenomenon　09.0003
随机向量　random vector　09.0053
随机效应模型　random effect model　09.0668
随机序列　stochastic sequence　09.0182
随机选取法　random choice method　10.0606
随机样本　random sample　09.0480
随机游动　random walk　09.0351
随机元　random element　09.0054
随机阵　stochastic matrix　09.0297
随机最优化　stochastic optimization　11.0015
孙子剩余定理　Chinese remainder theorem　04.0165
损害集　injury set　02.0279
损失函数　loss function　09.0522
损失率　loss probability　11.0535
损失制系统　loss system　11.0495
缩并[运算]　contraction　03.0166
索伯列夫不等式　Sobolev inequality　06.0506
索伯列夫空间　Sobolev space　07.0125
索伯列夫引理　Sobolev lemma　06.0507
锁相　phase locking　06.0147

T

塔特多项式　Tutte polynomial　03.0176
塔特图　Tutte graph　03.0138
胎紧[的]　tight　08.1059
泰奥多森函数　Theodorsen function　06.0716
泰勒公式　Taylor formula　05.0255
泰特模　Tate module　04.0353
泰特曲线　Tate curve　04.0387
泰希米勒度量　Teichmüller metric　05.0471
泰希米勒空间　Teichmüller space　05.0469
态射　morphism　04.1558
S 态射　S-morphism　04.1102
态射的分支点　branch point of a morphism　04.1215
态射的核　kernel of a morphism　04.1620
态射的微分　differential of a morphism　04.1995
态射的纤维　fibers of a morphism　04.1134
态射的象　image of a morphism　04.1622
态射的余核　cokernel of a morphism　04.1621
态射的余象　coimage of a morphism　04.1623
态射分歧指数　ramification index of a morphism　04.1214
坍缩　collapsing　08.0681
贪婪算法　greedy algorithm　11.0371
谈判集　bargaining set　11.0413
谈判解　bargaining solution　11.0414
探索性数据分析　exploratory data analysis　09.0801
汤川位势　Yukawa potential　05.0644
陶斯沃特方法　Tausworthe method　10.0641
套紧[的]　taut　08.1060
套设计　nested design　09.0872
特解　particular solution　06.0021
特里科米方程　Tricomi equation　06.0380
特里科米函数　Tricomi function　06.0740
特里科米问题　Tricomi problem　06.0383
特普利茨算子　Toeplitz operator　07.0219
特殊半鞅　special semi-martingale　09.0246
特殊服务时间　special service times　11.0541
特殊复正交群　complex special orthogonal group　04.1876
特殊函数　special function　06.0591
特殊若尔当代数　special Jordan algebra　04.1483

特殊射影线性群 projective special linear group 04.1867
特殊线性群 special linear group 04.1865
特殊因子 specific factor 09.0757
特殊酉群 special unitary group 04.1869
特异多项式 distinguished polynomial 04.0297
特征 p 限制李代数 restricted Lie algebra of characteristic p 04.1554
特征[标] character 04.0190
特征[标]和 character sum 04.0191
特征[标]的级 degree of character 04.1943
特征参数 characteristic parameter 06.0257
特征超平面 characteristic hyperplane 06.0239
特征超曲面 characteristic hypersurface 06.0233
特征乘数 characteristic multiplier 06.0066
特征带 characteristic strip 06.0242
特征导数 characteristic derivative 06.0249
特征多项式 characteristic polynomial 04.0658
特征方向 characteristic direction 06.0252
特征函数 characteristic function 09.0139
特征集合 characteristic set 06.0256
特征角面 characteristic conoid 06.0258
特征矩阵 characteristic matrix 06.0238
特征流形 characteristic manifold 06.0500
特征曲面 characteristic surface 06.0253
特征曲线 characteristic curve 06.0243
特征射线 characteristic ray 06.0236
特征条件 characteristic condition 06.0248
特征微分法 characteristic differentiation 06.0246
特征微分方程 characteristic differential equation 06.0255
特征[线] characteristics, characteristic line 06.0240
特征线法 characteristic method 06.0276
特征线元[素] characteristic line element 06.0241
特征向量 characteristic vector 04.0707
特征形式 characteristic form 06.0234
特征行列式 characteristic determinant 06.0237
特征元素 characteristic element 06.0247
特征值 characteristic value 04.0659
特征锥 characteristic cone 06.0235
特征子群 characteristic subgroup 04.1773
特征坐标 characteristic coordinates 06.0250
梯度 gradient 05.0329
梯度法 gradient method 10.0368
梯度方向 gradient direction 10.0369
梯度搜索 gradient search 10.0370
梯度投影法 gradient projection method 11.0228
梯度向量场 gradient vector field 06.0174
梯度映射 gradient mapping 07.0317
梯矩阵 echelon matrix 04.0621
梯形 trapezoid 08.0100
梯形法则 trapezoidal rule 10.0244
提升 lifting 08.0812
提升映射 inflation mapping 04.1696
*体 division ring, skew field 04.1291
体积 volume 08.0022
体积位势 volume potential 05.0649
体积元 volume element 08.1036
RSA 体制 RSA system, Rivest-Shamir-Adelman system 12.0311
体锥 solid cone 07.0134
替换 replacement 02.0067
填装 packing 03.0038
田形[调和]函数 tesseral harmonics 06.0661
田中公式 Tanaka formula 09.0258
挑选型抽检 sampling inspection with screening 09.0847
*CFL 条件 Courant-Friedrichs-Lewy condition 10.0526
条件变分问题 conditional problem of variation 05.0684
条件不等式 conditional inequality 05.0066
条件分布 conditional distribution 09.0146
条件概率 conditional probability 09.0044
条件极值 conditional extremum 05.0123
条件均值 conditional mean 09.0145
条件蒙特卡罗方法 conditional Monte Carlo method 10.0612
条件期望 conditional expectation 09.0144
条件收敛 conditionally convergent 05.0241
条件数 condition number 10.0408
条件信息 conditional information 12.0010
条件熵 conditional entropy 12.0027
调和测度 harmonic measure 05.0668

调和分析 harmonic analysis 05.0296
调和共轭 harmonic conjugate 08.0372
调和共轭点 harmonic conjugate points 08.0371
调和函数 harmonic function 05.0297
调和级数 harmonic series 05.0245
调和解 harmonic solution 06.0116
调和平均 harmonic mean 04.0137
调和数列 harmonic progression 04.0136
调和算子 harmonic operator 05.0566
调和映射 harmonic map 08.1090
调和优函数 harmonic majorant function 05.0636
调节器 regulator 12.0486
调优操作 evolutionary operation 09.0869
调整型抽检 sampling inspection with adjustment 09.0848
调整子 regulator 04.0247
调制编码系统 modulation coding system 12.0164
跳过程 jump process 09.0381
跳批抽检 skip-lot sampling inspection 09.0846
贴体曲线坐标 body-fitted curvilinear coordinates 10.0583
停机问题 halting problem 02.0258
停时 stopping time 09.0212
停止定理 stopping theorem 09.0252
停止规则 stopping rule 09.0544
通常条件 usual conditions 09.0211
通道 walk 03.0082
通分 reduction of fractions to a common denominator 04.0070
通解 general solution 06.0020
通项 general term 05.0232
通信密钥 communication key 12.0315
通用编码 universal coding 12.0159
通用函数 universal function 02.0229
通有性质 generic property 06.0173
同变估计 equivariant estimate 09.0559
同调 homology 08.0626
同调代数 homological algebra 04.1632
同调[的] homologous 08.0633
同调等价 homologically equivalence 04.1078
同调环 homology ring 08.0760
同调类 homology class 08.0635
同调流形 homology manifold 08.0717
同调论 homology theory 08.0627
同调模 homology module 04.1639
同调群 homology group 04.1640, 08.0636
同调正合序列 homological exact sequence 08.0733
同方差性 homoscedasticity 09.0446
同构 isomorphism 01.0118
同构不变量 automorphic invariant 07.0430
同痕 isotopy 08.0774
同痕不变量 isotopy invariant 08.0775
同类根式 similar surds 04.0107
同类项 like term 04.0519
同伦 homotopy 08.0762
同伦不变量 homotopy invariant 08.0765
同伦等价 homotopy equivalence 08.0770
同伦扩张 homotopy extension 08.0810
同伦类 homotopy class 08.0764
同伦逆 homotopy inverse 08.0772
同伦球面 homotopy sphere 08.0830
同伦群 homotopy group 08.0797
同伦算子 homotopy operator 08.0768
同伦提升 lifting homotopy 08.0811
同伦运算 homotopy operation 08.0813
同伦正合序列 homotopy exact sequence 08.0767
同伦阻碍 obstruction to a homotopy 08.0828
* 同胚 homeomorphism 08.0484
同时行迭代 simultaneous row iteration 10.0432
同宿点 homoclinic point 06.0177
同态 homomorphism 01.0117
同态的核 kernel of a homomorphism 04.1310
同态的理想核 ideal kernel of a homomorphism 03.0254
同态的同余核 congruence kernel of a homomorphism 03.0253
同态象 homomorphic image 04.1311
同位角 corresponding angles 08.0039
同心圆 concentric circles 08.0091
同余[的] congruent 04.0154
同余方程 congruence 04.0153
同余分配代数 congruence-distributive algebra 03.0348
同余格 congruence lattice 03.0251

同余关系　congruence relation　03.0255
同余可换代数　congruence-permutable algebra　03.0350
同余模代数　congruence-modular algebra　03.0349
同余式　congruence　04.0152
同余数　congruent number　04.0143
同余子群　congruence subgroup　04.0319
同源　isogeny　04.0349
同源的　isogenous　04.0350
桶集　barrel, tonneau(法)　07.0074
桶型空间　barreled space　07.0075
统筹法　critical path method, CPM　11.0378
统计表　statistical table　09.0435
统计分析　statistical analysis　09.0432
统计分析纸　stochastic paper　09.0436
统计覆盖区间　statistical coverage interval　09.0658
统计估计方法　statistical estimation method　10.0628
统计函数　statistical function　09.0456
统计假设　statistical hypothesis　09.0598
[统计]决策函数　statistical decision function　09.0519
统计决策论　statistical decision theory　09.0516
统计空间　statistical space　09.0439
统计量　statistic　09.0490
C_p 统计量　C_p-statistic　09.0703
*统计试验方法　statistical testing method　10.0610
统计通信理论　statistical communication theory　12.0259
统计图　statistical chart　09.0434
统计推断　statistical inference　09.0433
统计[学]　statistics　09.0428
统计质量控制　statistical quality control　09.0855
统联　join　08.0669
投射　project, projection　08.0339
投射对象　projective object　04.1580
投射分解　projective resolution　04.1662
投射覆盖　projective cover　04.0919
投射极限　projective limit　04.1631
投射模　projective module　04.0893
投射生成元　progenerator　04.0924
投射维数　projective dimension　04.1709
投射有限群　profinite group　04.2069
投射中心　center of projection　08.0340
投影迭代法　projection iterative method　10.0603
投影[解]法　projection method　07.0351
投影确定性　projective determinacy　02.0157
投影算子　projection operator　07.0192
投影寻踪法　projection pursuit method　09.0807
头颅线　cranioid　08.0296
透镜空间　lens space　08.0667
透视　perspective　08.0433
透视投影法　perspective projection　08.0437
*透视图法　perspective drawing　08.0436
透视映射　perspective mapping　08.0341
凸　convex　07.0066
凸凹[二元]函数　convex-concave function　05.0828
凸半径　convexity radius　08.1093
凸包　convex hull　05.0748
凸超曲面　convex hypersurface　05.0749
凸度量空间　convex metric space　07.0158
凸对策　convex games　11.0450
凸对偶　convex duality　11.0115
凸多胞体　convex polytope　05.0751
凸多边形　convex polygon　08.0110
凸多面体　convex polyhedron　05.0750
凸多面锥　convex polyhedral cone　05.0761
凸二次规划　convex quadratic programming　11.0068
凸泛函　convex functional　07.0004
凸分析　convex analysis　05.0738
凸规划　convex programming　11.0063
凸过程　convex process　05.0824
凸函数　convex function　05.0791
凸函数闭包　closure of convex function　05.0795
凸函数的回收函数　recession function of convex function　05.0818
凸函数的回收锥　recession cone of convex function　05.0819
凸合作对策　convex cooperative game　11.0453
凸集　convex set　05.0742
凸区域　convex domain　05.0355
凸算子　convex operator　07.0369

凸性　convexity　05.0741
凸性模　modulus of convexity　07.0167
凸性系数　convexity coefficient　07.0168
凸序列　convex sequence　05.0743
凸锥　convex cone　05.0760
凸组合　convex combination　05.0747
突变　catastrophe　06.0209
突发差错　burst error　12.0217
突发长度　burst length　12.0218
突发噪声　burst noise　12.0219
图　graph　03.0060
图册　atlas　08.0879
图的关联矩阵　incidence matrix of a graph　03.0065
图的桥　bridge of a graph　03.0110
图的围长　girth of a graph　03.0091
图分拆　partition of a graph　03.0125
图解法　graphical method　10.0351
图亏格　genus of a graph　03.0160
图灵归约　Turing reduction　02.0299
图灵机　Turing machine　02.0254
图论　graph theory　03.0059
图谱　spectrum of a graph　03.0178
图上追踪法　diagram-chases　04.1657
图同构　isomorphism of graphs　03.0074
图同胚　homeomorphism of graphs　03.0159
图同态　homomorphism of graphs　03.0175
图象编码　picture coding　12.0166
图象压缩　video compression　12.0148
图秩　rank of a graph　03.0133
图自同构群　automorphism group of a graph　03.0180
图作业法　graphical method for transportation　11.0151
团　clique　03.0104
团图　clique graph　03.0105
推迟基本解　retarded fundamental solution　06.0542
推迟位势　retarded potential　05.0645
推出　push out　04.1612
推广　generalization　01.0026
推移变换　shift transformation　07.0402
蜕型线　line of degeneration of type　06.0384
退化二次曲面　degenerate quadric　08.0282
退化分布　degenerate distribution　09.0073
*退化核　degenerate kernel　06.0554
退化矩阵　degenerate matrix　04.0608
退化可行解　degenerate feasible solution　11.0141
退化抛物[型]方程　degenerate parabolic equation　06.0391
退化双曲[型]方程　degenerate hyperbolic equation　06.0390
退化椭圆[型]方程　degenerate elliptic equation　06.0389
托姆法式解　Thomé normal solution　06.0059
托姆复形　Thom complex　08.0933
托姆－吉赞同构　Thom-Gysin isomorphism　08.0934
托内利序列　Tonelli sequence　06.0014
脱殊集　generic set　02.0205
椭球等高分布　elliptically contoured distribution　09.0112
椭球法　ellipsoid method　11.0147
椭球复形　elliptical complex　08.1039
椭球面　ellipsoid　08.0268
椭球算子的指标　index of an elliptic operator　08.1040
椭球调和函数　ellipsoidal harmonics　06.0718
椭球坐标　ellipsoidal coordinates　08.0219
椭圆　ellipse　08.0249
椭圆点　elliptic point　08.0979
椭圆规　ellipsograph　08.0127
椭圆函数　elliptic function　06.0596
椭圆函数域　elliptic function field　04.0313
椭圆积分　elliptic integral　06.0598
椭圆积分[的]模数　modulus of an elliptic integral　06.0603
椭圆几何[学]　elliptic geometry　08.0422
椭圆空间　elliptic space　08.0425
椭圆抛物面　elliptic paraboloid　08.0277
椭圆曲线　elliptic curve　04.0343
椭圆曲线的 j 不变量　j-invariant of elliptic curve　04.0348
椭圆曲线的高　height of elliptic curve　04.0369
椭圆曲线的 L 级数　L-series of elliptic curve　04.0382

椭圆曲线的扭曲　twist of elliptic curve　04.0379
椭圆曲线的判别式　discriminant of elliptic curve　04.0347
椭圆曲线的约化　reduction of elliptic curve　04.0360
椭圆曲线的秩　rank of elliptic curve　04.0376
椭圆曲线的周期　periods of elliptic curve　04.0385
椭圆曲线的自同态　endomorphism of elliptic curve　04.0352
椭圆无理函数　elliptic irrational function　06.0597
椭圆[型]微分方程　elliptic differential equation　06.0287
椭圆[型]微分算子　elliptic differential operator　06.0509
椭圆[型]方程组　system of elliptic equations　06.0392
椭圆型黎曼[曲]面　elliptic Riemann surface　05.0462
椭圆[型]域　elliptic domain　06.0385
椭圆性　ellipticity　06.0525
椭圆性常数　ellipticity constant　06.0527
椭圆性模　module of ellipticity　06.0522
椭圆性条件　ellipticity condition　06.0526
* 椭圆柱函数　elliptic cylinder function　06.0728
椭圆柱面　elliptic cylinder　08.0274
拓扑 Ω 稳定性　topological Ω-stability　06.0203
拓扑阿贝尔群　topological Abelian group　04.2045
拓扑变换群　topological transformation group　04.2071
拓扑不变量　topological invariant　08.0485
拓扑除环　topological division ring　04.0500
拓扑传递性　topological transitivity　06.0204
拓扑等价　topological equivalence　08.0484
拓扑动力系统　topological dynamical system　06.0077
* 拓扑度　topological degree　07.0358
拓扑方法　topological method　07.0357
拓扑格　topological lattice　03.0330
拓扑和　topological sum　08.0496
拓扑空间　topological space　08.0442
T_2 拓扑空间的基本群　fundamental group of T_2 topological space　04.2059
拓扑空间的伦型　homotopy type of topological spaces　08.0766
拓扑空间范畴　category of topological spaces　04.1572
拓扑流形　topological manifold　08.0604
拓扑逻辑　topological logic　02.0320
拓扑群　topological group　04.2030
T_2 拓扑群　T_2-topological group　04.2033
拓扑群的投射系　projective system of topological groups　04.2068
T_2 拓扑群的完全化　completion of T_2-topological group　04.2040
拓扑群的直积　direct product of topological groups　04.2034
拓扑群同构　isomorphism of topological groups　04.2032
拓扑群同态　homomorphism of topological groups　04.2042
拓扑生成元　topological generator　07.0399
拓扑稳定性　topological stability　06.0202
拓扑线性空间　topological linear space　07.0060
* 拓扑向量空间　topological vector space　07.0060
拓扑型　topological type　08.0583
拓扑[学]　topology　08.0440
拓扑映射　topological mapping　08.0483

W

蛙跳格式　leap-frog scheme　10.0559
瓦格纳函数　Wagner function　06.0717
外摆线　epicycloid　08.0285
外部　exterior　08.0453
外部惩罚法　exterior penalty method　11.0241
外[部]输入　external input　12.0433
外部稳定性　external stability　11.0321
外测度　exterior measure　05.0178
外插　extrapolation　10.0161
外错角　alternate exterior angles　08.0040
外代数　exterior algebra　04.0861
外导数　outward derivative　06.0271

外点　exterior point　08.0452
外迭代　outer iteration　10.0304
外尔房　Weyl chamber　04.1535
外尔和　Weyl sum　04.0194
外尔基　Weyl basis　04.1536
外尔群　Weyl group　04.1537
外尔特征[标]公式　Weyl character formula 04.2120
外尔维数公式　Weyl dimension formula　04.2121
外法线　exterior normal　08.1010
外分　external division　08.0233
外分比　ratio of external division　08.0235
外分角线　external bisector　08.0070
外积　exterior product　08.0918
外角　exterior angle　08.0115
外接圆　circumcircle　08.0062
外接圆半径　circumradius　08.0063
外幂　exterior power　04.0862
外切形　circumscribed figure　08.0118
外容量　outer capacity　05.0660
* 外推　extrapolation　10.0161
* 外微分[形]式　exterior differential form　08.0912
外心　circumcenter, excenter　08.0058
外延性　extensionality　02.0155
外自同构群　group of outer automorphism　04.1770
弯谷函数　curved valley function　11.0223
σ 完备　σ-complete, sigma-complete　07.0132
* 完备[的]　complete　01.0062
完备化　completion　07.0016
完满核　perfect kernel　05.0631
完满环　perfect ring　04.1390
完满集　perfect set　08.0581
完满平方　perfect square　04.0538
完满群　perfect group　04.1772
完满数　perfect number　04.0060
完满域　perfect field　04.0422
完全 k 分图　complete k-nary graph　03.0099
完全乘性函数　completely multiplicative function　04.0208
完全重值　completely multiple value　05.0435
完全[的]　complete　01.0062
完全的函数系　complete system of functions　05.0271
完全的拓扑群　complete topological group　04.2039
完全度量空间　complete metric space　08.0541
完全二部图　complete bipartite graph　03.0108
完全分布族　complete family of distributions　09.0451
完全分裂　completely splitting　04.0240
完全概率空间　complete probability space　09.0035
完全格　complete lattice　03.0271
完全混合对策　completely mixed game　11.0477
完全积分　complete integral　06.0275
完全交不可约元　completely meet irreducible element　03.0276
完全解析函数　complete analytic function　05.0450
完全局部环　complete local ring　04.0968
完全可微的　totally differentiable　05.0097
完全可约表示　completely reducible representation　04.1925
完全可约模　completely reducible module　04.0890
完全可约性　complete reducibility　04.1930
完全赖因哈特域　complete Reinhardt domain　05.0545
完全类　complete class　09.0528
完全连通代数群　completely connected algebraic group　04.1980
完全码　complete code　12.0200
完全区组设计　complete block design　03.0024
完全群　complete group　04.1771,　full group　07.0409
完全设计　complete design　03.0055
完全剩余系　complete system of residues　04.0161
完全守恒格式　complete conservation scheme　10.0579
完全树　complete tree　03.0198
完全四点形　complete quadrangle　08.0348
完全统计量　complete statistic　09.0493
完全凸函数　completely convex function　05.0797
完全图　complete graph　03.0101
完全无穷分配　complete infinite distributive

03.0298
完全线性系 complete linear system 04.1203
完全性 completeness 02.0079, 08.0542
完全一致空间 complete uniform space 08.0555
完全域 complete field 04.0485
完全正交规范集 complete orthonormal set 07.0146
完全正则空间 completely regular space 08.0515
完全正熵 completely positive entropy 07.0436
完全准素环 completely primary ring 04.1372
完全最大值原理 complete maximum principle 05.0674
万有丛 universal bundle 08.0849
万有覆叠空间 universal covering space 08.0817
万有覆盖面 universal covering surface 05.0460
万有模型 universal model 02.0107
万有泰希米勒空间 universal Teichmüller space 05.0470
网格 mesh, net, grid 10.0475
网格边界 mesh boundary, net boundary 10.0480
网格步长 mesh size 10.0482
网格点 mesh point, net point, grid point 10.0476
网格函数 net function 10.0499
网格间距 mesh spacing 10.0481
网格交界 interface between nets 10.0478
网格雷诺数 cell Reynolds number 10.0547
网格线 meshline 10.0477
网络的截口 cut in a network 11.0385
网络分析 network analysis 11.0376
网络规划 network programming 11.0077
网络理论 network theory 11.0372
网络流 network flows 11.0373
网络图 network chart 11.0384
威尔克斯 Λ 统计量 Wilks Λ-statistic 09.0736
威曼-瓦利龙方法 Wiman-Valiron method 05.0416
威沙特分布 Wishart distribution 09.0106
威胁策略 threat strategy 11.0402
微丛 microbundle 08.0851
微分 differential 05.0083
微分包含 differential inclusion 07.0383
微分不变式 differential invariant 06.0505
微分层 sheaf of differentials 04.1147
微分代数 differential algebra 04.0508
微分动态规划 differential dynamic programming 11.0329
微分对策 differential game 11.0431
微分法 differentiation 05.0085
微分方程 differential equation 06.0001
微分方程的阶 order of differential equation 06.0003
微分方程解析理论 analytic theory of differential equation 06.0048
微分分次代数 differential graded algebra 08.0915
微分环 differential ring 04.1384
微分几何[学] differential geometry 08.0939
微分矫正算法 differential correction algorithm 10.0136
微分结构 differential structure 08.0882
微分控制 derivative control 12.0388
微分理想 differential ideal 08.0917
微分流形 differential manifold, differentiable manifold 08.0878
微分蒙特卡罗方法 differential Monte Carlo method 10.0618
微分模 module of differentials 04.1006
微分算子 differential operator 06.0473
微分算子法 method of differential operator 06.0046
微分同胚 diffeomorphism 08.0887
微分拓扑 differential topology 08.0888
微分稳定性 differential stability 11.0322
微分[形]式 differential form 08.0912
微分学 differential calculus 05.0071
微分映射 differential mapping, differentiable mapping 08.0886
微积分基本定理 fundamental theorem of the calculus 05.0154
微积分[学] calculus 05.0070
微局部分析 micro-local analysis 06.0474
* 微商 derivative, differential quotient 05.0072
微双曲[型] microhyperbolic 06.0531
微亚椭圆性 micro-hypoellipticity 06.0523
韦伯函数 Weber function 06.0683

韦布尔分布　Weibull distribution　09.0097
韦伊除子　Weil divisor　04.1141
韦伊配对　Weil pairing　04.0355
韦伊域　Weil domain　05.0561
* 围道　contour　05.0358
* 围墙函数　barrier function　11.0238
唯一遍历　uniquely ergodic　07.0426
唯一可译码　unique decodable code　12.0129
唯一可译性　unique decodability　12.0128
唯一[性]　uniqueness　01.0033
唯一性集　set of uniqueness　05.0289
唯一因子分解整环　UFD, unique factorization domain　04.0957
维纳测度　Wiener measure　09.0355
维纳泛函　Wiener functional　09.0357
维纳过程　Wiener process　09.0353
维纳－霍普夫法　Wiener-Hopf technique　06.0580
维纳－霍普夫积分方程　Wiener-Hopf integral equation　06.0579
维纳－霍普夫积分微分方程　Wiener-Hopf integro-differential equation　06.0589
维纳－霍普夫算子　Wiener-Hopf operator　07.0222
维纳空间　Wiener space　09.0354
维纳滤波　Wiener filtering　09.0424
维纳容量　Wiener capacity　05.0661
维[数]　dimension　08.0585
维数分裂　dimensional split　10.0587
维数论　dimension theory　08.0584
维数向量　dimension vector　04.1420
维数型　dimension type　08.0938
维特比译码算法　Viterbi decoding algorithm　12.0125
维特分解　Witt decomposition　04.0810
维特－格罗滕迪克群　Witt-Grothendieck group　04.0813
维特环　Witt ring　04.0812
维特向量　Witt vector　04.0441
维特指数　Witt index　04.0811
维修策略　maintenance policy　11.0613
维修率　maintenance rate　11.0615
伪阿诺索夫映射　pseudo-Anosov map　08.0624
伪凹[的]　pseudo-concave　05.0834
伪凹泛函　pseudo-concave functional　05.0835
伪凹函数　pseudo-concave function　05.0836
伪补　pseudo-complement　03.0266
伪补格　pseudo-complemented lattice　03.0269
伪度量　pseudo-metric　08.0543
伪非定常方法　pseudo-unsteady method　10.0592
伪函数　pseudo-function　07.0102
伪紧空间　pseudo-compact space　08.0534
伪流形　pseudo-manifold　08.0607
伪群结构　pseudo-group structure　08.0928
伪素函数　pseudo-prime function　05.0437
伪随机码　pseudo-random code　12.0294
伪随机数　pseudo-random number　10.0634
伪随机数的周期　period of pseudo-random numbers　10.0642
伪随机信号　pseudo-random signal　12.0295
伪凸域　pseudo-convex domain　05.0558
伪微分方程　pseudo-differential equation　06.0475
伪微分算子　pseudo-differential operator　06.0476
伪预解式　pseudo-resolvent　07.0243
尾σ域　tail σ-field　09.0156
尾段　final segment　02.0185
尾事件　tail event　09.0157
纬垂　suspension　08.0691
纬垂同构　suspension isomorphism　08.0692
未定元　indeterminate　04.0514
魏尔斯特拉斯 $\wp$ 函数　Weierstrass $\wp$-function　04.0368
魏尔斯特拉斯 ε 函数　Weierstrass ε-function　05.0719
魏尔斯特拉斯[必要]条件　Weierstrass [necessary] condition　05.0702
魏尔斯特拉斯典范型　Weierstrass canonical form　06.0629
魏尔斯特拉斯方程　Weierstrass equation　04.0344
魏尔斯特拉斯椭圆函数　Weierstrass elliptic function　06.0616
位　place　04.0471,　bit　12.0021
* 位矢　position vector　08.0227
位势　potential　05.0624
位势论　potential theory　05.0606

位似变换　homothetic transformation　05.0483
位似[的]　homothetic　08.0123
位似形　homothetic figures　08.0124
位移自同构　shift automorphism　06.0192
位置参数　location parameter　09.0457
位置向量　position vector　08.0227
谓词　predicate　02.0048
谓词变元　predicate variable　02.0050
谓词演算　predicate calculus, functional calculus　02.0049
温莎平均　Winsorized mean　09.0775
稳定等价　stable equivalence　08.0872
稳定分布　stable distribution　09.0110
稳定规划　stable programming　11.0088
稳定极限环　stable limit-cycle　06.0105
稳定矩阵　stable matrix　04.0638
稳定区域　stability region　10.0305
稳定同伦群　stable homotopy group　08.0935
稳定相位法　method of stationary phase　06.0479
稳定性　stability　02.0111
A 稳定性　*A*-stability, absolute stability　10.0309
Ω稳定性　Ω-stability, omega-stability　06.0195
* BIBO 稳定性　BIBO stability　12.0520
稳定状态　stable state　09.0310
稳定子群　stable subgroup, isotropy subgroup　04.1843
稳健回归　robustness regression　09.0695
* 稳健控制　robust control　12.0396
稳健性　robustness　09.0798
稳态运动　steady state motion　06.0145
NP 问题　NP problem　02.0253
SL 问题　Sturm-Liouville boundary problem　06.0073
* LQG 问题　LQG problem　12.0518
* LQ 问题　LQ problem　12.0517
蜗牛线　cochleoid　08.0297
沃尔德分解　Wold decomposition　09.0419
沃尔什[正交]函数系　Walsh system of [orthogonal] functions　05.0273
沃尔泰拉法　Volterra method　06.0359
沃尔泰拉积分方程　Volterra integral equation　06.0562
沃尔泰拉型积分微分方程　integro-differential equation of Volterra type　06.0585
沃森变换　Watson transform　05.0591
沃森公式　Watson formula　06.0715
乌雷松算子　Urysohn operator　07.0342
无参数惩罚法　parameter-free penalty method　11.0245
* 无差别　indifference　11.0282
无处可微函数　nowhere differentiable function　05.0118
无核集　scattered set　08.0580
无后效　without aftereffect　09.0289
无环条件　no-cycle condition　06.0208
无记忆信道　memoryless channel, channel without memory　12.0056
无记忆信源　memoryless source　12.0041
无界报酬模型　unbounded reward model　11.0582
无界解　unbounded solution　06.0231
无界线性算子　unbounded linear operator　07.0181
无界滞量　unbounded lag　06.0212
无尽小数　unlimited decimal　04.0098
无理根　irrational root　04.0574
无理数　irrational number　04.0113
无理性条件　irrationality condition　06.0133
无挠的　torsionfree　08.1027
无扭交换群　torsion free commutative group　04.1859
无扭模　torsion-free module　04.0900
无偏估计　unbiased estimate　09.0552
无偏检验　unbiased test　09.0618
无偏置信区间　unbiased confidence interval　09.0651
无偏置信区域　unbiased confidence region　09.0655
无切弧　arc without contact　06.0097
无穷乘积　infinite product　05.0418
* 无穷次连续可微函数类　function of class C^{∞}　05.0103
无穷[的]　infinite　01.0128
无穷返回的　infinitely recurrent　07.0419
无穷分配　infinite distributive　03.0295
无穷行列式　infinite determinant　06.0733
无穷可分分布　infinitely divisible distribution

09.0109
无穷粒子系统 infinite particle system 09.0388
无穷逻辑 infinitary logic 02.0073
无穷维[的] infinite dimensional 08.0586
无穷维系统 infinite dimensional system 12.0358
无穷小 infinitesimal 02.0120
无穷小变换群 infinitesimal transformation group 04.2110
无穷小分析 infinitesimal analysis 02.0121
[无穷小]生成元 infinitesimal generator 07.0227
无穷小特征[标] infinitesimal character 04.1550
无穷小条件 infinitesimality condition 09.0170
无穷远点 point at infinity 08.0400
无穷远空间 space at infinity 08.0399
无穷远平面 plane at infinity 08.0402
无穷远[虚]圆 circle at infinity 08.0404
无穷远[虚]圆点 circular points at infinity 08.0403
无穷远直线 line at infinity 08.0401
无穷总体 infinite population 09.0442
无区别过程 indistinguishable processes 09.0197
无圈图 acyclic graph 03.0112
无条件基 unconditional basis 07.0057
* 无限[的] infinite 01.0128
无限对策 infinite game 11.0470
无限覆盖 infinite covering 08.0476
无限阶元 element of infinite order 04.1753
无限扩张 infinite extension 04.0442
无限连分数 infinite continued fraction 04.0148
无限群 infinite group 04.1744
无限水库 infinite dam 11.0555
无限素除子 infinite prime divisor 04.0310
无限元法 infinite element method 10.0518
无向图 undirected graph 03.0073
无信息先验分布 non-informative prior distribution 09.0534
无序分拆 unordered partition 03.0018
无约束极小化 unconstrained minimization 10.0317
无约束最优化方法 unconstrained optimization method 11.0205
无噪信道 noiseless channel 12.0054
无重排列 permutation without repetition 03.0005
无重组合 combination without repetition 03.0009
无赘表示 irredundant representation 03.0325
无赘基 irredundant basis 03.0344
武卡谢维奇三值代数 Lukasiewicz trivalent algebra 03.0331
五边形 pentagon 08.0103
五次曲线 quintics 04.1180
五次元 quintic element 10.0503
物理解 physical solution 10.0520
误差 error 10.0034
误差传播 error propagation 10.0065
误差分布 error distribution 10.0067
误差分析 error analysis 10.0073
误差估计 error estimate 10.0066
误差界 error bound 10.0070
误差律 error law 10.0072
误差论 theory of errors 10.0033
误差曲线 error curve 10.0068
误差校正 error correction 10.0069

X

析取[词] disjunction 02.0031
析取范式 disjunctive normal form 02.0038
析取项 disjunct 02.0032
析因试验 factorial experiment 09.0860
析因试验设计 factorial experiment design 09.0861
西尔维斯特公式 Sylvester formula 04.0755
西格尔模形式 Siegel modular form 04.0331
西罗子群 Sylow subgroup 04.1820
吸收壁 absorbing barrier 09.0347
吸收边界条件 absorbing boundary condition 10.0533
吸收[的] absorbing 07.0064
吸收律 absorption law 03.0236
吸收状态 absorbing state 09.0304
吸性不动点 attractive fix-point 05.0517

吸引[的]　attractive　09.0173
吸引区域　domain of attraction, basin of attraction　09.0174
吸引子　attractor　06.0161
稀疏矩阵　sparse matrix　04.0666
希尔伯特变换　Hilbert transform　05.0597
希尔伯特不变积分　Hilbert invariant integral　05.0718
希尔伯特乘积公式　Hilbert product formula　04.0261
希尔伯特多项式　Hilbert polynomial　04.0992
希尔伯特计划　Hilbert program　02.0122
希尔伯特空间　Hilbert space　07.0138
希尔伯特类域　Hilbert class field　04.0284
希尔伯特流形　Hilbert manifold　07.0374
希尔伯特模形式　Hilbert modular form　04.0330
希尔伯特－施密特范数　Hilbert-Schmidt norm　07.0199
希尔伯特－施密特类　Hilbert-Schmidt class　07.0198
希尔伯特－施密特型核　kernel of Hilbert-Schmidt type　06.0559
希尔伯特－施密特展开定理　Hilbert-Schmidt expansion theorem　06.0572
希尔行列式　Hill determinant　06.0732
希尔行列式方程　Hill determinantal equation　06.0731
希尔微分方程　Hill differential equation　06.0064
希洛夫边界　Silov boundary　07.0303
系　corollary　01.0019
λ系　λ-system, lambda-system　09.0027
π系　π-system, pi-system　09.0028
系数　coefficient　04.0517
系数环　coefficient ring　04.1008
系数群　coefficient group　08.0657
系统　system　12.0320
*2D系统　2D system　12.0354
系统辨识　system identification　12.0373
系统抽样　systematic sampling　09.0823
系统的分解　decomposition of system　12.0524
系统的集结　aggregation of system　12.0525
系统的可达性　reachability of system　12.0469
*系统的能达性　reachability of system　12.0469
系统的寿命　lifetime of system　11.0619
系统的协调　coordination in system　12.0526
系统等价　system equivalence　12.0511
系统仿真　system simulation　12.0377
系统分析　system analysis　12.0374
系统建模　system modelling　12.0372
系统矩阵　system matrix　12.0510
系统科学　systems science　12.0408
系统可靠性　system reliability　11.0618
系统理论　systems theory　12.0407
系统码　systematic code　12.0188
系统设计　system design　12.0375
系统误差　systematic error　10.0040
系统综合　system synthesis　12.0376
细分　subdivision　10.0474
细拓扑　fine topology　05.0620
辖域　scope　02.0012
狭义理想类　narrow ideal class　04.0242
下半连续包　lower semi-continuous hull　05.0768
下半连续[的]　lower semi-continuous　05.0040
下半连续性　lower semi-continuity　07.0028
下包络原理　lower envelope principle　05.0673
下导数　lower derivative　05.0077
下极限　lower limit, inferior limit　05.0029
下极限函数　lower limit function　05.0038
下降法　descent method　10.0363
φ下降法　φ-descent, phi-descent　04.0373
下降方向　descent direction　10.0365
下降算法　descent algorithm　10.0364
下降算子　slip down operator, down-ladder operator　06.0644
下解　subsolution　06.0336
下界　lower bound　05.0005
*下近似值　lower approximate value　10.0061
下控制限　lower control limit　09.0858
下确界　greatest lower bound, infimum　05.0006
下调和[的]　subharmonic　08.1102
下调和函数　subharmonic function　06.0334
下调和解　subharmonic solution　06.0117
下鞅　submartingale　09.0231
下中心序列　lower central series　04.1507
厦　building　04.1970
先到先服务　first-come first-served, FCFS

11.0498
先验分布　prior distribution　09.0532
先验概率　prior probability　09.0047
先验估计　a priori estimate　06.0330
先验界限　a priori bound　06.0329
纤维　fiber　08.0834
纤维丛　fiber bundle　08.0835
纤维化　fibering, fibration　08.0868
纤维积　fiber product　04.1133
纤维空间　fiber space　08.0831
纤维空间的谱序列　spectral sequence of a fiber space　08.0875
纤维映射　fibre mapping　08.0801
闲期　idle period　11.0531
弦　chord　08.0085
弦振动方程　vibrating string equation　06.0346
显格式　explicit scheme　10.0548
显式差分格式　explicit difference scheme　10.0215
显式差分公式　explicit difference formula　10.0214
显著性检验　significance test　09.0607
显著性水平　significance level　09.0608
现代控制理论　modern control theory　12.0409
陷门　trap-door　12.0313
限制　restriction　01.0061
限制测度　restriction of measure μ on set E　05.0609
限制对策　restricted game　11.0482
限制三体问题　restricted three-body problem　06.0137
限制映射　restriction mapping　04.1695
限制直积　restricted direct product　04.0276
线　line　08.0013
线把　bundle of lines　08.0388
线场　field of lines　08.0393
线丛　line bundle　08.0841
线段　line segment　08.0018
线划分　line partitioning　10.0436
线汇　line congruence　08.0390
线积分　curvilinear integral　05.0164
线聚　line complex　08.0389
线列　range of lines　08.0391
*线路图　network chart　11.0384
线束　pencil of lines　08.0384
*线素场　line element field　06.0017
线性逼近　linear approximation　10.0100
线性逼近法　linear approximation method　11.0248
线性变换　linear transformation　04.0697
线性变换的矩阵　matrix of a linear transformation　04.0701
线性插值　linear interpolation　10.0176
线性差分方程　linear difference equation　10.0220
线性代数　linear algebra　04.0585
线性代数群　linear algebraic group　04.1990
线性[的]　linear　07.0003
线性等价　linearly equivalence　04.1200
线性递归关系　linear recurrence　03.0014
线性多步法　linear multistep method　10.0293
线性二次型高斯问题　linear quadratic Gaussian problem　12.0518
线性二次型问题　linear quadratic problem　12.0517
线性泛函　linear functional　07.0006
线性方程　linear equation　04.0734
线性方程组　system of linear equations　04.0735
线性符号秩统计量　linear signed rank statistic　09.0773
线性复杂度　linear complexity　12.0238
线性估计　linear estimate　09.0677
线性关系　linear relation　04.0680
线性规划　linear programming　11.0125
线性函数关系　linear functional relation　05.0130
线性互补问题　linear complementary problem　11.0105
线性化　linearization　10.0357
线性回归　linear regression　09.0688
线性积分方程　linear integral equation　06.0546
线性加权和法　linear weight sum method　11.0303
线性假设的典范型　canonical form of a linear hypothesis　09.0708
线性假设的检验　test of a linear hypothesis　09.0707
线性空间　linear space　04.0670

线性空间的基　basis of linear space　04.0686
线性空间的维数　dimension of linear space　04.0689
线性空间同构　isomorphism of linear spaces　04.0688
线性控制理论　linear control theory　12.0411
线性滤波　linear filtering　09.0422
线性码　linear code　12.0186
线性模型　linear model　09.0664
线性判别函数　linear discriminant function　09.0762
线性抛物[型]方程　linear parabolic equation　06.0373
线性偏微分方程　linear partial differential equation　06.0217
线性群　linear group　04.1863
线性收敛　linear convergence　10.0328
线性收敛速率　linear convergence rate　10.0329
线性搜索　linear search　11.0188
线性算子　linear operator　07.0175
线性特征[标]　linear character　04.1946
线性同伦　linear homotopy　08.0932
线性同余方法　linear congruential method　10.0636
线性微分方程组　system of linear differential equations　06.0040
线性无关　linearly independence　04.0682
线性无缘　linearly disjoint　04.0449
线性系　linear system　04.1201
线性系的维数　dimension of a linear system　04.1202
线性系统　linear system　12.0325
线性系统理论　linear systems theory　12.0413
线性纤维映射　linear fiber map　08.0931
线性相关　linearly dependence　04.0681
线性信道　linear channel　12.0066
线性型　linear form　04.0765
线性映射　linear mapping　04.0696
线性映射的核　kernel of a linear mapping　04.0700
线性映射的秩　rank of a linear mapping　04.0699
线性映射的转置　transpose of a linear map　04.0770
线性元　linear element　10.0500
线性约束　linear constraint　11.0042
线性秩统计量　linear rank statistic　09.0772
线性子簇　linear subvariety　04.1035
线性组合　linear combination　04.0679
线性最优化　linear optimization　11.0108
*线圆锥曲线　line conic　08.0248
线坐标　line coordinates　08.0358
相伴收敛半径　associated radius of convergence　05.0547
相伴素理想　associated prime ideal　04.0983
相伴元　associated elements　04.0952
相错[直]线　skew lines　08.0025
相等　equality　01.0044
相对闭集　relatively closed set　08.0449
相对闭链　relative cycle　08.0631
相对边界　relatively boundary　05.0766
相对补　relative complement　03.0265
相对不变式　relative invariant　04.1888
相对递归性　relative recursiveness　02.0275
相对极小模型　relatively minimal model　04.1233
相对极值　relative extremum　11.0102
相对开　relatively open　05.0765
相对内部　relatively interior　05.0767
相对内射模　relative injective module　04.1691
相对上同调群　relative cohomology group　08.0730
相对同调群　relative homology group　08.0689
相对同伦　relative homotopy　08.0769
相对同伦群　relative homotopy group　08.0804
相对投射模　relative projective module　04.1690
相对拓扑　relative topology　08.0489
相对误差　relative error　10.0036
相对相容性　relative consistency　02.0136
相对效率　relative efficiency　09.0582
相对有补格　relatively complemented lattice　03.0268
相对熵　relative entropy　12.0031
相干检测　coherent detection　12.0263
相关方法　correlation method　10.0629
相关分析　correlation analysis　09.0741
相关函数　correlation function　09.0408
相关检测　correlation detection　12.0262

相关蒙特卡罗方法　correlated Monte Carlo method　10.0619
相关免疫函数　correlation immunite function　12.0318
相关免疫性　correlation immunity　12.0317
相关系数　correlation coefficient　09.0122
相关线性方程　dependent linear equations　04.0737
相关信源　correlated source　12.0048
相关阵　correlation matrix　09.0125
相合估计　consistent estimate　09.0592
相合检验　consistent test　09.0631
相合渐近正态估计　consistent asymptotically normal estimate　09.0595
相合矩阵　congruent matrices，cogradient matrices　04.0644
相交理论　intersection theory　04.1070
相交数　intersection number　04.1072
相空间　phase space　06.0087
相容分布函数族　consistent family of distribution functions　09.0192
相容规划　consistent program　11.0079
相容核　consistent kernel　05.0629
相容性　consistency　02.0078
ω相容性　ω-consistency，omega-consistency　02.0133
相似变换　similarity transformation　08.0413
相似[的]　similar　08.0120
相似检验　similar test　09.0620
相似矩阵　similar matrices　04.0645
相似三角形　similar triangles　08.0122
相似形　similar figures　08.0121
相通状态　communicating state　09.0303
相位误差　phase error　10.0530
相依[的]　dependent　09.0042
香农理论　Shannon theory　12.0004
响应函数　response function　12.0446
响应曲线　response curve　12.0447
项　term　04.0516
项泛代数　term universal algebra　03.0357
向后差分　backward difference　10.0202
向后方程　backward equation　09.0326
向后误差分析　backward error analysis　10.0075
向量　vector　04.0671
向量场　vector field　05.0324
向量场正规形　normal form of vector fields　06.0132
向量丛　vector bundle　08.0848
向量的长[度]　length of a vector　04.0720
向量[的]范数　norm of a vector，vector norm　10.0415
向量的分量　component of a vector　04.0675
向量的加法　addition of vectors　04.0673
＊向量格　vector lattice　07.0128
向量格的根　radical of a vector lattice　07.0131
向量积　cross product　08.0919
＊向量空间　vector space　04.0670
向量蒙特卡罗方法　vectorized Monte Carlo method　10.0622
向量目标函数　vector objective function　11.0259
向量最优化　vector optimization　11.0012
向前差分　forward difference　10.0201
向前方程　forward equation　09.0325
向前误差分析　forward error analysis　10.0074
象　image　01.0103
象限　quadrant　08.0224
象征　symbol　06.0488
消灭定理　vanishing theorem　08.1104
＊消去法　elimination [method]　10.0381
消去律　cancellation law　04.0946
＊消失服务系统　loss system　11.0495
消亡时　extinction time　09.0334
消息　message　12.0049
消息的熵　message entropy　12.0037
消息压缩　message compression　12.0145
消元法　elimination [method]　10.0381
消元矩阵　elimination matrix　10.0389
小波变换　wavelet transform　05.0592
小波分析　wavelet analysis，wavelets　05.0333
小参数法　method of small parameter　06.0112
小除数　small divisors　06.0115
小范畴　small category　04.1566
小林[昭七]度量　Kobayashi metric　05.0577
小平维数　Kodaira dimension　04.1234
小区域方法　small region method　10.0668
小数点　decimal point　04.0093

小数位 decimal place 04.0092
小于 smaller than, less than 01.0046
校验 check 12.0221
校验比特 check bit 12.0226
校验公式 check formula 10.0382
校验和 check sum 10.0384
校验位 check digit 12.0227
校验子 syndrome 12.0228
校正[式] corrector 10.0295
校正子 corrector 12.0229
肖特基群 Schottky group 05.0481
效应 effect 09.0718
效用函数 utility function 11.0584
效用理论 utility theory 11.0583
楔积 wedge product 08.0787
协调系统 coherent system 11.0616
* 协调性 consistency 02.0078
* ω 协调性 ω-consistency, omega-consistency 02.0133
协方差 covariance 09.0121
协方差分析 covariance analysis 09.0740
协方差函数 covariance function 09.0200
协方差阵 covariance matrix 09.0124
协态预估法 costate prediction approach 12.0531
协亚正规算子 cohyponormal operator 07.0212
斜称多重线性映射 skew-symmetric multilinear mapping 04.0858
斜称张量 skew-symmetric tensor 04.0853
斜导算子 skew-derivation 08.1073
斜多项式环 skew-polynomial ring 04.1322
斜积 slant product 08.0752
斜率函数 slope function 05.0717
斜面 inclined plane 08.0140
斜驶线 loxodrome 08.1020
斜投射[法] oblique projection 08.0435
斜微商问题 oblique derivative problem 06.0302
斜迎风格式 skew-upstream scheme 10.0569
斜轴 oblique axes 08.0214
斜坐标 oblique coordinates 08.0215
泄放 release 11.0557
谢瓦莱群 Chevalley group 04.2025
辛变换 symplectic transformation 04.1878
辛差分格式 symplectic difference scheme 10.0576
辛普森法则 Simpson rule 10.0245
辛群 symplectic group 04.1879
新息 innovation 09.0420
心脏线 cardioid 08.0295
信道 channel 12.0051
信道编码 channel coding 12.0089
信道容量 channel capacity 12.0087
信道噪声 channel noise 12.0091
信道字母 channel letter 12.0090
信号估值 signal estimation 12.0248
信号检测 signal detection 12.0260
信号字母 signal alphabet 12.0099
信念分布 fiducial distribution 09.0661
信念概率 fiducial probability 09.0660
信念区间 fiducial interval 09.0663
信念推断 fiducial inference 09.0659
信念限 fiducial limit 09.0662
信息 information 12.0005
信息测度 measure of information 12.0016
* 信息的度量 measure of information 12.0016
信息的损失 loss of information 12.0036
信息的译码 decoding of information 12.0115
信息几何 information geometry 12.0038
信息科学 information science 12.0002
信息可加性 additivity of information 12.0014
信息量 amount of information, quantity of information 12.0006
信息率 information rate 12.0024
信息论 information theory 12.0001
信息密度 information density 12.0017
信息散度 information divergence 12.0019
信息统计 information statistics 12.0039
信息位 information bit 12.0023
信息稳定性 information stability 12.0050
信息学 informatics 12.0003
信息熵 entropy of information 12.0029
信源 information source, source 12.0040
信源编码 source coding 12.0143
信噪比 signal to noise ratio 12.0249
星形 star 08.0642
星形函数 starlike function 05.0495
星形区域 star-shaped domain 08.1046

星形线　asteroid　08.0307
星形有限覆盖　star finite covering　08.0479
型　type　02.0097,　form　04.0764
型函数　type-function　05.0417
型省略定理　omitting types theorem　02.0098
形变　deformation　08.0566
形变上链　deformation cochain　08.0827
形变收缩　deformation retraction　08.0572
形变收缩核　deformation retract　08.0570
形成规则　formation rule　02.0008
* n 形式　n-form　08.0913
形式伴随算子　formal adjoint operator　06.0508
形式贝叶斯估计　formal Bayes estimate　09.0565
形式不可判定命题　formal undecidable proposition　02.0145
形式概形　formal scheme　04.1260
形式光滑环　formally smooth ring　04.1007
形式化算术　formalized arithmetic　02.0117
形式解　formal solution　06.0058
形式洛朗级数域　field of formal Laurent series　04.0502
形式幂级数环　formal power series ring　04.1014
形式群　formal group　04.1261
形式实域　formally real field　04.0455
形式亚椭圆　formally hypoelliptic　06.0517
形式语言　formal language　02.0006
形式主义　formalism　02.0308
形心　centroid　08.0172
形状参数　shape parameter　09.0459
形状算子　shape operator　08.1056
性能指标　performance index　12.0512
匈牙利法　Hungarian method　11.0149
α 修削平均　α-trimmed mean, alpha-trimmed mean　09.0774
修匀[法]　graduation　10.0152
修正单纯形法　revised simplex method　11.0142
修正梯度投影法　modified gradient projection method　11.0230
需求　demand　11.0548
需求对策　demand game　11.0471
虚部　imaginary part　05.0338
虚等待时间　virtual waiting time　11.0527
虚二次域　imaginary quadratic field　04.0288
虚根　imaginary root　04.0577
虚构对策　fictitious play　11.0468
虚设局中人　dummy　11.0390
虚数　imaginary number　04.0120
虚数单位　imaginary unit　04.0121
虚轴　imaginary axis　05.0344
序　order, ordering　03.0214
序贯编码　sequential coding　12.0107
序贯抽检　sequential inspection　09.0853
序贯抽样　sequential sampling　09.0827
序贯分析　sequential analysis　09.0543
序贯概率比检验　sequential probability ratio test, SPRT　09.0629
序贯估计　sequential estimation　09.0566
序贯检验　sequential test　09.0628
序贯决策　sequential decision　11.0586
序贯蒙特卡罗方法　sequential Monte Carlo method　10.0624
序贯设计　sequential design　09.0870
序贯搜索　sequential search　10.0372
序贯无约束极小化方法　sequential unconstrained minimization technique, SUMT　11.0234
序贯译码　sequential decoding　12.0123
序列　sequence　05.0026
序列弱完备　sequentially weak complete　07.0018
序列式紧空间　sequentially compact space　08.0530
序列完备　sequentially complete　07.0017
序列相关方法　serial correlation method　10.0643
序偶　ordered pair　01.0097
序群　ordered group　04.1857
序数　ordinal　02.0176
序数和　ordinal sum　02.0177
序数积　ordinal product　02.0178
序数记号　ordinal notation　02.0290
序数可定义[的]　ordinal-definable　02.0208
序数幂　ordinal power　02.0179
序同构　order isomorphism　03.0222
序型　order type　03.0223
序域　ordered field　04.0453
悬链面　catenoid　08.1013
悬链线　catenary　08.0290
旋度　rotation, curl　05.0331

旋量表示 spin representation 04.2105
旋量范 spinor norm 04.0817
旋量群 spinor group 04.1874
旋转 rotation 07.0398, 08.0322
旋转法 rotation method 10.0461
旋转方向法 rotating direction method 11.0219
旋转角 angle of rotation 08.0323
旋转曲面 surface of revolution 08.0269
旋转群 rotation group, proper orthogonal group 04.1872
旋转设计 rotatable design 09.0884
旋转数 rotation number 07.0359
旋转轴 axis of rotation 08.0324
选举模型 voter model 09.0391
选择公理 axiom of choice 02.0159
选择函数 choice function 02.0160
选择函数 selection of multifunction 07.0327
薛定谔方程 Schrödinger equation 06.0436
循环部分 cyclic part 09.0316
循环叉积 cyclic crossed product 04.1437
循环差集乘子 multiplier of cyclic difference set 03.0045
循环代数 cyclic algebra 04.1440
循环对称对策 circular symmetric game 11.0476
循环方程 cyclic equation 04.0566
循环行列式 cyclic determinant 04.0762
循环扩张 cyclic extension 04.0434
循环连分数 recurring continued fraction 04.0149
循环流 circulant flow 11.0375
循环码 cyclic code 12.0193
循环码组 cyclic codes 12.0194
循环模 cyclic module 04.0878
循环拟差集 cyclic quasi-difference set 03.0046
循环排队[系统] cyclic queue [system] 11.0514
[循]环排列 circular permutation 03.0006
循环[区组]设计 cyclic block design 03.0043
循环群 cyclic group 04.1754
循环小数 recurring decimal 04.0094
循环校验 cyclic check 12.0224
循环因子组 cyclic factor set 04.1438
循序[的] progressive 09.0220
寻常重点 ordinary multiple point 04.1189

Y

压缩 compression 12.0144
压缩半群 contraction semi-group 07.0224
压缩率 compression rate 12.0149
压缩[算子] contractive operator 07.0332
压缩[型]估计 shrinkage estimate 09.0702
* 压缩映射 contractive mapping 07.0332
芽 germ 08.1094
芽层 sheaf of germs 05.0572
雅各布森-布巴基对应 Jacobson-Bourbaki one-to-one correspondence 04.1430
雅各布森根 Jacobson radical 04.1347
雅可比[必要]条件 Jacobi [necessary] condition 05.0701
雅可比场 Jacobian field 08.1080
雅可比簇 Jacobian variety 04.1211
雅可比迭代[法] Jacobi iteration 10.0424
雅可比多项式 Jacobi polynomial 06.0670
雅可比法 Jacobi method 10.0463
雅可比方程组 system of Jacobi equations 05.0723
雅可比符号 Jacobi symbol 04.0170
雅可比-高斯求积 Jacobi-Gauss quadrature 10.0258
雅可比行列式 Jacobian [determinant] 05.0126
雅可比行列式解 Jacobian determinant solution 10.0104
雅可比恒等式 Jacobi identity 04.1491
雅可比矩阵 Jacobian matrix 05.0127
雅可比椭圆函数 Jacobi elliptic function 06.0626
雅可比微分方程 Jacobi differential equation 06.0669
雅可比虚数变换 Jacobi imaginary transformation 06.0625
亚阿贝尔群 meta-Abelian group 04.1809
[亚纯函数的]特征函数 characteristic function [of meromorphic function] 05.0426
亚纯曲线 meromorphic curve 05.0444
亚当斯[-巴什福思]法 Adams[-Bashforth]

method 10.0285
亚当斯－莫尔顿法 Adams-Moulton method 10.0286
* 亚定组 underdetermined system 10.0379
亚函数 hypofunction 06.0331
亚紧空间 metacompact space 08.0528
亚历山大对偶 Alexander duality 08.0758
* 亚松弛 underrelaxation 10.0427
亚调和函数 hypoharmonic function 06.0332
亚椭圆算子 hypoelliptic operator 06.0516
亚循环方程 metacyclic equation 04.0567
亚循环群 metacyclic group 04.1808
亚正规算子 hyponormal operator 07.0210
严格 τ 前 σ 域 σ-field strictly prior to τ, sigma-field strictly prior to τ 09.0214
严格凹函数 strictly concave function 05.0807
严格遍历 strictly ergodic 07.0428
严格导数 strict derivative 07.0316
严格对角优势 strictly diagonal dominance 10.0402
严格归纳极限 strict inductive limit 04.1630
严格极大点 strict maximum point 11.0099
严格极小点 strict minimum point 11.0098
严格拟凸函数 strictly quasi-convex function 05.0802
严格偏爱 strict preference 11.0281
严格双曲性 strict hyperbolicity 06.0420
严格凸 strictly convex 05.0744
严格凸[巴拿赫]空间 strictly convex [Banach] space 07.0119
严格凸函数 strictly convex function 05.0792
严格误差限 rigorous error limit 10.0071
严格亚椭圆 strictly hypoelliptic 06.0520
延迟参数 delay parameter 09.0918
* 延迟系统 delay system 12.0333
延拓 prolongation 08.0839
λ演算 λ-calculus, lambda-calculus 02.0231
验算 checking computations 10.0383
验证 verification 01.0025
BMO 鞅 BMO martingale 09.0238
鞅 martingale 09.0229
Hp 鞅 Hp-martingale 09.0239
鞅测度 martingale measure 09.0260
鞅差 martingale difference 09.0236
鞅问题 martingale problem 09.0280
杨辉三角形 Pascal triangle 04.0127
杨－米尔斯方程 Yang-Mills equations 06.0447
杨－米尔斯联络 Yang-Mills connection 08.1062
杨氏变换 Young transformation 05.0733
杨氏图 Young diagram 04.1941
仰角 angle of elevation 08.0175
样本 sample 09.0478
样本 k 阶矩 sample moment of order k 09.0504
样本百分位数 sample percentile 09.0513
样本变异系数 sample coefficient of variation 09.0502
样本标准差 sample standard deviation 09.0501
* 样本大小 sample size 09.0487
样本点 sample point 09.0008
样本方差 sample variance 09.0500
样本分布 sample distribution 09.0489
样本分位数 sample fractile, sample quantile 09.0510
样本复相关系数 sample multiple correlation coefficient 09.0738
样本个数 number of samples 09.0488
样本广义方差 sample generalized variance 09.0734
[样本]轨道 path, trajectory 09.0204
样本函数 sample function 09.0203
样本矩 sample moment 09.0503
样本均值 sample mean 09.0499
样本空间 sample space 09.0010
样本连续 sample continuity 09.0205
样本量 sample size 09.0487
样本偏相关系数 sample partial correlation coefficient 09.0737
样本十分位数 sample deciles 09.0512
样本四分位数 sample quartile 09.0511
样本相关系数 sample correlation coefficient 09.0507
样本相关阵 sample correlation matrix 09.0733
样本协方差 sample covariance 09.0506
样本协方差阵 sample covariance matrix 09.0732
样本值 sample value 09.0479
样本中位数 sample median 09.0509

样本中心矩　sample central moment　09.0505
B 样条　B-spline　10.0194
样条逼近　spline approximation　10.0123
样条插值　spline interpolation　10.0195
样条[函数]　spline, spline function　10.0191
样条回归　spline regression　09.0697
样条拟合　spline fitting　10.0196
样条元　spline element　10.0504
幺半群　monoid　04.1973
幺环　unitary ring, rings with identity　04.1280
* 幺矩阵　identity matrix, unit matrix　04.0593
幺模[的]　unimodular　05.0320
幺模矩阵　unimodular matrix　04.0618
* 幺模群　unimodualr group　04.1865
幺拟群　loop　04.1975
* 幺元　identity element, unit element　04.1279
* 幺正基　orthonormal basis　04.0723
叶形线　folium　08.0305
叶状结构　foliation　08.0927
曳物线　tractrix　08.0291
一般迭代法　general iterative method　10.0322
一般方程　general equation　04.0561
一般和对策　general sum game　11.0437
一般凯莱代数　general Cayley algebra　04.1480
一般射影线性群　projective general linear group　04.1866
一般拓扑学　general topology　08.0441
一般线性群　general linear group, full linear group　04.1864
一次抽检　single sampling inspection　09.0849
一次同余方程　linear congruence　04.0164
一点紧化　one point compactification　08.0536
一级单元　primary [sampling] unit　09.0810
一阶必要条件　first-order necessary condition　11.0181
一阶变分　first variation　05.0693
一阶差分　difference of first order　10.0199
* 一阶极点　simple pole　05.0398
一阶理论　first-order theory　02.0074
* 一阶零点　simple zero　05.0391
一阶逻辑　first-order logic　02.0047
一阶偏微分方程　partial differential equation of first order　06.0214
一阶线性微分方程　linear differential equation of first order　06.0027
一阶效率　first-order efficiency　09.0590
一维群　one dimensional group　04.2011
* 一维搜索　linear search　11.0188
一一可归约性　one-one reducibility　02.0285
一一映射　bijection, bijective, one-one correspondence　01.0109
一元多项式　polynomial of one indeterminate　04.0515
一元多项式的分裂域　splitting field of a polynomial in an indeterminate　04.0412
一元多项式的判别式　discriminant of a polynomial in one unknown　04.0554
一元二次方程　quadratic equation with one unknown　04.0558
一元二次方程的判别式　discriminant of a quadratic equation in one unknown　04.0559
一元函数　function of one variable　05.0021
一元一次方程　linear equation with one unknown　04.0557
一元运算　unary operation　03.0334
一致逼近　uniform approximation　10.0085
* 一致代数　uniform algebra　07.0300
一致分布　uniform distribution　04.0184
一致覆盖　uniform covering　08.0554
一致渐近可略条件　uniformly asymptotically negligible condition, UAN condition　09.0171
一致结构　uniformity　08.0552
一致绝对连续[的]　uniformly absolutely continuous　05.0223
一致可积鞅　uniformly integrable martingale　09.0232
一致空间　uniform space　08.0551
一致连续[的]　uniformly continuous　05.0033
一致连续映射　uniform continuous mapping　08.0556
一致抛物性　uniform parabolicity　06.0423
一致强混合条件　uniformly strong mixing condition　09.0406
一致强相合估计　uniformly strong consistent estimate　09.0594
一致收敛拓扑　topology of uniform convergence

08.0561
一致收敛性　uniform convergence　05.0261
一致双曲性　uniform hyperbolicity　06.0422
一致同构　unimorphism　08.0557
一致凸[巴拿赫]空间　uniformly convex [Banach] space　07.0118
一致椭圆性　uniform ellipticity　06.0512
一致拓扑　uniform topology　08.0553
一致稳定性　uniform stability　06.0142
一致误差　uniform error　10.0057
一致有界性定理　uniform boundedness theorems　07.0156
一致最大功效检验　uniformly most powerful test, UMP test　09.0617
一致最大功效无偏检验　uniformly most powerful unbiased test, UMPU test　09.0619
一致最精确无偏置信区间　uniformly most accurate unbiased confidence interval　09.0652
一致最精确置信区间　uniformly most accurate confidence interval　09.0650
一致最小方差无偏估计　uniformly minimum variance unbiased estimate, UMVUE　09.0554
一种方式分组　one way classification　09.0720
依测度收敛　convergence in measure　05.0214
依分布收敛　convergence in distribution　09.0166
依概率收敛　convergence in probability　09.0149
依赖角面　conoid of dependence　06.0363
依赖[区]域　domain of dependence　06.0227
伊代尔　idéle　04.0277
伊代尔类群　idéle class group　04.0279
伊代尔群　idéle group　04.0278
伊藤公式　Ito formula　09.0265
伊藤过程　Ito process　09.0372
伊藤积分　Ito stochastic integral　09.0262
伊辛模型　Ising model　09.0390
遗传码　genetic code　12.0245
遗传信息　genetic information　12.0015
移动目标搜索　search for a moving target　11.0644
移位　shifting　12.0235
移位寄存器　shift register　12.0237
移位算子　shifting operator　12.0236
移项　transposition of terms　04.0540
以概率1收敛　convergence with probability 1　09.0151
溢出概率　overflow probability　12.0133
溢流　overflow　11.0560
诣零根　nilradical　04.1511
诣零环　nilring　04.1348
诣零理想　nil-ideal　04.1336
译码　decoding, decode　12.0113
译码器　decoder　12.0114
译码时延　decoding delay　12.0130
译码网络　decoding network　12.0116
异方差性　heteroscedasticity　09.0447
异宿点　heteroclinic point　06.0176
因式　factor　04.0529
因式分解　factorization　04.0531
因数　factor　04.0042
因数分解　factorization　04.0054
*因素　factor　09.0716
因子　factor　04.0950,　09.0716, factor of von Neumann algebra　07.0280
1-因子　1-factor　03.0136
因子得分　factor score　09.0759
因子分解　factorization　04.0956
因子分析　factor analysis　09.0754
因子模型　factor model　09.0755
因子群列　sequence of factor groups　04.1792
因子同余　factor congruence　03.0351
因子载荷　factor loading　09.0758
因子组　factor set　04.1436
引理　lemma　01.0018
λ引理　λ-lemma, lambda-lemma　06.0187
隐格式　implicit scheme　10.0549
隐函数　implicit function　05.0125
隐枚举法　implicit enumeration method　11.0179
隐式差分法　implicit difference method　10.0216
隐式差分方程　implicit difference equation　10.0217
隐式欧拉法　implicit Euler method　10.0284
隐式微分方程　implicit differential equation　06.0035
隐式约束　implicit constraint　11.0044
隐周期模型　scheme of hidden periodicities　09.0908

英斯－戈尔德施泰因法　Ince-Goldstein method　06.0735
应用数学　applied mathematics　01.0003
营养问题　nutrition problem　11.0167
迎风差分　upwind difference　10.0567
迎风格式　upstream scheme　10.0568
*赢联盟　winning coalition　11.0421
影响函数　influence function　09.0800
影响[区]域　domain of influence　06.0226
影子价格　shadow price　11.0168
硬决策　hard decision　12.0134
*硬判决　hard decision　12.0134
硬隐函数定理　hard implicit function theorem　07.0352
映入　map into　01.0114
映上　map onto　01.0115
映射　mapping, map　01.0100
μ映射　μ-mapping, mu-mapping　08.0562
映射道路空间　mapping path-space　08.0800
映射的同伦　homotopy of mappings　08.0761
映射的微分　differential of a map　08.0896
映射度　degree of mapping, mapping degree　07.0358
映射函数　mapping function　05.0488
映射空间　mapping space　08.0791
映射柱　mapping cylinder　08.0798
映射锥　mapping cone　08.0799
*永年项　secular term　06.0114
永田环　Nagata ring　04.1009
用方风险　consumer risk　09.0839
优层　fine sheaf　08.1095
优弧　major arc　08.0082
优化序　majorization order　11.0286
优环　excellent ring　04.1010
优势比　dominance ratio　04.0662
优先[方]法　priority method　02.0278
优先服务　priority service　11.0504
优先排队　priority queues　11.0503
优先权　priority　11.0500
优选法　optimum seeking method　11.0193
尤登方　Youden square　09.0876
*囿空间　bornologic space　07.0080
游程　run　09.0776
游程编码　run length coding　12.0167
游程检验　run test　09.0791
游程数　number of runs　09.0777
游荡点　wandering point　06.0206
*游荡集　wandering set　07.0423
游荡[区]域　wandering domain　05.0523
游弋　excursion　09.0336
酉变换　unitary transformation　04.0730
酉表示　unitary representation　04.1931
酉矩阵　unitary matrix　04.0625
酉空间　unitary space　04.0729
酉群　unitary group　04.1868
酉算子　unitary operator　07.0191
酉正标架　unitary frame　08.1103
有补格　complemented lattice　03.0267
有根树　rooted tree　03.0200
有根图　rooted graph　03.0163
有记忆信道　channel with memory　12.0057
有界变差函数　function of bounded variation　05.0059
有界变量法　bounded-variable technique　11.0152
有界表示型　bounded representation type　04.1410
有界[的]　bounded　05.0007
有界估计方法　bounded estimator method　10.0682
有界函数　bounded function　05.0212
有界集　bounded set　07.0065
有界近似法　bounded heuristic method　11.0355
有界平均振动函数　function of bounded mean oscillation　05.0301
*有界平均振动解析函数　analytic function of bounded mean oscillation　05.0512
有界收敛拓扑　bounded convergence topology　07.0039
有界输入有界输出稳定性　bounded-input bounded-output stability　12.0520
有界完全充分统计量　boundedly complete sufficient statistic　09.0495
有界完全分布族　boundedly complete family of distributions　09.0452
有界完全统计量　boundedly complete statistic　09.0494

有界线性泛函　bounded linear functional　07.0007
有界线性算子　bounded linear operator　07.0176
有界型空间　bornologic space　07.0080
有界滞量　bounded lag　06.0211
有尽小数　terminating decimal　04.0097
有理逼近　rational approximation　10.0094
有理表示　rational representation　04.2022
有理表示的权　weights of rational representation　04.2023
有理不变式　rational invariant　04.1891
有理插值　rational interpolation　10.0186
有理簇　rational variety　04.1056
有理单代数的类数　class number of a rational simple algebra　04.1461
有理等价　rationally equivalence　04.1075
有理点群　rational point group　04.0374
有理典范形　rational canonical form　04.0652
有理分式　rational fraction　04.0537
有理分式域　field of rational fractions　04.0542
*有理分式展开　Mittag-Leffler expansion　06.0742
有理根　rational root　04.0573
有理函数　rational function　05.0424
有理函数域　rational function field　04.0312
有理化分母　rationalizing denominators　04.0110
有理化因子　rationalizing factor　04.0111
有理可除代数　rational division algebra　04.1424
有理谱密度　rational spectral density　09.0418
有理曲线　rational curve　04.1209
有理数　rational number　04.0061
有理数域　rational number field　04.0285
有理同调群　rational homology group　08.0666
有理同伦　rational homotopy　08.0815
有理同态　rational homomorphism, morphism of algebraic groups　04.1982
有理映射　rational mapping　04.1045
有理直纹面　rational ruled surface　04.1230
有理中心单代数　rational central simple algebra　04.1441
有偏估计　biased estimate　09.0556
*有穷[的]　finite　01.0127
有穷级　finite order　05.0410
有色树　colored tree　03.0195
有色图　colored graph　03.0167
α有限　α-finite, alpha-finite　02.0293
有限 A 代数　finite A-algebra　04.0979
有限变差过程　process of finite variation　09.0244
有限表示型代数　algebra of finite representation type　04.1409
有限表现 A 代数　finitely presented A-algebra　04.0978
有限表现模　finitely presented module　04.0898
有限表现群　finitely presented group　04.1850
有限部分　finite part　07.0101
σ有限测度空间　σ-finite measure space　07.0390
[有限]差分　difference, finite difference　10.0198
*有限差演算　calculus of finite differences　10.0205
有限单群分类　classification of finite simple groups　04.1902
有限[的]　finite　01.0127
有限点　finite point　05.0346
有限对策　finite game　11.0469
有限覆盖　finite covering　08.0474
有限几何　finite geometry　03.0052
有限记忆信道　finite memory channel　12.0058
有限阶段模型　finite horizon model, finite stage model　11.0577
有限可加　finitely additive　05.0184
有限扩张　finite extension　04.0403
有限连分数　finite continued fraction　04.0147
有限论者　finitist　02.0303
有限能量分布　distribution of finite energy　05.0655
有限能量位势　potential with finite energy　05.0656
有限群　finite group　04.1743
有限群的上同调　cohomology of finite groups　04.1699
有限群的完全分解　complete resolution for finite groups　04.1701
有限生成 A 代数　finitely generated A-algebra　04.0977
有限生成阿贝尔群　finitely generated Abelian group　04.1811
有限生成模　finitely generated module　04.0896

有限生成群 finitely generated group 04.1848
有限水库 finite dam 11.0554
有限素除子 finite prime divisor 04.0309
有限态射 finite morphism 04.1120
有限态射的次数 degree of finite morphism 04.1213
有限维代数 finite dimensional algebra 04.1399
有限维向量空间 finite dimensional vector space 04.0690
有限型 finite type 02.0250
有限型概形 scheme of finite type 04.1111
有限型黎曼[曲]面 Riemann surface of finite type 05.0467
有限型态射 morphism of finite type 04.1119
有限域 finite field, Galois field 04.0439
有限元 finite element 10.0468
有限元法 finite element method 10.0470
有限元分析 finite element analysis 10.0469
有限状态信道 finite state channel 12.0059
有限自动机 finite automaton 02.0224
有限总体 finite population 09.0443
* 有向边 directed edge 03.0064
有向对偶原理 principle of directional duality 03.0211
有向集 directed set 02.0186
有向树 directed tree 03.0194
有向图 digraph, directed graph 03.0061
有效除子 effective divisor 04.1196
有效点 efficient point 11.0289
有效估计 efficient estimate 09.0585
有效解 efficient solution 11.0267
有效数字 significant digit, significant figure 10.0062
有效搜索度 effective search width 11.0642
有效位数 number of significant digit 10.0063
有效性 efficiency 11.0266
* 有效性 validity 02.0114
有效域 effective domain 05.0811
有序阿贝尔群 ordered Abelian group 04.0466
有序单形 ordered simplex 08.0711
有序分拆 ordered partition 03.0017
有序链复形 ordered chain complex 08.0712
有序线性空间 ordered linear space 07.0127
有噪信道 noisy channel 12.0055
有重排列 permutation with repetition 03.0004
有重组合 combination with repetition 03.0008
友矩阵 companion matrix 04.0653
右 R 模 right R-module 04.0868
右 v 环 right v-ring 04.1385
右阿廷环 right Artinian ring 04.1358
右阿廷局部代数 right Artinian local algebra 04.1414
右伴随 right adjoint 04.1615
右闭鞅 right closed martingale 09.0233
右乘环 right multiplication ring 04.1330
右导出函子 right derived functor 04.1667
右导数 right derivative 05.0075
右端参数问题 rhs problem 11.0327
右分式环 right quotient ring 04.1379
右函数平移 right translation of functions 04.1989
右基本解 right fundamental solution 06.0266
右极限 right limit 05.0031
右理想 right ideal 04.1299
右连续[的] right continuous 05.0043
右连左极 cadlag(法), right continuous with left limits 09.0206
右列环 right serial ring 04.1387
右零因子 right zero divisor 04.1282
右拟正则元 right quasi-regular element 04.1293
右逆元 right inverse element 04.1289
右诺特环 right Noetherian ring 04.1362
右陪集 right coset 04.1749
右线性空间 right linear space 04.0712
右序模 right order 04.1456
右正合函子 right exact functor 04.1669
右自内射环 right selfinjective ring 04.1389
右幺元 right identity element 04.1278
诱导表示 induced representation 04.1929
诱导丛 induced bundle 08.0852
诱导定向 induced orientation 08.0719
诱导覆叠空间 induced covering space 08.0820
诱导模 induced module 04.1688
诱导特征[标] induced character 04.1952
诱导同态 induced homomorphism 08.0805
诱导拓扑 induced topology 08.0488

诱导子图　induced subgraph　03.0080
余σ函数　co-sigma-function　06.0623
余标架　coframe　08.1034
余乘法　comultiplication　04.1466
余代数　coalgebra　04.1465
余代数同态　coalgebra homomorphism　04.1468
余单位　counit　04.1467
余法丛　conormal bundle　06.0528
余法向导数　conormal derivative　06.0269
*余法向微商　conormal derivative　06.0269
余割　cosecant　08.0187
余回路　cocircuit　03.0121
余角　complementary angle　08.0029
余模　comodule　04.0929
余模同态　comodule homomorphism　04.0930
余逆　coinverse　04.1469
余切　cotangent　08.0185
余切空间　cotangent space　08.1030
余切向量　cotangent vector　08.1032
余圈　cocycle　03.0114
余圈秩　cocycle rank　03.0115
余矢　versed cosine　08.0183
余树　cotree　03.0199
余数　remainder　04.0033
余维[数]　codimension　04.0705
余弦　cosine　08.0182
余弦定律　law of cosines　08.0189
余弦公式　cosine formula　08.0190
余弦积分　cosine integral　06.0689
余正二次型　copositive quadratic form　03.0058
余正规层　conormal sheaf　04.1152
余子矩阵　complementary submatrix　04.0600
余子式　cofactor　04.0750
语法　syntax　02.0015
语句　sentence　02.0064
语声编码　speech coding　12.0163
语声压缩　speech compression　12.0147
语义　semantics　02.0016
语义信息　semantic information　12.0035
域　field　04.0390
CM 域　CM field　04.0289
σ 域　σ-field, sigma-field　05.0173
域的 u 不变量　u-invariant of a field　04.0826
域的复合　composite of fields　04.0413
域的高　height of a field　04.0825
域的绝对值　absolute value of a field　04.0480
域的水平　level of a field　04.0824
域扩张　field extension　04.0405
域扩张次数　degree of field extension　04.0406
σ 域流　filtration　09.0209
域论　field theory　04.0389
域特征[数]　characteristic of field　04.0393
域完全化　completion of a field　04.0484
阈[值]　threshold [value]　10.0464
*阈值　threshold value　12.0265
*阈值译码　threshold decoding　12.0120
预报　prediction, forecasting　09.0426
预测编码　predictive coding　12.0165
预层　presheaf　04.1079
预层的茎　stalk of presheaf　04.1082
预估[式]　predictor　10.0294
预估校正法　predictor-corrector method　10.0296
预解　resolution　08.1098
预解方程　resolvent equation　07.0241
预解核　resolvent kernel　06.0553
预解集　resolvent set　07.0253
预解式　resolvent　07.0242
*预解算子　resolvent operator　07.0242
谕示　oracle　02.0286
元调和方程　metaharmonic equation　06.0341
元理论　metatheory　02.0139
元逻辑　metalogic　02.0140
元数学　metamathematics　02.0143
元[素]　element　01.0076
元素的阶　order of an element　04.1752
元语言　metalanguage　02.0141
n 元运算　n-ary operation　03.0336
n 元组　n-tuple　01.0098
原点　origin　08.0206
原点矩　origin moment　09.0127
原根　primitive root　04.0172
原函数　primitive function　05.0148
原假设　null hypothesis　09.0599
原理　principle　01.0020
原始递归式　primitive recursion　02.0236
原始递归性　primitive recursiveness　02.0233

原始对偶单纯形法　primal-dual simplex method　11.0145
原始对偶法　primal-dual method, primal-dual algorithm　11.0146
原象　preimage　01.0105
原子　atom　03.0272
原子的布尔多项式　atomic Boolean polynomial　03.0287
原子格　atom lattice　03.0273
原子公式　atomic formula　02.0102
原子理论　atomic theory　02.0103
原子模型　atomic model　02.0104
原子[事件]　atom [event]　09.0039
原子[语]句　atomic sentence, primitive sentence　02.0101
圆　circle　08.0074
圆盘　[circular] disc　08.0076
圆盘代数　disc algebra　07.0301
圆束　pencil of circles　08.0387
圆问题　circle problem　04.0186
圆心　center of a circle　08.0077
圆心角　central angle　08.0087
圆形域　circular domain　08.0315
圆周　circumference　08.0075
圆周角　angle in a circular segment　08.0089
圆周率　number π　08.0133
圆柱　circular cylinder　08.0158
* 圆锥曲线　point conic　08.0246
圆锥[体]　circular cone　08.0160
源　source　06.0199
源点　source　03.0203
远场边界条件　far field boundary condition　10.0534
约分　reduction of a fraction　04.0065
约化波[动]方程　reduced wave equation　06.0338
约化概形　reduced scheme　04.1105
约化格罗滕迪克群　reduced Grothendieck group　04.1720
约化核　reduced kernel　05.0677
约化怀特黑德群　reduced Whitehead group　04.1442
约化积　reduced product　08.0788
约化理论　reduction theory [of von Neumann algebra]　07.0281
约化李代数　reductive Lie algebra　04.1512
约化群　reductive group　04.2010
约化梯度法　reduced gradient method　11.0232
约化同调群　reduced homology group　08.0688
约化纬垂　reduced suspension　08.0789
约化秩　reductive rank　04.2020
约化锥　reduced cone　08.0790
约束　constraint　05.0697
约束逼近　restricted approximation　10.0128
约束变度量法　constrained variable metric method　11.0250
约束变量　bound variable　02.0059
约束出现　bound occurrence　02.0060
约束对策　constrained game　11.0472
约束规格　constraint qualification, C.Q.　11.0052
约束集　constraint set　11.0039
* 约束品性　constraint qualification, C.Q.　11.0052
约束替代规划　surrogate programming　11.0087
约束条件　constraint condition　11.0038
约束值域逼近　approximation with restricted range　10.0130
约束最优化方法　constrained optimization method　11.0224
* 约数　factor　04.0042
跃变　jump　02.0276
允许失真　admissible distortion　12.0156
运筹学　operations research, operational research　11.0001
运动的极小集　minimum set of motions　06.0125
运动群　group of motions　04.1883
运动稳定性理论　stability theory of motions　06.0076
运输问题　transportation problem　11.0155
运算　operation　01.0057
蕴涵　imply, implication　01.0039

Z

杂交有限元法　hybrid finite element method　10.0517
再抽样　resampling　09.0804
再见曲面　wiedersehen surface　08.1050
再生过程　regenerative process　11.0627
再选择方法　reselection method　10.0683
噪声　noise　12.0251
择一最优性　alternative optimality　11.0103
[增长]级　growth order　05.0409
增长性　growth　05.0408
增广乘子法　augmented multiplier method　11.0247
增广复形　augmented complex　04.1659
增广矩阵　augmented matrix　04.0667
增广理想　augmentation ideal　04.1680
增广目标函数　augmented objective function　11.0235
增广相空间　augmented phase space　06.0088
增广映射　augmentation mapping　04.1679
增过程　increasing process　09.0243
增函数　increasing function　05.0053
增量　increment　05.0082
增生算子　accretive operator　07.0334
增算子　increasing operator　07.0366
增益网络流　network flow with gain　11.0374
扎里斯基环　Zariski ring　04.1004
扎里斯基拓扑　Zariski topology　04.0942
闸函数　barrier [function]　06.0319
闸锥　barrier cone　05.0762
* 辗转相除法　Euclid algorithm　04.0048
q 展开式　q-expansion formula　06.0624
占位时　occupation time　09.0333
张量　tensor　04.0834
张量表示　tensor representation　04.0840
张量代数　tensor algebra　04.0835
张量的分量　component of a tensor　04.0837
张量的内积　inner product of tensors　04.0849
张量的权　weight of tensor　04.0848
张量的缩并　contraction of tensor　04.0838
张量分析　tensor calculus　08.1017
张量函子　tensor functor　04.1601
张量积　tensor product　04.0859
张量空间　tensor space　04.0836
张量幂　tensor power　04.0860
障碍函数　barrier function　11.0238
折扣模型　discounted reward model　11.0579
折线　broken line　08.0236
折线逼近　polygonal approximation　10.0120
真不连续群　properly discontinuous group　05.0478
真假值　truth value　02.0041
真假值表　truth table　02.0045
真假值表归约性　truth table reducibility　02.0288
真假值函数　truth function　02.0044
真双曲[型]　properly hyperbolic　06.0421
真态射　proper morphism　04.1125
真椭圆[型]　properly elliptic　06.0414
真因子　proper divisor　04.0953
真值　truth　02.0042
真子集　proper subset　01.0083
真子空间　proper subspace　04.0684
真子群　proper subgroup　04.1740
* 侦破概率　detection probability　11.0639
振荡积分　oscillatory integral　06.0478
镇定　stabilization　12.0472
整闭　integrally closed　04.0975
整闭包　integral closure　04.0973
整表示　integral representation　04.1938
整步迭代　total step iteration　10.0299
整除　divisible　04.0949
整除性　divisibility　04.0948
整的　integral　04.0971
整二次型　integral quadratic form　04.0177
整概形　integral scheme　04.1104
整函数　entire function, integral function　05.0403

[整函数的]亏格　genus [of entire function]　05.0422
[整函数的]型　type [of entire function]　05.0412
整环　[integral] domain　04.0943
整基　integral basis　04.0231
整扩张　integral extension　04.0974
整理想　integral ideal　04.0234
整权　integral weight　04.1544
整群抽样　cluster sampling　09.0824
整式　integral expression　04.0536
整数　integer, integral number, whole number　04.0004
整数规划　integer programming　11.0169
整数线性规划　integer linear programming　11.0170
整双边零理想　integral two-sided 0-ideal　04.1458
整体瓣　global section　04.1081
整体变换群　global transformation group　04.2109
整体[的]　global　01.0063
整体类域论　global class field theory　04.0265
整体收敛　global convergence　10.0323
整同调群　integral homology group　08.0658
整相关　integrally dependent　04.0972
整性定理　integrality theorem　08.0874
整有理不变式　integral rational invariant　04.1892
整元　integral element　04.0970
整指数　integral exponent　04.0039
整左零理想　integral left 0-ideal　04.1457
正八面体群　regular octahedron group　04.1898
正半定二次估计　non-negative definite quadratic estimate　09.0684
正半定二次型　positive semi-definite quadratic form　04.0790
正半定核　positive semi-definite kernel　06.0556
正半定矩阵　positive semi-definite matrix　04.0633
正半定有理函数　positive semi-definite rational function　04.0462
正比　direct proportion　04.0080
正变差　positive variation　05.0061
正常凹函数　proper concave function　05.0806
正常变分　proper variation　08.1081
正常对策　proper game　11.0432
正常返状态　positive recurrent state　09.0308
正常力迫　proper forcing　02.0207
* 正常算子　normal operator　07.0208
正常凸函数　proper convex function　05.0793
正常椭圆曲线　ordinary elliptic curve　04.0358
正常相交　intersect properly　04.1071
正常有效解　proper efficient solution　11.0269
正常正交矩阵　proper orthogonal matrix　04.0623
* 正除子　positive divisor　04.1196
正定二次型　positive definite quadratic form　04.0786
正定核　positive definite kernel　06.0557
正定矩阵　positive definite matrix　04.0632
正定内积　positive definite scalar product　04.0718
正定有理函数　positive definite rational function　04.0461
正[对称]算子　positive [symmetric] operator　07.0204
正对称组　symmetric positive system　06.0409
正多边形　regular polygon　08.0112
正多面体　regular polyhedron　08.0157
正二十面体群　regular icosahedron group　04.1900
正泛函　positive functional　07.0287
正方形　square　08.0099
[正]方形网格　square mesh, square net　10.0484
正割　secant　08.0186
正根系　positive system of roots　04.1533
正贡献蒙特卡罗方法　positive contribution Monte Carlo method　10.0620
正规变换　normal transformation　04.0733
正规测地线　normal geodesic　08.1074
正规层　normal sheaf　04.1151
正规抽检　normal sampling inspection　09.0842
正规簇　normal variety　04.1043
正规方程　normal equation　10.0145
正规赋值　normal valuation　04.0494
正规概形　normal scheme　04.1112
正规函数　normal function　05.0507
正规化子　normalizer　04.1758
正规环　normal ring, integrally closed domain　04.0976
正规基　normal basis　04.0440

正规交叉　normal crossing　04.1228
正规结构　normal structure　07.0172
正规矩阵　normal matrix　04.0631
正规可解性　normal solvability　07.0350
正规空间　normal space　08.0516
正规扩张　normal extension　04.0411
正规链　normal chain　09.0321
正规列　normal series　04.1789
正规偏微分方程组　normal system of partial differential equations　06.0224
正规双曲[型]方程　normal hyperbolic equation　06.0344
正规算法　normal algorithm　02.0228
正规算子　normal operator　07.0208
正规型对策　game in normal form　11.0439
正规性准则　criterion of normality　05.0506
正规锥　normal cone　07.0137
正规子群　normal subgroup, invariant subgroup　04.1761
正规族　normal family　05.0505
正号　positive sign　04.0007
正合对　exact pair　02.0270
正合函子　exact functor　04.1625
正合偶　exact couple　04.1676
正合[序]列　exact sequence　04.1650
正交变换　orthogonal transformation　04.0725
正交表示　orthogonal representation　04.1932
正交补　orthogonal complement　07.0149
正交[的]　orthogonal　04.0719
正交多项式　orthogonal polynomials　05.0265
正交多项式回归　orthogonal polynomial regression　09.0693
正交关系　orthogonality relation　04.1947
正交轨线族　family of orthogonal trajectories　06.0037
正交函数系　system of orthogonal functions　05.0266
正交和　orthogonal sum　04.0801
正交化　orthogonalization　07.0148
正交回归设计　orthogonal regression design　09.0883
正交基　orthogonal basis　04.0722
正交矩阵　orthogonal matrix　04.0622
正交拉丁方　orthogonal Latin squares, Greco-Latin square　09.0875
正交码　orthogonal code　12.0244
正交曲线坐标　orthogonal curvilinear coordinates　08.0223
正交群　orthogonal group　04.1871
正交随机测度　orthogonal random measure　09.0412
正[交]投影　orthogonal projection　07.0193
正交完全可约性　orthogonal complete reducibility　04.1933
正交系　orthogonal system　07.0145
正交信号　orthogonal signal　12.0247
正交增量过程　process with orthogonal increments　09.0411
正交坐标　orthogonal coordinates　08.1000
正六面体群　regular hexahedron group　04.1897
正螺[旋]面　right helicoid　08.1008
正劈锥曲面　right conoid　08.1006
正偏差　positive deviation　11.0313
正切　tangent　08.0184
正切定律　law of tangents　08.0191
正切曲线　tangent curve　08.0195
正十二面体群　regular dodecahedron group　04.1899
正矢　versine, versed sine　08.0181
正数　positive number　04.0116
正四面体群　regular tetrahedron group　04.1896
正态分布　normal distribution　09.0084
正态概率纸　normal probability paper　09.0438
正态性检验　test of normality　09.0795
正投射[法]　orthographic projection　08.0434
正弦　sine　08.0180
正弦定律　law of sines　08.0188
正弦戈登方程　sine-Gordon equation　06.0441
正弦积分　sine integral　06.0688
正弦曲线　sine curve　08.0194
正项级数　series of positive terms　05.0239
正项几何规划　posynomial geometric programming　11.0253
正项式　posynomial　11.0256
*正[向]极限　direct limit　04.1629
*正向极限点　ω-limit point, omega-limit point

06.0123
正则 p 群 regular p-group 04.1819
*正则 regular 05.0379
正则边界 regular boundary 09.0344
正则边界点 regular boundary point 06.0320
正则表示 regular representation 04.1915
正则参数系 regular system of parameters 04.1002
正则测度 regular measure 05.0188
正则单参数子群 regular one-parameter subgroup 04.2018
正则点 regular point 05.0382, 08.0899
正则二次空间 regular quadratic space 04.0798
正则覆叠空间 regular covering space 08.0818
正则概形 regular scheme 04.1113
正则公理 regularity axiom 02.0166
正则函数 regular function 04.1036
正则函数层 sheaf of regular functions 04.1087
正则环 regular ring 04.1003
正则环面 regular torus 04.2015
正则基数 regularity cardinal 02.0188
正则极大理想 regular maximum ideal 07.0286
正则集 regular set 02.0167
正则尖点 regular cusp 04.0326
正则解 regular solution 06.0230
正则局部环 regular local ring 04.1001
正则空间 regular space 08.0514
正则奇点 regular singular point 06.0053
正则[区组]设计 regular block design 03.0048
正则射影变换 regular projective transformation 08.0381
正则素数 regular prime 04.0298
正则条件概率 regular conditional probability 09.0148
正则同伦[的] regularly homotopic 08.0930
正则图 regular graph 03.0095
正则网格 regular net 10.0483
正则[性]横坐标 abscissa of regularity 05.0368
正则序列 regular sequence 04.0999
正则映射 regular mapping 08.0898
*正则域 domain of holomorphy 05.0553
p 正则元 p-regular element 04.1960
正则值 regular value 08.0900
正则置换 regular permutation 04.1832
正则锥 regular cone 07.0136
正则子流形 regular submanifold 08.0904
正整数 positive integer 04.0005
正自同态 positive endomorphism 04.1247
证[明] proof 01.0024
支撑半空间 support half space 05.0777
支撑超平面 supporting hyperplane 05.0778
支撑超平面法 supporting hyperplane method 05.0779
支撑超平面算法 supporting hyperplane algorithm 05.0780
支撑点 supporting point 05.0774
支撑泛函 supporting functional 05.0776
支撑函数 support function 05.0775
支撑集 support set 05.0773
支撑平面 supporting plane 05.0782
支撑线函数 supporting line function 05.0781
支付 payment 11.0391
支付函数 payoff function 11.0394
支付[矩]阵 payoff matrix 11.0393
支付期望 payoff expected 11.0396
支付向量 payoff vector 11.0392
支配权 dominant weight 04.1545
支配态射 dominant morphism 04.1038
支配有理映射 dominant rational mapping 04.1046
支配整线性函数 dominant integral linear function 04.1548
直不可分解格 directly indecomposable lattice 03.0309
直方图 histogram 09.0476
直和 direct sum 01.0087
直和项 summand 04.0886
直积 direct product 01.0088
直积代数 direct product algebra 04.1394
*直积分 direct integral 07.0282
直积集 direct product set 01.0090
直角 right angle 08.0034
直角三角形 right triangle 08.0044
直角坐标 rectangular coordinates 08.0213
直接抽样方法 direct sampling technique 10.0649
直接法 direct method 05.0735, 10.0380

直接搜索法　direct search method　11.0214
直径　diameter　08.0079
直觉主义　intuitionism　02.0305
直觉主义逻辑　intuitionist logic　02.0123
直觉主义数学　intuitionistic mathematics　02.0126
直射变换　collineation, collineatory transformation　08.0361
直射变换群　collineation group　08.0365
直射映射　collineation [mapping]　08.0360
直谓[的]　predicative　02.0307
直谓集合论　predicative set theory　02.0153
直纹[曲]面　ruled surface　08.1001
直线　straight line, right line　08.0014
直线法　method of lines　10.0601
直线族　family of straight lines　08.1005
值[的]分布　distribution of values, value distribution　05,0429
值域　range　01.0102
指标　index　07.0263
指标方程　indicial equation　06.0057
指派问题　assignment problem　11.0160
指示函数　indicator function　05.0812
指数　exponent　04.0035
指数逼近　exponential approximation　10.0099
指数变换方法　exponential transformation method　10.0665
指数插值　exponential interpolation　10.0188
指数分布　exponential distribution　09.0094
指数赋值　exponential valuation, Krull valuation　04.0467
指数格式　exponential scheme　10.0556
指数公式　exponential formula　09.0269
指数函数　exponential function　05.0106
指数和　exponential sum　04.0189
指数积分　exponential integral　06.0687
指数律　exponential law　04.0041
指数母函数　exponential generating function　03.0012
指数时间算法　exponential-time algorithm　11.0351
指数稳定[的]　exponentially stable　10.0307
指数型分布族　exponential family of distributions　09.0454
指数映射　exponential mapping　04.2092
指数映射的微分　differential of exponential mapping　04.2106
指数增长性　exponential growth　05.0413
指数自回归模型　exponential autoregressive model　09.0915
指数鞅　exponential martingale　09.0270
指向概率方法　directive probability method　10.0677
志村互反律　Shimura reciprocity law　04.0337
志村提升　Shimura lift　04.0336
置换　permutation　04.1826
置换表示　permutation representation　04.1914
置换检验　permutation test　09.0790
置换矩阵　permutation matrix　04.0611
置换码　permuted code, permutation code　12.0202
置换群　permutation group　04.1823
置换群的次数　degree of a permutation group　04.1825
置信概率　confidence probability　09.0643
置信集　confidence set　09.0657
置信区间　confidence interval　09.0649
置信区域　confidence region　09.0654
置信上限　confidence upper limit　09.0648
置信水平　confidence level　09.0645
置信推断　confidence inference　09.0642
置信系数　confidence coefficient　09.0644
置信下限　confidence lower limit　09.0647
置信限　confidence limit　09.0646
置信域　trust region　11.0204
秩1 方法　rank-one method　10.0361
秩2 方法　rank-two method　10.0362
秩多项式　rank polynomial　03.0134
秩和检验　rank sum test　09.0787
秩检验　rank test　09.0786
秩统计量　rank statistic　09.0769
中程数　mid range　09.0515
中垂线　perpendicular bisector　08.0064
中点　midpoint, middle point　08.0071
中点法则　midpoint rule　10.0243
中断过程　killed process　09.0340

* 中国剩余定理　Chinese remainder theorem　04.0165
中国数学会　Chinese Mathematical Society, CMS　01.0132
中国邮路问题　Chinese postman problem　11.0345
中继信道　relay channel　12.0078
中间空间　intermediate space　07.0162
中曲率　mean curvature　08.0990
中位数　median　09.0132
中位无偏估计　median unbiased estimate　09.0785
中线　median　08.0065
中心　center　06.0092
中心差分　central difference, centered difference　10.0203
中心代数　central algebra, normal algebra　04.1431
中心单代数的次数　degree of a central simple algebra　04.1433
中心单代数的指数　exponent of a central simple algebra　04.1435
中心对称　central symmetry　08.0320
中心多项式　central polynomial　04.1451
中心法　centers method　11.0231
中心化子　centralizer　04.1759
中心积　central product　04.1779
中心极限定理　central limit theorem　09.0168
中心矩　central moment　09.0128
中心列　central series　04.1798
中心同构　central isomorphism　04.1785
中心投射[法]　central projection　08.0436
中[心]线　central line　08.0171
中心元　center element　03.0315
中心指标　central index　05.0415
中心自同构　central automorphism　04.1786
中性不动点　neutral fix-point　05.0519
中性元　neutral element　03.0314
中值定理　mean value theorem　05.0089
忠实函子　faithful functor　04.1590
忠实模　faithful module　04.0877
钟控序列　clock controlled sequence　12.0319
终对象　terminal object　04.1578
* 终结面　terminal surface　11.0418
终结支付　terminal payoff　11.0397
终态　terminal state　12.0419
终值控制　terminal value control　12.0400
终止面　terminal surface　11.0418
种群　genus group　04.0303
种域　genus field　04.0304
重心　barycenter　08.0057
重心重分　barycentric subdivision　08.0675
重心坐标　barycentric coordinates　08.0220
重要性抽样[方]法　importance sampling method　10.0627
众数　mode　09.0134
周[长]　perimeter　08.0080
周长　circumference　03.0092
周环　Chou ring　04.1076
周角　round angle　08.0036
周期　period　01.0074
周期边界条件　periodic boundary condition　10.0538
周期函数　periodic function　05.0275
周期化　periodization　10.0268
周期平行四边形　period parallelogram　06.0614
周期群　periodic group, torsion group　04.1858
周期上同调　periodic cohomology　04.1703
周期图分析　periodogram analysis　09.0907
周期性　periodicity　01.0073
周期[性]模　periodicity modulus　06.0605
周期状态　periodic state　09.0309
周线　contour　05.0358
周坐标　Chou coordinates　04.1077
逐步回归　step-wise regression　09.0704
逐步积分　step-by-step integration　10.0280
逐次超松弛　successive overrelaxation, SOR　10.0428
逐次代换　successive substitution　10.0388
* 逐点遍历定理　pointwise ergodic theorem　07.0412
逐项积分　termwise integration　05.0262
逐项微分　termwise differentiation　05.0263
主不可分解模　principal indecomposable module　04.0918
主部　principal part　05.0400
主猜测　fundamental conjecture, Hauptvermutung

（德） 08.0620
主叉同态 principal crossed homomorphism 04.1682
主成分分析 principal component analysis 09.0753
主成分估计 principal component estimate 09.0701
主除子 principal divisor 04.1199
主丛 principal bundle 08.0844
主法线 principal normal 08.0959
主方向 principal direction 08.0989
主块 principal block 04.1968
主理想 principal ideal 04.0236
主理想整环 principal ideal domain 04.0945
主列 principal series 04.1797
主滤子 principal filter 03.0257
主幂等元 principal idempotent element 04.1287
主齐性空间 principal homogeneous space 04.0380
主曲率 principal curvature 08.0987
主同余 principal congruence 03.0347
主同余子群 principal congruence subgroup 04.0320
主象征 principal symbol 06.0489
主型算子 operator of principal type 06.0486
主元 pivot, pivotal element 10.0394
主值 principal value 05.0157
主种 principal genus 04.0302
主轴 principal axis 08.0260
主子式 principal minor 04.0752
柱测度 cylindrical measure 09.0190
柱集 cylinder set 09.0189
柱面 cylindrical surface 08.1002
柱面波方程 cylindrical wave equation 06.0358
柱面函数 cylindrical function 06.0705
柱面坐标 cylindrical coordinates 08.0216
柱形代数 cylindric algebra 03.0342
转移概率 transition probability 09.0293
转移函数 transition function 09.0294
转移密度函数 transition density function 09.0295
转移[映射] transfer, corestriction mapping 04.1697
转移阵 transition matrix 09.0296
转运问题 transshipment problem 11.0156
转置 transpose 04.0595
转置伴随等价 adjugant equivalence 04.1616
转置伴随矩阵 adjugate matrix 04.0617
转置方程 transposed equation 06.0485
转置积分方程 transposed integral equation 06.0548
状态 state 12.0417
状态变量 state variable 12.0420
状态反馈 state feedback 12.0424
状态方程 state equation 12.0423
状态估计 state estimation 12.0425
状态估计器 state estimator 12.0494
状态观测器 state observer 12.0489
状态空间 state space 12.0422
状态相依模型 state-dependent model 09.0919
状态向量 state vector 12.0421
锥 cone 07.0133
锥极点 cone extreme point 11.0291
锥极解 cone extreme solution 11.0274
锥面 conical surface 08.1003
锥[体] cone 08.0159
锥条件 cone condition 06.0524
追赶法 forward elimination and backward substitution 10.0406
追逃对策 pursuit evasion games 11.0460
追踪曲线 curve of pursuit 08.0294
*准闭算子 preclosed operator 07.0195
准不定度规空间 pre-indefinite inner product space 07.0142
*准非定常方法 pseudo-unsteady method 10.0592
准环 near ring 04.1392
准谱方法 pseudo-spectral method 10.0605
准素分解 primary decomposition 04.0984
准素分量 primary component 04.0985
准素环 primary ring 04.1370
准素理想 primary ideal 04.0982
准素子模 primary submodule 04.0909
准希尔伯特空间 pre-Hilbert space 07.0139
准线 directrix 08.0254
准域 near field 04.0510

准圆　director circle　08.0255
准则　criterion　01.0031
AIC 准则　AIC criterion, Akaike information criterion　09.0901
BIC 准则　BIC criterion, Bayesian modification of the AIC　09.0902
CAT 准则　CAT criterion, criterion for autoregressive transfer functions　09.0905
FPE 准则　FPE criterion, final prediction error criterion　09.0900
子表示　subrepresentation　04.1927
子层　subsheaf　04.1084
子丛　subbundle　08.0845
子簇　subvariety　04.1034
子代数　subalgebra　04.1395
子底集　subuniverse　03.0343
子对策　subgame　11.0452
子对象　subobject　04.1627
子范畴　subcategory　04.1564
子覆盖　subcovering　08.0477
子复形　subcomplex　08.0650
子格　sublattice　03.0241
子环　subring　04.1295
子基　subbase　08.0460
子集　subset　01.0082
子集的群闭包　group closure of a subset　04.1984
子结构　substructure　02.0092
子矩阵　submatrix　04.0599
子空间　subspace　04.0683
子空间迭代法　subspace iterative method　10.0452
子李代数　Lie subalgebra　04.1493
子李群　Lie subgroup　04.2079
子流形　submanifold　08.0609
子模　submodule　04.0869
子模型　submodel　02.0093
子群的指数　index of a subgroup　04.1746
子商　subquotient　03.0311
子式　minor　04.0749
子图　subgraph　03.0076
子系统　subsystem　12.0321
子样本　subsample　09.0485
子域　subfield　04.0391
自伴边值问题　self-adjoint boundary value problem　06.0072
自伴代数　self-adjoint algebra　07.0272
自伴算子　self-adjoint operator　07.0205
自伴微分算子　self-adjoint differential operator　06.0482
自变量　independent variable　05.0019
自稠[的]　dense in itself　08.0467
自动编码　auto coding, automatic coding　12.0109
自动差错校正　automatic error correction　12.0172
自动机　automata　02.0259
自动积分　automatic integration　10.0278
自动网格生成　automatic grid generation　10.0543
自对偶[的]　self-dual　04.0695
自对偶联络　self-dual connection　08.1065
自反巴拿赫空间　reflexive Banach space　07.0120
自反函数　self-reciprocal function　05.0593
自反局部凸空间　reflexive locally convex space　07.0070
自反性　reflexivity　01.0121
自共轭理想类　ambiguous class of ideals　04.0300
* 自共轭算子　self-conjugate operator　07.0205
自环　loop　03.0068
自回归滑动平均模型　autoregressive moving-average model, ARMA model　09.0896
自回归模型　autoregression model, AR model　09.0894
自激点过程　self-exciting point process　09.0379
自激振荡　self-excited oscillation　06.0104
自内射环　self-injective ring　04.1368
自然 σ 域流　natural filtration　09.0210
自然变换　natural transformation, functorial morphism　04.1597
自然等价　natural equivalence　04.1598
自然对数　natural logarithm　05.0111
自然扩张　natural extension　07.0439
自然密度　natural density　04.0224
* 自然数　natural number　04.0005
自然同态　natural homomorphism　04.0871
自然性　naturality　08.0814
自然序　natural order　11.0284

自然映射　natural mapping　01.0111
自然约束　natural constraint　05.0698
[自]适应积分　[self-]adaptive integration　10.0279
自适应网格　self-adaptive mesh　10.0544
[自]适应系统　adaptive system　12.0345
自守表示　automorphic representation　04.0340
自守函数　automorphic function　05.0474
自守形式　automorphic form　05.0475
自同构　automorphism　04.1314
自同构群　group of automorphisms　04.1767
自同态　endomorphism　04.1315
自同态的迹　trace of endomorphism　04.1258
自同态的熵　entropy of the endomorphism　07.0438
自相关函数　autocorrelation function　09.0409
自校正调节器　self-tuning regulator　12.0487
自校正控制　self-tuning control　12.0398
自校正控制器　self-tuning controller　12.0484
自信息　self-information　12.0007
自旋系统　spin system　09.0389
自由阿尔贝群　free Abelian group　04.1810
自由半群　free semi-group　04.1856
自由边界　free boundary　10.0489
自由边界问题　free boundary problem　06.0428
自由变元　free variable　02.0053
自由代数　free algebra　04.1446
自由对象　free object　04.1582
自由泛代数　free universal algebra　03.0358
自由分解　free resolution　04.1663
自由格　free lattice　03.0262
自由函子　free functor　04.1617
自由积　free product　04.1851
自由距离　free distance　12.0232
自由李代数　free Lie algebra　04.1524
自由面　free face　08.0680
自由模　free module　04.0891
自由模的秩　rank of a free module　04.0892
自由群　free group　04.1847
自由终点变分问题　free end point variational problem　05.0686
自正交[的]　self-orthogonal　04.0802
自治微分方程组　autonomous system of differential equations　06.0078
自助法　bootstrap　09.0803
字　word　04.1854
字长　word length　10.0014
字典式　lexicographic　12.0100
字典序　lexicographic order　11.0285
字母表　alphabet　02.0260
字母表编码　alphabetic coding　12.0096
字母表次序　alphabetic order　12.0098
字母码　alphabetic code, alpha code　12.0097
字问题　word problem　04.1855
综合除法　synthetic division　04.0548
总平方和　total sum of squares　09.0724
总体　population　09.0441
* 总体[的]　global　01.0063
总体分布　population distribution　09.0448
总体分布族　family of population distributions　09.0450
* 总体极大值　global maximum　11.0093
* 总体极小值　global minimum　11.0092
* 总体误差　global error　10.0048
* 总体最优化　global optimization　11.0090
* 总体最优值　global optimum　11.0091
纵坐标　ordinate　08.0211
纵[坐标]轴　axis of ordinates　08.0209
族　family　01.0078
族参数　family parameter　08.1079
阻碍　obstruction　08.0823
阻碍闭上链　obstruction cocycle　08.0825
阻碍集　obstruction set　06.0168
阻碍类　obstruction class　08.0824
阻尼误差　damping error　10.0531
组　class　09.0468
组合　combination　03.0007
组合地图　combinatorial map　03.0156
组合多面体　combinatorial polytope　11.0354
组合分析　combinatorial analysis　03.0002
组合概率　combinatorial probability　09.0031
组合流形　combinatorial manifold　08.0606
组合逻辑　combinatory logic　02.0317
组合设计　combinatorial design　03.0023
组合系统　composite system　12.0364
组合学　combinatorics　03.0001

组合最优化 combinatorial optimization 11.0343
组间平方和 sum of squares between classes 09.0722
组间平方和阵 matrix of sum squares between classes 09.0727
组距 class width 09.0471
组内平方和 sum of squares within classes 09.0723
组内平方和阵 matrix of sum squares within classes 09.0728
组限 class limits, class boundaries 09.0469
组中值 mid-point of class 09.0470
最不利先验分布 least favorable prior distribution 09.0533
最长服务时间 longest service time, LST 11.0539
最长剩余服务时间 longest remaining service time, LRST 11.0540
最大不变统计量 maximal invariant statistic 09.0497
最大存在区间 maximum interval of existence 06.0015
最大独立集 maximum independent set 03.0119
最大罚似然估计 maximum penalized likelihood estimate, MPLE 09.0576
最大功效检验 most powerful test 09.0616
最大公因数 greatest common divisor 04.0045
最大互信息 maximum mutual information 12.0271
最大截面方法 maximum cross section method 10.0669
最大解 maximum solution 06.0023
最大亏格 maximum genus 03.0161
最大流问题 maximal flow problem 11.0366
最大流最小割定理 maximum flow minimum cut theorem 11.0369
最大模 maximum modulus 05.0405
最大模定理 maximum modulus theorem 05.0406
最大匹配问题 maximum matching problem 11.0367
最大树 maximal tree 11.0360
最大似然估计 maximum likelihood estimate, MLE 09.0572
最大似然译码 maximum likelihood decoding 12.0122
最大填装 maximal packing 03.0039
* 最大下界 greatest lower bound, infimum 05.0006
最大项 maximum term 05.0414
最大信噪比 maximum signal to noise ratio 12.0272
最大值原理 maximum principle 06.0294
最大熵 maximum entropy 12.0268
最大熵方法 maximum entropy method 12.0269
最大熵估值 maximum entropy estimation 12.0270
最大熵准则 maximum entropy criterion 09.0906
最短测地线 minimal geodesic 08.1076
最短服务时间 shortest service time, SST 11.0537
最短路问题 shortest path problem 11.0365
最短剩余服务时间 shortest remaining service time, SRST 11.0538
最高权 highest weight 04.1546
最光滑逼近 smoothest approximation 10.0124
最佳逼近 best approximation 10.0084
最佳逼近的存在性 existence of best approximation 10.0114
最佳逼近的特征 characterization of best approximation 10.0111
最佳逼近的唯一性 uniqueness of best approximation 10.0115
最佳渐近正态估计 best asymptotically normal estimate 09.0596
最佳拟合 best fit 10.0140
最佳线性不变估计 best linear invariant estimate, BLIE 09.0679
最佳线性无偏估计 best linear unbiased estimate, BLUE 09.0678
最佳一致逼近 best uniform approximation 10.0087
最近邻估计 nearest neighbors estimate 09.0784
* 最速降线 curve of steepest descent 05.0720
最速上升 steepest ascent 10.0377
最速下降 steepest descent 10.0366
最速下降法 method of steepest descent 11.0207
最小充分统计量 minimal sufficient statistic

09.0492
最小二乘逼近 least squares approximation 10.0090
最小二乘法 method of least squares 10.0143
最小二乘估计 least squares estimate, LSE 09.0680
最小二乘解 least squares solution 10.0132
最小范数二次无偏估计 minimum norm quadratic unbiased estimate 09.0683
最小费用函数 minimum-cost function 11.0601
最小费用流问题 minimum-cost flow problem 11.0368
最小覆盖 minimal covering 03.0037
最小公倍数 least common multiple 04.0047
最小公分母 least common denominator 04.0069
最小获胜联盟 minimal winning coalition 11.0422
最小阶观测器 minimal order observer 12.0492
最小解 minimum solution 06.0024
最小距离 minimum distance 12.0231
最小链 minimal chain 09.0322
*最小上界 least upper bound, supremum 05.0004
最小生成树 minimum spanning tree 11.0361
最小实现 minimal realization 12.0477
最小树问题 minimum tree problem 11.0364
最小调和优函数 least harmonic majorant function 05.0637
最小完全类 minimal complete class 09.0529
*最小赢联盟 minimal winning coalition 11.0422
最小值原理 minimum principle 06.0295
最严紧检验 most stringent test 09.0627
最优逼近 optimal approximation 10.0119
最优编玛 optimum coding 12.0103
最优策略 optimal strategy 11.0194
ε最优策略 ε-optimal policy, epsilon-optimal policy 11.0574
最优层数 optimum number of strata 09.0820
最优分配 optimum allocation 09.0821
最优分配问题 optimum allocation problem 11.0159
最优分支 optimum branching 11.0363
最优化 optimization 11.0002
最优化方法 optimization method 11.0004
最优化模型 optimization model 11.0003
最优基本可行解 optimal basic feasible solution 11.0139
最优解 optimal solution, optimum solution 11.0007
最优控制 optimal control 12.0390
最优控制理论 optimal control theory 12.0414
最优码 optimum code 12.0140
最优区组设计 optimal block design 03.0033
最优设计 optimal design 09.0863
D 最优设计 *D*-optimal design 09.0886
E 最优设计 *E*-optimal design 09.0888
A 最优设计 *A*-optimal design 09.0887
G 最优设计 *G*-optimal design 09.0889
最优停止问题 optimal stopping problem 09.0215
最优向量 optimal vector 11.0297
最优性 optimality 11.0005
最优性必要条件 necessary condition for optimality 11.0058
最优性充分条件 sufficient condition for optimality 11.0059
最优性条件 optimality condition 11.0006
最优性原理 principle of optimality 11.0331
最优值 optimal value 11.0008
最优值函数 optimal value function 11.0325
最终检验 final inspection 09.0836
最终决策函数 terminal decision function 09.0545
最终校验 terminal check 10.0386
左*R* 模 left *R*-module 04.0867
左阿廷环 left Artinian ring 04.1357
左奥尔环 left Ore ring 04.1374
左伴随 left adjoint 04.1614
左不变 left invariant 04.2083
左乘环 left multiplication ring 04.1329
左导出函子 left derived functor 04.1666
左导数 left derivative 05.0074
左分式环 left quotient ring 04.1378
左戈尔迪环 left Goldio ring 04.1375
左函数平移 left translation of functions 04.1988
左基本解 left fundamental solution 06.0265
左极限 left limit 05.0030
左理想 left ideal 04.1298

左理想极大条件　maximum condition for left ideals　04.1359
左理想极小条件　minimum condition for left ideals　04.1355
左理想降链条件　descending chain condition for left ideals　04.1356
左理想升链条件　ascending chain condition for left ideals　04.1360
左连续[的]　left continuous　05.0042
左零因子　left zero divisor　04.1281
左拟正则元　left quasi-regular element　04.1292
左逆元　left inverse element　04.1288
左诺特环　left Noetherian ring　04.1361
左陪集　left coset　04.1748
左平移　left translation　04.2082
左线性空间　left linear space　04.0711
左序模　left order　04.1455
左一致结构　left uniformity　04.2038
左正合函子　left exact functor　04.1668
左幺元　left identity element　04.1277
佐恩引理　Zorn lemma　02.0158
佐藤超函数　hyperfunction　07.0104
作图题　construction problem　08.0128
作战对策技术　war gaming technique　11.0647
坐标　coordinate　08.0210
坐标变换　coordinate transformation　08.0226
[坐标]卡　chart　08.0880
坐标邻域　coordinate neighborhood　08.0883
坐标轮换法　univariate search technique　11.0215
坐标曲线　coordinate curves　08.0222
坐标算子　coordinate operator　06.0491
坐标系　coordinate system　08.0205
坐标轴　axis of coordinates, coordinate axis　08.0207